2.1.6　加密输出：视频文件的加密处理

2.2.3　修复视频：解决视频损坏问题

2.3.1　掌握故事板视图

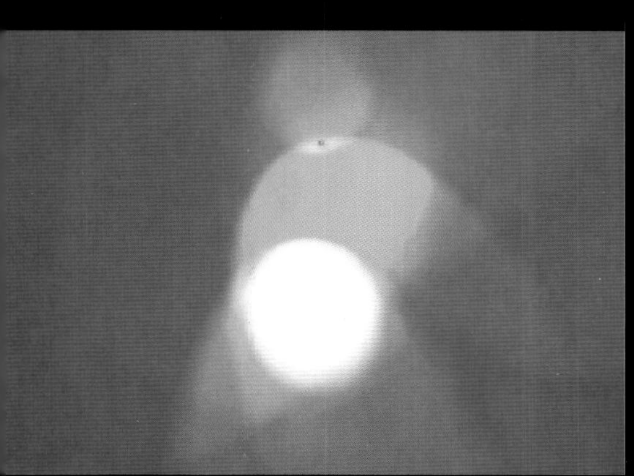

3.2.4　灯光模板：制作霓虹灯闪耀效果

3.2.6　炫彩模[illegible]频效果

3.3.4　完成模板：快速制作视频片尾效果

3.4.2　替换素材：把模板变成自己的视频

3.4.4　边框模板：为视频画面添加装饰

3.4.5　动态模板：为画面添加动态特效

4.4.1　导入图像：制作汽车赛道效果

4.4.3　导入视频：制作夕阳漫步效果

4.4.6　边框素材：制作汽车旅程效果

4.5.2　定格动画：制作高原风光效果

5.2.1 移动视频素杉

5.2.2 替换素材：快速更换素材内容

5.2.5 粘贴属性：粘贴所有属性至另一素杉

5.3.6　抓拍快照：从视频播放中抓拍视频快照

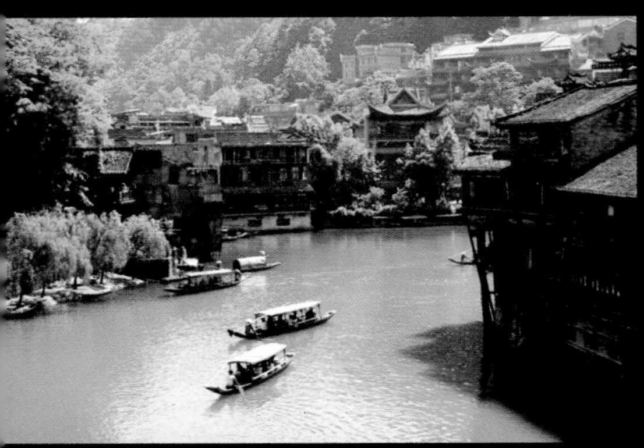

5.5.1　添加自动摇动和缩放动画

6.1.1　色调调整：调整画面的风格

6.1.3　调整饱和度

6.1.4 亮度调节：使画面更通透

6.1.5 调整对比度

6.2.2 荧光效果：制作自然的蓝天效果

6.2.4 云彩效果：体现更多细节

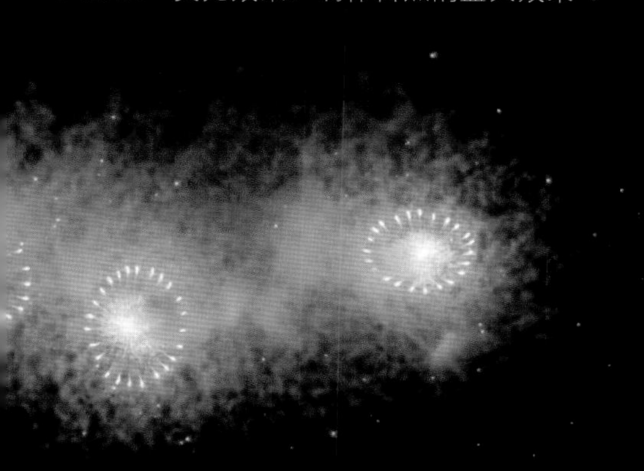

7.1.2 片头剪辑：剪辑视频片头不需要的部分

7.2.3 分割视频：在时间轴中分割视频的多个场景

7.3.6 精确标记：对视频片段进行精确剪辑

7.5.2 轻松剪辑：使用多相机进行视频剪辑

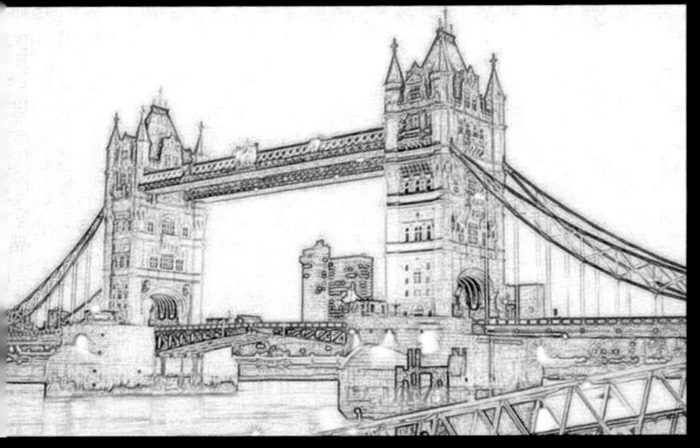

8.1.1 了解视频滤镜

8.3.3 调整视频画面的色彩平衡

8.4.6 发散光晕：制作唯美风格画面效果

9.2.4 应用转场：对素材应用当前效果

9.3.1 替换转场：替换需要的转场效果

9.4.1 旋涡转场：制作画面破碎转场效果

9.4.2 方块转场：制作马赛克转场效果

9.4.8 覆叠转场：制作画中画转场特效

10.4.1　频闪效果：制作画面闪烁特效

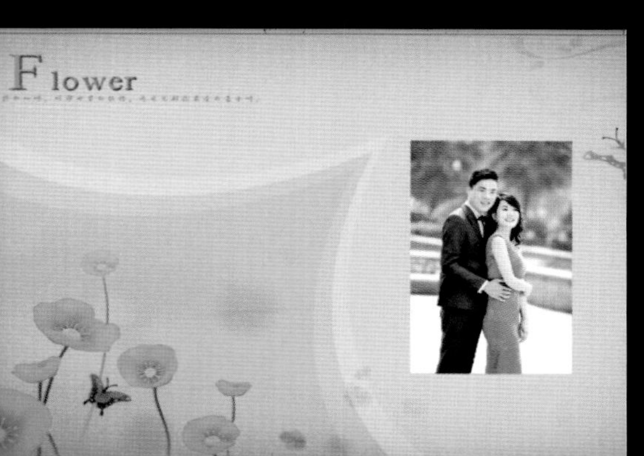

10.4.5　移动效果：制作照片滚屏画面特效

10.4.11　变幻特效：制作照片移动变幻效果

11.2.4　设置字体：更改标题字幕的字体

11.2.6　设置颜色：更改标题字幕的颜色

11.3.4　光晕阴影：制作光晕字幕特效

11.4.13　自动变色：制作颜色无痕迹自动变化效果

11.4.15　广告效果：制作广告字幕效果

11.4.16　双重字幕：制作 MV 字幕效果

12.4.3　重复效果：制作背景声音重复回播特效

12.4.5　去除杂音：清除声音中的部分点击杂音

12.4.8　声音降低：快速降低声音音量

12.4.9　声音增强：放大音频声音音量

12.4.11　变音效果：制作声音的变音声效

12.4.12　多重音效：制作多音轨声音特效

13.1.3　输出 WMV：输出异国美景视频

13.1.5　输出 MP4：输出港湾停泊视频

13.1.6　输出 3GP：输出山雨欲来视频

13.1.8　输出 WAV：输出垂钓蓑翁音频

14.3.2　刻录 AVCHD：刻录神圣时刻视频

15.3.1　上传优酷：将视频上传至优酷网

第 16 章　处理视频画面——《曾经的你》

第 17 章　制作新闻报道——《福元路大桥》

清华大学出版社
荣誉出版

手机摄影大全
第2卷

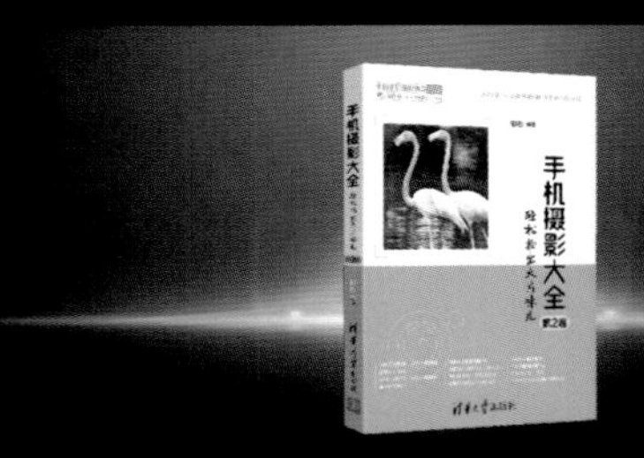

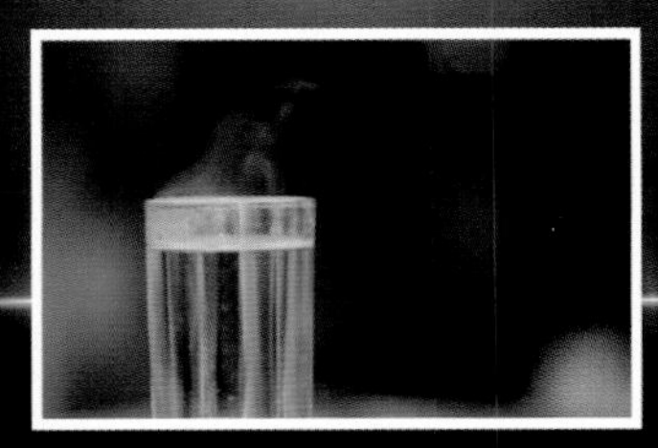

第 18 章　制作电商视频——《手机摄影》

第19章　制作旅游视频——《泰国之行》

第20章　制作儿童相册——《记录成长》

超值素材赠送 1：80 款片头片尾模板

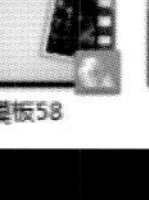

模板49 模板50 模板51 模板52 模板53 模板54 模板61 模板62 模板63 模板64 模板65 模板66

模板55 模板56 模板57 模板58 模板59 模板60 模板67 模板68 模板69 模板70 模板71 模板72

关于片头片尾视频的载入，请参阅 4.4.3 节。

超值素材赠送 2：110 款儿童相册模板

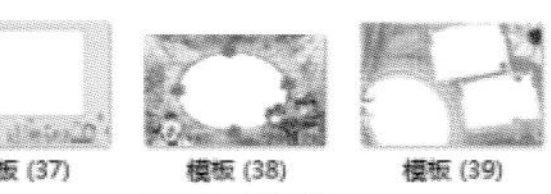

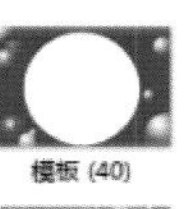

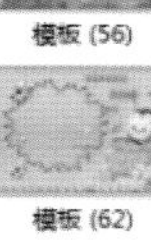

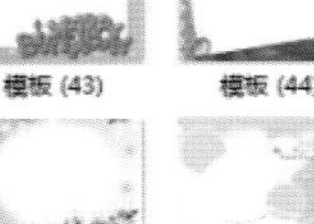

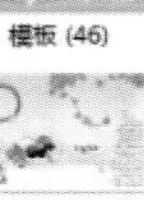

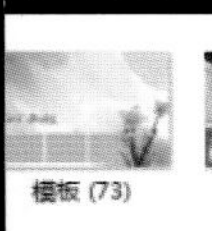

模板 (37) 模板 (38) 模板 (39) 模板 (40) 模板 (41) 模板 (42) 模板 (55) 模板 (56) 模板 (57) 模板 (58) 模板 (59) 模板 (60)

模板 (43) 模板 (44) 模板 (45) 模板 (46) 模板 (47) 模板 (48) 模板 (61) 模板 (62) 模板 (63) 模板 (64) 模板 (65) 模板 (66)

模板 (49) 模板 (50) 模板 (51) 模板 (52) 模板 (53) 模板 (54)

模板 (73) 模板 (74) 模板 (75) 模板 (76) 模板 (77) 模板 (78) 模板 (79) 模板 (80) 模板 (81) 模板 (82) 模板 (83) 模板 (84)

模板 (79) 模板 (80) 模板 (81) 模板 (82) 模板 (83) 模板 (84) 模板 (85) 模板 (86) 模板 (87) 模板 (88) 模板 (89) 模板 (90)

关于儿童相册模板的载入，请参阅 4.4.1 节。

超值素材赠送 3：120 款标题字幕特效

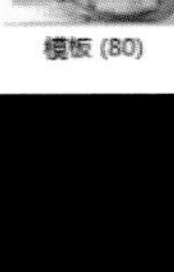

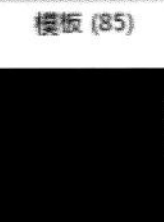

字幕 (19) 字幕 (20) 字幕 (21) 字幕 (22) 字幕 (23) 字幕 (24) 字幕 (31) 字幕 (32) 字幕 (33) 字幕 (34) 字幕 (35) 字幕 (36)

字幕 (25) 字幕 (26) 字幕 (27) 字幕 (28) 字幕 (29) 字幕 (30) 字幕 (37) 字幕 (38) 字幕 (39) 字幕 (40) 字幕 (41) 字幕 (42)

字幕 (43) 字幕 (44) 字幕 (45) 字幕 (46) 字幕 (47) 字幕 (48) 字幕 (55) 字幕 (56) 字幕 (57) 字幕 (58) 字幕 (59) 字幕 (60)

字幕 (49) 字幕 (50) 字幕 (51) 字幕 (52) 字幕 (53) 字幕 (54) 字幕 (61) 字幕 (62) 字幕 (63) 字幕 (64) 字幕 (65) 字幕 (66)

关于标题字幕特效的载入，请参阅 4.4.1 节。

超值素材赠送 4：210 款婚纱影像模板

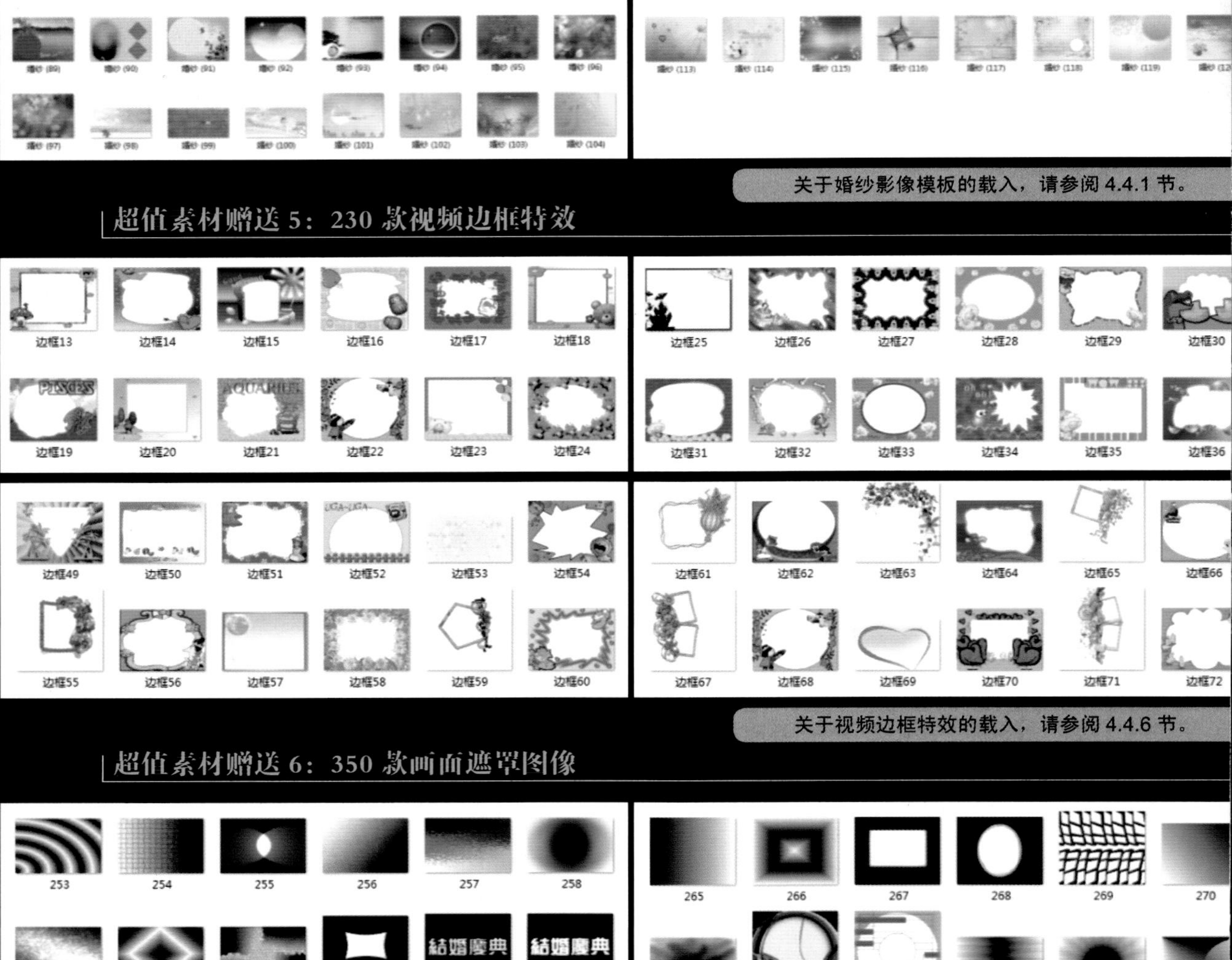

关于婚纱影像模板的载入，请参阅 4.4.1 节。

超值素材赠送 5：230 款视频边框特效

关于视频边框特效的载入，请参阅 4.4.6 节。

超值素材赠送 6：350 款画面遮罩图像

关于画面遮罩图像的载入，请参阅 10.1.2 节，通过选项面板加载外部遮罩样式，然后进行应用。

会声会影X9全面精通

模板应用 + 剪辑精修 + 特效制作 + 输出分享 + 案例实战

袁诗轩◎编著

清华大学出版社

北 京

内容简介

本书从两条线帮助用户从入门到精通会声会影软件，成为视频剪辑和制作高手。

一条是横向案例线，通过 6 大实战案例对各种类型的视频、照片素材进行后期剪辑与特效制作，如处理吉他视频《曾经的你》、制作新闻报道《福元路大桥》、制作电商视频《手机摄影》、制作旅游视频《泰国之行》、制作儿童相册《记录成长》、制作个人写真《锦绣年华》，用户学后可以融会贯通、举一反三，轻松完成自己的视频作品。

另一条是纵向技能线，通过 15 章专题内容、120 多个专家指点、180 多个技能实例、470 分钟高清视频、1800 多张图片全程图解，掌握会声会影软件视频编辑的核心技法，如模板应用、视频剪辑、素材处理、色彩校正、画面精修、滤镜使用、精彩转场、字幕动画、背景音效、输出刻录、网络分享等。

随书光盘超值赠送书中 500 多款实例的素材与效果文件，470 分钟高清视频教学文件，1100 款超值音乐模板素材，其中包括 350 张画面遮罩图像、230 款视频边框模板、210 款婚纱影像模板、120 款标题字幕特效、110 款儿童相册模板、80 款片头片尾模板。

图书在版编目(CIP)数据

会声会影 X9 全面精通：模板应用+剪辑精修+特效制作+输出分享+案例实战/袁诗轩编著. —北京：清华大学出版社，2017（2018. 2重印）

ISBN 978-7-302-45717-6

Ⅰ. ①会…　Ⅱ. ①袁…　Ⅲ. ①视频编辑软件　Ⅳ. ①TP317.53

中国版本图书馆 CIP 数据核字(2016)第 288811 号

责任编辑：韩宜波
装帧设计：杨玉兰
责任校对：吴春华
责任印制：杨　艳
出版发行：清华大学出版社
　　网　　址：http://www.tup.com.cn, http://www.wqbook.com
　　地　　址：北京清华大学学研大厦 A 座　　**邮　　编**：100084
　　社 总 机：010-62770175　　**邮　　购**：010-62786544
　　投稿与读者服务：010-62776969, c-service@tup.tsinghua.edu.cn
　　质量反馈：010-62772015, zhiliang@tup.tsinghua.edu.cn
印 刷 者：北京富博印刷有限公司
装 订 者：北京市密云县京文制本装订厂
经　　销：全国新华书店
开　　本：190mm×260mm　　**印　张**：30.5　　**彩　插**：8　　**字　数**：739 千字
(附 DVD 1 张)
版　　次：2017 年 1 月第 1 版　　**印　次**：2018 年 2 月第 3 次印刷
印　　数：4001～5500
定　　价：69.80 元

产品编号：071370-01

前言

化整为零，不仅是解决一道难题的好办法，也是学习一款软件的好思路。

为了帮助用户掌握会声会影 X9 软件，本书特意分成模板应用、剪辑精修、特效制作、输出分享、案例实战五部分内容，然后分章节，循序渐进、庖丁解牛式精通会声会影 X9 软件的应用，帮助用户掌握视频剪辑、编辑、后期特效、字幕声音效果的制作等。

本书内容图解大致如下。

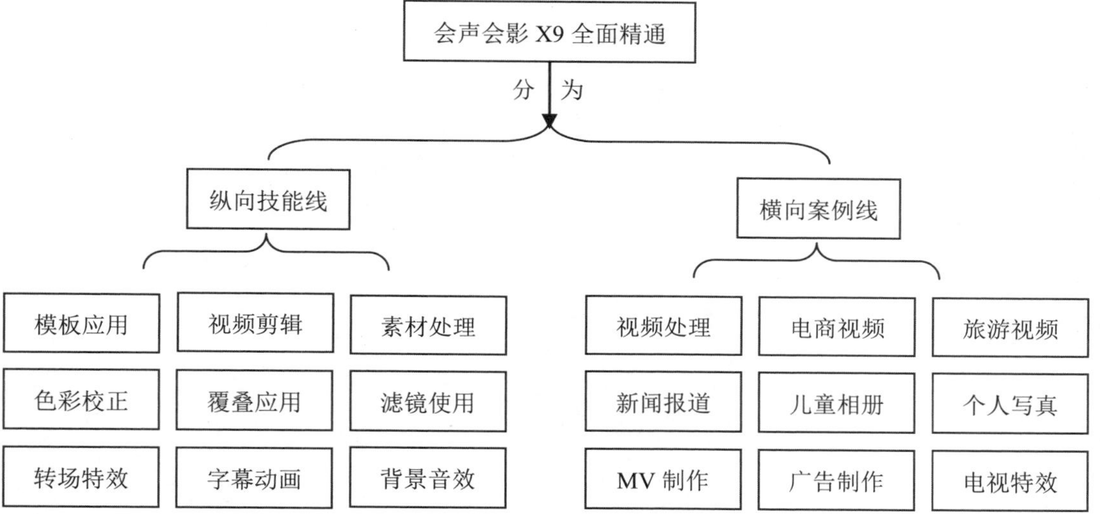

特别说明：本书采用会声会影 X9 软件编写，请用户一定要使用同版本软件。直接打开光盘中的效果时，会弹出重新链接素材的提示，如音频、视频、图像素材，甚至提示丢失信息等，这是因为每个用户安装的会声会影 X9 软件及素材与效果文件的路径不一致，发生了改变，这属于正常现象，用户只需重新链接素材文件夹中的相应文件，即可解决此问题。

本书由袁诗轩编著，参与编写的人员还有刘虹辰、刘胜璋、刘向东、刘松异、刘伟、卢博、周旭阳、袁淑敏、谭中阳、杨端阳、李四华、王力建、柏承能、刘桂花、柏松、谭贤、谭俊杰、徐茜、刘嫔、苏高、柏慧等，在此表示感谢。

由于作者知识水平有限，书中难免有错误和疏漏之处，恳请广大读者批评、指正，并与我们联系，微信公众号：flhshy1(会声会影 1 号)，电子邮箱：feilongbook@163.com。

编　者

目录

目录

目录

目录

IX

目录

章前知识导读

会声会影 X9 是 Corel 公司全新发布的一款视频编辑软件，它主要面向非专业用户，操作十分便捷，一直深受广大数码爱好者的青睐。本章主要向用户介绍会声会影 X9 的新增功能、工作界面以及软件基本操作等内容，希望用户能熟练掌握。

第 1 章 启蒙：初识会声会影 X9

新手重点索引

- 了解视频编辑常识
- 了解会声会影 X9 的新增功能
- 安装与卸载会声会影
- 认识会声会影 X9 的工作界面

效果图片欣赏

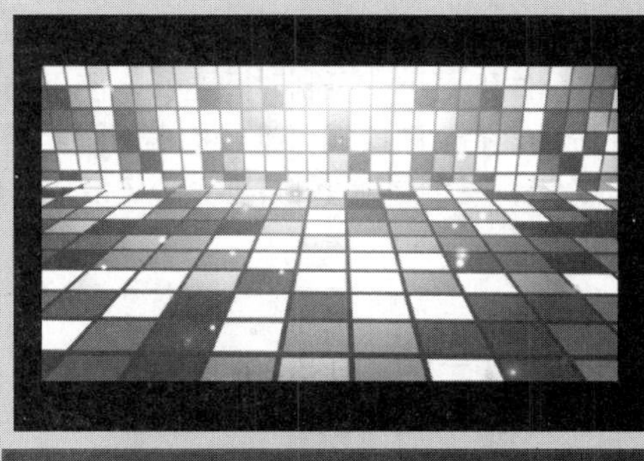

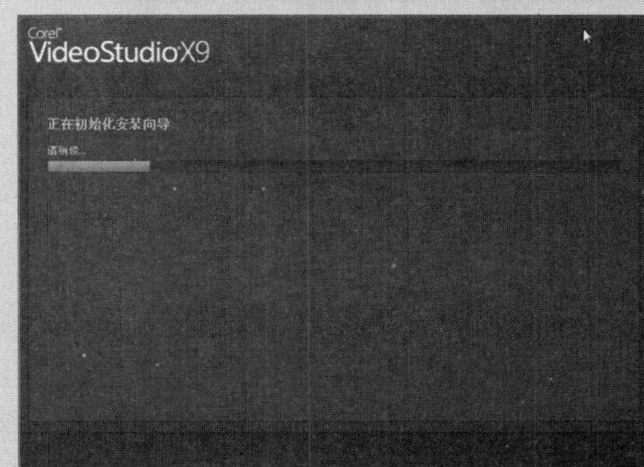

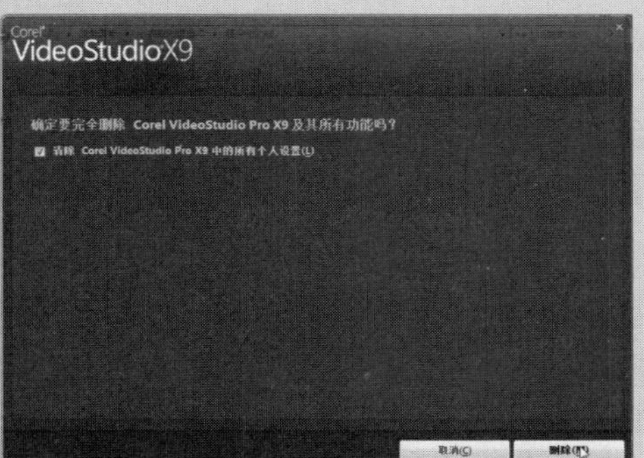

1.1 了解视频编辑常识

会声会影是一款专为个人及家庭等非专业用户设计的视频编辑软件，现已升级到 X9，新版本的会声会影功能更全面，设计更具人性化，操作也更加简单方便。本节主要介绍视频编辑的基本常识，包括视频技术常用术语、视频编辑常用术语、支持的视频格式、支持的图像格式以及支持的音频格式等内容，希望用户仔细阅读与学习。

1.1.1 了解视频技术常用术语

在会声会影 X9 中，常用的视频技术术语主要包括 NTSC、PAL、DV、D8 等。下面将简单介绍这几种常用的视频技术术语。

1. NTSC

NTSC(National Television Standards Committee)是美国国家电视标准委员会定义的一个标准，它的标准是每秒 30 帧、每帧 525 条扫描线。

2. PAL

PAL(Phase Alternation Line)是一个被用于欧洲、非洲和南美洲的电视标准。PAL 的意思是逐行倒相，也属于同时制。它采用对同时传送的两个色差信号中的一个色差信号进行逐行倒相，另一个色差信号进行正交调制的方式。这样，如果在信号传输过程中发生相位失真，则会由于相邻两行信号的相位相反起到互相补偿的作用，从而有效地克服了因相位失真引起的色彩变化。因此，PAL 制式对相位失真不敏感，图像色彩误差较小，与黑白电视的兼容也好。PAL 和 NTSC 这两种制式是不能互相兼容的，如果在 PAL 制式的电视上播放 NTSC 制式的影像，画面将变成黑白色；反之，在 NTSC 制式的电视上播放 PAL 制式的影像也是一样的。

3. DV

DV(Digital Video)是新一代的数字录影带的规格，体积更小、录制时间更长。使用 6.35 带宽的录影带，以数位信号来录制影音，录影时间为 60 分钟，有 LP 模式可延长拍摄时间至带长的 1.5 倍。目前市面上有两种规格的 DV，一种是标准的 DV 带；一种是缩小的 Mini DV 带，一般家用摄像机使用的都是 Mini DV 带。

4. D8

D8(Digital 8)为 Sony 公司新一代机种，与 Hi8 和 V8 一样使用 8mm 带宽的录影带，但是它以数字信号来录制影音，录影时间缩短为原来带长的一半，水平解析度为 500 条。

1.1.2 了解视频编辑常用术语

在会声会影 X9 中，视频编辑的常用术语包括 7 种，如帧和场、分辨率、渲染、电视制式、复合视频信号、编码解码器、“数字/模拟”转换器等。下面将进行简单介绍。

1. 帧和场

帧是视频技术常用的最小单位，一帧是由两次扫描获得的一幅完整图像的模拟信号。视频信号的每次扫描称为场。视频信号扫描的过程是从图像左上角开始，水平向右到达图像右边后迅速返回左边，并另起一行重新扫描。这种从一行到另一行的返回过程称为水平消隐。每一帧扫描结束后，扫描点从图像的右下角返回左上角，再开始新一帧的扫描。从右下角返回左上角的时间间隔称为垂直消隐。一般行频表示每秒扫描多少行，场频表示每秒扫描多少场，帧频表示每秒扫描多少帧。

2. 分辨率

分辨率即帧的大小(Frame Size)，表示单位区域内垂直和水平的像素数值，一般单位区域中像素数值越大，图像显示越清晰，分辨率也越高。不同电视制式的不同分辨率，用途也会有所不同，如表 1-1 所示。

表 1-1　不同电视制式分辨率的用途

制　式	行　帧	用　途
NTSC	352 像素×240 像素	VDC
	720 像素×480 像素、704 像素×480 像素	DVD
	480 像素×480 像素	SVCD
	720 像素×480 像素	DV
	640 像素×480 像素、704 像素×480 像素	AVI 视频格式
PAL	352 像素×288 像素	VCD
	720 像素×576 像素、704 像素×576 像素	DVD
	480 像素×576 像素	SVCD
	720 像素×576 像素	DV
	640 像素×576 像素、704 像素×576 像素	AVI 视频格式

3. 渲染

渲染是指为需要输出的视频文件应用了转场以及其他特效后，将源文件信息组合成单个文件的过程。

4. 电视制式

电视信号的标准称为电视制式。目前各国的电视制式各不相同，制式的区分主要在于其帧频(场频)、分辨率、信号带宽及载频、色彩空间转换的不同等。电视制式主要有 NTSC 制式、PAL 制式、DV 制式等。

5. 复合视频信号

复合视频信号一般可通过电缆输入或输出至视频播放设备上。由于该视频信号不包含伴音，与视频输入端口、输出端口配套使用时还要设置音频输入端口和输出端口，以便同步传输伴音，因此复合式视频端口也称 AV 端口。

6. 编码解码器

编码解码器的主要作用是对视频信号进行压缩和解压缩。一般分辨率为 640 像素×480 像素的视频信息，以每秒 30 帧的速度播放，在无压缩的情况下每秒传输的容量高达 27MB。因此，只有对视频信息进行压缩处理，才能在有限的空间中存储更多的视频信息，这个对视频压缩解压的硬件就是“编码解码器”。

7. “数字/模拟”转换器

“数字/模拟”转换器是一种将数字信号转换成模拟信号的装置。“数字/模拟”转换器的位数越高，信号失真越小，图像也越清晰。

1.1.3 了解支持的视频格式

数字视频是用于压缩视频画面和记录声音数据及回放过程的标准，同时包含了 DV 格式的设备和数字视频压缩技术本身。下面将简单介绍几种常用的视频格式。

1. MPEG 格式

MPEG(Motion Picture Experts Group)类型的视频文件是用 MPEG 编码技术压缩而成的视频文件，被广泛应用于 VCD/DVD 及 HDTV 的视频编辑与处理中。MPEG 包括 MPEG-1、MPEG-2 和 MPEG-4。

2. AVI 格式

AVI(Audio Video Interleave)格式在 Windows 3.1 时代就出现了，它的好处是兼容性强，图像质量好，调用方便，但尺寸有些偏大。

3. WMV 格式

随着网络化的迅猛发展，互联网实时传播的 WMV 视频格式文件逐渐流行起来，其主要优点在于：可扩充的媒体类型、本地或网络回放、可伸缩的媒体类型、多语言支持、扩展性等。

4. Quick Time 格式

Quick Time 是苹果(Apple)公司创立的一种视频格式，在很长一段时间内，它只是在苹果公司的 MAC 机上存在，后来发展到支持 Windows 平台。到目前为止，它一共有 4 个版本，其中以 4.0 版本的压缩率最好，是一种优秀的视频格式。

5. nAIV 格式

nAVI(newAVI)是 ShadowRealm 组织发展起来的一种新的视频格式。它是由 Microsoft ASF 压缩算法修改而来的(并不是想象中的 AVI)。视频格式追求的是压缩率和图像质量，所以 nAVI 为了达到这个目标，改善了原来 ASF 格式的不足，让 nAVI 可以拥有更高的帧率(Frame Rate)。当然，这是以牺牲 ASF 的视频流特性作为代价的。概括来说，nAVI 就是一种去掉视频流特性的改良的 ASF 格式，再简单点说就是非网络版本的 ASF。

6. ASF 格式

ASF(Advanced Streaming Format)是 Microsoft 为了和现在的 Real Player 竞争而发展起来的一种可以直接在网上观看视频节目的文件压缩格式。由于它使用了 MPEG-4 的压缩算法，所以压缩率和图像的质量都很好。因为 ASF 是以一个可以在网上即时观赏的视频流格式存在的，所以它的图像质量比 VCD 差一些，但比同是视频流格式的 RMA 格式要好。

7. Real Video 格式

Real Video 格式是第一个应用视频流技术的格式，它可以在用 56KB Modem 拨号上网的条件下实现不间断的视频播放。当然，其图像质量不能与 MPEG-2、DIVX 等相比。

8. DIVX 格式

DIVX 视频编码技术可以说是一种对 DVD 造成威胁的新生视频压缩格式，它由 Microsoft MPEG-4 修改而来，同时它也可以说是为打破 ASF 的种种协定而发展出来的。而使用这种据说是美国禁止出口的编码技术压缩一部 DVD 只需要 2 张 CD ROM，这就意味着，不需要买 DVD ROM 也可以得到和它差不多的视频质量了，而这一切只需要有 CD ROM，况且播放这种编码，对机器的要求也不高，这绝对是一个了不起的技术，前途不可限量。

在会声会影 X9 中，选择菜单栏中的“文件”|“将媒体文件插入到时间轴”|“插入视频”命令，在弹出的对话框中单击“文件类型”右侧的下拉按钮，在弹出的下拉列表中可以查看会声会影 X9 支持的所有视频格式。

1.1.4 了解支持的图像格式

会声会影 X9 软件支持多种类型的图像格式，包括 JPEG、PNG、BMP、GIF、TIF 等格式。下面将进行简单介绍，希望用户能够熟练掌握这些格式。

1. JPEG 格式

JPEG 格式是一种有损压缩格式，能够将图像压缩在很小的存储空间，图像中重复或不重要的资料会被丢掉，因此容易造成图像数据的损伤。尤其是使用过高的压缩比例，会使最终解压缩后恢复的图像质量明显降低，如果追求高品质图像，不宜采用过高的压缩比例。但是 JPEG 压缩技术十分先进，它用有损压缩方式去除冗余的图像数据，在获得极高的压缩率的同时能展现十分丰富生动的图像。

换句话说，就是可以用最小的磁盘空间得到较好的图像品质，而且 JPEG 是一种很灵活的格式，具有调节图像质量的功能，允许用不同的压缩比例对文件进行压缩，支持多种压缩级别，压缩比率通常在 10：1 到 40：1 之间，压缩比越大，品质就越低；相反地，品质就越高。JPEG 格式的应用非常广泛，特别是在网络和光盘读物上，都能找到它的身影。各类浏览器均支持 JPEG 这种图像格式，因为 JPEG 格式的文件尺寸较小，下载速度快。

2. PNG 格式

采用 PNG 图像文件存储格式的目的是试图替代 GIF 和 TIFF 文件格式，同时增加一些 GIF 文件格式所不具备的特性。可移植网络图形格式(Portable Network Graphic Format，PNG)名称来源于非官方的 PNG's Not GIF，是一种位图文件(Bitmap File)存储格式，读成 ping。

PNG 用来存储灰度图像时，灰度图像的深度可多达 16 位，存储彩色图像时，彩色图像的深度可多达 48 位，并且还可存储多达 16 位的通道数据。PNG 使用从 LZ77 派生的无损数据压缩算法。因为 PNG 格式压缩比高，生成文件容量小，所以一般应用于 Java 程序、网页或 S60 程序中。

3. BMP 格式

BMP(Bitmap)是 Windows 操作系统中的标准图像文件格式，可以分成两类，即设备相关位图(DDB)和设备无关位图(DIB)，使用非常广泛。它采用位映射存储格式，除了图像深度可选以外，不采用其他任何压缩方式。因此，BMP 文件占用的空间很大。BMP 文件的图像深度可选 1bit、4bit、8bit 及 24bit。BMP 文件存储数据时，图像的扫描方式采用从左到右、从下至上的顺序。由于 BMP 文件格式是 Windows 环境中交换与图有关的数据的一种标准，因此在 Windows 环境中运行的图形图像软件都支持 BMP 图像格式。

4. GIF 格式

GIF 是一种基于 LZW 算法的连续色调的无损压缩格式，其压缩率一般在 50%左右，它不属于任何应用程序。目前几乎所有相关软件都支持它，公共领域有大量的软件在使用 GIF 图像文件。GIF 图像文件的数据是经过压缩的，而且是采用了可变长度等压缩算法。一个 GIF 格式的文件中可以保存多幅彩色图像，如果把存于一个文件中的多幅图像数据逐幅读出并显示到屏幕上，就可构成一个最简单的动画。

5. TIF 格式

TIF 格式为图像文件格式，此图像格式复杂，存储内容多，占用存储空间大，其大小是 GIF 图像的 3 倍，是相应的 JPEG 图像的 10 倍，最早流行于 Macintosh，现在 Windows 主流的图像应用程序都支持此格式。

在会声会影 X9 中，选择菜单栏中的“文件”|“将媒体文件插入到时间轴”|“插入照片”命令，在弹出的对话框中单击“文件类型”右侧的下拉按钮，在弹出的下拉列表中可以查看会声会影 X9 支持的所有图像格式。

1.1.5 了解支持的音频格式

数字音频是用来表示声音强弱的数据序列，由模拟声音经抽样、量化和编码后得到。简单地说，数字音频的编码方式就是数字音频格式，不同的数字音频设备对应着不同的音频文件格式。下面将介绍几种常用的数字音频格式。

1. MP3 格式

MP3 全称是 MPEG Layer 3，它在 1992 年被合并至 MPEG 规范中。MP3 能够以高音质、低采样的方式对数字音频文件进行压缩。换句话说，音频文件(主要是大型文件，比如 WAV 文件)能够在音质丢失很少的情况下(人耳根本无法察觉这种音质损失)把文件压缩到更小的程度。

2. MP3 Pro 格式

MP3 Pro 是由瑞典 Coding 科技公司开发的，其中包含两大技术：一是来自于 Coding 科技公司所特有的解码技术；二是由 MP3 专利持有者——法国 Thomson 多媒体公司和德国 Fraunhofer 集成电路协会共同研究的一项译码技术。MP3 Pro 可以在基本不改变文件大小的情况下改善原先的 MP3 音质，它能够在使用较低的比特率压缩音频文件的情况下，最大限度地保持压缩前的音质。

MP3 Pro 格式与 MP3 是兼容的，所以它的文件类型也是 MP3。MP3 Pro 播放器可以支持播放 MP3 Pro 和 MP3 编码的文件；普通的 MP3 播放器也可以支持播放 MP3 Pro 编码的文件，但只能播放出 MP3 的音量。虽然 MP3 Pro 是一个优秀的技术，但是由于技术专利费用的问题及其他技术提供商(如 Microsoft)的竞争，MP3 Pro 并没有得到广泛应用。

3. WMA 格式

WMA 是微软公司在互联网音频、视频领域的力作。WMA 格式可以通过减少数据流量但保持音质的方法来达到更高的压缩率。其压缩率一般可以达到 1:18。另外，WMA 格式的文件还可以通过 DRM(Digital Rights Management)方案防止拷贝，或者限制播放时间和播放次数以及限制播放机器，从而有力地防止盗版。

4. WAV 格式

WAV 是微软(Microsoft)公司开发的一种声音文件格式，又称为波形声音文件，是最早的数字音频格式，受 Windows 平台及其应用程序广泛支持。WAV 格式支持许多压缩算法，支持多种音频位数、采样频率和声道，采用 44.1kHz 的采样频率，16 位量化位数，因此 WAV 的音质与 CD 相差无几，但 WAV 格式文件对存储空间的需求大，不便于交流和传播。

5. MP4 格式

MP4 采用的是美国电话电报公司(AT&T)研发的以“知觉编码”为关键技术的 A2B 音乐压缩技术，是由美国网络技术公司(GMO)及 RIAA 联合公布的一种新型音乐格式。MP4 在文件中采用了保护版权的编码技术，只有特定的用户才可以播放，有效地保护了音频的版权。

6. Real Audio 格式

Real Audio 是由 Real Networks 公司推出的一种文件格式，主要适用于网络在线播放。Real

Audio 格式文件最大的特点就是可以实时传输音频信息，例如在网速比较慢的情况下，仍然可以较为流畅地传送数据。

7. AU 格式

AU 是 UNIX 下的一种常用的音频格式，起源于 Sun 公司的 Solaris 系统。这种格式本身也支持多种压缩方式，但文件结构的灵活性不如 WAV 格式。这种格式的最大问题是它本身所依附的平台不是面向广大消费者的，因此知道这种格式的用户并不多。但是这种格式出现了很多年，所以许多播放器和音频编辑软件都提供了读/写支持。目前可能唯一使用 AU 格式来保存音频文件的就是 Java 平台了。

8. AIFF 格式

AIFF 是苹果(Apple)计算机上标准的音频格式，属于 QuickTime 技术的一部分。这种格式的特点就是格式本身与数据的意义无关，因此受到了 Microsoft 的青睐，并据此制作出 WAV 格式。AIFF 虽然是一种很优秀的文件格式，但由于它是苹果(Apple)计算机上的格式，因此在 PC 平台上并没有流行。不过，由于苹果(Apple)计算机多用于多媒体制作出版行业，因此几乎所有的音频编辑软件和播放软件都或多或少地支持 AIFF 格式。由于 AIFF 格式的包容特性，它支持许多压缩技术。

9. VQF 格式

VQF 是由 Yamaha 和 NTT 共同开发的一种音频压缩技术，它的压缩率可以达到 1:18(与 WMA 格式相同)。压缩的音频文件体积比 MP3 格式小 30%～50%，更便于网络传播，同时音质极佳，几乎接近 CD 音质(16 位 44.1kHz 立体声)。唯一遗憾的是，VQF 未公开技术标准，所以至今没能流行开来。

10. DVD Audio 格式

DVD Audio 是最新一代的数字音频格式，它与 DVD Video 尺寸、容量相同，为音乐格式的 DVD 光盘。

在会声会影 X9 的时间轴面板中右击，在弹出的快捷菜单中选择“插入音频”|“到音乐轨”命令，在弹出的对话框中单击“文件类型”右侧的下拉按钮，在弹出的下拉列表中可以查看会声会影 X9 支持的所有音频格式。

1.1.6 了解线性与非线性编辑

传统的后期编辑应用的是 A/B ROLL 方式，它要用到两个放映机(A 和 B)、一台录像机和一台转换机(Switcher)。A 和 B 放映机中的录像带上存储了采集好的视频片段，这些片段的每一帧都有时间码。如果现在把 A 带上的 a 视频片段与 B 带上的 b 视频片段连接在一起，就必须先设定好 a 片段要从哪一帧开始、到哪一帧结束，即确定好“开始”点和“结束”点。同样，由于 b 片段也要设定好相应的“开始”和“结束”点，当将两个视频片段连接在一起时，就可以使用转换机来设定转换效果，当然也可以通过它来制作更多特效。视频后期编辑的两种类型包括线性编辑和非线性编辑，下面进行简单介绍。

1. 了解线性编辑

“线性编辑”是利用电子手段，按照播出节目的需求对原始素材进行顺序剪辑处理，最终形成新的连续画面。其优点是技术比较成熟，操作相对比较简单。线性编辑可以直接、直观地对素材录

像带进行操作，因此操作起来较为简单。

线性编辑系统所需的设备也为编辑过程带来了诸多的不便，全套的设备不仅投入的成本较高，而且设备的连线多，故障发生也频繁，维修起来更是比较复杂。采用这种线性编辑技术的编辑过程只能按时间顺序进行，无法删除、缩短或加长中间某一段的视频区域。

2. 了解非线性编辑

非线性编辑是针对线性编辑而言的，它具有以下 3 个特点。

- 需要强大的硬件，价格十分昂贵。
- 依靠专业视频卡实现实时编辑，目前大多数电视台均采用这种系统。
- 非实时编辑，影像合成需要通过渲染来生成，花费的时间较长。

形象地说，非线性编辑是指对广播或电视节目不是按素材原有的顺序或长短，而是随机进行编排、剪辑的编辑方式。这比使用磁带的线性编辑更方便、效率更高，编成的节目可以任意改变其中某个段落的长度或插入其他段落，而不用重录其他部分。虽然非线性编辑在某些方面运用起来非常方便，但是线性编辑还不是非线性编辑在短期内能够完全替代的。

非线性编辑的制作过程：首先创建一个编辑平台，然后将数字化的视频素材拖放到平台上。在该平台上可以自由地设置编辑信息，并灵活地调用编辑软件提供的各种工具。

会声会影是一款非线性编辑软件，正是由于这种非线性的特性，使得视频编辑不再依赖编辑机、字幕机和特效机等价格非常昂贵的硬件设备，让普通家庭用户也可以轻而易举地体验到视频编辑的乐趣。表 1-2 所示为线性编辑与非线性编辑的特点。

表 1-2　线性编辑与非线性编辑的特点

内　容	线性编辑	非线性编辑
学习性	不易学	易学
方便性	不方便	方便
剪辑所耗费的时间	长	短
加文字或特效	需购买字幕机或特效机	可直接添加字幕和特效
品质	不易保持	易保持
实用性	需剪辑师	可自行处理

会声会影的非线性编辑，主要是借助计算机来进行数字化制作，几乎所有的工作都在计算机中完成，不再需要那么多的外部设备，对素材的调用也是瞬间实现，不用反反复复地在磁带上寻找，突破了单一的时间顺序编辑限制，可按各种顺序排列，具有快捷简便、随机的特性。

1.2 了解会声会影 X9 的新增功能

会声会影 X9 在会声会影 X8 的基础上新增和增强了许多功能，如全新的多相机编辑器、全新的添加/删除轨道功能、全新的多点运动追踪功能、全新的等量化音频滤镜以及增强的影音快手模板等。本节主要向用户简单介绍会声会影 X9 的新增功能。

1.2.1 全新的多相机编辑器

多相机编辑器是会声会影 X9 中最实用的视频剪辑功能，它提供了 4 个剪辑视频的相机窗口，可以将用户从不同角度、用不同相机拍摄的多个视频画面剪辑出来，合成为一段视频。通过简单的多相机编辑器界面，可以对多个视频素材进行实时动态编辑，可以从一个视频画面切换至另一个视频画面，使用户可以从不同的场景中截取需要的视频部分。

选择菜单栏中的“工具”|“多相机编辑器”命令，即可打开多相机编辑器窗口。在下方的相机轨道中，最多可以添加 4 段不同的视频素材，通过在左上方不同的相机预览窗口中选择视频画面来对视频进行剪辑合成操作，如图 1-1 所示。

图 1-1　多相机编辑器窗口

一般情况下，后期视频剪辑软件都带有多相机编辑器的功能，可以在软件界面中对多个视频画面进行实时剪辑操作。会声会影 X9 中的多相机编辑器功能与 Adobe Premiere Pro、EDIUS 中的多机位编辑模式的功能类似，都是对多个相机中的视频画面进行剪辑合成操作，剪辑的方法大同小异。

1.2.2 全新的添加/删除轨道

在以往的会声会影版本中，用户只能通过“轨道管理器”对话框对覆叠轨道进行添加和删除操作，而在会声会影 X9 中提供了直接添加/删除轨道的功能。方法很简单，用户直接在轨道图标上右击，在弹出的快捷菜单中选择“插入轨上方”命令或“插入轨下方”命令，如图 1-2 所示，即可在时间轴视图中插入一条覆叠轨道，插入标题轨道的操作方法也是一样的。

如果用户不再需要某条覆叠轨道或标题轨道，可以在不需要的轨道图标上右击，在弹出的快捷菜单中选择“删除轨”命令，如图 1-3 所示，即可在时间轴视图中删除不需要的轨道。

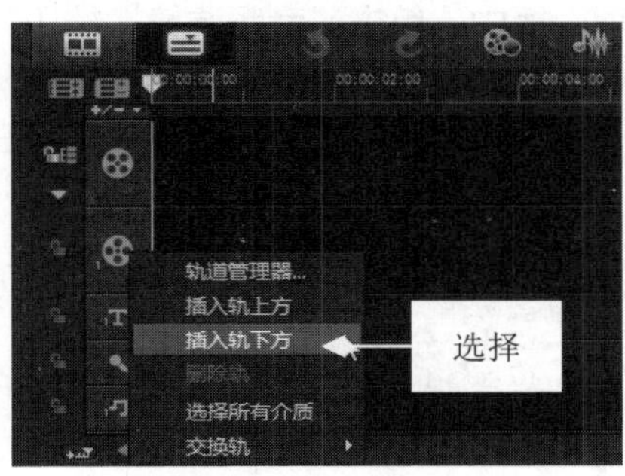

图 1-2　选择“插入轨下方”命令

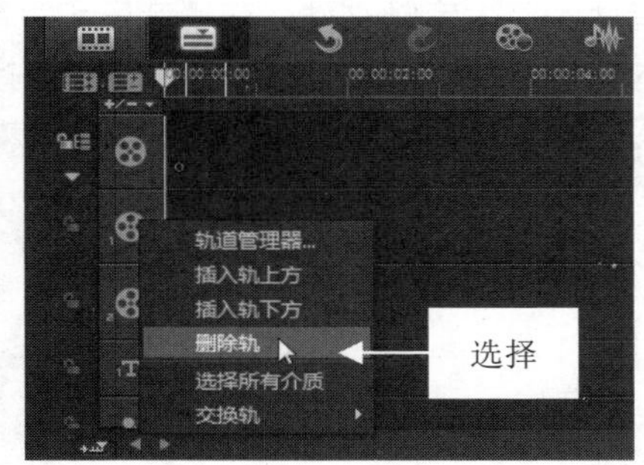

图 1-3　选择“删除轨”命令

1.2.3 全新的多点运动追踪

在以往的会声会影版本中，当用户使用运动追踪功能处理视频画面时，只能用“按点设置跟踪器”功能和“按区域设置跟踪器”功能来设定运动追踪的画面路径，这两种功能可以处理一般的视频画面追踪效果，如果用户需要在视频上自定义追踪画面的区域就不太方便了。而在会声会影 X9 中，新增了“设置多点跟踪器”功能，用户可以在视频画面上随意设定需要追踪的画面区域，在操作上更加灵活、方便。

在视频轨中，选择需要追踪的视频文件，选择菜单栏中的“编辑”|“运动追踪”命令，弹出“运动追踪”对话框，在右下方单击“设置多点跟踪器”按钮，如图 1-4 所示。然后可以在左上方的预览窗口中通过拖曳 4 个红色控制点来自定义追踪的画面，如图 1-5 所示。

图 1-4 单击“设置多点跟踪器”按钮

图 1-5 自定义追踪的画面

专家指点

当用户在人物视频画面上应用运动追踪功能时，单击“设置多点跟踪器”按钮，并设置追踪的区域，然后单击“运动追踪”按钮，则当人物或对象离追踪的区域更近或更远时，画面会自动调整马赛克模糊的大小。

1.2.4 全新的等量化音频滤镜

等量化音频滤镜是会声会影 X9 新增的功能，该滤镜可以对音频文件的音量进行均衡处理，无论声音的音量是高音还是低音，使用等量化音频滤镜后都可以使整段音频的音量位于一条平行线上，达到平衡声音音量的效果。

在声音轨中双击音频文件，在“音乐和声音”选项面板中，单击“音频滤镜”按钮，弹出“音频滤镜”对话框，在“可用滤镜”列表框中选择“等量化”选项，如图 1-6 所示。单击“添加”按钮，即可将其添加至“已用滤镜”列表框中，如图 1-7 所示。单击“确定”按钮，即可在音频文件上应用“等量化”音频滤镜。

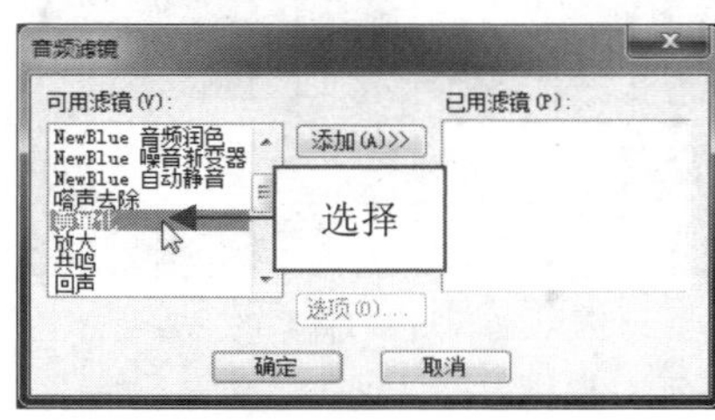

图 1-6 选择“等量化”选项

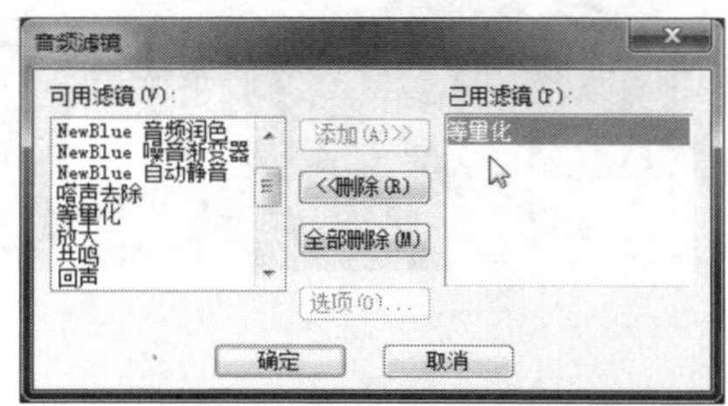

图 1-7 添加至“已用滤镜”列表框中

1.2.5 全新的音频滤镜面板

在以往的会声会影版本中，如果用户需要添加音频滤镜，只能单击“音乐和声音”选项面板中的“音频滤镜”按钮，在弹出的“音频滤镜”对话框中添加相应的音频滤镜至音频文件上。而在会声会影 X9 中，用户可以直接在“滤镜”面板中选择需要的音频滤镜，该操作既方便，又快捷。

在会声会影 X9 界面的右上方，单击“滤镜”按钮，切换至“滤镜”选项卡，然后单击“显示音频滤镜”按钮，如图 1-8 所示，即可显示软件自带的多种音频滤镜，如图 1-9 所示。

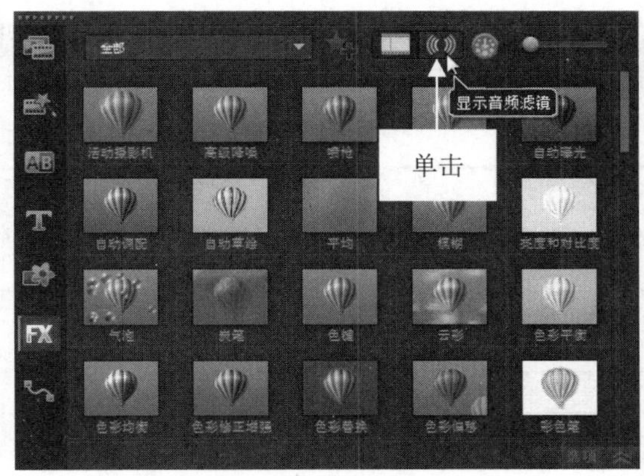

图 1–8　单击“显示音频滤镜”按钮

图 1–9　显示软件自带的多种音频滤镜

1.2.6　增强的音频微调功能

在会声会影 X9 中，通过增强的音频调节功能，可以对音频的调节级别、敏感度、起音以及衰减等参数进行微调设置。通过调节音频的参数，可以使音频在播放时与视频画面更加融合、流畅。

当用户在音乐轨中添加音频文件后，在音乐轨图标上右击，在弹出的快捷菜单中选择“音频调节”命令，如图 1–10 所示。执行操作后，即可弹出“音频调节”对话框，在其中可以进行相关参数设置，如图 1–11 所示。

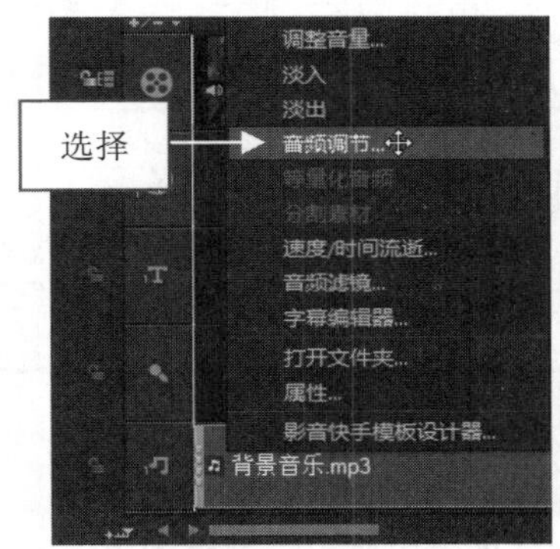

图 1–10　选择“音频调节”命令

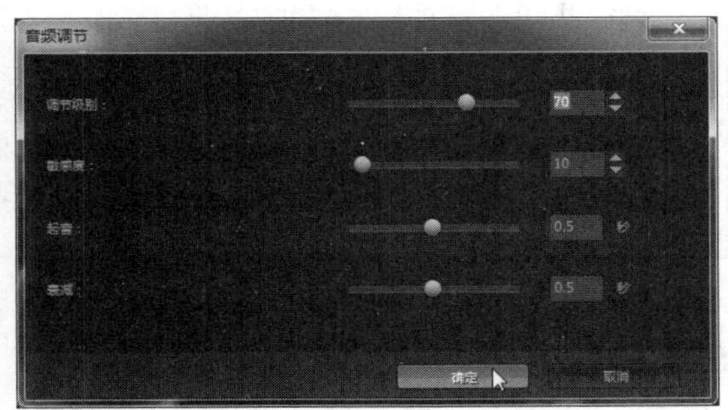

图 1–11　“音频调节”对话框

1.3 安装与卸载会声会影

用户在学习会声会影 X9 之前，需要对软件的系统配置有所了解以及掌握软件的安装与卸载等方法。本节主要介绍安装会声会影 X9 所需的系统配置要求，以及安装与卸载会声会影 X9 等操作。

1.3.1　了解软件所需的系统配置

视频编辑需要占用较多的计算机资源，因此用户在选用视频编辑配置系统时，要考虑的因素包括硬盘的大小和速度、内存的大小以及处理器的性能。这些因素决定了保存视频的容量、处理和渲染文件的速度。

如果用户有能力购买大容量的硬盘、更多内存和更快的 CPU，就应尽量配置得高档一些。需要注意的是，由于技术变化非常快，需先评估自己所要做的视频编辑项目的类型，然后根据工作需要配置系统。若要正常启用会声会影 X9，系统需要达到如表 1-3 所示的最低配置要求。

表 1-3　最低配置要求

硬件名称	基本配置	建议配置
CPU	Intel Core Duo 1.83GHz、AMD 双核 2.0GHz 或更高	建议使用 Intel Core i7 处理器以达到更高的编辑效率
操作系统	Microsoft Windows 8、Windows 7、Windows Vista 或 Windows XP，安装有最新的 Service Pack(32 位或 64 位版本)	
内存	2GB 内存	建议使用 4GB 以上内存
硬盘	用于安装程序的硬盘空间在 3GB 左右；用于视频捕捉和编辑的影片空间应尽可能大一些 注意：捕获 1 小时 DV 视频需要 13GB 的硬盘空间；用于制作 VCD 的 MPEG-1 影片 1 小时需要 600MB 硬盘空间；用于制作 DVD 的 MPEG-2 影片 1 小时需要 4.7GB 硬盘空间	建议保留尽可能大的硬盘空间
驱动器	CD-ROM、DVD-ROM 驱动器	
光盘刻录机	DVD-R/RW、DVD＋R/RW、DVD-RAM、CD-R/RW	建议使用 Blue-ray(蓝光)刻录机输出高清品质的光盘
显卡	128MB 以上显存	建议使用 512MB 或更高显存
声卡	Windows 兼容的声卡	建议采用多声道声卡，以便支持环绕音效
其他	Windows 兼容的设备；适用于 DV/D8 摄像机的 1394 FireWire 卡；USB 捕获设备和摄像头；支持 OHCE Compliant IEEE-1394 和 1394 Adapter 8940/8945 接口	
网络	计算机需具备国际网络连接能力，当程序安装完成后，第一次打开程序时，请务必连接网络，然后单击“激活”按钮，即可使用程序的完整功能，如果未完成激活，则仅能使用 VCD 功能	
显示器	至少支持 1024 像素×768 像素的显示分辨率，24 位真彩显示	建议使用 22 英寸以上显示器，分辨率达到 1680 像素×1050 像素，以获得更大的操作空间

1.3.2 准备软件：安装会声会影 X9

当用户仔细了解了安装会声会影 X9 所需的系统配置和硬件信息后，接下来就可以准备安装会声会影 X9 软件。该软件的安装与其他应用软件的安装方法基本一致。在安装会声会影 X9 之前，需要先检查计算机是否装有低版本的会声会影程序，如果有，需要将其卸载后再安装新的版本。下面将对会声会影 X9 的安装过程进行详细的介绍。

素材文件　无
效果文件　无
视频文件　视频\第 1 章\1.3.2　准备软件：安装会声会影 X9.mp4

【操练+视频】——准备软件：安装会声会影 X9

step 01 将会声会影 X9 安装程序复制到计算机中，进入安装文件夹，选择 Setup 安装文件并右击，在弹出的快捷菜单中选择“打开”命令，如图 1-12 所示。

step 02 即可启动会声会影 X9 安装程序，开始加载软件，并显示加载进度，如图 1-13 所示。

step 03 稍等片刻，进入下一个页面，在其中选中“我接受许可协议中的条款”复选框，如图 1-14 所示。

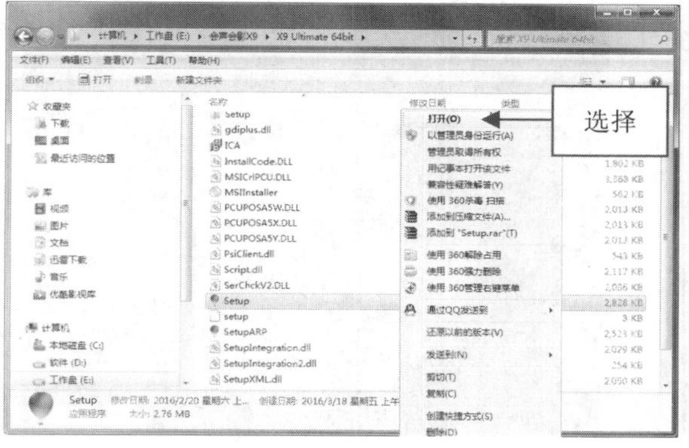

图 1–12　选择“打开”命令

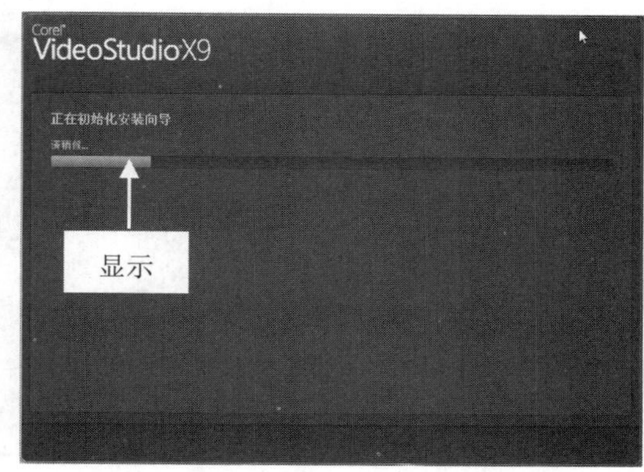

图 1–13　显示加载进度

step 04 单击“下一步”按钮，进入下一个页面，在其中输入软件序列号，如图 1–15 所示。

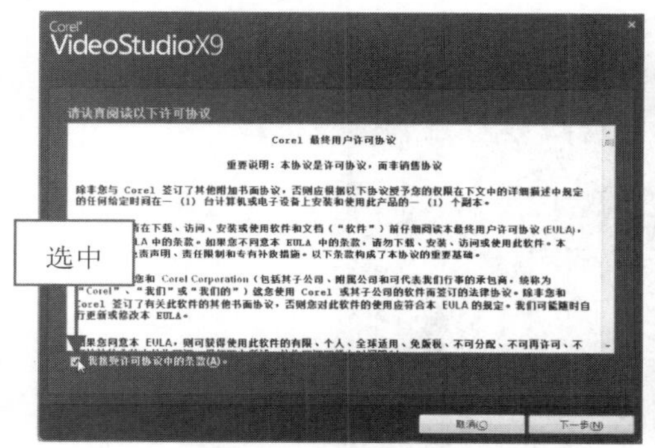

图 1–14　选中相应复选框

图 1–15　输入软件序列号

step 05 输入完成后，单击“下一步”按钮，进入下一个页面，在其中单击“更改”按钮，如图 1–16 所示。

step 06 弹出“浏览文件夹”对话框，在其中选择软件安装的文件夹，如 Program Files 文件夹，如图 1–17 所示。

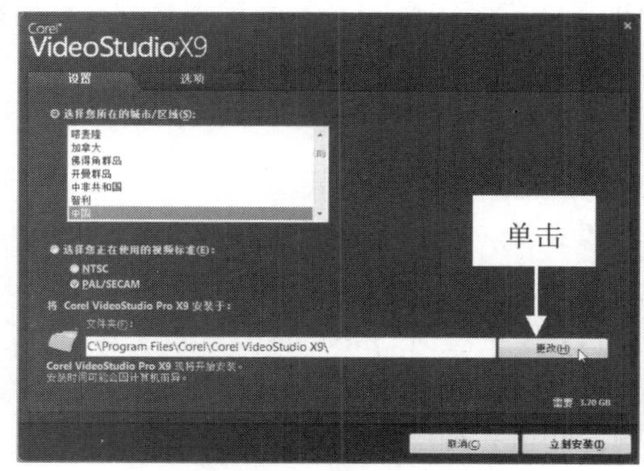

图 1–16　单击“更改”按钮

图 1–17　选择软件安装的文件夹

step 07 单击“确定”按钮，返回相应页面，在“文件夹”下方的文本框中显示了软件安装的位置，如图 1–18 所示。

step 08 确认无误后，单击“立刻安装”按钮，开始安装 Corel VideoStudio X9 软件，并显示安装进度，如图 1–19 所示。

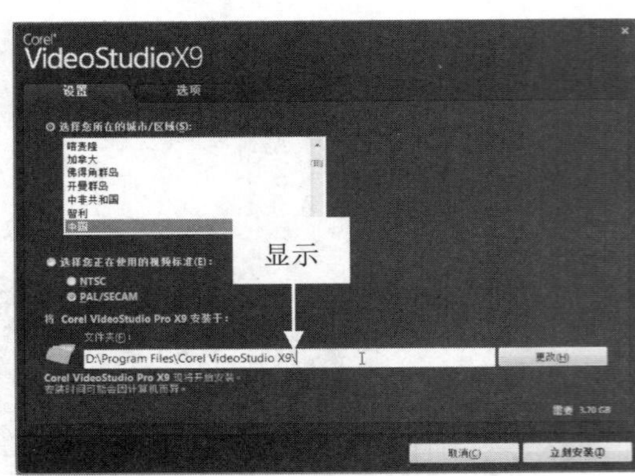

图 1–18　显示软件安装位置

图 1–19　显示安装进度

step 09 稍等片刻，待软件安装完成后，进入下一个页面，提示软件已经安装成功，单击“完成”按钮，即可完成操作，如图 1–20 所示。

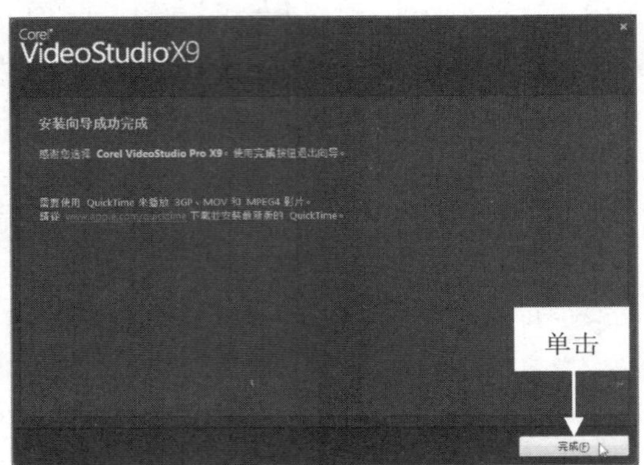

图 1–20　单击“完成”按钮

1.3.3 软件无法安装成功如何解决

用户在安装会声会影 X9 的过程中，有时会出现无法安装的情况，下面就来介绍几种可能出现的问题，以及解决办法。

1. 由于注册表未清理干净导致安装失败

安装会声会影 X9 的过程中，提示安装向导未完成，如图 1–21 所示。

这是因为此前在这台计算机上安装过会声会影软件，用户需要对会声会影注册表进行清理。选择桌面左下角的“开始”|“运行”命令，弹出“运行”对话框，在“打开”文本框中输入 regedit，打开“注册表编辑器”窗口，在左侧列表框中展开 HKEY_CURRENT_USER | Software 选项，在展开的选项组中选择 Corel 选项，并在该选项上右击，在弹出的快捷菜单中选择“删除”命令，在弹出的对话框中单击“是”按钮，即可完成注册表的清理。

2. 由于系统位数不对导致安装失败

安装会声会影 X9 的过程中，有时会提示版本安装位数不对，如图 1–22 所示。

这是因为下载的软件版本与计算机系统位数不兼容，用户只需要重新下载与计算机系统兼容的安装软件版本即可。可以在桌面上选中“计算机”图标并右击，在弹出的快捷菜单中选择“属性”命令，在打开的“系统”窗口中查看系统的位数。

图 1–21　提示安装向导未完成

图 1–22　提示选择相兼容的 32 位或 64 位版本

1.3.4 删除软件：卸载会声会影 X9

如果用户不再需要使用会声会影 X9 软件了，可以将其卸载，以提高系统的运行速度。下面就来介绍卸载会声会影 X9 的方法。

素材文件	无
效果文件	无
视频文件	视频\第 1 章\1.3.4　删除软件：卸载会声会影 X9.mp4

【操练+视频】——删除软件：卸载会声会影 X9

step 01 选择桌面左下角的“开始”|“控制面板”命令，打开“所有控制面板项”窗口，单击“程序和功能”链接，如图 1–23 所示。

step 02 打开“程序和功能”窗口，选择会声会影 X9 软件并右击，在弹出的快捷菜单中选择“卸载/更改”命令，如图 1–24 所示。

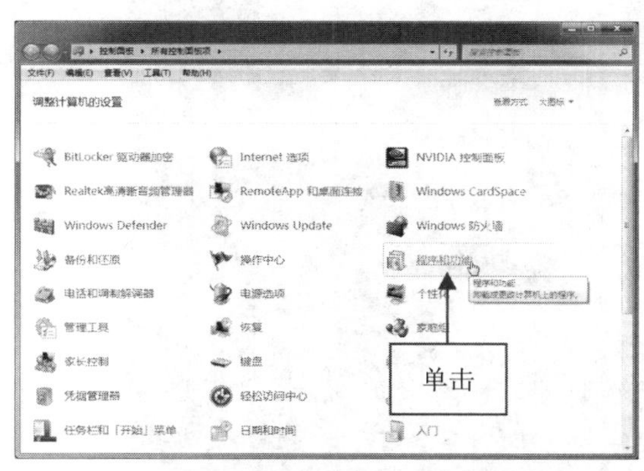

图 1–23　单击“程序和功能”链接

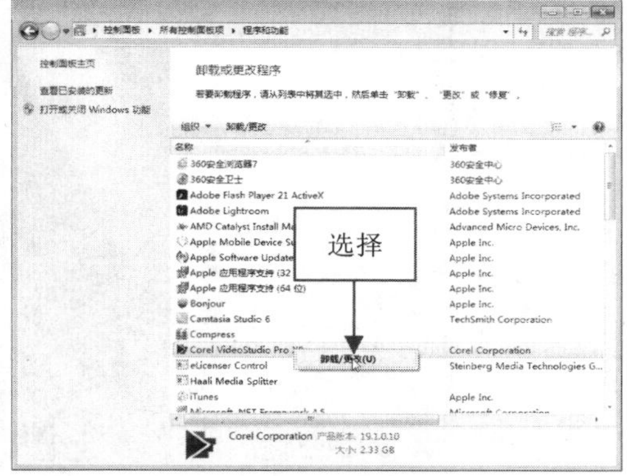

图 1–24　选择“卸载/更改”命令

step 03 在弹出的卸载窗口中，选中“清除 Corel VideoStudio Pro X9 中的所有个人设置”复选框，单击“删除”按钮，如图 1–25 所示。

step 04 开始卸载会声会影 X9，并显示卸载进度；稍等片刻，待软件卸载完成后，提示软件已经卸载成功，如图 1–26 所示。单击“完成”按钮，即可完成操作。

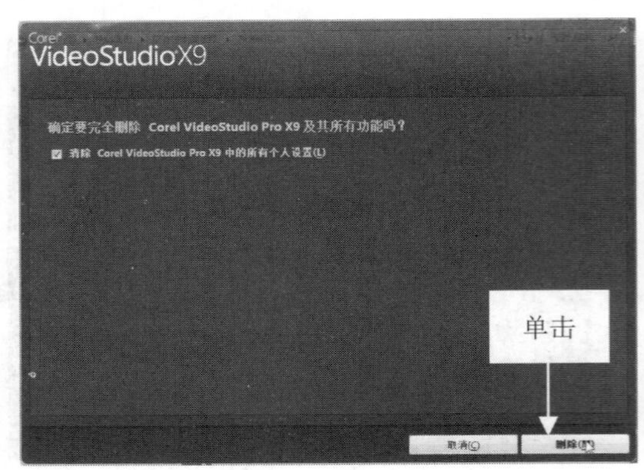

图 1-25　单击“删除”按钮

图 1-26　单击“完成”按钮

1.4 认识会声会影 X9 工作界面

会声会影 X9 编辑器提供了完善的编辑功能，用户利用它可以全面控制影片的制作过程，还可以为采集的视频添加各种素材、转场、覆叠及滤镜效果等。使用会声会影编辑器的图形化界面，可以清晰而快速地完成各种影片的编辑工作。本节主要介绍会声会影 X9 工作界面的组成部分，希望用户能够熟练掌握。

1.4.1 工作界面的组成

会声会影 X9 工作界面主要包括菜单栏、步骤面板、预览窗口、导览面板、选项面板、各类素材库以及时间轴面板等，如图 1-27 所示。

图 1-27　会声会影 X9 工作界面

1.4.2 认识菜单栏

在会声会影 X9 中，菜单栏位于工作界面的上方，包括“文件”“编辑”“工具”“设置”“帮助”5 个菜单，如图 1-28 所示。

图 1-28 菜单栏

1. “文件”菜单

“文件”菜单中各命令的含义介绍如下。

- 新建项目：可以新建一个普通项目文件。
- 新 HTML 5 项目：可以新建一个 HTML 5 格式的项目文件。
- 打开项目：可以打开一个项目文件。
- 保存：可以保存一个项目文件。
- 另存为：可以另存为一个项目文件。
- 导出为模板：将现有的影视项目文件导出为模板，方便以后重复调用。
- 智能包：将现有项目文件进行智能打包操作，还可以根据需要对智能包进行加密。
- 成批转换：可以成批转换项目文件的格式，包括 AVI、MPEG、MOV 以及 MP4 等格式。
- 保存修整后的视频：可以将修整或剪辑后的视频文件保存到媒体素材库中。
- 重新链接：当素材源文件被更改位置或更改名称后，可以通过“重新链接”功能重新链接修改后的素材文件。
- 修复 DVB-T 视频：可以修改视频素材。
- 将媒体文件插入到时间轴：可以将视频、照片、音频等素材插入到时间轴面板中。
- 将媒体文件插入到素材库：可以将视频、照片、音频等素材插入到素材库面板中。
- 退出：可以退出会声会影 X9 工作界面。

2. “编辑”菜单

“编辑”菜单中各命令的含义介绍如下。

- 撤销：可以撤销做错的视频编辑操作。
- 重新：可以恢复被撤销后的视频编辑操作。
- 删除：可以删除视频、照片或音频素材。
- 复制：可以复制视频、照片或音频素材。
- 复制属性：可以复制视频、照片或音频素材的属性，该属性包括覆叠选项、色彩校正、滤镜特效、旋转、大小、方向、样式以及变形等。
- 粘贴：可以对复制的素材进行粘贴操作。
- 粘贴所有属性：粘贴复制的所有素材属性。
- 粘贴可选属性：粘贴部分素材的属性，用户可以根据需要自行选择。
- 运动追踪：在视频中运用运动追踪功能，可以运动跟踪视频中的某一个对象，形成一条路径。
- 匹配动作：当用户为视频设置运动追踪后，使用匹配动作功能可以设置运动追踪的属性，包括对象的偏移、透明度、阴影以及边框都可以进行设置。
- 自定义动作：可以为视频自定义变形或运动效果。
- 删除运动：删除视频中添加的自定义动作特效。
- 更改照片/色彩区间：可以更改照片或色彩素材的持续时间长度。

- 抓拍快照：可以在视频中抓拍某一个动态画面的静帧素材。
- 自动摇动和缩放：可以为照片素材添加摇动和缩放运动特效。
- 多重修整视频：可以多重修整视频素材的长度，以及对视频片段进行剪辑操作。
- 分割素材：可以对视频、照片以及音频素材的片段进行分割操作。
- 按场景分割：按照视频画面的多个场景将视频素材分割为多个小节。
- 分割音频：将视频文件中的背景音乐单独分割出来，使其在时间轴面板中成为单个文件。
- 速度/时间流逝：可以设置视频的速度。
- 变速调节：可以更改视频画面为快动作播放或慢动作播放。
- 停帧：可以截取视频画面中的一个定帧画面，并设置画面区间长度。

3. “工具”菜单

“工具”菜单中各命令的含义介绍如下。

- 多相机编辑器：可以将用户从不同角度、用不同相机拍摄的多个视频画面剪辑出来，合成为一段视频。
- 影音快手：可以使用软件自带的模板快速制作影片画面。
- DV 转 DVD 向导：可以使用 DV 转 DVD 向导来捕获 DV 中的视频素材。
- 创建光盘：在“创建光盘”子菜单中，还包括多种光盘类型，如 DVD 光盘、AVCHD 光盘以及蓝光光盘等，选择相应的选项可以将视频刻录为相应的光盘。
- 从光盘镜像刻录(ISO)：可以将视频文件刻录为 ISO 格式的镜像文件。
- 绘图创建器：在绘图创建器中，可以使用画笔工具绘制各种不同的图形对象。

4. “设置”菜单

“设置”菜单中各命令的含义介绍如下。

- 参数选择：可以设置项目文件的各种参数，包括项目参数、回放属性、预览窗口颜色、撤销级别、图像采集属性以及捕获参数设置等。
- 项目属性：可以查看当前编辑的项目文件的各种属性，包括时长、帧速率以及视频尺寸等。
- 智能代理管理器：是否将项目文件进行智能代理操作，在“参数选择”对话框的“性能”选项卡中可以设置智能代理属性。
- 素材库管理器：可以更好地管理素材库中的文件。用户可以将文件导入库或者导出库。
- 制作影片模板管理器：可以制作出不同格式的视频。在“输出”选项面板中单击相应的视频输出格式，或者选择“自定”选项，然后在下方列表框中选择用户需要创建的视频格式即可。
- 轨道管理器：可以管理轨道中的素材文件。
- 章节点管理器：可以管理素材中的章节点。
- 提示点管理器：可以管理素材中的提示点。
- 布局设置：可以更改会声会影的布局样式。

5. “帮助”菜单

“帮助”菜单中各命令的含义介绍如下。

- 帮助主题：在相应网页窗口中，可以查看会声会影 X9 的相关主题资料，也可以搜索需要的软件信息。
- 用户指南：在相应的网页窗口中，可以查看会声会影 X9 的使用指南等信息。
- 视频教程：可以查看软件视频教学资料。

- 新功能：可以查看软件的新增功能信息。
- 用户体验改善计划：启用后，Corel 官方会获取用户软件的使用信息，此计划用于理解用户的需求。
- 入门：该命令下的子菜单中，提供了多个学习软件的入门知识，用户可以根据实际需求进行选择和学习。
- Corel 支持：可以获得 Corel 软件相关的帮助。
- 购买 Blu-ray 光盘制作：在打开的网页中，可以购买蓝光光盘的制作权限。
- 恢复购买：用户可以恢复所有通过此应用程序执行的购买记录。
- 检查更新：在打开的页面中，可以检查软件是否需要更新。
- 信息：在打开的页面中，可以查看软件的相关信息。
- 关于：可以查看软件的相关版本等信息。

1.4.3 认识步骤面板

在会声会影 X9 编辑器中，将影片创建分为 3 个面板，分别为“捕获”“编辑”和“共享”，单击标签，即可切换至相应的面板，如图 1-29 所示。

图 1-29 步骤面板

1．捕获

在“捕获”面板中可以直接将视频源中的影片素材捕获到计算机中。录像带中的素材可以被捕获成单独的文件或自动分割成多个文件，还可以单独捕获静止的图像。

2．编辑

“编辑”面板是会声会影 X9 的核心，在这个面板中可以对视频素材进行整理、编辑和修改，还可以将视频滤镜、转场、字幕、路径及音频应用到视频素材上。

3．共享

影片编辑完成后，在“共享”面板中可以创建视频文件，将影片输出到 VCD、DVD 或网络上。

1.4.4 认识预览窗口

预览窗口位于操作界面的左上方，可以显示当前的项目、素材、视频滤镜、效果或标题等，也就是说，对视频进行的各种设置基本都可以在此显示出来，而且有些视频内容需要在此进行编辑，如图 1-30 所示。

图 1-30 预览窗口

1.4.5 认识导览面板

导览面板主要用于控制预览窗口中显示的内容，运用该面板可以浏览所选的素材，进行精确的编辑或修整操作。预览窗口下方的导览面板上有一排播放控制按钮和功能按钮，用于预览和编辑项目中使用的素材，如图 1–31 所示。通过选择导览面板中的“项目”或“素材”播放模式来进行播放。使用修整栏和滑轨可以对素材进行编辑，将鼠标指针移动到按钮或对象上方时会显示该按钮的名称。

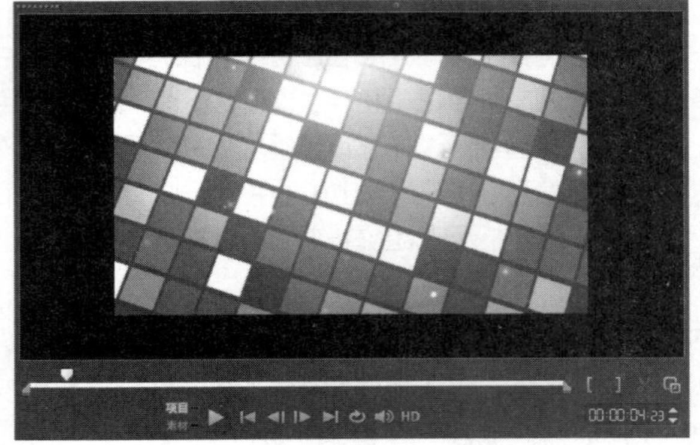

图 1–31 导览面板

导览面板中各按钮的含义介绍如下。

- “播放”按钮：单击该按钮，可以播放会声会影的项目、视频或音频素材。按住 Shift 键的同时单击该按钮，可以仅播放在修整栏上选取的区间(在开始标记和结束标记之间)。在回放时，单击该按钮，可以停止播放视频。
- “起始”按钮：返回到项目、素材或所选区域的起始点。
- “上一帧”按钮：移动到项目、素材或所选区域的上一帧。
- “下一帧”按钮：移动到项目、素材或所选区域的下一帧。
- “结束”按钮：移动到项目、素材或所选区域的终止点。
- “重复”按钮：连续播放项目、素材或所选区域。
- “系统音量”按钮：单击该按钮，或拖动弹出的滑动条，可以调整视频素材的音频音量，该按钮会同时调整扬声器的音量。
- “修整标记”按钮：用于修整、编辑和剪辑视频素材。
- “开始标记”按钮：用于标记素材的起始点。
- “结束标记”按钮：用于标记素材的结束点。
- “按照飞梭栏的位置分割素材”按钮：将滑轨定位到需要分割的位置，将所选的素材剪切为两段。
- 滑轨：单击并拖动该按钮，可以浏览视频或图像素材的画面效果，停顿位置的画面显示在当前预览窗口中。
- “扩大”按钮：单击该按钮，可以在较大的窗口中预览项目或素材。
- 时间码：通过指定确切的时间，可以直接调节到项目或所选素材的特定位置。

1.4.6 认识选项面板

在会声会影 X9 的选项面板中，包含控件、按钮和其他信息，可用于自定义所选素材的设置，该面板中的内容将根据步骤面板的不同而有所不同。下面将简单介绍“照片”选项面板和“视频”选项面板。

1. “照片”选项面板

在视频轨中插入一幅照片素材后，双击插入的照片素材，即可进入“照片”选项面板，如图 1–32 所示。在其中用户可以对照片素材进行旋转与调色操作。

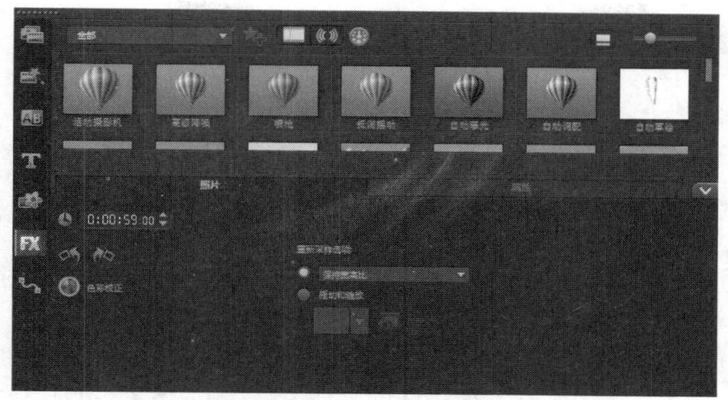

图 1–32 “照片”选项面板

“照片”选项面板中各选项的含义介绍如下。

- “照片区间”数值框：可以调整照片素材的整体区间长度。
- “向左旋转”按钮：可以将照片素材逆时针旋转 90°。
- “向右旋转”按钮：可以将照片素材顺时针旋转 90°。
- “色彩校正”按钮：单击该按钮，可以弹出相应的调色面板，在其中可以校正照片素材的画面色调与白平衡。
- “重新采样选项”选项：单击该选项右侧的下三角按钮，在弹出的下拉列表中选择相应的选项，可以调整预览窗口中素材的大小和样式。
- “摇动和缩放”单选按钮：可以为照片素材添加摇动和缩放运动效果，使静态的照片素材能够动起来，增强照片素材的视觉欣赏力。
- “预设效果”列表框：可以选择软件自带的多种预设动画。
- “自定义”按钮：可以自定义摇动和缩放运动参数、手动调整运动方向等。

2. “视频”选项面板

在视频轨中选择一段视频素材，然后双击选择的视频素材，即可进入“视频”选项面板，如图 1–33 所示。在其中用户可以对视频素材进行编辑与剪辑操作。

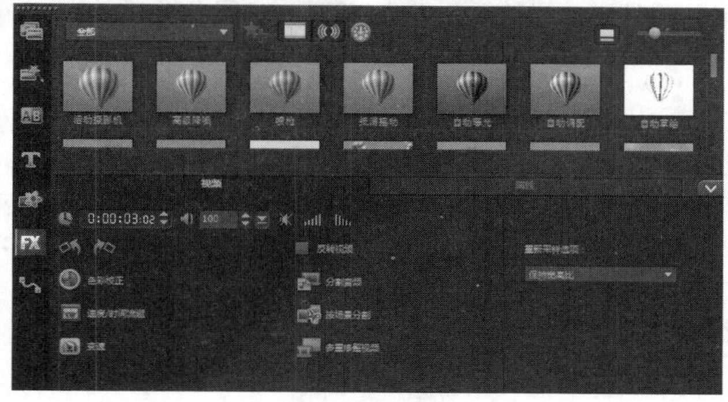

图 1–33 “视频”选项面板

“视频”选项面板中各选项的含义介绍如下。

- “素材音量”数值框：可以设置视频文件的背景音乐的音量大小。单击右侧的下三角按钮，在弹出的滑动条中，拖曳滑块可以调整音量大小，如图 1–34 所示。
- “静音”按钮：可以设置视频中的背景音量静音属性。被静音后，视频轨中视频左下角缩略图上会显示一个音频关闭图标，而且呈红色显示。
- “淡入”按钮：可以设置音频的淡入特效。

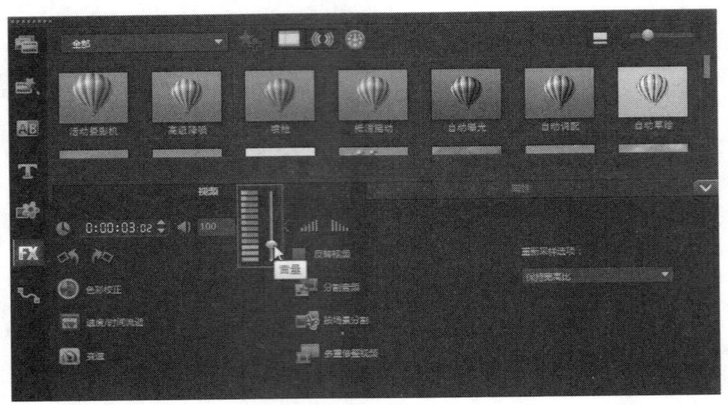

图 1–34　调节音量大小

- “淡出”按钮：可以设置音频的淡出特效。
- “反转视频”复选框：可以对视频素材的画面进行反转操作，反向播放视频效果。
- “速度/时间流逝”按钮：单击该按钮，在弹出的对话框中可以设置视频素材的回放速度和流逝时间。
- “变频”按钮：单击该按钮，可以调整视频的速度，或快或慢。
- “分割音频”按钮：在视频轨中选择视频素材后，单击该按钮，可以将视频中的音频分割出来，如图 1–35 所示。

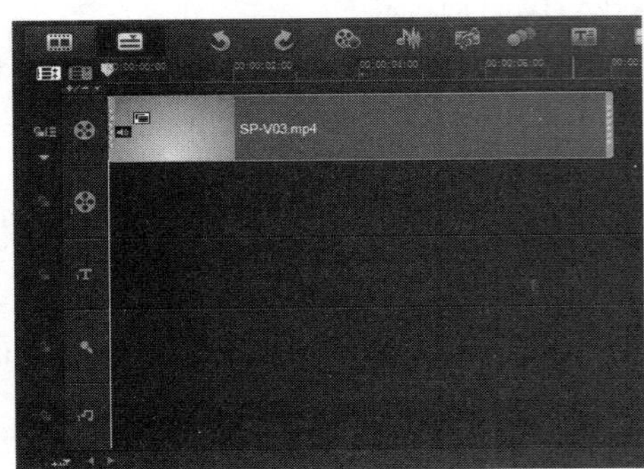

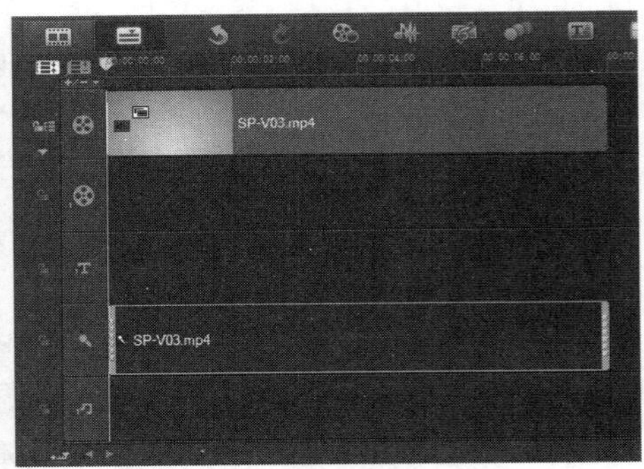

图 1–35　分割音频

- “按场景分割”按钮：在视频轨中选择视频素材后，单击该按钮，在弹出的对话框中，可以将视频文件按场景分割为多段单独的视频文件。
- “多重修整视频”按钮：单击该按钮，弹出“多重修整视频”对话框，在其中可以对视频文件进行多重修整操作，也可以将视频按照指定的区间长度进行分割和修剪。

1.4.7 认识素材库

在会声会影 X9 界面中单击“媒体”按钮，即可进入“媒体”素材库，其中显示了所有视频、图像与音频素材，如图 1–36 所示。

“媒体”素材库中各按钮的含义如下。

- “添加”按钮：可以新建一个或多个媒体文件夹，用来存放用户需要的媒体素材，如图 1–37 所示。
- “导入媒体文件”按钮：可以导入各种媒体素材文件，包括视频、图像以及音频文件等。
- “显示/隐藏视频”按钮：可以显示或隐藏素材库中的视频文件。

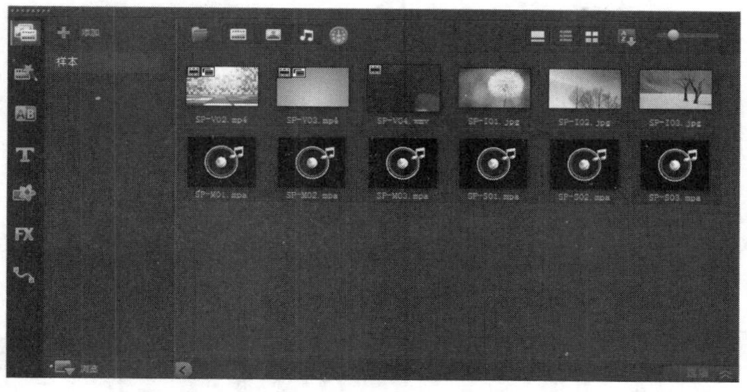

图 1-36　媒体素材库

图 1-37　新建媒体文件夹

- “显示/隐藏照片”按钮：可以显示或隐藏素材库中的照片文件。
- “显示/隐藏音频文件”按钮：可以显示或隐藏素材库中的音频文件。
- “列表视图”按钮：可以以列表的形式显示素材库中所有的素材文件，如图 1-38 所示。

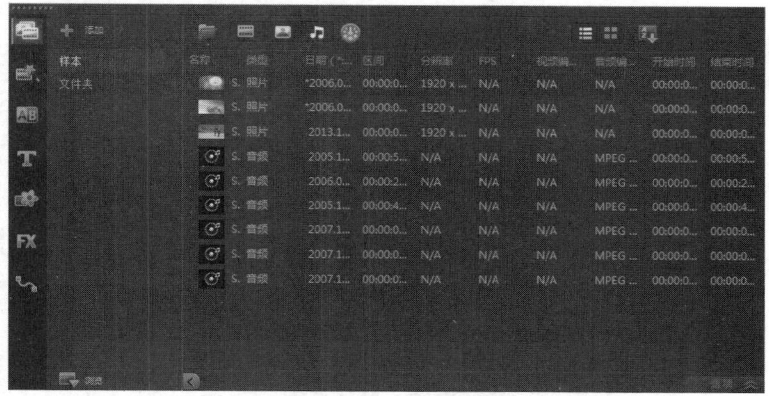

图 1-38　切换至列表视图

- “缩略图视图”按钮：可以以缩略图的形式显示素材库中的素材文件。
- “对素材库中的素材排序”按钮：单击该按钮，将弹出下拉列表，选择各选项，可以对素材进行相应的排序操作，包括按名称、类型以及日期进行排序。

第2章 基础：掌握软件的基本操作

章前知识导读

会声会影 X9 是 Corel 公司推出的一款视频编辑软件，也是世界上第一款面向非专业用户的视频编辑软件。本章主要介绍项目文件的基本操作、项目文件的链接以及修复、视图与界面的布局方式等内容。

新手重点索引

- 掌握项目文件的基本操作
- 链接与修复项目文件
- 掌握视图与界面布局方式
- 掌握项目属性设置

效果图片欣赏

2.1 掌握项目文件的基本操作

将会声会影 X9 软件安装到计算机上后，接下来将介绍启动与退出会声会影 X9 软件的操作方法，以及新建、打开、保存和另存为项目文件的操作方法，希望用户熟练掌握本节内容。

2.1.1 启动程序：打开会声会影 X9 软件

会声会影 X9 软件安装完成后，会自动在系统桌面上创建一个程序快捷方式，双击该快捷方式图标可以快速启动应用程序；用户还可以从“开始”菜单中选择相应命令，启动会声会影 X9 应用程序。下面介绍几种启动会声会影 X9 的操作方法。

1. 从桌面图标启动程序

用户有多种方法可以启动软件，下面介绍从桌面图标启动程序的操作方法。

素材文件	无
效果文件	无
视频文件	视频\第 2 章\2.1.1 启动程序：打开会声会影 X9 软件.mp4

【操练+视频】——启动程序：打开会声会影 X9 软件

step 01 在桌面上双击 Corel VideoStudio X9 的图标，如图 2-1 所示。

step 02 执行操作后，进入会声会影 X9 启动界面，如图 2-2 所示。

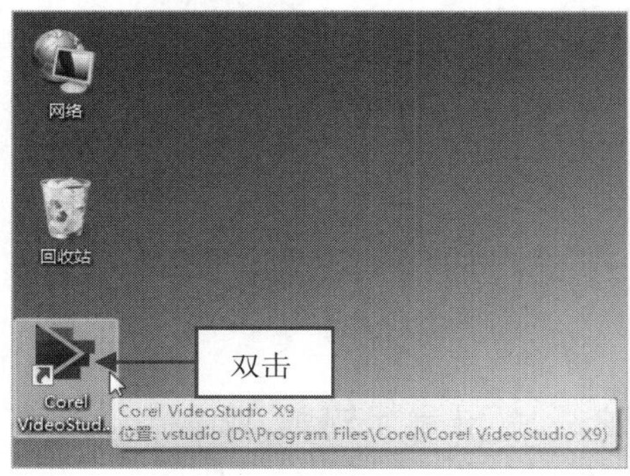

图 2-1 双击图标

图 2-2 进入启动界面

step 03 稍等片刻，弹出软件界面，进入会声会影 X9 编辑器，如图 2-3 所示。

2. 从“开始”菜单启动程序

安装好会声会影 X9 应用软件之后，在用户计算机的“开始”菜单中会出现该软件的启动命令，此时可以通过“开始”菜单来启动会声会影 X9 应用软件。

在 Windows 桌面上，单击“开始”按钮，在弹出的菜单中选择 Corel VideoStudio X9 命令，如图 2-4 所示。执行操作后，即可启动会声会影 X9 应用软件，进入软件工作界面。

专家指点

安装好会声会影 X9 软件后，从“计算机”窗口中打开软件的安装文件夹，在文件夹中找到 vstudio.exe 程序，双击该应用程序，也可以快速启动会声会影应用软件。

图 2-3　进入编辑器

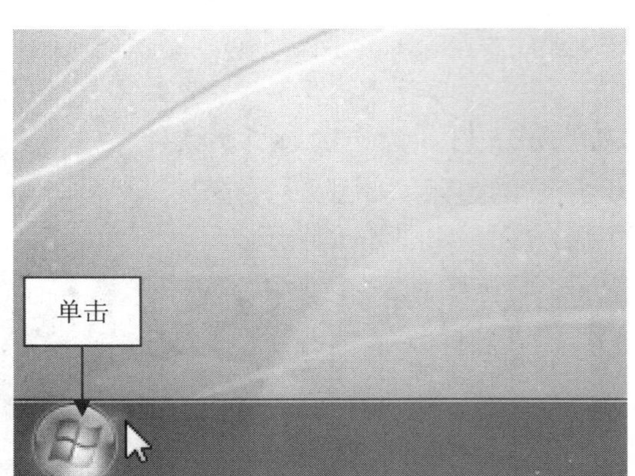

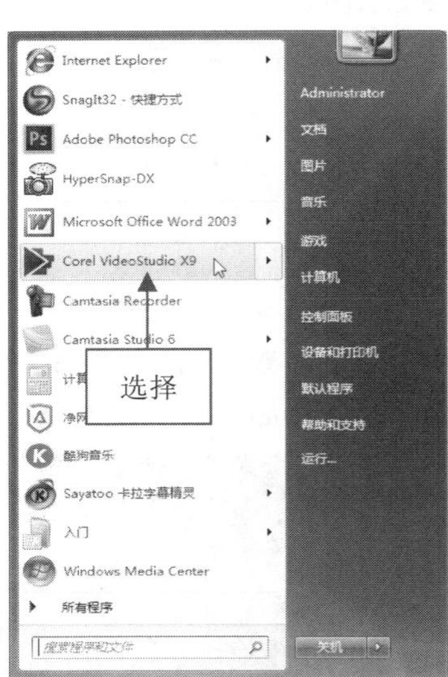

图 2-4　选择相应命令

3. 用 VSP 文件启动程序

VSP 是用会声会影软件存储的源文件格式，在该源文件上双击鼠标左键，或者右击，在弹出的快捷菜单中选择“打开”命令，如图 2-5 所示，也可以快速启动会声会影 X9 应用软件，进入软件工作界面。

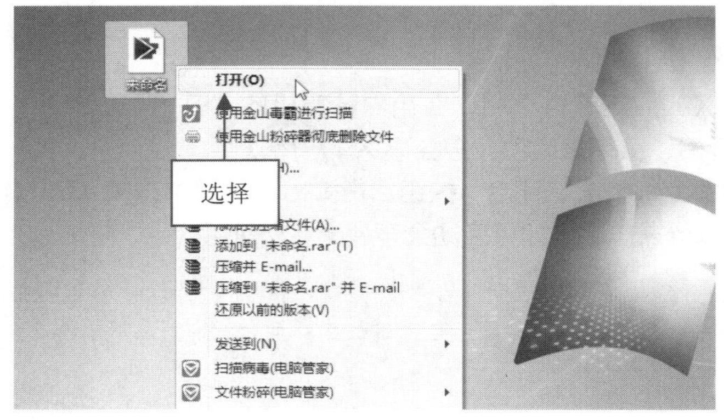

图 2-5　选择“打开”命令

专家指点

在会声会影 X9 中，一次只能打开一个项目文件；如果用户需要打开其他项目，首先需关闭现有项目文件。

2.1.2 关闭程序：退出会声会影 X9 软件

用会声会影 X9 完成对视频的编辑后，可以退出会声会影 X9 应用程序，提高系统的运行速度。在会声会影 X9 编辑器中，有 3 种方法可以退出程序，以保证计算机的运行速度不受影响。

1. 用“退出”命令退出程序

在会声会影 X9 中，使用“文件”菜单下的“退出”命令可以退出会声会影 X9 应用软件。

素材文件	无
效果文件	无
视频文件	视频\第 2 章\2.1.2 关闭程序：退出会声会影 X9 软件.mp4

【操练+视频】——关闭程序：退出会声会影 X9 软件

step 01 在会声会影 X9 工作界面中，对视频进行相应的编辑操作，如图 2-6 所示。

step 02 视频编辑完成后，保存项目文件，选择菜单栏中的“文件”|“退出”命令，如图 2-7 所示。执行操作后，即可退出会声会影 X9 应用程序。

图 2-6 进行编辑操作

图 2-7 选择“退出”命令

2. 用“关闭”命令退出程序

在会声会影 X9 工作界面左上角软件名称左侧的空白处右击，在弹出的快捷菜单中选择“关闭”命令，如图 2-8 所示。执行操作后，也可以快速退出会声会影 X9 应用软件界面。

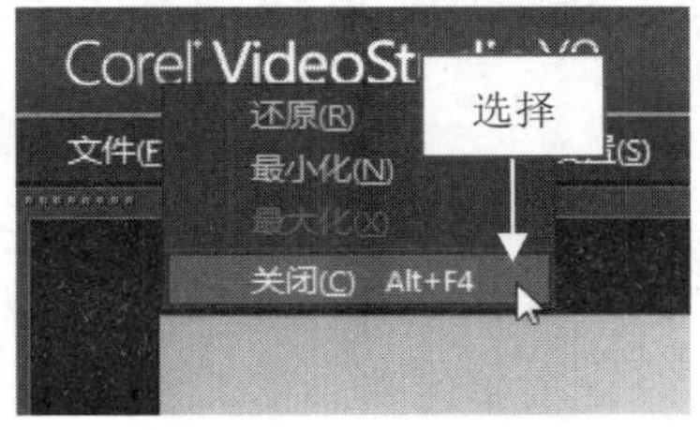

图 2-8 选择“关闭”命令

单击程序图标，将弹出下拉列表，其中各选项的含义介绍如下。

- “还原”选项：选择该选项，可以还原会声会影 X9 工作界面的大小比例。
- “最小化”选项：选择该选项，可以最小化显示会声会影 X9 工作界面。
- “最大化”选项：选择该选项，可以最大化显示会声会影 X9 工作界面。

3. 用“关闭”按钮退出程序

用户编辑完视频文件后，一般都会采用单击“关闭”按钮的方法退出会声会影应用程序，因为该方法是最简单、方便的。

单击会声会影 X9 应用程序窗口右上角的“关闭”按钮☒，即可快速退出会声会影 X9 应用软件，如图 2-9 所示。

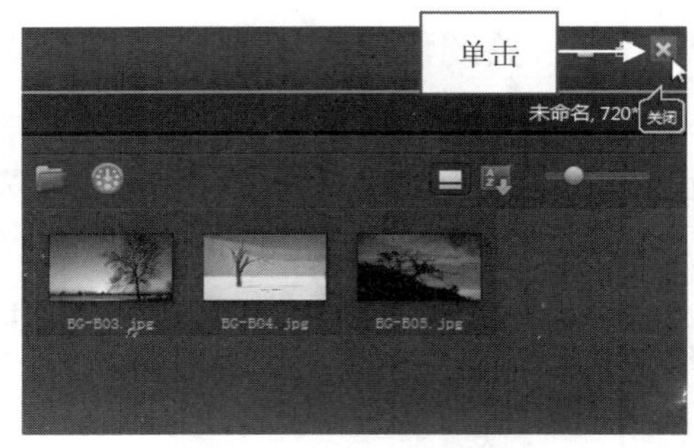

图 2-9 单击“关闭”按钮

在会声会影 X9 工作界面中，按 Alt + F4 组合键，也可以快速退出会声会影 X9 应用软件。

2.1.3 新建项目文件

运行会声会影 X9 软件时，程序会自动新建一个项目；若是第一次启动该软件，项目将使用会声会影的初始默认设置；项目设置决定在预览项目时视频项目的渲染方式。

新建项目的方法很简单，选择菜单栏中的“文件”|“新建项目”命令，如图 2-10 所示，即可新建一个空白项目文件。

如果正在编辑的视频项目没有进行保存操作，在新建项目的过程中，会弹出保存提示信息框，提示用户是否保存当前编辑的项目文件，如图 2-11 所示。单击“是”按钮，即可保存当前项目文件；单击“否”按钮，将不保存当前项目文件；单击“取消”按钮，将取消项目的新建操作。

图 2-10 选择“新建项目”命令

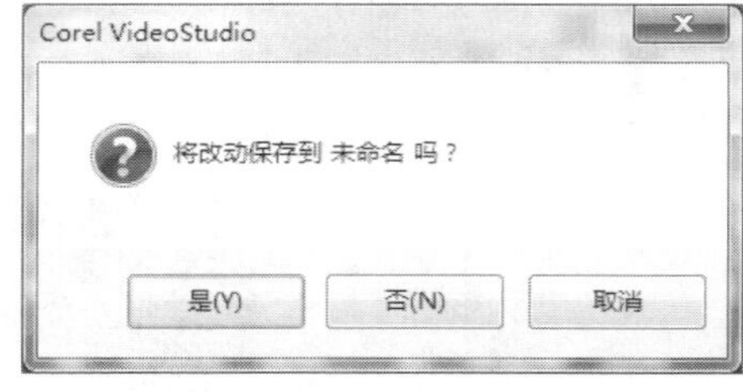

图 2-11 弹出保存提示信息框

2.1.4 打开项目文件

当用户需要使用其他保存的项目文件时，可以将其打开。在会声会影 X9 中，有多种打开项目文件的操作方法，下面介绍两种打开项目的操作方法。

1. 用菜单命令打开项目文件

在会声会影 X9 工作界面，用户可以通过“打开项目”命令来打开项目文件。进入会声会影编辑器，选择菜单栏中的“文件”|“打开项目”命令，如图 2-12 所示。执行操作后，弹出“打开”对话框，在该对话框中用户可以根据需要选择要打开的项目文件，单击“打开”按钮，如图 2-13 所示，即可打开项目文件，在时间轴视图中可以查看打开的项目文件。

图 2-12　选择“打开项目”命令

图 2-13　单击“打开”按钮

2. 打开最近使用过的项目文件

在会声会影 X9 中，最后编辑和保存的几个项目文件会显示在最近打开的文件列表中。选择菜单栏中的“文件”菜单，在弹出的下拉菜单中选择所需的项目文件，如图 2-14 所示，即可打开相应的项目文件。在预览窗口中可以预览视频的画面效果，如图 2-15 所示。

图 2-14　选择所需的项目文件

图 2-15　预览视频的画面效果

2.1.5 保存项目：存储视频编辑效果

在会声会影 X9 中完成对视频的编辑后，可以将项目文件保存，保存项目文件也就保存了之前对视频编辑的参数信息。保存项目文件后，如果用户对保存的视频有不满意的地方，可以重新打开项目文件，在其中进行修改，并可以将修改后的项目文件渲染成新的视频文件。

素材文件	无
效果文件	无
视频文件	视频\第 2 章\2.1.5　保存项目：存储视频编辑效果.mp4

【操练+视频】——保存项目：存储视频编辑效果

step 01 进入会声会影编辑器，选择菜单栏中的“文件”｜“将媒体文件插入到时间轴”｜“插入照片”命令，如图 2–16 所示。

step 02 执行操作后，弹出“浏览照片”对话框，选择需要的照片素材“时尚女郎.jpg”，如图 2–17 所示。

图 2–16　选择“插入照片”命令

图 2–17　选择照片素材

step 03 单击“打开”按钮，即可在视频轨中添加照片素材，在预览窗口中预览照片效果，如图 2–18 所示。

step 04 完成上述操作后，选择菜单栏中的“文件”｜“保存”命令，进行保存，如图 2–19 所示。

图 2–18　预览照片效果

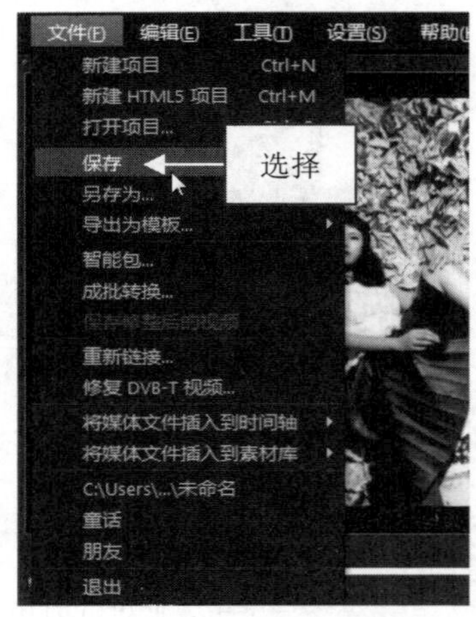

图 2–19　选择“保存”命令

step 05 弹出“另存为”对话框，设置文件保存的位置和名称，如图 2–20 所示。单击“保存”按钮，即可完成素材的保存操作。

图 2-20　设置保存的位置和名称

专家指点

在会声会影 X9 中，按 Ctrl + S 组合键，也可以快速保存项目文件。

2.1.6 加密输出：视频文件的加密处理

在会声会影 X9 中，可以将编辑的项目文件保存为压缩文件，还可以对压缩文件进行加密处理。下面将介绍保存为压缩文件并加密的操作方法。

素材文件	素材\第 2 章\城市天空.VSP
效果文件	效果\第 2 章\城市天空.zip
视频文件	视频\第 2 章\2.1.6　加密输出：视频文件的加密处理.mp4

【操练+视频】——加密输出：视频文件的加密处理

step 01 进入会声会影编辑器，打开一个项目文件，如图 2-21 所示。

step 02 选择菜单栏中的“文件”|“智能包”命令，弹出提示信息框，单击“是”按钮，弹出“智能包”对话框，选中“压缩文件”单选按钮，更改文件夹路径后，单击“确定”按钮，弹出“压缩项目包”对话框，在其中选中“加密添加文件”复选框，如图 2-22 所示。

图 2-21　打开项目文件

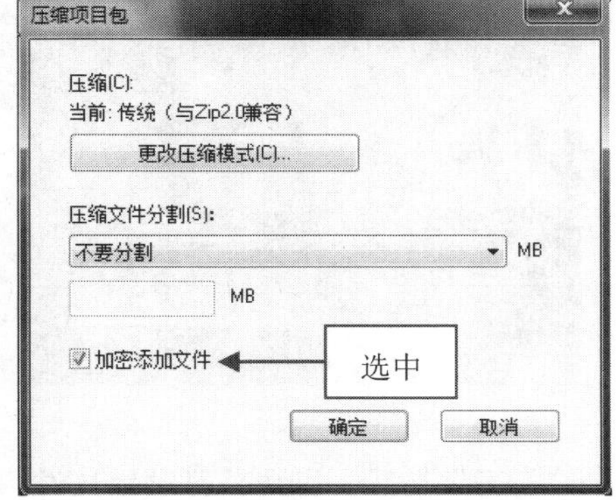

图 2-22　选中“加密添加文件”复选框

step 03 单击“确定”按钮，弹出“加密”对话框，在“请输入密码”文本框中输入密码(0123456789)，在“重新输入密码(用于确认)”文本框中再次输入密码(0123456789)，如图 2-23 所示。

step 04 单击“确定”按钮，开始压缩文件，弹出提示信息框，提示成功压缩，如图 2-24 所示。单击“确定”按钮，即可完成文件的压缩和加密。

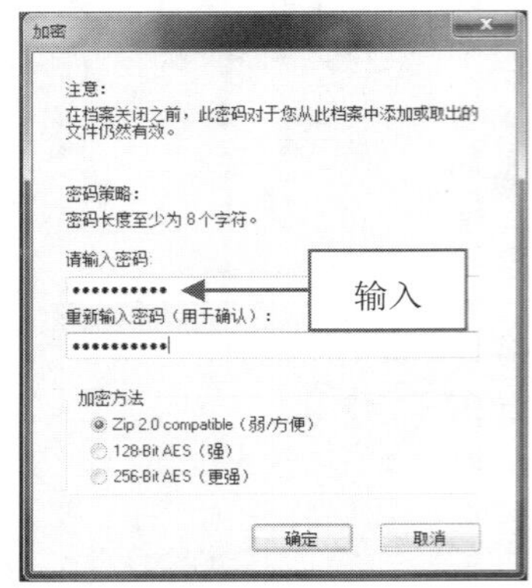

图 2-23　输入密码

图 2-24　弹出提示信息框

2.2 链接与修复项目文件

在会声会影 X9 中，如果制作的视频文件源素材被更改了名称，或者更改了保存位置，则需要对素材进行重新链接，才能正常打开需要的项目文件。本节主要介绍链接与修复项目的操作方法。

2.2.1 打开项目重新链接

在会声会影 X9 中打开项目文件时，如果素材丢失，软件会提示用户需要重新链接素材，才能正确打开项目文件。下面介绍打开项目文件时重新链接素材的方法：选择菜单栏中的“文件”|“打开项目”命令，如图 2-25 所示。弹出“打开”对话框，在其中选择需要打开的项目文件，如图 2-26 所示。

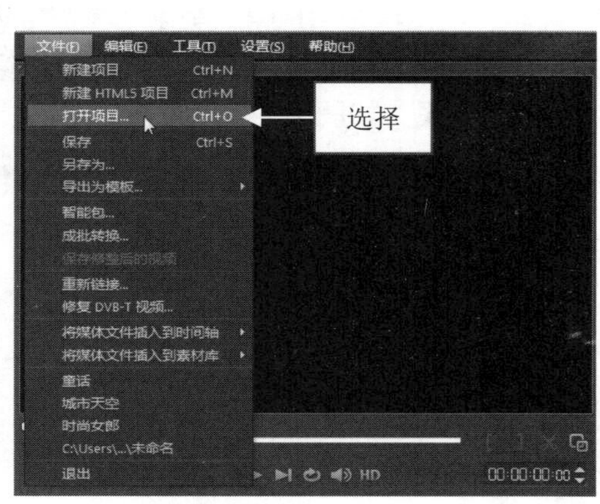

图 2-25　选择“打开项目”命令

图 2-26　选择需要打开的项目文件

单击“打开”按钮，即可打开项目文件，此时时间轴面板中显示素材错误，如图 2-27 所示。软件自动弹出提示信息框，单击“重新链接”按钮，如图 2-28 所示。

图 2-28 中的 3 个按钮的含义介绍如下。

- "重新链接"按钮：单击该按钮，可以重新链接正确的素材文件。
- "略过"按钮：忽略当前无法链接的素材文件，使素材错误地显示在时间轴面板中。
- "取消"按钮：取消素材的链接操作。

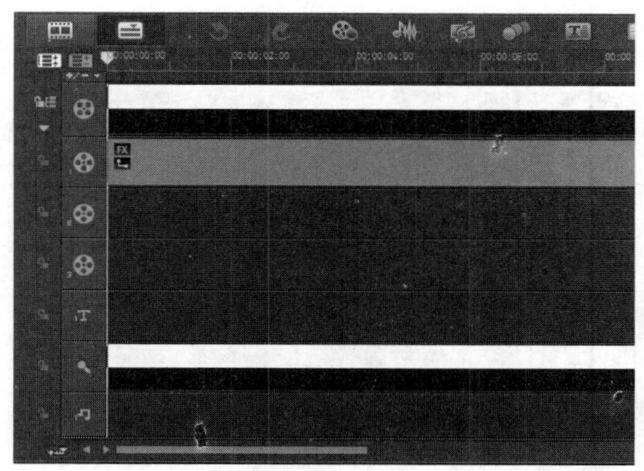

图 2-27 时间轴面板

图 2-28 单击"重新链接"按钮

接着弹出"替换/重新链接素材"对话框，在其中选择正确的素材文件，单击"打开"按钮，弹出提示信息框，提示用户素材链接成功，如图 2-29 所示。单击"确定"按钮，此时在时间轴面板中将显示素材的缩略图，表示素材已经成功链接到预览窗口中，可以预览链接成功后的素材画面效果，如图 2-30 所示。

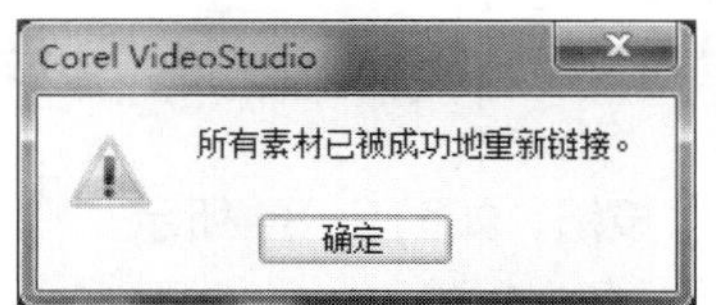

图 2-29 提示信息框

图 2-30 预览画面效果

2.2.2 制作过程重新链接

在会声会影 X9 中，用户如果在制作视频的过程中，修改了视频源素材的名称或素材的路径，也会出现素材需要重新链接的情况，如图 2-31 所示。在这种情况下，用户无法继续对项目进行操作，而需要对素材进行重新链接。

在制作过程中，需单击"重新链接"按钮，弹出相应对话框，选择正确的素材文件，单击"打开"按钮，弹出提示信息框，提示用户素材链接成功，单击"确定"按钮，即可完成重新链接操作，并在时间轴面板可以查看链接成功后的视频素材，如图 2-32 所示。

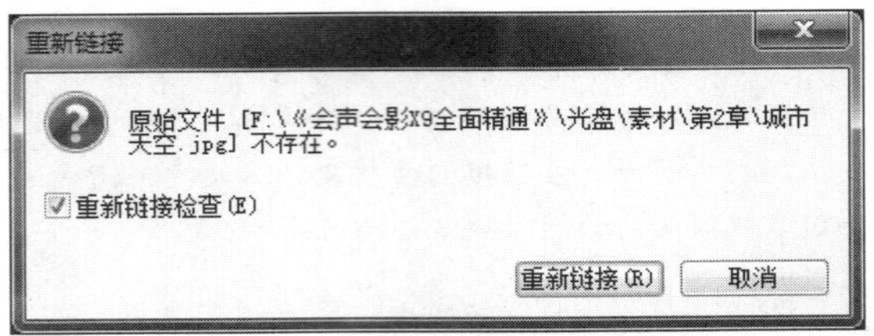

图 2-31 “重新链接”对话框

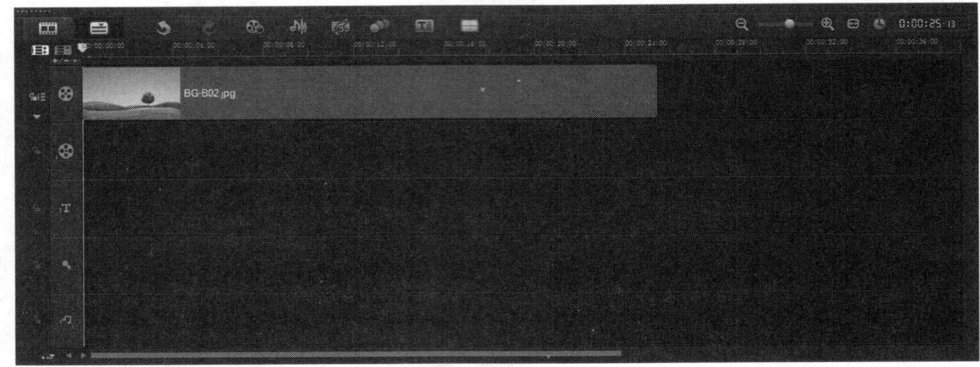

图 2-32 时间轴面板

2.2.3 修复视频：解决视频损坏问题

在会声会影 X9 中，用户可以通过软件的修复功能来修复已损坏的视频文件。下面将介绍修复损坏的文件的操作方法。

素材文件	素材\第 2 章\桂林山水.mpg
效果文件	无
视频文件	视频\第 2 章\2.2.3 修复视频：解决视频损坏问题.mp4

【操练+视频】——修复视频：解决视频损坏问题

step 01 进入会声会影编辑器，选择菜单栏中的“文件”|“修复 DVB-T 视频”命令，如图 2-33 所示。

step 02 弹出“修复 DVB-T 视频”对话框，单击“添加”按钮，如图 2-34 所示。

图 2-33 选择“修复 DVB-T 视频”命令

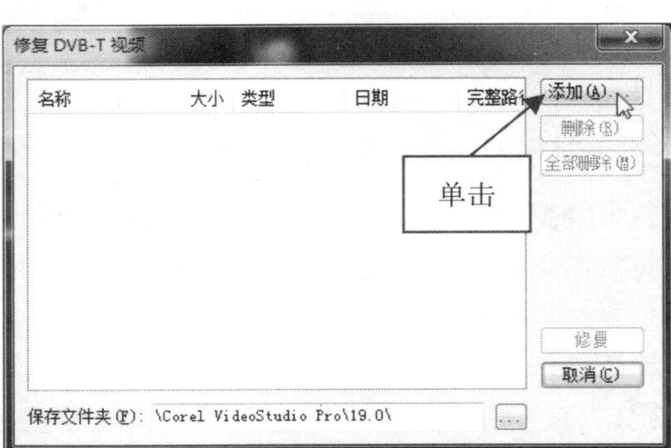

图 2-34 单击“添加”按钮

"修复 DVB-T 视频"对话框中各按钮的含义介绍如下。

- "添加"按钮：可以在对话框中添加需要修复的视频素材。
- "删除"按钮：删除对话框中不需要修复的单个视频素材。
- "全部删除"按钮：将对话框中所有的视频素材全部删除。
- "修复"按钮：对视频进行修复操作。
- "取消"按钮：取消视频的修复操作。

step 03 弹出"打开视频文件"对话框，在其中选择需要修复的视频文件，如图 2-35 所示。

step 04 单击"打开"按钮，返回到"修复 DVB-T 视频"对话框，其中显示了刚添加的视频文件，如图 2-36 所示。

图 2-35 选择需要修复的视频文件

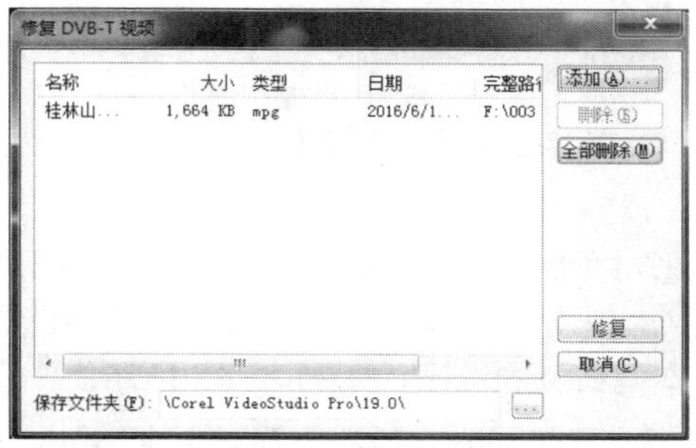

图 2-36 显示刚添加的视频文件

step 05 单击"修复"按钮，即可开始修复视频文件，稍等片刻，弹出"任务报告"对话框，提示视频不需要修复，如图 2-37 所示。如果是已破损的视频文件，则会提示修复完成，单击"确定"按钮即可完成视频的修复操作。

step 06 将修复的视频添加到视频轨中，在预览窗口中可以预览视频画面效果，如图 2-38 所示。

图 2-37 提示视频不需要修复

图 2-38 预览视频画面效果

2.2.4 批量转换：成批更改视频格式

在会声会影 X9 中，如果用户对某些视频文件的格式不满意，可以运用"成批转换"功能，成批转换视频文件的格式，使之符合用户的需求。下面就来介绍成批转换视频文件的方法。

素材文件	素材\第 2 章\灵性猫咪.mpg、铃铛小狗.mpg
效果文件	效果\第 2 章\灵性猫咪.wmv、铃铛小狗.wmv
视频文件	视频\第 2 章\2.2.4　批量转换：成批更改视频格式.mp4

【操练+视频】——批量转换：成批更改视频格式

step 01 进入会声会影编辑器，选择菜单栏中的“文件”|“成批转换”命令，如图 2-39 所示。

step 02 弹出“成批转换”对话框，单击“添加”按钮，如图 2-40 所示。

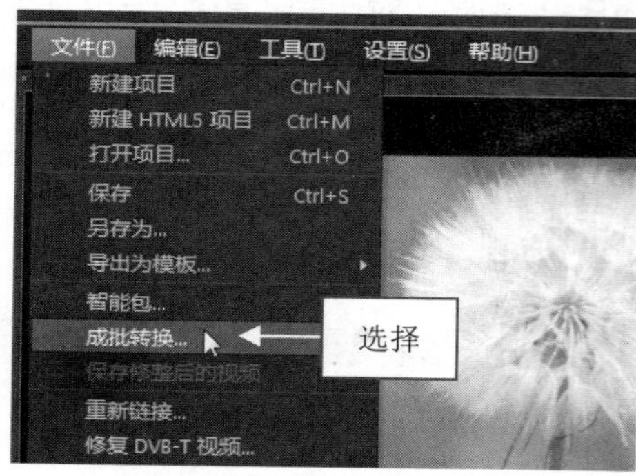

图 2-39　选择“成批转换”命令

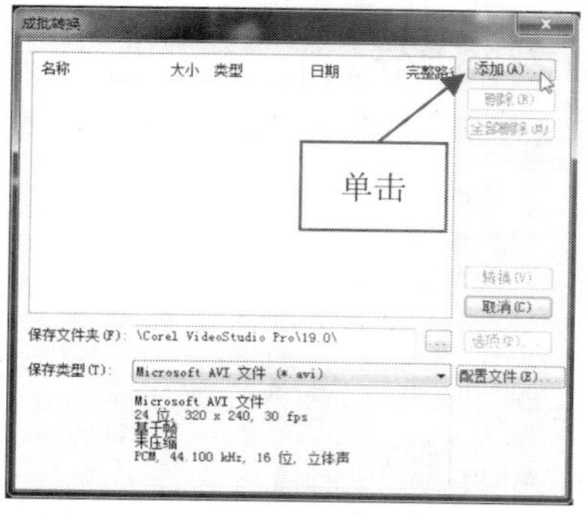

图 2-40　单击“添加”按钮

step 03 弹出“打开视频文件”对话框，在其中选择需要的素材，如图 2-41 所示。

step 04 单击“打开”按钮，即可将选择的素材添加至“成批转换”对话框中，单击“保存文件夹”文本框右侧的按钮，如图 2-42 所示。

图 2-41　选择需要的素材

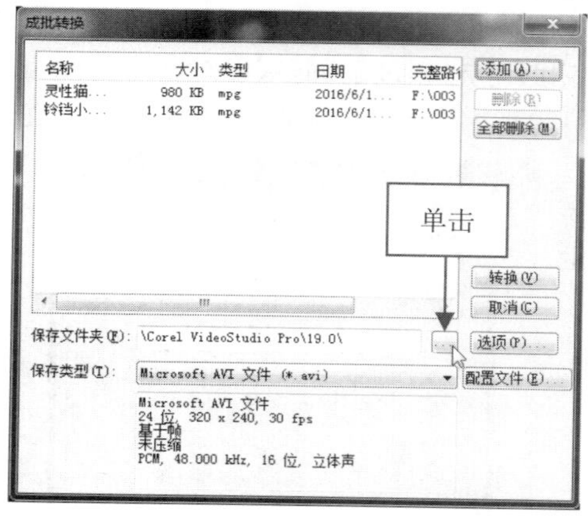

图 2-42　单击“保存文件夹”文本框右侧的按钮

step 05 弹出“浏览文件夹”对话框，在其中选择需要保存文件的文件夹，如图 2-43 所示。

step 06 单击“确定”按钮，返回到“成批转换”对话框，其中显示了视频文件的转换位置。在下方设置视频需要转换的格式，这里选择“Windows Media 视频(*.wmv; *.asf)”选项，如图 2-44 所示。

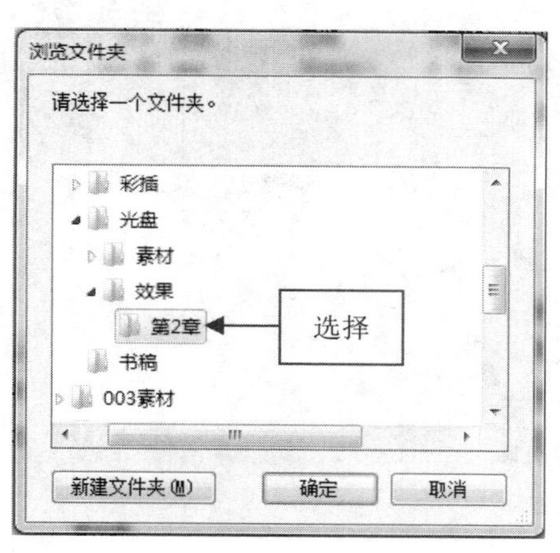

图 2-43　选择需要保存文件的文件夹

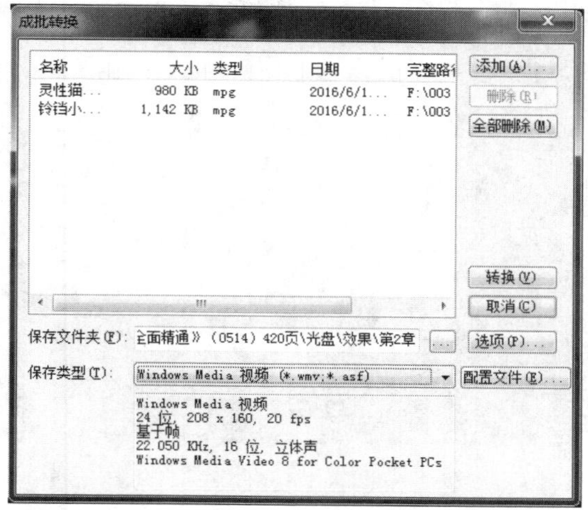

图 2-44　选择保存类型

“成批转换”对话框中各按钮的含义介绍如下。

- “添加”按钮：可以在对话框中添加需要转换格式的视频素材。
- “删除”按钮：删除对话框中不需要转换的单个视频素材。
- “全部删除”按钮：删除对话框中所有的视频素材。
- “转换”按钮：开始转换视频格式。
- “选项”选项：在弹出的对话框中可以设置视频选项。
- “保存文件夹”文本框：设置转换格式后的视频保存的文件夹位置。
- “保存类型”列表框：设置视频转换格式。

step 07 单击“转换”按钮，即可开始进行转换。转换完成后，弹出“任务报告”对话框，提示文件转换成功，如图 2-45 所示。

step 08 单击“确定”按钮，即可完成成批转换的操作，在目标文件夹中可以查看转换的视频文件，如图 2-46 所示。

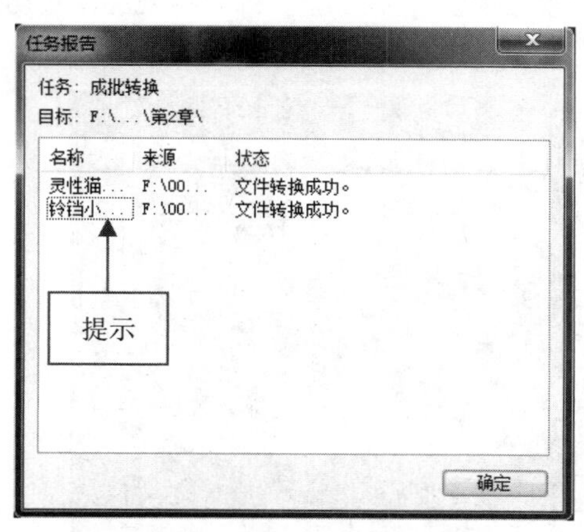

图 2-45　提示文件转换成功

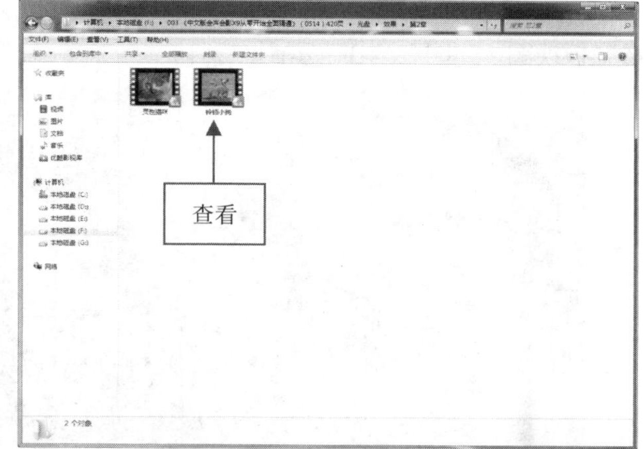

图 2-46　查看转换的视频文件

step 09 将转换后的视频文件添加至视频轨中，在预览窗口中可以预览视频的画面效果，如图 2-47 所示。

图 2–47　预览视频的画面效果

2.3 掌握视图与界面布局方式

会声会影 X9 提供了 3 种可选择的视频编辑视图模式，分别为故事板视图、时间轴视图和混音器视图。每一个视图都有其特有的优势，不同的视图模式可以应用于不同项目文件的编辑操作。本节主要介绍在会声会影 X9 中切换常用视图模式的操作方法。

2.3.1 掌握故事板视图

故事板视图模式是一种简单明了的编辑模式，用户只需从素材库中将素材用鼠标直接拖曳至视频轨中即可。在该视图模式中，每一张缩略图代表一张图片、一段视频或一个转场效果，图片下方的数字表示该素材区间。在该视图模式中编辑视频时，用户只需选择相应的视频文件，在预览窗口中进行编辑，从而轻松实现对视频的编辑操作；用户还可以在故事板视图中用鼠标拖曳缩略图顺序，从而调整视频项目的播放顺序。

在会声会影 X9 编辑器中，单击视图面板上方的“故事板视图”按钮，即可将视图模式切换至故事板视图，如图 2–48 所示。

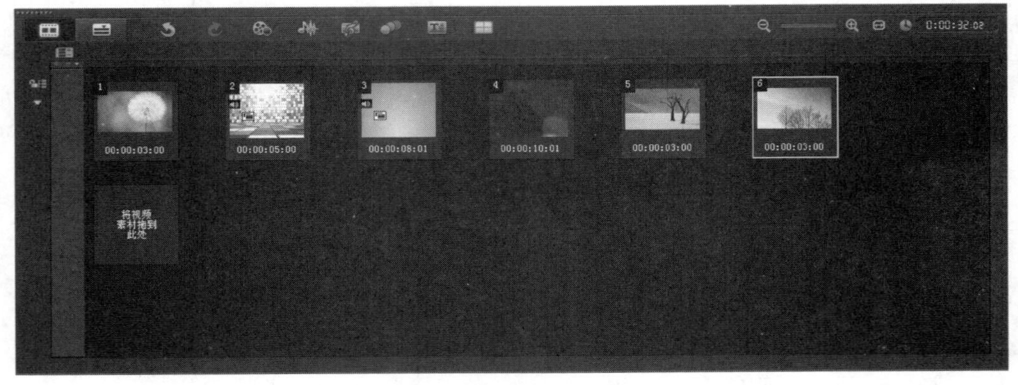

图 2–48　故事板视图

在故事板视图中，无法显示覆叠轨中的素材，也无法显示标题轨中的字幕素材；故事板视图只能显示视频轨中的素材画面，以及素材的区间长度。如果用户为素材添加了转场效果，还可以显示添加的转场特效。

2.3.2 切换视图：掌握时间轴视图

时间轴视图是会声会影 X9 中最常用的编辑模式，相对比较复杂，但是其功能强大。在时间轴编辑模式下，用户不仅可以对标题、字幕、音频等素材进行编辑，而且还可在以“帧”为单位的精度下对素材进行精确的编辑，所以时间轴视图模式是用户精确编辑视频的最佳形式。

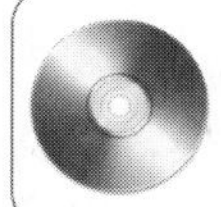

素材文件	素材\第 2 章\城市夜景.VSP
效果文件	无
视频文件	视频\第 2 章\2.3.2　切换视图：掌握时间轴视图.mp4

【操练+视频】——切换视图：掌握时间轴视图

step 01 进入会声会影编辑器，选择菜单栏中的“文件”|“打开项目”命令，打开一个项目文件，如图 2-49 所示。

step 02 单击故事板上方的“时间轴视图”按钮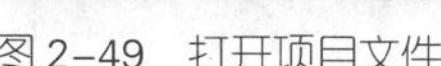，如图 2-50 所示，即可将视图模式切换至时间轴视图模式。

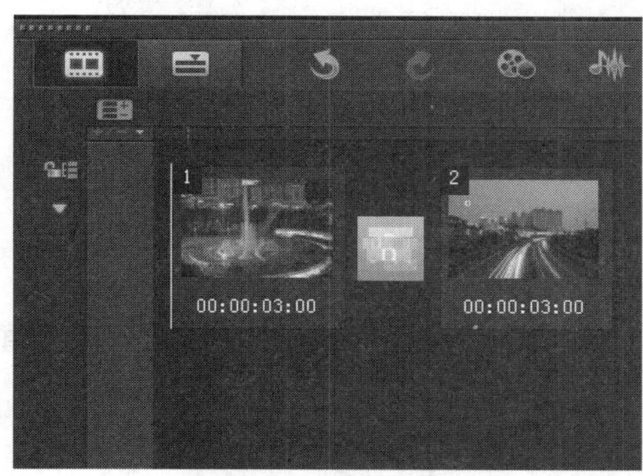

图 2-49　打开项目文件

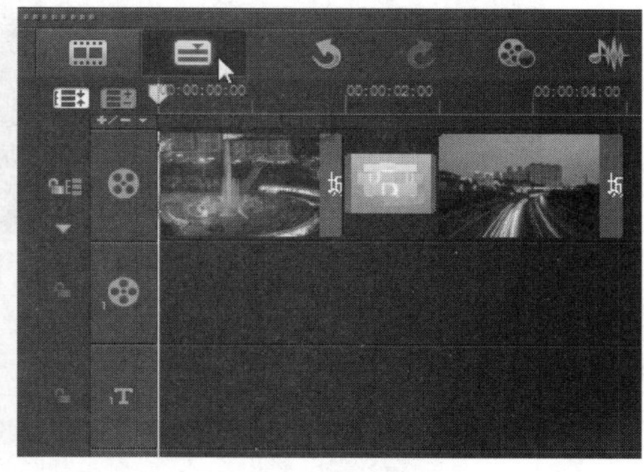

图 2-50　单击“时间轴视图”按钮

在时间轴面板中，各轨道图标中均有一个眼睛样式的可视性图标，单击该图标，即可禁用相应轨道，再单击该图标，可启用相应轨道。

step 03 在预览窗口中，可以预览时间轴视图中的素材画面效果，如图 2-51 所示。

图 2-51　预览时间轴视图中的素材画面效果

专家指点

在时间轴面板中，共有 5 个轨道，分别是视频轨、覆叠轨、标题轨、声音轨和音乐轨。视频轨和覆叠轨主要用于放置视频素材和图像素材，标题轨主要用于放置标题字幕素材，声音轨和音乐轨主要用于放置旁白和背景音乐等音频素材。在编辑时，只需要将不同的素材拖曳到相应的轨道中，即可完成对素材的添加操作。

2.3.3 掌握混音器视图

在会声会影 X9 中，混音器视图可以用来调整项目中声音轨和音乐轨中素材的音量大小，以及素材中特定点位置的音量。在该视图中，用户还可以为音频素材设置淡入淡出、长回音、放大以及嘶声降低等特效。在会声会影的时间轴面板中，单击“混音器”按钮，即可切换至混音器视图，在下方轨道中可以查看音频波形，如图 2–52 所示。

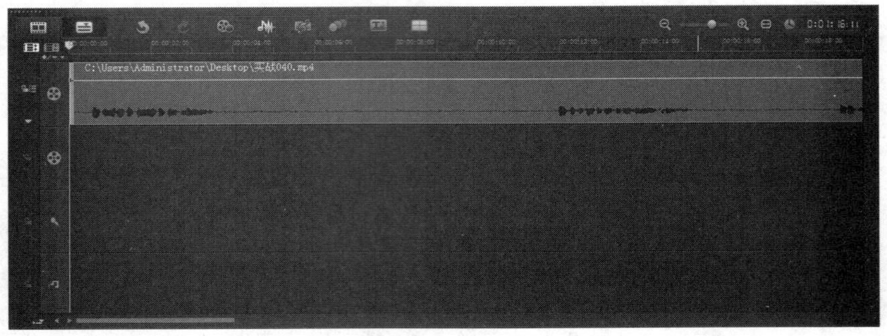

图 2–52　混音器视图

切换至混音器视图后，用户可以在“属性”选项面板中设置“区间”“音量”“声道”等属性，如图 2–53 所示。

图 2–53　“属性”选项面板

在“环绕混音”选项面板中，可以分别设置“视频轨”“覆叠轨”“声音轨”和“音乐轨”中的声音效果，如图 2–54 所示。

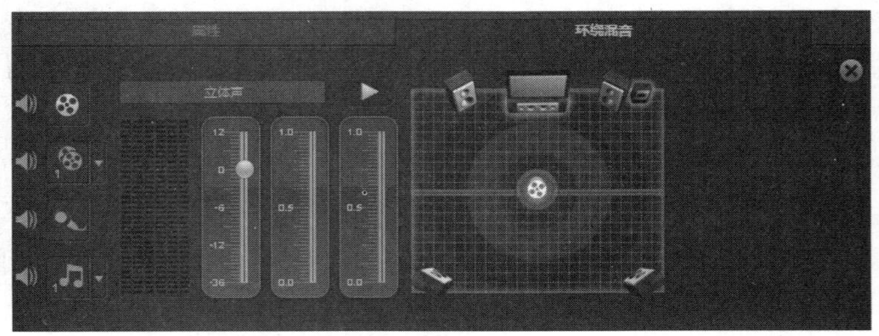

图 2–54　“环绕混音”选项面板

2.3.4 更改默认布局

在会声会影 X9 中，用户可以根据编辑视频的方式和操作手法，更改软件默认状态下的布局样式。下面将介绍更改界面布局 3 种不同的方式。

1. 调整面板大小

在使用会声会影 X9 进行编辑的过程中，用户可以根据需要将面板放大或者缩小，如在时间轴上进行编辑时，将时间轴面板放大，可以获得更大的操作空间；在预览窗口中预览视频效果时，将预览窗口放大，可以获得更好的预览效果。

将鼠标指针移至预览窗口、素材库或时间轴相邻的边界线上，如图 2–55 所示。单击鼠标左键并拖曳，可将选择的面板随意地放大、缩小。如图 2–56 所示为调整面板大小后的界面效果。

图 2–55 将鼠标指针移至时间轴边界线上

图 2–56 调整面板大小后的界面效果

2．移动面板位置

使用会声会影 X9 编辑视频时，若用户不习惯默认状态下面板的位置，则可以拖曳面板将其嵌入所需的位置。将鼠标指针移至预览窗口、素材库或时间轴左上角，如图 2–57 所示。

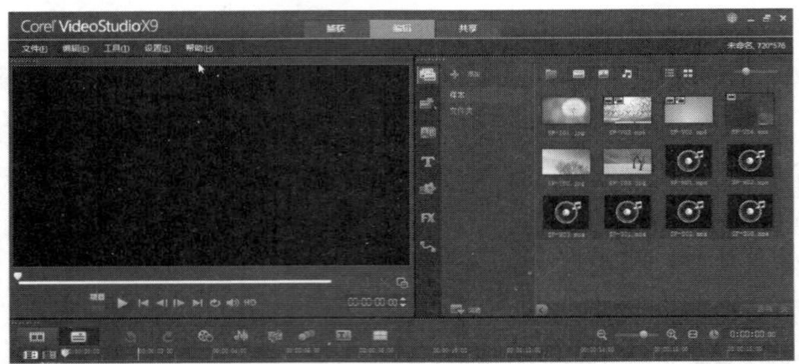

图 2–57　将鼠标指针移至预览窗口

单击鼠标左键将一个面板拖曳至另一个面板旁边，在面板的上下左右会出现一个箭头，将所拖曳的面板靠近箭头，释放鼠标左键，即可将面板嵌入新的位置，如图 2–58 所示。

图 2–58　将面板嵌入新的位置

3．漂浮面板位置

在使用会声会影 X9 进行编辑的过程中，用户还可以将面板设置成漂浮状态。如用户只需使用时间轴面板和预览窗口时，可以将素材库设置成漂浮，并将其移动到屏幕外面，在需要使用时再将其拖曳出来。

使用该功能，还可以使会声会影 X9 实现双显示器显示，用户可以将时间轴和素材库放在一个屏幕上，而在另一个屏幕上可以进行高质量的预览。

双击预览窗口、素材库或时间轴左上角的位置，如图 2–59 所示。即可将所选择的面板设置成漂浮状态，如图 2–60 所示。使用鼠标拖曳面板可以调整面板的位置，双击漂浮面板中的处，可以让处于漂浮状态的面板恢复到原处。

图 2–59　在相应位置双击

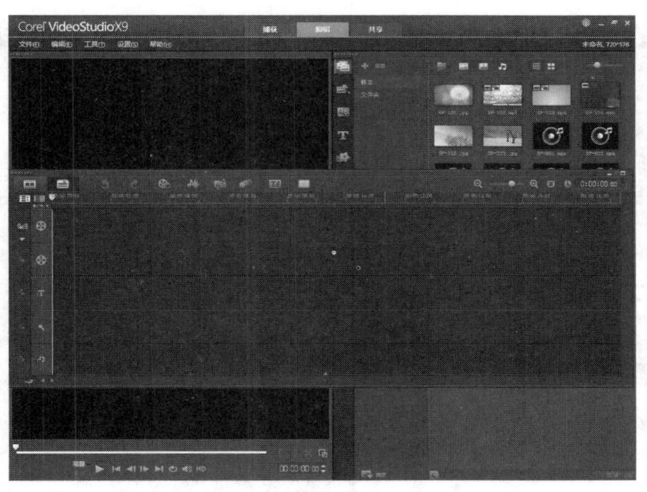

图 2-60　将所选择的面板设置成漂浮状态

2.3.5 保存布局：存储常用的界面布局

在会声会影 X9 中，用户可以将更改的界面布局样式保存为自定义的界面，并在以后的视频编辑中，根据操作习惯方便地切换界面布局。

素材文件	素材\第 2 章\新年快乐.VSP
效果文件	无
视频文件	视频\第 2 章\2.3.5　保存布局：存储常用的界面布局.mp4

【操练+视频】——保存布局：存储常用的界面布局

step 01 进入会声会影编辑器，选择菜单栏中的“文件”|“打开项目”命令，打开一个项目文件，随意拖曳窗口布局，如图 2-61 所示。

图 2-61　随意拖曳窗口布局

step 02 选择菜单栏中的“设置”|“布局设置”|“保存至”|“自定义#3”命令，如图 2-62 所示。

step 03 执行操作后，即可将更改的界面布局样式进行保存，在预览窗口中可以预览视频的画面效果，如图 2-63 所示。

图 2-62　选择“自定义#3”命令

图 2-63　预览视频的画面效果

专家指点

在会声会影 X9 中，当用户保存了更改后的界面布局样式后，按 Alt + 1 组合键，可以快速切换至“自定义 # 1”布局样式；按 Alt + 2 组合键，可以快速切换至“自定义 # 2”布局样式；按 Alt + 3 组合键，可以快速切换至“自定义 # 3”布局样式。选择菜单栏中的“设置”|“布局设置”|“切换到”|“默认”命令，或按 F7 键，可以快速恢复至软件默认的界面布局样式。

2.3.6 切换布局：切换至存储的界面布局

在会声会影 X9 中，自定义多个布局样式后，用户可以根据编辑视频的习惯，切换至相应的界面布局样式中。下面将介绍切换界面布局样式的操作方法。

素材文件	素材\第 2 章\东北雪乡.VSP
效果文件	无
视频文件	视频\第 2 章\2.3.6　切换布局：切换至存储的界面布局.mp4

【操练+视频】——切换布局：切换至存储的界面布局

step 01 进入会声会影编辑器，选择菜单栏中的“文件”|“打开项目”命令，打开一个项目文件，此时窗口布局样式如图 2-64 所示。

图 2-64　窗口布局

step 02 选择菜单栏中的“设置”|“布局设置”|“切换到”|“自定义#2”命令，如图 2-65 所示。

图 2-65　选择相应命令

step 03 执行操作后，即可切换界面布局样式，如图 2-66 所示。

图 2-66　切换界面布局样式

选择菜单栏中的“设置”|“参数选择”命令，弹出“参数选择”对话框，切换至“界面布局”选项卡，在“布局”选项区中选中相应的单选按钮，单击“确定”按钮后，即可切换至相应的界面布局样式。

2.4 掌握项目属性设置

用户在使用会声会影 X9 进行视频编辑时，如果希望按照自己的操作习惯来编辑视频，以提高操作效率，可以对一些参数进行设置。这些设置对于高级用户而言特别有用，它可以帮助用户节省大量的时间，以提高视频编辑的工作效率。在会声会影 X9 的“参数选择”对话框中，包括“常规”“编辑”“捕获”“性能”及“界面布局”5 个选项卡，在各选项卡中都可以对软件的属性以及操作习惯进行设置。

2.4.1 设置软件常规属性

启动会声会影 X9 后，选择菜单栏中的“设置”|“参数选择”命令，如图 2-67 所示。弹出“参数选择”对话框，切换至“常规”选项卡，显示“常规”选项参数设置，如图 2-68 所示。

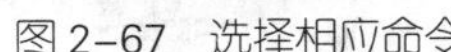

图 2–67　选择相应命令

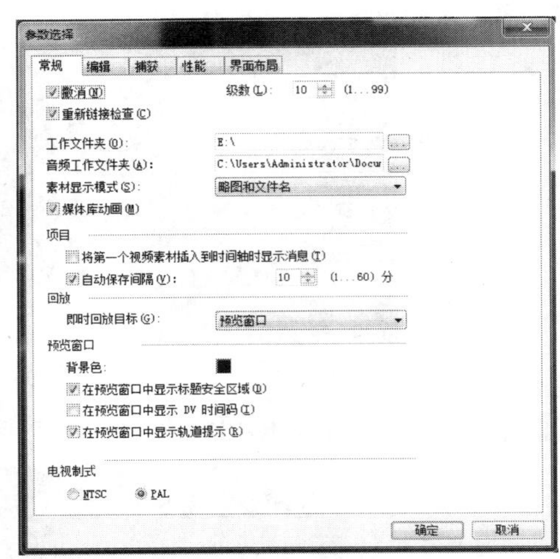

图 2–68　显示“常规”选项卡参数设置

“常规”选项卡中的参数用于设置一些软件基本的操作属性，下面将向用户介绍部分参数的设置方法。

1. “撤销”复选框

选中“撤销”复选框，将启用会声会影的撤销/重做功能。使用 Ctrl＋Z 组合键，或者选择菜单栏中的“编辑”|“重来”命令，也可以进行撤销或重做操作。在其右侧的“级数”文本框中可以指定允许撤销/重做的最大次数(最多为 99 次)，所指定的撤销/重做次数越高，所占的内存空间越多；如果保存的撤销/重做动作太多，计算机的性能将会降低。因此，用户可以根据自己的操作习惯设置合适的撤销/重做级数。

2. “重新链接检查”复选框

选中“重新链接检查”复选框后，当用户把某一个素材或视频文件删除或者是改变了存放的位置和重命名时，会声会影会自动检测项目中素材的对应源文件是否存在。如果源文件素材的存放位置已更改，那么系统就会自动弹出信息提示框，提示源文件不存在，要求重新链接素材。该功能十分有用，建议用户选中该复选框。

3. 工作文件夹

单击“工作文件夹”右侧的按钮，可以选取用于保存编辑完成的项目和捕获素材的文件夹。

4. 素材显示模式

主要用于设置时间轴上素材的显示模式。若用户需要视频素材以相应的缩略图方式显示在时间轴上，则可以选择“仅略图”选项；若用户需要视频素材以文件名方式显示在时间轴上，可以选择“仅文件名”选项；若用户需要视频素材以相应的缩略图和文件名方式显示在时间轴上，则可以选择“略图和文件名”选项。如图 2–69 所示为 3 种显示模式。

5. “将第一个视频素材插入到时间轴时显示消息”复选框

该复选框的功能是当捕获或将第一个素材插入项目中时，会声会影将自动检查该素材和项目的属性，如果出现文件格式、帧大小等属性不一致的问题，便会显示一个信息，让用户选择是否将项目的设置自动调整为与素材属性相匹配的设置。

6. “自动保存间隔”复选框

会声会影 X9 提供了像 Word 一样的自动存盘功能。选中“自动保存间隔”复选框后，系统将

每隔一段时间自动保存项目文件，从而避免在发生意外状况时丢失工作成果，其右侧的选项用于设置执行自动保存的时间。

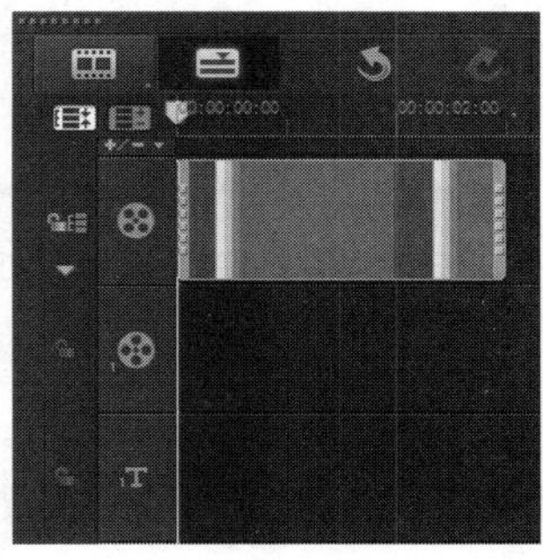
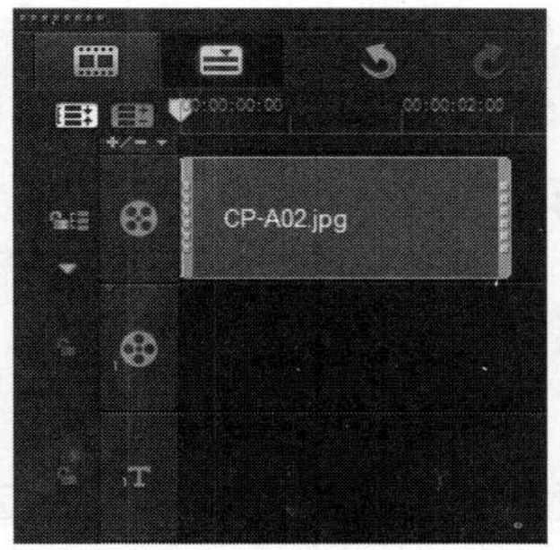

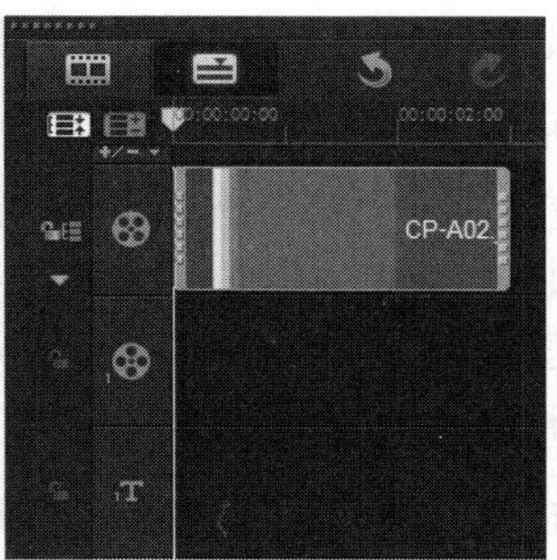

图 2-69　3 种显示模式

7. 即时回放目标

用于选择回放项目的目标设备。如果用户拥有双端口的显示卡，可以同时在预览窗口和外部显示设备上回放项目。

8. 背景色

当视频轨上没有素材时，可以在这里指定预览窗口的背景颜色。单击“背景色”右侧的颜色色块，弹出颜色列表，如图 2-70 所示。选择“Corel 色彩选取器”选项，弹出“Corel 色彩选取器”对话框，如图 2-71 所示。在其中可以选择或自定义背景颜色，设置视频轨的背景颜色。

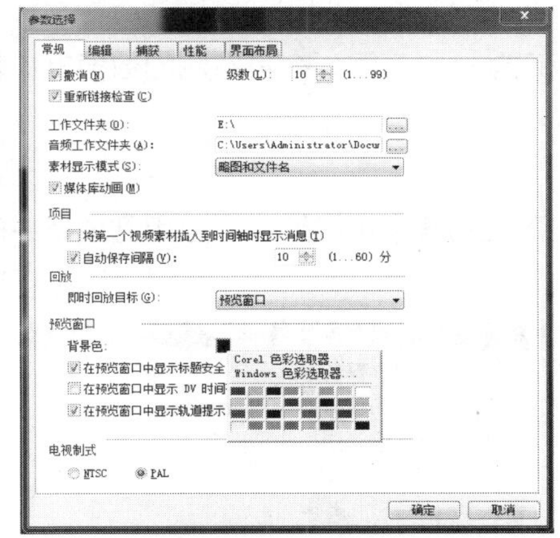

图 2-70　弹出颜色列表

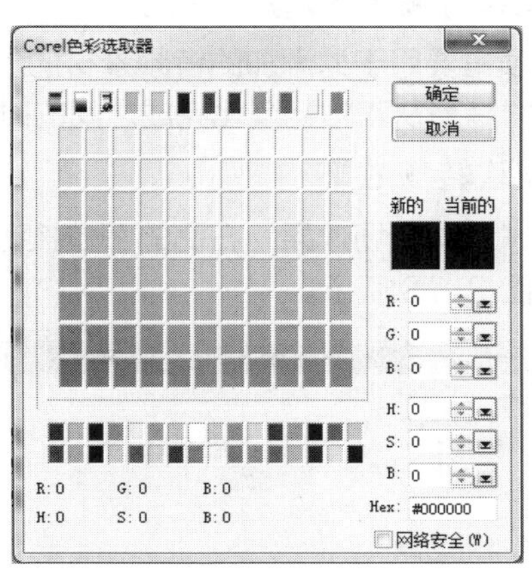

图 2-71　“Corel 色彩选取器”对话框

9. 在预览窗口中显示标题安全区域

选中该复选框，创建标题时会在预览窗口中显示标题安全区。标题安全区是预览窗口中的一个矩形框，用于确保用户设置的文字位于此标题安全区内。

2.4.2 设置软件编辑属性

在“参数选择”对话框中，切换至“编辑”选项卡，如图 2-72 所示。在该选项设置区域中，用户可以对所有效果和素材的质量进行设置，还可以调整插入的图像/色彩素材的默认区间、转场、淡入/淡出效果的默认区间。

“编辑”选项卡中主要选项的含义介绍如下。

1. 应用色彩滤镜

选中“应用色彩滤镜”复选框，可将会声会影调色板限制在 NTSC 或 PAL 色彩滤镜的可见范围内，以确保所有色彩均有效。如果仅在计算机监视器上显示，可取消选中该复选框。

2. 重新采样质量

“重新采样质量”选项可以为所有的效果和素材指定质量。质量越高，生成的视频质量也就越好，不过在渲染时，时间会比较长。如果用户准备用于最后的输出，可选择“最好的”选项；若要进行快速操作时，则选择“好”选项。

3. 默认照片/色彩区间

该选项主要用于为添加到视频项目中的图像和色彩素材指定默认的素材长度(该区间的时间单位为秒)。

4. 图像重新采样选项

单击“图像重新采样选项”右侧的下拉按钮，在弹出的下拉列表中可选择相应的重新采样选项，默认的图像重新采样选项有“保持宽高比”“保持宽高比(无字母框)”和“调到项目大小”，选择不同的选项时，显示的效果不同。

5. 在内存中缓存照片

在“编辑”选项卡中，选中“在内存中缓存照片”复选框，将在内存中缓存会声会影 X9 中照片的信息。

6. 默认音频淡入/淡出区间

该选项主要用于为添加的音频素材的淡入和淡出指定默认的区间，在其右侧的数值框中输入的数值是素材音量从正常到淡化完成之间的时间总量区间。

7. 默认转场效果

单击“默认转场效果”右侧的下拉按钮，在弹出的下拉列表中可以选择要应用到项目中的转场效果，如图 2-73 所示。

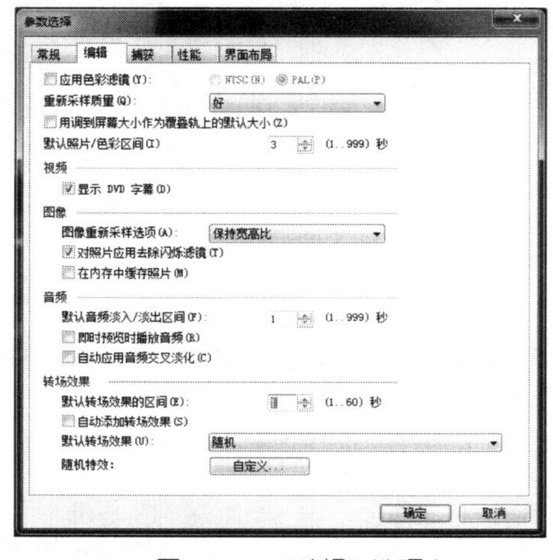

图 2-72 “编辑”选项卡

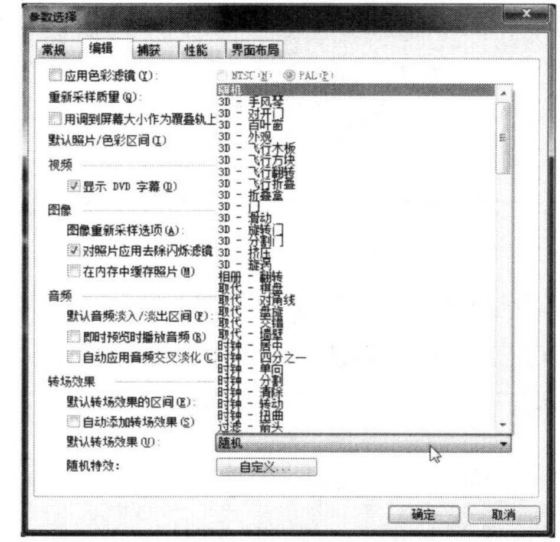

图 2-73 选择相应转场

2.4.3 设置软件捕获属性

在“参数选择”对话框中，切换至“捕获”选项卡，在其中可以设置与视频捕获相关的参数，如图 2-74 所示。

“捕获”选项卡中主要选项的含义介绍如下。

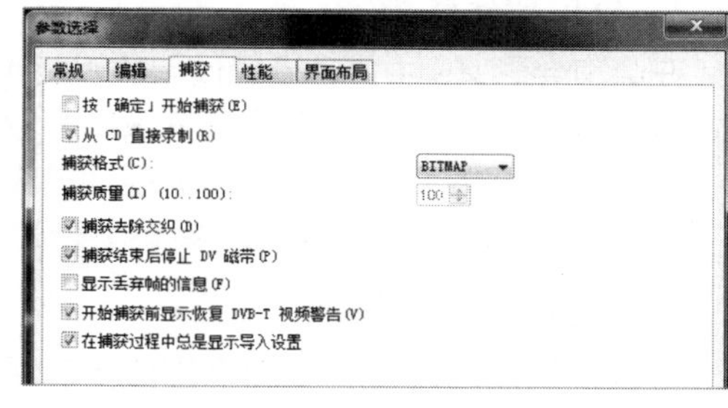

图 2-74 “捕获”选项卡

1. 按「确定」开始捕获

选中“按「确定」开始捕获”复选框，即表示在单击“捕获”步骤面板中的“捕获视频”按钮时，将会自动弹出一个信息提示框，提示用户可按 Esc 键或单击“捕获”按钮来停止该过程，单击“确定”按钮开始捕获视频。

2. 从 CD 直接录制

选中“从 CD 直接录制”复选框，将直接从 CD 播放器上录制歌曲的数码源数据，并保留最佳的歌曲音频质量。

3. 捕获格式

“捕获格式”选项可指定已捕获的静态图像的文件保存格式。单击其右侧的下拉按钮，在弹出的下拉列表中可选择从视频捕获静态帧时文件保存的格式，即 BITMAP 格式或 JPEG 格式。

4. 捕获质量

“捕获质量”选项只有在“捕获格式”下拉列表框中选择 JPEG 格式时才有效，主要用于设置图像的压缩质量。如果在其右侧的数值框中输入的数值越大，那么图像的压缩质量越大，文件也越大。

5. 捕获去除交织

选中“捕获去除交织”复选框，可以在捕获视频中的静态帧时，使用固定的图像分辨率，而不使用交织型图像的渐进式图像分辨率。

6. 捕获结束后停止 DV 磁带

选中“捕获结束后停止 DV 磁带”复选框是指当视频捕获完成后，允许 DV 自动停止磁带回放，否则停止捕获后，DV 将继续播放视频。

7. 显示丢弃帧的信息

选中“显示丢弃帧的信息”复选框，是指如果计算机配置较低或是出现传输故障，将在视频捕获完成后，显示丢弃帧的信息。

8. 开始捕获前显示恢复 DVB-T 视频警告

选中“开始捕获前显示恢复 DVB-T 视频警告”复选框，将显示恢复 DVB-T 视频警告，以便使捕获的视频流畅平滑。

9. 在捕获过程中总是显示导入设置

选中“在捕获过程中总是显示导入设置”复选框后，在捕获视频的过程中，总是会显示相关的导入设置。

2.4.4 设置软件性能属性

在“参数选择”对话框中，切换至“性能”选项卡，在其中可以设置与会声会影 X9 相关的性能参数，如图 2-75 所示。

“性能”选项卡中主要选项的含义介绍如下。

1. 启用智能代理

在会声会影 X9 中，可以通过创建智能代理，用创建的低分辨率视频替代原来的高分辨率视频，进行编辑。低分辨率视频要比原高分辨率视频模糊。一般情况下，不建议用户启用智能代理来编辑视频文件。

2. 自动生成代理模板(推荐)

在编辑视频的过程中，如果用户要启用视频代理功能，软件将自动为视频生成代理模板，用户可以对该模板进行自定义操作。

3. 启用硬件解码器加速

在会声会影 X9 中，通过使用视频图形加速技术和可用的硬件增强编辑性能，可以提高素材和项目的回放速度以及编辑速度。

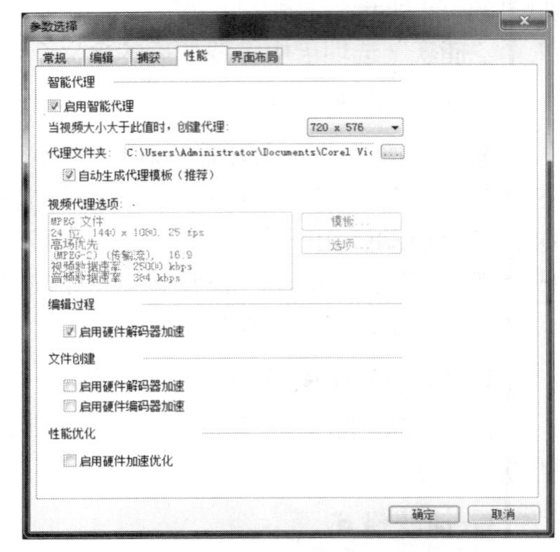

图 2–75 “性能”选项卡

4. 启用硬件加速优化

选中“启用硬件加速优化”复选框，可以让会声会影优化用户的系统性能。不过，具体硬件能加速多少，最终还得取决于用户的硬件规格与配置。

2.4.5 设置软件布局属性

在“参数选择”对话框中，切换至“界面布局”选项卡，在其中可以设置会声会影 X9 工作界面的布局属性，如图 2–76 所示。

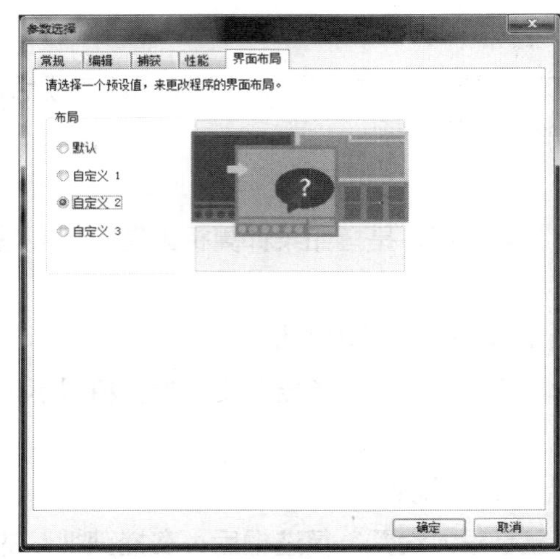

图 2–76 “界面布局”选项卡

在“界面布局”选项卡的“布局”选项区域中，包括默认的软件布局样式以及新建的 3 种自定义布局样式，选中相应的单选按钮，即可将界面调整为需要的布局样式。

2.4.6 设置项目文件属性

项目属性的设置包括项目文件信息、项目模板属性、文件格式、自定义压缩、视频以及音频等设置。下面将对这些设置进行详细的讲解。

1. 设置 DVD 项目属性

启动会声会影 X9 编辑器，选择菜单栏中的“设置”|“项目属性”命令，弹出“项目属性”对话框，如图 2-77 所示。

单击“新建”按钮，弹出“编辑配置文件选项”对话框，如图 2-78 所示。

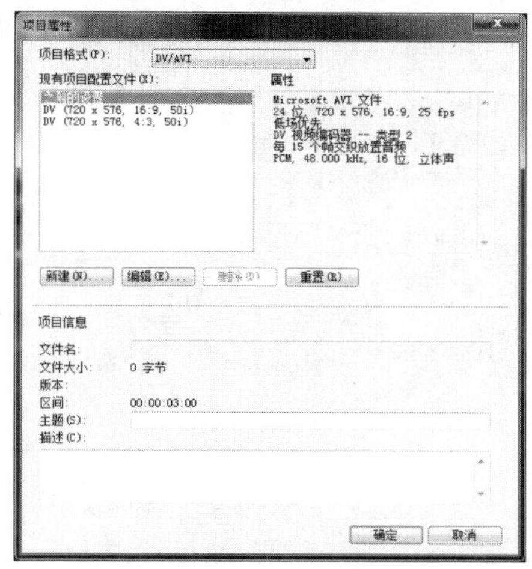

图 2-77　“项目属性”对话框

图 2-78　“编辑配置文件选项”对话框

下面介绍“项目属性”对话框中主要选项的含义。

- 项目格式：在该下拉列表中，可以选择不同的项目文件格式，包括 DVD、HDV、AVCHD 以及 Blu-ray 等格式。
- 文件大小：显示项目文件的大小。
- 属性：在该选项区域中，显示项目文件详细的格式信息。
- 编辑：单击该按钮，弹出“编辑配置文件选项”对话框，从中可以对所选文件格式进行自定义压缩，并进行视频和音频设置。

切换至“常规”选项卡，在“标准”下拉列表框中设置影片的尺寸大小，如图 2-79 所示。切换至“压缩”选项卡，在其中可以设置相应参数，如图 2-80 所示。单击“确定”按钮，即可完成设置。

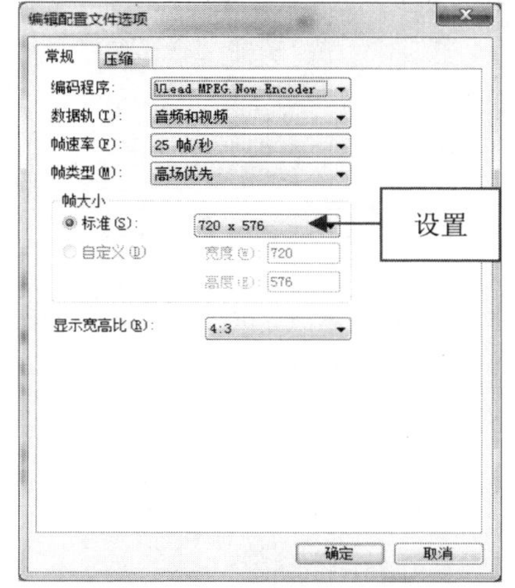

图 2-79　设置影片的尺寸大小

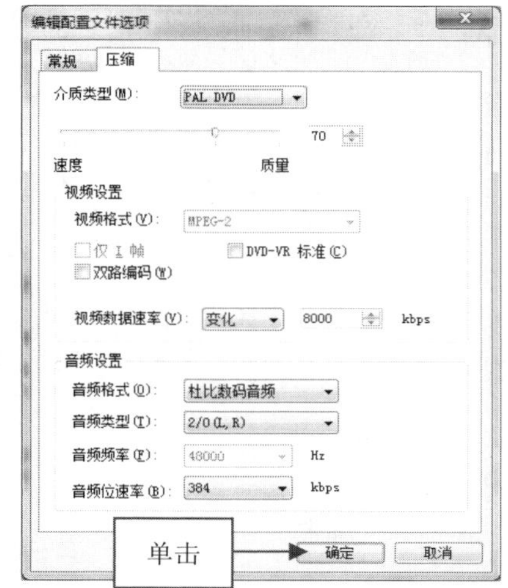

图 2-80　设置相应参数

2. 设置 AVI 项目属性

在“项目属性”对话框中的“项目格式”下拉列表中选择 DV/AVI 选项，如图 2–81 所示。单击“编辑”按钮，弹出“编辑配置文件选项”对话框，如图 2–82 所示。

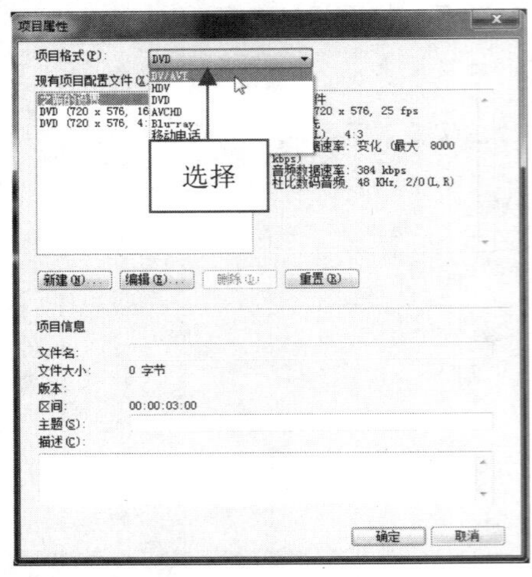

图 2–81　选择 DV/AVI 选项

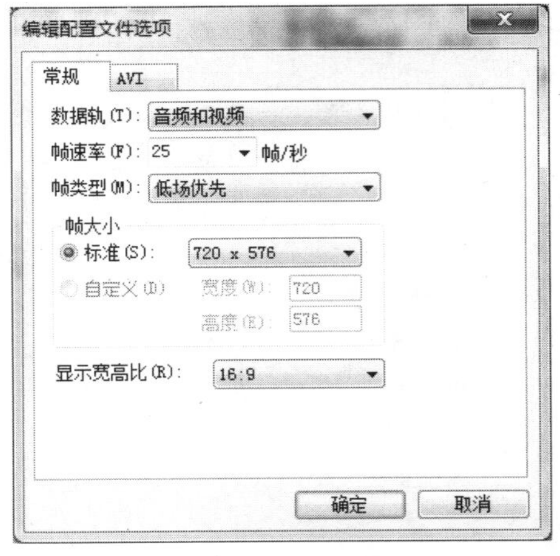

图 2–82　“编辑配置文件选项”对话框

在“常规”选项卡的“帧速率”下拉列表中选择 25 帧/秒，在“标准”下拉列表中选择影片的尺寸大小，如图 2–83 所示。

切换至 AVI 选项卡，在“压缩”下拉列表中选择视频编码方式，如图 2–84 所示。单击“配置”按钮，在弹出的“配置”对话框中对视频编码方式进行设置，单击“确定”按钮，返回到“编辑配置文件选项”对话框，单击“确定”按钮，即可完成设置。

图 2–83　选择影片的尺寸大小

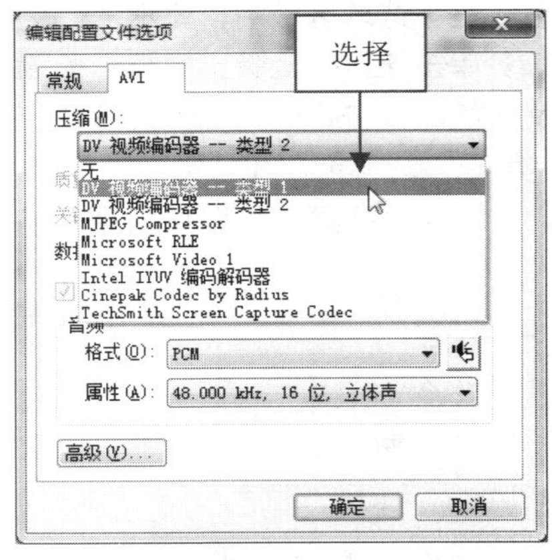

图 2–84　选择视频编码方式

专家指点

选择视频编码方式时，最好不要选择“无”选项，即非压缩的方式。无损的 AVI 视频占用的磁盘空间极大，在 800 像素 × 600 像素分辨率下，能够达到 10MB/s。

章前知识导读

在会声会影 X9 中，提供了多种类型的主题模板，如图像模板、视频模板、即时项目模板、对象模板、边框模板以及其他各种类型的模板等，灵活运用这些主题模板可以将大量的生活和旅游照片制作成动态影片。

第 3 章 捷径：使用自带模板特效

新手重点索引

- 下载与使用免费模板资源
- 使用多种图像与视频模板
- 使用即时项目快速制作影片
- 影片模板的编辑与装饰处理
- 使用影音快手制作视频画面

效果图片欣赏

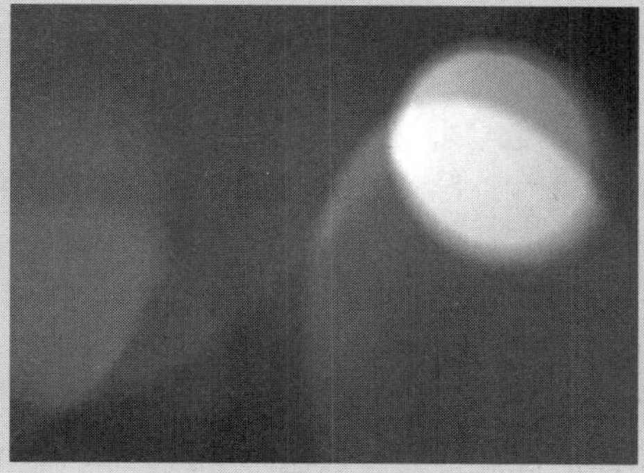

3.1 下载与使用免费模板资源

在会声会影 X9 中，不仅可以使用软件自带的多种模板特效文件，还可以从其他渠道获取会声会影的模板，使用户制作的视频画面更加丰富多彩。本节主要向用户介绍下载与调用视频模板的操作方法。

3.1.1 下载模板：通过会声会影官方网站下载视频模板

通过 IE 浏览器进入会声会影官方网站，可以免费下载和使用官方网站中提供的视频模板文件。下面介绍下载官方视频模板的操作方法。

素材文件	无
效果文件	无
视频文件	视频\第 3 章\3.1.1　下载模板：通过会声会影官方网站下载视频模板.mp4

【操练+视频】——通过会声会影官方网站下载

step 01 打开 IE 浏览器，进入会声会影官方网站，在页面上方单击“会声会影下载”标签，如图 3-1 所示。

step 02 进入“会声会影相关资源下载(正版用户专享)”页面，单击页面中的“会声会影海量素材下载”超链接，如图 3-2 所示。

图 3-1　单击“会声会影下载”标签

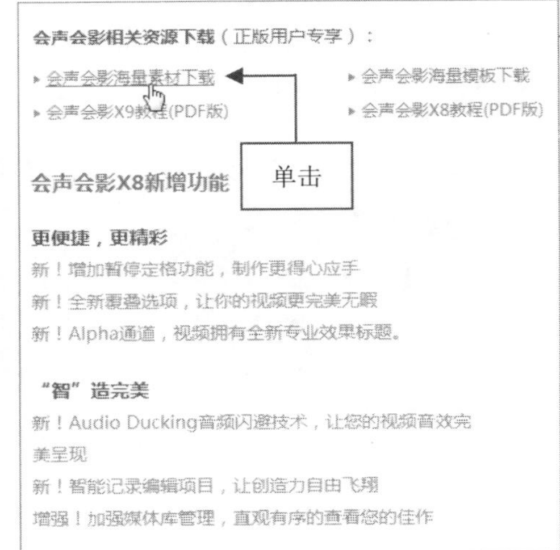

图 3-2　单击“会声会影海量素材下载”超链接

在图 3-2 中，单击“会声会影海量模板下载”超链接，也可以进入相应的模板下载页面，其中的模板是会声会影相关论坛用户分享整合的模板。单击相应的下载地址，也可以进行下载操作。

step 03 执行操作后，打开相应页面，在页面的上方位置单击“海量免费模板下载”超链接，如图 3-3 所示。

step 04 执行操作后，打开相应页面，用户可以选择需要的模板进行下载，其中包括电子相册、片头片尾、企业宣传、婚庆模板、节日模板以及生日模板等。这里选择下方的“爱正当时电子相册模板分享”预览图，如图 3-4 所示。

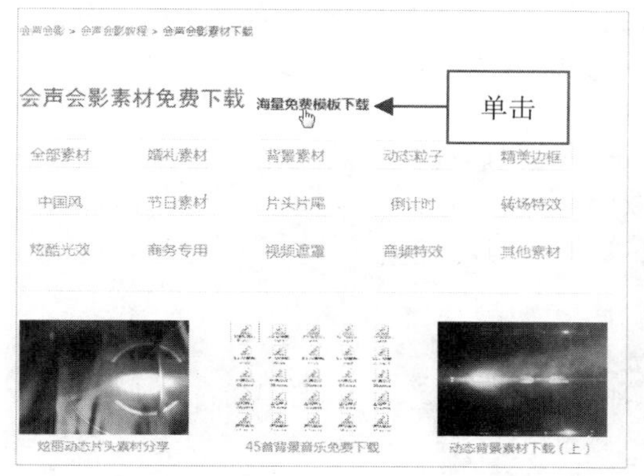

图 3-3　单击“海量免费模板下载”超链接

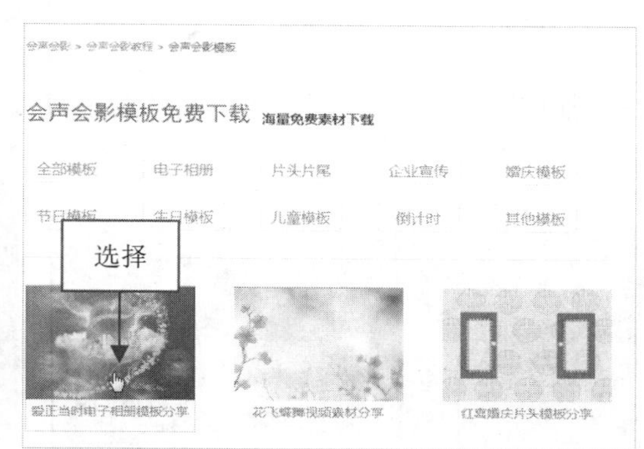

图 3-4　选择相应的模板预览图

step 05 执行操作后，打开相应页面，在其中可以预览需要下载的模板画面效果，如图 3-5 所示。

step 06 滚动至页面的最下方，单击“模板下载地址”右侧的网站地址，如图 3-6 所示。

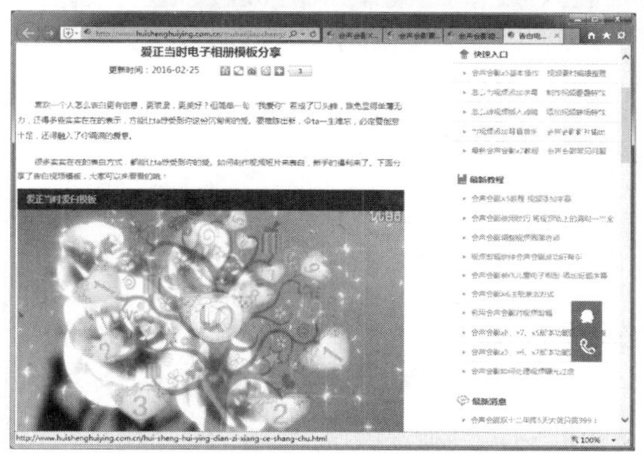

图 3-5　预览模板画面效果

图 3-6　单击模板网站地址

step 07 执行操作后，进入相应页面，单击上方的“下载”按钮，如图 3-7 所示。

step 08 弹出“文件下载”对话框，单击“普通下载”按钮，如图 3-8 所示。执行操作后，即可开始下载模板文件，待文件下载完成后，即可获取到需要的视频模板。

图 3-7　单击“下载”按钮

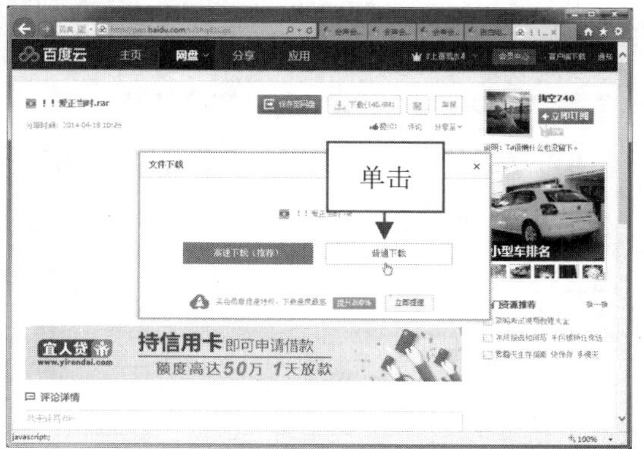

图 3-8　单击“普通下载”按钮

3.1.2 通过“获取更多内容”按钮下载视频模板

在会声会影 X9 工作界面中，单击“媒体”按钮，进入“媒体”素材库，单击上方的“获取更多内容”按钮，如图 3-9 所示。在打开的窗口中，单击“立即注册”按钮，如图 3-10 所示。待用户注册成功后，即可显示多种可供下载的模板文件。

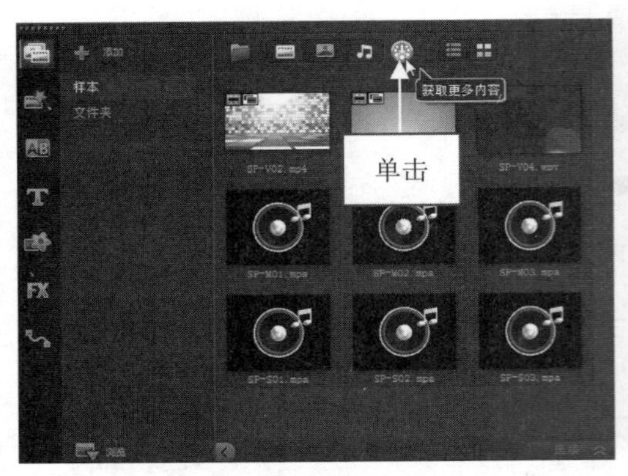

图 3-9　单击“获取更多内容”按钮

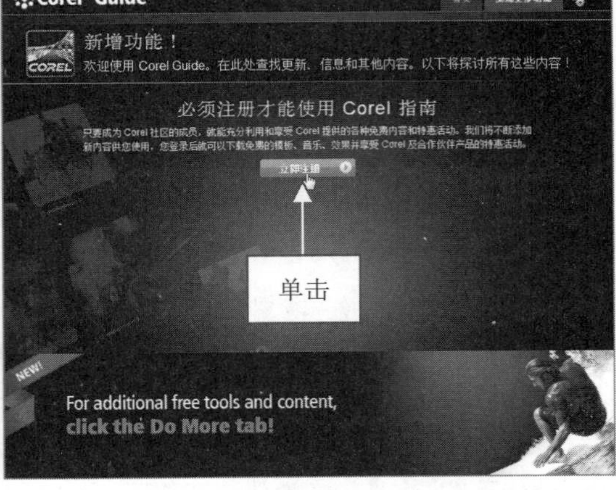

图 3-10　单击“立即注册”按钮

在会声会影 X9 界面的右上方，用户进入“即时项目”素材库或者“转场”素材库中，也可以单击上方的“获取更多内容”按钮，该按钮在相应素材库面板中都有显示。

3.1.3 通过相关论坛下载视频模板

在互联网中，最受欢迎的会声会影论坛和博客有许多，用户可以从这些论坛和博客的相关帖子中下载网友分享的视频模板，一般都是免费提供的。下面以 DV 视频编辑论坛为例，讲解下载视频模板的方法。

在 IE 浏览器中，打开 DV 视频编辑论坛的网址，在网页的上方单击“素材模板下载”标签，如图 3-11 所示。执行操作后，进入相应页面，在网页的中间显示了可供用户下载的多种会声会影模板文件，单击相应的模板超链接，如图 3-12 所示，在打开的网页中即可下载需要的视频模板。

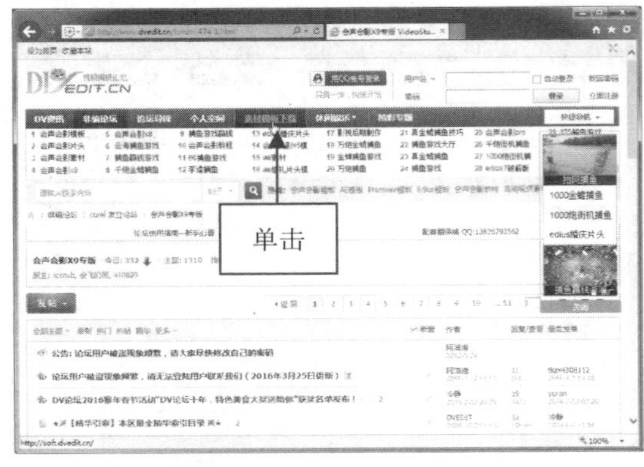

图 3-11　单击“素材模板下载”标签

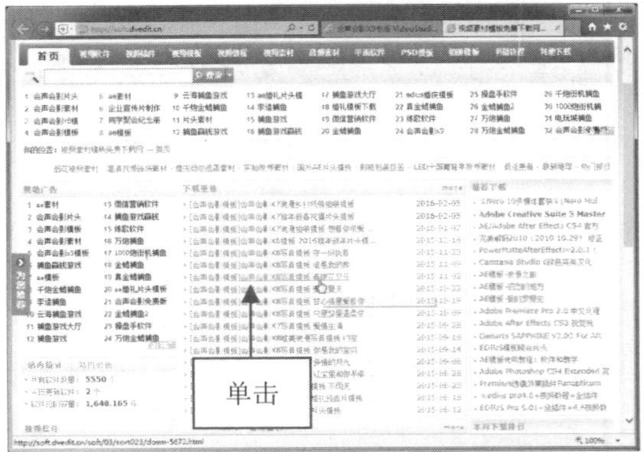

图 3-12　单击相应的模板超链接

DV 视频剪辑论坛是国内注册会员量比较高的论坛网站，也是一个大型的非编软件网络社区论坛，如果用户在使用会声会影 X9 的过程中，遇到了难以解决的问题，也可以在该论坛中发帖，以寻求其他网友的帮助。

3.1.4 将模板调入会声会影中使用

从网上下载会声会影模板后，接下来可以将模板调入会声会影 X9 中使用。下面介绍将模板调入会声会影 X9 的操作方法。

在界面中单击“即时项目”按钮，进入“即时项目”素材库，单击上方的“导入一个项目模板”按钮，如图 3-13 所示。执行操作后，弹出“选择一个项目模板”对话框，在其中选择之前下载的模板文件，一般为*.vpt 格式，如图 3-14 所示。

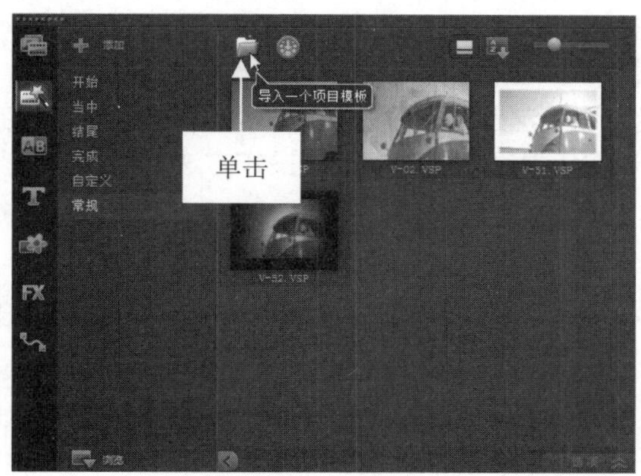

图 3-13　单击“导入一个项目模板”按钮

图 3-14　选择之前下载的模板

单击“打开”按钮，将模板导入“即时项目”素材库中，可以预览缩略图，如图 3-15 所示。在模板上单击鼠标左键并将其拖曳至视频轨中，即可应用即时项目模板，如图 3-16 所示。

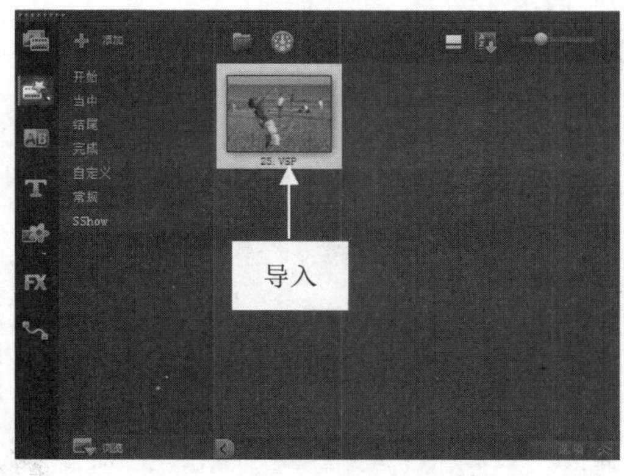

图 3-15　预览模板缩略图

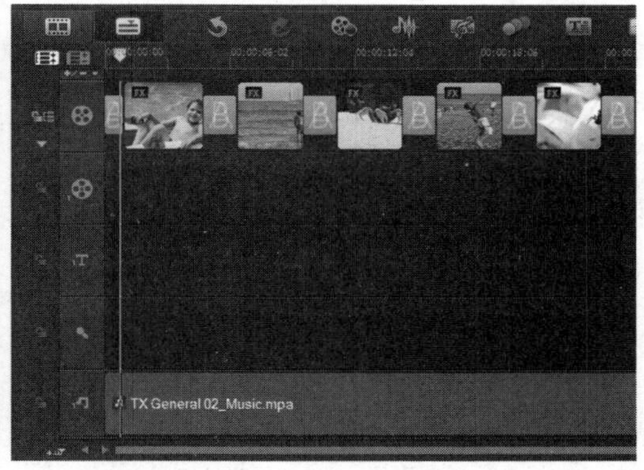

图 3-16　应用即时项目模板

在会声会影 X9 中，用户也可以将自己制作的会声会影项目导出为模板，分享给其他好友。方法很简单，只需选择菜单栏中的“文件” | “导出为模板” | “即时项目模板”命令，如图 3-17 所示，即可将项目导出为模板。

图 3-17 选择“即时项目模板”命令

3.2 使用多种图像与视频模板

在会声会影 X9 中，提供了多种类型的主题模板，如图像模板、视频模板、即时项目模板、对象模板、边框模板以及其他各种类型的模板等，灵活运用这些主题模板可以将大量的生活和旅游照片制作成动态影片。本节主要向用户介绍在会声会影 X9 中运用图像模板的操作方法。

3.2.1 沙漠模板：制作黄沙枯木效果

在会声会影 X9 应用程序中，提供了沙漠模板，用户可以将任何照片素材应用到沙漠模板中。下面介绍应用沙漠图像模板的操作方法。

素材文件	素材\第 3 章\SP-I03.jpg
效果文件	效果\第 3 章\黄沙枯木.VSP
视频文件	视频\第 3 章\3.2.1 沙漠模板：制作黄沙枯木效果.mp4

【操练+视频】——沙漠模板：制作黄沙枯木效果

step 01 进入会声会影编辑器，单击“显示照片”按钮，如图 3-18 所示。

step 02 在“照片”素材库中，选择沙漠图像模板，如图 3-19 所示。

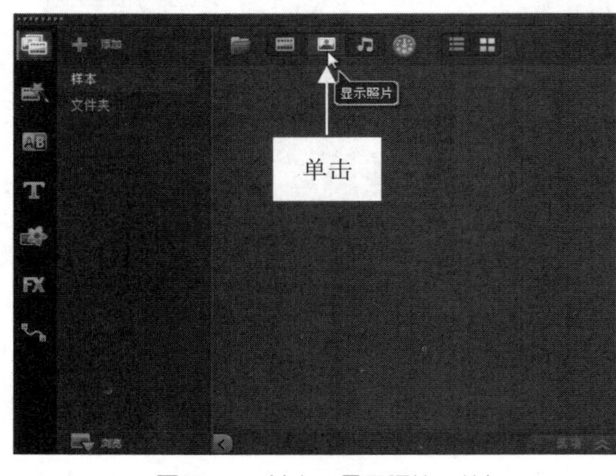

图 3-18 单击“显示照片”按钮

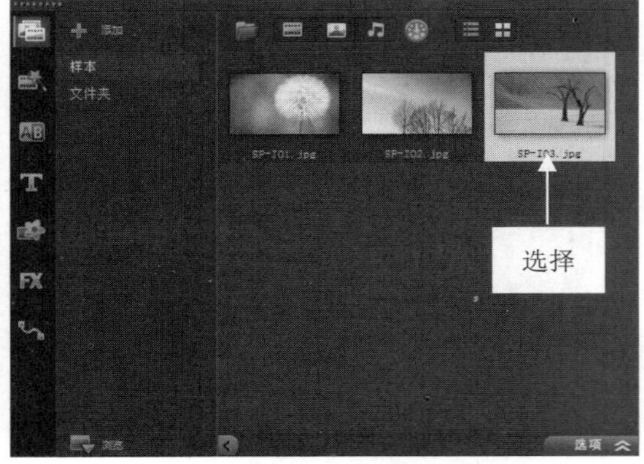

图 3-19 选择沙漠图像模板

step 03 在沙漠图像模板上，单击鼠标左键并将其拖曳至故事板中的适当位置，释放鼠标左键后，即可应用沙漠图像模板，如图 3-20 所示。

step 04 在预览窗口中，可以预览添加的沙漠模板效果，如图 3-21 所示。

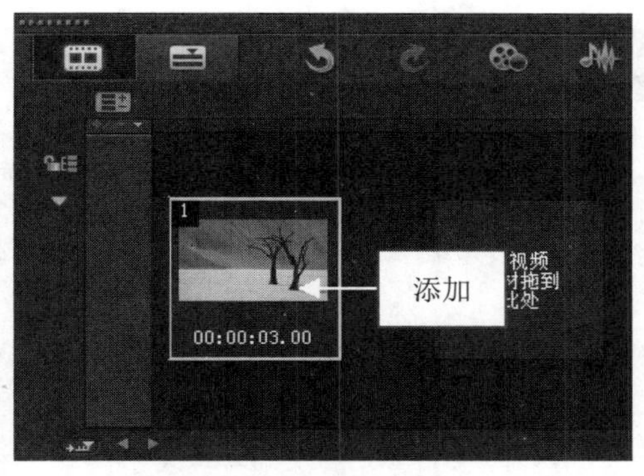

图 3-20　应用沙漠图像模板

图 3-21　预览添加的沙漠模板效果

在“媒体”素材库中，当用户显示照片素材后，“显示照片”按钮将变为“隐藏照片”按钮，单击“隐藏照片”按钮，即可隐藏素材库中所有的照片素材，使素材库保持整洁。

3.2.2 树林模板：制作自然森林效果

在会声会影 X9 中，提供了树林模板，用户可以将树林模板应用到各种各样的照片中。下面介绍应用树林图像模板的操作方法。

素材文件	素材\第 3 章\SP-I02.jpg
效果文件	效果\第 3 章\自然森林.VSP
视频文件	视频\第 3 章\3.2.2　树林模板：制作自然森林效果.mp4

【操练+视频】——树林模板：制作自然森林效果

step 01 在“照片”素材库中，选择树林图像模板，如图 3-22 所示。

step 02 在树林图像模板上右击，在弹出的快捷菜单中选择“插入到”｜“视频轨”命令，如图 3-23 所示。

图 3-22　选择树林图像模板

图 3-23　选择“视频轨”命令

在时间轴面板中的“视频轨”图标上单击鼠标左键，即可禁用视频轨，隐藏视频轨中的所有素材画面。

step 03 执行操作后，即可将树林图像模板插入时间轴面板的视频轨中，如图 3–24 所示。

step 04 在预览窗口中，可以预览添加的树林模板效果，如图 3–25 所示。

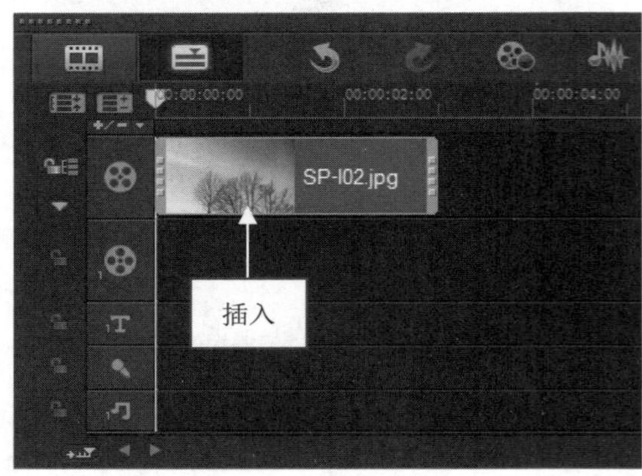

图 3–24　在时间轴面板中插入图像

图 3–25　预览添加的树林模板效果

在会声会影 X9 中，用户还可以将“照片”素材库中的模板添加至覆叠轨中。可以通过直接拖曳的方式，将模板拖曳至覆叠轨中；还可以在图像模板上右击，在弹出的快捷菜单中选择“插入到”|“覆叠轨#1”命令，如图 3-26 所示，将图像模板应用到覆叠轨中。

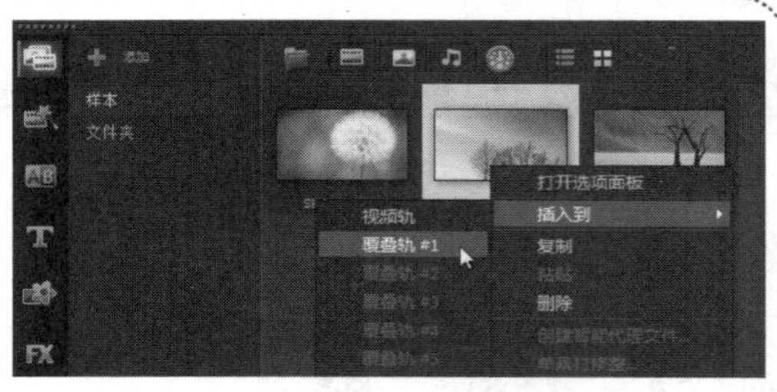

图 3–26　将图像模板应用到覆叠轨

3.2.3 植物模板：制作蒲公英花朵效果

在会声会影 X9 中，用户可以使用“照片”素材库中的植物模板制作蒲公英画面效果。下面介绍运用植物模板制作蒲公英画面的操作方法。

素材文件	素材\第 3 章\蒲公英画面.VSP
效果文件	效果\第 3 章\蒲公英画面.VSP
视频文件	视频\第 3 章\3.2.3　植物模板：制作蒲公英花朵效果.mp4

【操练+视频】——植物模板：制作蒲公英花朵效果

step 01 进入会声会影编辑器，选择菜单栏中的“文件”|“打开项目”命令，打开一个项目文件，如图 3–27 所示。

step 02 在“照片”素材库中，选择蒲公英图像模板，如图 3–28 所示。

step 03 将蒲公英图像模板拖曳至视频轨中的适当位置，释放鼠标左键后，即可添加蒲公英图像模板，如图 3–29 所示。

step 04 执行上述操作后，在预览窗口中即可预览蒲公英画面图像效果，如图 3–30 所示。

在会声会影 X9 的素材库中，用户可以在空白位置处右击，在弹出的快捷菜单中选择“插入媒体文件”命令，为素材库添加照片或视频模板。

图 3-27　打开项目文件

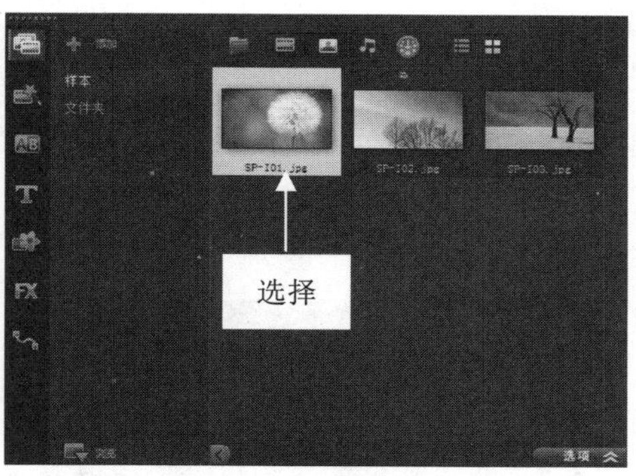

图 3-28　选择蒲公英图像模板

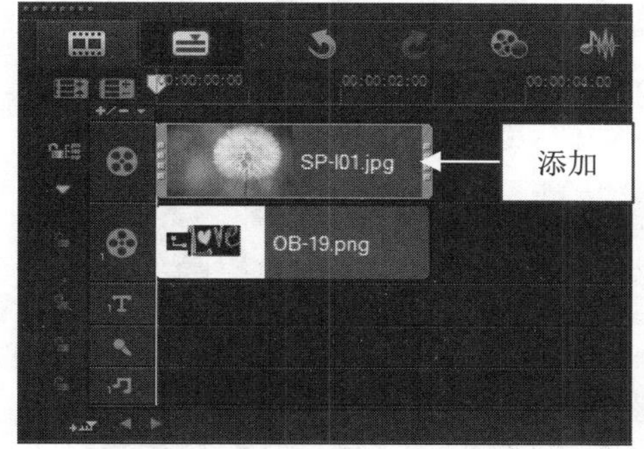

图 3-29　添加蒲公英图像模板

图 3-30　预览蒲公英画面图像效果

3.2.4 灯光模板：制作霓虹灯闪耀效果

在会声会影 X9 中，用户可以使用“视频”素材库中的灯光模板制作霓虹夜景灯光闪耀的效果。下面介绍应用灯光视频模板的操作方法。

素材文件	素材\第 3 章\ SP-V04.wmv
效果文件	效果\第 3 章\灯光闪耀.VSP
视频文件	视频\第 3 章\3.2.4　灯光模板：制作霓虹灯闪耀效果.mp4

【操练+视频】——灯光模板：制作霓虹灯闪耀效果

step 01 进入会声会影编辑器，单击“媒体”按钮，进入“媒体”素材库，单击“显示视频”按钮，如图 3-31 所示。

step 02 在“视频”素材库中，选择灯光视频模板，如图 3-32 所示。

图 3-31　单击“显示视频”按钮

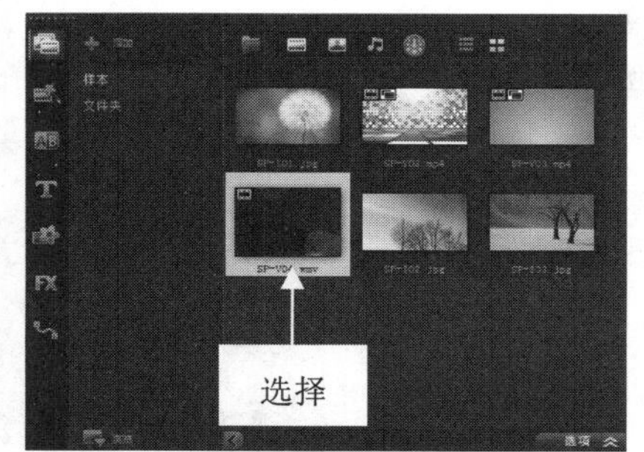

图 3-32　选择灯光视频模板

step 03 在灯光视频模板上右击，在弹出的快捷菜单中选择“插入到”|“视频轨”命令，如图 3-33 所示。

step 04 执行操作后，即可将视频模板添加至时间轴面板的视频轨中，如图 3-34 所示。

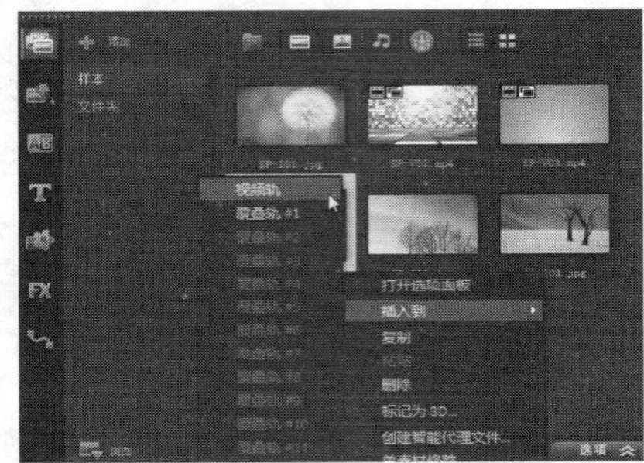

图 3-33　选择相应命令

图 3-34　将视频模板添加至时间轴面板

step 05 在预览窗口中，可以预览添加的灯光视频模板效果，如图 3-35 所示。

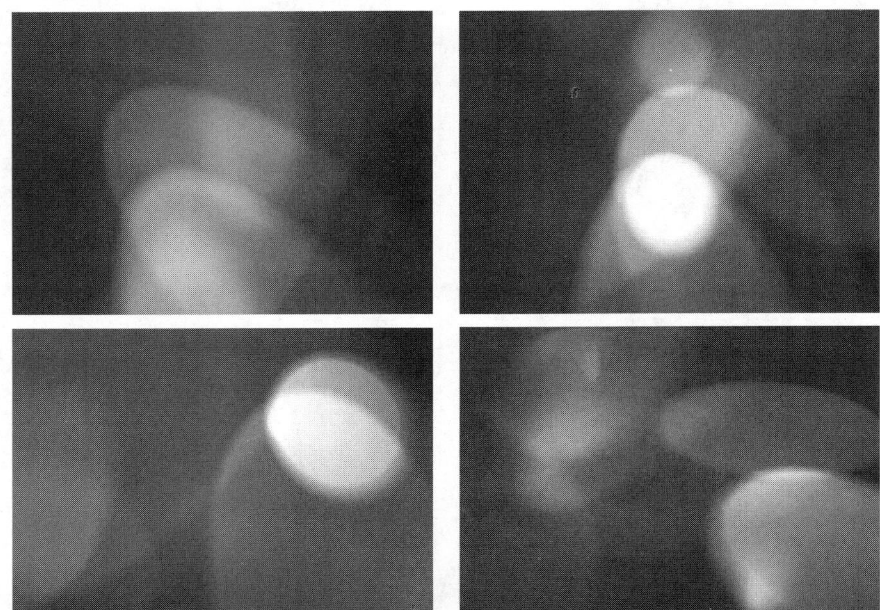

图 3-35　预览添加的灯光视频模板效果

专家指点

在会声会影 X9 素材库中，用户还可以通过复制的方式将模板应用到视频轨中。首先在素材库中选择需要添加到视频轨中的视频模板，右击并在弹出的快捷菜单中选择“复制”命令，如图 3-36 所示。

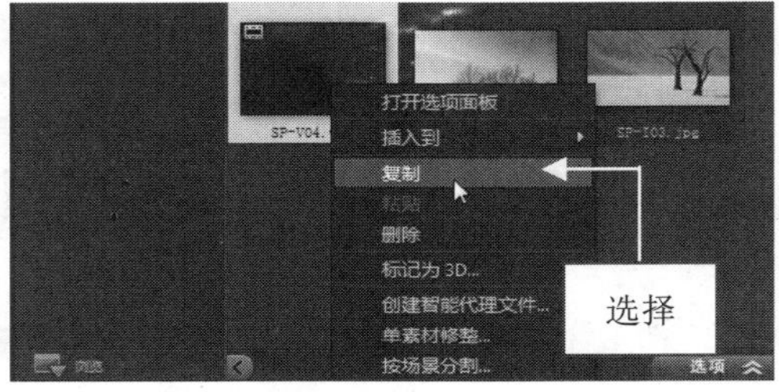

图 3-36　选择“复制”命令

复制视频模板后，将鼠标指针移至视频轨中的开始位置，此时鼠标指针区域显示白色色块，表示视频将要放置的位置，如图 3-37 所示。单击鼠标左键，即可将视频模板应用到视频轨中。

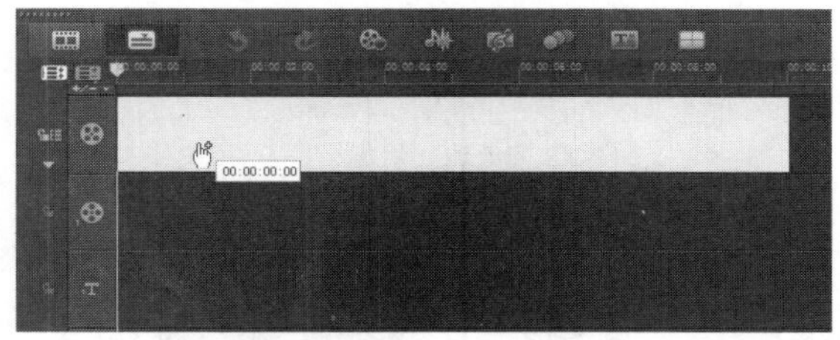

图 3-37　将鼠标指针移至视频轨中的开始位置

3.2.5 舞台模板：制作移动立体舞台效果

在会声会影 X9 中，用户可以使用“视频”素材库中的舞台模板制作绚丽舞台的视频动态效果。下面介绍应用舞台视频模板的操作方法。

素材文件	素材\第 3 章\ SP-V02.mp4
效果文件	效果\第 3 章\立体舞台.VSP
视频文件	视频\第 3 章\3.2.5　舞台模板：制作移动立体舞台效果.mp4

【操练+视频】——舞台模板：制作移动立体舞台效果

step 01 进入会声会影编辑器，单击“媒体”按钮，进入“媒体”素材库，单击“显示视频”按钮，如图 3-38 所示。

step 02 在“视频”素材库中，选择舞台视频模板，如图 3-39 所示。

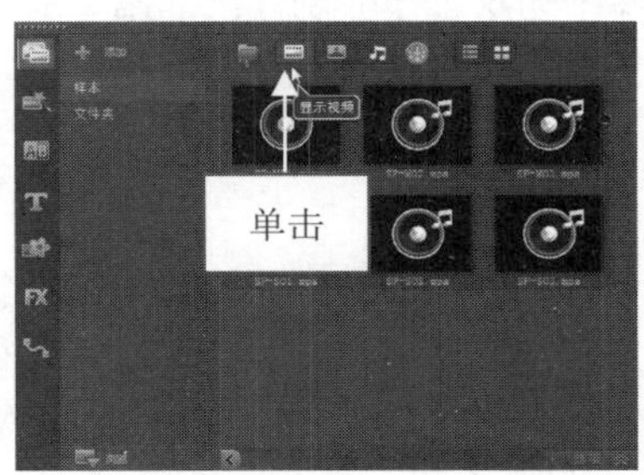

图 3-38　单击“显示视频”按钮

图 3-39　选择舞台视频模板

step 03 在舞台视频模板上右击，在弹出的快捷菜单中选择“插入到”|“视频轨”命令，如图 3-40 所示。

step 04 执行操作后，即可将视频模板添加至时间轴面板的视频轨中，如图 3-41 所示。

图 3-40　选择相应命令

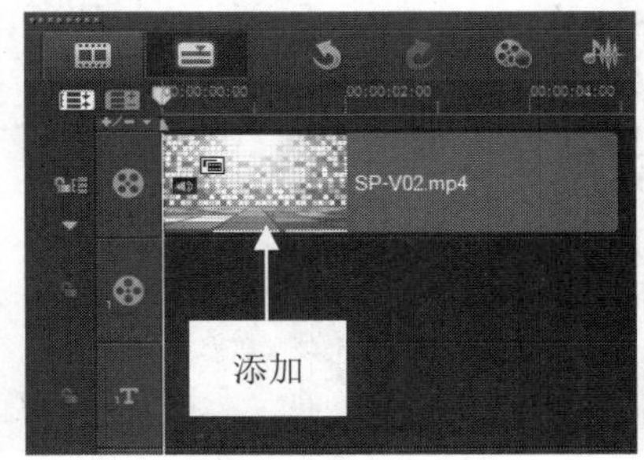

图 3-41　将视频模板添加至时间轴面板

step 05 在预览窗口中，可以预览添加的舞台视频模板效果，如图 3-42 所示。

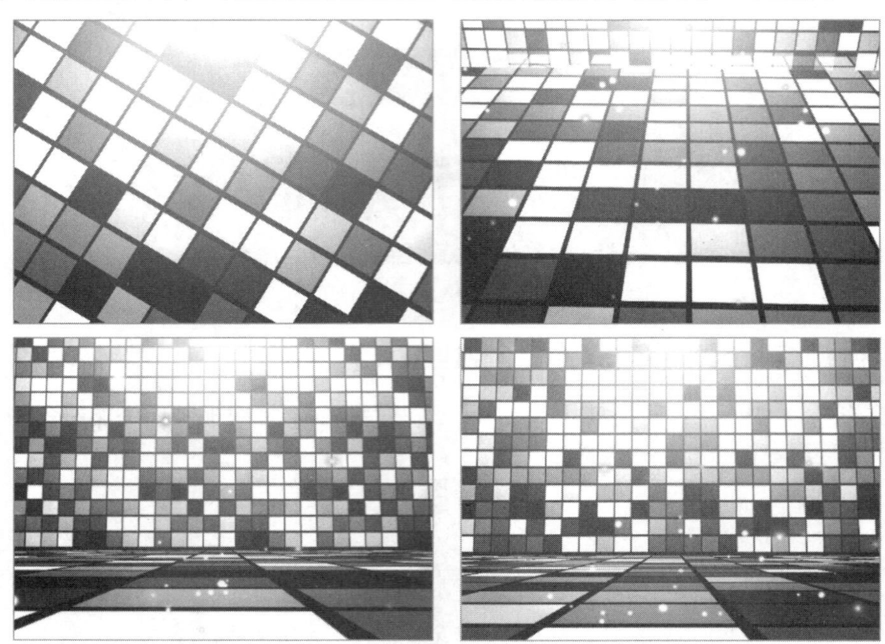

图 3-42　预览添加的舞台视频模板效果

3.2.6 炫彩模板：制作动态 3D 视频效果

在会声会影 X9 中，用户可以使用“视频”素材库中的炫彩模板制作出非常专业的视频动态效果。下面介绍应用炫彩视频模板的操作方法。

素材文件	素材\第 3 章\ SP-V03.mp4
效果文件	效果\第 3 章\星星挂件.VSP
视频文件	视频\第 3 章\3.2.6　炫彩模板：制作动态 3D 视频效果.mp4

【操练+视频】——炫彩模板：制作动态 3D 视频效果

step 01 在“视频”素材库中，选择炫彩视频模板，如图 3-43 所示。

step 02 在炫彩视频模板上右击，在弹出的快捷菜单中选择“插入到”|“视频轨”命令，如图 3-44 所示。

图 3-43　选择炫彩视频模板

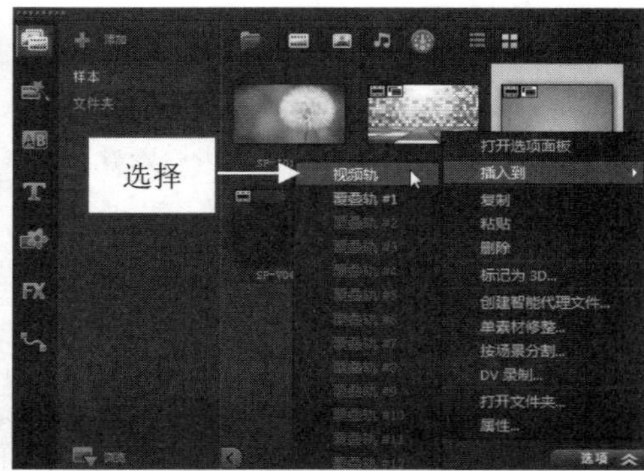

图 3-44　选择“视频轨”命令

step 03 执行操作后，即可将视频模板添加至时间轴面板的视频轨中，如图 3-45 所示。

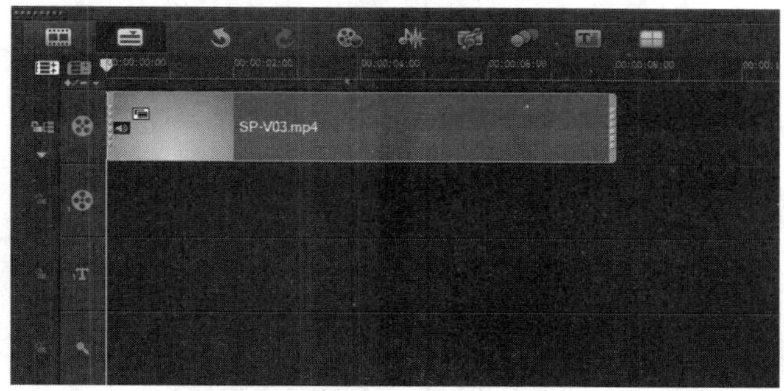

图 3-45 将视频模板添加至时间轴面板

step 04 在预览窗口中，可以预览添加的炫彩视频模板效果，如图 3-46 所示。

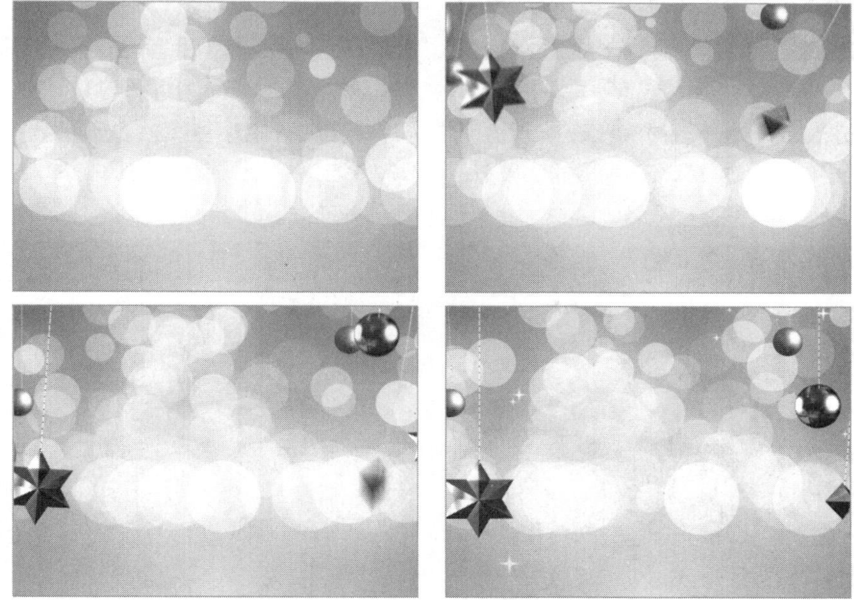

图 3-46 预览添加的炫彩视频模板效果

3.3 使用即时项目快速制作影片

在会声会影 X9 中，即时项目不仅简化了手动编辑的步骤，还提供了多种类型的即时项目模板，用户可根据需要选择不同的即时项目模板。本节主要介绍运用即时项目的操作方法。

3.3.1 开始模板：制作视频片头效果

会声会影 X9 的向导模板可以应用于不同阶段的视频制作中，如可以将“开始”向导模板添加在视频项目的开始处，制作成视频的片头。

素材文件	无
效果文件	无
视频文件	视频\第 3 章\3.3.1 开始模板：制作视频片头效果.mp4

【操练+视频】——开始模板：制作视频片头效果

step 01 进入会声会影编辑器，在素材库的左侧单击“即时项目”按钮，如图 3-47 所示。

step 02 打开“即时项目”素材库，显示库导航面板，在面板中选择“开始”选项，如图 3-48 所示。

图 3-47 单击“即时项目”按钮

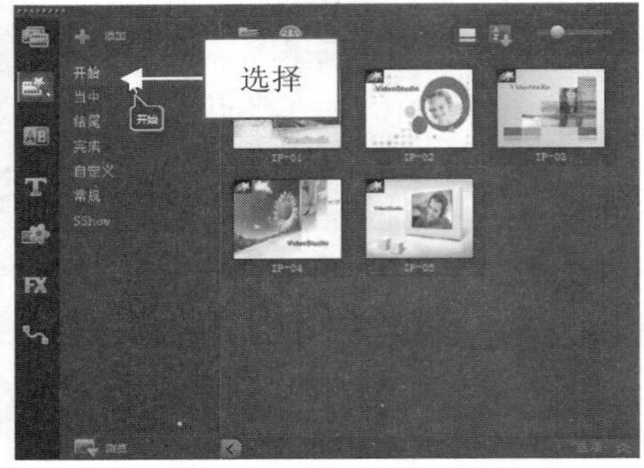

图 3-48 选择“开始”选项

step 03 进入“开始”素材库，在该素材库中选择相应的开始项目模板，如图 3-49 所示。

step 04 在项目模板上右击，在弹出的快捷菜单中选择“在开始处添加”命令，如图 3-50 所示。

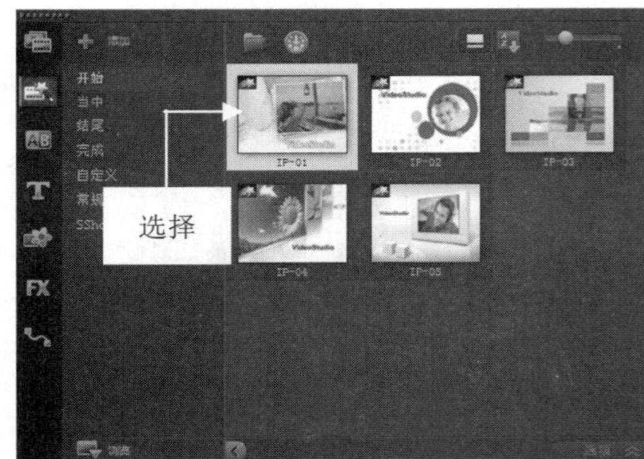

图 3-49 选择相应的开始项目模板

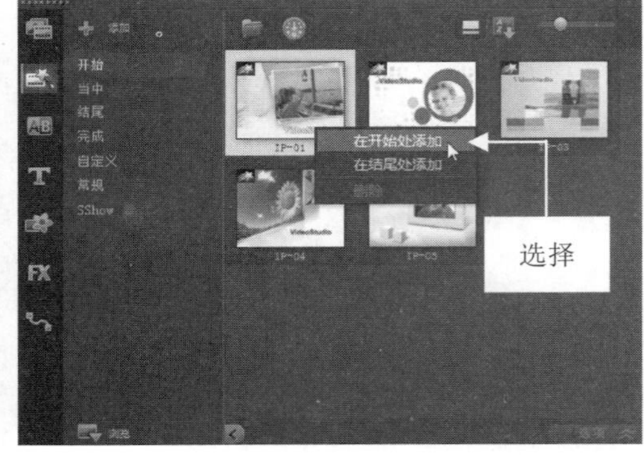

图 3-50 选择“在开始处添加”命令

step 05 执行上述操作后，即可将开始项目模板插入视频轨中的开始位置，如图 3-51 所示。

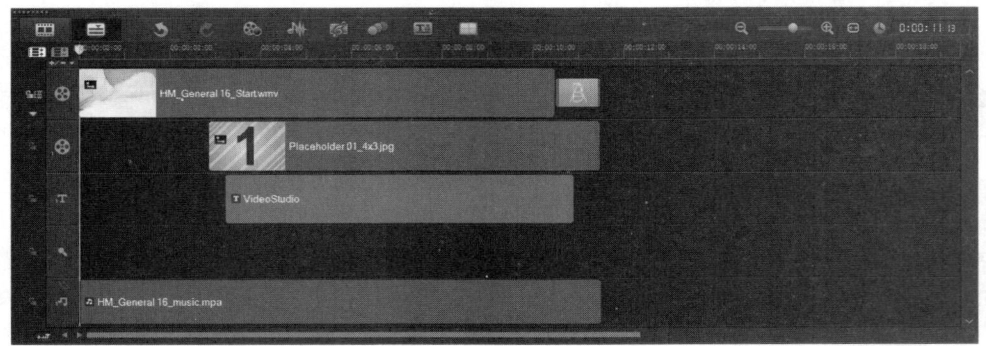

图 3-51 将开始项目模板插入视频轨中的开始位置

step 06 单击导览面板中的“播放”按钮，预览影视片头效果，如图 3-52 所示。

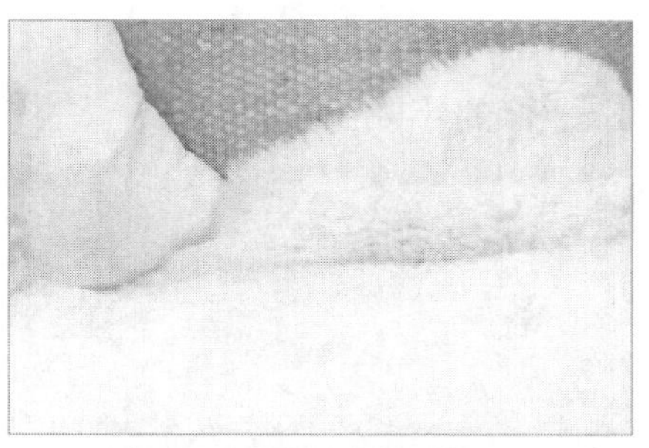

图 3-52 预览影视片头效果

用户可以将上述这一套片头视频模板运用在电子相册类视频的片头位置，制作片头动画特效。

下面向用户介绍几款其他的视频片头模板，如果用户喜欢，可以将其添加至时间轴面板中，添加的方法与上述介绍的方法是一样的，不再赘述。

1. 开始项目模板 1

如图 3-53 所示的这套开始模板可以运用在儿童类视频的片头位置。

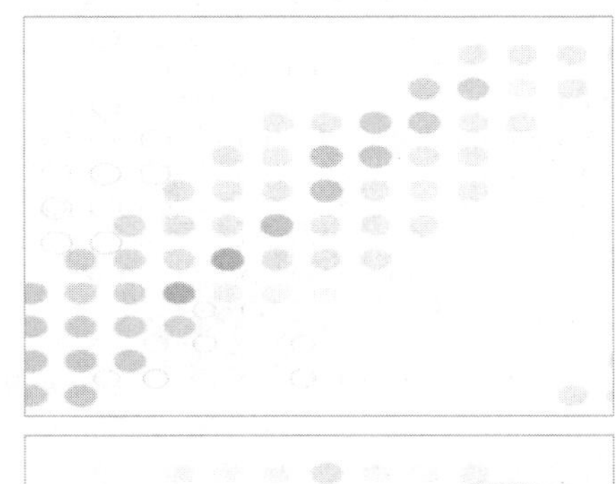
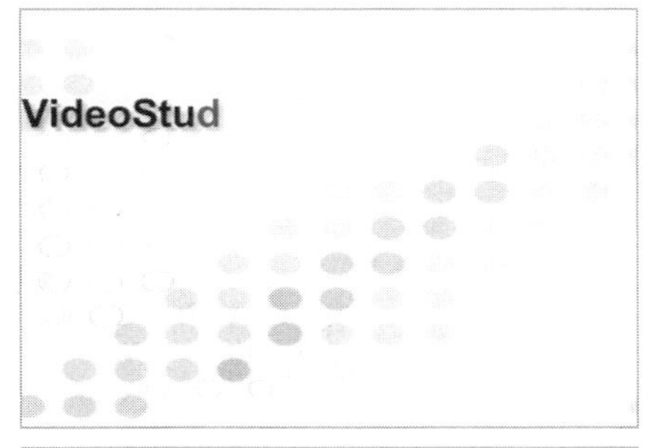

图 3-53 儿童类视频片头效果

2．开始项目模板 2

如图 3-54 所示的这套开始模板可以运用在风景类视频的片头位置。

图 3-54　风景类视频片头效果

3．开始项目模板 3

如图 3-55 所示的这套开始模板可以运用在商业广告类视频的片头位置。

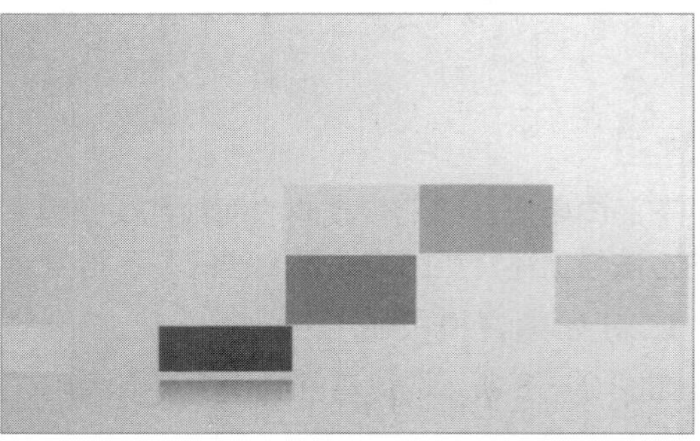

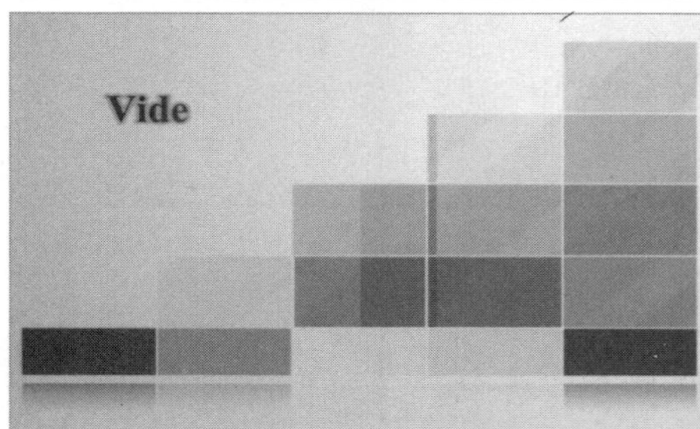

图 3-55　广告类视频片头效果

4．开始项目模板 4

如图 3-56 所示的这套开始模板可以运用在家庭照片类视频的片头位置。

在播放模板的过程中，用户可以对覆叠轨中的素材进行替换操作，即可利用模板制作出自己需要的视频画面。

图 3-56　家庭照片类视频片头效果

3.3.2　当中模板：快速制作电子相册中间部分

在会声会影 X9 的“当中”向导中，提供了多种即时项目模板，每一个模板都提供了不一样的素材转场以及标题效果，用户可根据需要选择不同的模板应用到视频中。下面介绍运用当中模板向导制作视频的操作方法。

素材文件	无
效果文件	无
视频文件	视频\第 3 章\3.3.2　当中模板：快速制作电子相册中间部分.mp4

【操练+视频】——当中模板：快速制作电子相册中间部分

step 01 进入会声会影编辑器，在素材库的左侧单击“即时项目”按钮，打开“即时项目”素材库，显示库导航面板，在面板中选择“当中”选项，如图 3-57 所示。

step 02 进入“当中”素材库，在该素材库中选择相应的当中项目模板，如图 3-58 所示。

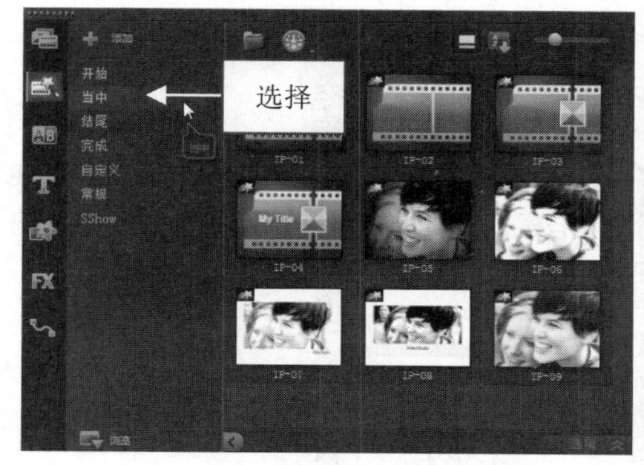

图 3-57　选择“当中”选项

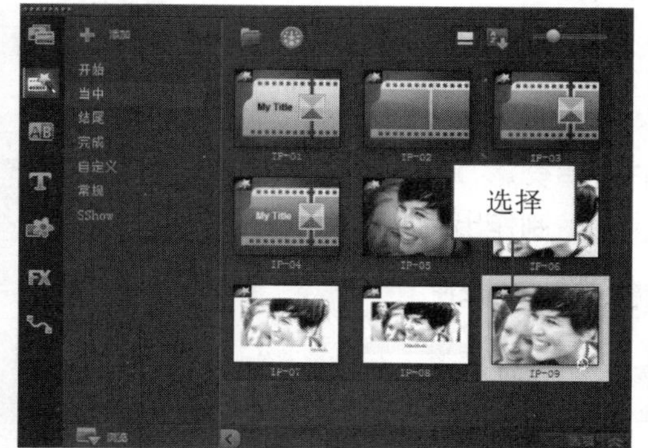

图 3-58　选择相应的当中项目模板

step 03 按住鼠标左键将其拖曳至视频轨中，即可在时间轴面板中插入即时项目主题模板，如

图 3-59 所示。

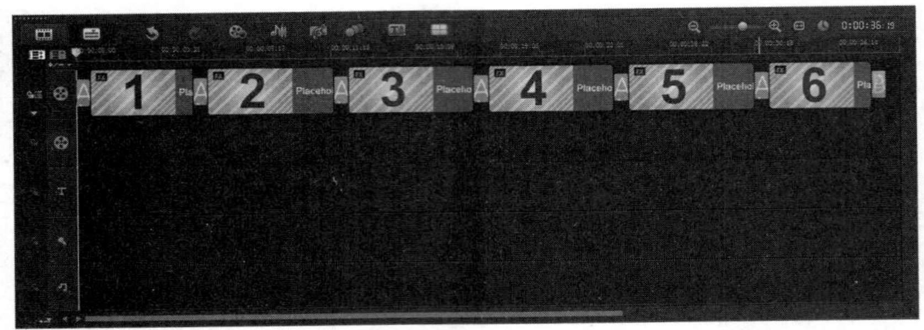

图 3-59　插入当中项目模板至视频轨

step 04 执行上述操作后，单击导览面板中的“播放”按钮，预览当中即时项目模板效果，如图 3-60 所示。

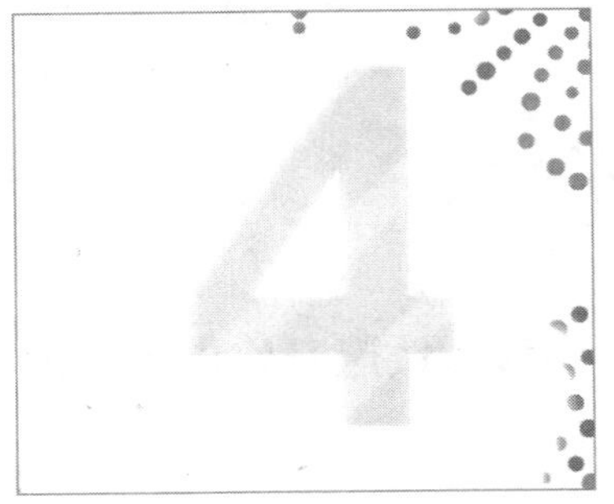

图 3-60　预览即时项目模板效果

专家指点

在模板项目中替换素材的方法很简单，首先在素材库中选择需要的素材，按住 Ctrl 键的同时，单击鼠标左键将其拖曳至时间轴面板中需要替换的素材上方，释放鼠标左键，进行覆盖，即可替换素材文件，这样可以快速运用模板制作用户需要的影片。值得注意的是，用照片素材替换照片素材时，可以按住 Ctrl 键的同时直接进行替换；而用视频素材替换视频素材时，两段视频的区间必须对等，否则会出现素材替换错误的现象。

专家指点

上述这一套温馨场景的当中模板，可以运用在全家团聚类温馨的视频片段中。在会声会影 X9 中，一共提供了 9 种“当中”模板，用户可以根据自己的需要有选择性地使用。

3.3.3 结尾模板：制作视频片尾效果

在会声会影 X9 的“结尾”向导中，提供了多种即时项目模板，用户可以将其添加在视频项目的结尾处，制作出专业的片尾动画效果。下面介绍运用结尾向导制作视频结尾画面的操作方法。

素材文件	无
效果文件	无
视频文件	视频\第 3 章\3.3.3　结尾模板：制作视频片尾效果.mp4

【操练+视频】——结尾模板：制作视频片尾效果

step 01 进入会声会影编辑器，在素材库的左侧单击“即时项目”按钮，打开“即时项目”素材库，显示库导航面板，在面板中选择“结尾”选项，如图 3-61 所示。

step 02 进入“结尾”素材库，在该素材库中选择相应的结尾项目模板，如图 3-62 所示。

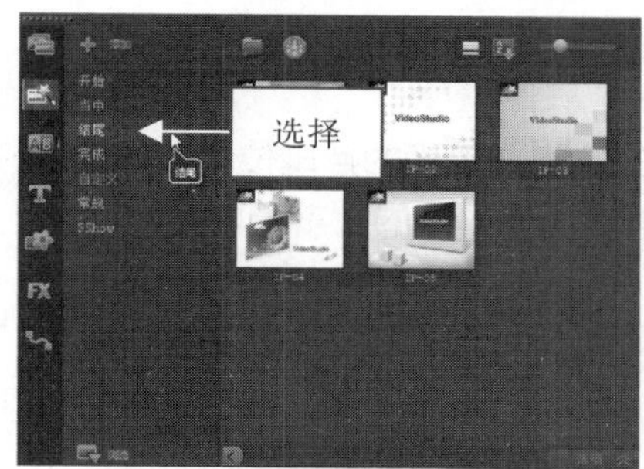

图 3-61　选择“结尾”选项

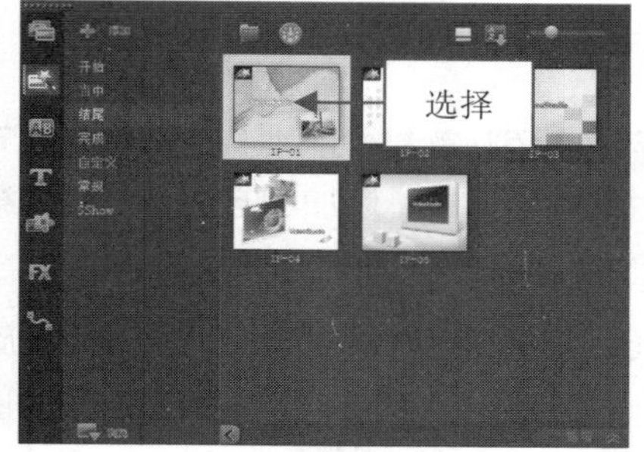

图 3-62　选择相应的结尾项目模板

step 03 单击鼠标左键将其拖曳至视频轨中，即可在时间轴面板中插入即时项目主题模板，如图 3-63 所示。

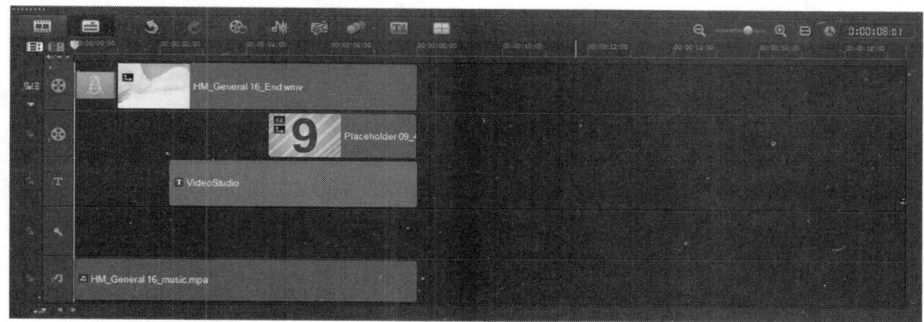

图 3-63　插入结尾项目模板

step 04 执行上述操作后，单击导览面板中的“播放”按钮，预览结尾即时项目模板效果，如图 3-64 所示。

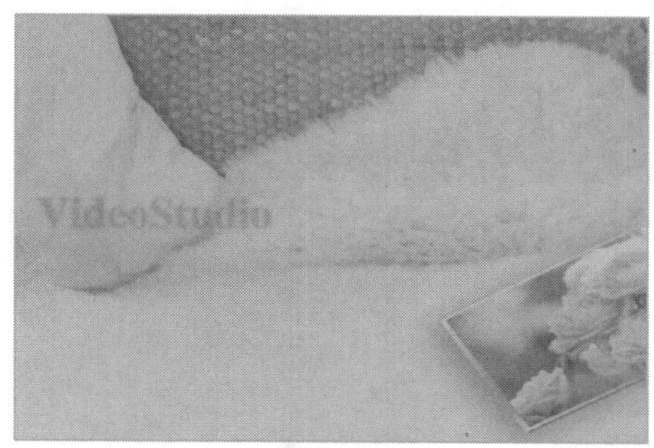

图 3-64　预览结尾即时项目模板效果

上述这一套结尾视频模板，可以运用在家庭相册类视频的结尾，制作片尾动画特效。

下面向用户介绍几款其他的视频片尾模板，可以运用在视频的片尾位置。如果用户喜欢，可以将其添加至时间轴面板中，添加的方法与上面介绍的方法是一样的，不再赘述。

1．结尾项目模板 1

如图 3-65 所示的这套结尾模板可以运用在旅游记录类视频的片尾位置。

图 3-65　预览旅游记录类视频结尾模板效果

将项目模板添加至时间轴面板后，如果用户不需要模板中的字幕文件，可以将其删除。

2．结尾项目模板 2

如图 3-66 所示的这套结尾模板可以运用在公司晚会类视频的片尾位置。

图 3-66　预览公司晚会类视频结尾模板效果

3.3.4　完成模板：快速制作视频片尾效果

在会声会影 X9 中，除上述 3 种向导外，还为用户提供了“完成”向导模板。在该向导中，可以选择相应的视频模板并将其应用到视频制作中，在“完成”项目模板中，每一个项目都是一段完整的视频，其中包含片头、片中与片尾特效。下面介绍运用“完成”向导制作视频画面的操作方法。

素材文件	无
效果文件	无
视频文件	视频\第 3 章\3.3.4　完成模板：快速制作视频片尾效果.mp4

【操练+视频】——完成模板：快速制作视频片尾效果

step 01 进入会声会影编辑器，在素材库的左侧单击“即时项目”按钮，打开“即时项目”素材库，显示库导航面板，在面板中选择“完成”选项，如图 3-67 所示。

step 02 进入“完成”素材库，在该素材库中选择相应的完成项目模板，如图 3-68 所示。

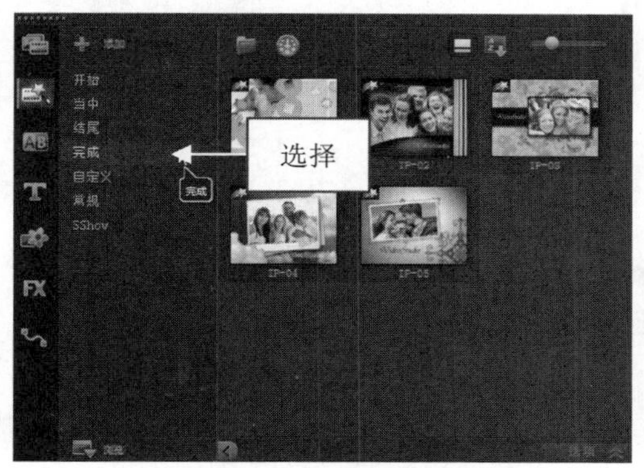

图 3-67 选择“完成”选项

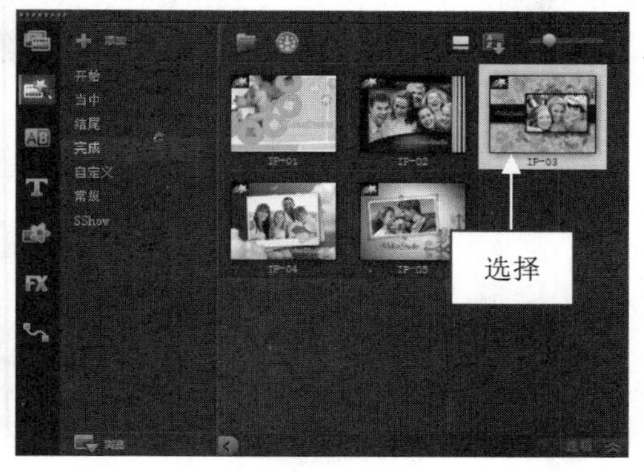

图 3-68 选择相应的完成项目模板

step 03 单击鼠标左键将其拖曳至视频轨中，即可在时间轴面板中插入即时项目主题模板，如图 3-69 所示。

图 3-69 在时间轴面板中插入即时项目主题模板

step 04 执行上述操作后，单击导览面板中的“播放”按钮，预览完成即时项目模板效果，如图 3-70 所示。

上述这一套电子相册类项目模板，可以运用在家庭视频、家庭相册等视频中。

图 3-70 预览完成即时项目模板效果(续)

图 3–70　预览完成即时项目模板效果(续)

下面向用户介绍几款其他的视频完成模板。如果用户喜欢，可以将其添加至时间轴面板中，添加的方法与上述介绍的方法是一样的，不再赘述。

1．完成项目模板 1

如图 3–71 所示的这套完成模板可以运用在风景类视频中。

图 3–71　预览风景类视频模板效果

2. 完成项目模板 2

如图 3-72 所示的这套完成模板可以运用在个人写真或个人照片类视频中。

图 3-72 预览个人写真或个人照片类视频模板效果

3. 完成项目模板 3

如图 3-73 所示的这套完成模板可以运用在卡通、可爱类视频中。

4. 完成项目模板 4

如图 3-74 所示的这套完成模板可以运用在商业类视频中。

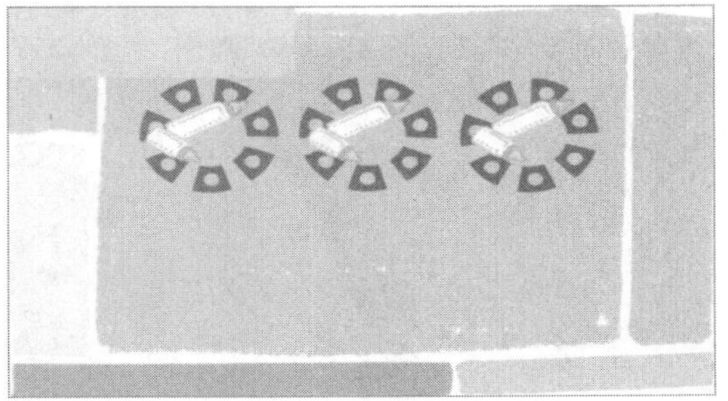

图 3-73 预览卡通、可爱类视频模板效果

图 3–73　预览卡通、可爱类视频模板效果(续)

图 3–74　预览商业类视频模板效果

3.4 影片模板的编辑与装饰处理

在会声会影 X9 中，不仅提供了即时项目模板、图像模板以及视频模板，还提供了其他模板，如对象模板、边框模板以及 Flash 模板等。本节主要介绍对影片模板进行相应的编辑操作与装饰处理的方法。

3.4.1 在模板中删除不需要的素材

将影片模板添加至时间轴面板后，如果用户对模板中的素材文件不满意，可以将模板中的相应素材删除，以符合用户的制作需求。

在时间轴面板的覆叠轨中，选择需要删除的覆叠素材，如图 3–75 所示。在覆叠素材上右击，在弹出的快捷菜单中选择“删除”命令，如图 3–76 所示。

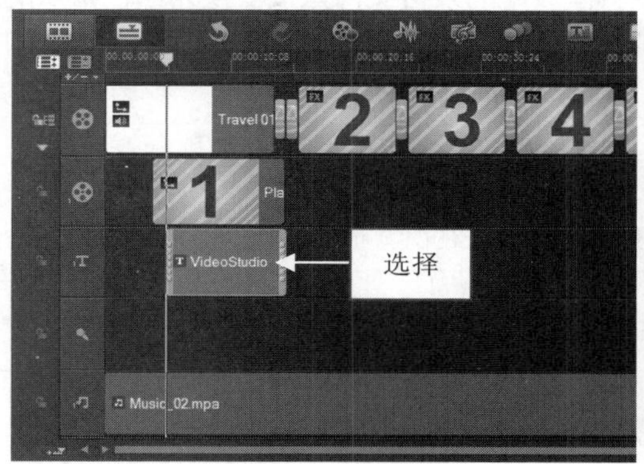

图 3–75　选择需要删除的覆叠素材

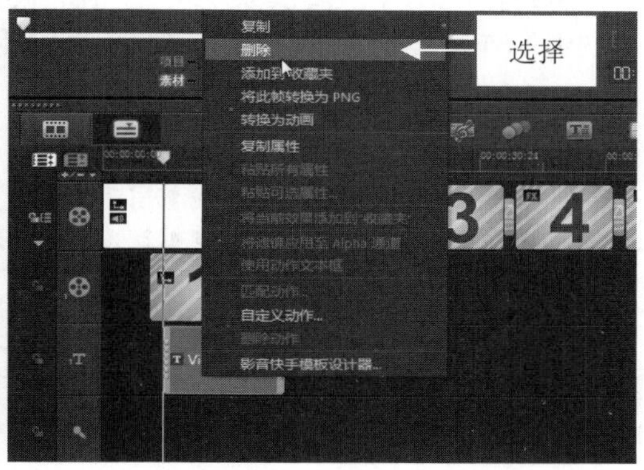

图 3–76　选择“删除”命令

用户也可以选择菜单栏中的“编辑”｜“删除”命令，如图 3–77 所示，快速删除覆叠轨中选择的素材文件，如图 3–78 所示。

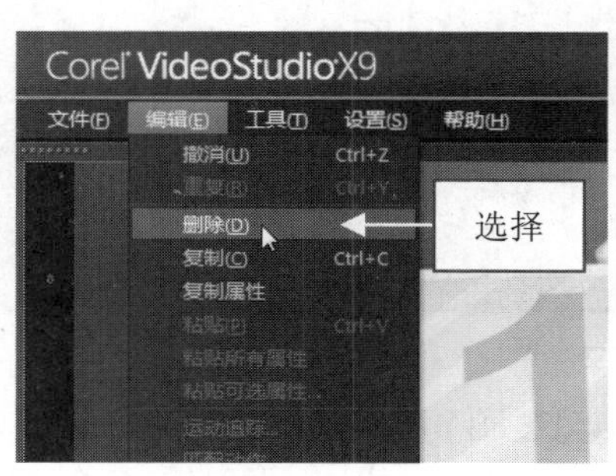

图 3–77　选择“删除”命令

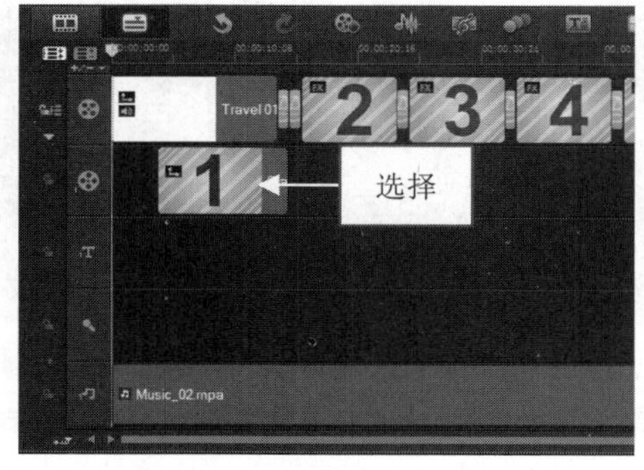

图 3–78　删除选择的素材文件

在覆叠轨中删除模板中的素材文件后，在导览面板中单击“播放”按钮，即可预览删除素材后的视频画面效果，如图 3–79 所示。

在会声会影 X9 界面中，当用户删除模板中的某个素材文件后，可以将自己喜欢的素材文件添加至时间轴面板的覆叠轨中，制作视频的画中画效果。用户也可以使用相同的方法，删除标题轨和音乐轨中的素材文件。

图 3-79　预览删除素材后的视频画面效果

3.4.2 替换素材：把模板变成自己的视频

在会声会影 X9 中应用模板效果后，用户可以将模板中的素材文件直接替换为自己喜欢的素材文件，快速制作需要的视频画面效果。下面向用户介绍将模板素材替换成自己喜欢的素材的操作方法。

素材文件	素材\第 3 章\婚纱写真.VSP、婚纱写真(1)～(7).jpg
效果文件	效果\第 3 章\婚纱写真.VSP
视频文件	视频\第 3 章\3.4.2　替换素材：把模板变成自己的视频.mp4

【操练+视频】——替换素材：把模板变成自己的视频

step 01 进入会声会影编辑器，选择菜单栏中的“文件”|“打开项目”命令，打开一个项目文件，时间轴面板中显示了项目模板文件，如图 3-80 所示。

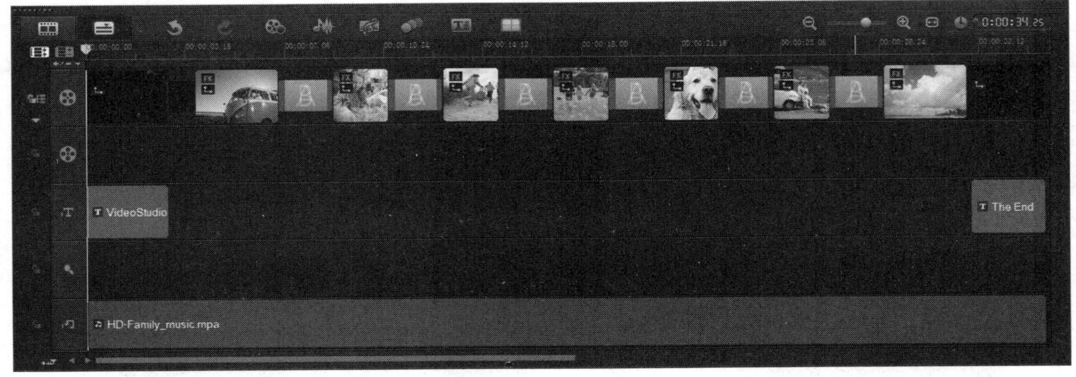

图 3-80　打开项目文件

step 02 在视频轨中，选择需要替换的照片素材，如图 3-81 所示。

step 03 在照片素材上右击，在弹出的快捷菜单中选择“替换素材”|“照片”命令，如图 3-82 所示。

step 04 执行操作后，弹出“替换/重新链接素材”对话框，在其中选择用户需要的素材文件，如图 3-83 所示。

step 05 单击“打开”按钮，将模板中的素材替换为用户需要的素材，如图 3-84 所示。

step 06 在预览窗口中，选择需要编辑的标题字幕，如图 3-85 所示。

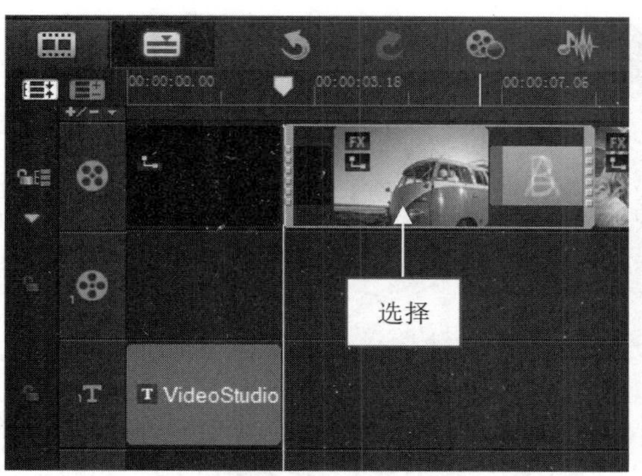

图 3-81 选择需要替换的素材

图 3-82 选择"照片"命令

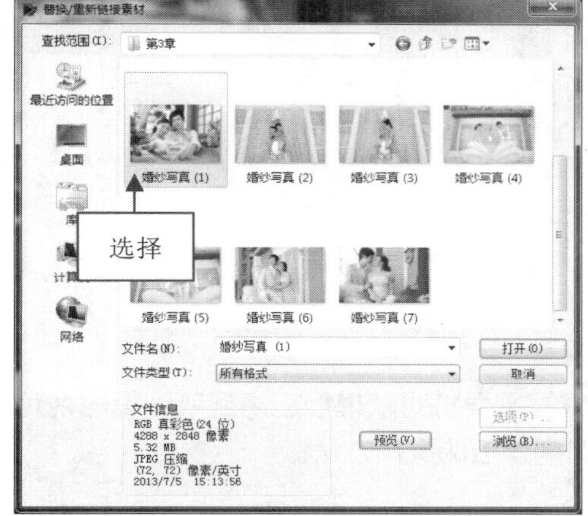

图 3-83 选择需要替换的素材

图 3-84 替换后的素材画面

step 07 对标题字幕的内容进行更改，在"编辑"选项面板中设置标题的字体属性，如图 3-86 所示。

图 3-85 选择需要编辑的标题字幕

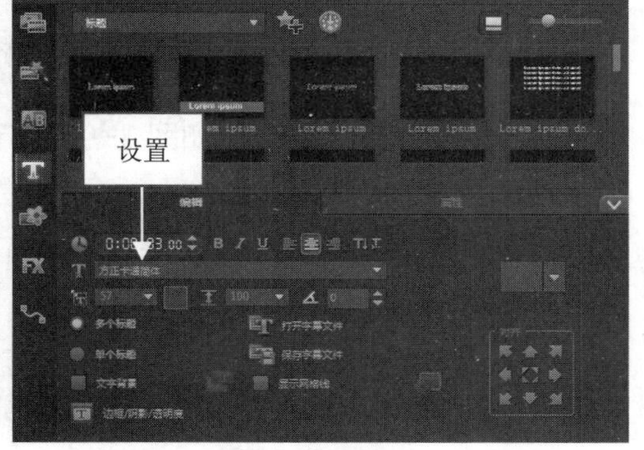

图 3-86 设置标题的字体属性

step 08 用与上面同样的方法对其他素材进行替换，并更改结尾处标题字幕，时间轴面板如图 3-87 所示。

step 09 在导览面板中，单击"播放"按钮，预览替换素材后的视频画面效果，如图 3-88 所示。

图 3–87 时间轴面板

图 3–88 预览替换素材后的视频画面效果

3.4.3 对象模板：制作画中画特效

会声会影提供了多种类型的对象模板，用户可以根据需要将对象模板应用到所编辑的视频中，使视频画面更加美观。下面介绍在素材中添加画中画对象模板的操作方法。

素材文件	素材\第 3 章\憧憬希望.jpg
效果文件	效果\第 3 章\憧憬希望.VSP
视频文件	视频\第 3 章\3.4.3 对象模板：制作画中画特效.mp4

【操练+视频】——对象模板：制作画中画特效

step 01 进入会声会影编辑器，在时间轴面板中插入一幅素材图像，如图 3–89 所示。

step 02 单击“图形”按钮，切换至“图形”选项卡，单击窗口上方的“画廊”按钮，在弹出的下拉列表中选择“对象”选项，如图 3–90 所示。

图 3–89 插入素材图像

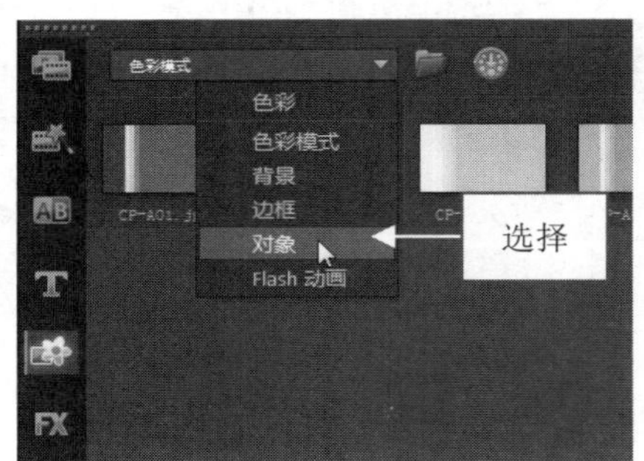

图 3–90 选择“对象”选项

step 03 打开“对象”素材库，其中显示了多种类型的对象模板，在列表框中选择 OB–16.png 对象模板，如图 3–91 所示。

step 04 单击鼠标左键将其拖曳至覆叠轨中的适当位置，如图 3-92 所示。

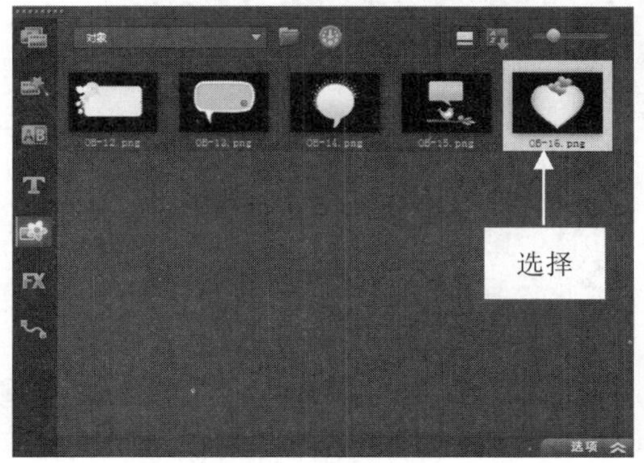

图 3-91　选择对象模板

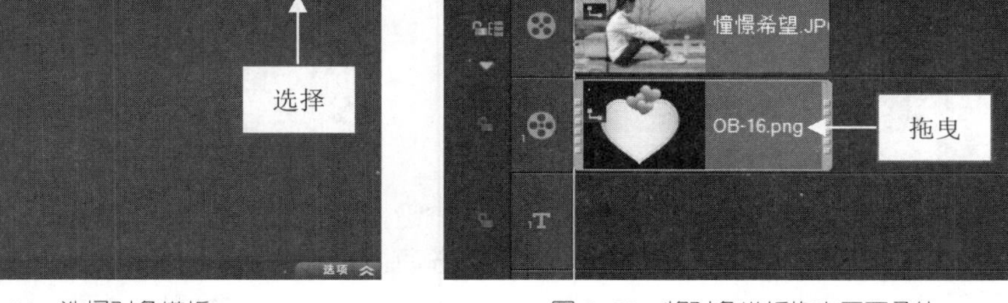

图 3-92　将对象模板拖曳至覆叠轨

step 05 在预览窗口中，可以预览对象模板的效果，拖曳对象四周的控制柄，调整对象素材的大小和位置，如图 3-93 所示。

step 06 单击“播放”按钮，预览用对象模板制作的视频画面效果，如图 3-94 所示。

图 3-93　调整对象素材的大小和位置

图 3-94　预览视频效果

专家指点

在会声会影 X9 的“对象”素材库中，提供了多种对象素材供用户选择和使用。用户需要注意的是，对象素材添加至覆叠轨中后，如果发现其大小和位置与视频背景不符合时，此时可以通过拖曳的方式调整覆叠素材的大小和位置等属性。

3.4.4 边框模板：为视频画面添加装饰

在会声会影 X9 中编辑影片时，适当地为素材添加边框模板，可以制作出绚丽多彩的视频作品，起到装饰视频画面的作用。下面介绍为素材添加边框装饰对象的操作方法。

素材文件	素材\第 3 章\执手一生.VSP
效果文件	效果\第 3 章\执手一生.VSP
视频文件	视频\第 3 章\3.4.4　边框模板：为视频画面添加装饰.mp4

【操练+视频】——边框模板：为视频画面添加装饰

step 01 进入会声会影编辑器，选择菜单栏中的“文件”|“打开项目”命令，打开一个项目文件，如图 3-95 所示。

step 02 在预览窗口中可以预览图像效果，如图 3-96 所示。

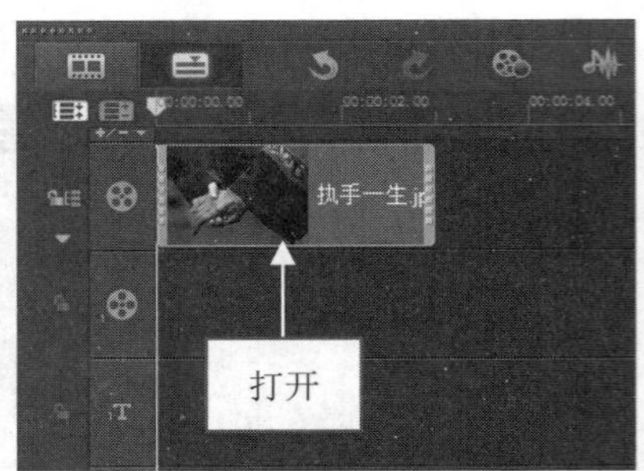

图 3-95　打开项目文件

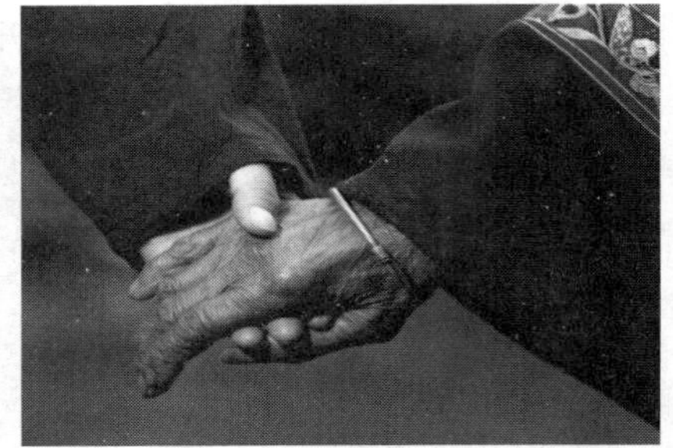

图 3-96　预览图像效果

step 03 在素材库的左侧，单击“图形”按钮，切换至“图形”素材库，单击窗口上方的“画廊”按钮，在弹出的下拉列表中选择“边框”选项，如图 3-97 所示。

step 04 打开“边框”素材库，其中显示了多种类型的边框模板，可以选择需要的边框模板，如图 3-98 所示。

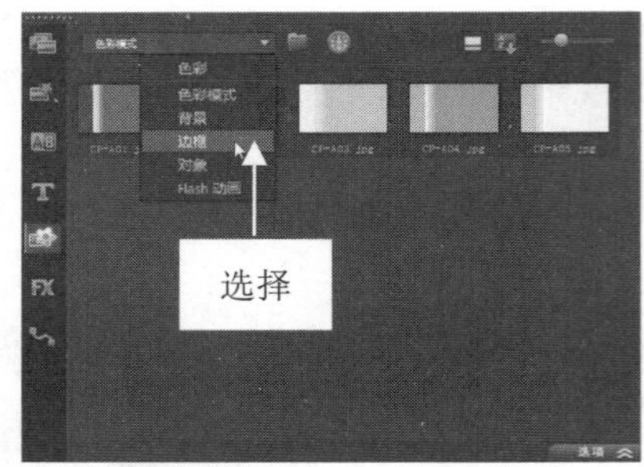

图 3-97　选择“边框”选项

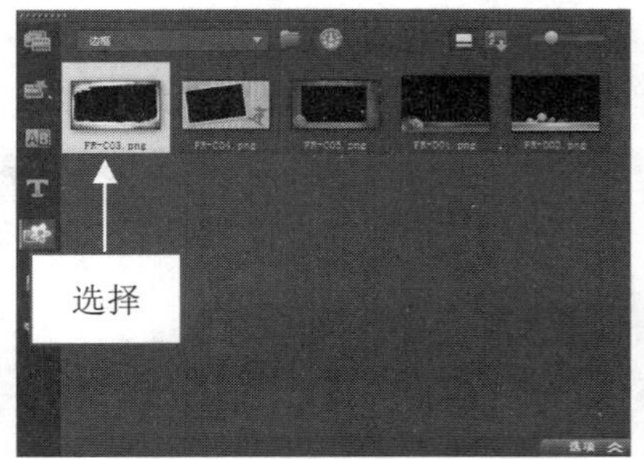

图 3-98　选择需要的边框模板

step 05 在边框模板上右击，在弹出的快捷菜单中选择“插入到”|“覆叠轨#1”命令，如图 3-99 所示。

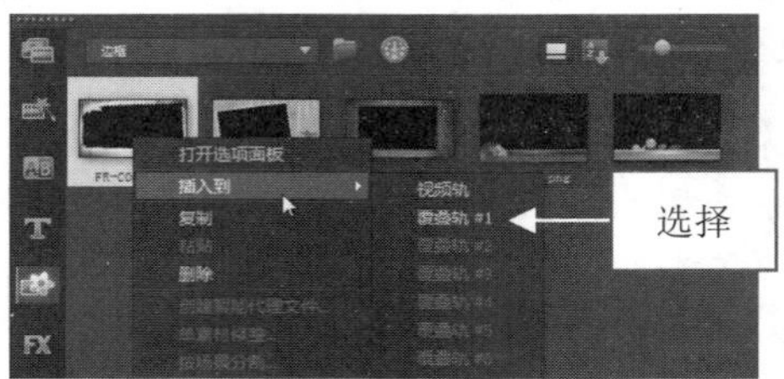

图 3-99　选择“覆叠轨#1”命令

step 06 执行操作后，即可将选择的边框模板插入到覆叠轨 1 中，如图 3-100 所示。

step 07 在预览窗口中，即可预览添加的边框模板效果，如图 3-101 所示。

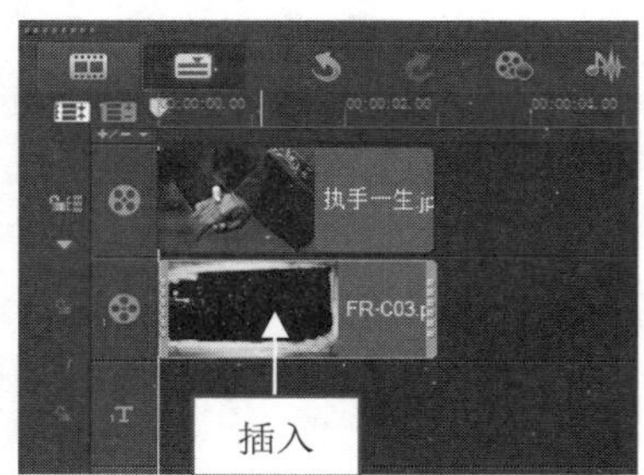

图 3-100　插入边框模板至覆叠轨 1 中

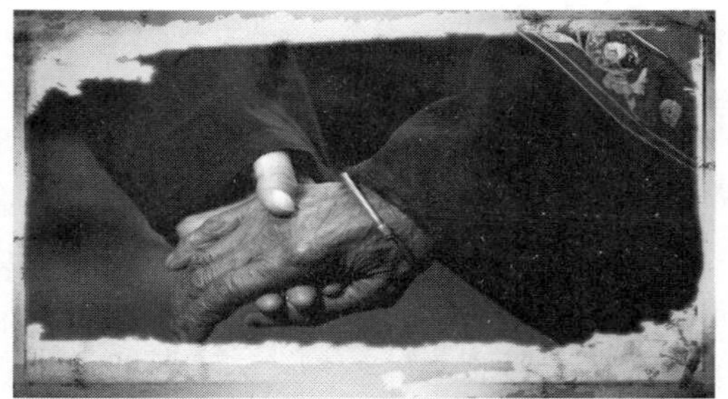

图 3-101　预览添加的边框模板效果

3.4.5 动态模板：为画面添加动态特效

在会声会影 X9 中，提供了多种样式的 Flash 模板，用户可以根据需要进行选择，将其添加至覆叠轨或视频轨中，使制作的影片效果更加漂亮。下面介绍运用 Flash 模板制作视频画面的操作方法。

素材文件	素材\第 3 章\鸟巢留念.VSP
效果文件	效果\第 3 章\鸟巢留念.VSP
视频文件	视频\第 3 章\3.4.5　动态模板：为画面添加动态特效.mp4

【操练+视频】——动态模板：为画面添加动态特效

step 01 进入会声会影编辑器，选择菜单栏中的“文件”|“打开项目”命令，打开一个项目文件，如图 3-102 所示。

step 02 在预览窗口中可以预览图像效果，如图 3-103 所示。

图 3-102　打开项目文件

图 3-103　预览图像效果

step 03 在素材库的左侧，单击“图形”按钮，切换至“图形”素材库，单击窗口上方的“画廊”按钮，在弹出的下拉列表中选择“Flash 动画”选项，如图 3-104 所示。

step 04 打开“Flash 动画”素材库，其中显示了多种类型的 Flash 动画模板，可以选择相应的 Flash 动画模板，如图 3-105 所示。

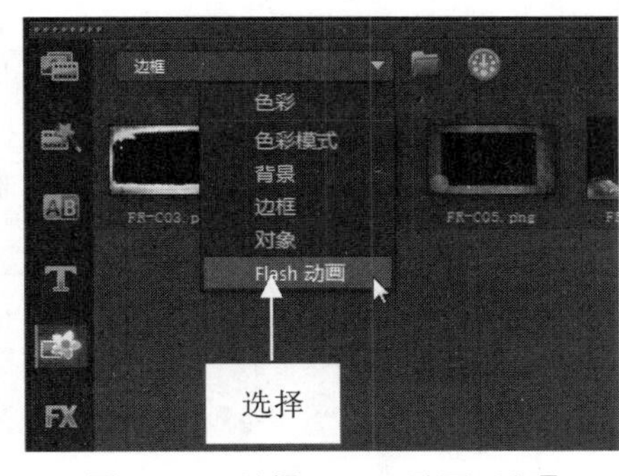

图 3-104　选择“Flash 动画”选项

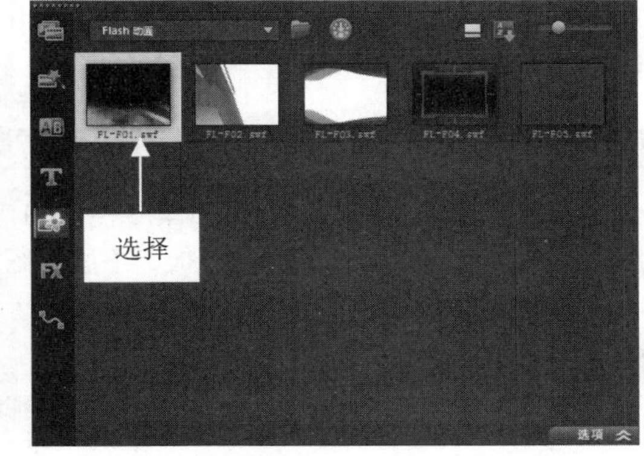

图 3-105　选择相应的 Flash 动画模板

step 05 在 Flash 动画模板上右击，在弹出的快捷菜单中选择“插入到”|“覆叠轨#1”命令，如图 3-106 所示。

专家指点

用户还可以通过拖曳的方式，将 Flash 模板拖曳至相应的覆叠轨道中。

step 06 执行操作后，即可将 Flash 动画模板插入到覆叠轨#1 中，如图 3-107 所示。

step 07 在预览窗口中，可以预览添加的 Flash 动画模板效果，如图 3-108 所示。

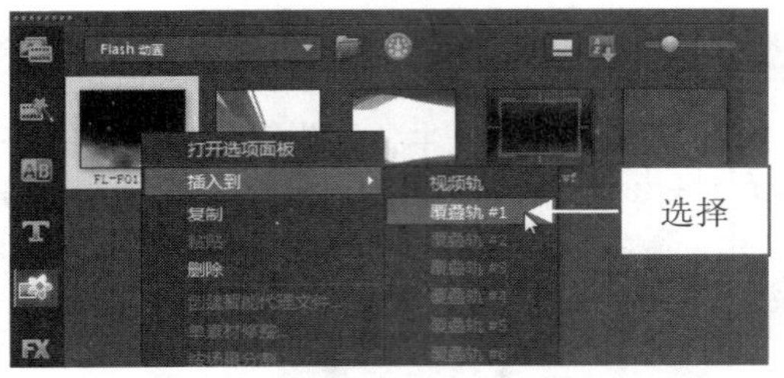

图 3-106 选择"覆叠轨#1"命令

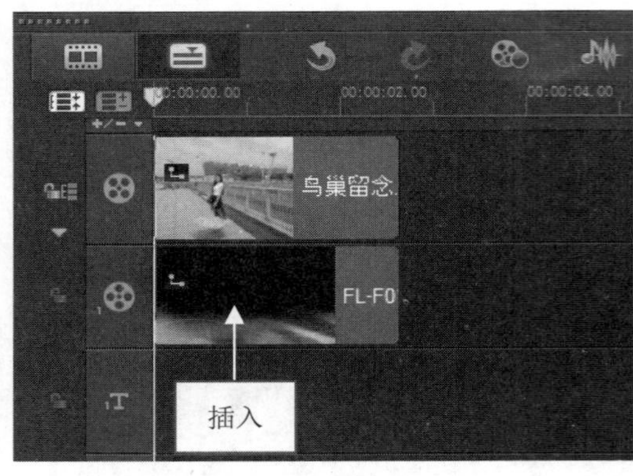

图 3-107 插入 Flash 模板

图 3-108 预览画面效果

专家指点

为图像添加 Flash 动画素材后，还可以根据需要调整动画素材的区间、大小和位置。

3.5 使用影音快手制作视频画面

影音快手模板功能非常适合新手，可以让新手快速、方便地制作出视频画面，以及非常专业的影视短片效果。本节主要介绍运用影音快手模板套用素材制作视频画面的方法，希望用户熟练掌握本节内容。

3.5.1 选择模板：挑选适合的影音快手视频模板

在会声会影 X9 中，用户可以通过菜单栏中的"影音快手"命令快速启动"影音快手"程序。启动程序后，用户首先需要选择影音模板，下面介绍具体的操作方法。

素材文件	无
效果文件	无
视频文件	视频\第 3 章\3.5.1　选择模板：挑选适合的影音快手视频模板.mp4

【操练+视频】——选择模板：挑选适合的影音快手视频模板

step 01 在会声会影 X9 编辑器中，选择菜单栏中的"工具"|"影音快手"命令，如图 3-109 所示。

step 02 执行操作后，即可进入影音快手工作界面，如图 3-110 所示。

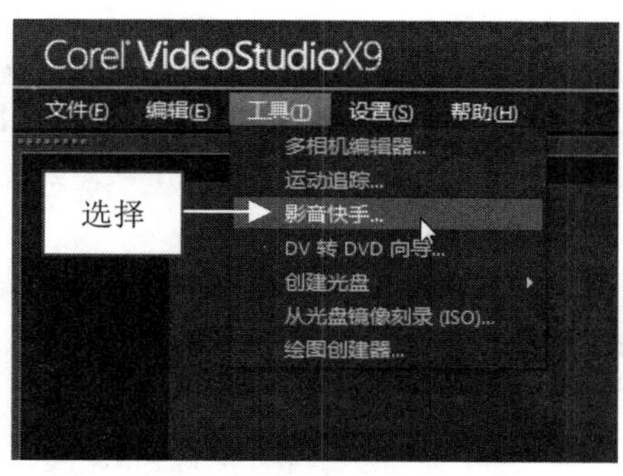

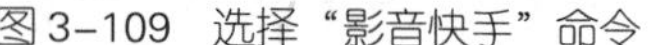

图 3-109 选择“影音快手”命令

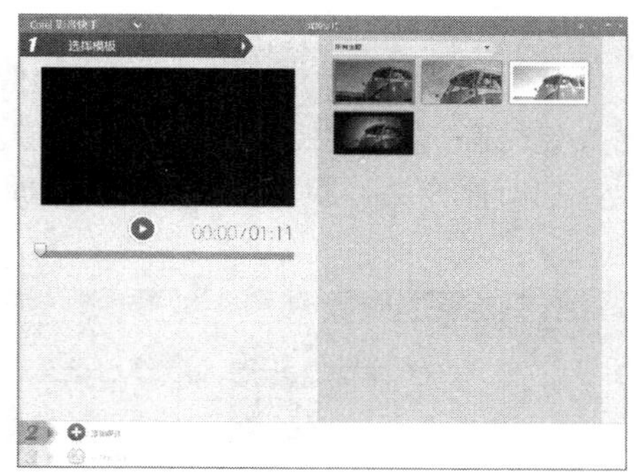

图 3-110 进入影音快手工作界面

step 03 在右侧的“所有主题”列表框中选择一种视频主题样式，如图 3-111 所示。

step 04 在左侧的预览窗口下方，单击“播放”按钮，如图 3-112 所示。

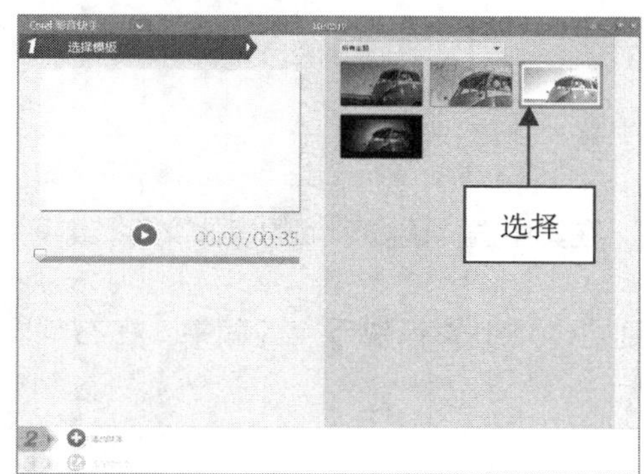

图 3-111 选择视频主题样式

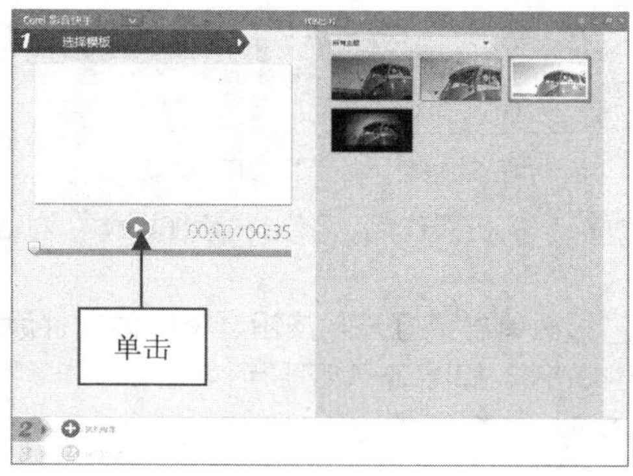

图 3-112 单击“播放”按钮

step 05 开始播放主题模板画面，预览模板效果，如图 3-113 所示。

图 3-113 预览模板效果

3.5.2 添加媒体：制作视频每帧动画特效

选择好影音模板后，接下来需要在模板中添加需要的影视素材，使制作的视频画面更加符合用户的需求。下面介绍添加影音素材的操作方法。

素材文件	素材\第 3 章\飒爽英姿(1).jpg、飒爽英姿(2).jpg
效果文件	无
视频文件	视频\第 3 章\3.5.2 添加媒体：制作视频每帧动画特效.mp4

【操练+视频】——添加媒体：制作视频每帧动画特效

step 01 完成第一步的模板选择后，接下来单击第二步中的“添加媒体”按钮，如图 3–114 所示。

step 02 执行操作后，即可打开相应的面板，单击右侧的“添加媒体”按钮，如图 3–115 所示。

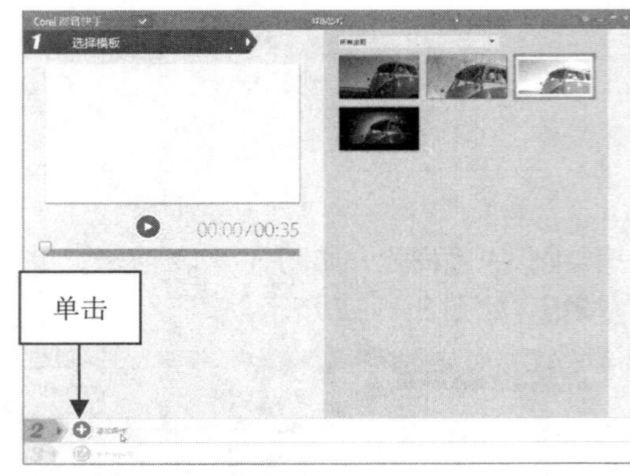

图 3–114 单击“添加媒体”按钮

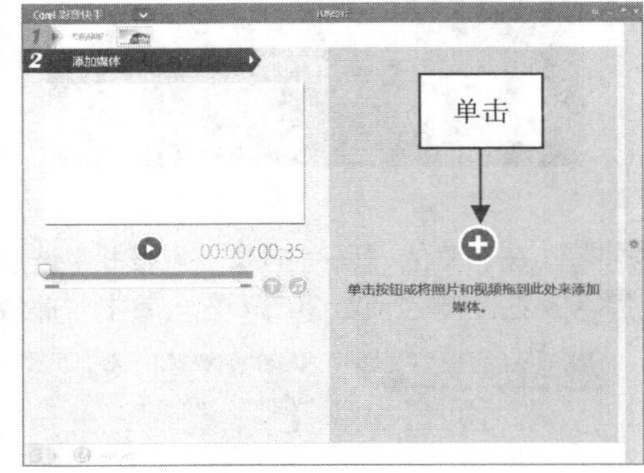

图 3–115 单击右侧的“添加媒体”按钮

step 03 执行操作后，弹出“添加媒体”对话框，在其中选择需要添加的媒体文件，如图 3–116 所示。

step 04 单击“打开”按钮，将媒体文件添加到“Corel 影音快手”界面中，在右侧显示了新增的媒体文件，如图 3–117 所示。

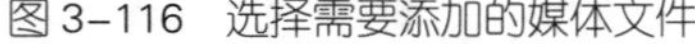

图 3–116 选择需要添加的媒体文件

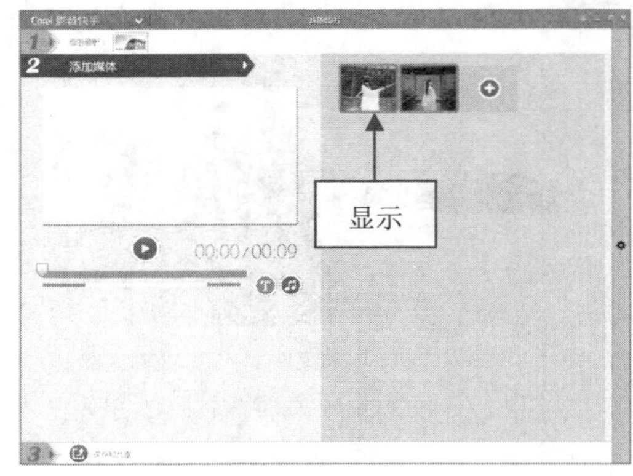

图 3–117 显示了新增的媒体文件

step 05 在左侧预览窗口下方，单击“播放”按钮，预览更换素材后的影片模板效果，如图 3–118 所示。

专家指点

在“影音快手”界面中播放影片模板时，如果希望暂停某个视频画面，可以单击预览窗口下方的“暂停”按钮，暂停视频画面。

图 3-118 预览更换素材后的影片模板效果

3.5.3 输出文件：共享飒爽英姿影视文件

选择好影音模板并添加相应的视频素材后，最后一步即为输出制作的影视文件，使其可以在任意播放器中进行播放，并永久珍藏。下面向用户介绍输出影视文件的操作方法。

素材文件	无
效果文件	效果\第 3 章\飒爽英姿.mpg
视频文件	视频\第 3 章\3.5.3 输出文件：共享飒爽英姿影视文件.mp4

【操练+视频】——输出文件：共享飒爽英姿影视文件

step 01 第二步操作完成后，单击第三步中的“保存和共享”按钮，如图 3-119 所示。

step 02 执行操作后，打开相应面板，在右侧单击 MPEG-2 按钮，如图 3-120 所示，导出为 MPEG 视频格式。

图 3-119 单击“保存和共享”按钮

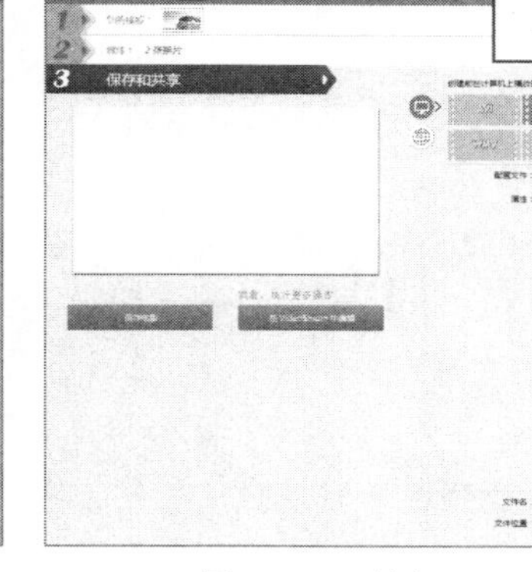

图 3-120 单击 MPEG-2 按钮

step 03 单击“文件位置”文本框右侧的“浏览”按钮，弹出“另存为”对话框，在其中设置视频文件的输出位置与文件名称，如图 3-121 所示。

step 04 单击“保存”按钮，完成视频输出属性的设置，返回影音快手界面，在左侧单击“保存电影”按钮，如图 3-122 所示。

step 05 执行操作后，开始输出渲染视频文件，并显示输出进度，如图 3-123 所示。

step 06 待视频输出完成后，将弹出提示信息框，提示用户影片已经输出成功，单击“确定”按钮，如图 3-124 所示，即可完成操作。

图 3-121　设置保存选项

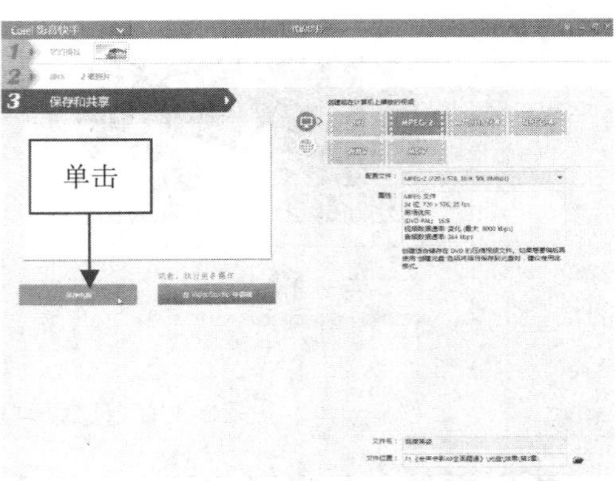

图 3-122　单击“保存电影”按钮

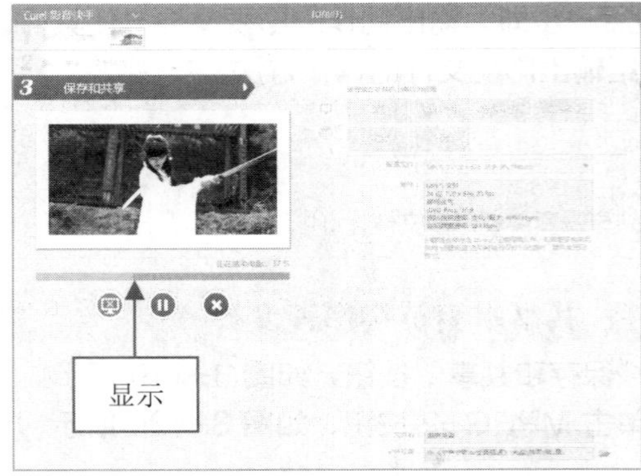

图 3-123　显示输出进度

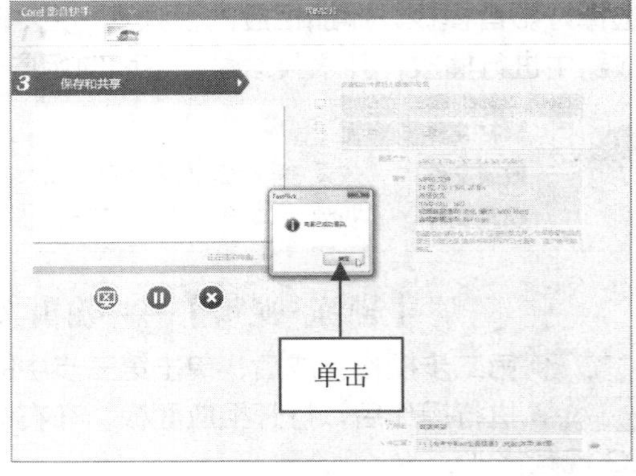

图 3-124　单击“确定”按钮

章前知识导读

在会声会影 X9 中制作影片前，用户首先需要做的就是捕获视频素材。要捕获高质量的视频文件，采用合理的捕获方法也是捕获高质量视频文件的很有效的途径。本章主要介绍捕获与导入视频素材的操作方法。

第 4 章

获取：捕获与导入视频素材

新手重点索引

- 通过捕获的方式获取 DV 视频
- 通过拷贝的方式获取 DV 视频
- 获取移动设备中的视频
- 导入图像和视频素材
- 制作定格动画特效
- 亲手录制视频画面

效果图片欣赏

4.1 通过捕获的方式获取 DV 视频

用户在捕获前应做好必要的准备，如设置声音属性、检查硬盘空间、设置捕获参数等。下面将对这些设置进行详细的介绍。

4.1.1 设置声音参数

捕获卡安装好后，为了确保在捕获视频时能够同步录制声音，用户需要在计算机中对声音进行设置。这类视频捕获卡在捕获模拟视频时，必须通过声卡来录制声音。

首先选择“开始”|“控制面板”命令，打开“控制面板”窗口，如图 4-1 所示。然后单击“声音”图标，执行操作后，弹出“声音”对话框，切换至“录制”选项卡，选择第一个“麦克风”选项，然后单击下方的“属性”按钮，如图 4-2 所示。

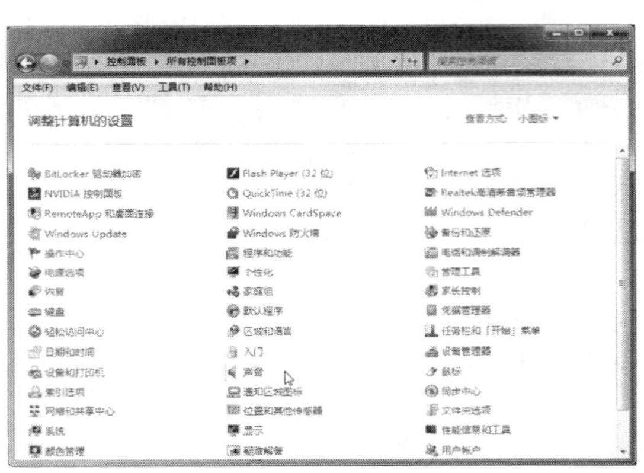

图 4-1 “控制面板”窗口

图 4-2 单击“属性”按钮

执行操作后，弹出“麦克风 属性”对话框，如图 4-3 所示。切换至“级别”选项卡，在其中可以拖曳各选项的滑块，设置麦克风的声音属性，如图 4-4 所示。设置完成后，单击“确定”按钮即可。

图 4-3 “麦克风 属性”对话框

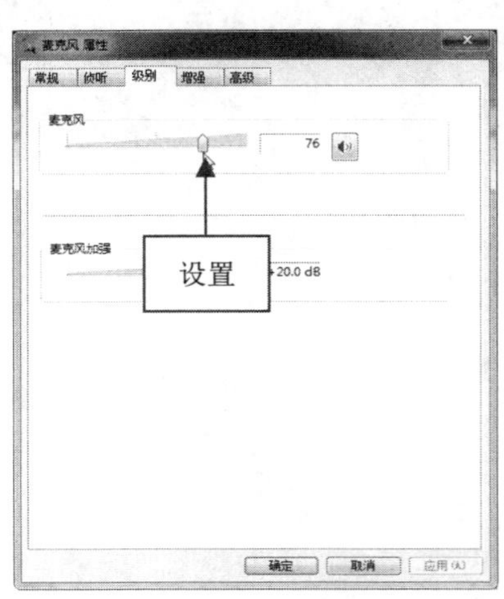

图 4-4 设置麦克风的声音属性

在“级别”选项卡中，用户拖曳“麦克风”下面的滑块时，右侧显示的数值越大，表示麦克风的声音越大；右侧显示的数值越小，表示麦克风的声音越小。在该选项卡中，还有一个“麦克风加强”的选项设置，当用户将麦克风参数设置为 100 时，如果录制的声音还是比较小，此时可以设置麦克风加强的声音参数，数值越大，录制的声音越大。

4.1.2 查看计算机磁盘空间

一般情况下，捕获的视频文件很大，因此用户在捕获视频前，需要腾出足够的硬盘空间，并确定分区格式，这样才能保证有足够的空间来存储捕获的视频文件。

在 Windows XP 系统中的“我的电脑”窗口中单击每个硬盘，此时左侧的“详细信息”将显示该硬盘的文件系统类型(也就是分区格式)以及硬盘可用空间情况，如图 4-5 所示。

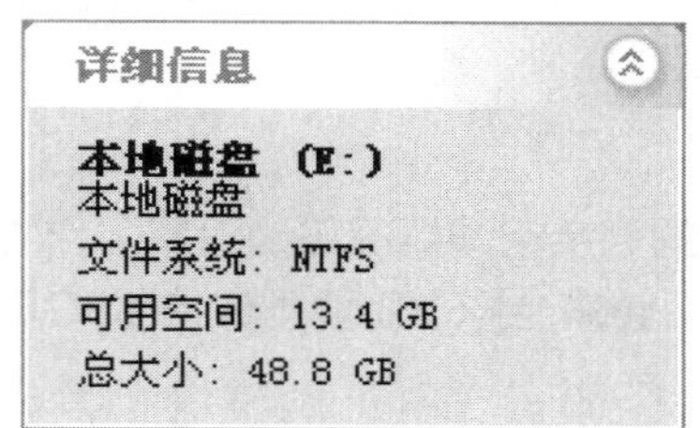

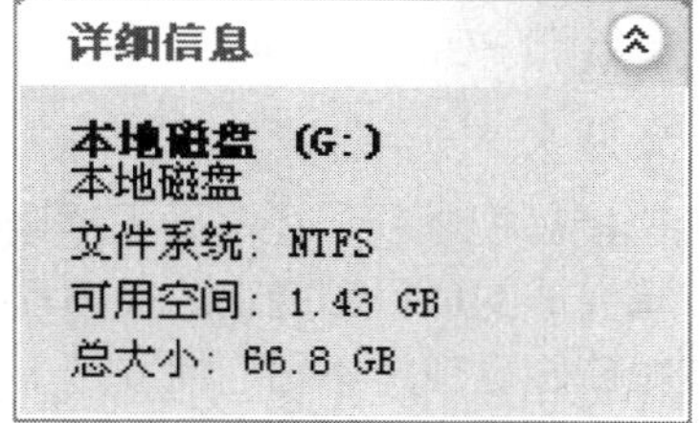

图 4-5 查看 Windows XP 操作系统

如果用户使用的是 Windows 7 操作系统，此时打开“计算机”窗口，在每个磁盘的下方，即可查看目前剩余的磁盘空间，以及磁盘的分区格式等信息，如图 4-6 所示。

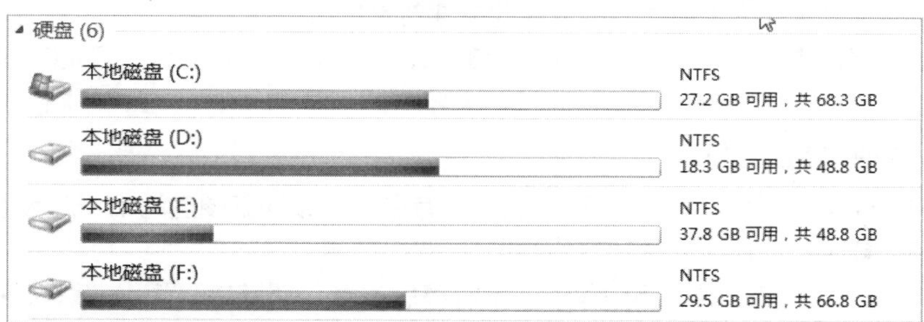

图 4-6 查看 Windows 7 操作系统

4.1.3 设置捕获选项

在会声会影 X9 编辑器中，选择菜单栏中的“设置”|“参数选择”命令，弹出“参数选择”对话框，切换至“捕获”选项卡，如图 4-7 所示，在其中可以设置与视频捕获相关的参数。

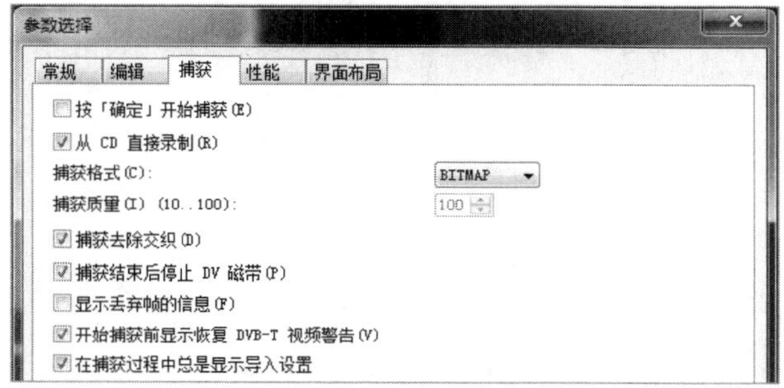

图 4-7 设置与视频捕获相关的参数

4.1.4 捕获注意事项

捕获视频可以说是最为困难的计算机工作之一，视频文件通常会占用大量的硬盘空间，并且由于其数据速率很高，硬盘在处理视频时会相当困难。下面列出一些注意事项，以确保用户可以成功捕获视频。

1. 捕获时需要关闭的程序

除了 Windows 资源管理器和会声会影外，关闭所有正在运行的程序，而且要关闭屏幕保护程序，以免捕获时发生中断。

2. 捕获时需要的硬盘空间

在捕获视频时，使用专门的视频硬盘可以产生最佳的效果，最好使用至少具备 Ultra-DMA/66、7200r/min 和 30GB 空间的硬盘。

3. 设置工作文件夹

在使用会声会影捕获视频前，还需要根据硬盘的剩余空间情况正确设置工作文件夹和预览文件夹，以用于保存编辑完成的项目和捕获的视频素材。会声会影 X9 要求保持 30GB 以上可用磁盘空间，以免出现丢失帧或磁盘空间不足的情况。

4. 设置虚拟内存

虚拟内存的作用与物理内存基本相似，但它是作为物理内存的“后备力量”而存在的，也就是说，只有在物理内存不够用的时候，它才会发挥作用。虚拟内存的大小由 Windows 来控制，但这种默认的 Windows 设置并不是最佳方案，因此需要对其进行一些调整。

在计算机中，虚拟内存一般设置为物理内存的 1.5～3 倍，不过最大值不能超过当前硬盘的剩余空间值。

5. 启用硬盘的 DMA 设置

若用户使用的硬盘是 IDE 硬盘，则可以启用所有参与视频捕获硬盘的 DMA 设置。启用 DMA 设置后，在捕获视频时可以避免丢失帧的问题。

打开“系统”窗口，在左侧窗格中单击“系统高级设置”超链接，弹出“系统属性”对话框，如图 4-8 所示。单击“设备管理器”按钮，打开“设备管理器”窗口，单击“IDE ATA/ATAPI 控制器”选项左侧的加号按钮，展开该选项，如图 4-9 所示。

图 4-8　“系统属性”对话框

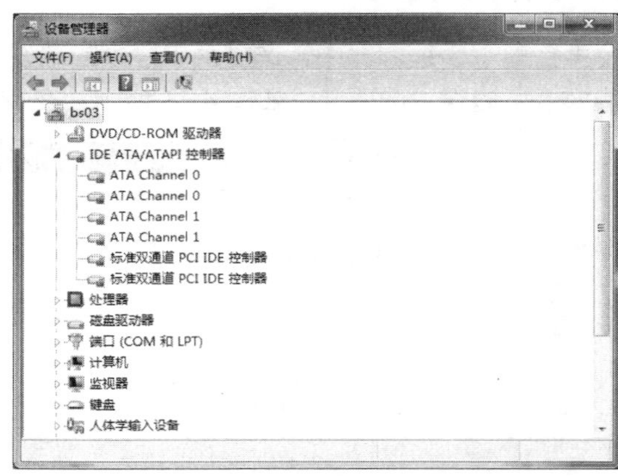

图 4-9　展开选项

在 ATA Channel 0 选项上，双击鼠标左键，弹出“ATA Channel 0 属性”对话框，如图 4-10 所示。切换至“高级设置”选项卡，在下方选中“启用 DMA”复选框，如图 4-11 所示。单击“确定”按钮，即可完成操作。

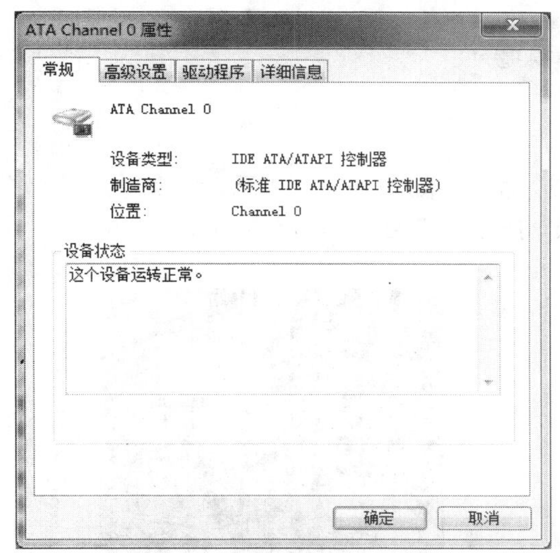

图 4-10 弹出相应的对话框

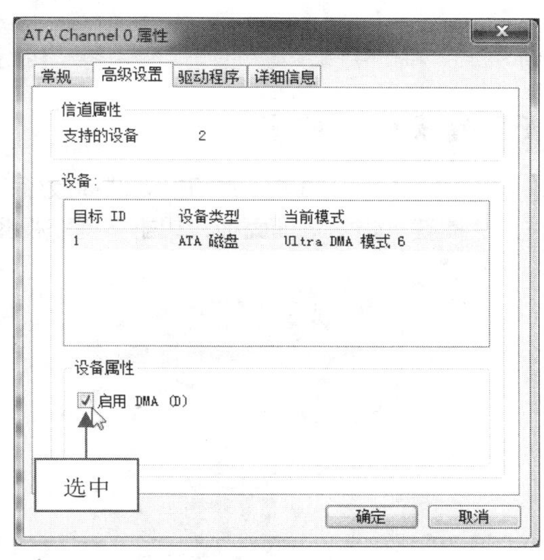

图 4-11 选中“启用 DMA”复选框

用户在捕获视频的过程中，建议用户断开网络，以防止计算机遭到病毒或黑客攻击，导致视频出现捕获失败的情况。

4.1.5 连接视频捕获设备

在会声会影 X9 中，用户可以直接使用外接设备对视频画面进行捕获，如摄像头或连接了 HDmini 线的摄像机等设备。下面介绍使用连接视频捕获设备的操作方法。

首先，将视频捕获设备的 USB 线或 HDmini 线与计算机的相应接口相连接，在设备有音频连接线的情况下，同时将音频输入线与计算机相连接，如图 4-12 所示。

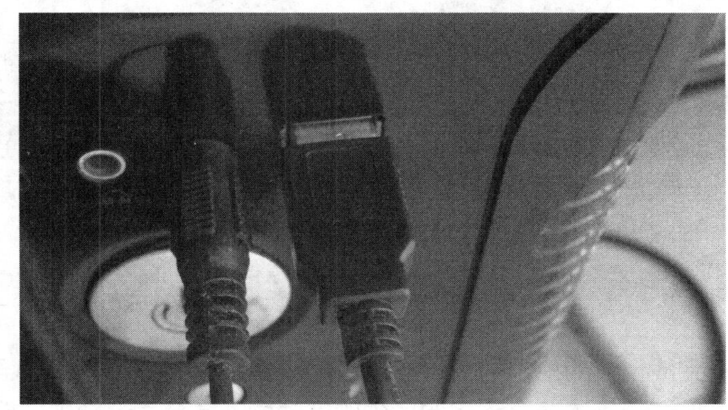

图 4-12 连接数据线

安装设备自带的驱动程序，进入会声会影编辑器，切换至“捕获”选项卡，会弹出相应提示信息框，如图 4-13 所示。单击“确定”按钮，即可将视频捕获设备连接至计算机中。

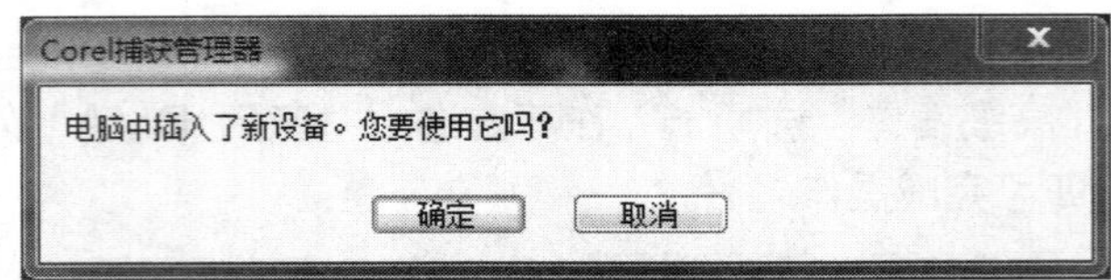

图 4–13　信息提示框

4.1.6 捕获 DV 视频画面

打开 HDV 摄像机的电源并切换到“播放/编辑”模式，如图 4–14 所示。切换到会声会影编辑器，进入“捕获”步骤选项面板，单击“捕获视频”按钮，如图 4–15 所示。

图 4–14　切换到“播放/编辑”模式

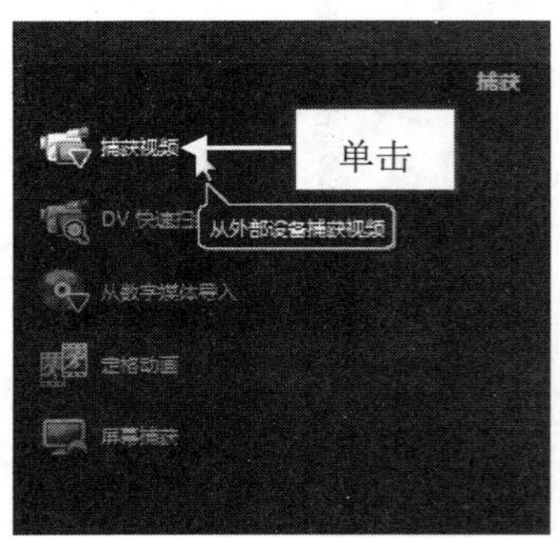

图 4–15　单击“捕获视频”按钮

此时，会声会影能够自动检测到 HDV 摄像机，并在“来源”下拉列表中显示 HDV 摄像机的型号，如图 4–16 所示。单击预览窗口下方的“播放”控制按钮，在预览窗口中找到需要捕获的起始位置，如图 4–17 所示。单击选项面板上的“捕获视频”按钮，从暂停位置的下一帧开始捕获视频，同时在预览窗口中显示当前捕获的进度。如果要停止捕获，可以单击“停止捕获”按钮。捕获完成后，被捕获的视频素材将出现在操作界面下方的故事板上。

图 4–16　显示 HDV 摄像机的型号

图 4–17　找到需要捕获的起始位置

4.2 通过拷贝的方式获取 DV 视频

在用户使用摄像机完成视频的拍摄之后，通过数据线将 DV 中的视频导入至会声会影中，即可在会声会影中对视频进行编辑。本节介绍将 DV 中的视频导入至会声会影中的操作方法。

4.2.1 连接 DV 摄像机

用户如果需要将 DV 中的视频导入会声会影中，首先需要将摄像机与计算机相连接。一般情况下，用户可选择使用延长线，连接 DV 摄像机与计算机，如图 4–18 所示。

图 4–18　连接 DV 摄像机与计算机

4.2.2 获取 DV 摄像机中的视频

用户如果将摄像机与计算机相连接后，即可在计算机中查看摄像机路径，如图 4–19 所示。进入相应文件夹，在其中选择相应的视频文件，即可查看需要导入的视频文件，如图 4–20 所示。

图 4–19　查看摄像机路径

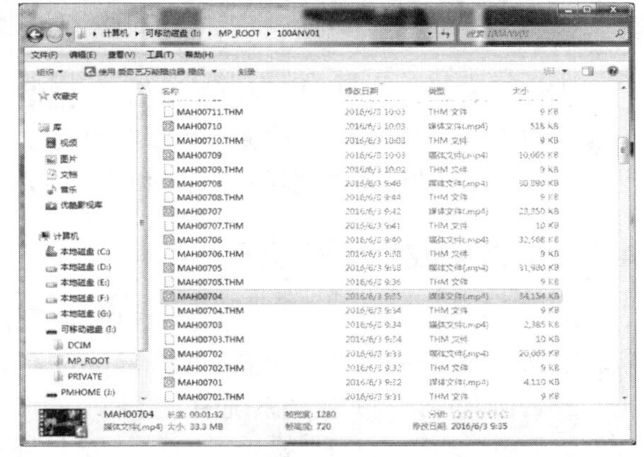

图 4–20　查看需要导入的视频文件

进入会声会影编辑器，在素材库中的空白位置处右击，在弹出的快捷菜单中选择“插入视频”命令，如图 4–21 所示。弹出“打开视频文件”对话框，在其中选择相应的视频文件，单击“打开”按钮，如图 4–22 所示。

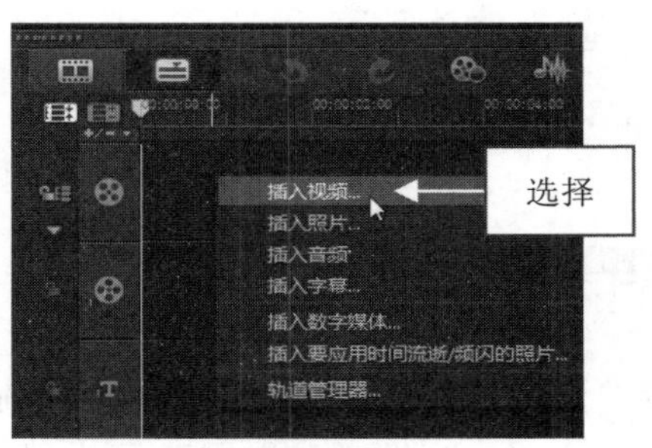

图 4–21　选择“插入视频”命令

图 4–22　单击“打开”按钮

执行上述操作后，即可将 DV 摄像机中的视频文件导入到时间轴上，如图 4-23 所示。

图 4-23　时间轴面板

4.3 获取移动设备中的视频

随着智能手机与 iPad 设备的流行，目前很多用户都会使用它们来拍摄视频素材或照片素材。当然，用户还可以从其他不同途径捕获视频素材，如 U 盘、摄像头以及 DVD 光盘等移动设备。本节主要介绍从移动设备中捕获视频素材的操作方法。

4.3.1 捕获安卓手机视频

安卓(Android)是一个基于 Linux 内核的操作系统，是 Google 公司公布的手机类操作系统。下面向用户介绍从安卓手机中捕获视频素材的操作方法。

在 Windows 7 的操作系统中，打开“计算机”窗口，在安卓手机的内存磁盘上右击，在弹出的快捷菜单中选择“打开”命令，如图 4-24 所示。依次打开手机移动磁盘中的相应文件夹，选择安卓手机拍摄的视频文件，如图 4-25 所示。

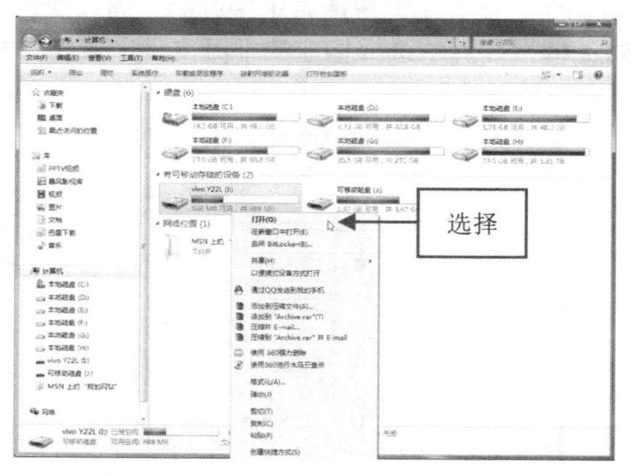

图 4-24　选择“打开”命令

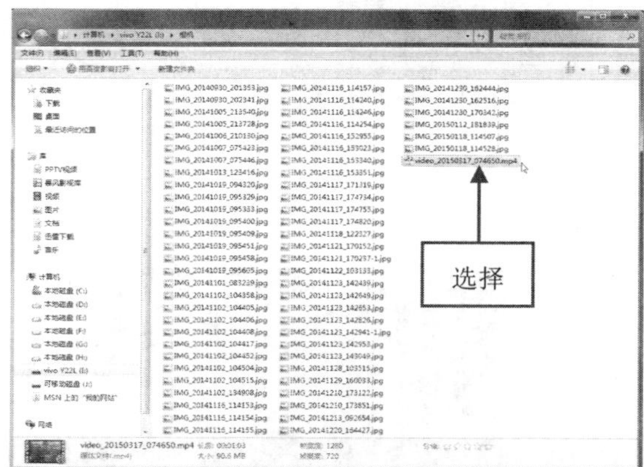

图 4-25　选择安卓手机拍摄的视频文件

在视频文件上右击，在弹出的快捷菜单中选择“复制”命令，复制视频文件，如图 4-26 所示。进入“计算机”中的相应盘符，在合适位置上右击，在弹出的快捷菜单中选择“粘贴”命令，执行操作后，即可粘贴复制的视频文件。将选择的视频文件拖曳至会声会影编辑器的视频轨中，即可应用安卓手机中的视频文件。

图 4-26 选择“复制”命令

根据智能手机的类型和品牌不同，拍摄的视频格式也会不相同，但大多数拍摄的视频格式会声会影都会支持，都可以导入会声会影编辑器中应用。

4.3.2 捕获苹果手机视频

iPhone、iPod Touch 和 iPad 均操作由苹果公司研发的 iOS 作业系统(前身称为 iPhone OS)，它是由 Apple Darwin 的核心发展出来的变体，负责在用户界面上提供平滑顺畅的动画效果。下面向用户介绍从苹果手机中捕获视频的操作方法。

打开“计算机”窗口，在 Apple iPhone 移动设备上右击，在弹出的快捷菜单中选择“打开”命令，如图 4-27 所示。打开苹果移动设备，在其中选择苹果手机的内存文件夹并右击，在弹出的快捷菜单中选择“打开”命令，如图 4-28 所示。

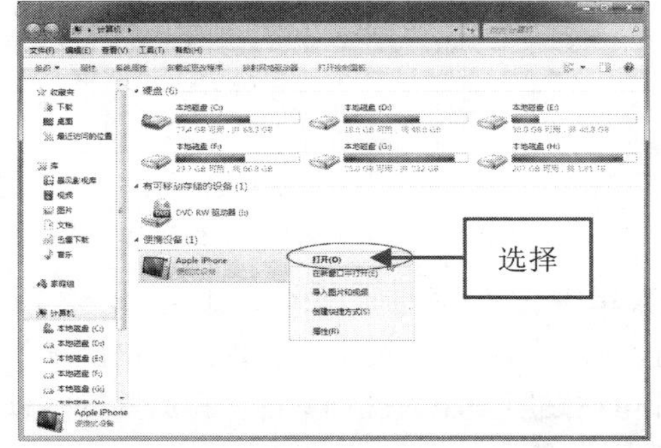

图 4-27 选择移动设备的“打开”命令

图 4-28 选择内存文件夹的“打开”命令

依次打开相应文件夹，选择苹果手机拍摄的视频文件，右击，在弹出的快捷菜单中选择“复制”命令，如图 4–29 所示。复制视频后，进入“计算机”中的相应盘符，在合适位置上右击，在弹出的快捷菜单中选择“粘贴”命令，执行操作后，即可粘贴所复制的视频文件。将选择的视频文件拖曳至会声会影编辑器的视频轨中，即可应用苹果手机中的视频文件。在导览面板中单击“播放”按钮，预览苹果手机中拍摄的视频画面，完成苹果手机中视频的捕获操作。

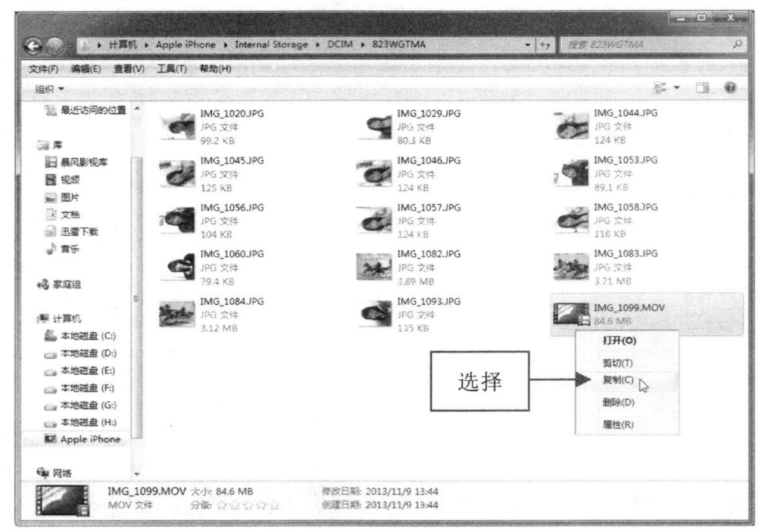

图 4–29 选择“复制”命令

4.3.3 捕获 iPad 平板电脑中的视频

iPad 在欧美称网络阅读器，国内俗称“平板电脑”。具备浏览网页、收发邮件普通视频文件播放、音频文件播放、一些简单游戏等基本的多媒体功能。下面向用户介绍从 iPad 平板电脑中采集视频的操作方法。

用数据线将 iPad 与计算机连接，打开“计算机”窗口，在“便携设备”一栏中，显示了用户的 iPad 设备，如图 4–30 所示。在 iPad 设备上双击，依次打开相应文件夹，如图 4–31 所示。

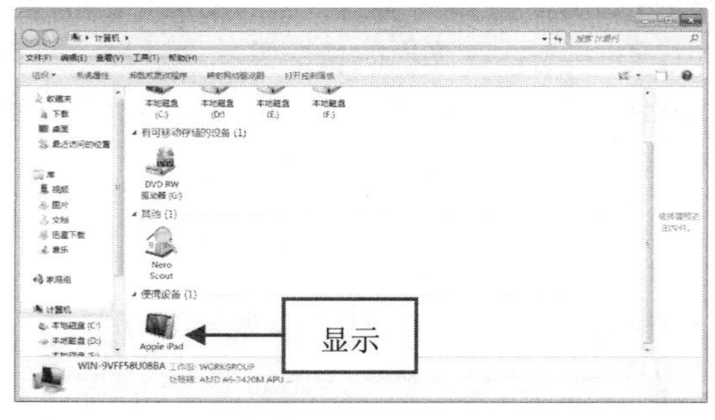

图 4–30 显示 iPad 设备

图 4–31 依次打开相应文件夹

在其中选择相应视频文件，右击，在弹出的快捷菜单中选择“复制”命令，如图 4–32 所示。复制需要的视频文件，进入“计算机”中的相应盘符，在合适位置上右击，在弹出的快捷菜单中选择“粘贴”命令，如图 4–33 所示。执行操作后，即可粘贴所复制的视频文件，将选择的视频文件拖曳至会声会影编辑器的视频轨中，即可应用 iPad 中的视频文件。

图 4–32 选择“复制”命令

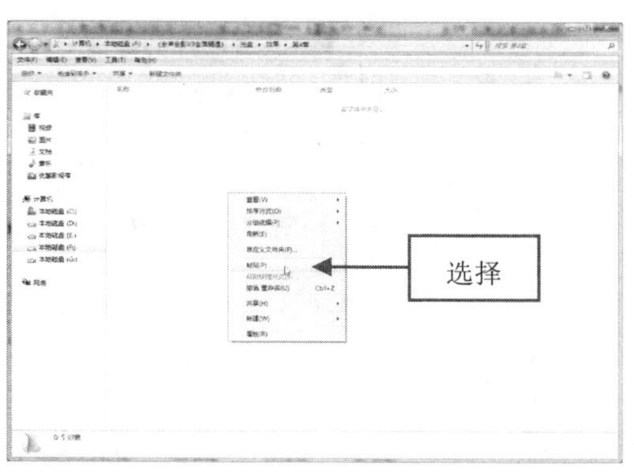

图 4–33 选择“粘贴”命令

4.3.4 从 U 盘捕获视频

U 盘，全称 USB 闪存驱动器，英文名 USB flash disk。它是一种使用 USB 接口的无须物理驱动器的微型高容量移动存储产品，通过 USB 接口与计算机连接，实现即插即用。下面向用户介绍从 U 盘中捕获视频素材的操作方法。

在时间轴面板上方单击“录制/捕获选项”按钮，如图 4–34 所示。

图 4–34 单击“录制/捕获选项”按钮

弹出“录制/捕获选项”对话框，单击“移动设备”图标，如图 4–35 所示。弹出相应对话框，在其中选择 U 盘设备，然后选择 U 盘中的视频文件，如图 4–36 所示。

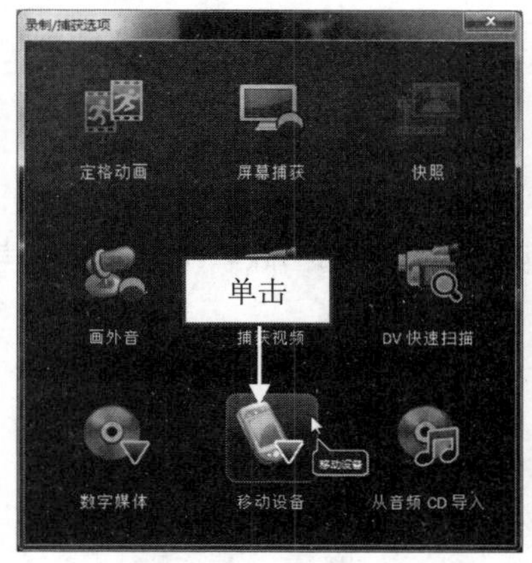

图 4–35 单击“移动设备”图标

图 4–36 选择 U 盘中的视频文件

单击“确定”按钮，弹出“导入设置”对话框，在其中选中“捕获到素材库”和“插入到时间轴”复选框，然后单击“确定”按钮，如图 4–37 所示。执行操作后，即可捕获 U 盘中的视频文件，并插入到时间轴面板的视频轨中，如图 4–38 所示。

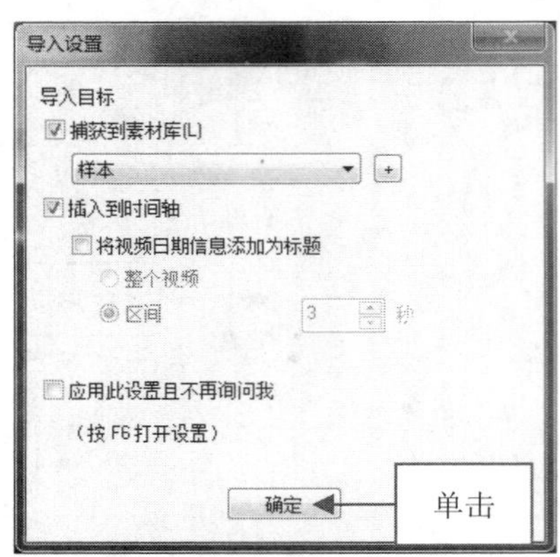

图 4–37　单击“确定”按钮

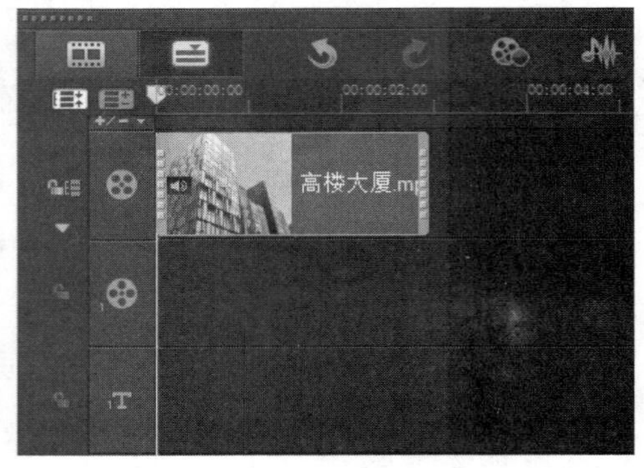

图 4–38　时间轴面板

在导览面板中单击“播放”按钮，预览捕获的视频画面效果，如图 4–39 所示。

图 4–39　预览捕获的视频画面效果

4.4 导入图像和视频素材

除了可以从移动设备中捕获素材外，还可以在会声会影 X9 的“编辑”步骤面板中添加各种不同类型的素材。本节主要介绍导入图像素材、导入透明素材、导入视频素材、导入动画素材、导入对象素材以及导入边框素材的操作方法。

4.4.1 导入图像：制作汽车赛道效果

当素材库中的图像素材无法满足用户需求时，用户可以将常用的图像素材添加至会声会影 X9 素材库中。下面介绍在会声会影 X9 中导入图像素材的操作方法。

素材文件	素材\第 4 章\汽车赛道.jpg
效果文件	效果\第 4 章\汽车赛道.VSP
视频文件	视频\第 4 章\4.4.1　导入图像：制作汽车赛道效果.mp4

【操练+视频】——导入图像：制作汽车赛道效果

step 01 进入会声会影编辑器，选择菜单栏中的“文件”｜“将媒体文件插入到素材库”｜“插入照片”命令，如图 4–40 所示。

step 02 弹出“浏览照片”对话框，在该对话框中选择所需打开的图像素材，如图 4–41 所示。

图 4-40 选择“插入照片”命令

图 4-41 选择所需的图像素材

step 03 在“浏览照片”对话框中，单击“打开”按钮，将所选择的图像素材添加至素材库中，如图 4-42 所示。

step 04 将素材库中添加的图像素材拖曳至视频轨中的开始位置，如图 4-43 所示。

图 4-42 添加至素材库中

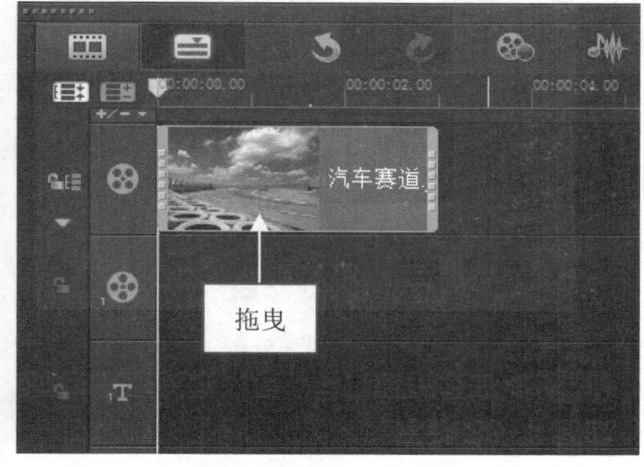

图 4-43 拖曳至视频轨中的开始位置

step 05 单击导览面板中的“播放”按钮，即可预览添加的图像素材，如图 4-44 所示。

图 4-44 预览添加的图像素材

在“浏览照片”对话框中，选择需要打开的图像素材后，按 Enter 键确认，也可以快速将图像素材导入到素材库面板中。

在 Windows 操作系统中，用户还可以在计算机磁盘中选择需要添加的图像素材，单击鼠标左键并拖曳至会声会影 X9 的时间轴面板中，释放鼠标左键，快速添加图像素材。

4.4.2 透明素材：制作相亲相爱效果

PNG 图像是一种具有透明背景的素材，该图像格式常用于网络图像模式。PNG 格式可以保存图像的 24 位真彩色，且支持透明背景和消除锯齿边缘的功能，在不失真的情况下压缩保存图像。

素材文件	素材\第 4 章\相亲相爱.VSP、相亲相爱.png
效果文件	效果\第 4 章\相亲相爱.VSP
视频文件	视频\第 4 章\4.4.2 透明素材：制作相亲相爱特效.mp4

【操练+视频】——透明素材：制作相亲相爱特效

step 01 进入会声会影编辑器，选择菜单栏中的“文件”|“打开项目”命令，打开一个项目文件，如图 4-45 所示。

step 02 在预览窗口中，可以预览打开的项目效果，如图 4-46 所示。

图 4-45 打开项目文件

图 4-46 预览打开的项目效果

step 03 进入“媒体”素材库，单击“显示照片”按钮，如图 4-47 所示。

图 4-47 单击“显示照片”按钮

step 04 执行操作后，即可显示素材库中的图像文件。在素材库面板中的空白位置上右击，在

弹出的快捷菜单中选择“插入媒体文件”命令，如图 4-48 所示。

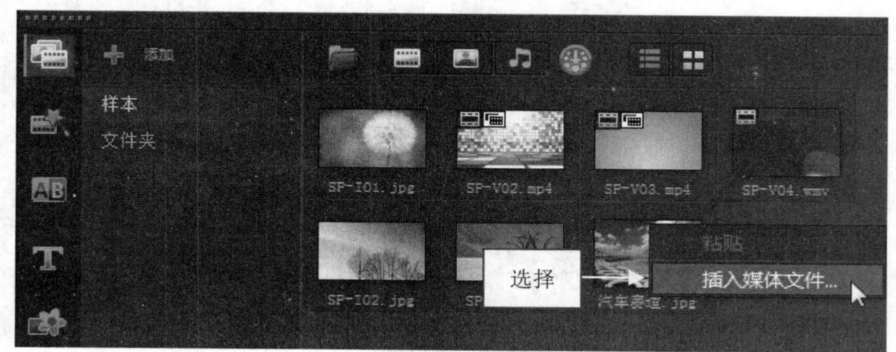

图 4-48 选择“插入媒体文件”命令

PNG 图像文件是背景透明的静态图像，这一类格式的静态图像用户可以运用到视频画面上，它可以很好地嵌入视频中，用来装饰视频效果。

step 05 弹出“浏览媒体文件”对话框，在其中选择需要插入的 PNG 图像素材，如图 4-49 所示。

step 06 单击“打开”按钮，将 PNG 图像素材导入到素材库面板中，如图 4-50 所示。

图 4-49 选择 PNG 图像素材

图 4-50 导入 PNG 图像素材

step 07 在导入的 PNG 图像素材上右击，在弹出的快捷菜单中选择“插入到”｜“覆叠轨#1”命令，如图 4-51 所示。

step 08 执行操作后，即可将图像素材插入到覆叠轨#1 中的开始位置，如图 4-52 所示。

step 09 在预览窗口中，可以预览添加的 PNG 图像效果，如图 4-53 所示。

step 10 在 PNG 图像素材上，将覆叠素材调整至全屏大小，效果如图 4-54 所示。

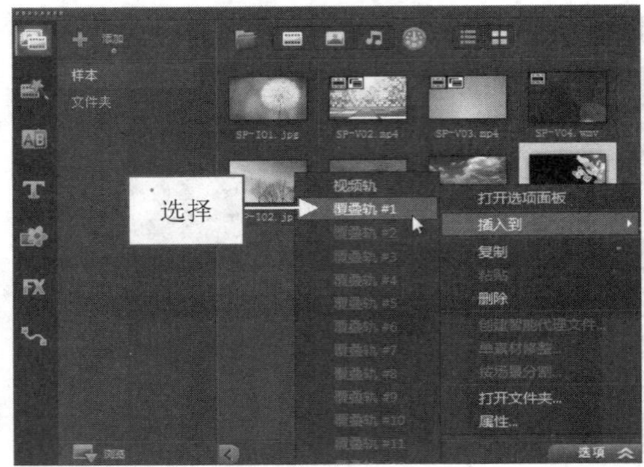

图 4-51　选择“覆叠轨#1”命令

图 4-52　插入到覆叠轨#1 中

图 4-53　预览添加的 PNG 图像效果

图 4-54　将素材调整至全屏大小

4.4.3　导入视频：制作夕阳漫步效果

会声会影 X9 的素材库中提供了各种类型的素材，用户可直接从中取用。但有时提供的素材并不能满足用户的需求，此时就可以将常用的素材添加至素材库中，然后再插入至视频轨中。

素材文件	素材\第 4 章\夕阳漫步.mpg
效果文件	效果\第 4 章\夕阳漫步.VSP
视频文件	视频\第 4 章\4.4.3　导入视频：制作夕阳漫步效果.mp4

【操练+视频】——导入视频：制作夕阳漫步效果

step 01 进入会声会影编辑器，单击“显示视频”按钮，如图 4-55 所示。

step 02 执行操作后，即可显示素材库中的视频文件，单击“导入媒体文件”按钮，如图 4-56 所示。

step 03 弹出“浏览媒体文件”对话框，在该对话框中选择所需打开的视频素材，如图 4-57 所示。

step 04 单击“打开”按钮，即可将所选择的素材添加到素材库中，如图 4-58 所示。

step 05 将素材库中添加的视频素材拖曳至时间轴面板的视频轨中，如图 4-59 所示。

step 06 单击导览面板中的“播放”按钮，预览添加的视频画面效果，如图 4-60 所示。

图 4-55 单击“显示视频”按钮

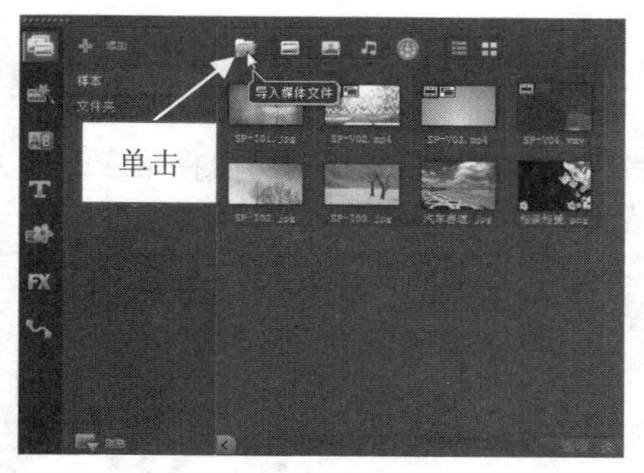

图 4-56 单击“导入媒体文件”按钮

图 4-57 选择视频素材

图 4-58 将素材添加到素材库

图 4-59 拖曳至时间轴面板的视频轨中

图 4-60 预览添加的视频画面效果

在会声会影 X9 预览窗口的右侧，各个主要按钮的含义介绍如下。

- “媒体”按钮：单击该按钮，可以显示媒体库中的视频素材、音频素材以及图片素材。
- “转场”按钮：单击该按钮，可以显示媒体库中的转场效果。
- “标题”按钮：单击该按钮，可以显示媒体库中的标题效果。
- “图形”按钮：单击该按钮，可以显示素材库中色彩、对象、边框以及 Flash 动画素材。
- “滤镜”按钮：单击该按钮，可以显示素材库中的转场效果。

4.4.4 导入动画：制作卡通女孩效果

在会声会影 X9 中，用户可以将相应的 Flash 动画素材添加至视频中，丰富视频内容。下面向用户介绍添加 Flash 动画素材的操作方法。

素材文件	素材\第 4 章\卡通女孩.swf
效果文件	效果\第 4 章\卡通女孩.VSP
视频文件	视频\第 4 章\4.4.4 导入动画：制作卡通女孩效果.mp4

【操练+视频】——导入动画：制作卡通女孩效果

step 01 进入会声会影编辑器，在素材库左侧单击“图形”按钮，如图 4-61 所示。

step 02 执行操作后，切换至“图形”素材库，单击素材库上方的“画廊”按钮，在弹出的下拉列表中选择“Flash 动画”选项，如图 4-62 所示。

图 4-61 单击“图形”按钮

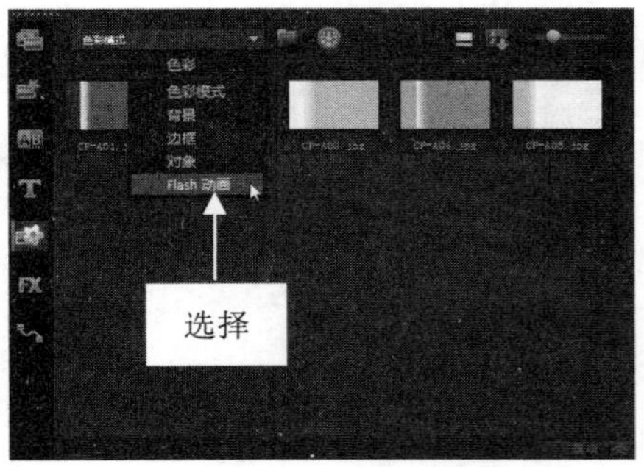

图 4-62 选择“Flsah 动画”选项

step 03 打开“Flash 动画”素材库，单击素材库上方的“添加”按钮，如图 4-63 所示。

step 04 弹出“浏览 Flash 动画”对话框，在该对话框中选择需要添加的 Flash 文件，如图 4-64 所示。

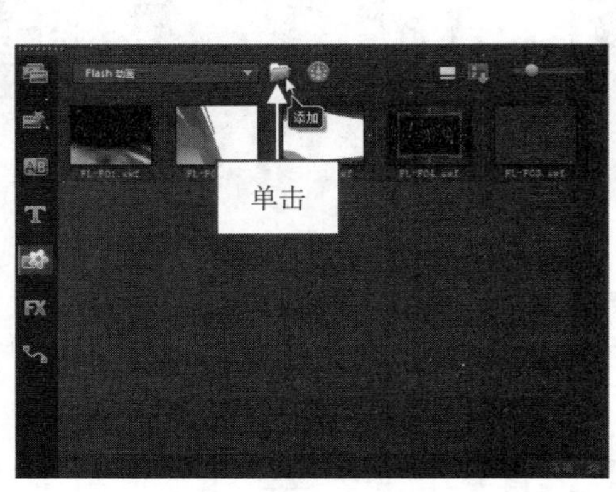

图 4-63 单击“添加”按钮

图 4-64 选择要添加的 Flash 文件

step 05 选择完毕后，单击“打开”按钮，将 Flash 动画素材插入到素材库中，如图 4-65 所示。

step 06 在素材库中选择 Flash 动画素材，单击鼠标左键并将其拖曳至时间轴面板中的合适位置，如图 4-66 所示。

图 4-65　插入到素材库中

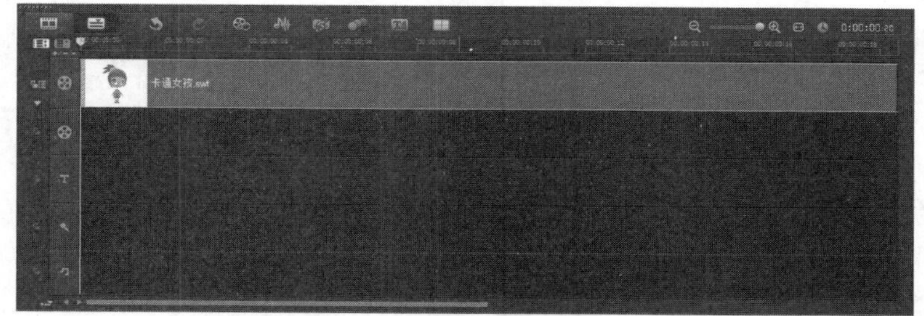

图 4-66　拖曳至时间轴面板中的合适位置

step 07 在导览面板中单击“播放”按钮，即可预览导入的 Flash 动画素材效果，如图 4-67 所示。

图 4-67　预览 Flash 动画素材效果

在会声会影 X9 中，选择菜单栏中的“文件”|“将媒体文件插入到时间轴”|“插入视频”命令，弹出“打开视频文件”对话框，然后在该对话框中选择需要插入的 Flash 文件，单击“打开”按钮，即可将 Flash 文件直接添加到时间轴中。

4.4.5 对象素材：制作情意浓浓效果

在会声会影 X9 中，用户可以通过“对象”素材库，加载外部的对象素材。下面向用户介绍加载外部对象素材的操作方法。

素材文件	素材\第 4 章\情意浓浓.VSP、情意浓浓.png
效果文件	效果\第 4 章\情意浓浓.VSP
视频文件	视频\第 4 章\4.4.5　对象素材：制作情意浓浓效果.mp4

【操练+视频】——对象素材：制作情意浓浓效果

step 01 进入会声会影编辑器，选择菜单栏中的“文件”|“打开项目”命令，打开一个项目文件，如图 4-68 所示。

step 02 在预览窗口中，可以预览打开的项目效果，如图 4-69 所示。

图 4-68　打开项目文件

图 4-69　预览打开的项目效果

step 03 在素材库左侧单击“图形”按钮，执行操作后，切换至“图形”素材库，单击素材库上方的“画廊”按钮，在弹出的下拉列表中选择“对象”选项，打开“对象”素材库，单击素材库上方的“添加”按钮，如图 4-70 所示。

step 04 弹出“浏览图形”对话框，在其中选择需要添加的对象文件，如图 4-71 所示。

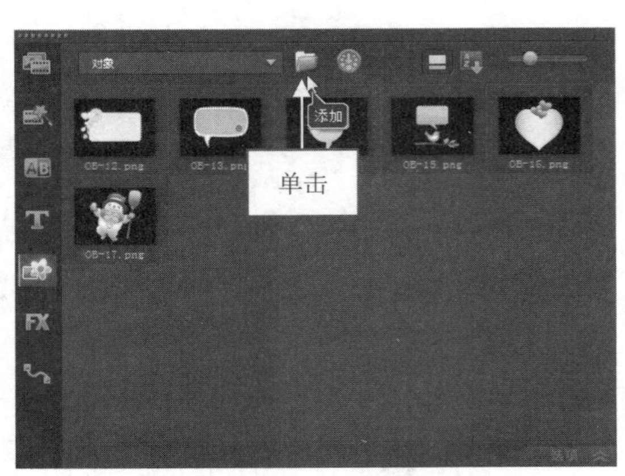

图 4-70　单击“添加”按钮

图 4-71　选择需要添加的对象

step 05 选择完毕后单击“打开”按钮，将对象素材插入到素材库中，如图 4-72 所示。

step 06 在素材库中选择对象素材，单击鼠标左键并将其拖曳至时间轴面板中的合适位置，如图 4-73 所示。

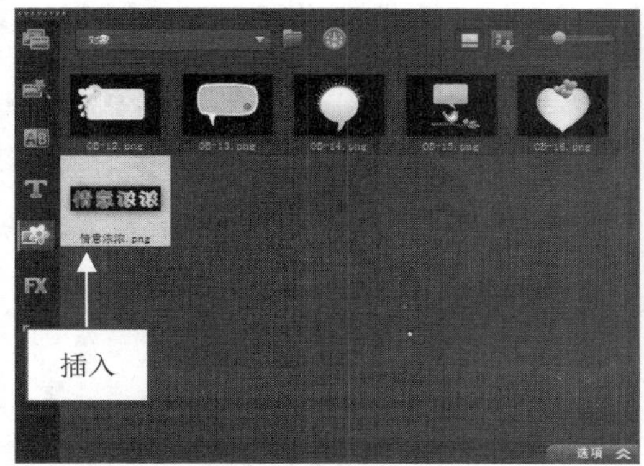

图 4-72　将对象素材插入到素材库

图 4-73　拖曳至时间轴面板中

step 07 在预览窗口中，可以预览加载的外部对象样式，如图 4-74 所示。

step 08 在预览窗口中，手动拖曳对象素材四周的控制柄，调整对象素材的大小和位置，效果如图 4-75 所示。

图 4-74　预览加载的外部对象样式

图 4-75　调整对象素材的大小和位置

4.4.6 边框素材：制作汽车旅程效果

在会声会影 X9 中，用户可以通过“边框”素材库，加载外部的边框素材。下面向用户介绍加载外部边框素材的操作方法。

素材文件	素材\第 4 章\汽车旅程.VSP、边框.png
效果文件	效果\第 4 章\汽车旅程.VSP
视频文件	视频\第 4 章\4.4.6　边框素材：制作汽车旅程效果.mp4

【操练+视频】——边框素材：制作汽车旅程效果

step 01 进入会声会影编辑器，选择菜单栏中的“文件”|“打开项目”命令，打开一个项目文件，如图 4-76 所示。

step 02 在预览窗口中，可以预览打开的项目效果，如图 4-77 所示。

step 03 在素材库左侧单击“图形”按钮，执行操作后，切换至“图形”素材库，单击素材库上方的“画廊”按钮，在弹出的下拉列表中选择“边框”选项，打开“边框”素材库，单击素材库上方的“添加”按钮，如图 4–78 所示。

图 4–76　打开项目文件

图 4–77　预览项目效果

step 04 弹出“浏览图形”对话框，在该对话框中选择需要添加的边框文件，如图 4–79 所示。

图 4–78　单击“添加”按钮

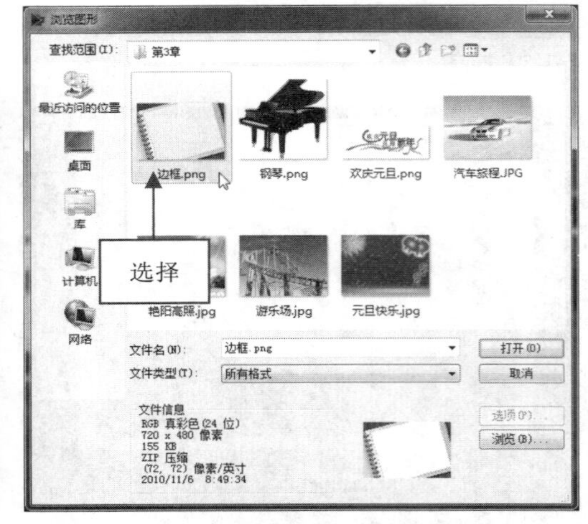

图 4–79　选择需要添加的边框

step 05 选择完毕后，单击“打开”按钮，将边框插入到素材库中，如图 4–80 所示。

step 06 在素材库中选择边框素材，单击鼠标左键并将其拖曳至时间轴面板中的合适位置，如图 4–81 所示。

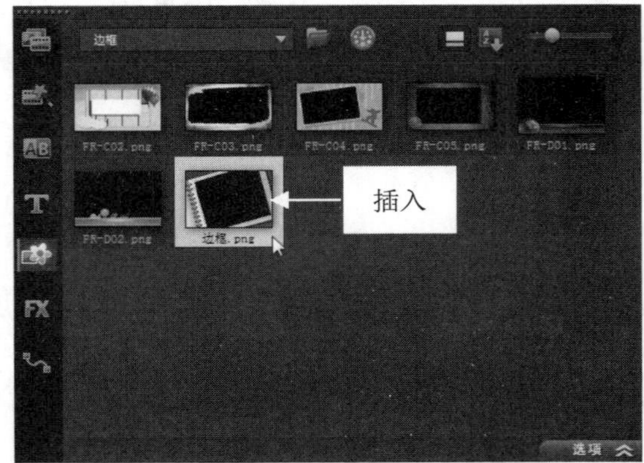

图 4–80　将边框素材插入到素材库

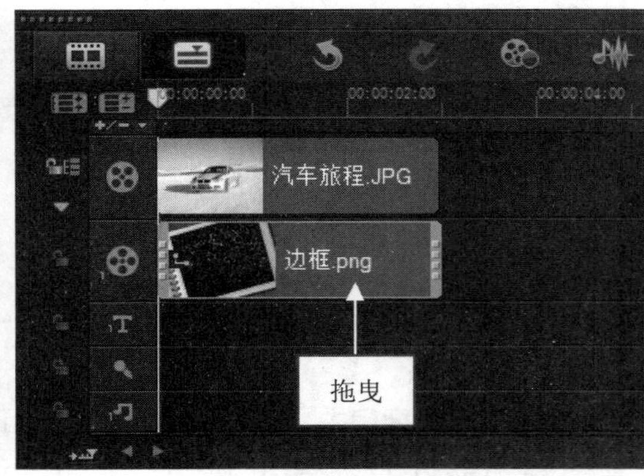

图 4–81　拖曳至时间轴面板中

step 07 在预览窗口中，可以预览加载的外部边框样式，如图 4-82 所示。

step 08 在预览窗口中的边框样式上右击，在弹出的快捷菜单中选择 “调整到屏幕大小”命令，如图 4-83 所示。

图 4-82 预览外部边框样式

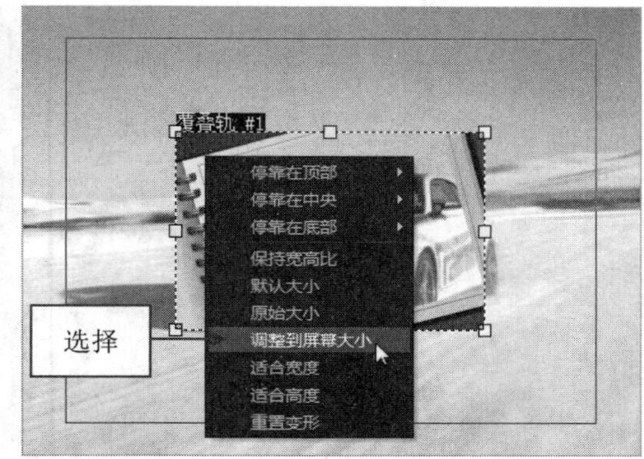

图 4-83 选择“调整到屏幕大小”命令

step 09 执行操作后，即可调整边框样式的大小，使其全屏显示在预览窗口中，效果如图 4-84 所示。

图 4-84 全屏显示在预览窗口中

4.5 制作定格动画特效

在会声会影 X9 中，用户通过“定格动画”功能可以亲手将多张静态照片制作成动态视频；用户通过“绘图创建器”功能可以手动绘制视频画面，制作动态视频效果。本节主要向用户介绍使用照片制作定格动画的操作方法。

4.5.1 掌握定格动画界面

在会声会影 X9 工作界面中，可以从数码相机中导入照片，或者从 DV 中捕获所需要的视频，然后使用动画定格摄影这个功能，能够使渐次变化的图像生动地表现在画面上，产生栩栩如生的动画效果。很多经典的动画片、木偶电影、剪纸电影都采用了这种技术，有兴趣的用户不妨试一试。图 4-85 所示为会声会影 X9 的定格动画窗口。

图 4–85　定格动画窗口

在“定格动画”窗口中，主要选项的含义介绍如下。

- “项目名称”文本框：在该文本框中，用户可以为制作的定格动画设置项目的名称。
- “捕获文件夹”选项：单击该选项右侧的“捕获文件夹”按钮 ，在弹出的对话框中可以设置捕获文件的保存位置。
- “保存到库”选项：单击该选项右侧的“添加新文件夹”按钮，可以新建素材库，用户可根据需要将定格动画素材保存到不同的素材库中。
- “图像区间”选项：单击该选项右侧的下拉按钮，可以在弹出的下拉列表中选择所需的图像区间长度。
- “捕获分辨率”选项：单击该选项右侧的下拉按钮，可以在弹出的下拉列表中设置捕获视频的分辨率大小。
- “自动捕获”选项：在该选项右侧，可以设置自动捕获的相关选项。
- “描图纸”选项：拖曳该滑块，可快速预览定格动画的动态效果。

4.5.2 定格动画：制作高原风光效果

下面向用户介绍在会声会影 X9 中，通过定格动画功能将照片素材制作成动画视频的操作方法。

素材文件	素材\第 4 章\高原风光(1)~高原风光(4).jpg
效果文件	无
视频文件	视频\第 4 章\4.5.2　定格动画：制作高原风光效果.mp4

【操练+视频】——定格动画：制作高原风光效果

step 01 进入会声会影编辑器，在工作界面的上方单击“捕获”标签，如图 4–86 所示。

step 02 进入“捕获”步骤面板，在“捕获”选项面板中单击“定格动画”按钮，如图 4–87 所示。

step 03 执行操作后，即可打开“定格动画”窗口，在该窗口中单击上方的“导入”按钮，如图 4–88 所示。

step 04 弹出“导入图像”对话框，在其中选择需要制作定格动画的照片素材，如图 4–89 所示。

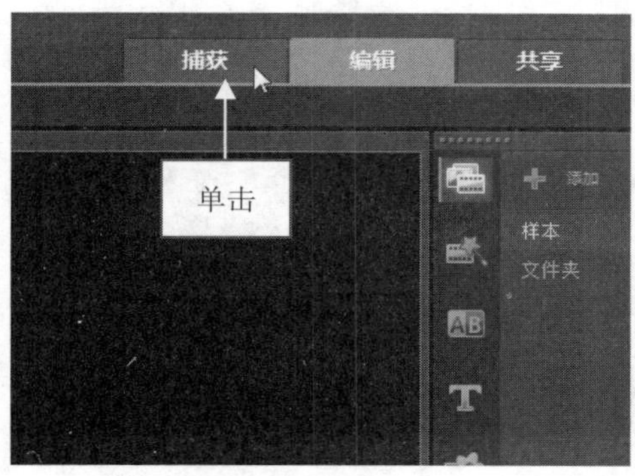

图 4-86　单击“捕获”标签

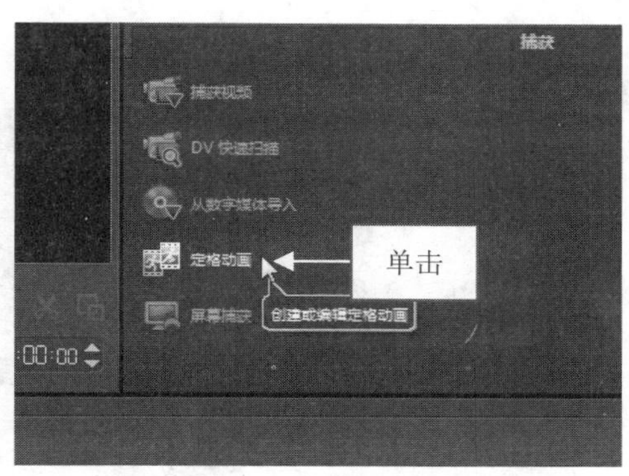

图 4-87　单击“定格动画”按钮

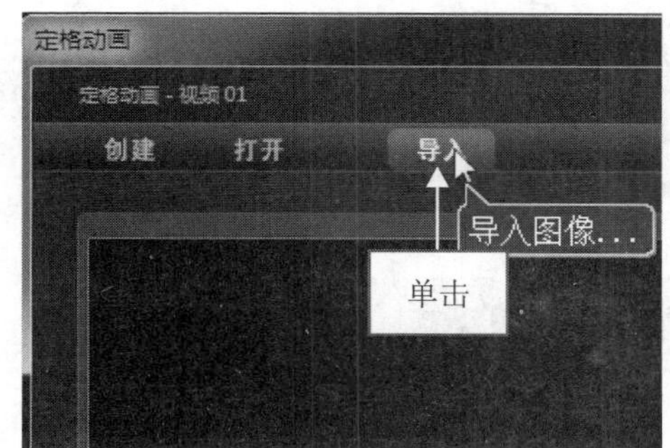

图 4-88　单击“导入”按钮

图 4-89　选择需要制作定格动画的照片素材

step 05 单击“打开”按钮，即可将选择的照片素材导入到“定格动画”窗口中，如图 4-90 所示。

step 06 导入照片素材后，在预览窗口的下方单击“播放”按钮，如图 4-91 所示。

图 4-90　照片素材已导入“定格动画”窗口中

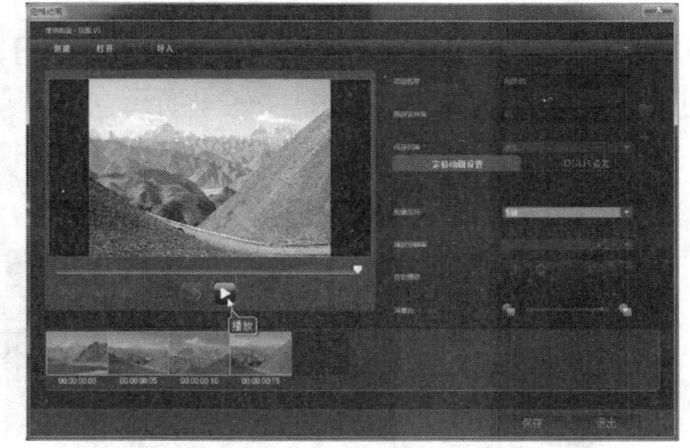

图 4-91　单击“播放”按钮

step 07 开始播放定格动画画面，在预览窗口中可以预览视频画面效果，如图 4-92 所示。

step 08 单击“图像区间”右侧的下拉按钮，在弹出的下拉列表中选择“30 帧”选项，如图 4-93 所示。

图 4-92　预览视频画面效果

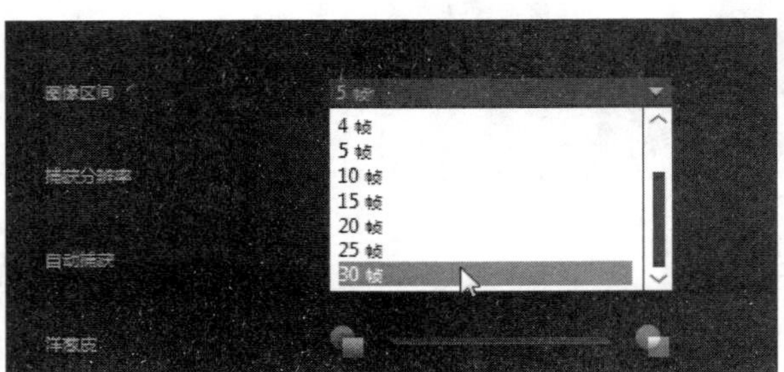

图 4-93　选择“30 帧”选项

step 09 依次单击“保存”和“退出”按钮，退出“定格动画”窗口，此时在素材库中显示了刚创建的定格动画文件，如图 4-94 所示。

step 10 将素材库中创建的定格动画文件拖曳至时间轴面板的视频轨中，应用定格动画，如图 4-95 所示。

图 4-94　素材库中显示定格动画

图 4-95　拖曳至时间轴面板

专家指点

在“定格动画”窗口中，用户在导入照片素材之前，可以先设置定格动画文件的保存位置，只需单击“捕获文件夹”右侧的按钮，在弹出的对话框中即可进行设置。

4.6 亲手录制视频画面

在会声会影 X9 中，用户可以将绘制的图形设置为动画模式，视频文件主要是在动态模式下手绘创建的。本节主要向用户介绍创建视频文件的方法，以及对创建完成的视频进行播放与编辑操作，使手绘的视频更加符合用户的需求。

4.6.1 捕获屏幕内容

在会声会影中，用户还可以使用“捕获屏幕内容”功能对屏幕画面进行捕获与导入。下面介绍捕获屏幕内容的操作方法。

进入会声会影编辑器，切换至“捕获”选项卡，在右侧的“捕获”选项面板中，单击“屏幕捕获”按钮，如图 4-96 所示。

执行操作后，弹出“屏幕捕获”对话框，在其中，用户可以选择相应大小的屏幕宽高比，进行录制捕获操作，如图 4-97 所示。

图 4-96　单击相应按钮

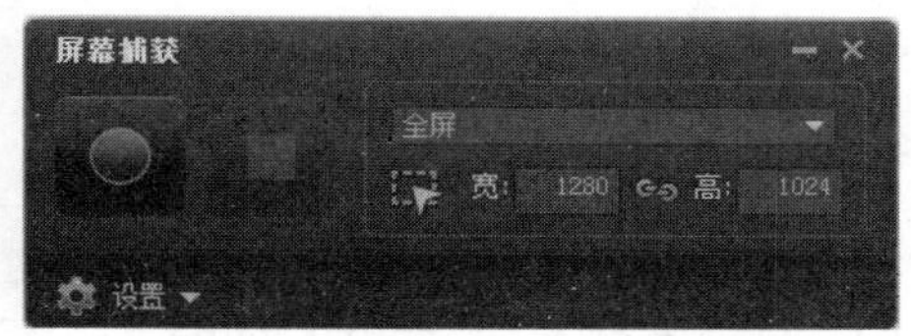

图 4-97　“屏幕捕获”对话框

4.6.2 录制文件：制作手绘动画视频效果

在会声会影 X9 中，只有在“动画模式”下，才能将绘制的图形进行录制，然后创建为视频文件。下面向用户介绍录制视频文件的操作方法。

素材文件	无
效果文件	无
视频文件	视频\第 4 章\4.6.2　录制文件：制作手绘动画视频效果.mp4

【操练+视频】——录制文件：制作手绘动画视频效果

step 01 选择菜单栏中的“工具”|“绘图创建器”命令，进入“绘图创建器”窗口，单击左下方的“更改为‘动画’或‘静态’模式”按钮，在弹出的下拉列表中选择“动画模式”选项，如图 4-98 所示，应用动画模式。

step 02 在工具栏的右侧单击“开始录制”按钮，如图 4-99 所示。

step 03 开始录制视频文件，运用“画笔”笔刷工具设置画笔的颜色属性，在预览窗口中绘制一个图形，当用户绘制完成后，单击“停止录制”按钮，如图 4-100 所示。

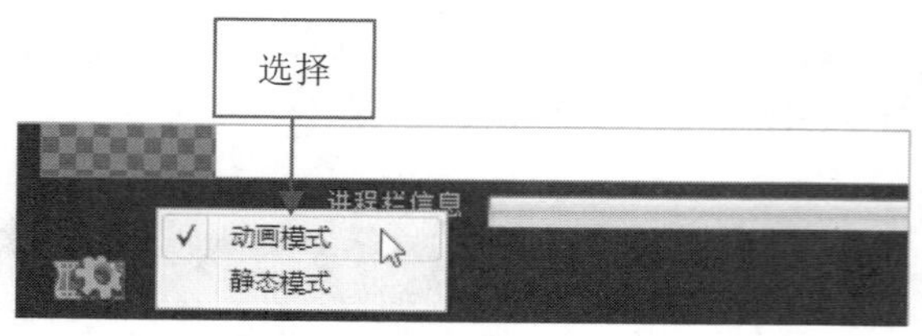

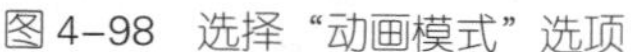

图 4–98　选择“动画模式”选项

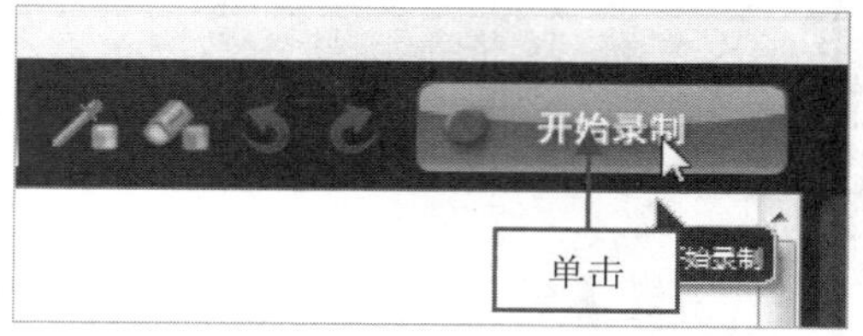

图 4–99　单击“开始录制”按钮

step 04 执行操作后，即可停止视频的录制，绘制的动态图形即可自动保存到“动画类型”列表框中，在工具栏右侧单击“播放选中的画廊条目”按钮，执行操作后，即可播放录制完成的视频画面，如图 4–101 所示。

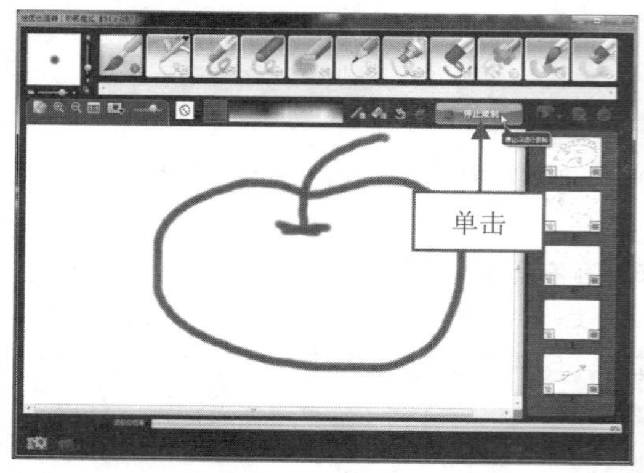

图 4–100　单击“停止录制”按钮

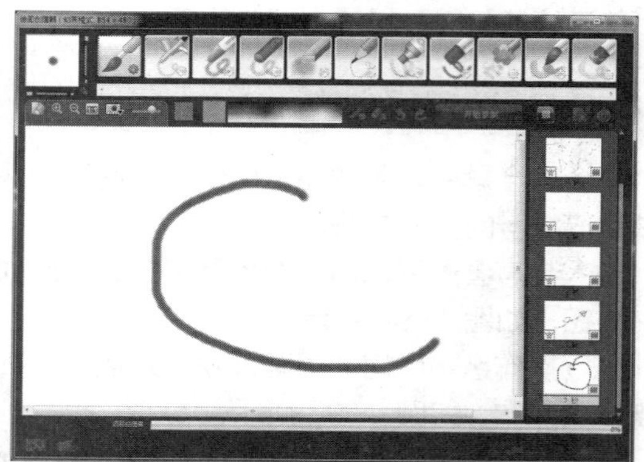

图 4–101　播放录制完成的视频画面

4.6.3 更改视频的区间长度

在会声会影中，更改视频动画的区间是指调整动画的时间长度。

进入“绘图创建器”窗口，选择需要更改区间的视频动画，在动画文件上右击，在弹出的快捷菜单中选择“更改区间”命令，如图 4–102 所示。

执行操作后，弹出“区间”对话框，在“区间”微调框中输入数值 8，如图 4–103 所示。单击“确定”按钮，即可更改视频文件的区间长度。

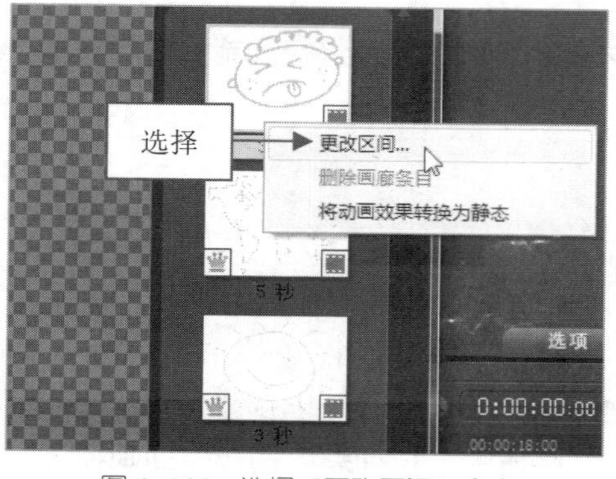

图 4–102　选择“更改区间”命令

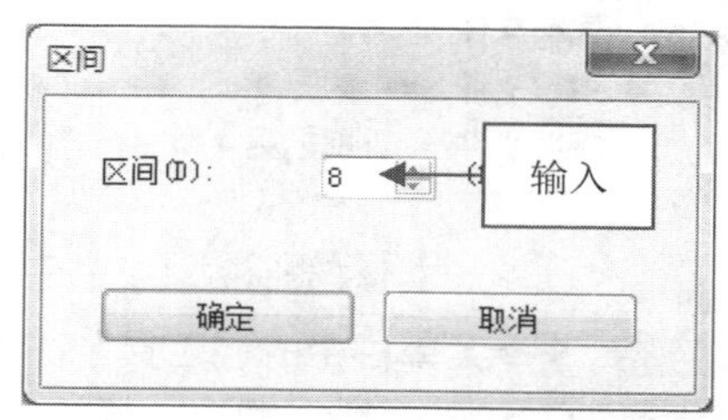

图 4–103　在“区间”微调框中输入数值 8

4.6.4 更改视频为静态图像

在“绘图创建器”窗口中的“动画类型”中，用户可以将视频动画效果转换为静态图像效果。

进入“绘图创建器”窗口，在“动画类型”下拉列表中任意选择一个视频动画文件，右击，在弹出的快捷菜单中选择“将动画效果转换为静态”命令，如图 4-104 所示。执行操作后，在“动画类型”下拉列表中显示转换为静态图像的文件，如图 4-105 所示。

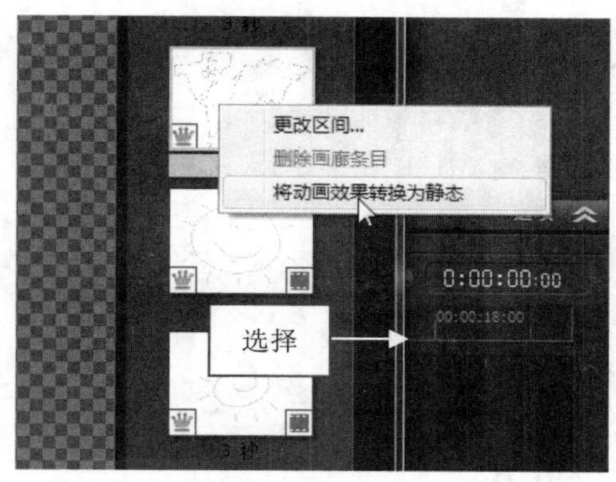

图 4-104　选择“将动画效果转换为静态”命令

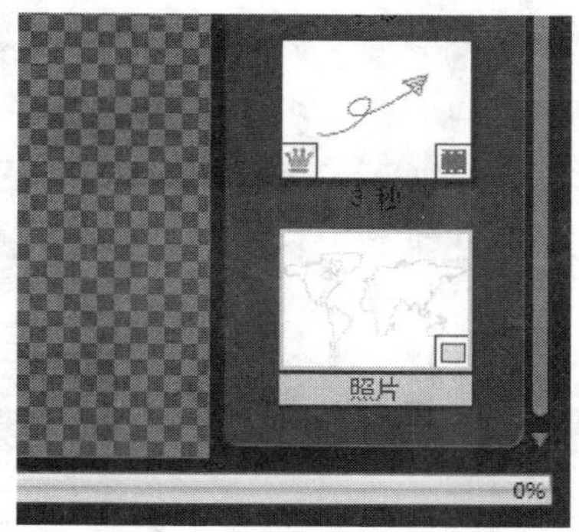

图 4-105　显示转换为静态图像的文件

4.6.5 删除录制的视频文件

在“绘图创建器”窗口中，如果用户对于录制的视频动画文件不满意，此时可以将录制完成的视频文件进行删除操作。

进入“绘图创建器”窗口，选择需要删除的视频动画文件，在动画文件上右击，在弹出的快捷菜单中选择“删除画廊条目”命令，如图 4-106 所示。执行操作后，即可删除选择的视频动画文件。

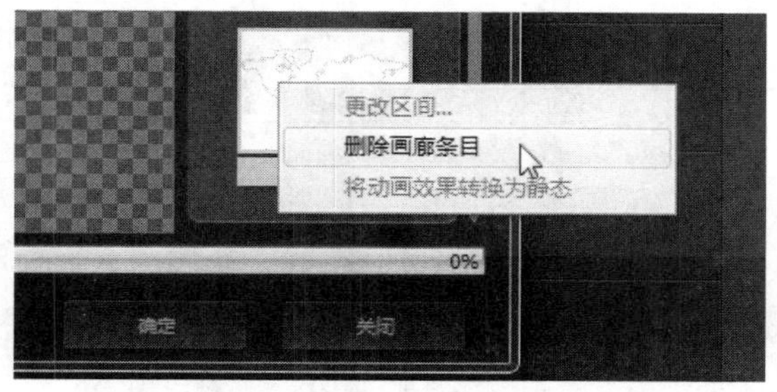

图 4-106　选择“删除画廊条目”命令

第5章 处理：编辑与处理视频素材

章前知识导读

在会声会影编辑器中，用户可以对素材进行编辑和校正，使制作的影片更为生动、美观。在本章中主要向用户介绍添加与删除轨道素材、复制与粘贴视频文件、编辑与调整视频素材、制作视频运动与马赛克特效等内容。

新手重点索引

- 添加与删除轨道素材
- 复制与粘贴视频文件
- 编辑与调整视频素材
- 制作视频运动与马赛克特效
- 制作图像摇动效果

效果图片欣赏

5.1 添加与删除轨道素材

在以往的会声会影版本中，用户只能通过“轨道管理器”对话框对轨道进行添加和删除操作，而在会声会影 X9 中向用户提供了直接添加/删除轨道的功能，从而对轨道中的素材进行管理操作。

5.1.1 在时间轴面板中添加轨道

在会声会影 X9 的时间轴面板中，如果用户需要在视频中制作多个画中画效果，此时需要在面板中添加多条覆叠轨道，以满足视频制作的需要。

在时间轴面板中需要添加的轨道图标上右击，在弹出的快捷菜单中选择“插入轨上方”命令，如图 5-1 所示。执行操作后，即可在选择的覆叠轨上方插入一条新的覆叠轨道，如图 5-2 所示。

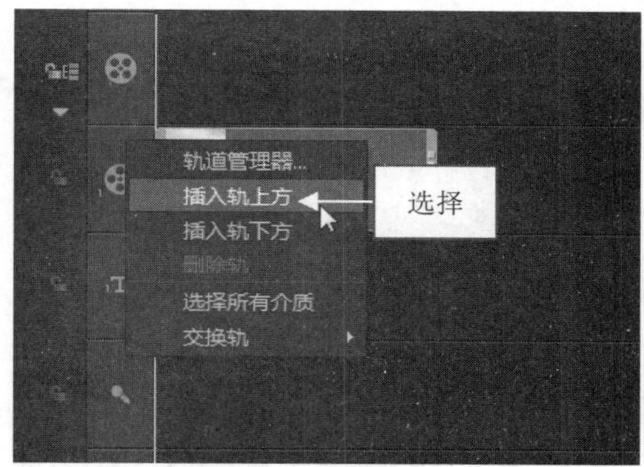

图 5-1 选择“插入轨上方”命令

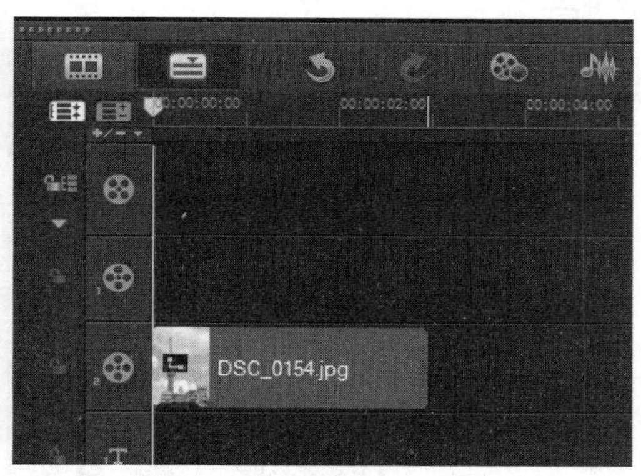

图 5-2 插入新的覆叠轨道

5.1.2 删除不需要的轨道和轨道素材

用户在制作视频的过程中，如果不再需要使用某条轨道中的素材文件，此时可以将该轨道直接进行删除操作，以提高管理视频素材的效率。

在时间轴面板中需要删除的覆叠轨 2 图标上右击，在弹出的快捷菜单中选择“删除轨”命令，如图 5-3 所示。弹出信息提示框，提示用户此操作无法撤销，单击“确定”按钮，即可将选择的轨道和轨道素材文件同时进行删除，如图 5-4 所示。

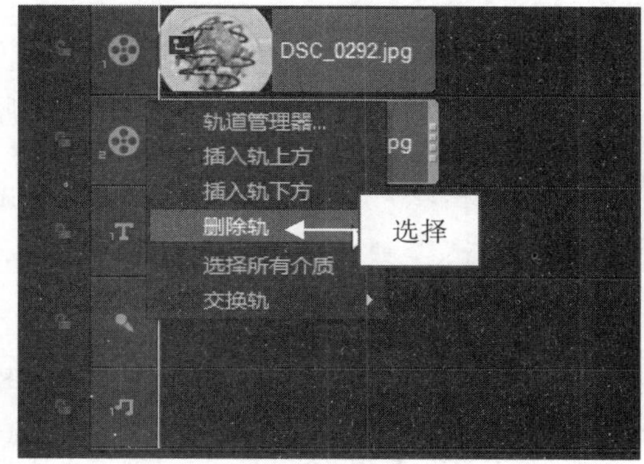

图 5-3 选择“删除轨”命令

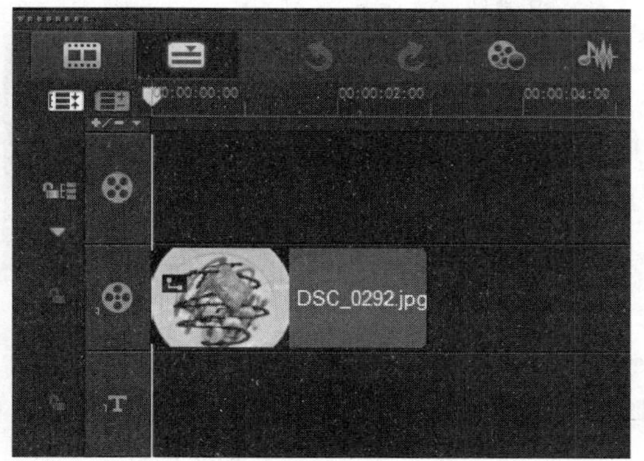

图 5-4 同时删除轨道和轨道素材

5.2 复制与粘贴视频文件

在使用会声会影 X9 对视频素材进行编辑时，用户可根据编辑需要对视频轨中的素材进行复制以及粘贴等。本节主要向用户介绍复制与粘贴视频素材的操作方法。

5.2.1 移动视频素材

如果用户对视频轨中素材的位置和顺序不满意，此时可以通过移动素材的方式调整素材的播放顺序。下面介绍移动素材文件的方法。

进入会声会影编辑器，在视频轨中导入两幅图像素材，如图 5-5 所示。移动鼠标指针至时间轴面板中的第二个素材上单击，选取该素材。接着单击鼠标左键并将其拖曳至第一个素材的前方，如图 5-6 所示。

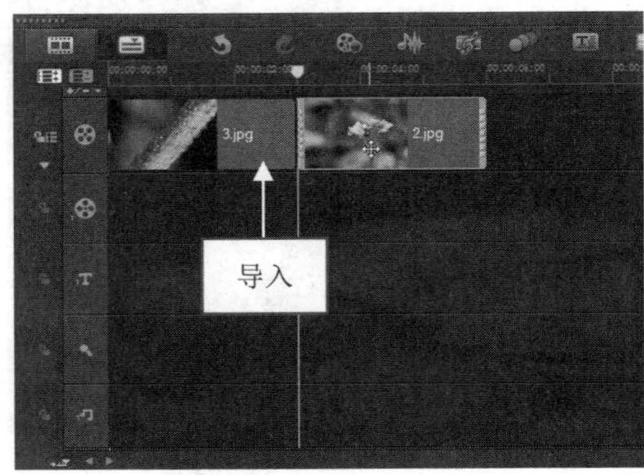

图 5-5 导入两幅图像素材

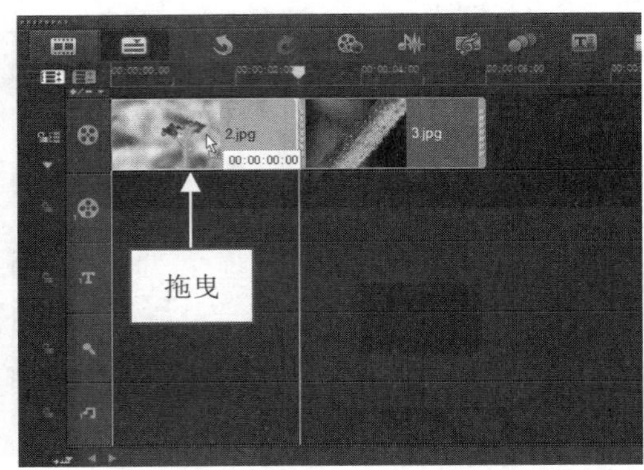

图 5-6 选择素材并拖曳至第一个素材的前方

执行操作后，即可调整两段素材的播放顺序，单击导览面板中的“播放”按钮，预览调整顺序后的视频画面效果，如图 5-7 所示。

图 5-7 预览调整顺序后的视频画面效果

专家指点

上述向用户介绍的是在时间轴面板中移动素材的方法。此外，用户还可以通过故事板视图来移动素材，达到调整视频播放顺序的目的。

通过故事板视图移动素材的方法很简单，用户首先选择需要移动的素材，单击鼠标左键并拖曳至第一个素材的前面，拖曳的位置处将会显示一条竖线，表示素材将要放置的位置，释放鼠标左键，即可移动素材位置，调整视频播放顺序。

5.2.2 替换素材：快速更换素材内容

在会声会影 X9 中用照片制作电子相册视频时，如果用户对视频轨中的照片素材不满意，此时可以将照片素材替换为用户满意的素材。下面向用户介绍替换照片素材的方法。

素材文件　素材\第 5 章\斑斓金鱼.VSP
效果文件　效果\第 5 章\斑斓金鱼.VSP
视频文件　视频\第 5 章\5.2.2　替换素材：快速更换素材内容.mp4

【操练+视频】——替换素材：快速更换素材内容

step 01 进入会声会影编辑器，选择菜单栏中的"文件"|"打开项目"命令，打开一个项目文件，如图 5-8 所示。

step 02 在预览窗口中，预览现有照片素材的画面效果，如图 5-9 所示。

图 5-8　打开项目文件

图 5-9　预览现有照片素材的画面效果

step 03 在故事板中选择需要替换的照片素材，并在照片素材上右击，在弹出的快捷菜单中选择"替换素材"|"照片"命令，如图 5-10 所示。

step 04 执行操作后，弹出"替换/重新链接素材"对话框，在其中选择需要的照片素材，如图 5-11 所示。

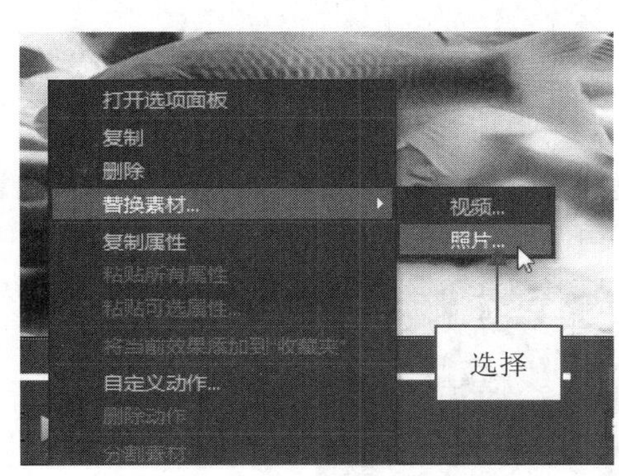

图 5-10　选择"照片"命令

图 5-11　选择需要的照片素材

step 05 单击"打开"按钮，即可替换视频轨中的照片素材，如图 5-12 所示。

step 06 在预览窗口中，预览替换照片后的画面效果，如图 5-13 所示。

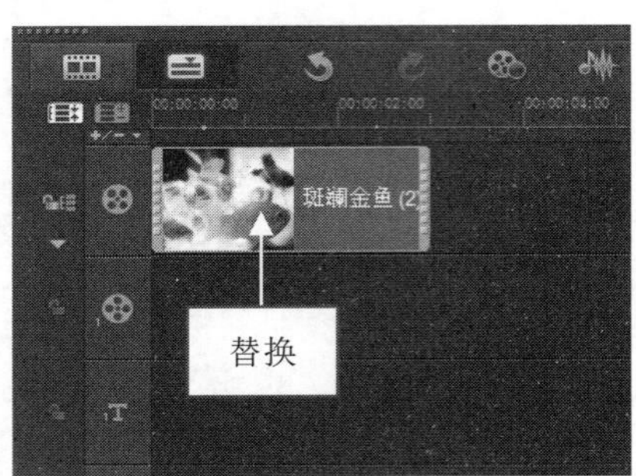

图 5-12　替换视频轨中的照片素材

图 5-13　预览替换照片后的画面效果

5.2.3　复制素材：制作重复的图像素材画面

在会声会影 X9 中，用户可以根据需要复制时间轴面板中的素材，并将所复制的素材粘贴到时间轴面板或者素材库中，这样可以快速制作重复的视频素材画面内容。

素材文件	素材\第 5 章\云海风光.mpg
效果文件	效果\第 5 章\云海风光.VSP
视频文件	视频\第 5 章\5.2.3　复制素材：制作重复的图像素材画面.mp4

【操练+视频】——复制素材：制作重复的图像素材画面

step 01 进入会声会影编辑器，然后在时间轴面板的视频轨中插入一段视频素材，如图 5-14 所示。

step 02 将鼠标指针移动至时间轴面板中的素材上，右击，在弹出的快捷菜单中选择“复制”命令，如图 5-15 所示。

图 5-14　插入视频素材

图 5-15　选择“复制”命令

step 03 执行复制操作后，将鼠标指针移边至需要粘贴素材的位置，单击鼠标左键，即可将所复制的素材粘贴到时间轴面板中，如图 5-16 所示。即可制作重复的视频画面。

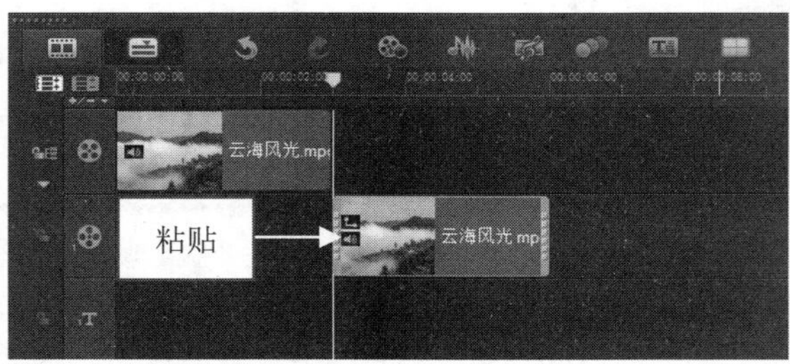

图 5-16　粘贴至时间轴面板

5.2.4 快速复制：在素材库中复制素材

在会声会影 X9 中，用户还可以将素材库中的素材文件复制到视频轨中。下面介绍复制素材库中素材文件的操作方法。

素材文件	素材\第 5 章\鲜艳菊花.jpg
效果文件	效果\第 5 章\鲜艳菊花.VSP
视频文件	视频\第 5 章\5.2.4　快速复制：在素材库中复制素材.mp4

【操练+视频】——快速复制：在素材库中复制素材

step 01 在素材库中，添加一个素材文件，如图 5-17 所示。

step 02 在素材文件上右击，在弹出的快捷菜单中选择“复制”命令，如图 5-18 所示。

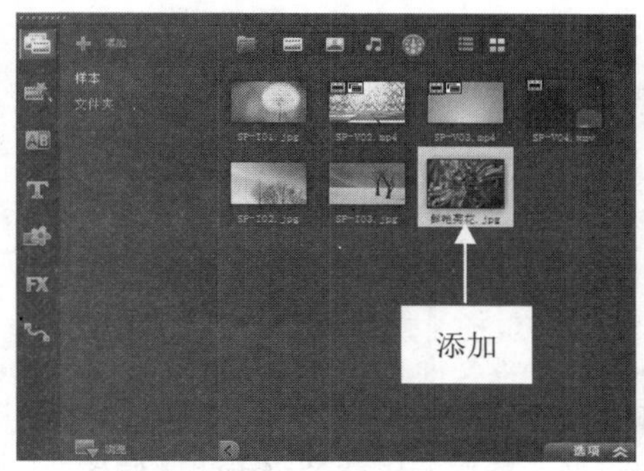

图 5-17　添加素材文件

图 5-18　选择“复制”命令

step 03 即可复制素材文件，将鼠标指针移至视频轨中的开始位置，显示白色区域，如图 5-19 所示。

step 04 单击鼠标左键，即可将复制的素材进行粘贴操作。在预览窗口中，可以预览复制与粘贴后的素材画面，如图 5-20 所示。

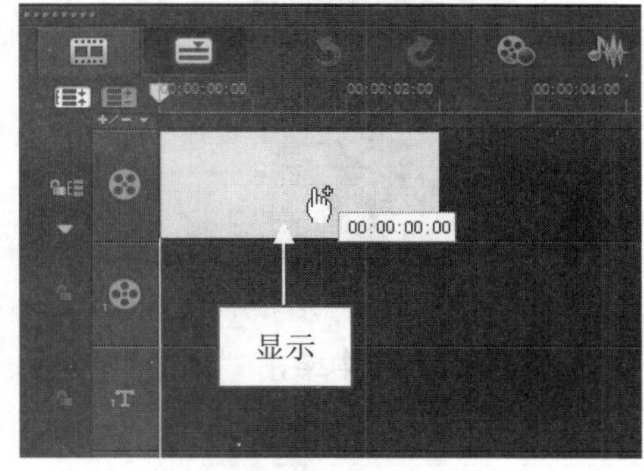

图 5-19　显示白色区域

图 5-20　预览复制与粘贴后的素材画面

专家指点

在会声会影 X9 中，用户还可以将视频轨中的素材复制与粘贴到素材库面板中。在视频轨中选择需要复制的素材文件，右击，在弹出的快捷菜单中选择“复制”命令，复制素材。然后将鼠标指针移至素材库中，选择相应素材文件，右击，在弹出的快捷菜单中选择“粘贴”命令，也可以选择菜单栏中的“编辑”|“粘贴”命令，即可粘贴之前复制的素材文件。

5.2.5 粘贴属性：粘贴所有属性至另一素材

在会声会影 X9 中，如果用户需要制作多种相同的视频特效，此时可以将已经制作好的特效直接复制与粘贴到其他素材上，这样做可以提高用户编辑视频的效率。下面向用户介绍粘贴所有素材属性的方法。

素材文件	素材\第 5 章\精致美食.VSP
效果文件	效果\第 5 章\精致美食.VSP
视频文件	视频\第 5 章\5.2.5 粘贴属性：粘贴所有属性至另一素材.mp4

【操练+视频】——粘贴属性：粘贴所有属性至另一素材

step 01 进入会声会影编辑器，选择菜单栏中的“文件”|“打开项目”命令，打开一个项目文件，如图 5-21 所示。

图 5-21 打开项目文件

step 02 在视频轨中，选择需要复制属性的素材文件，然后选择菜单栏中的“编辑”|“复制属性”命令，如图 5-22 所示。

step 03 执行操作后，即可复制素材的属性。在视频轨中选择需要粘贴属性的素材文件，然后选择菜单栏中的“编辑”|“粘贴所有属性”命令，如图 5-23 所示。

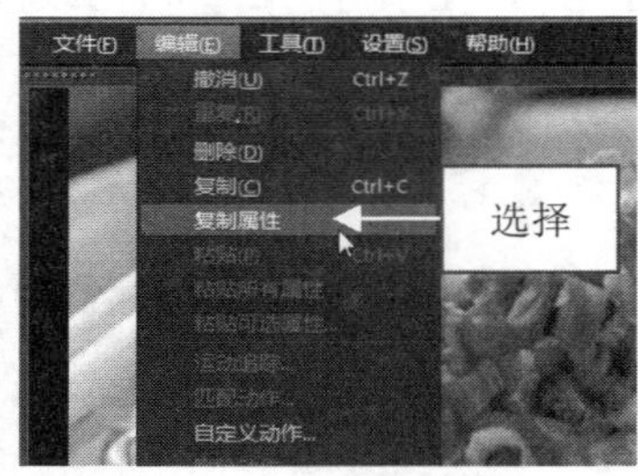

图 5-22 选择“复制属性”命令

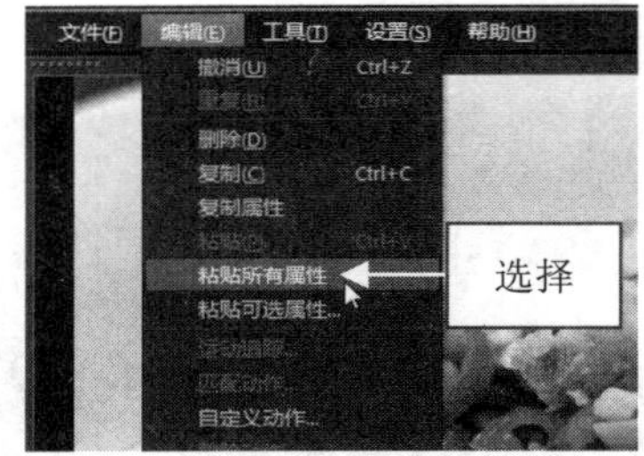

图 5-23 选择“粘贴所有属性”命令

step 04 执行操作后，即可粘贴素材的所有属性特效。在导览面板中单击“播放”按钮，预览视频画面效果，如图 5-24 所示。

图 5-24 预览视频画面效果

5.3 编辑与调整视频素材

在会声会影 X9 中添加视频素材后，为制作更美观、流畅的影片，用户可以对视频素材进行编辑。本节主要向用户介绍编辑视频素材的操作方法。

5.3.1 调整素材：对视频画面进行变形扭曲

在会声会影 X9 的视频轨和覆叠轨中的视频素材上，用户都可以对其进行变形操作，如调整视频宽高比、放大视频、缩小视频等。下面介绍在会声会影 X9 中变形视频素材的操作方法。

素材文件	素材\第 5 章\举案齐眉.mpg
效果文件	效果\第 5 章\举案齐眉.VSP
视频文件	视频\第 5 章\5.3.1 调整素材：对视频画面进行变形扭曲.mp4

【操练+视频】——调整素材：对视频画面进行变形扭曲

step 01 进入会声会影编辑器，在视频轨中插入一段视频素材，如图 5-25 所示。

step 02 单击“选项”按钮，展开选项面板，并切换至“属性”选项面板，如图 5-26 所示。

图 5-25 插入视频素材

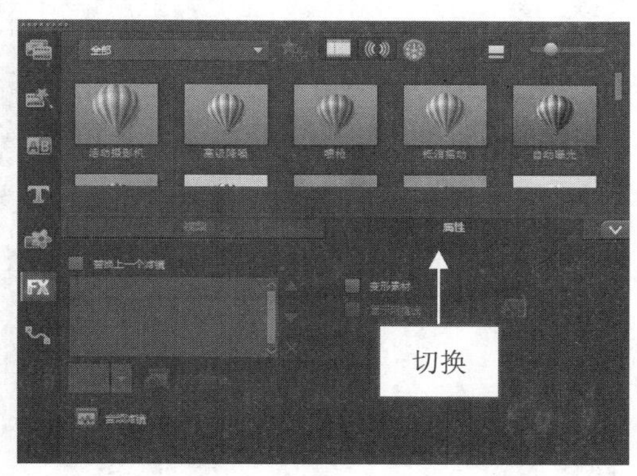

图 5-26 切换至“属性”选项面板

step 03 在“属性”选项面板中，选中“变形素材”复选框，如图 5-27 所示。

step 04 在预览窗口中，拖曳素材四周的手柄，如图 5-28 所示，即可将素材变形成所需的画面效果。

图 5-27 选中“变形素材”复选框

图 5-28 拖曳素材四周手柄

在会声会影 X9 中，如果用户对于变形后的视频效果不满意，此时可以还原对视频素材的变形操作。用户可以在“属性”选项面板中取消选中“变形素材”复选框，也可以在预览窗口中的视频素材上右击，在弹出的快捷菜单中选择“默认大小”命令，即可还原被变形后的视频素材。用户在执行变形视频素材操作时，在选项面板中选中“显示网格线”复选框，即可在预览窗口中显示网格参考线。

5.3.2 调节区间：修改视频素材整体的时长

在会声会影 X9 中编辑视频素材时，用户可以调整视频素材的区间长短，使调整后的视频素材更好地适用于所编辑的项目。下面介绍调整视频区间的操作方法。

素材文件	素材\第 5 章\深秋对白.mpg
效果文件	效果\第 5 章\深秋对白.VSP
视频文件	视频\第 5 章\5.3.2 调节区间：修改视频素材整体的时长.mp4

【操练+视频】——调节区间：修改视频素材整体的时长

step 01 进入会声会影编辑器，在视频轨中插入一段视频素材，如图 5-29 所示。

step 02 单击“选项”按钮，展开选项面板，在其中将鼠标指针拖曳至“视频区间”数值框中所需修改的数值上，单击鼠标左键，呈可编辑状态，如图 5-30 所示。

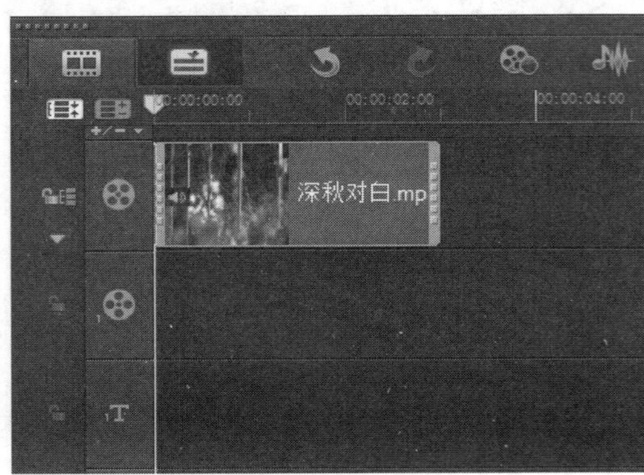

图 5-29 插入至视频轨

图 5-30 呈可编辑状态

step 03 输入所需的数值，如图 5-31 所示。按 Enter 键确认。

step 04 执行操作后，即可调整视频素材区间长度，如图 5-32 所示。

图 5-31 输入所需数值

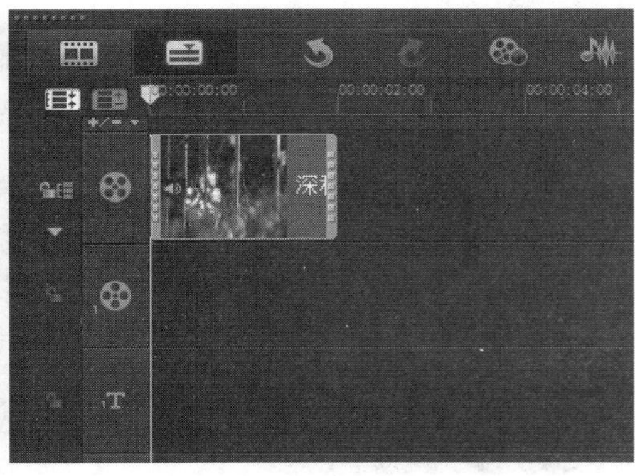

图 5-32 调整素材区间

专家指点

在会声会影 X9 中，用户在选项面板中单击“视频区间”数值框右侧的微调按钮，也可调整视频区间。

5.3.3 音量调节：单独调整视频的背景音量

使用会声会影 X9 对视频素材进行编辑时，为了使视频与背景音乐互相协调，用户可根据需要对视频素材的声音进行调整。

素材文件 素材\第 5 章\日出美景.mpg

效果文件 效果\第 5 章\日出美景.VSP

视频文件 视频\第 5 章\5.3.3 音量调节：单独调整视频的背景音量.mp4

【操练+视频】——音量调节：单独调整视频的背景音量

step 01 进入会声会影编辑器，在视频轨中插入一段视频素材，如图 5-33 所示。

step 02 单击“选项”按钮，展开选项面板，在“素材音量”数值框中输入所需的数值，如图 5-34 所示。按 Enter 键确认，即可调整素材的音量大小。

图 5-33 插入视频素材

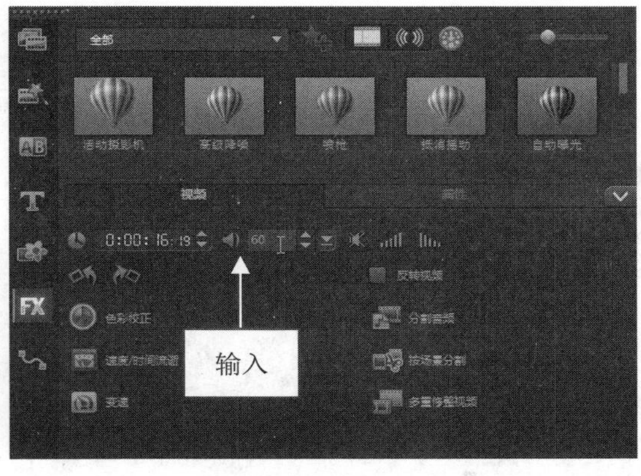

图 5-34 输入数值

专家指点

在会声会影 X9 中对视频进行编辑时，如果用户不需要使用视频的背景音乐，而需要重新添加一段音乐作为视频的背景音乐，此时用户可以将视频现有的背景音乐调整为静音。操作方法很简单，用户首先选择视频轨中需要调整为静音的视频素材，展开“视频”选项面板，单击“素材音量”右侧的“静音”按钮，即可设置视频素材的背景音乐为静音。

5.3.4 分离音频：使视频画面与背景声音分离

在会声会影中进行视频编辑时，有时需要将视频素材的视频部分和音频部分进行分离，然后替换成其他音频或对音频部分作进一步的调整。

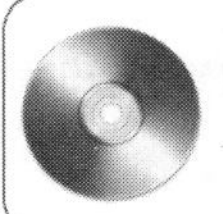

素材文件 素材\第 5 章\戈壁地带.mpg

效果文件 效果\第 5 章\戈壁地带.VSP

视频文件 视频\第 5 章\5.3.4 分离音频：使视频画面与背景声音分离.mp4

【操练+视频】——分离音频：使视频画面与背景声音分离

step 01 进入会声会影编辑器，然后在时间轴面板的视频轨中插入一段视频素材，如图 5-35 所示。

step 02 在时间轴面板中选中所需分离音频的视频素材，如图 5-36 所示。包含音频的素材，其缩略图左下角会显示图标。

图 5-35　插入视频素材

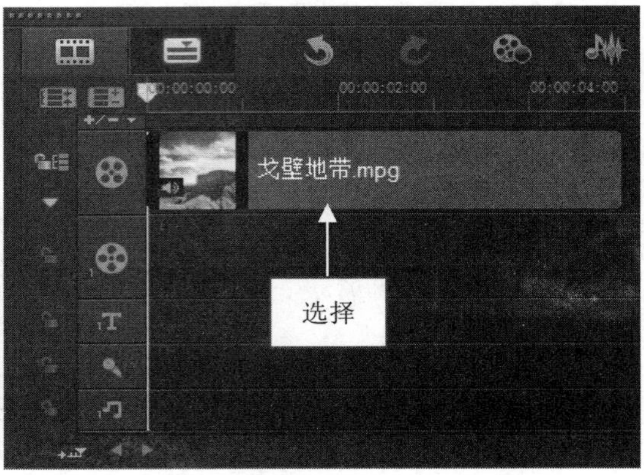

图 5-36　选择需要分割音频的素材

step 03 在视频素材上右击，在弹出的快捷菜单中选择“分离音频”命令，如图 5-37 所示。

step 04 执行操作后，即可将视频与音频分离，如图 5-38 所示。

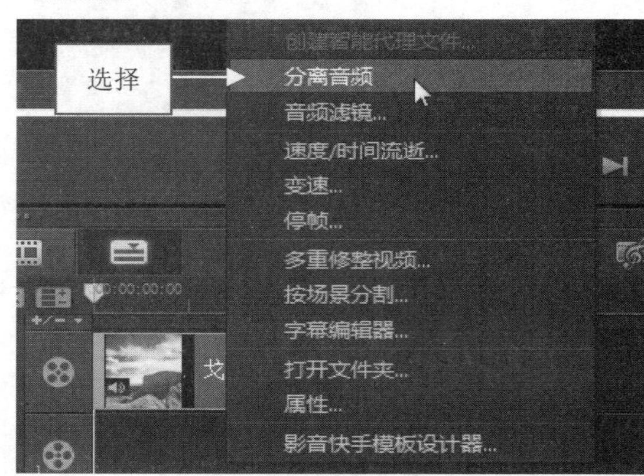

图 5-37　选择“分离音频”命令

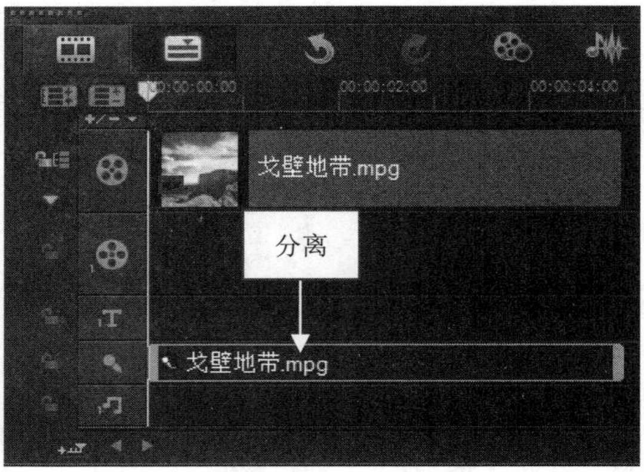

图 5-38　分离音频

在时间轴面板的视频轨中，选择需要分离音频的视频素材，展开“视频”选项面板，在其中单击“分割音频”按钮，执行操作后也可以将视频与背景声音进行分离操作。另外，用户通过选择菜单栏中的“编辑”|“分离音频”命令，也可以快速将视频与声音进行分离。

5.3.5 反转视频：制作视频画面的倒播效果

在电影中经常可以看到物品破碎后又复原的效果，要在会声会影 X9 中制作出这种效果是非常简单的，用户只要逆向播放一次影片即可。下面向用户介绍反转视频素材的操作方法。

素材文件 素材\第 5 章\向日葵.mpg
效果文件 效果\第 5 章\向日葵.VSP
视频文件 视频\第 5 章\5.3.5 反转视频：制作视频画面的倒播效果.mp4

【操练+视频】——反转视频：制作视频画面的倒播效果

step 01 进入会声会影编辑器，然后在时间轴面板的视频轨中插入一段视频素材，如图 5-39 所示。

step 02 在视频轨中，选择插入的视频素材，双击视频轨中的视频素材，在“视频”选项面板中选中“反转视频”复选框，如图 5-40 所示。

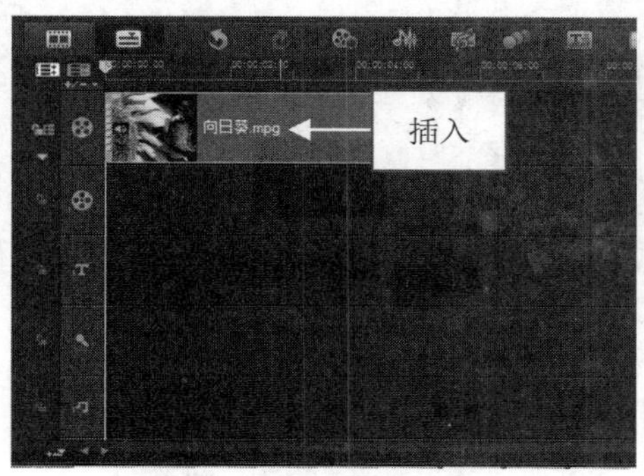

图 5-39 插入视频素材

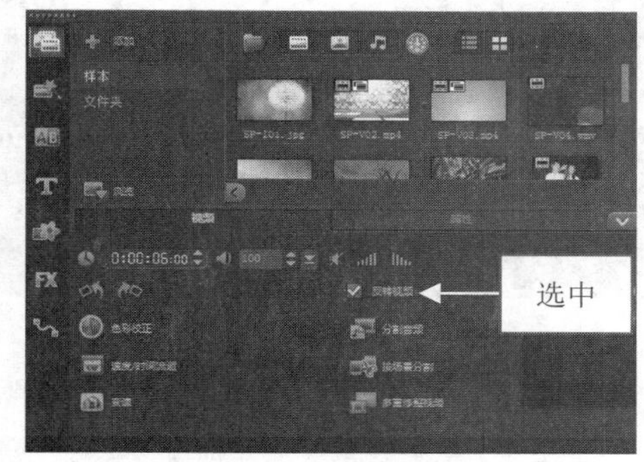

图 5-40 选中“反转视频”复选框

step 03 执行操作后，即可反转视频素材。单击导览面板中的“播放”按钮，即可在预览窗口中观看视频反转后的效果，如图 5-41 所示。

图 5-41 观看视频反转后的效果

在会声会影 X9 中，用户只能对视频素材进行反转操作，无法对照片素材进行反转操作。

5.3.6 抓拍快照：从视频播放中抓拍视频快照

制作视频画面特效时，如果用户对某个视频画面比较喜欢，可以将该视频画面抓拍下来，保存到素材库面板中。下面向用户介绍抓拍视频快照的操作方法。

素材文件	素材\第 5 章\美酒佳肴.mpg
效果文件	无
视频文件	视频\第 5 章\5.3.6　抓拍快照：从视频播放中抓拍视频快照.mp4

【操练+视频】——抓拍快照：从视频播放中抓拍视频快照

step 01 进入会声会影编辑器，在视频轨中插入一段视频素材，如图 5-42 所示。

图 5-42　插入视频素材

step 02 在时间轴面板中，选择需要抓拍照片的视频文件，如图 5-43 所示。

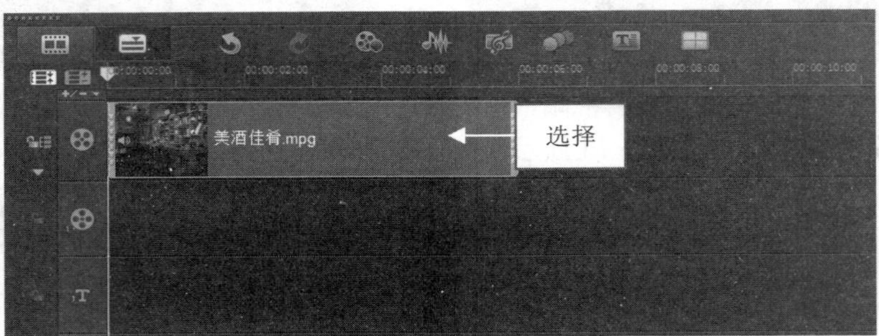

图 5-43　选择需要抓拍照片的视频文件

step 03 将时间线移至需要抓拍视频画面的位置，如图 5-44 所示。

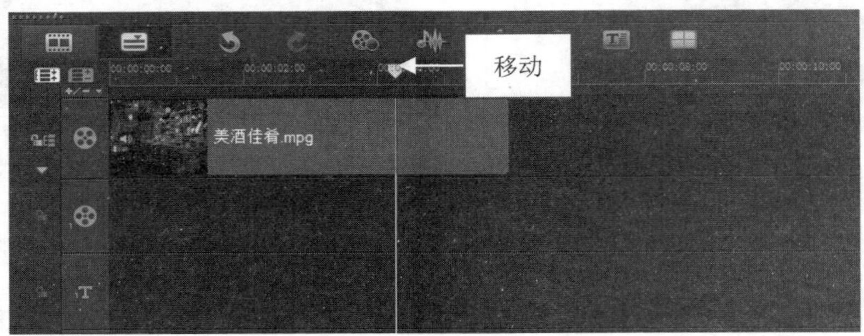

图 5-44　确定时间线的位置

step 04 选择菜单栏中的“编辑”|“抓拍快照”命令，如图 5-45 所示。

step 05 执行操作后，即可抓拍视频快照。被抓拍的视频快照将显示在“照片”素材库中，如图 5-46 所示。

图 5-45　选择“抓拍快照”命令

图 5-46　视频快照显示在“照片”素材库中

专家指点

在老版本会声会影软件中，“抓拍快照”功能存在于“视频”选项面板中，而在会声会影 X9 软件中，“抓拍快照”功能存在于“编辑”菜单下，用户在操作时需要找对“抓拍快照”功能的位置。

5.3.7 音频滤镜：为视频中的背景音乐添加音频滤镜

在会声会影 X9 中，当用户导入一段视频素材后，如果发现视频的背景音乐有瑕疵，此时用户可以为视频中的背景音乐添加音频滤镜，使制作的视频更加符合用户的制作要求。

素材文件	素材\第 5 章\酸奶冰淇淋.mp4
效果文件	效果\第 5 章\酸奶冰淇淋.VSP
视频文件	视频\第 5 章\5.3.7　音频滤镜：为视频中背景音乐添加音频滤镜.mp4

【操练+视频】——音频滤镜：为视频中背景音乐添加音频滤镜

step 01 进入会声会影编辑器，在视频轨中插入一段视频素材，如图 5-47 所示。

step 02 展开“属性”选项面板中，单击“音频滤镜”按钮，如图 5-48 所示。

图 5-47　插入视频素材

图 5-48　单击“音频滤镜”按钮

step 03 弹出“音频滤镜”对话框，选择相应的音频滤镜，如图 5-49 所示。

step 04 单击“添加”按钮，添加至右侧的“已用滤镜”列表框中，如图 5-50 所示。

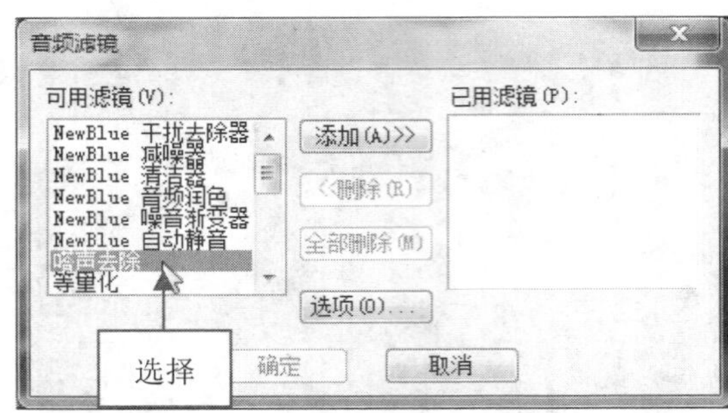

图 5-49　选择“嗒声去除”滤镜

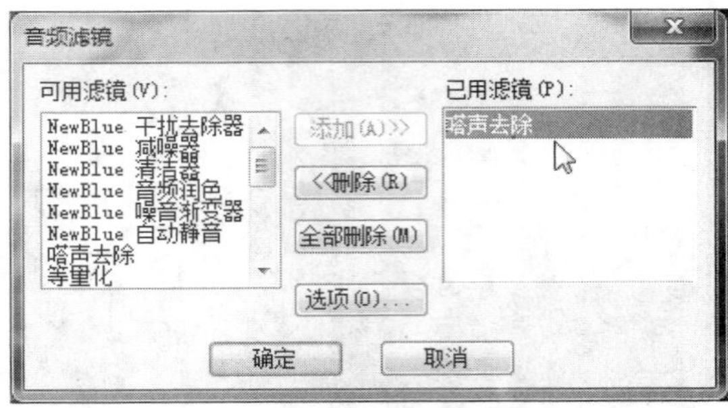

图 5-50　添加至“已用滤镜”列表框中

step 05 单击“确定”按钮，即可为视频的背景音乐添加音频滤镜。在导览面板中单击“播放”按钮，预览视频画面效果并聆听音乐的声音，如图 5-51 所示。

图 5-51　预览视频画面效果并聆听音乐的声音

5.4 制作视频运动与马赛克特效

在会声会影 X9 中，用户可以对视频画面进行处理，还可以在视频中应用马赛克特效，对视频中的人物与公司的 LOGO 标志进行马赛克处理。本节主要向用户介绍制作视频运动与马赛克特效的操作方法。

5.4.1 快速播放：制作画面的快动作效果

在会声会影 X9 中，用户可通过设置视频的回放速度来实现视频画面的快动作效果。

素材文件	素材\第 5 章\壮观瀑布.avi
效果文件	效果\第 5 章\壮观瀑布.VSP
视频文件	视频\第 5 章\5.4.1　快速播放：制作画面的快动作效果.mp4

【操练+视频】——快速播放：制作画面的快动作效果

step 01 进入会声会影编辑器，在时间轴面板的视频轨中插入一段视频素材，单击“选项”按钮，展开“视频”选项面板，单击“速度/时间流逝”按钮，如图 5-52 所示。

step 02 弹出“速度/时间流逝”对话框，向右拖曳“速度”下方的滑块，直至“速度”参数显示为 300，如图 5-53 所示，表示制作视频的快动作播放效果。

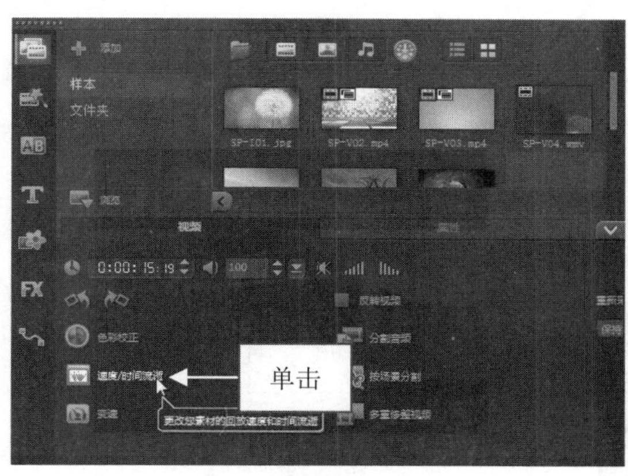

图 5-52 单击“速度/时间流逝”按钮

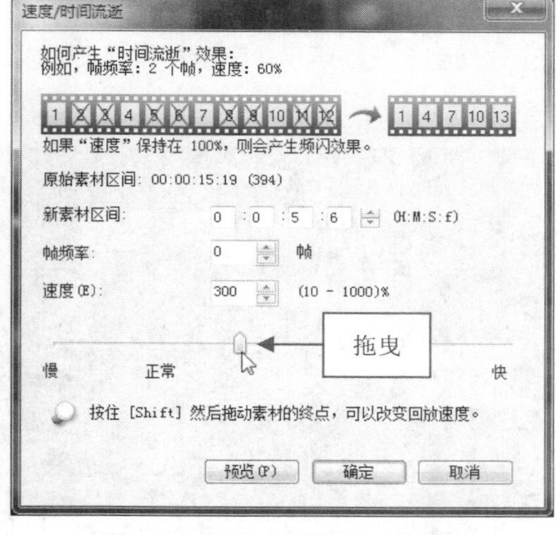

图 5-53 拖曳“速度”下方的滑块

step 03 单击“确定”按钮，即可设置视频以快动作的方式进行播放。在导览面板中单击“播放”按钮，即可预览视频效果，如图 5-54 所示。

图 5-54 预览视频效果

专家指点

在视频轨素材上右击，在弹出的快捷菜单中选择“速度/时间流逝”命令，也可以弹出“速度/时间流逝”对话框。

5.4.2 慢速播放：制作视频画面的慢动作效果

在会声会影 X9 中，用户不仅可以设置快动作，而且还可以通过设置视频的回放速度来实现慢动作的效果。

素材文件	素材\第 5 章\火车男孩.avi
效果文件	效果\第 5 章\火车男孩.VSP
视频文件	视频\第 5 章\5.4.2 慢速播放：制作视频画面的慢动作效果.mp4

【操练+视频】——慢速播放：制作视频画面的慢动作效果

step 01 进入会声会影编辑器，在时间轴面板的视频轨中插入一段视频素材。单击“选项”按钮，展开“视频”选项面板，单击“速度/时间流逝”按钮，如图 5-55 所示。

step 02 弹出“速度/时间流逝”对话框，向左拖曳“速度”下方的滑块，直至“速度”参数显示为 50，如图 5-56 所示，表示制作视频的慢动作播放效果。

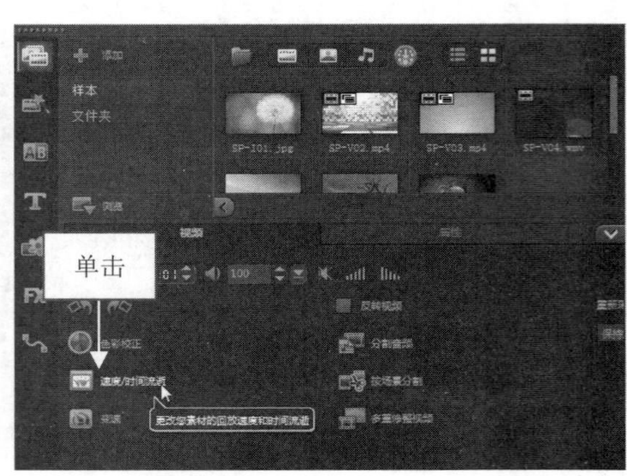

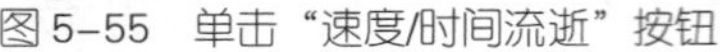

图 5-55 单击“速度/时间流逝”按钮

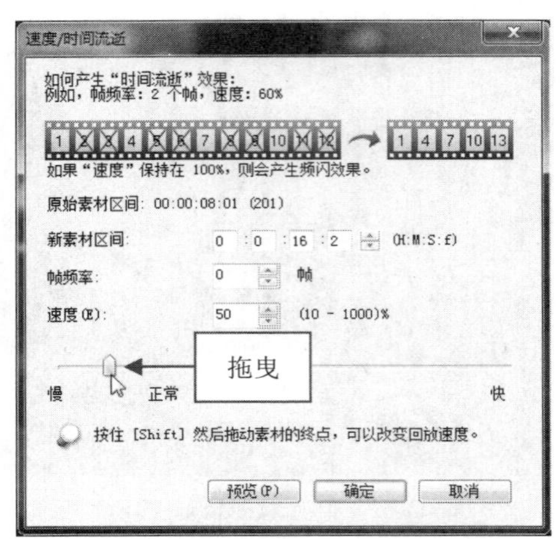

图 5-56 拖曳“速度”下方的滑块

step 03 单击“确定”按钮，即可设置视频以慢动作的方式进行播放。在导览面板中单击“播放”按钮，即可预览视频效果，如图 5-57 所示。

图 5-57 预览视频效果

5.4.3 变形视频：去除视频中的白边

在会声会影 X9 中，用户可以去除视频画面中多余的部分，如画面周边的白边或者黑边，从而使视频画面更加完美。下面介绍去除视频中多余部分的操作方法。

素材文件	素材\第 5 章\可爱公仔.mpg
效果文件	效果\第 5 章\可爱公仔.VSP
视频文件	视频\第 5 章\5.4.3 变形视频：去除视频中的白边.mp4

【操练+视频】——变形视频：去除视频中的白边

step 01 进入会声会影编辑器，在时间轴面板的视频轨中插入一段视频素材。在预览窗口中显示效果如图 5-58 所示。

step 02 在“属性”选项面板中选中“变形素材”复选框，在预览窗口中拖曳素材四周的手柄，放大显示图像，使视频白边位于预览窗口之外，无法显示在预览窗口中，如图 5-59 所示，即可去除视频中的多余部分。

图 5-58　显示视频素材

图 5-59　放大变形视频画面

专家指点

在会声会影 X9 中，有时会遇到视频有黑边的情况，用户可以采用本节中去除白边的方法，来去除视频的黑边画面。

5.4.4 晕影滤镜：制作周围虚化背景效果

在会声会影 X9 中，浅景深画面有背景虚化的效果，具有主体突出的特点。下面介绍通过“晕影”滤镜制作周围虚化背景效果。

素材文件	素材\第 5 章\帅气女人.jpg
效果文件	效果\第 5 章\帅气女人.VSP
视频文件	视频\第 5 章\5.4.4　晕影滤镜：制作周围虚化背景效果.mp4

【操练+视频】——晕影滤镜：制作周围虚化背景效果

step 01 进入会声会影编辑器，在时间轴面板中的视频轨上插入一幅图像素材，如图 5-60 所示。

step 02 在“滤镜”素材库中，单击窗口上方的“画廊”按钮，在弹出的下拉列表中选择“暗房”选项，打开“暗房”素材库，选择“晕影”滤镜效果，如图 5-61 所示。

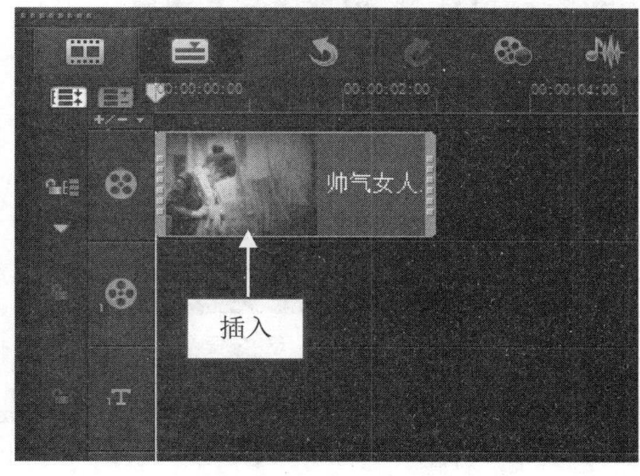

图 5-60　插入图像素材

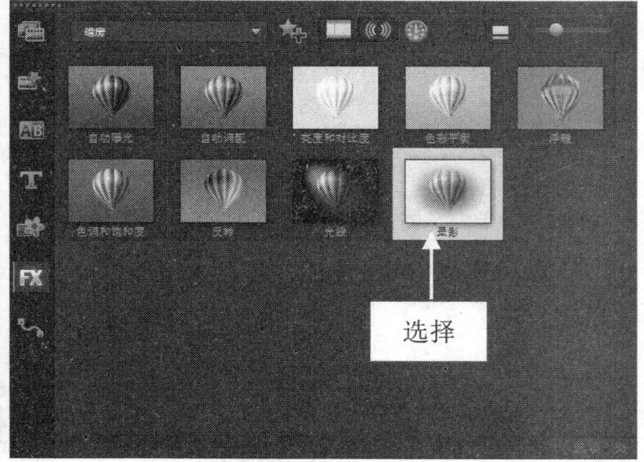

图 5-61　选择“晕影”滤镜效果

step 03 单击鼠标左键并拖曳至时间轴中的图像素材上方，添加“晕影”滤镜效果，在“属

性”选项面板中单击“自定义滤镜”左侧的下三角按钮，在弹出的下拉列表中选择第 2 排第 1 个预设样式，如图 5-62 所示。

step 04 执行上述操作后，单击导览面板中的“播放”按钮，即可预览“晕影”滤镜效果，如图 5-63 所示。

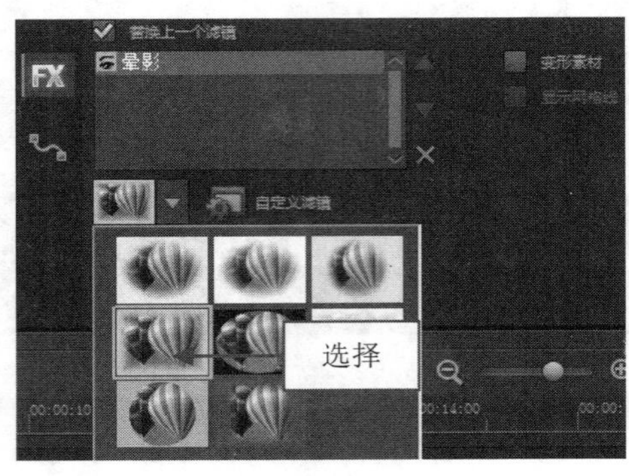

图 5-62　选择相应预设样式

图 5-63　预览“晕影”滤镜效果

5.4.5 移动路径：让素材按指定路径进行运动

在会声会影 X9 的“自定义路径”对话框中，用户可以设置视频的动画属性和运动效果。下面向用户介绍自定路径的操作方法。

素材文件	素材\第 5 章\可爱小狗.VSP
效果文件	效果\第 5 章\可爱小狗.VSP
视频文件	视频\第 5 章\5.4.5　移动路径：让素材按指定路径进行运动.mp4

【操练+视频】——移动路径：让素材按指定路径进行运动

step 01 进入会声会影编辑器，选择菜单栏中的“文件”|“打开项目”命令，打开一个项目文件，在预览窗口中可以预览视频的画面效果，如图 5-64 所示。

step 02 在素材库的左侧单击“路径”按钮，进入“路径”素材库，在其中选择 P07 路径运动效果，如图 5-65 所示。

图 5-64　预览视频的画面效果

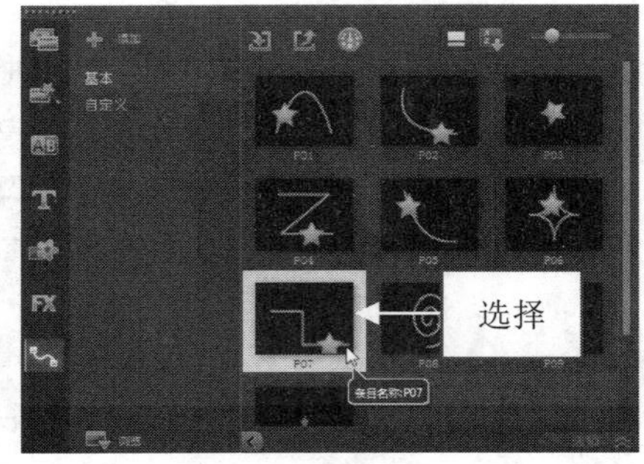

图 5-65　选择路径运动效果

专家指点

在会声会影 X9 中，用户可以使用软件自带的路径动画效果，还可以导入外部的路径动画效果。导入外部路径动画的方法很简单，只需在“路径”素材库中单击“导入路径”按钮，在弹出的对话框中选择需要导入的路径文件，将其导入至会声会影软件中即可。

step 03 将选择的路径运动效果拖曳至视频轨中的素材图像上，释放鼠标左键，即可为素材添加路径运动效果。单击导览面板中的“播放”按钮，预览添加路径运动效果后的视频画面，如图 5-66 所示。

图 5-66 预览添加路径运动效果后的视频画面

5.4.6 红圈跟踪：在视频中用红圈跟踪人物运动

在会声会影 X9 的“自定路径”对话框中，用户可以设置视频的动画属性和运动效果。下面介绍自定路径的操作方法。

素材文件	素材\第 5 章\人物移动.mov、红圈.png
效果文件	效果\第 5 章\人物移动.VSP
视频文件	视频\第 5 章\5.4.6 红圈跟踪：在视频中用红圈跟踪人物运动.mp4

【操练+视频】——红圈跟踪：在视频中用红圈跟踪人物运动

step 01 选择菜单栏中的“工具”|“运动追踪”命令，如图 5-67 所示。

step 02 弹出“打开视频文件”对话框，在其中选择需要使用的视频文件，如图 5-68 所示。

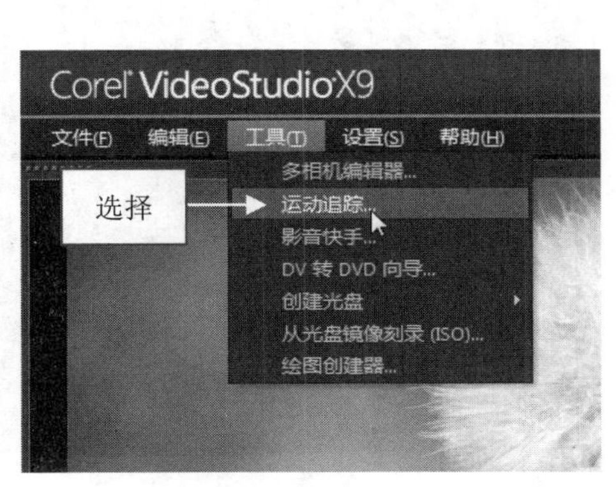

图 5-67 选择“运动追踪”命令

图 5-68 选择需要使用的视频文件

step 03 单击“打开”按钮，弹出“运动追踪”对话框，将时间线移至开始的位置处，在下方单击“按区域设置跟踪器”按钮，在预览窗口中，通过拖曳的方式调整青色方框的跟踪位置，移至人物位置处，确认“添加匹配对象”复选框为选中状态，然后单击“运动追踪”按钮，如图 5-69 所示。

step 04 执行操作后，即可开始播放视频文件，并显示运动追踪信息。待视频播放完成后，在上方窗格中即可显示运动追踪路径，路径线条以青色线表示。然后单击 “确定”按钮，返回到会声会影编辑器。在视频轨和覆叠轨中显示了视频文件与运动追踪文件，如图 5-70 所示。

图 5-69 单击“运动追踪”按钮

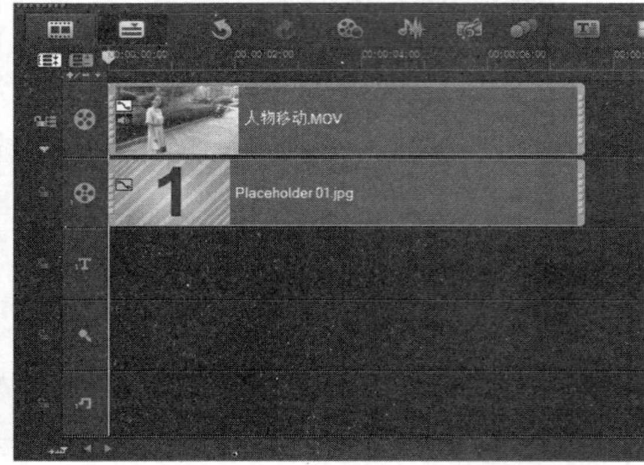

图 5-70 显示了视频与运动追踪文件

step 05 将覆叠轨中的素材进行替换操作，替换为“红圈.png”素材。在“红圈.png”素材上右击，在弹出的快捷菜单中选择“匹配动作”命令，弹出“匹配动作”对话框，在下方的“大小”选项组中设置 X 为 50、Y 为 50，如图 5-71 所示。

step 06 选择第 2 个关键帧，在下方的“大小”选项组中设置 X 为 20、Y 为 14，如图 5-72 所示。

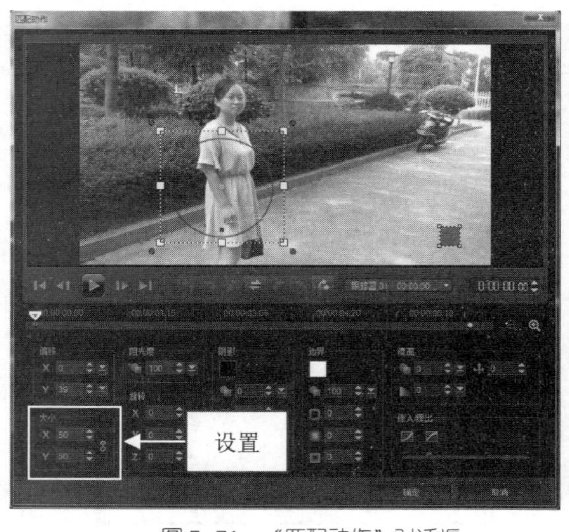

图 5-71 “匹配动作”对话框

图 5-72 设置大小

step 07 设置完成后，单击“确定”按钮，即可在视频中用红圈跟踪人物运动路径。单击导览面板中的“播放”按钮，预览视频画面效果，如图 5-73 所示。

图 5-73　预览视频画面效果

5.4.7 面部遮挡：在人物中应用马赛克特效

用户在编辑和处理视频的过程中，有时需要对视频中的人物进行马赛克处理，不显示人物的面部形态。此时，可以使用会声会影 X9 中新增的“设置多点跟踪器”功能对人物进行马赛克处理。

素材文件	素材\第 5 章\人物马赛克.mov
效果文件	效果\第 5 章\人物马赛克.VSP
视频文件	视频\第 5 章\5.4.7　面部遮挡：在人物中应用马赛克特效.mp4

【操练+视频】——面部遮挡：在人物中应用马赛克特效

step 01 选择菜单栏中的“工具”|“运动追踪”命令，弹出“打开视频文件”对话框，在其中选择需要使用的视频文件，如图 5-74 所示。

step 02 单击“打开”按钮，弹出“运动追踪”对话框，在下方单击“设置多点跟踪器”按钮和“应用/隐藏马赛克”按钮，在上方预览窗口中通过拖曳 4 个红色控制柄的方式调整需要马赛克的范围，然后单击“运动追踪”按钮，如图 5-75 所示。

图 5-74　选择需要使用的视频文件

图 5-75　单击相应按钮

step 03 执行操作后，即可开始播放视频文件，并显示运动追踪信息。待视频播放完成后，在上方窗格中即可显示马赛克运动追踪路径，路径线条以青色线表示。然后单击“确定”按钮，即可在视频中的人物脸部添加马赛克效果，完成视频制作，如图 5-76 所示。

图 5-76　在视频中的人物脸部添加马赛克效果

5.4.8　遮盖商标：遮盖视频中的 LOGO 标志

有些视频是从网上下载的，视频画面中显示了某些公司的 LOGO 标志，此时用户可以使用会声会影 X9 中的“运动追踪”功能对视频中的 LOGO 标志进行马赛克处理。

素材文件　素材\第 5 章\方圆天下.mpg
效果文件　效果\第 5 章\方圆天下.VSP
视频文件　视频\第 5 章\5.4.8　遮盖商标：遮盖视频中的 LOGO 标志

【操练+视频】——遮盖商标：遮盖视频中的 LOGO 标志

step 01 选择菜单栏中的“工具”|“运动追踪”命令，打开一段需要遮盖 LOGO 标志的视频素材，在下方单击“设置多点跟踪器”按钮和“应用/隐藏马赛克”按钮，并设置“调整马赛克大小”为 10，如图 5-77 所示。

step 02 在上方预览窗口中通过拖曳 4 个红色控制柄的方式调整需要遮盖的视频 LOGO 的范围，然后单击“运动追踪”按钮，如图 5-78 所示。

图 5-77　设置马赛克大小

图 5-78　单击“运动追踪”按钮

step 03 待运动追踪完成后，时间轴位置将显示一条青色线，表示画面已追踪完成，单击“确定”按钮，如图 5-79 所示。

step 04 返回到会声会影编辑器，单击导览面板中的“播放”按钮，在视频中可以预览已被遮盖的 LOGO 标志，效果如图 5-80 所示。

图 5-79 单击“确定”按钮

图 5-80 预览已被遮盖的 LOGO 标志

5.5 制作图像摇动效果

在会声会影 X9 中，摇动与缩放效果是针对图像而言的，在时间轴面板中添加图像文件后，即可在选项面板中为图像添加摇动和缩放效果，使静态的图像运动起来，增强画面的视觉感染力。本节主要向用户介绍为素材添加摇动与缩放效果的操作方法。

5.5.1 添加自动摇动和缩放动画

使用会声会影 X9 默认提供的摇动和缩放功能，可以使静态图像产生运动的效果，使制作出来的影片更加生动、形象。

进入会声会影 X9 编辑器，选择需要添加自动摇动和缩放动画的素材，选择菜单栏中的“编辑”|“自动摇动和缩放”命令，执行操作后，即可添加自动摇动和缩放效果。单击导览面板中的“播放”按钮，即可预览添加的摇动和缩放效果，如图 5-81 所示。

图 5-81 预览添加的摇动和缩放效果

专家指点

在会声会影 X9 中，用户还可以通过以下两种方法执行“自动摇动和缩放”功能。

- 在时间轴面板的素材图像上右击，在弹出的快捷菜单中选择“自动摇动和缩放”命令。
- 选择素材图像，在“照片”选项面板中选中“摇动和缩放”单选按钮。

5.5.2 添加预设摇动和缩放动画

在会声会影 X9 中，提供了多种预设的摇动和缩放效果，用户可根据实际需要进行相应选择和应用。下面向用户介绍添加预设的摇动和缩放效果的方法。

进入会声会影 X9 编辑器，选择需要添加预设摇动和缩放动画的图像素材，打开“照片”选项面板，选中“摇动和缩放”单选按钮，如图 5-82 所示。单击“自定义”按钮左侧的下三角按钮，在弹出的下拉列表中选择需要设置的摇动和缩放预设样式，即可完成添加预设摇动和缩放动画的操作，如图 5-83 所示。

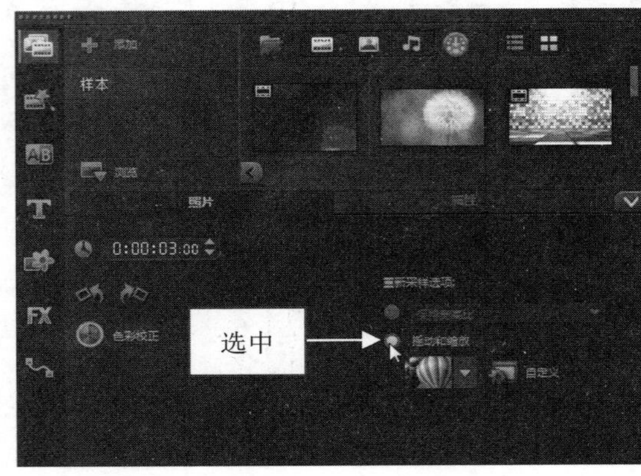

图 5-82　选中“摇动和缩放”单选按钮

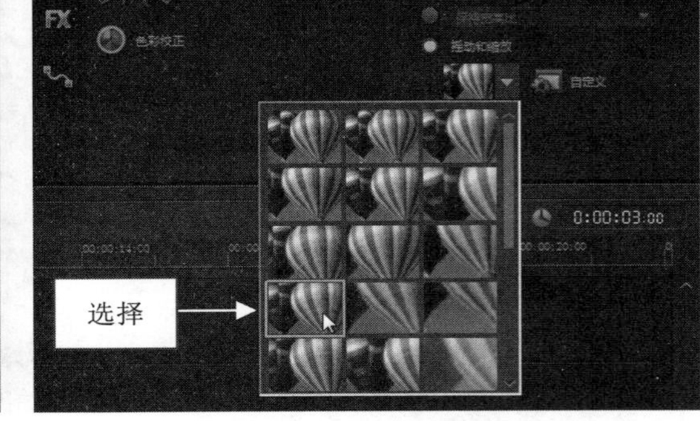

图 5-83　选择摇动和缩放预设样式

专家指点

在会声会影 X9 中，除了可以使用软件预置的摇动和缩放效果外，用户还可以根据需要对摇动和缩放属性进行自定义设置。选择需要自定义的图像素材后，打开“照片”选项面板，选中“摇动和缩放”单选按钮，然后单击“自定义”按钮，即可弹出相应的对话框，用户可以在其中自定义动画的参数。

章前知识导读

色彩是决定画面好坏的根本因素。在会声会影 X9 中，用户可以根据自身的需要对视频画面进行校正与调整，从而使画面拥有合适的色彩。本章主要向用户介绍校正视频画面色彩的操作方法。

第 6 章

调色：校正视频画面的色彩

新手重点索引

- 色彩校正素材画面颜色
- 为画面添加白平衡效果

效果图片欣赏

6.1 色彩校正素材画面颜色

在会声会影 X9 中，用户可以根据需要为视频素材调色，还可以对相应视频素材进行剪辑操作，或者对视频素材进行多重修整操作，使制作的视频更加符合用户的需求。会声会影 X9 提供了专业的色彩校正功能，用户可以轻松调整素材的亮度、对比度以及饱和度等，甚至还可以将影片调成具有艺术效果的色彩。本节主要向用户介绍对素材进行色彩校正的操作方法。

6.1.1 色调调整：调整画面的风格

在会声会影 X9 中，如果用户对照片的色调不太满意，此时可以重新调整照片的色调。下面向用户介绍调整素材画面色调的操作方法。

素材文件	素材\第 6 章\时髦女孩.jpg
效果文件	效果\第 6 章\时髦女孩.VSP
视频文件	视频\第 6 章\6.1.1　色调调整：调整画面的风格.mp4

【操练+视频】——色调调整：调整画面的风格

step 01 插入一幅素材图像，在预览窗口中可以预览素材的画面效果，如图 6-1 所示。

step 02 打开“照片”选项面板，单击“色彩校正”按钮，执行操作后，打开相应选项面板，如图 6-2 所示。

图 6-1　预览素材的画面效果

图 6-2　打开相应选项面板

step 03 在选项面板中拖曳“色调”选项右侧的滑块，直至参数显示为-5，如图 6-3 所示。

step 04 在预览窗口中可以预览更改色调后的图像素材效果，如图 6-4 所示。

专家指点

在图 6-3 所示的选项面板中，主要选项的含义介绍如下。

- 色调：拖曳该选项右侧的滑块，可以调整素材画面的色调。
- 饱和度：拖曳该选项右侧的滑块，可以调整素材画面的饱和度。
- 亮度：拖曳该选项右侧的滑块，可以调整素材画面的亮度。
- 对比度：拖曳该选项右侧的滑块，可以调整素材画面的对比度。
- Gamma：拖曳该选项右侧的滑块，可以调整素材画面的 Gamma 参数。

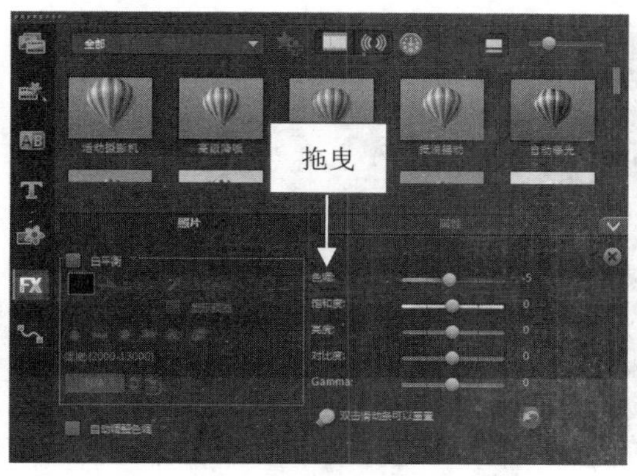

图 6-3　拖曳“色调”选项右侧的滑块

图 6-4　预览更改色调后的图像素材效果

6.1.2 自动调整色调

在会声会影 X9 中，用户还可以运用软件自动调整素材画面的色调。下面向用户介绍自动调整素材色调的操作方法。

进入会声会影编辑器，选择需要调节色调的图像素材，在“照片”选项面板中单击“色彩校正”按钮，弹出相应选项面板，选中“自动调整色调”复选框，如图 6-5 所示。执行操作后，即可调整图像的色调。在选项面板中单击“自动调整色调”右侧的下三角按钮，在弹出的下拉列表中包含 5 个不同的选项，分别为“最亮”“较亮”“一般”“较暗”“最暗”选项，如图 6-6 所示。默认情况下，软件将使用“一般”选项为自动调整素材色调。

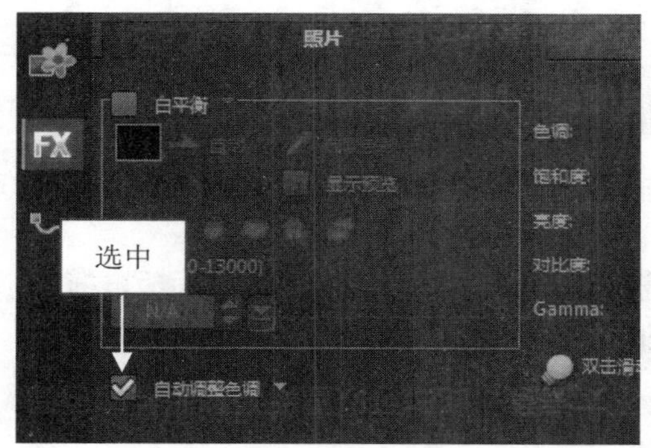

图 6-5　选中“自动调整色调”复选框

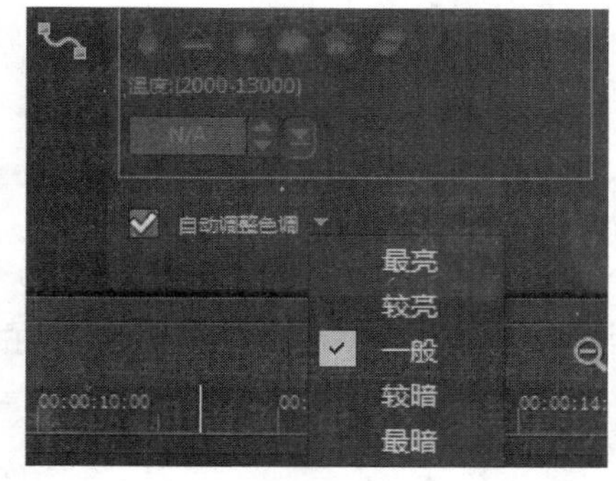

图 6-6　“自动调整色调”选项

在调整素材色调时，若需要返回默认值，可使用以下两种方法。

- 滑块：双击“色调”选项右侧的滑块，即可返回默认值。
- 按钮：单击选项面板右下角的“将滑动条重置为默认值”按钮，即可返回默认值。

6.1.3 调整饱和度

在会声会影 X9 中使用饱和度功能，可以调整整张照片或单个颜色分量的色相、饱和度和亮度值，还可以同步调整照片中所有的颜色。下面介绍调整图像饱和度的操作方法。

进入会声会影 X9 编辑器，选择需要调整饱和度的图像素材，在预览窗口中可以预览素材画面效果，如图 6-7 所示。在“照片”选项面板中单击“色彩校正”按钮，弹出相应选项面板，拖曳“饱和度”选项右侧的滑块，即可调整图像的饱和度，效果如图 6-8 所示。

图 6–7　素材画面效果

图 6–8　调整饱和度后的效果

专家指点

在会声会影 X9 的选项面板中设置饱和度参数时，饱和度参数值设置得越低，图像画面的饱和度越灰；饱和度参数值设置得越高，图像颜色越鲜艳，色彩画面越强。

6.1.4 亮度调节：使画面更通透

在会声会影 X9 中，当素材亮度过暗或者太亮时，用户可以调整素材的亮度。

素材文件	素材\第 6 章\羊群.jpg
效果文件	效果\第 6 章\羊群.VSP
视频文件	视频\第 6 章\6.1.4　亮度调节：使画面更通透.mp4

【操练+视频】——亮度调节：使画面更通透

step 01 进入会声会影编辑器，在故事板中插入一幅素材图像。在预览窗口中可以预览素材画面效果，如图 6–9 所示。

step 02 在“照片”选项面板中单击“色彩校正”按钮，弹出相应的选项面板，拖曳“亮度”选项右侧的滑块，直至参数显示为 30，即可调整图像的亮度，效果如图 6–10 所示。

图 6–9　素材画面效果

图 6–10　调整亮度后的效果

专家指点

亮度是指颜色的明暗程度，它通常使用从-100 到 100 之间的整数来度量。在正常光线下照射的色相，被定义为标准色相。一些亮度高于标准色相的，称为该色相的高度；反之称为该色相的阴影。

6.1.5 调整对比度

对比度是指图像中阴暗区域最亮的白与最暗的黑之间不同亮度范围的差异。在会声会影 X9 中，用户可以轻松对素材的对比度进行调整。

进入会声会影编辑器，选择需要调整对比度的素材文件，如图 6-11 所示。在“照片”选项面板中单击“色彩校正”按钮，弹出相应的选项面板，拖曳“对比度”选项右侧的滑块，即可调整图像的对比度，效果如图 6-12 所示。

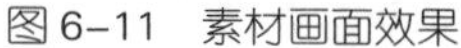

图 6-11 素材画面效果

图 6-12 调整对比度后的效果

专家指点

在会声会影 X9 中，“对比度”选项用于调整素材的对比度，其取值范围为-100 到 100 之间的整数。数值越高，素材对比度越大；反之则降低素材的对比度。

6.1.6 调整 Gamma 效果

在会声会影 X9 中，用户可以通过设置画面的 Gamma 值来更改画面的色彩灰阶。

进入会声会影编辑器，选择需要调整 Gamma 值的素材文件，如图 6-13 所示。在“照片”选项面板中单击“色彩校正”按钮，弹出相应的选项面板，拖曳 Gamma 选项右侧的滑块，直至参数显示为 50，即可调整图像的 Gamma 值，效果如图 6-14 所示。

图 6-13 素材画面效果

图 6-14 调整 Gamma 值后的效果

会声会影中的 Gamma，翻译成中文是“灰阶”的意思，是指液晶屏幕上人们肉眼所见的一个点，即一个像素，它是由红、绿、蓝 3 个子像素组成的。每一个子像素其背后的光源都可以显现出不同的亮度级别。而灰阶代表了由最暗到最亮之间不同亮度的层次级别，中间的层级越多，所能够呈现的画面效果也就越细腻。

6.2 为画面添加白平衡效果

在会声会影 X9 中，用户可以通过调整图像素材和视频素材的白平衡，使画面达到不同的色调效果。本节主要向用户介绍在会声会影 X9 中设置素材白平衡的操作方法，主要包括添加钨光效果、添加荧光效果、添加日光效果以及添加云彩效果等。

6.2.1 钨光效果：修正偏黄或偏红画面

钨光白平衡也称为“白炽灯”或“室内光”，可以修正偏黄或者偏红的画面，一般适用于在钨光灯环境下拍摄的照片或者视频素材。下面向用户介绍添加钨光效果的操作方法。

素材文件　素材\第 6 章\桥梁建筑.jpg
效果文件　效果\第 6 章\桥梁建筑.VSP
视频文件　视频\第 6 章\6.2.1　钨光效果：修正偏黄或偏红画面.mp4

【操练+视频】——钨光效果：修正偏黄或偏红画面

step 01 进入会声会影编辑器，在故事板中插入一幅图像素材，如图 6-15 所示。

step 02 打开“照片”选项面板，单击“色彩校正”按钮，打开相应的选项面板，在左侧选中“白平衡”复选框，如图 6-16 所示。

图 6-15　插入一幅图像素材

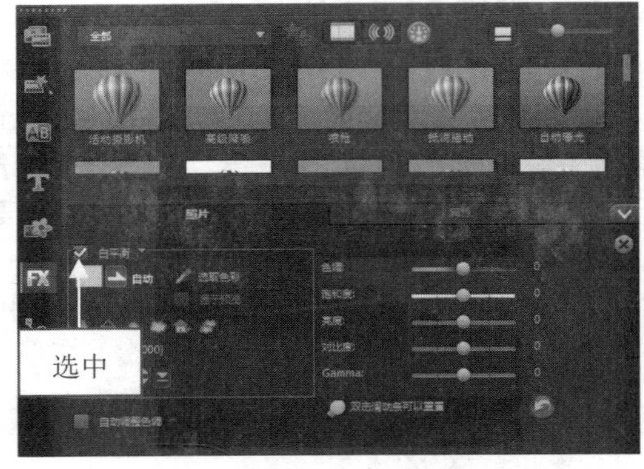

图 6-16　选中“白平衡”复选框

step 03 在“白平衡”复选框下方单击“钨光”按钮，如图 6-17 所示。添加钨光效果。

step 04 在预览窗口中可以预览添加钨光效果后的素材画面，效果如图 6-18 所示。

在选项面板的“白平衡”选项组中，用户还可以手动选取色彩来设置素材画面的白平衡效果。在“白平衡”选项组中单击“选取色彩”按钮，在预览窗口中需要的颜色上，单击鼠标左键，即可吸取颜色，用吸取的颜色改变素材画面的白平衡效果。

在选项面板中，当用户手动吸取画面颜色后，激活“显示预览”按钮，在选项面板的右侧将显示素材画面的原图，在预览窗口中将显示素材画面添加白平衡后的效果，用户可以查看图像对比效果。

图 6-17　单击“钨光”按钮

图 6-18　预览添加钨光效果后的素材画面

6.2.2 荧光效果：制作自然的蓝天效果

荧光效果的色温在 3800K，适合制作自然的蓝天效果。下面向用户介绍在会声会影 X9 中为素材画面添加荧光效果的操作方法。

素材文件	素材\第 6 章\高速列车.jpg
效果文件	效果\第 6 章\高速列车.VSP
视频文件	视频\第 6 章\6.2.2　荧光效果：制作自然的蓝天效果.mp4

【操练+视频】——荧光效果：制作自然的蓝天效果

step 01 进入会声会影编辑器，在故事板中插入一幅素材图像，如图 6-19 所示。

step 02 打开“照片”选项面板，单击“色彩校正”按钮，打开相应的选项面板，选中“白平衡”复选框，在下方单击“荧光”按钮，在预览窗口中可以预览添加荧光效果后的素材画面，效果如图 6-20 所示。

图 6-19　插入素材图像

图 6-20　预览添加荧光效果后的素材画面

荧光效果适合于在荧光下作白平衡调节，因为荧光的类型有很多种，如冷白和暖白，因而有些相机不止一种荧光白平衡调节。

6.2.3 日光效果：制作风景画面

日光效果可以修正色调偏红的视频或照片素材，一般适用于灯光夜景、日出、日落以及焰火等。

素材文件	素材\第 6 章\不夜之城.jpg
效果文件	效果\第 6 章\不夜之城.VSP
视频文件	视频\第 6 章\6.2.3　日光效果：制作风景画面.mp4

【操练+视频】——日光效果：制作风景画面

step 01 进入会声会影编辑器，在故事板中插入一幅素材图像，如图 6-21 所示。

step 02 打开“照片”选项面板，单击“色彩校正”按钮，打开相应的选项面板，选中“白平衡”复选框，在下方单击“日光”按钮，在预览窗口中可以预览添加日光效果后的素材画面，效果如图 6-22 所示。

图 6-21　插入素材图像

图 6-22　预览添加日光效果后的素材画面

6.2.4 云彩效果：体现更多细节

在会声会影 X9 中，应用云彩效果可以使素材画面呈现偏黄的暖色调，同时可以修正偏蓝的照片。下面向用户介绍添加云彩效果的操作方法。

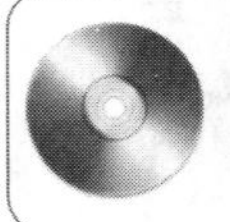

素材文件	素材\第 6 章\山川河流.jpg
效果文件	效果\第 6 章\山川河流.VSP
视频文件	视频\第 6 章\6.2.4　云彩效果：体现更多细节.mp4

【操练+视频】——云彩效果：体现更多细节

step 01 进入会声会影编辑器，在故事板中插入一幅素材图像，如图 6-23 所示。

step 02 打开“照片”选项面板，单击“色彩校正”按钮，打开相应的选项面板，选中“白平衡”复选框，在下方单击“云彩”按钮，在预览窗口中可以预览添加云彩效果后的素材画面，效果如图 6-24 所示。

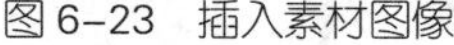

图 6-23　插入素材图像

图 6-24　预览添加云彩效果后的素材画面

6.2.5 添加阴影效果

下面向用户介绍在会声会影 X9 中为素材画面添加阴影效果的操作方法。

进入会声会影编辑器，选择需要添加阴影效果的照片素材，如图 6-25 所示。打开“照片”选项面板，单击“色彩校正”按钮，打开相应的选项面板，选中“白平衡”复选框，在下方单击“阴影”按钮，即可完成添加阴影效果的操作，效果如图 6-26 所示。

图 6-25　选择需要添加阴影效果的照片素材

图 6-26　完成添加阴影效果的操作

6.2.6 添加阴暗效果

下面向用户介绍在会声会影 X9 中为素材画面添加阴暗效果的操作方法。

进入会声会影编辑器，选择需要添加阴暗效果的照片素材，如图 6-27 所示。打开“照片”选项面板，单击“色彩校正”按钮，打开相应的选项面板，选中“白平衡”复选框，在下方单击“阴暗”按钮，即可完成添加阴暗效果的操作，效果如图 6-28 所示。

图 6-27　选择需要添加阴暗效果的照片素材

图 6-28　完成添加阴暗效果的操作

章前知识导读

在会声会影 X9 中可以对视频进行剪辑，如剪辑视频片头片尾部分、按场景分割视频、使用多相机编辑器剪辑合成视频等。用户只要掌握好这些剪辑视频的方法，便可以制作出更为流畅的影片。

第 7 章

剪修：剪辑与精修视频画面

新手重点索引

- 掌握剪辑视频素材的技巧
- 按场景分割视频技术
- 多重修整视频素材
- 快速剪辑：使用单素材修整剪辑视频
- 使用多相机编辑器剪辑合成视频

效果图片欣赏

7.1 掌握剪辑视频素材的技巧

如果用户有效、合理地使用转场，可以使制作的影片呈现出专业的视频效果。从本质上讲，影片剪辑就是选取所需的图像以及视频片段重新进行排列组合，而转场效果就是连接这些素材的方式，所以转场效果的应用在视频编辑领域占有很重要的地位。

7.1.1 片尾剪辑：剪辑视频片尾不需要的部分

在会声会影 X9 中，最快捷、最直观的剪辑方式就是在素材缩略图上直接对视频素材进行剪辑。下面向用户介绍通过拖曳的方式剪辑视频片尾不需要部分的操作方法。

素材文件	素材\第 7 章\五彩岩洞.VSP
效果文件	效果\第 7 章\五彩岩洞.VSP
视频文件	视频\第 7 章\7.1.1　片尾剪辑：剪辑视频片尾不需要的部分.mp4

【操练+视频】——片尾剪辑：剪辑视频片尾不需要的部分

step 01 进入会声会影编辑器，选择菜单栏中的“文件”|“打开项目”命令，一个项目文件，如图 7-1 所示。

step 02 将鼠标指针移至时间轴面板中视频素材的末端位置，单击鼠标左键并向左进行拖曳，如图 7-2 所示。

图 7-1　打开视频素材

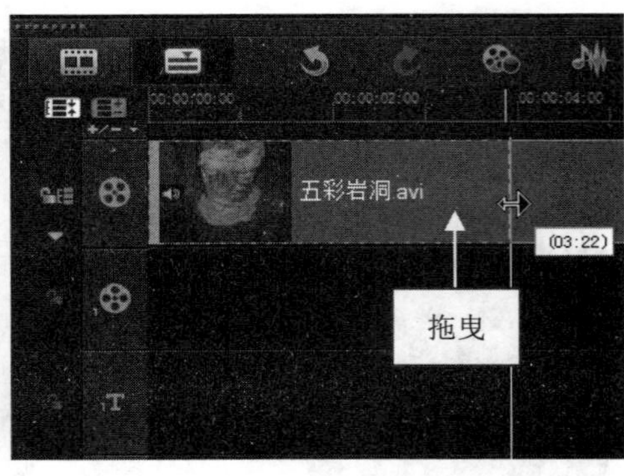

图 7-2　拖曳鼠标

step 03 拖曳至适当位置后，释放鼠标左键，单击导览面板中的“播放”按钮，即可预览剪辑后的视频素材动画效果，如图 7-3 所示。

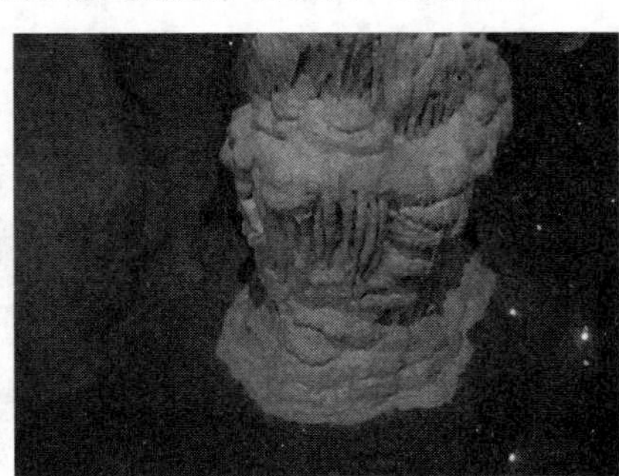

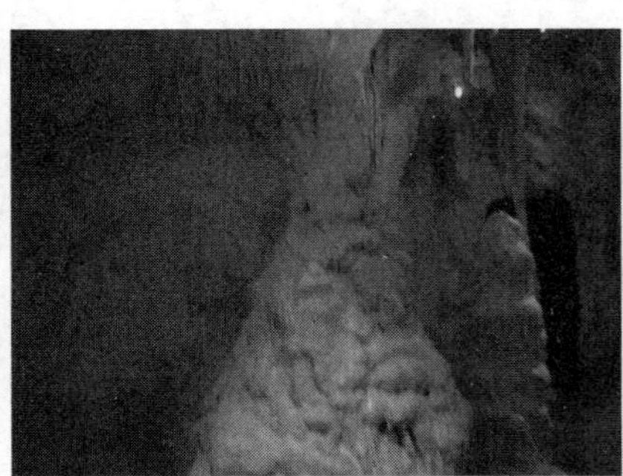

图 7-3　预览视频效果

专家指点

在会声会影 X9 的视频轨中，当用户拖曳鼠标时，鼠标指针的右下方会出现一个淡黄色的时间提示框，提示用户修剪的区间。

7.1.2 片头剪辑：剪辑视频片头不需要的部分

在会声会影 X9 的修整栏中有两个修整标记。在修整标记之间的部分代表素材被选取的部分。拖动修整标记，即可对素材进行相应的剪辑。在预览窗口中将显示与修整标记相对应的帧画面。下面介绍通过修整标记剪辑视频片头不需要部分的操作方法。

素材文件	素材\第 7 章\神秘烟火.mpg
效果文件	效果\第 7 章\神秘烟火.VSP
视频文件	视频\第 7 章\7.1.2　片头剪辑：剪辑视频片头不需要的部分.mp4

【操练+视频】——片头剪辑：剪辑视频片头不需要的部分

step 01 进入会声会影编辑器，在时间轴面板的视频轨中插入一段视频素材，如图 7-4 所示。

step 02 将鼠标指针移至修整标记上，单击鼠标左键并向右进行拖曳，如图 7-5 所示。

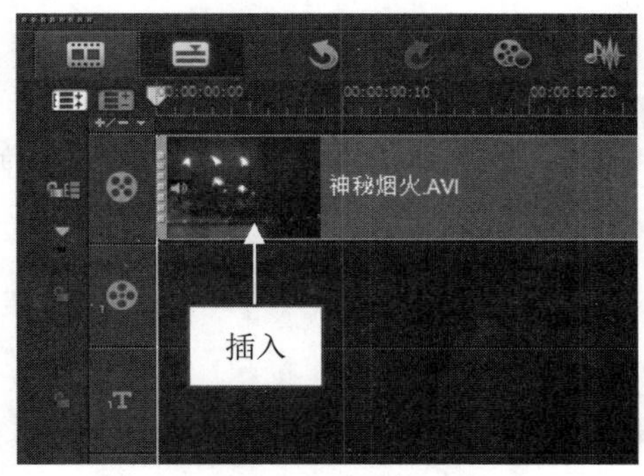

图 7-4　插入视频素材

图 7-5　拖曳修整标记

step 03 拖曳至适当位置后，释放鼠标左键，单击导览面板中的“播放”按钮，即可在预览窗口中预览剪辑后的视频素材效果，如图 7-6 所示。

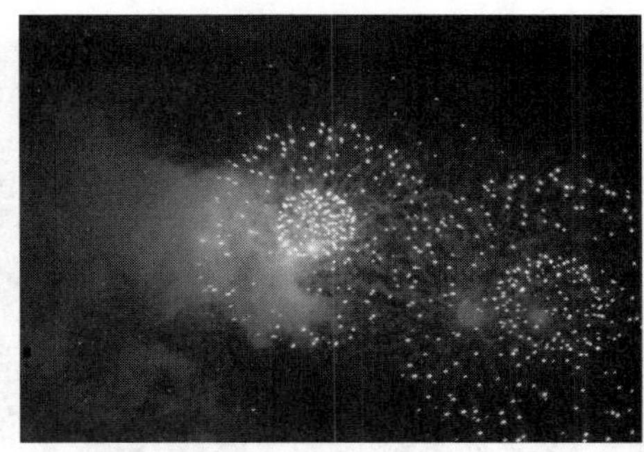

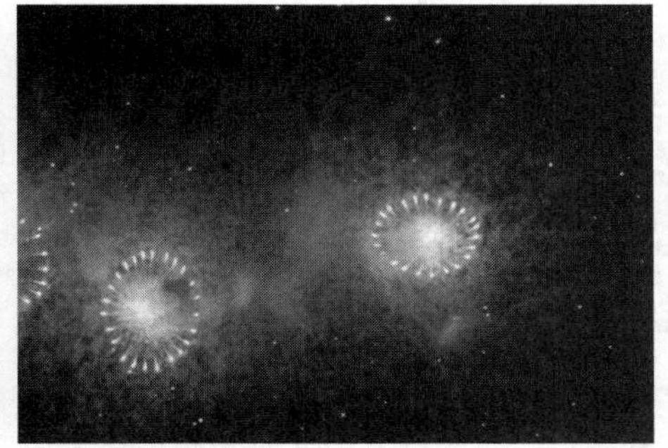

图 7-6　预览视频素材效果

7.1.3 同时剪辑视频片头与片尾部分

在会声会影 X9 中，通过时间轴剪辑视频素材也是一种常用的方法。该方法主要通过“开始”

标记按钮▮和“结束标记”按钮▮来实现对视频素材的剪辑操作。下面介绍通过时间轴同时剪辑视频片头与片尾素材的操作方法。

进入会声会影编辑器，选择需要剪辑的视频文件，将鼠标指针移至时间轴上方的滑块上，鼠标指针呈双箭头形状，单击鼠标左键并向右拖曳至合适位置后，释放鼠标左键，然后在预览窗口的右下角单击“开始标记”按钮▮，此时在时间轴上方会显示一条橘红色线条，如图 7-7 所示。将鼠标指针移至时间轴上的滑块，单击鼠标左键并向右拖曳至合适位置，释放鼠标左键，单击预览窗口中右下角的“结束标记”按钮▮，确定视频的终点位置，选定的区域将以橘红色线条表示，此时即可完成同时剪辑视频片头与片尾部分的操作，如图 7-8 所示。

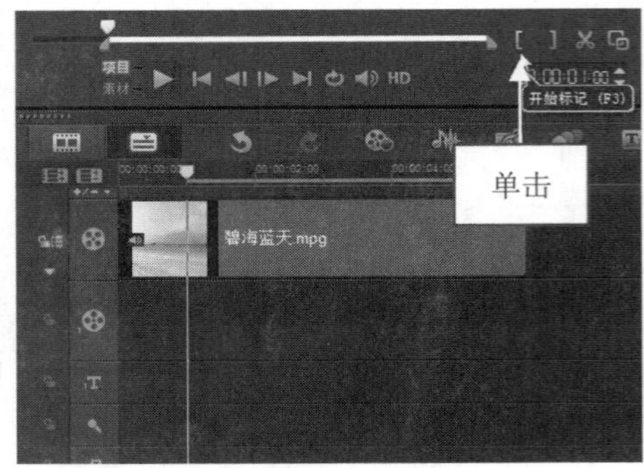

图 7-7　显示橘红色线条

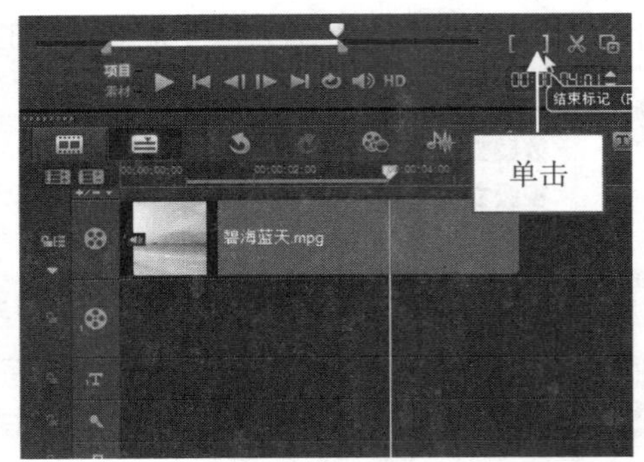

图 7-8　选定的区域以橘红色线条表示

专家指点

在时间轴面板中，将时间线移至视频片段中的相应位置，按 F3 键，可以快速设置开始标记；按 F4 键，可以快速设置结束标记。如果按 F3、F4 键没反应，可能是会声会影软件的快捷键与其他应用程序的快捷键发生冲突所导致的，此时用户需要关闭当前打开的所有应用程序，然后重新启动会声会影软件，即可完成激活软件中的快捷键功能的操作。

7.1.4　将一段视频剪辑成不同的小段

在会声会影 X9 中，用户还可以通过按钮剪辑视频素材。下面介绍通过按钮剪辑多段视频素材的操作方法。

进入会声会影编辑器，选择需要剪辑的视频素材，用鼠标拖曳预览窗口下方的“滑轨”至合适位置，单击“根据滑轨位置分割素材”按钮▮，如图 7-9 所示。使用同样的方法，再次对视频轨中的素材进行剪辑，如图 7-10 所示。

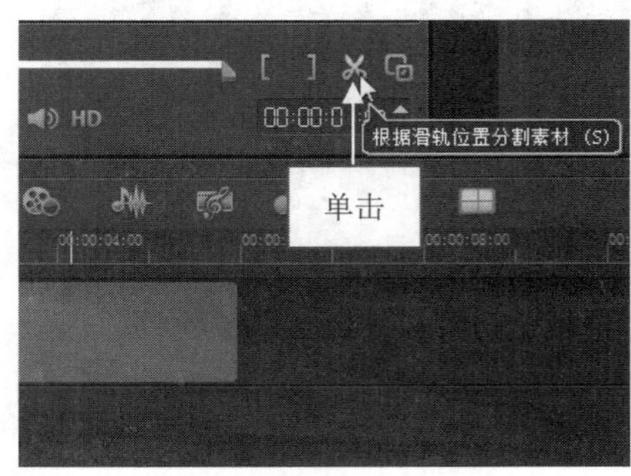

图 7-9　单击“根据滑轨位置分割素材”按钮

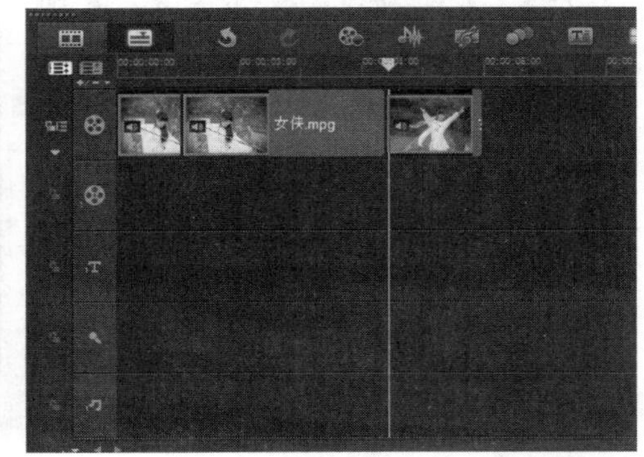

图 7-10　对视频轨中的素材进行剪辑

将不需要的素材删除后，单击导览面板中的“播放”按钮▮，即可预览剪辑后的视频效果，如

图 7-11 所示。

图 7-11 预览视频效果

7.1.5 保存修整后的视频素材

在会声会影 X9 中，用户可以将剪辑后的视频片段保存到媒体素材库中，方便以后对视频进行调用，或者将剪辑后的视频片段与其他视频片段进行合成应用。

完成对视频的剪辑操作后，选择菜单栏中的“文件”|“保存修整后的视频”命令，如图 7-12 所示，即可将剪辑后的视频保存到媒体素材库中，如图 7-13 所示。

图 7-12 选择“保存修整后的视频”命令

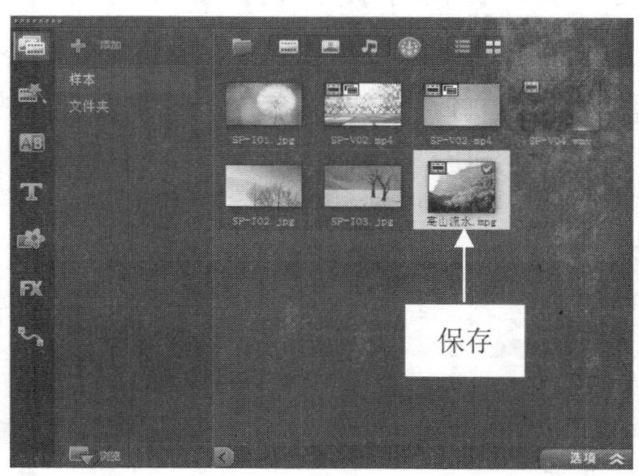

图 7-13 保存剪辑的视频

7.2 按场景分割视频技术

在会声会影 X9 中，使用按场景分割功能可以将不同场景下拍摄的视频内容分割成多个不同的视频片段。对于不同类型的文件，场景检测也有所不同，如 DV AVI 文件，可以根据录制时间以及内容结构来分割场景；而 MPEG-1 和 MPEG-2 文件，只能按照内容结构来分割视频文件。本节主要向用户介绍按场景分割视频素材的操作方法。

7.2.1 了解按场景分割视频的功能

在会声会影 X9 中，按场景分割视频的功能非常强大，可以将视频画面中的多个场景分割为不同的小片段，也可以将多个不同的小片段场景进行合成操作。

选择需要按场景分割的视频素材后，选择菜单栏中的“编辑”|“按场景分割”命令，即可弹出“场景”对话框，如图 7-14 所示。

“场景”对话框中主要选项的含义介绍如下。

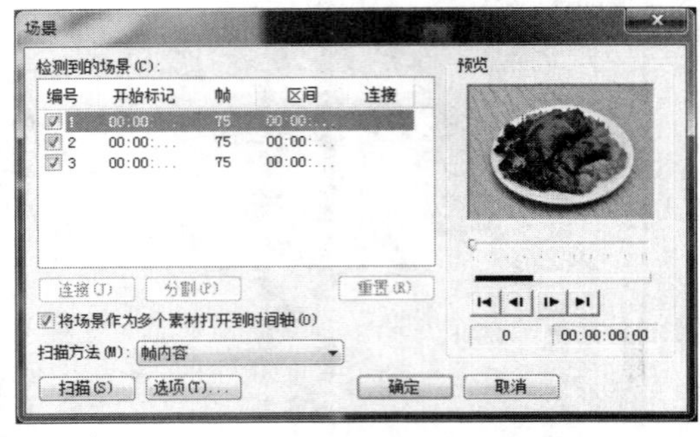

图 7-14 “场景”对话框

- “连接”按钮：可以将多个不同的场景进行连接、合成操作。
- “分割”按钮：可以将多个不同的场景进行分割操作。
- “重置”按钮：单击该按钮，可将已经扫描的视频场景恢复到未分割前的状态。
- “将场景作为多个素材打开到时间轴”复选框：可以将场景片段作为多个素材插入时间轴面板中进行应用。
- “扫描方法”下拉列表框：在该下拉列表框中，可以选择视频扫描的方法，默认选项为“帧内容”。
- “扫描”按钮：单击该按钮，可以对视频素材进行扫描操作。
- “选项”按钮：单击该按钮，可以设置视频检测场景时的敏感度值。
- “预览”框：在预览区域内，可以预览扫描的视频场景片段。

7.2.2 在素材库中分割视频的多个场景

下面向用户介绍在会声会影 X9 的素材库中分割视频场景的操作方法。

进入媒体素材库，在素材库中选择需要分割的视频文件，选择菜单栏中的“编辑”｜“按场景分割”命令，弹出“场景”对话框，其中显示了一个视频片段，单击左下角的“扫描”按钮，如图 7-15 所示。稍等片刻，即可扫描出视频中的多个不同场景，如图 7-16 所示。

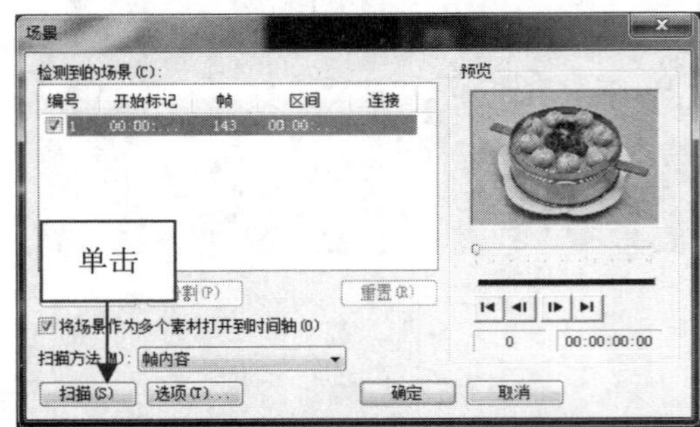

图 7-15 单击“扫描”按钮

图 7-16 扫描出视频中的多个不同场景

执行上述操作后，单击“确定”按钮，即可在素材库中显示按场景分割的两个视频素材。选择相应的场景片段，在预览窗口中可以预览视频的场景画面，效果如图 7-17 所示。

图 7-17 预览视频的场景画面

7.2.3 分割视频：在时间轴中分割视频的多个场景

下面向用户介绍在会声会影 X9 的时间轴中按场景分割视频片段的操作方法。

素材文件	素材\第 7 章\炫彩装饰.mpg
效果文件	效果\第 7 章\炫彩装饰.VSP
视频文件	视频\第 7 章\7.2.3　分割视频：在时间轴中分割视频的多个场景.mp4

【操练+视频】——分割视频：在时间轴中分割视频的多个场景

step 01 进入会声会影 X9 编辑器，在时间轴中插入一段视频素材，如图 7-18 所示。

step 02 选择需要分割的视频文件并右击，在弹出的快捷菜单中选择“按场景分割”命令，如图 7-19 所示。

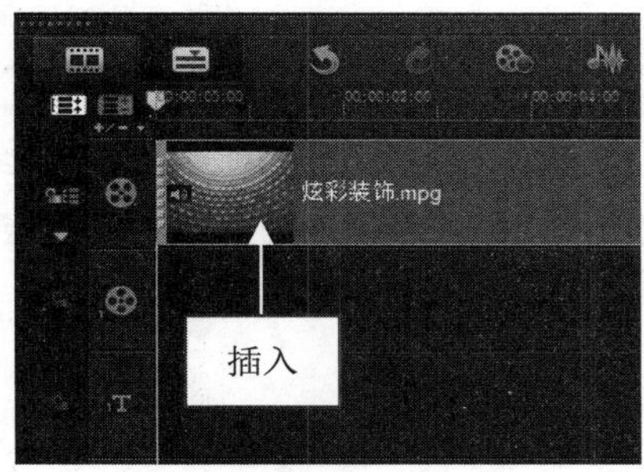

图 7-18　插入视频素材

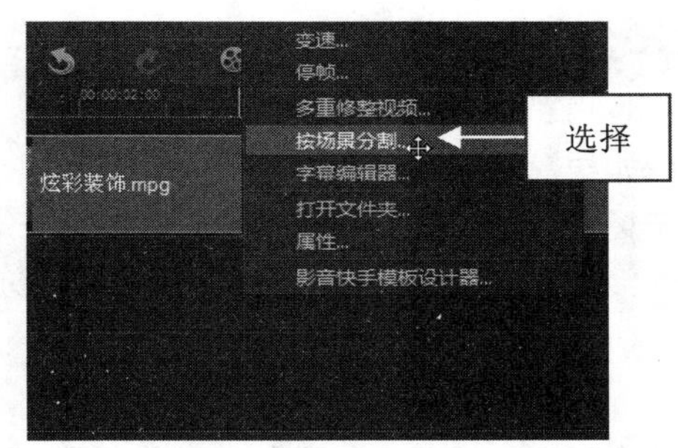

图 7-19　选择“按场景分割”命令

step 03 弹出“场景”对话框，单击“扫描”按钮，如图 7-20 所示。

step 04 执行操作后，即可根据视频中的场景变化开始扫描，扫描结束后将按照编号显示出分割的视频片段，如图 7-21 所示。

图 7-20　单击“扫描”按钮

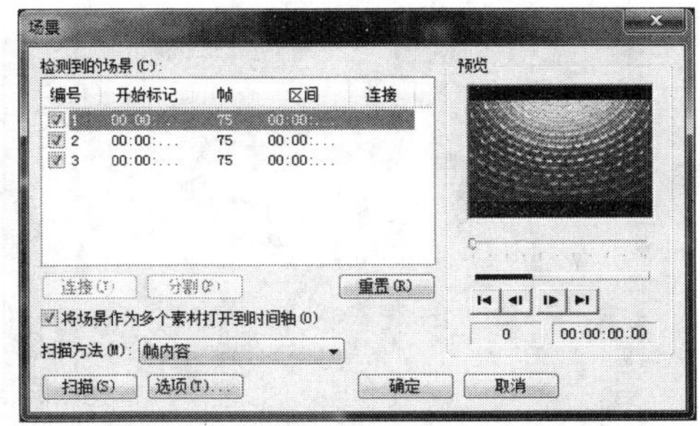

图 7-21　显示出分割的视频片段

step 05 分割完成后，单击“确定”按钮，返回到会声会影编辑器，在时间轴中将显示分割的多个场景片段，如图 7-22 所示。

图 7-22　在时间轴中显示分割的多个场景片段

step 06 选择相应的场景片段，在预览窗口中可以预览视频的场景画面，效果如图 7–23 所示。

图 7–23　预览视频的场景画面

7.3 多重修整视频素材

用户如果需要从一段视频中一次修整出多个片段，可以使用“多重修整视频”功能。该功能相对于“按场景分割”功能而言更为灵活，用户还可以在已经标记了起点和终点的修整素材上进行更为精细的修整。本节主要向用户介绍多重修整视频素材的操作方法。

7.3.1 了解多重修整视频

进行多重修整视频操作之前，首先需要打开“多重修整视频”对话框，其方法很简单，只需选择菜单栏中的“编辑”|“多重修整视频”命令即可。

将视频素材添加至素材库中，然后再将素材拖曳至故事板中，在视频素材上右击，在弹出的快捷菜单中选择“多重修整视频”命令，如图 7–24 所示，或者选择菜单栏中的“编辑” | “多重修整视频”命令，如图 7–25 所示。

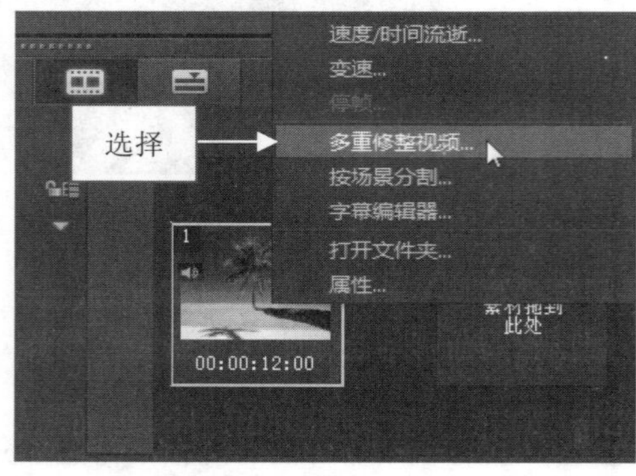

图 7–24　通过快捷菜单选择“多重修整视频”命令

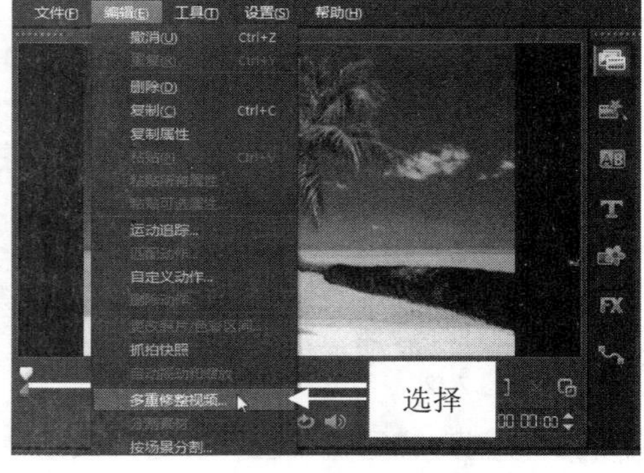

图 7–25　通过菜单栏选择“多重修整视频”命令

执行操作后，即可弹出“多重修整视频”对话框，拖曳预览窗口下方的滑块，即可预览视频画面，如图 7–26 所示。

“多重修整视频”对话框中主要选项的含义介绍如下。

- “反转选取”按钮：可以反转选取视频素材的片段。
- “向后搜索”按钮：可以将时间线定位到视频第 1 帧的位置。
- “向前搜索”按钮：可以将时间线定位到视频最后 1 帧的位置。
- “自动检测电视广告”按钮：可以自动检测视频片段中的电视广告。

- “检测敏感度”选项区：该选项区中包含低、中、高 3 种敏感度设置，用户可根据实际需要进行相应选择。
- “播放修整的视频”按钮：可以播放修整后的视频片段。
- “修整的视频区间”面板：在该面板中显示了修整的多个视频片段文件。
- “设置开始标记”按钮：可以设置视频的开始标记位置。
- “设置结束标记”按钮：可以设置视频的结束标记位置。
- “转到特定的时间码” 0:00:00:00：可以转到特定的时间码位置，可用于精确剪辑视频帧。

图 7-26 “多重修整视频”对话框

7.3.2 快速搜索间隔

在“多重修整视频”对话框中，设置“快速搜索间隔”为 0:00:08:00，如图 7-27 所示。单击“向前搜索”按钮，即可快速搜索视频间隔，如图 7-28 所示。

图 7-27 设置“快速搜索间隔”

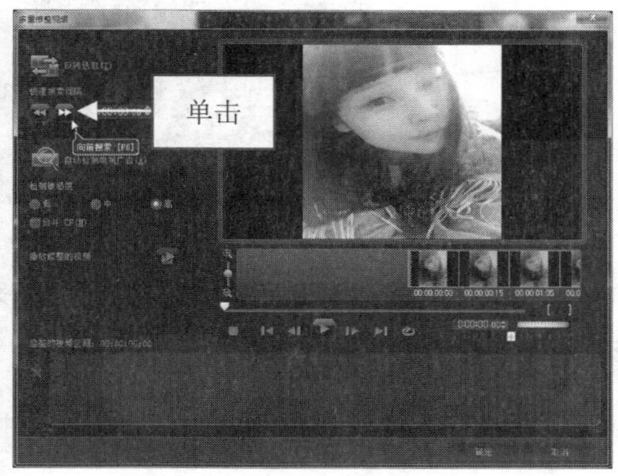

图 7-28 快速搜索视频间隔

7.3.3 标记视频片段

在“多重修整视频”对话框中进行相应的设置，可以标记视频片段的起点和终点，以修剪视频素材。在“多重修整视频”对话框中，将滑块拖曳至合适位置后，单击“设置开始标记”按钮，如图 7-29 所示，确定视频的起始点。

图 7-29　单击“设置开始标记”按钮

单击预览窗口下方的“播放”按钮，播放视频素材，至合适位置后单击“暂停”按钮，然后单击“设置结束标记”按钮，确定视频的终点，此时选定的区间即可显示在对话框下方的列表框中，如图 7-30 所示。

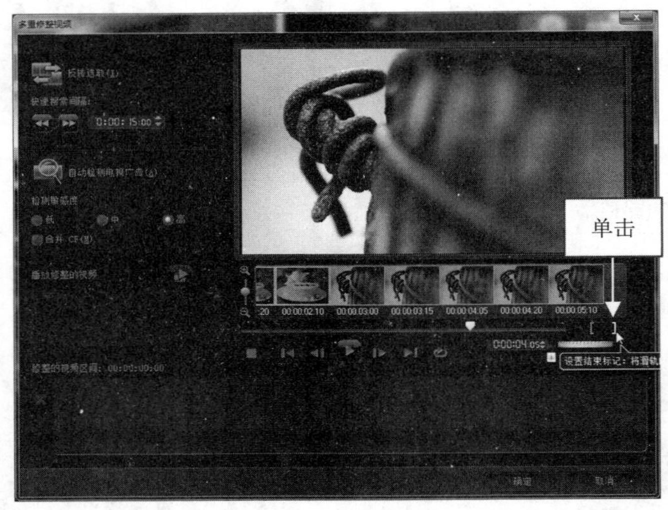

图 7-30　单击“设置结束标记”按钮

单击“确定”按钮，返回到会声会影编辑器，在导览面板中单击“播放”按钮，即可预览标记的视频片段效果。

7.3.4　删除所选片段

在“多重修整视频”对话框中，将滑块拖曳至合适位置后，单击“设置开始标记”按钮，然后单击预览窗口下方的“播放”按钮，查看视频素材，至合适位置后单击“暂停”按钮，然后单击“设置结束标记”按钮，确定视频的终点，此时选定的区间即可显示在对话框下方的列表框中，单击“修整的视频区间”面板中的“删除所选素材”按钮，如图 7-31 所示。

图 7-31　单击“删除所选素材”按钮

执行上述操作后，即可删除所选素材片段，如图 7-32 所示。

图 7-32　删除所选素材片段

7.3.5 更多片段：多个视频片段的修整

下面向用户详细介绍在“多重修整视频”对话框中修整多个视频片段的操作方法。

素材文件	素材\第 7 章\喜庆贺寿.mpg
效果文件	效果\第 7 章\喜庆贺寿.VSP
视频文件	视频\第 7 章\7.3.5　更多片段：多个视频片段的修整.mp4

【操练+视频】——更多片段：多个视频片段的修整

step 01 进入会声会影编辑器，在视频轨中插入一段视频素材，如图 7-33 所示。

step 02 选择视频轨中插入的视频素材，选择菜单栏中的“编辑”｜“多重修整视频”命令，如图 7-34 所示。

图 7-33　插入视频素材

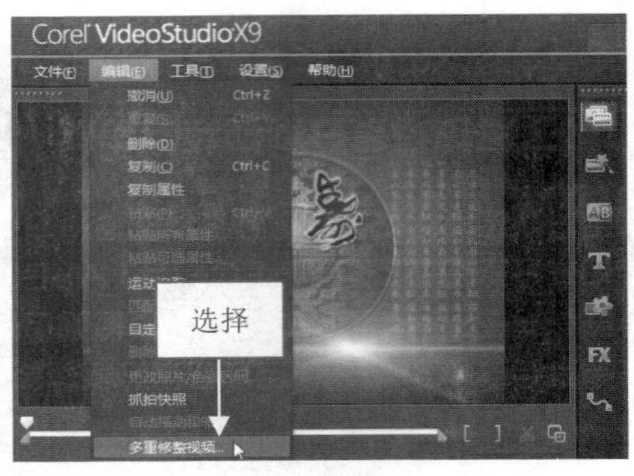

图 7-34　选择“多重修整视频”命令

step 03 执行操作后，弹出“多重修整视频”对话框，单击右下角的“设置开始标记”按钮，标记视频的起始位置，如图 7-35 所示。

step 04 单击“播放”按钮，播放至合适位置后，单击“暂停”按钮，然后单击“设置结束标记”按钮，选定的区间将显示在对话框下方的列表框中，如图 7-36 所示。

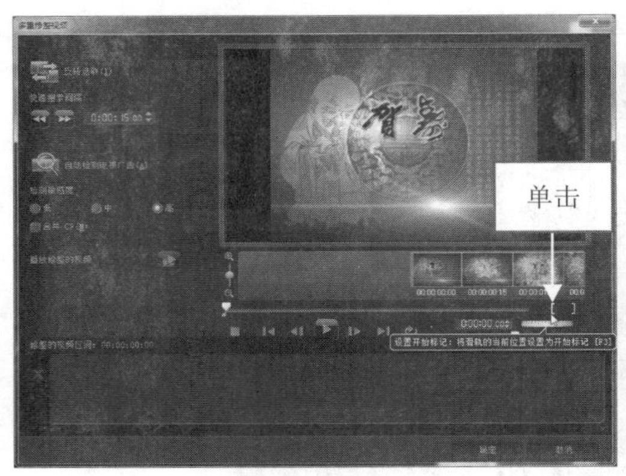

图 7-35　标记视频的起始位置

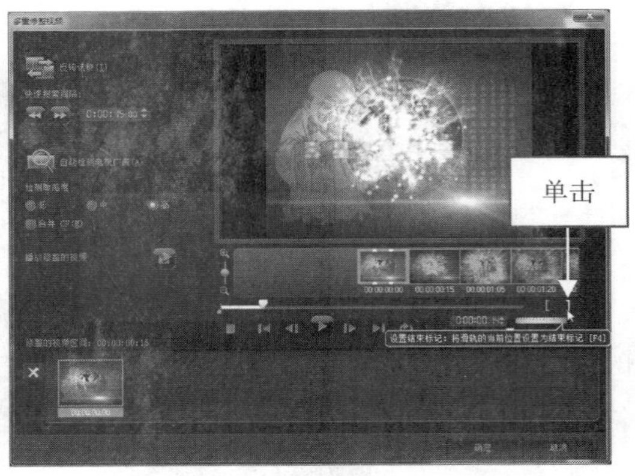

图 7-36　单击“设置结束标记”按钮

step 05 单击“播放”按钮，查找下一个区间的起始位置，至适当位置后单击“暂停”按钮，然后单击“设置开始标记”按钮，标记素材的开始位置，如图 7-37 所示。

step 06 单击“播放”按钮，查找区间的结束位置，至合适位置后单击“暂停”按钮，然后单击“设置结束标记”按钮，确定素材的结束位置，在“修整的视频区间”列表框中将显示选定的区间，如图 7-38 所示。

图 7-37　单击“设置开始标记”按钮

图 7-38　单击“设置结束标记”按钮

step 07 单击“确定”按钮，返回到会声会影编辑器，在视频轨中将显示刚刚剪辑的两个视频片段，如图 7-39 所示。

step 08 切换至故事板视图，在其中可以查看剪辑的视频区间参数，如图 7-40 所示。

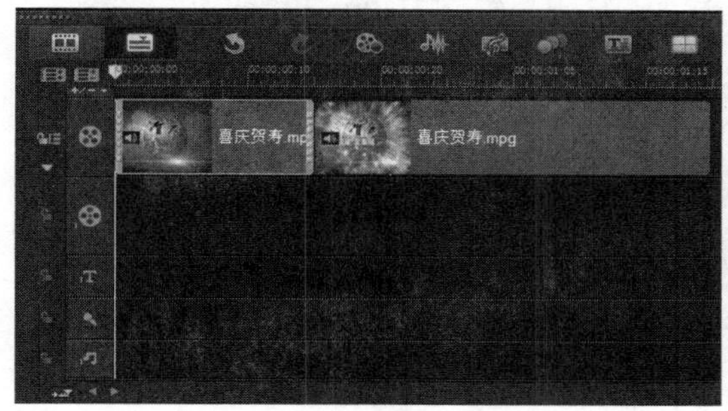

图 7-39 显示两个视频片段

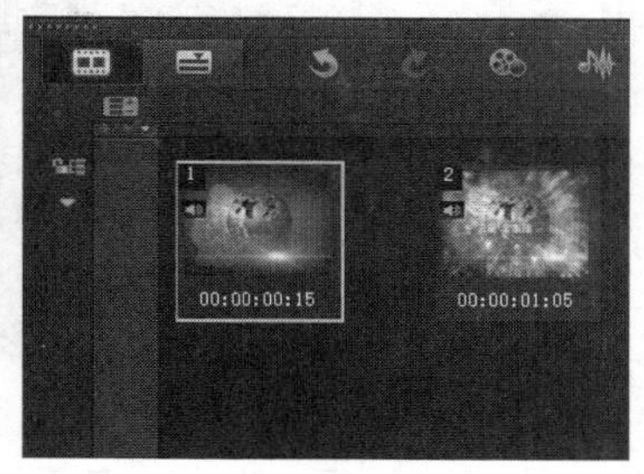

图 7-40 查看剪辑的视频区间参数

step 09 在导览面板中单击“播放”按钮，预览剪辑后的视频画面效果如图 7-41 所示。

图 7-41 预览剪辑后的视频画面效果

7.3.6 精确标记：对视频片段进行精确剪辑

下面向用户介绍在“多重修整视频”对话框中精确标记视频片段进行剪辑的操作方法。

素材文件	素材\第 7 章\旅游随拍.mpg
效果文件	效果\第 7 章\旅游随拍.VSP
视频文件	视频\第 7 章\7.3.6 精确标记：对视频片段进行精确剪辑.mp4

【操练+视频】——精确标记：对视频片段进行精确剪辑

step 01 进入会声会影编辑器，在视频轨中插入一段视频素材，如图 7-42 所示。

step 02 在视频素材上右击，在弹出的快捷菜单中选择“多重修整视频”命令，如图 7-43 所示。

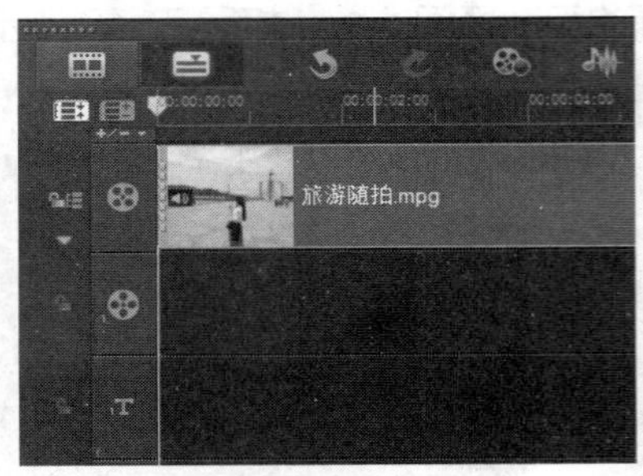

图 7-42　插入视频素材

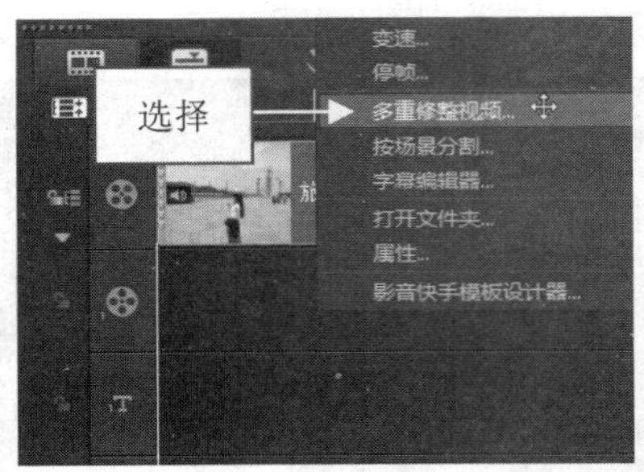

图 7-43　选择“多重修整视频”命令

step 03 执行操作后，弹出“多重修整视频”对话框，单击右下角的“设置开始标记”按钮，标记视频的起始位置，如图 7-44 所示。

step 04 在“转到特定的时间码”文本框中输入 0:00:05:00，即可将时间线定位到视频中第 5 秒的位置处，如图 7-45 所示。

图 7-44　设置开始标记

图 7-45　定位到视频中第 5 秒的位置处

step 05 单击“设置结束标记”按钮，选定的区间将显示在对话框下方的列表框中，如图 7-46 所示。

step 06 继续在“转到特定的时间码”文本框中输入 0:00:08:00，即可将时间线定位到视频中第 8 秒的位置处，单击“设置开始标记”按钮，标记第二段视频的起始位置，如图 7-47 所示。

图 7-46　单击“设置开始标记”按钮

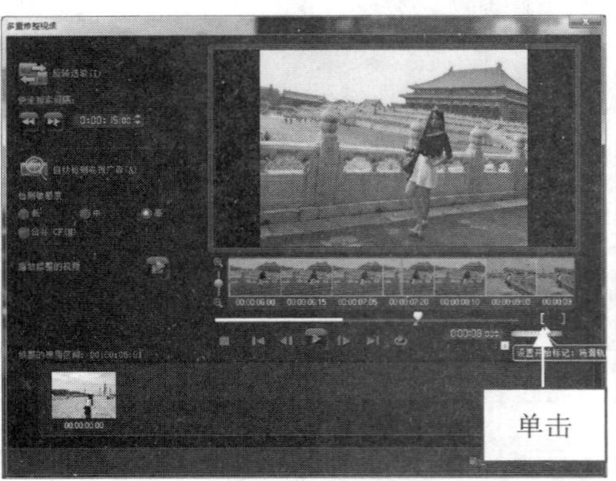

图 7-47　标记第二段视频的起始位置

step 07 继续在“转到特定的时间码”文本框中输入 0:00:10:00，即可将时间线定位到视频中第 10 秒的位置处，单击“设置结束标记”按钮，标记第二段视频的结束位置，选定的区间将显示在对话框下方的列表框中，如图 7-48 所示。

step 08 单击“确定”按钮，返回到会声会影编辑器，在视频轨中会显示刚刚剪辑的两个视频片段，如图 7-49 所示。

图 7-48　标记第二段视频的结束位置

图 7-49　显示两个视频片段

step 09 在导览面板中单击“播放”按钮，预览剪辑后的视频画面效果，如图 7-50 所示。

图 7-50　预览剪辑后的视频画面效果

7.4 快速剪辑：使用单素材修整剪辑视频

在会声会影 X9 中，用户可以对媒体素材库中的视频素材进行单素材修整操作，然后将修整后的视频插入视频轨中。本节主要向用户介绍素材的单修整操作方法。

素材文件	素材\第 7 章\魅力之夜.mpg
效果文件	无
视频文件	视频\第 7 章\7.4 快速剪辑：使用单素材修整剪辑视频.mp4

【操练+视频】——快速剪辑：使用单素材修整剪辑视频

step 01 进入会声会影编辑器，在素材库中插入一段视频素材。在视频素材上右击，在弹出的快捷菜单中选择“单素材修整”命令，弹出“单素材修整”对话框，如图 7-51 所示。

step 02 在“转到特定的时间码”文本框中输入 0:00:02:00，单击“设置开始标记”按钮，标记视频开始位置，如图 7-52 所示。

图 7-51 “单素材修整”对话框

图 7-52 标记视频开始位置

step 03 继续在“转到特定的时间码”文本框中输入 0:00:05:00，即可将时间线定位到视频中相应的位置，如图 7-53 所示。

step 04 单击“设置结束标记”按钮，标记视频结束位置，如图 7-54 所示。

在“单素材修整”对话框中，还可以通过拖曳时间线上的滑块来定位视频画面的具体位置，然后进行开始和结束标记的设定，截取视频画面内容。

step 05 视频修整完成后，单击“确定”按钮，返回到会声会影编辑器。将素材库中剪辑后的视频添加至视频轨中，在导览面板中单击“播放”按钮，预览剪辑后的视频画面效果，如图 7-55 所示。

图 7-53 输入特定的时间码

图 7-54 标记视频结束位置

图 7-55 预览剪辑后的视频画面效果

在“单素材修整”对话框的下方有一排控制播放的按钮，用户剪辑完视频后，可以对剪辑后的视频进行播放操作，预览视频画面是否符合自己的要求。

7.5 使用多相机编辑器剪辑合成视频

在会声会影 X9 中新增加了多相机编辑器功能，用户可以用不同相机、从不同角度捕获的事件镜头创建外观专业的视频编辑。通过简单的多视图工作区，可以在播放视频素材的同时进行动态剪辑、合成操作。本节主要介绍使用多相机编辑器剪辑合成视频的操作方法，希望用户能够熟练掌握。

7.5.1 打开“多相机编辑器”窗口

在会声会影 X9 中，使用多相机编辑器剪辑视频素材时，首先需要打开“多相机编辑器”窗口，下面介绍打开该窗口的方法。

选择菜单栏中的“工具”|“多相机编辑器”命令，如图 7-56 所示。或者在时间轴面板的上方单击“多相机编辑器”按钮，如图 7-57 所示。

图 7-56　选择“多相机编辑器”命令

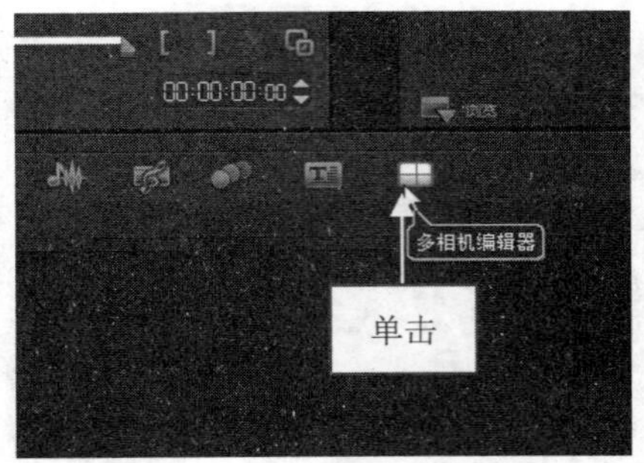

图 7-57　单击“多相机编辑器”按钮

执行操作后，即可打开“多相机编辑器”窗口，如图 7-58 所示。

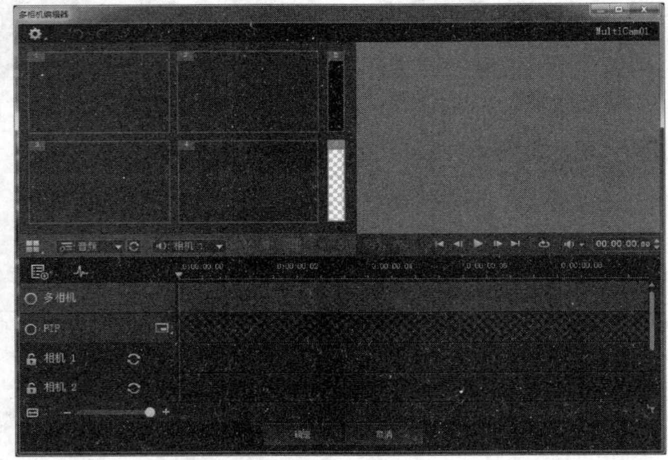

图 7-58　“多相机编辑器”窗口

7.5.2 轻松剪辑：使用多相机进行视频剪辑

在会声会影 X9 中，使用“多相机编辑器”功能可以更加快速地进行视频的剪辑，可以对大量的素材进行选择、搜索、剪辑点确定、时间线对位等基本操作。在多相机素材同步播放的时候，可以实时切换到需要的镜头，播放一遍之后就可以直接完成一部影片的剪辑，这使普通家庭用户也可以在没有完整硬件设备的情况下，极大地提高剪辑视频的效率。本节主要向用户介绍剪辑、合成多个视频画面的操作方法。

素材文件	素材\第 7 章\神仙眷侣 1.mpg、神仙眷侣 2.mpg
效果文件	效果\第 7 章\神仙眷侣.VSP
视频文件	视频\第 7 章\7.5.2　轻松剪辑：使用多相机进行视频剪辑.mp4

【操练+视频】——轻松剪辑：使用多相机进行视频剪辑

step 01 进入“多相机编辑器”窗口，在下方的“相机 1”轨道右侧空白处右击，在弹出的快捷菜单中选择“导入源”命令，如图 7-59 所示。

step 02 在弹出的对话框中选择需要添加的视频文件，单击“打开”按钮，如图 7-60 所示。

step 03 执行上述操作后，即可添加视频至“相机 1”轨道中，如图 7-61 所示。

step 04 使用与上面同样的方法，在“相机 2”轨道中添加一段视频，如图 7-62 所示。

step 05 单击左上方的预览框 2，即可在“多相机”轨道上添加“相机 2”轨道中的视频画面，如图 7-63 所示。

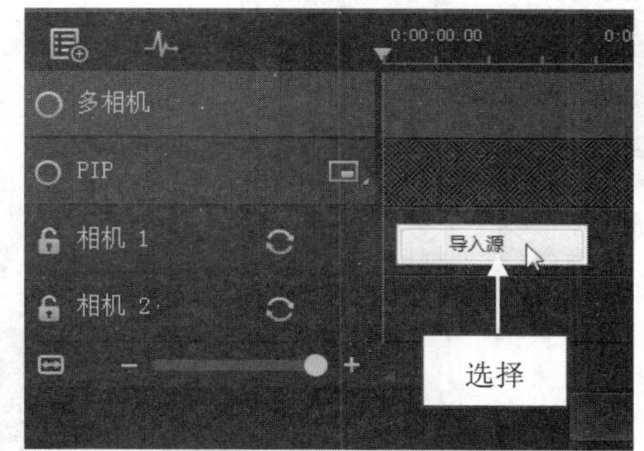

图 7-59 选择“导入源”命令

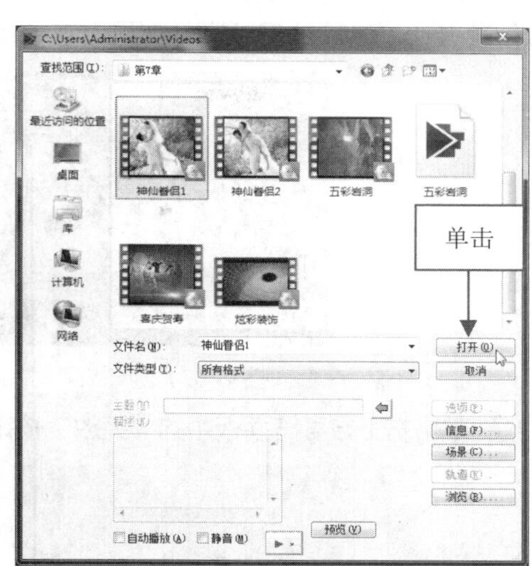

图 7-60 单击“打开”按钮

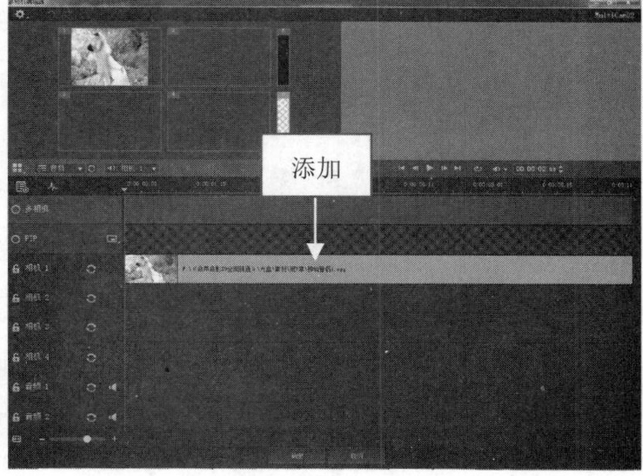

图 7-61 添加视频至“相机 1”轨道

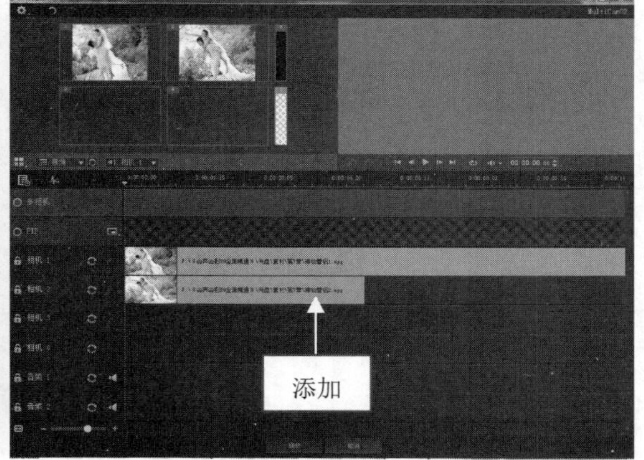

图 7-62 添加视频至“相机 2”轨道

step 06 拖动时间轴上方的滑块到 00:00:03:00 位置处，单击左上方的预览框 1，对视频进行剪辑操作，如图 7-64 所示。

图 7-63 添加视频到“多相机”轨道

图 7-64 单击预览框 1

step 07 剪辑、合成两段视频画面后，单击下方的“确定”按钮，返回到会声会影编辑器，对文件进行保存操作，合成的视频文件将显示在“媒体”素材库中，如图 7-65 所示。

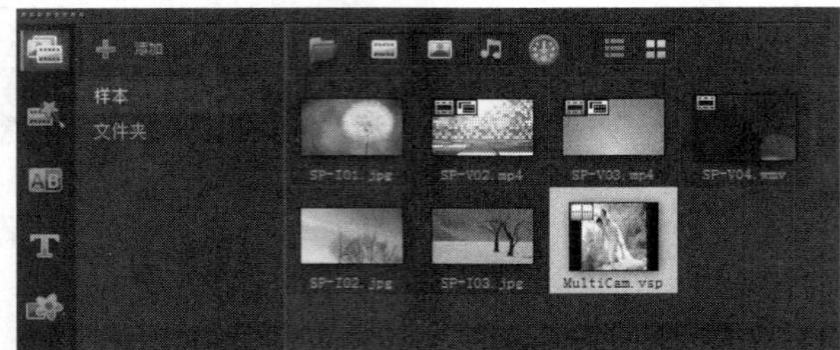

图 7-65 合成的视频文件显示在“媒体”素材库中

step 08 单击右上方导览面板中的“播放”按钮，预览剪辑后的视频画面效果，如图 7-66 所示。

图 7-66 预览剪辑后的视频素材效果

章前知识导读

会声会影 X9 为用户提供了多种滤镜效果，对视频素材进行编辑时，可以将其应用到视频素材上，通过视频滤镜不仅可以掩饰视频素材的瑕疵，还可以令视频产生绚丽的视觉效果，使制作出来的视频更具表现力。

第 8 章

滤镜：制作专业滤镜特效

新手重点索引

- 了解滤镜和选项面板
- 添加与删除滤镜效果
- 使用滤镜调整视频画面色调
- 制作常见的专业视频画面特效

效果图片欣赏

8.1 了解滤镜和选项面板

视频滤镜是指可以应用到视频素材上的效果，它可以改变视频文件的外观和样式。滤镜可以套用于素材的每一个画面上，并设定开始和结束值，而且还可以控制起始帧和结束帧之间的滤镜强弱与速度。本节主要向用户介绍视频滤镜的基础内容，主要包括了解视频滤镜、掌握视频选项面板，以及熟悉常用滤镜属性设置等。

8.1.1 了解视频滤镜

视频滤镜是指可以应用到视频素材中的效果，它可以改变视频文件的外观和样式。会声会影 X9 提供了多达 13 大类 70 多种滤镜效果以供用户选择，如图 8-1 所示。

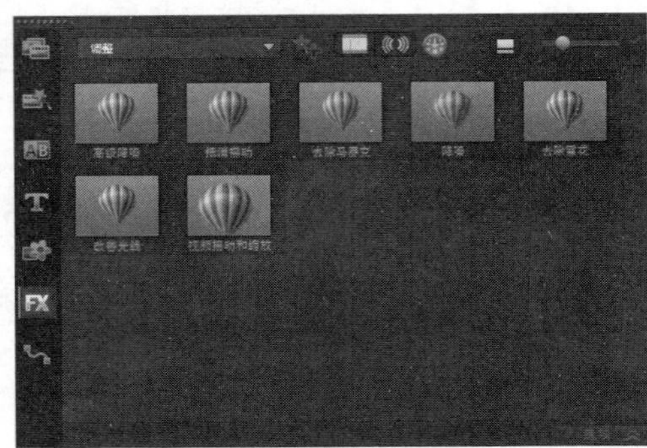

“调整”滤镜特效

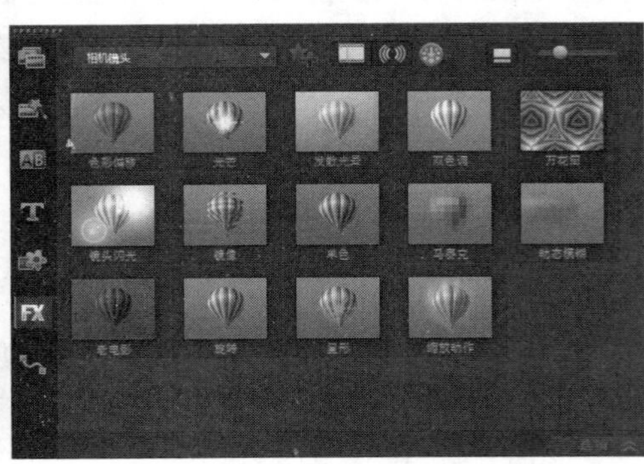

“相机镜头”滤镜特效

Corel FX 滤镜特效

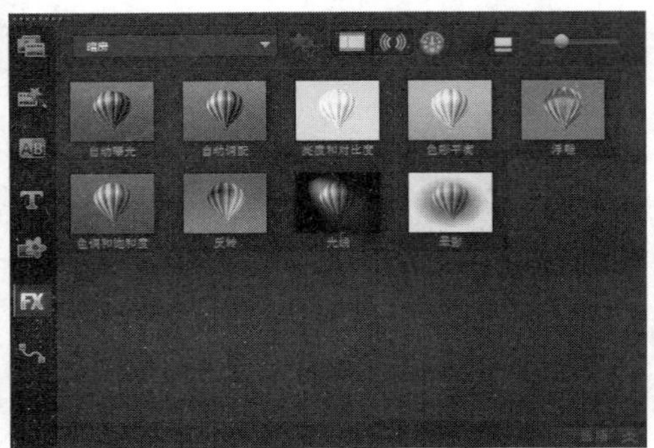

“暗房”滤镜特效

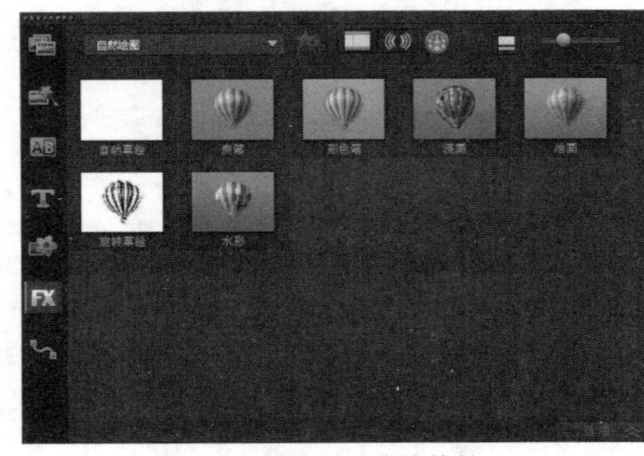

“自然绘图”滤镜特效

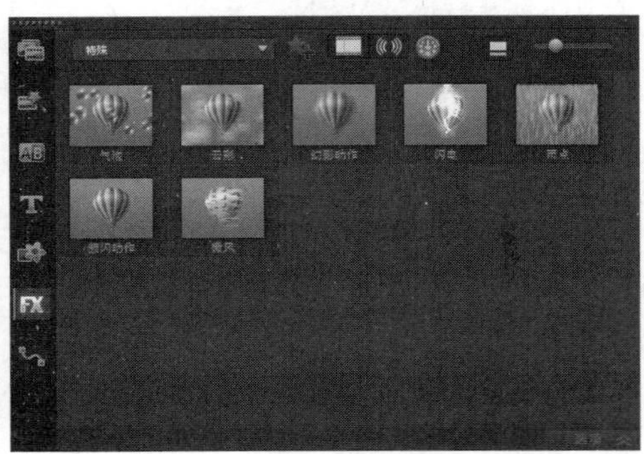

“特殊”滤镜特效

图 8-1 “滤镜”面板

运用视频滤镜对视频进行处理，可以掩盖一些由于拍摄造成的缺陷，并可以使画面更加生动。通过这些滤镜效果，可以模拟各种艺术效果，并对素材进行美化。图 8–2 所示为原图与应用滤镜后的效果。

“自动草绘”视频滤镜特效

“彩色笔”视频滤镜特效

“单色”视频滤镜特效

图 8–2　原图与应用滤镜后的效果

8.1.2 掌握“属性”选项面板

当用户为素材添加滤镜效果后，展开滤镜“属性”选项面板，如图 8–3 所示。在其中可以设置相关的滤镜属性。

在“属性”选项面板中，各选项的含义介绍如下。

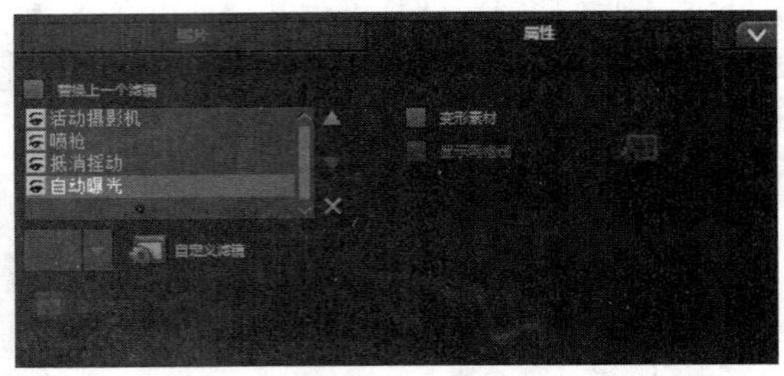

图 8-3 “属性”选项面板

- 替换上一个滤镜：选中该复选框，将新滤镜应用到素材中时，将替换素材中已经应用的滤镜。如果希望在素材中应用多个滤镜，则不选中此复选框。
- 已用滤镜列表：显示已经应用到素材中的视频滤镜列表。
- 上移滤镜▲：单击该按钮可以调整视频滤镜在列表中的位置，使当前所选择的滤镜提前应用。
- 下移滤镜▼：单击该按钮可以调整视频滤镜在列表中的显示位置，使当前所选择的滤镜延后应用。
- 删除滤镜☒：选中已经添加的视频滤镜，单击该按钮可以从视频滤镜列表中删除所选择的视频滤镜。
- 预设：会声会影为滤镜效果预设了多种不同的类型，单击右侧的下三角按钮，从弹出的下拉列表中可以选择不同的预设类型，并将其应用到素材中。
- 自定义滤镜：单击此按钮，在弹出的对话框中可以自定义滤镜属性。根据所选滤镜类型的不同，在弹出的对话框中设置不同的选项参数。
- 变形素材：选中该复选框，可以拖动控制点任意倾斜或者扭曲视频轨中的素材，使视频应用变得更加自由。
- 显示网格线：选中该复选框，可以在预览窗口中显示网格线效果。

8.2 添加与删除滤镜效果

视频滤镜可以说是会声会影 X9 的一大亮点，越来越多的滤镜特效出现在各种影视节目中，它可以使美丽的画面更加生动、绚丽多彩，从而创作出非常神奇的、变幻莫测的、媲美好莱坞大片的视觉效果。本节主要介绍视频滤镜的基本操作。

8.2.1 添加滤镜：为视频添加滤镜效果

视频滤镜是指可以应用到素材上的效果，它可以改变素材的外观和样式，用户可以通过运用这些视频滤镜，对素材进行美化，制作出精美的视频作品。

素材文件	素材\第 8 章\章鱼怪兽.jpg
效果文件	效果\第 8 章\章鱼怪兽.VSP
视频文件	视频\第 8 章\8.2.1 添加滤镜：为视频添加滤镜效果.mp4

【操练+视频】——添加滤镜：为视频添加滤镜效果

step 01 进入会声会影编辑器，在故事板中插入一幅图像素材，如图 8-4 所示。

step 02 单击“滤镜”按钮FX，切换至“滤镜”素材库，在其中选择“自动草绘”滤镜效果，如图 8-5 所示。单击鼠标左键并拖曳至故事板中的图像上方，添加滤镜效果。

step 03 单击导览面板中的“播放”按钮，即可预览视频滤镜效果，如图 8-6 所示。

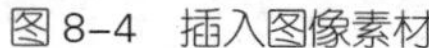

图 8-4 插入图像素材

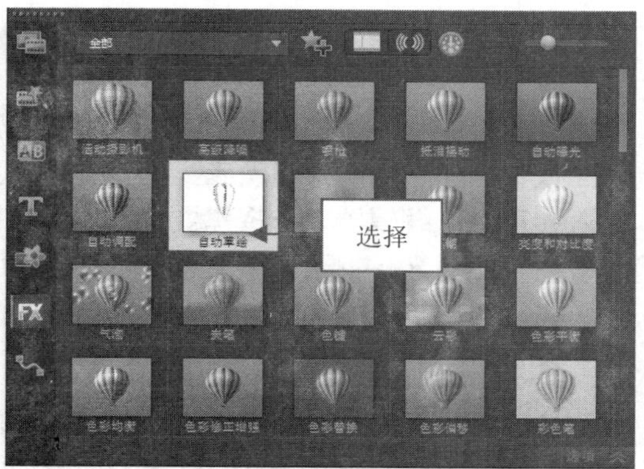

图 8-5 选择滤镜效果

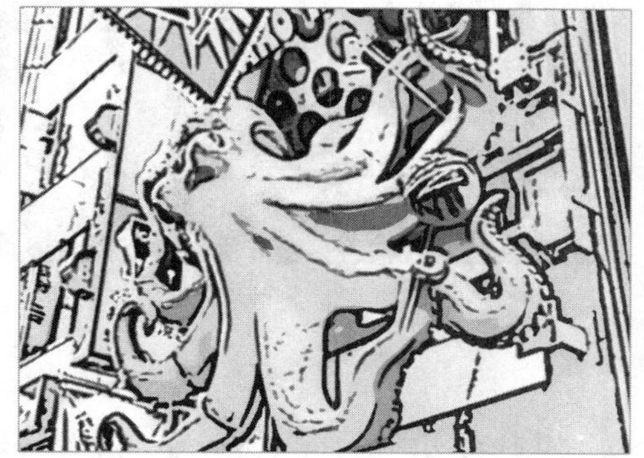

图 8-6 预览视频滤镜效果

8.2.2 添加多个视频滤镜

在会声会影 X9 中，当用户为一个图像素材添加多个视频滤镜效果时，所产生的效果是多个视频滤镜效果的叠加。会声会影 X9 允许用户最多只能在同一个素材上添加 5 个视频滤镜效果。

进入会声会影编辑器，选择需要调节的视频素材，单击“滤镜”按钮FX，切换至“滤镜”素材库，在其中选择“幻影动作”滤镜效果，单击鼠标左键并拖曳至故事板中的图像素材上，释放鼠标左键，即可在“属性”选项面板中查看已添加的视频滤镜效果，如图 8-7 所示。使用与上面同样的方法，为图像素材再次添加“视频摇动和缩放”和“云彩”滤镜效果，在“属性”选项面板中查看滤镜效果，如图 8-8 所示。

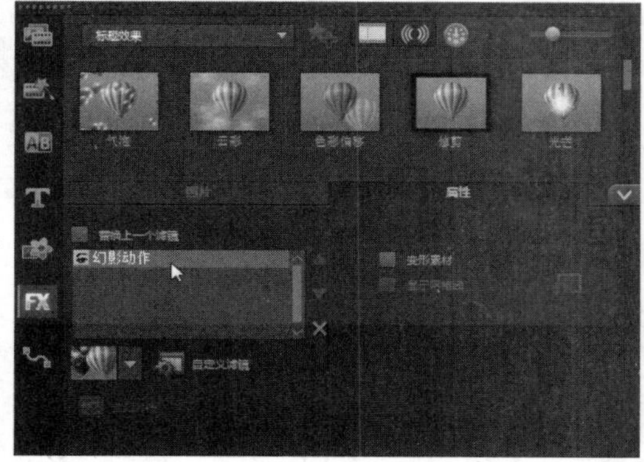

图 8-7 查看添加的滤镜

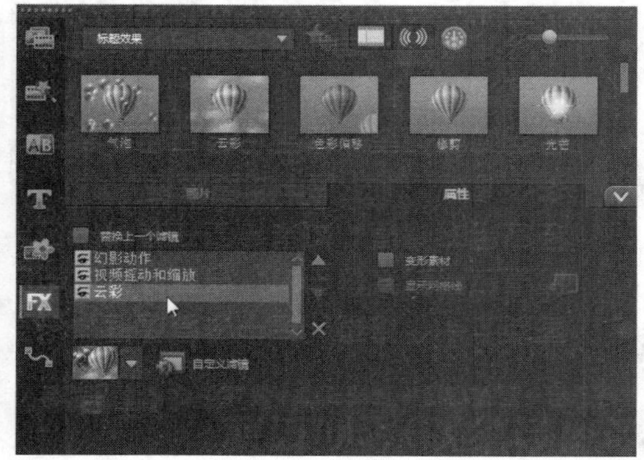

图 8-8 查看多个滤镜

8.2.3 删除视频滤镜效果

在会声会影 X9 中，如果用户对某个滤镜效果不满意，此时可以将该视频滤镜删除。用户可以在选项面板中删除一个视频滤镜或多个视频滤镜。

进入会声会影编辑器，选择需要删除滤镜效果的素材文件，在“属性”选项面板中单击“删除滤镜”按钮，如图 8-9 所示。执行操作后，即可删除该视频滤镜，如图 8-10 所示。

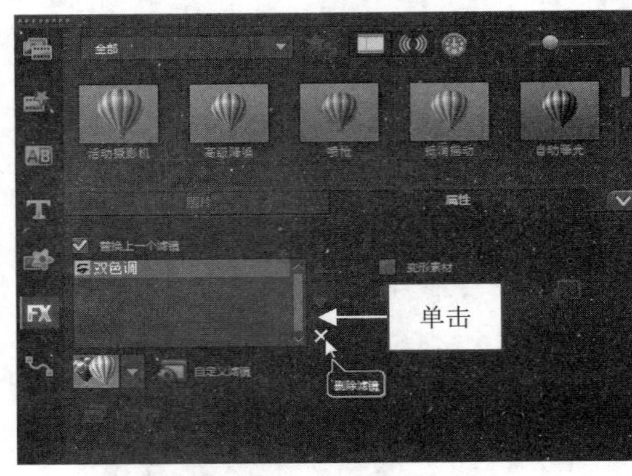

图 8-9 单击“删除滤镜”按钮

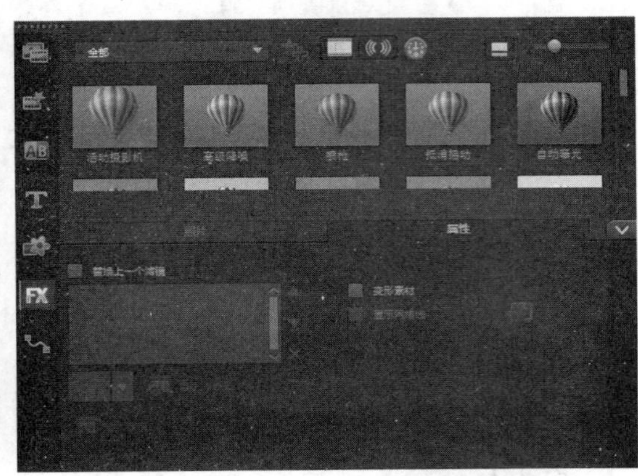

图 8-10 删除视频滤镜效果

8.2.4 替换视频滤镜效果

当用户为素材添加视频滤镜后，如果发现某个视频滤镜未达到预期的效果，此时可将该视频滤镜效果进行替换操作。

进入会声会影编辑器，选择需要替换滤镜效果的素材，在“属性”选项面板中选中“替换上一个滤镜”复选框，如图 8-11 所示。在“滤镜”素材库中选择想要的滤镜效果，即可完成替换上一个视频滤镜的操作，在“属性”选项面板中可以查看替换后的视频滤镜，如图 8-12 所示。

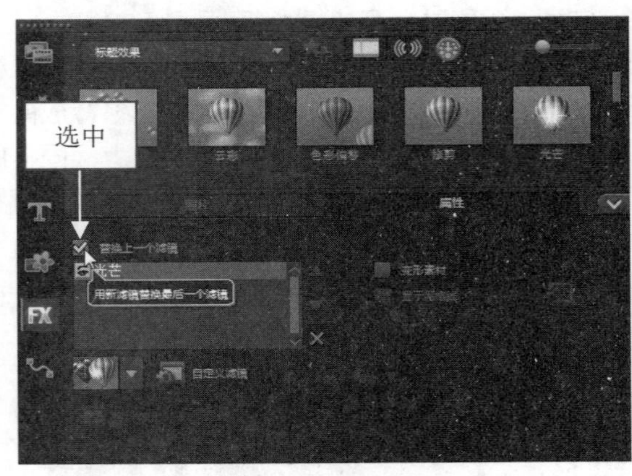

图 8-11 选中相应复选框

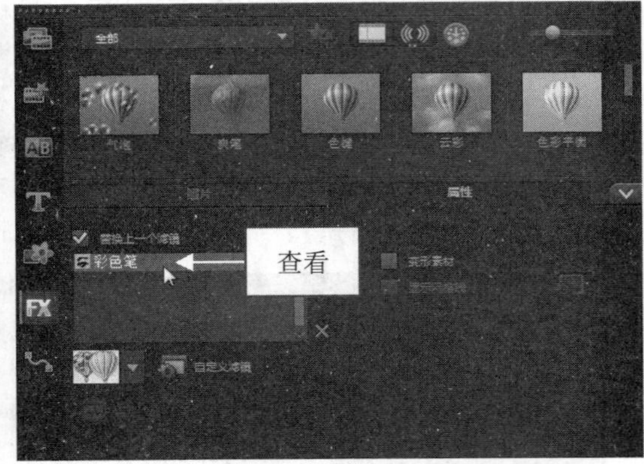

图 8-12 查看滤镜效果

替换视频滤镜效果时，一定要确认“属性”选项面板中的“替换上一个滤镜”复选框处于选中状态。如果该复选框没被选中的话，系统不会将新添加的视频滤镜效果替换之前添加的滤镜效果，而是同时使用两个滤镜效果。

8.3 使用滤镜调整视频画面色调

在会声会影 X9 中，如果视频拍摄时白平衡设置不当，或者现场光线情况比较复杂，拍摄的视频画面会出现整段或局部偏色现象，此时可以利用会声会影 X9 中的色彩调整类视频滤镜有效地解决这种偏色问题，使其还原为正确的色彩。本节主要向用户介绍使用滤镜调整视频画面色调的操作方法。

8.3.1 调节曝光：调整视频画面曝光度的问题

使用“自动曝光”滤镜只有一种滤镜预设模式，主要是通过调整图像的光线来达到曝光的效果，适合在光线比较暗的素材上使用。下面介绍使用“自动曝光”滤镜调整视频画面色调的操作方法。

素材文件	素材\第 8 章\摩天大厦.jpg
效果文件	效果\第 8 章\摩天大厦.VSP
视频文件	视频\第 8 章\8.3.1 调节曝光：调整视频画面曝光度的问题.mp4

【操练+视频】——调节曝光：调整视频画面曝光度的问题

step 01 进入会声会影编辑器，在故事板中插入一幅图像素材，如图 8-13 所示。

step 02 在预览窗口中可以预览插入的素材图像效果，如图 8-14 所示。

图 8-13 插入图像素材

图 8-14 预览素材效果

step 03 在“滤镜”素材库中，单击窗口上方的“画廊”按钮，在弹出的下拉列表中选择“暗房”选项，打开“暗房”素材库，选择“自动曝光”滤镜效果，如图 8-15 所示。

step 04 单击鼠标左键并拖曳至故事板中的图像素材上方，添加“自动曝光”滤镜，单击导览面板中的“播放”按钮，预览“自动曝光”滤镜效果，如图 8-16 所示。

在会声会影 X9 中，“暗房”素材库中的“自动曝光”滤镜效果，主要是运用从胶片到相片的一个转变过程，为影片带来由暗到亮的转变效果。

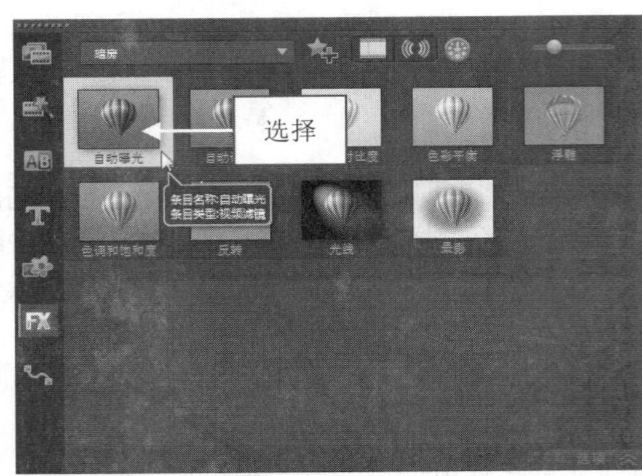

图 8-15　选择“自动曝光”滤镜效果

图 8-16　预览“自动曝光”滤镜效果

8.3.2 调整视频的亮度和对比度

在会声会影 X9 中，如果图像亮度和对比度不足或过度，此时可通过“亮度和对比度”滤镜效果调整图像的亮度和对比度效果。下面介绍使用“亮度和对比度”滤镜调整视频画面的操作方法。

进入会声会影编辑器，选择需要调整亮度和对比度的素材，如图 8-17 所示。在“暗房”滤镜素材库中选择“亮度和对比度”滤镜效果，单击鼠标左键并拖曳至故事板中的图像素材上方，添加“亮度和对比度”滤镜，效果如图 8-18 所示。

图 8-17　选择需要调整的素材

图 8-18　预览调整后的视频画面效果

8.3.3 调整视频画面的色彩平衡

在会声会影 X9 中，用户可以通过应用“色彩平衡”视频滤镜，还原照片色彩。下面介绍使用“色彩平衡”滤镜的操作方法。

进入会声会影编辑器，选择需要调整视频画面色彩平衡的素材文件，如图 8-19 所示。打开“暗房”素材库，在其中选择“色彩平衡”滤镜效果，单击鼠标左键并将其拖曳至故事板中的素材图像上，即可完成调整画面色彩平衡的操作，效果如图 8-20 所示。

图 8-19　选择需要调整的素材

图 8-20　预览调整后的视频画面效果

8.3.4 消除视频画面的偏色问题

若素材图像添加“色彩平衡”滤镜效果后，还存在偏色的现象，用户可在其中添加关键帧，以消除偏色。下面介绍消除视频画面偏色的操作方法。

进入会声会影编辑器，选择需要调整的素材文件，如图 8-21 所示。接着为素材添加“色彩平衡”滤镜效果，在“属性”选项面板中单击“自定义滤镜”按钮，如图 8-22 所示。

图 8-21　选择需要调整的素材

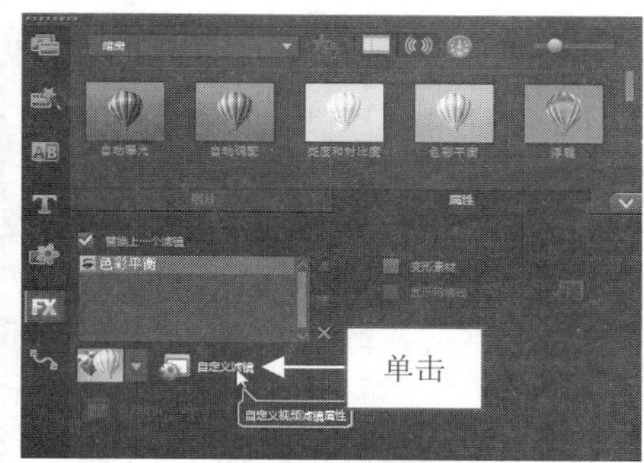

图 8-22　单击“自定义滤镜”按钮

弹出“色彩平衡”对话框，在其中设置相关参数，如图 8-23 所示。

图 8-23　设置各参数

单击“确定”按钮，返回到会声会影编辑器，单击导览面板中的“播放”按钮，即可预览滤镜效果，如图 8-24 所示。

图 8-24　预览滤镜效果

8.4 制作常见的专业视频画面特效

在会声会影 X9 中，为用户提供了大量的滤镜效果，用户可以根据需要应用这些滤镜效果，制作出精美的视频画面。本节主要介绍运用视频滤镜制作视频特效的操作方法，希望用户能够熟练掌握。

8.4.1 鱼眼滤镜：制作圆球状态画面特效

在会声会影 X9 中，用户可以使用“鱼眼”滤镜来制作圆形状态效果。下面介绍制作圆形画面效果的操作方法。

素材文件	素材\第 8 章\云霄飞车.VSP
效果文件	效果\第 8 章\云霄飞车.VSP
视频文件	视频\第 8 章\8.4.1　鱼眼滤镜：制作圆球状态画面特效.mp4

【操练+视频】——鱼眼滤镜：制作圆球状态画面特效

step 01 进入会声会影编辑器，打开一个项目文件，在预览窗口中可以预览项目效果，如图 8-25 所示。

step 02 选择覆叠轨中的素材，在“属性”选项面板中，单击“遮罩和色度键”按钮，选中“应用覆叠选项”复选框，设置“类型”为“遮罩帧”，在右侧选择第 1 排第 1 个遮罩样式，如图 8-26 所示。

图 8-25　预览项目效果

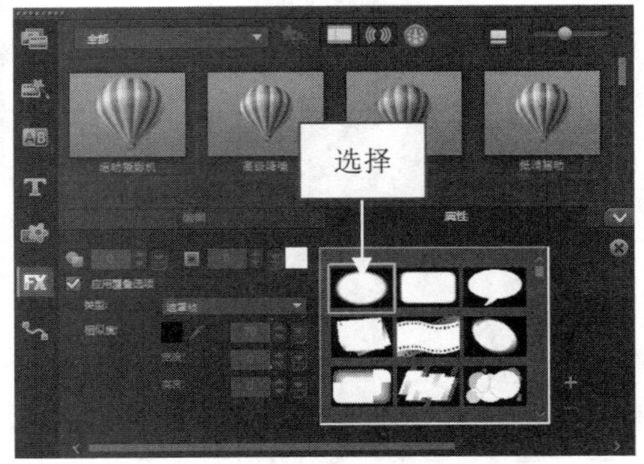

图 8-26　选择遮罩样式

step 03 在“滤镜”素材库中，单击窗口上方的“画廊”按钮，在弹出的下拉列表中选择“三维纹理映射”选项，在“三维纹理映射”滤镜组中选择“鱼眼”滤镜效果，如图 8-27 所示。单击鼠标左键并拖曳至覆叠轨中的图像素材上方，添加“鱼眼”滤镜。

step 04 执行上述操作后，在预览窗口中可以预览制作的圆球状态效果，如图 8-28 所示。

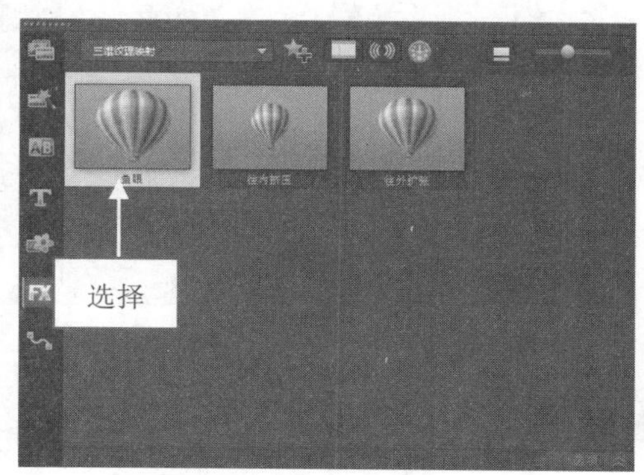

图 8-27　选择“鱼眼”滤镜效果

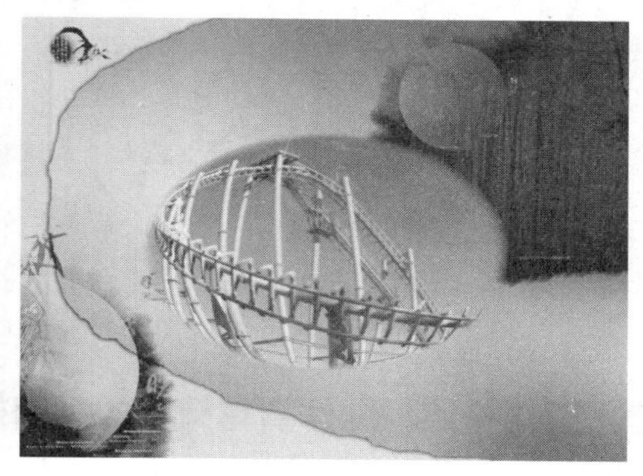

图 8-28　预览制作的圆球状态效果

8.4.2 雨点滤镜：制作如丝细雨画面特效

在会声会影 X9 中，“雨点”滤镜效果可以在画面上添加雨丝的效果，模仿大自然中下雨的场景。

素材文件	素材\第 8 章\城市夜景.jpg
效果文件	效果\第 8 章\城市夜景.VSP
视频文件	视频\第 8 章\8.4.2　雨点滤镜：制作如丝细雨画面特效.mp4

【操练+视频】——雨点滤镜：制作如丝细雨画面特效

step 01 进入会声会影编辑器，在故事板中插入一幅图像素材，如图 8-29 所示。

step 02 在“滤镜”素材库中，单击窗口上方的“画廊”按钮，在弹出的下拉列表中选择“特殊”选项，在“特殊”滤镜组中选择“雨点”滤镜效果，如图 8-30 所示。单击鼠标左键并拖曳至故事板中的图像素材上方，添加“雨点”滤镜。

图 8-29　插入图像素材

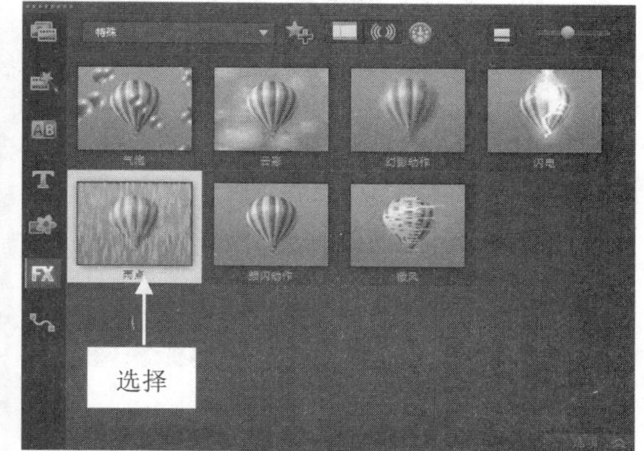

图 8-30　选择“雨点”滤镜

step 03 单击导览面板中的“播放”按钮，预览如丝细雨画面特效，如图 8-31 所示。

图 8-31　预览如丝细雨画面特效

8.4.3　雪花特效：制作雪花簌簌的画面效果

使用“雨点”滤镜效果不仅可以制作出下雨的效果，还可以模仿大自然中下雪的场景。

素材文件	素材\第 8 章\出水芙蓉.jpg
效果文件	效果\第 8 章\出水芙蓉.VSP
视频文件	视频\第 8 章\8.4.3　雪花特效：制作雪花簌簌的画面效果.mp4

【操练+视频】——雪花特效：制作雪花簌簌的画面效果

step 01 进入会声会影编辑器，在故事板中插入一幅图像素材。在“滤镜”素材库中单击窗口上方的“画廊”按钮，在弹出的下拉列表中选择“特殊”选项，在“特殊”滤镜组中选择“雨点”滤镜效果，单击鼠标左键并拖曳至故事板中的图像素材上方，添加“雨点”滤镜，如图 8-32 所示。

step 02 切换至“属性”选项面板，在“属性”面板中单击“自定义滤镜”按钮，如图 8-33 所示。

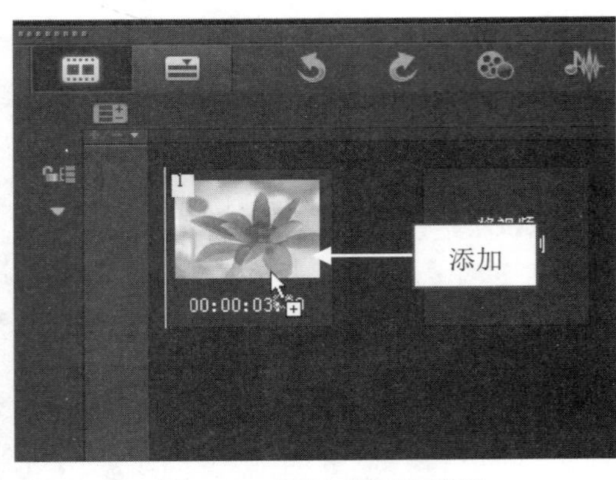

图 8-32　添加“雨点”滤镜

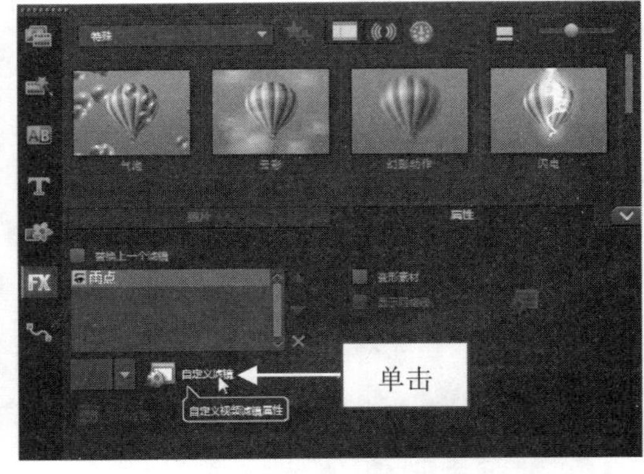

图 8-33　单击“自定义滤镜”按钮

step 03 弹出“雨点”对话框，选择第 1 帧，设置“密度”为 201、“长度”为 5、“宽度”为 40、“背景模糊”为 15、“变化”为 65，设置完成后，选择最后一个关键帧，设置各参数，如图 8-34 所示。

step 04 设置完成后，单击“确定”按钮。单击导览面板中的“播放”按钮，即可预览制作的雪花簌簌画面特效，如图 8-35 所示。

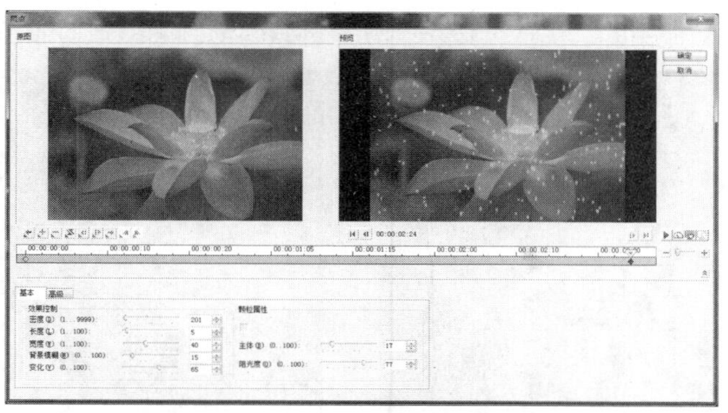

图 8-34 设置最后一个关键帧参数

图 8-35 预览雪花簌簌画面特效

8.4.4 闪电滤镜：制作耀眼闪电的画面效果

在会声会影 X9 中，“闪电”滤镜可以模仿大自然中闪电雷鸣的效果。下面向用户介绍应用“闪电”滤镜的操作方法。

素材文件	素材\第 8 章\天空夜色.jpg
效果文件	效果\第 8 章\天空夜色.VSP
视频文件	视频\第 8 章\8.4.4 闪电滤镜：制作耀眼闪电的画面效果.mp4

【操练+视频】——闪电滤镜：制作耀眼闪电的画面效果

step 01 进入会声会影编辑器，在故事板中插入一幅图像素材，如图 8-36 所示。

step 02 在“滤镜”素材库中选择“闪电”滤镜效果，如图 8-37 所示。单击鼠标左键并拖曳至故事板中的图像素材上方，添加“闪电”滤镜。

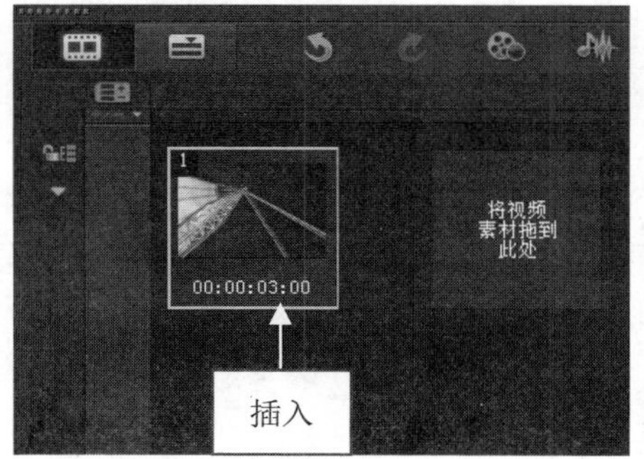

图 8-36 插入图像素材

图 8-37 选择“闪电”滤镜

step 03 单击导览面板中的“播放”按钮，预览耀眼闪电画面特效，如图 8-38 所示。

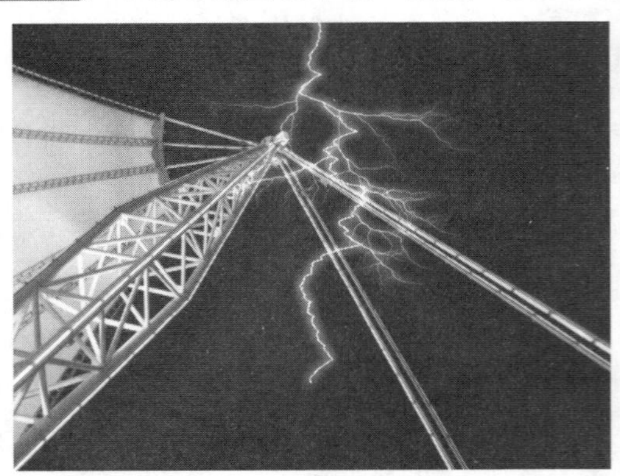

图 8-38 预览耀眼闪电画面特效

8.4.5 回忆特效：制作旧电视回忆画面效果

在会声会影 X9 中，“双色调”是“相机镜头”素材库中一个比较常用的滤镜，运用“双色调”滤镜可以制作出电视画面回忆的效果。下面介绍应用“双色调”滤镜制作旧电视回忆效果的操作方法。

素材文件	素材\第 8 章\故乡记忆.jpg
效果文件	效果\第 8 章\故乡记忆.VSP
视频文件	视频\第 8 章\8.4.5 回忆特效：制作旧电视回忆画面效果.mp4

【操练+视频】——回忆特效：制作旧电视回忆画面效果

step 01 进入会声会影编辑器，在故事板中插入一幅图像素材，如图 8-39 所示。

step 02 在预览窗口中可以预览图像效果，如图 8-40 所示。

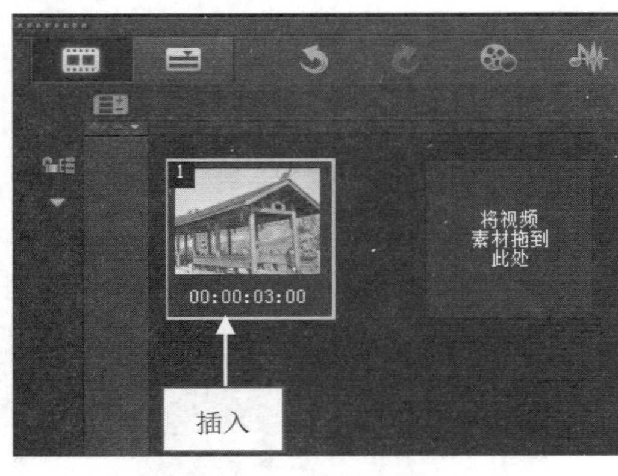

图 8-39 插入图像素材

图 8-40 预览图像效果

step 03 在“滤镜”素材库中选择“双色调”滤镜，单击鼠标左键并拖曳至故事板中的图像素材上方，添加“双色调”滤镜。在“属性”选项面板中单击“自定义滤镜”左侧的下三角按钮，在弹出的下拉列表中选择第 2 排第 1 个预设样式，如图 8-41 所示。

step 04 执行上述操作后，单击导览面板中的“播放”按钮，即可在预览窗口中预览制作的电视画面回忆特效，如图 8-42 所示。

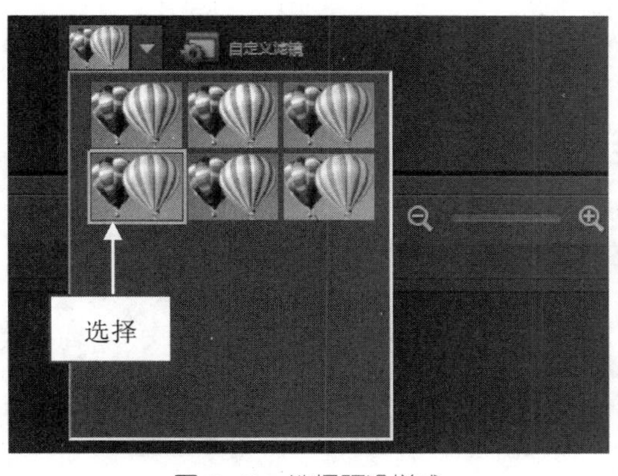

图 8-41　选择预设样式

图 8-42　预览电视画面回忆特效

8.4.6 发散光晕：制作唯美风格画面效果

在会声会影 X9 中，应用“发散光晕”滤镜，可以制作出非常唯美的视频画面色调特效。下面向用户介绍应用“发散光晕”滤镜的操作方法。

素材文件	素材\第 8 章\相濡以沫.jpg
效果文件	效果\第 8 章\相濡以沫.VSP
视频文件	视频\第 8 章\8.4.6　发散光晕：制作唯美风格画面效果.mp4

【操练+视频】——发散光晕：制作唯美风格画面效果

step 01 进入会声会影编辑器，在故事板中插入一幅图像素材，在预览窗口中预览画面效果，如图 8-43 所示。

step 02 在“滤镜”素材库中，单击窗口上方的“画廊”按钮，在弹出的下拉列表中选择“相机镜头”选项，在“相机镜头”滤镜组中选择“发散光晕”滤镜效果，如图 8-44 所示。单击鼠标左键并拖曳至故事板中图像素材的上方，添加“发散光晕”滤镜。

图 8-43　预览画面效果

图 8-44　选择“发散光晕”滤镜效果

step 03 单击导览面板中的“播放”按钮，预览制作的唯美视频画面色调效果，如图 8-45 所示。

图 8-45　预览唯美视频画面色调效果

8.4.7　修剪滤镜：制作相机快门拍摄效果

在会声会影 X9 中，每个滤镜有不同的使用方法，例如用户可以运用“修剪”滤镜制作照相快门效果。下面介绍运用“修剪”滤镜制作相机快门拍摄效果的操作方法。

素材文件	素材\第 8 章\甜美女孩.jpg、照相快门.wma
效果文件	效果\第 8 章\甜美女孩.VSP
视频文件	视频\第 8 章\8.4.7　修剪滤镜：制作相机快门拍摄效果.mp4

【操练+视频】——修剪滤镜：制作相机快门拍摄效果

step 01 进入会声会影编辑器，在视频轨中插入一幅素材图像，如图 8-46 所示。

step 02 在声音轨中，插入一段拍照快门声音的音频素材，拖动时间轴滑块到音频文件的结尾处，选择视频轨中的图像素材，右击，在弹出的快捷菜单中选择“分割素材”命令，如图 8-47 所示。

图 8-46　插入素材图像

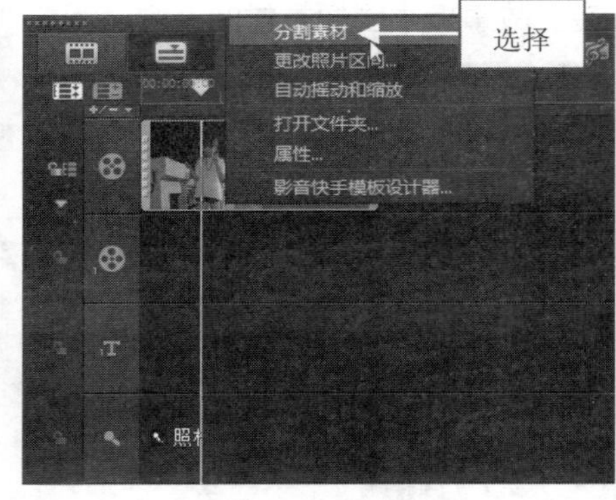

图 8-47　选择“分割素材”命令

step 03 选择分割后的第一段图像素材，切换至“滤镜”素材库中，选择“修剪”滤镜效果，如图 8-48 所示。单击鼠标左键并拖曳至覆叠轨中视频素材的上方，添加“修剪”滤镜。

step 04 在“属性”选项面板中单击“自定义滤镜”按钮，如图 8-49 所示。

专家指点

在选项面板中，提供了多种不同的“修剪”预设滤镜效果，用户也可以选择不同的预设效果来制作更多个性化的视频画面效果。

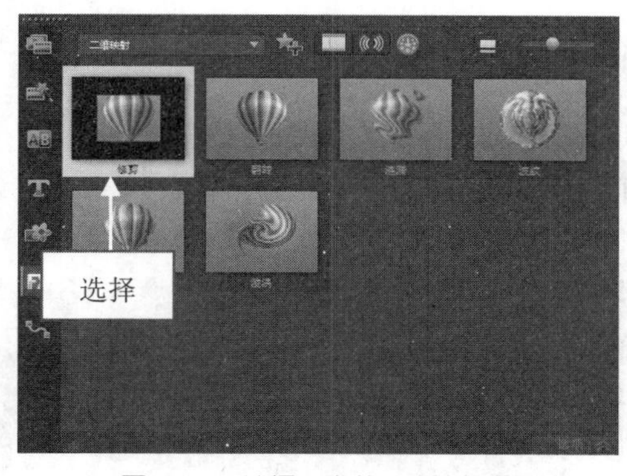

图 8-48　选择“修剪”滤镜效果

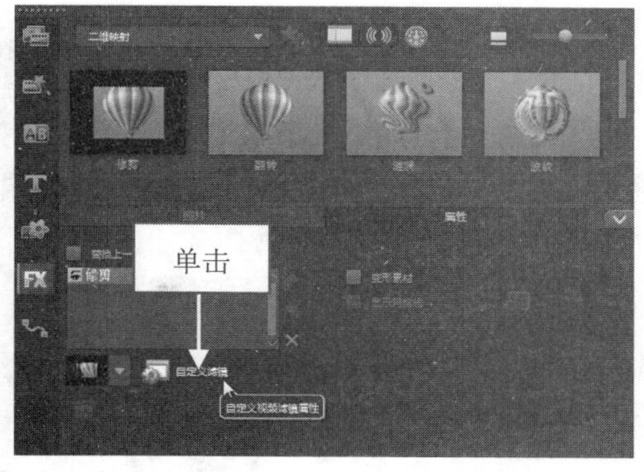

图 8-49　单击“自定义滤镜”按钮

step 05 弹出“修剪”对话框，选择开始位置处的关键帧，设置“宽度”为 100、“高度”为 0，单击“确定”按钮，如图 8-50 所示。

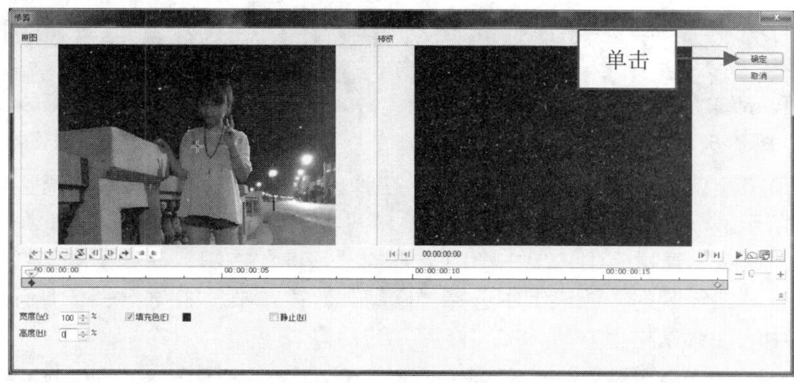

图 8-50　单击“确定”按钮

step 06 在预览窗口中可以预览视频画面效果，如图 8-51 所示。

图 8-51　预览制作的相机快门拍摄效果

8.4.8 去除水印：无痕迹隐藏视频水印

在会声会影 X9 中，用户有多种方法可以无痕迹隐藏视频水印，其中使用“修剪”滤镜可以快速有效地去除水印。下面介绍使用“修剪”滤镜去除水印的操作方法。

素材文件	素材\第 8 章\异国建筑.mpg
效果文件	效果\第 8 章\异国建筑.VSP
视频文件	视频\第 8 章\8.4.8　去除水印：无痕迹隐藏视频水印.mp4

【操练+视频】——去除水印：无痕迹隐藏视频水印

step 01 进入会声会影编辑器，在视频轨中插入一段视频素材，如图 8-52 所示。

step 02 选择视频轨中的素材，右击，在弹出的快捷菜单中选择“复制”命令，复制视频到覆叠轨中，如图 8-53 所示。

图 8-52　插入视频素材

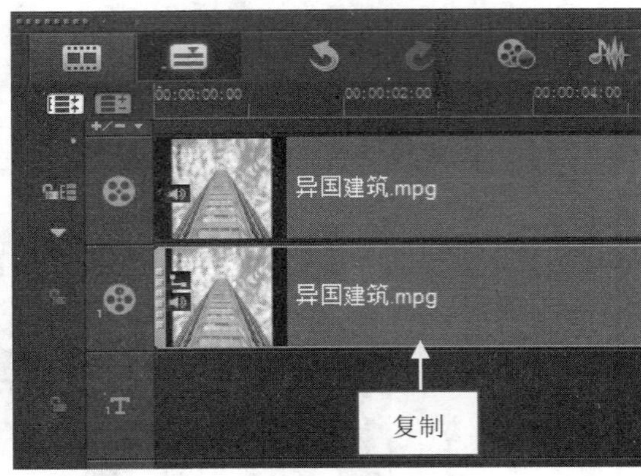

图 8-53　复制视频到覆叠轨

step 03 在预览窗口中的覆叠素材上右击，在弹出的快捷菜单中选择“调整到屏幕大小”命令，如图 8-54 所示。

step 04 在“滤镜”素材库中，单击窗口上方的“画廊”按钮，在弹出的下拉列表中选择“二维映射”选项，在“二维映射”滤镜组中选择“修剪”滤镜效果，如图 8-55 所示。单击鼠标左键并拖曳至覆叠轨中的视频素材上方，添加“修剪”滤镜。

图 8-54　选择“调整到屏幕大小”命令

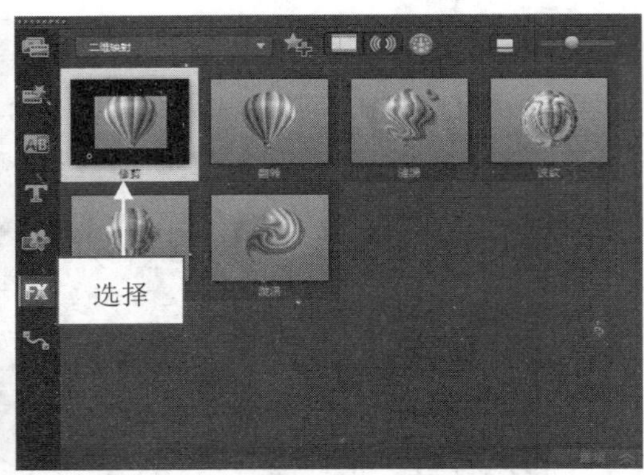

图 8-55　添加“修剪”滤镜

step 05 在“属性”选项面板中单击“自定义滤镜”按钮，弹出“修剪”对话框，设置“宽度”为 5、“高度”为 30，并设置区间位置，选择第一个关键帧并右击，在弹出的快捷菜单中选择“复制”命令；选择最后的关键帧并右击，在弹出的快捷菜单中选择“粘贴”命令，设置完成后，单击“确定”按钮，如图 8-56 所示。

step 06 在“属性”选项面板中单击“遮罩和色度键”按钮，选中“应用覆叠选项”复选框，设置“类型”为“色度键”，设置“透明度”为 0，在预览窗口中拖曳覆叠素材至合适位置，即可无痕迹隐藏视频水印。单击导览面板中的“播放”按钮，预览制作的去除水印后的视频画面，如图 8-57 所示。

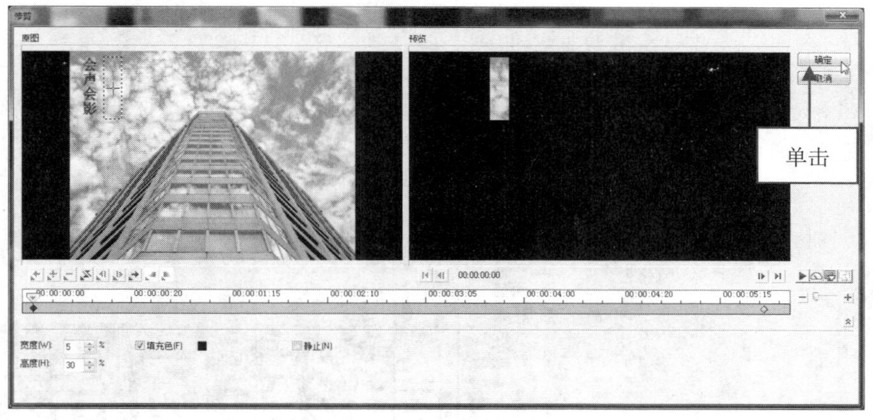

图 8-56 单击“确定”按钮

图 8-57 预览去除水印后的视频画面

第 9 章

转场：制作精彩转场特效

章前知识导读

在会声会影 X9 中，转场其实就是一种特殊的滤镜，它是在两个媒体素材之间的过渡效果。本章主要向用户介绍编辑与修饰转场效果的操作方法，其中包括了解转场效果、添加与应用转场效果、替换与移动转场效果等内容。

新手重点索引

- 了解转场效果
- 添加与应用转场效果
- 替换与移动转场效果
- 制作视频转场画面特效

效果图片欣赏

9.1 了解转场效果

镜头之间的过渡或者素材之间的转换称为转场。它是使用一些特殊的效果，在素材与素材之间产生自然、流畅和平滑的过渡。会声会影 X9 为用户提供了上百种转场效果，运用这些转场效果可以让素材之间的过渡更加完美，从而制作出绚丽多彩的视频作品。本节主要向用户介绍转场效果的基础知识，包括了解转场效果和“转场”选项面板等内容。

9.1.1 硬切换与软切换效果

每一个非线性编辑软件都很重视视频转场效果的设计，若转场效果运用得当，可以增加影片的观赏性和流畅性，从而提高影片的艺术档次。

在视频编辑工作中，素材与素材之间的连接称为切换。最常用的切换方法是一个素材与另一个素材紧密连接，使其直接过渡，这种方法称为“硬切换”；另一种方法称为“软切换”，它是使用一些特殊的效果，在素材与素材之间产生自然、流畅和平滑的过渡，如图 9-1 所示。

“飞行木板”转场效果

“折叠盒”转场效果

“3D 比萨饼盒”转场效果

图 9-1 转场效果展示

9.1.2 了解“转场”选项面板

在会声会影 X9 中，用户可以通过“转场”选项面板来调整转场的各项参数，如调整各转场效果的区间长度、设置转场的边框效果、设置转场的边框颜色以及设置转场的柔花边缘属性等，如图 9-2 所示。不同的转场效果，在选项面板中的选项也会有所不同。

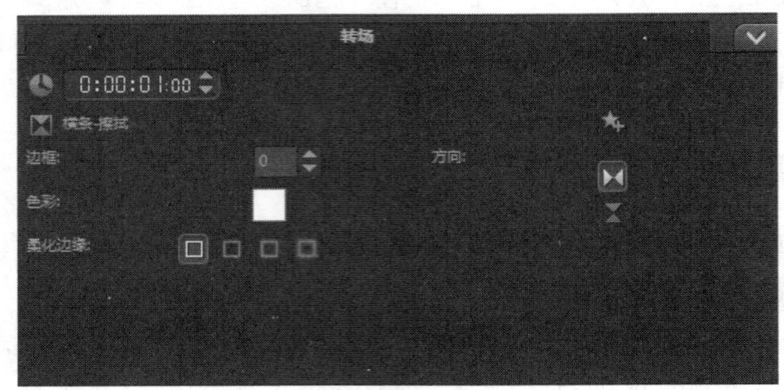

图 9-2 “转场”选项面板

在“转场”选项面板中，主要选项的含义介绍如下。

- “区间”数值框：该数值框用于调整转场的播放时间长度，并显示当前播放转场所需的时间值，单击数值框右侧的微调按钮，可以调整数值的大小，也可单击数值框中的数值，待数值处于闪烁状态时，输入所需的数字后，按 Enter 键确认，即可改变当前转场的播放时间长度。
- “边框”数值框：在该数值框中，用户可以输入所需的数值来改变转场边框的宽度，单击其右侧的微调按钮，也可调整边框数值的大小。
- “色彩”色块：单击该选项右侧的色块，在弹出的颜色面板中，用户可以根据需要选择转场边框的颜色。
- “柔化边缘”选项：在该选项右侧有 4 个按钮，代表转场的 4 种柔化边缘程度，用户可以根据需要单击相应的按钮，设置不同的柔滑边缘效果。
- “方向”选项区：在该选项区中单击不同的方向按钮，可以设置转场效果的播放效果。

9.2 添加与应用转场效果

在会声会影 X9 中，影片剪辑就是选取要用的视频片段并重新排列组合，而转场就是连接两段视频的方式，所以转场效果的应用在视频编辑领域中占有很重要的地位。本节主要介绍添加视频转场效果的操作方法，希望用户熟练掌握。

9.2.1 自动添加转场

自动添加转场效果是指将照片或视频素材导入到会声会影项目中时，软件已经在各段素材中添加了转场效果。当用户需要将大量的静态图像制作成视频相册时，使用自动添加转场效果最为方便。下面向用户介绍自动添加转场效果的操作方法。

进入会声会影编辑器，选择菜单栏中的“设置”|“参数选择”命令，弹出“参数选择”对话框，如图 9-3 所示。切换至“编辑”选项卡，选中“自动添加转场效果”复选框，如图 9-4 所示。单击“确定”按钮，即可在导入多个素材文件时自动添加转场效果。

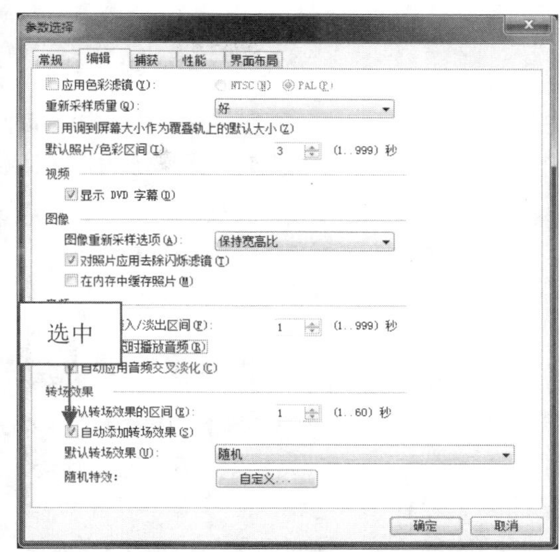

图 9–3 “参数选择”对话框　　图 9–4 选中“自动添加转场效果”复选框

专家指点

自动添加转场效果的优点是提高了添加转场效果的操作效率，而缺点是转场效果添加后，部分转场效果可能会与画面有些不协调，没有将两个画面很好地融合在一起。

9.2.2 手动添加转场

会声会影 X9 为用户提供了上百种的转场效果，用户可根据需要手动添加适合的转场效果，从而制作出绚丽多彩的视频作品。下面介绍手动添加转场的操作方法。

进入会声会影编辑器，切换至故事板视图，在素材库的左侧单击“转场”按钮，切换至“转场”素材库，在其中用户可以选择需要添加的转场效果，如图 9–5 所示。单击鼠标左键并将其拖曳至故事板中需要添加转场的两幅素材图像之间的方格中，即可手动添加转场效果，如图 9–6 所示。

图 9–5 选择需要添加的转场效果

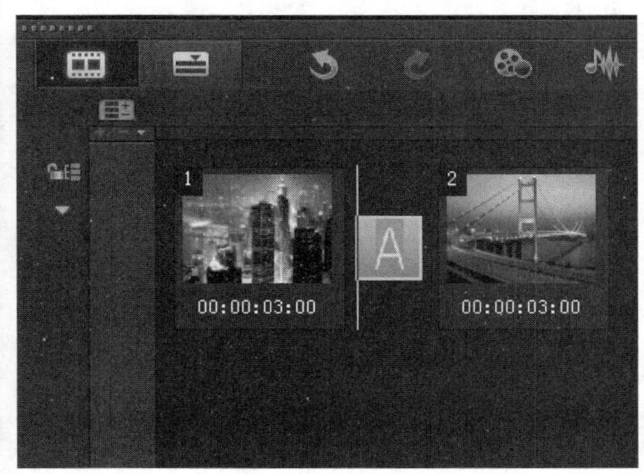

图 9–6 手动添加转场效果

专家指点

进入“转场”素材库后，默认状态下显示“收藏夹”转场组，用户可以将其他类别中常用的转场效果添加至“收藏夹”转场组中，方便以后调用到其他视频素材之间，提高视频编辑效率。

9.2.3 随机转场：一键快速添加转场

在会声会影 X9 中，当用户在故事板中添加了素材图像后，还可以为其添加随机的转场效果，该操作既方便又快捷。下面介绍对素材应用随机效果的操作方法。

素材文件	素材\第 9 章\新奇景色(1).jpg、新奇景色(2).jpg
效果文件	效果\第 9 章\新奇景色.VSP
视频文件	视频\第 9 章\9.2.3　随机转场：一键快速添加转场.mp4

【操练+视频】——随机转场：一键快速添加转场

step 01 进入会声会影编辑器，在故事板中插入两幅图像素材，如图 9-7 所示。

step 02 单击“转场”按钮，切换至“转场”选项卡，单击窗口上方的“对视频轨应用随机效果”按钮，如图 9-8 所示。

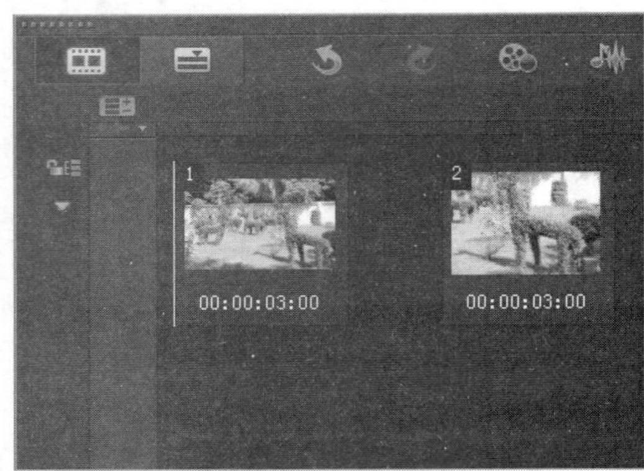

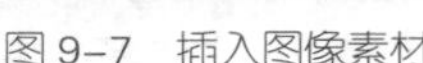

图 9-7　插入图像素材

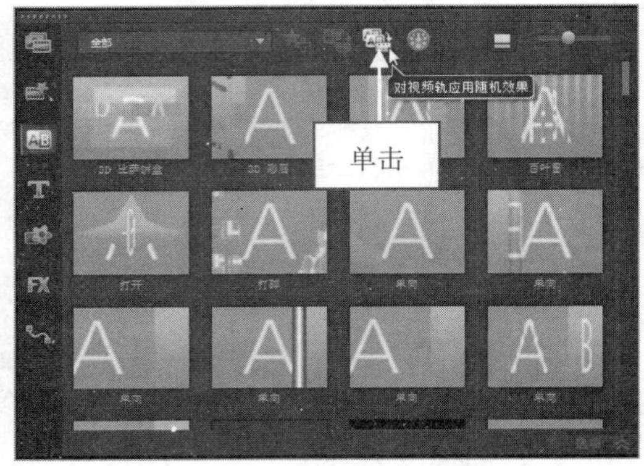

图 9-8　单击“对视频轨应用随机效果”按钮

step 03 执行上述操作后，即可对素材应用随机转场效果。单击导览面板中的“播放”按钮，预览添加的随机转场效果，如图 9-9 所示。

图 9-9　预览随机转场效果

专家指点

若当前项目中已经应用了转场效果，单击“对视频轨应用随机效果”按钮时，将弹出信息提示框，单击“否”按钮，则保留原先的转场效果，并在其他素材之间应用随机的转场效果；单击“是”按钮，将用随机的转场效果替换原先的转场效果。

9.2.4 应用转场：对素材应用当前效果

在会声会影 X9 中，运用“对素材应用当前效果”按钮可以将当前选择的转场效果应用到当前项目的所有素材之间。下面介绍对素材应用当前效果的操作方法。

素材文件	素材\第 9 章\雄伟建筑(1).jpg、雄伟建筑(2).jpg
效果文件	效果\第 9 章\雄伟建筑.VSP
视频文件	视频\第 9 章\9.2.4 应用转场：对素材应用当前效果.mp4

【操练+视频】——应用转场：对素材应用当前效果

step 01 进入会声会影编辑器，在故事板中插入两幅图像素材，如图 9-10 所示。

step 02 单击“转场”按钮，切换至“转场”选项卡，单击窗口上方的“画廊”按钮，在弹出的下拉列表中选择“擦拭”选项，如图 9-11 所示。

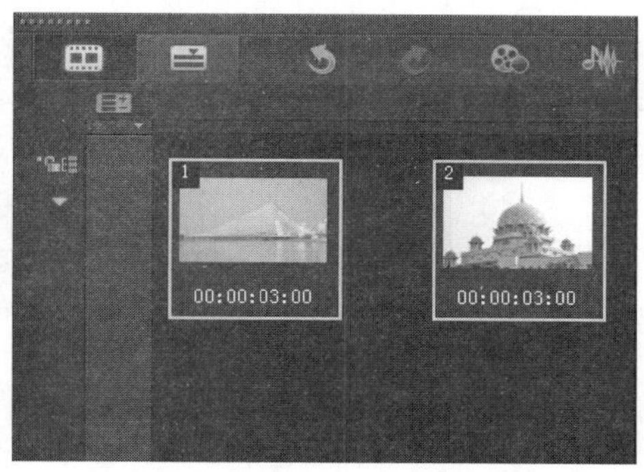

图 9-10 插入图像素材

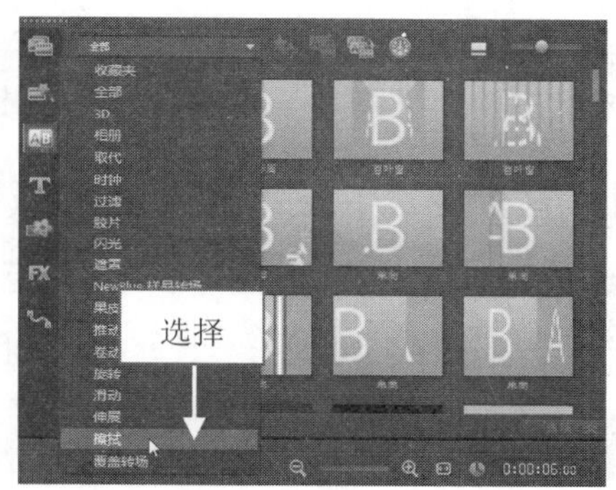

图 9-11 选择“擦拭”选项

step 03 打开“擦拭”素材库，在其中选择“百叶窗”转场效果，单击“对视频轨应用当前效果”按钮，如图 9-12 所示。

step 04 执行上述操作后，即可在故事板中的图像素材之间添加“百叶窗”转场效果，如图 9-13 所示。

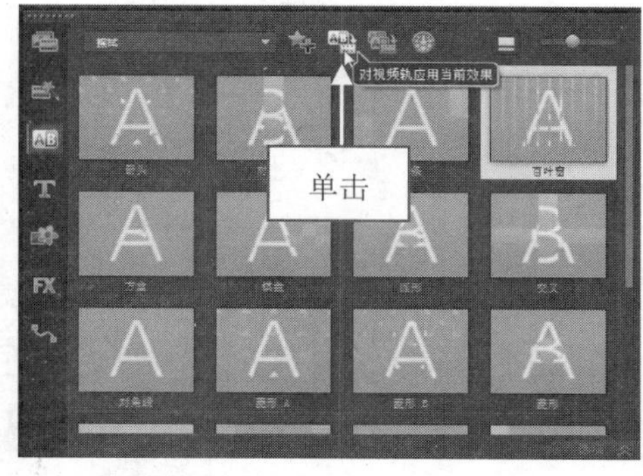

图 9-12 单击“对视频轨应用当前效果”按钮

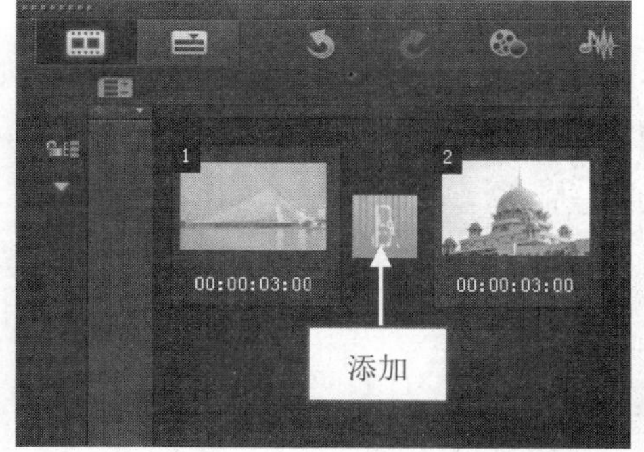

图 9-13 添加“百叶窗”转场效果

step 05 将时间线移至素材的开始位置，单击导览面板中的“播放”按钮，预览添加的转场效果，如图 9-14 所示。

图 9-14　预览转场效果

9.3 替换与移动转场效果

在会声会影 X9 中，用户可以对已经添加的转场进行替换和移动操作，获得用户所需要的转场效果。本节主要介绍替换与移动转场效果的操作方法。

9.3.1 替换转场：替换需要的转场效果

在会声会影 X9 中，在图像素材之间添加相应的转场效果后，如果用户对该转场效果不满意，可以对其进行替换。下面介绍替换转场效果的操作方法。

素材文件	素材\第 9 章\传统建筑(1).jpg、传统建筑(2).jpg
效果文件	效果\第 9 章\传统建筑.VSP
视频文件	视频\第 9 章\9.3.1　替换转场：替换需要的转场效果.mp4

【操练+视频】——替换转场：替换需要的转场效果

step 01 进入会声会影编辑器，打开一个项目文件，如图 9-15 所示。

step 02 单击导览面板中的“播放”按钮，在预览窗口中预览打开的项目效果，如图 9-16 所示。

图 9-15　打开项目文件

图 9-16　预览项目效果

step 03 切换至“转场”选项卡，在“果皮”素材库中选择“拉链”转场效果，如图 9-17 所示。

step 04 单击鼠标左键并拖曳至故事板中的两幅图像素材之间，替换之前添加的转场效果，如图 9-18 所示。

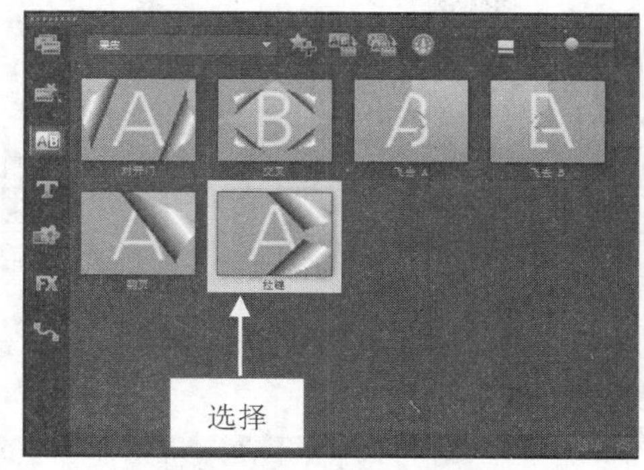

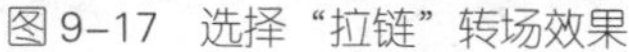
图 9-17 选择“拉链”转场效果

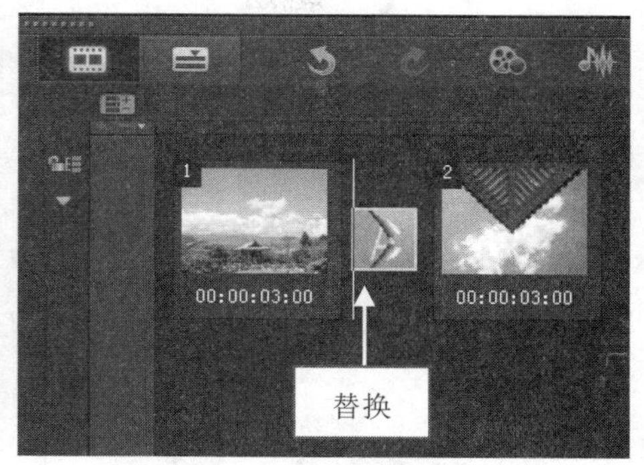

图 9-18 替换转场效果

step 05 执行上述操作后，单击导览面板中的“播放”按钮，预览已替换的转场效果，如图 9-19 所示。

图 9-19 预览已替换的转场效果

9.3.2 移动转场：更改转场效果的位置

在会声会影 X9 中，若用户需要调整转场效果的位置，可以先选择需要移动的转场效果，然后再将其拖曳至合适位置。下面介绍移动转场效果的操作方法。

素材文件	素材\第 9 章\日式美食.VSP
效果文件	效果\第 9 章\日式美食.VSP
视频文件	视频\第 9 章\9.3.2 移动转场：更改转场效果的位置.mp4

【操练+视频】——移动转场：更改转场效果的位置

step 01 进入会声会影编辑器，打开一个项目文件，单击导览面板中的“播放”按钮，预览打开的项目效果，如图 9-20 所示。

step 02 在故事板中选择第 1 张图像与第 2 张图像之间的转场效果，单击鼠标左键并拖曳至第 2 张图像与第 3 张图像之间，如图 9-21 所示。

step 03 释放鼠标左键，即可移动转场效果，如图 9-22 所示。

step 04 执行上述操作后，单击导览面板中的“播放”按钮，即可预览移动转场后的效果，如图 9-23 所示。

图 9–20　预览项目效果

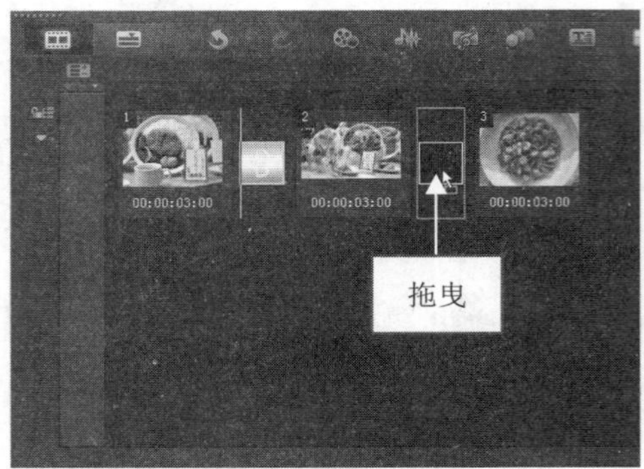

图 9–21　拖曳转场效果

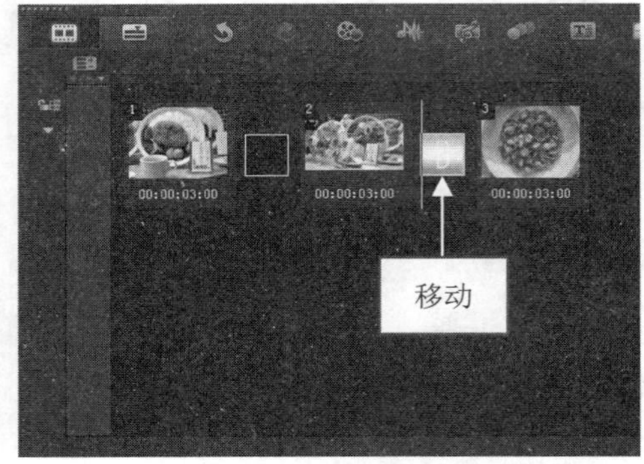

图 9–22　移动转场效果

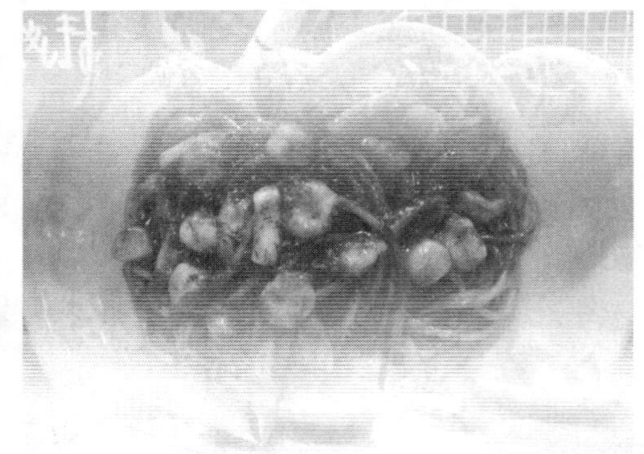

图 9–23　预览转场效果

9.3.3 删除转场效果

在会声会影 X9 中，为素材添加转场效果后，若用户对添加的转场效果不满意，可以将其删除。下面介绍删除转场效果的操作方法。

进入会声会影编辑器，选择需要删除的转场效果，右击，在弹出的快捷菜单中选择“删除”命令，如图 9–24 所示。执行上述操作后，即可完成转场的删除操作，如图 9–25 所示。

在会声会影 X9 中，用户还可以在故事板中选择要删除的转场效果，然后按 Delete 键，也可删除添加的转场效果。

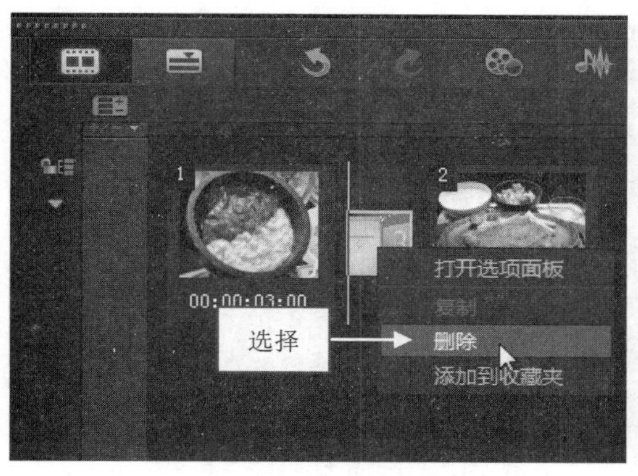

图 9-24 选择“删除”命令

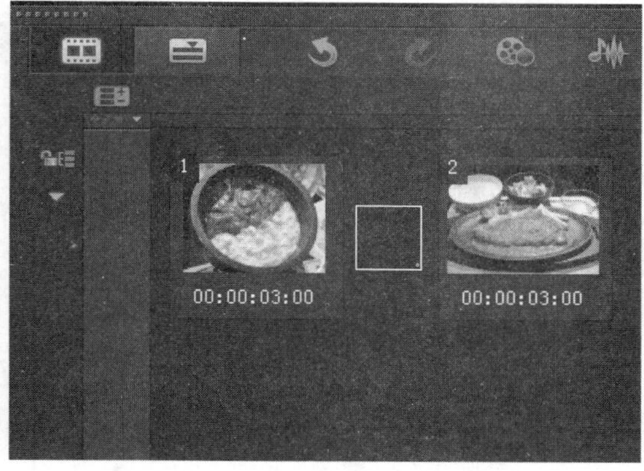

图 9-25 删除转场效果

9.3.4 边框效果：为转场添加白色边框

在会声会影 X9 中，可以为转场效果设置相应的边框样式，从而为转场效果锦上添花，加强效果的审美度。下面介绍设置转场边框效果的操作方法。

素材文件	素材\第 9 章\美满爱情(1).jpg、美满爱情(2).jpg
效果文件	效果\第 9 章\美满爱情.VSP
视频文件	视频\第 9 章\9.3.4 边框效果：为转场添加白色边框.mp4

【操练+视频】——边框效果：为转场添加白色边框

step 01 进入会声会影编辑器，在故事板中插入两幅图像素材，如图 9-26 所示。

step 02 切换至“转场”选项卡，单击窗口上方的“画廊”按钮，在弹出的下拉列表中选择“擦拭”选项，打开“擦拭”素材库，选择“泥泞”转场效果，如图 9-27 所示。

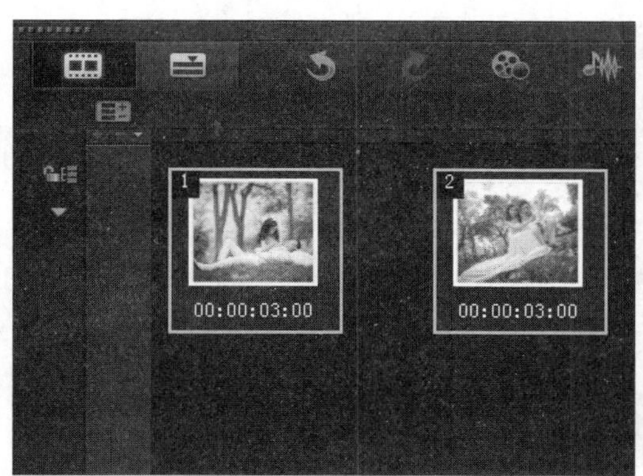

图 9-26 插入图像素材

图 9-27 选择“泥泞”转场效果

step 03 单击鼠标左键并拖曳至故事板中的两幅图像素材之间，添加“泥泞”转场效果，如图 9-28 所示。

step 04 单击“选项”按钮，打开“转场”选项面板，在“边框”右侧的数值框中输入 2，然后单击“柔化边缘”右侧的“无柔化边缘”按钮，如图 9-29 所示。

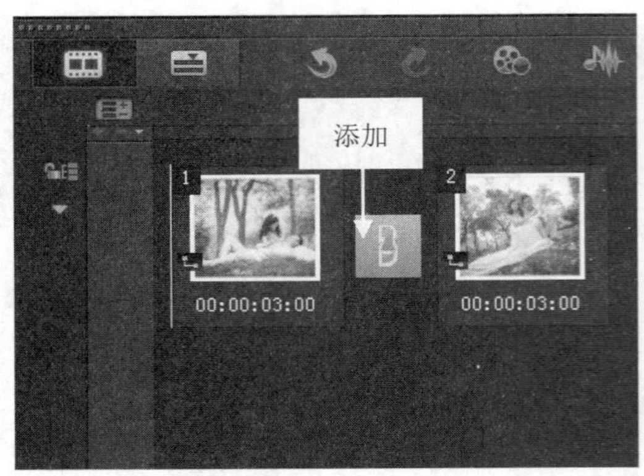

图 9-28　添加“泥泞”转场效果

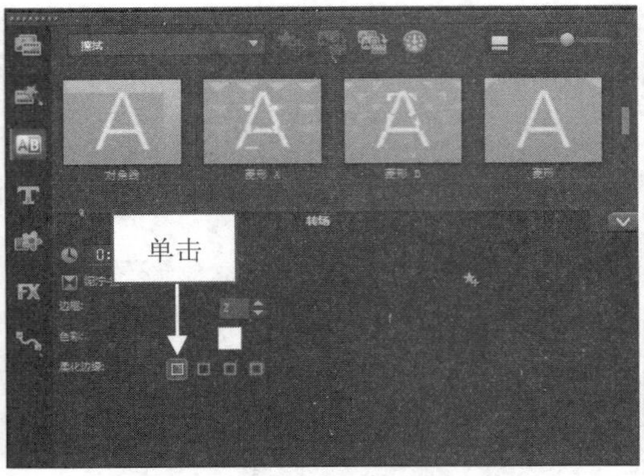

图 9-29　单击“无柔化边缘”按钮

step 05 单击导览面板中的“播放”按钮，即可在预览窗口中预览设置转场边框后的效果，如图 9-30 所示。

图 9-30　预览设置转场边框后的效果

9.4 制作视频转场画面特效

在会声会影 X9 的 3D 转场组中，包括 15 种视频转场特效，如“漩涡”“马赛克”“百叶窗”“开门”“立方体翻转”“时钟”以及“画中画”等视频转场效果。本节主要向用户详细介绍应用视频转场效果的操作方法。

9.4.1 漩涡转场：制作画面破碎转场效果

在会声会影 X9 中，“漩涡”转场效果是 3D 转场类型中的一种，是指素材 A 以漩涡碎片的方式进行过渡，显示素材 B。下面介绍应用“漩涡”转场的操作方法。

素材文件	素材\第 9 章\民间雕像(1).jpg、民间雕像(2).jpg
效果文件	效果\第 9 章\民间雕像.VSP
视频文件	视频\第 9 章\9.4.1　漩涡转场：制作画面破碎转场效果.mp4

【操练+视频】——漩涡转场：制作画面破碎转场效果

step 01 进入会声会影编辑器，在故事板中插入两幅图像素材，如图 9-31 所示。

step 02 在“转场”素材库的 3D 转场中，选择“旋涡”转场效果，单击鼠标左键并将其拖曳至故事板中的两幅图像素材之间，添加“旋涡”转场效果，如图 9-32 所示。

图 9-31 插入图像素材

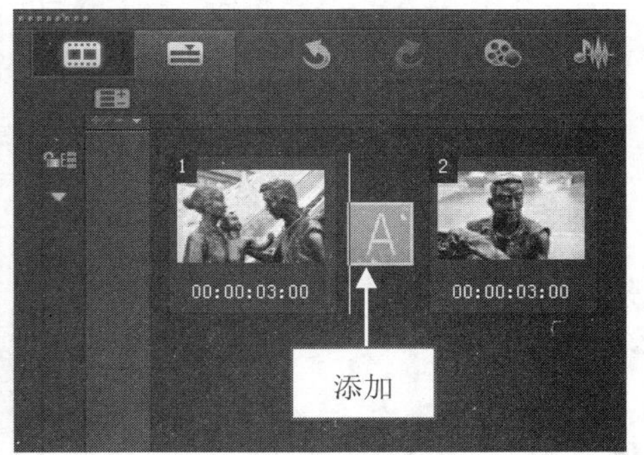

图 9-32 添加“旋涡”转场效果

step 03 执行上述操作后，单击导览面板中的“播放”按钮，预览“旋涡”转场效果，如图 9-33 所示。

图 9-33 预览“旋涡”转场效果

9.4.2 方块转场：制作马赛克转场效果

在会声会影 X9 中，“马赛克”转场效果是“过滤”转场类型中的一种，是指素材 A 以马赛克的方式进行过渡，显示素材 B。下面介绍应用“马赛克”转场的操作方法。

素材文件	素材\第 9 章\残暴恐龙(1).jpg、残暴恐龙(2).jpg
效果文件	效果\第 9 章\残暴恐龙.VSP
视频文件	视频\第 9 章\9.4.2 方块转场：制作马赛克转场效果.mp4

【操练+视频】——方块转场：制作马赛克转场效果

step 01 进入会声会影编辑器，在故事板中插入两幅图像素材，如图 9-34 所示。

step 02 在“转场”素材库的“过滤”转场中，选择“马赛克”转场效果，单击鼠标左键并将其拖曳至故事板中的两幅图像素材之间，添加“马赛克”转场效果，如图 9-35 所示。

step 03 执行上述操作后，单击导览面板中的“播放”按钮，预览“马赛克”转场效果，如图 9-36 所示。

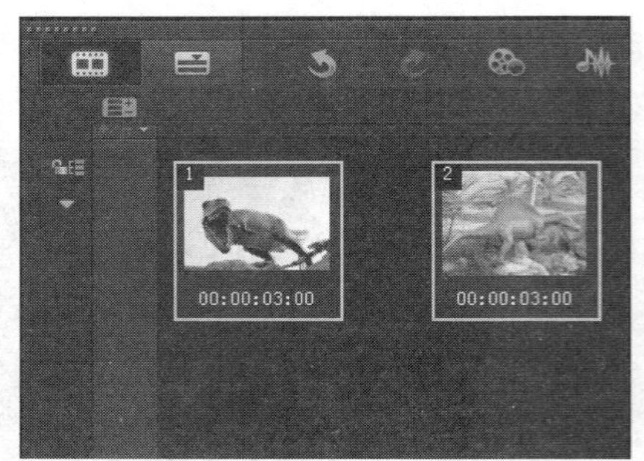

图 9-34　插入图像素材

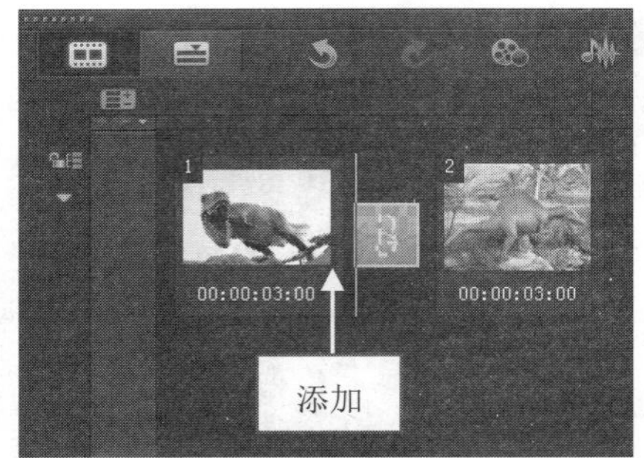

图 9-35　添加“马赛克”转场效果

图 9-36　预览“马赛克”转场效果

9.4.3　三维转场：制作百叶窗转场效果

在会声会影 X9 中，“百叶窗”转场效果是 3D 转场类型中最常用的一种，是指素材 A 以百叶窗翻转的方式进行过渡，显示素材 B。下面介绍应用“百叶窗”转场的操作方法。

素材文件	素材\第 9 章\沙漠风景(1).jpg、沙漠风景(2).jpg
效果文件	效果\第 9 章\沙漠风景.VSP
视频文件	视频\第 9 章\9.4.3　三维转场：制作百叶窗转场效果.mp4

【操练+视频】——三维转场：制作百叶窗转场效果

step 01 进入会声会影编辑器，在故事板中插入两幅图像素材，如图 9-37 所示。

step 02 单击“转场”按钮，切换至“转场”选项卡，单击窗口上方的“画廊”按钮，在弹出的下拉列表中选择 3D 选项，打开 3D 素材库，在其中选择“百叶窗”转场效果，单击鼠标左键并拖曳至故事板中的两幅图像素材之间，添加“百叶窗”转场效果，如图 9-38 所示。

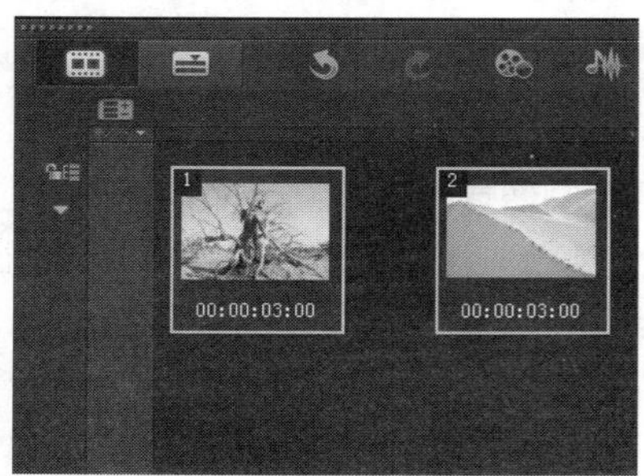

图 9-37　插入图像素材

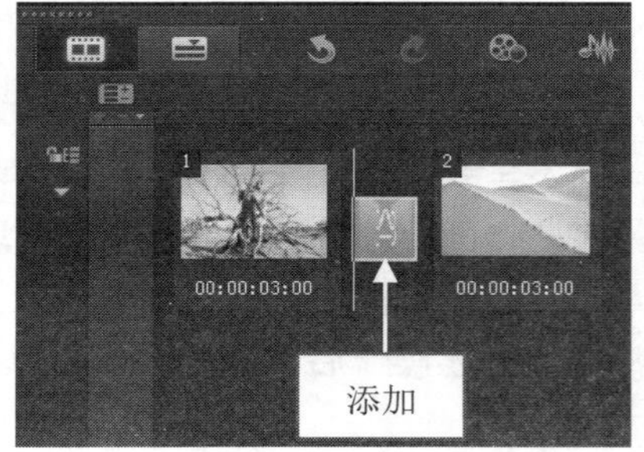

图 9-38　添加“百叶窗”转场效果

step 03 执行上述操作后，单击导览面板中的“播放”按钮，预览“百叶窗”转场效果，如图 9-39 所示。

图 9-39 预览“百叶窗”转场效果

9.4.4 开门转场：制作三维开门转场效果

在会声会影 X9 中，“门”转场效果只是“过滤”素材库中的一种，“过滤”素材库的特征是素材 A 以自然过渡的方式逐渐被素材 B 取代。下面介绍应用“门”转场的操作方法。

素材文件	素材\第 9 章\公园一角(1).jpg、公园一角(2).jpg
效果文件	效果\第 9 章\公园一角.VSP
视频文件	视频\第 9 章\9.4.4 开门转场：制作三维开门转场效果.mp4

【操练+视频】——开门转场：制作三维开门转场效果

step 01 进入会声会影编辑器，在故事板中插入两幅图像素材，如图 9-40 所示。

step 02 单击“转场”按钮，切换至“转场”选项卡，单击窗口上方的“画廊”按钮，在弹出的下拉列表中选择“过滤”选项，如图 9-41 所示。

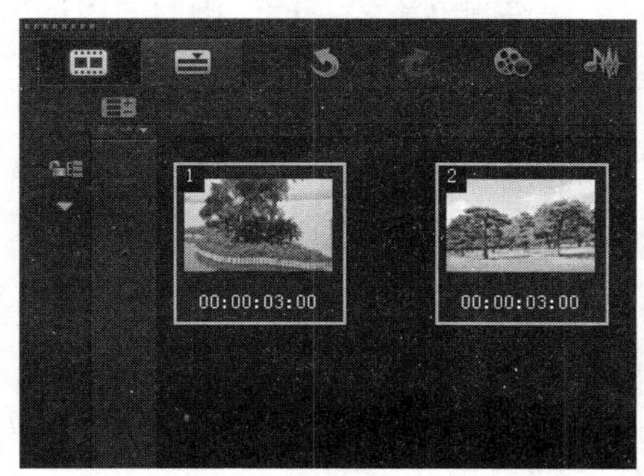

图 9-40 插入图像素材

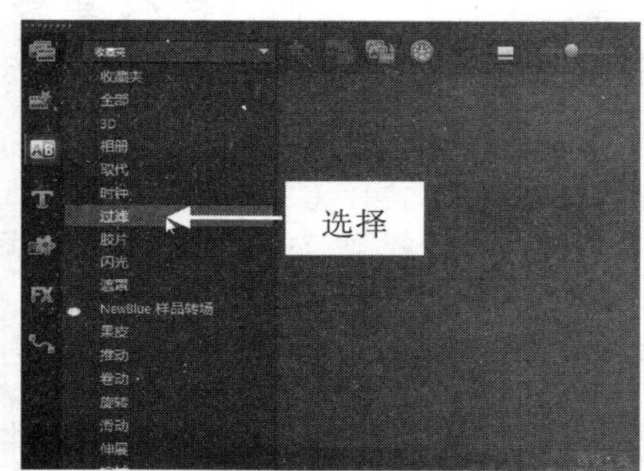

图 9-41 选择“过滤”选项

step 03 打开“过滤”素材库，选择“门”转场效果，如图 9-42 所示。

step 04 单击鼠标左键并拖曳至故事板中的两幅图像素材之间，添加“门”转场效果，如图 9-43 所示。

step 05 执行上述操作后，单击导览面板中的“播放”按钮，即可预览“门”转场效果，如图 9-44 所示。

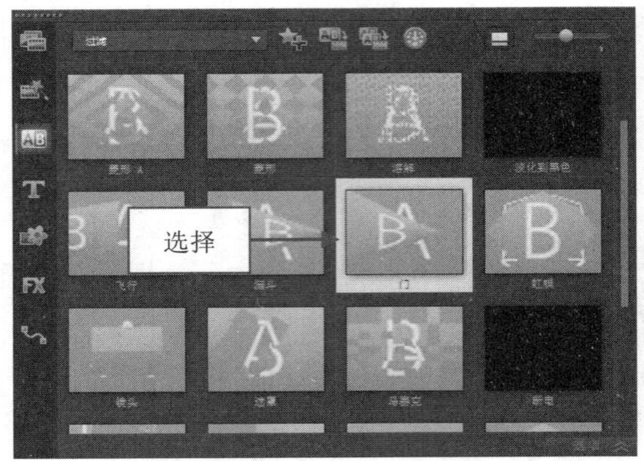

图 9-42　选择“门”转场效果

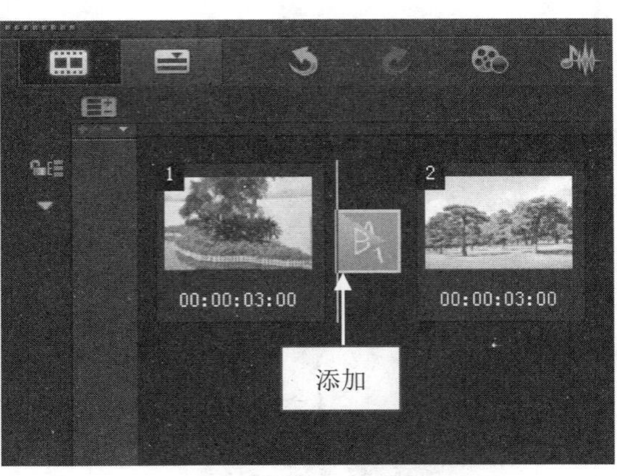

图 9-43　添加“门”转场效果

图 9-44　预览“门”转场效果

9.4.5 相册转场：制作真实三维相册翻页效果

在会声会影 X9 中，“翻转”转场效果是“相册”转场类型中的一种，用户可以通过自定义参数来制作三维相册翻页效果。下面介绍制作三维相册翻页效果的操作方法。

素材文件	素材\第 9 章\郎才女貌(1).jpg、郎才女貌(2).jpg
效果文件	效果\第 9 章\郎才女貌.VSP
视频文件	视频\第 9 章\9.4.5　相册转场：制作真实三维相册翻页效果.mp4

【操练+视频】——相册转场：制作真实三维相册翻页效果

step 01 进入会声会影编辑器，在视频轨中插入两幅素材图像。在“转场”素材库的“相册”转场中选择“翻转”转场效果，单击鼠标左键并将其拖曳至两幅素材图像之间，添加“翻转”转场效果，如图 9-45 所示。

step 02 在“转场”选项面板中，设置“区间”为 0:00:02:00，设置完成后，单击“自定义”按钮，弹出“翻转-相册”对话框，选择布局为第 1 个样式，“相册页面模板”为第 4 个样式；切换至“背景和阴影”选项卡，选择背景模板为第 2 个样式；切换至“页面 A”选项卡，选择“相册页面模板”为第 3 个样式；切换至“页面 B”选项卡，选择“相册页面模板”为第 3 个样式，设置完成后单击“确定”按钮，如图 9-46 所示。

step 03 执行上述操作后，单击导览面板中的“播放”按钮，预览制作的转场效果，如图 9-47 所示。

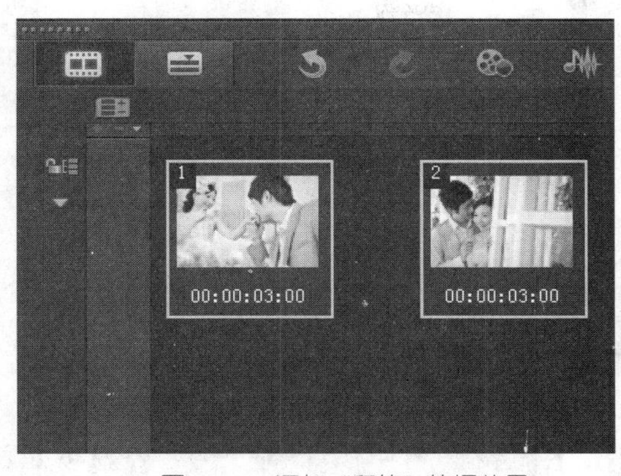

图 9-45　添加“翻转”转场效果

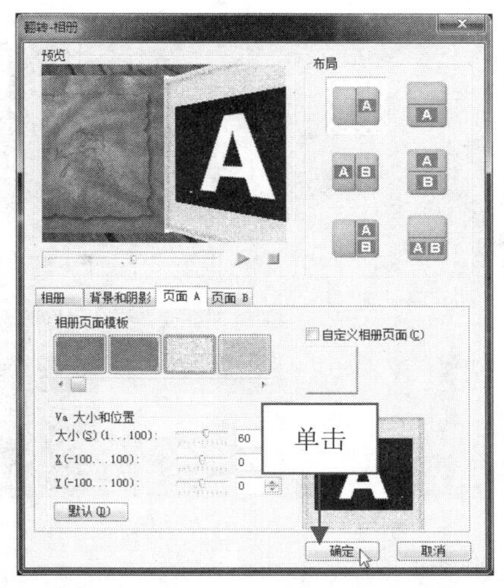

图 9-46　单击“确定”按钮

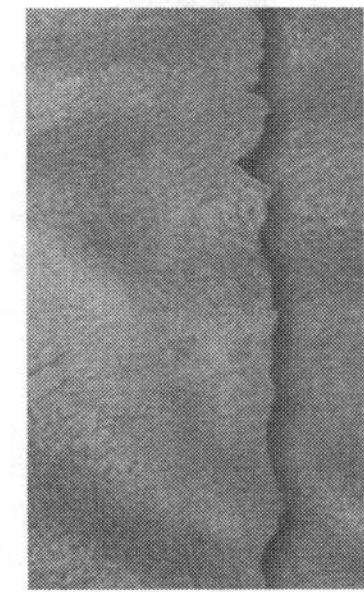

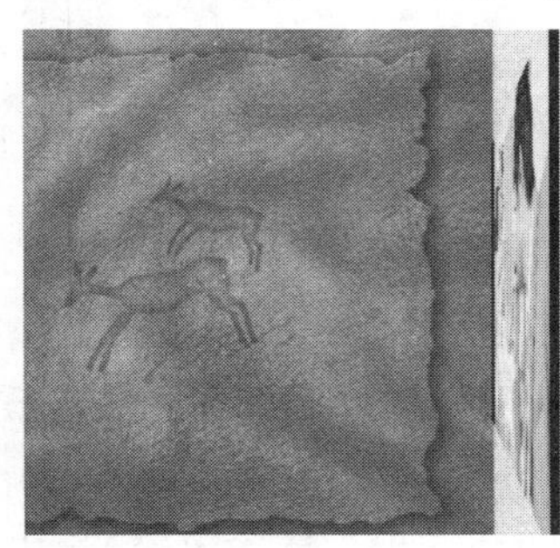

图 9-47　预览制作的转场效果

9.4.6 立体转场：制作立方体翻转效果

在会声会影 X9 中，“3D 比萨饼盒”转场效果是“NewBlue 样品转场”类型中的一种，用户可以通过自定义参数来制作照片立方体翻转的效果。下面介绍制作照片立方体翻转效果的操作方法。

素材文件	素材\第 9 章\心有灵犀(1).jpg、心有灵犀(2).jpg
效果文件	效果\第 9 章\心有灵犀.VSP
视频文件	视频\第 9 章\9.4.6　立体转场：制作立方体翻转效果.mp4

【操练+视频】——立体转场：制作立方体翻转效果

step 01 进入会声会影编辑器，在故事板中插入两幅图像素材。在“NewBlue 样品转场”素材库中选择“3D 比萨饼盒”转场效果，单击鼠标左键并将其拖曳至故事板中的两幅图像素材之间，添加“3D 比萨饼盒”转场效果，如图 9-48 所示。

step 02 在“转场”选项面板中，单击“自定义”按钮，弹出“NewBlue 3D 比萨饼盒”对话框，在下方选择“立方体上”运动效果，如图 9-49 所示。

step 03 执行上述操作后，单击“确定”按钮。返回到会声会影编辑器，单击导览面板中的“播放”按钮，预览照片立体感运动效果，如图 9-50 所示。

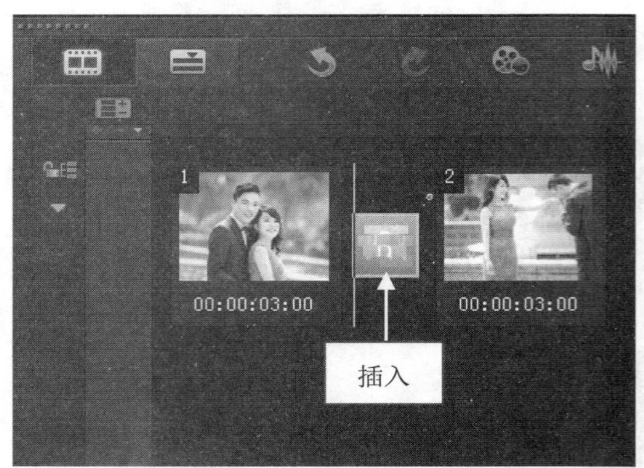

图 9-48　添加“3D 比萨饼盒”转场效果

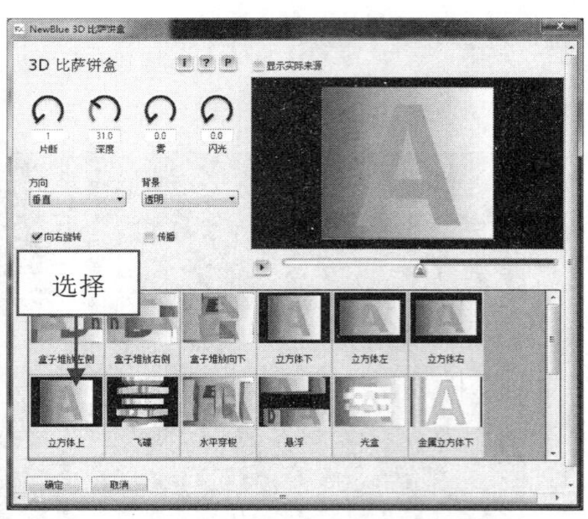

图 9-49　选择“立方体上”运动效果

图 9-50　预览视频立体感运动效果

9.4.7　时钟转场：制作时钟顺时针转动特效

在会声会影 X9 中，“时钟”转场效果是指素材 A 以时钟旋转的方式进行运动，显示素材 B，形成相应的过渡效果。

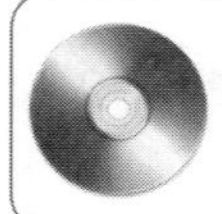

素材文件	素材\第 9 章\蝴蝶飞舞 1.jpg、蝴蝶飞舞 2.jpg
效果文件	效果\第 9 章\蝴蝶飞舞.VSP
视频文件	视频\第 9 章\9.4.7　时钟转场：制作时钟顺时针转动特效.mp4

【操练+视频】——时钟转场：制作时钟顺时针转动特效

step 01 进入会声会影编辑器，在故事板中插入两幅图像素材，如图 9-51 所示。

step 02 单击“转场”按钮，切换至“转场”素材库，单击窗口上方的“画廊”按钮，在弹出的下拉列表中选择“时钟”选项，如图 9-52 所示。

step 03 在“时钟”转场素材库中选择“扭曲”转场效果，如图 9-53 所示。

step 04 单击鼠标左键并拖曳至故事板中的两幅图像素材之间，添加“扭曲”转场效果，如图 9-54 所示。

step 05 在导览面板中单击“播放”按钮，预览时钟顺时针转动特效，如图 9-55 所示。

图 9-51　插入两幅图像素材

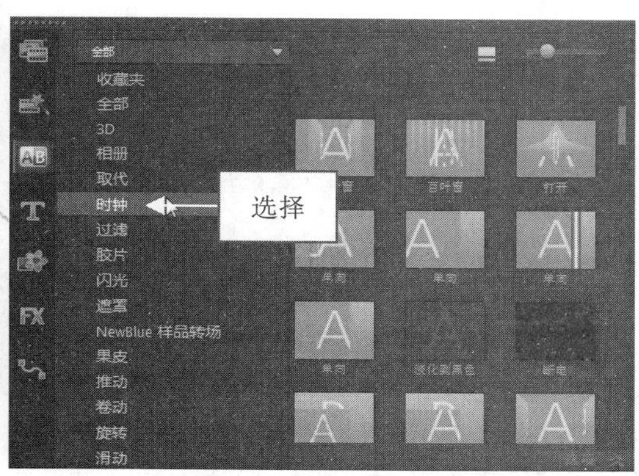

图 9-52　选择“时钟”选项

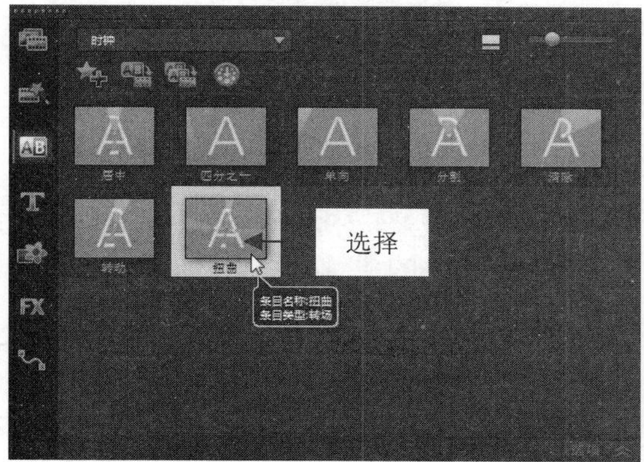

图 9-53　选择“扭曲”转场效果

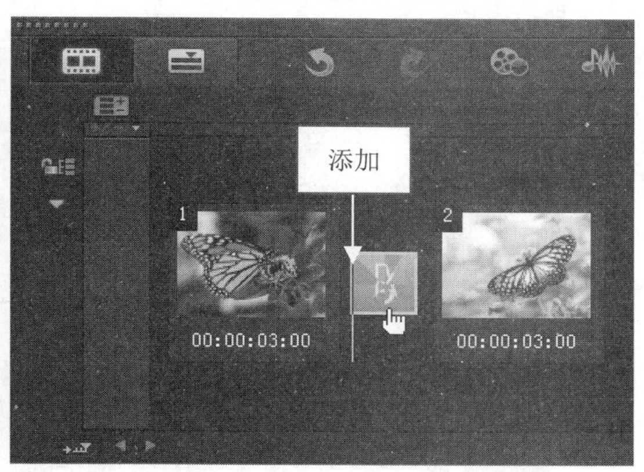

图 9-54　添加“扭曲”转场效果

图 9-55　预览时钟顺时针转动特效

在会声会影 X9 的“时钟”转场组中，包括 7 种视频转场特效，如“居中”“单向”“四分之一”“分割”“清除”“转动”“扭曲”视频转场效果，选择相应的转场效果，图像将以不同的时钟旋转方式进行运动。

9.4.8 覆叠转场：制作画中画转场特效

在会声会影 X9 中，用户不仅可以为视频轨中的素材添加转场效果，还可以为覆叠轨中的素材

添加转场效果。下面向用户介绍制作画中画转场切换特效的操作方法。

素材文件	素材\第 9 章\江上焰火(1).jpg、江上焰火(2).jpg、背景.jpg
效果文件	效果\第 9 章\江上焰火.VSP
视频文件	视频\第 9 章\9.4.8　覆叠转场：制作画中画转场特效.mp4

【操练+视频】——覆叠转场：制作画中画转场特效

step 01 进入会声会影编辑器，在视频轨中插入一幅素材图像。打开“照片”选项面板，在其中设置“照片区间”为 0:00:05:00，更改素材区间长度，在时间轴面板的视频轨中可以查看更改区间长度后的素材图像，在覆叠轨中插入两幅素材图像，如图 9-56 所示。

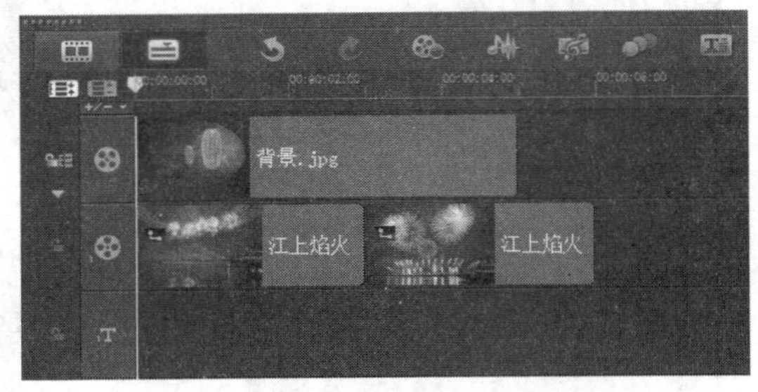

图 9-56　插入两幅素材图像

step 02 打开“转场”素材库，单击窗口上方的“画廊”按钮，在弹出的下拉列表中选择“果皮”选项，进入“果皮”转场组，在其中选择“对开门”转场效果，将选择的转场效果拖曳至时间轴面板的覆叠轨中两幅素材图像之间，释放鼠标左键，在覆叠轨中为覆叠素材添加转场效果。单击导览面板中的“播放”按钮，预览制作的覆叠转场特效，如图 9-57 所示。

图 9-57　预览制作的覆叠转场特效

9.4.9 菱形转场：制作菱形擦拭切换特效

在会声会影 X9 中，“擦拭”转场效果是指素材 A 以抹布擦拭的形式，慢慢显示素材 B，形成相应的过渡效果。

素材文件	素材\第 9 章\城市夜空(1).jpg、城市夜空(2).jpg
效果文件	效果\第 9 章\城市夜空.VSP
视频文件	视频\第 9 章\9.4.9　菱形转场：制作菱形擦拭切换特效.mp4

【操练+视频】——菱形转场：制作菱形擦拭切换特效

step 01 进入会声会影编辑器，在故事板中插入两幅图像素材，如图 9-58 所示。

step 02 单击“转场”按钮，切换至“转场”素材库，单击窗口上方的“画廊”按钮，在弹出的下拉列表中选择“擦拭”选项，如图 9-59 所示。

图 9-58 插入两幅图像素材

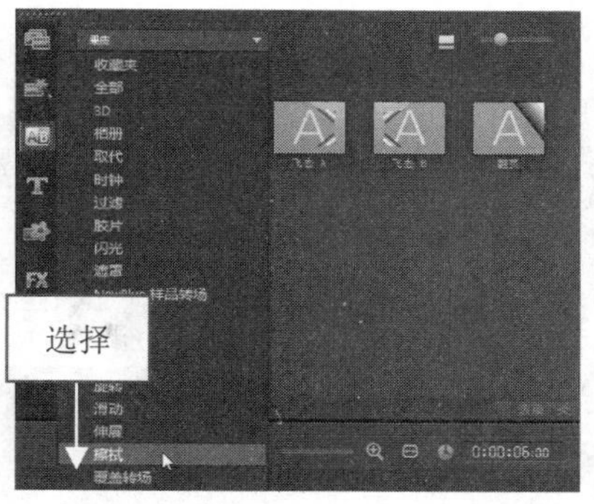

图 9-59 选择“擦拭”选项

step 03 在“擦拭”转场素材库中选择“菱形”转场效果，如图 9-60 所示。

step 04 单击鼠标左键并拖曳至故事板中的两幅图像素材之间，添加“菱形”转场效果，如图 9-61 所示。在“转场”选项面板中为转场添加边框属性。

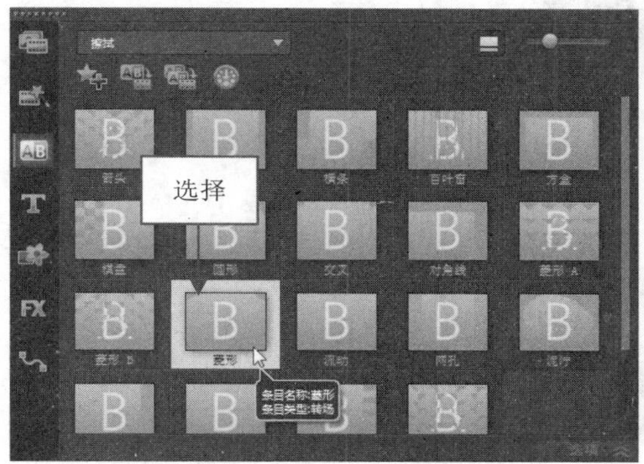

图 9-60 选择“菱形”转场

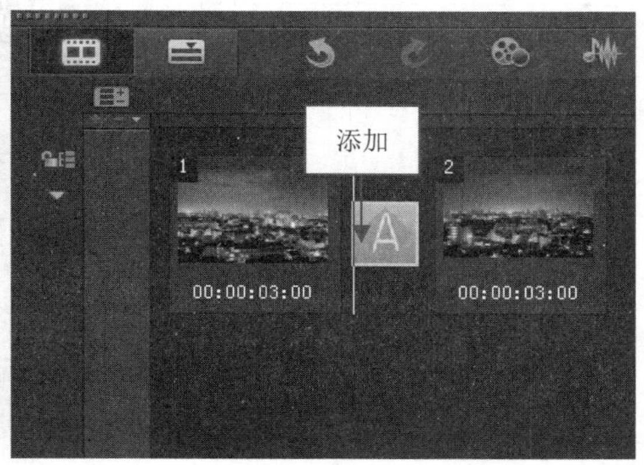

图 9-61 添加“菱形”转场

step 05 在导览面板中单击“播放”按钮，预览菱形擦拭切换特效，如图 9-62 所示。

图 9-62 预览菱形擦拭切换特效

第10章 合成：制作覆叠画中画特效

章前知识导读

在电视或电影中，经常会看到在播放一段视频的同时，往往还嵌套播放另一段视频，这就是常说的画中画效果。画中画视频技术的应用，在有限的画面空间中，创造了更加丰富的画面内容。本章主要介绍制作画中画覆叠效果的方法。

新手重点索引

- 了解覆叠基本设置
- 设置动画与对齐方式
- 编辑与设置覆叠图像
- 制作画中画合成特效

效果图片欣赏

10.1 了解覆叠基本设置

所谓覆叠功能，是指会声会影 X9 提供的一种视频编辑方法，它将视频素材添加到时间轴视图中的覆叠轨之后，可以对视频素材进行淡入淡出、进入退出以及停靠位置等设置，从而产生视频叠加的效果，为影片增添更多精彩。本节主要向用户介绍覆叠动画的基础知识，包括覆叠属性的设置技巧。

10.1.1 掌握覆叠素材属性设置

运用会声会影 X9 的覆叠功能，可以使用户在编辑视频的过程中具有更多的表现方式。选择覆叠轨中的素材文件，在“属性”选项面板中可以设置覆叠素材的相关属性与运动特效，如图 10–1 所示。

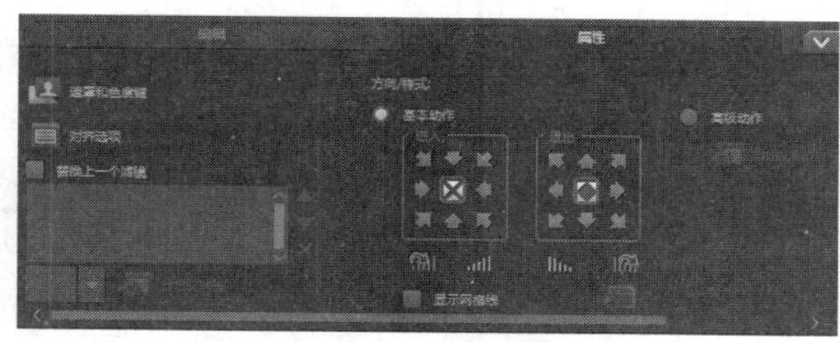

图 10–1 “属性”选项面板

在“属性”选项面板中，主要选项的含义介绍如下。

- 遮罩和色度键：单击该按钮，在弹出的选项面板中可以设置覆叠素材的透明度、边框、覆叠类型以及相似度等。
- 对齐选项：单击该按钮，在弹出的下拉列表中可以设置当前视频的位置以及视频对象的宽高比。
- 替换上一个滤镜：选中该复选框，新的滤镜将替换素材原来的滤镜效果，并应用到覆叠素材上。若用户需要在覆叠素材中应用多个滤镜效果，则可取消选中该复选框。
- 自定义滤镜：单击该按钮，用户可以根据需要对当前添加的滤镜进行自定义设置。
- 进入/退出：设置素材进入和离开屏幕时的方向。
- 淡入动画效果：单击该按钮，可以将淡入效果添加到当前素材中，覆叠淡入效果如图 10–2 所示。

图 10–2 覆叠淡入效果

- 淡出动画效果：单击该按钮，可以将淡出效果添加到当前素材中，覆叠淡出效果如图 10–3 所示。

图 10–3 覆叠淡出效果

- 暂停区间前旋转/暂停区间后旋转：单击相应的按钮，可以在覆叠画面进入或离开屏幕时应用旋转效果，同时可在导览面板中设置旋转之前或之后的暂停区间。
- 显示网格线：选中该复选框，可以在视频中添加网格线。
- 高级动作：选中该单选按钮，可以设置覆叠素材的路径运动效果。

在“属性”选项面板的“方向/样式”选项区中，主要按钮的含义介绍如下。

- “从左上方进入”按钮：单击该按钮，素材将从左上方进入视频动画。
- “进入”选项区中的“静止”按钮：单击该按钮，可以取消为素材添加的进入动画效果。
- “退出”选项区中的“静止”按钮：单击该按钮，可以取消为素材添加的退出动画效果。
- “从右上方进入”按钮：单击该按钮，素材将从右上方进入视频动画。
- “从左上方退出”按钮：单击该按钮，素材将从左上方退出视频动画。
- “从右上方退出”按钮：单击该按钮，素材将从右上方退出视频动画。

10.1.2 掌握遮罩和色度键设置

在“属性”选项面板中，单击“遮罩和色度键”按钮，将展开“遮罩和色度键”选项面板，在其中可以设置覆叠素材的透明度、边框和遮罩特效，如图 10–4 所示。

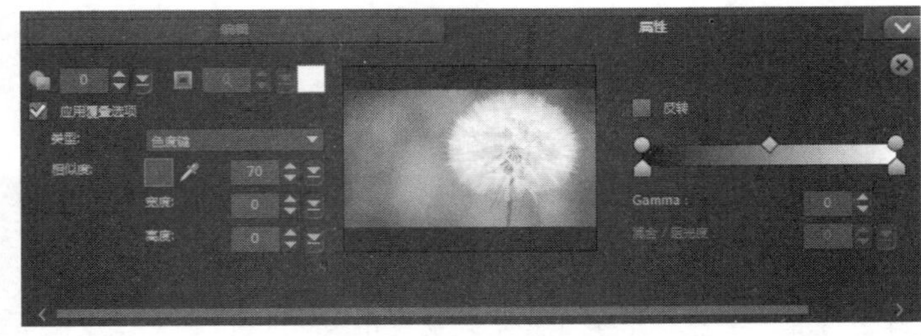

图 10–4 展开“遮罩和色度键”选项面板

在“遮罩和色度键”选项面板中，主要选项的含义介绍如下。

- 透明度：在该数值框中输入相应的参数，或者拖动滑块，可以设置素材的透明度。
- 边框：在该数值框中输入相应的参数，或者拖动滑块，可以设置边框的厚度。单击右侧的颜色色块，可以选择边框的颜色。
- 应用覆叠选项：选中该复选框，可以指定覆叠素材将被渲染的透明程度。
- 类型：选择是否在覆叠素材上应用预设的遮罩，或指定要渲染为透明的颜色。

- 相似度：指定要渲染为透明的色彩选择范围。单击右侧的颜色色块，可以选择要渲染为透明的颜色。单击按钮，可以在覆叠素材中选取色彩参数。
- 宽度/高度：从覆叠素材中修剪不需要的边框，可设置要修剪素材的高度和宽度。
- 覆叠预览：会声会影为覆叠选项窗口提供了预览功能，使用户能够同时查看素材调整之前的原貌，方便比较调整后的效果。

10.2 编辑与设置覆叠图像

在会声会影 X9 中，当用户为视频添加覆叠素材后，可以对覆叠素材进行相应的编辑操作，包括删除覆叠素材、设置覆叠对象透明度、设置覆叠对象的边框、设置覆叠素材的动画以及设置对象对齐方式等属性，使制作的覆叠素材更加美观。本节主要向用户介绍添加与编辑覆叠素材的操作方法。

10.2.1 添加素材：将素材添加至覆叠轨

在会声会影 X9 中，用户可以根据需要在视频轨中添加相应的覆叠素材，从而制作出更具观赏性的视频作品。下面介绍添加覆叠素材的操作方法。

素材文件	素材\第 10 章\气质女人.jpg、气质女人.png
效果文件	效果\第 10 章\气质女人.VSP
视频文件	视频\第 10 章\10.2.1　添加素材：将素材添加至覆叠轨.mp4

【操练+视频】——添加素材：将素材添加至覆叠轨

step 01 进入会声会影编辑器，在视频轨中插入一幅素材图像，如图 10-5 所示。

step 02 在覆叠轨中的适当位置右击，在弹出的快捷菜单中选择“插入照片”命令，如图 10-6 所示。

图 10-5　插入素材图像

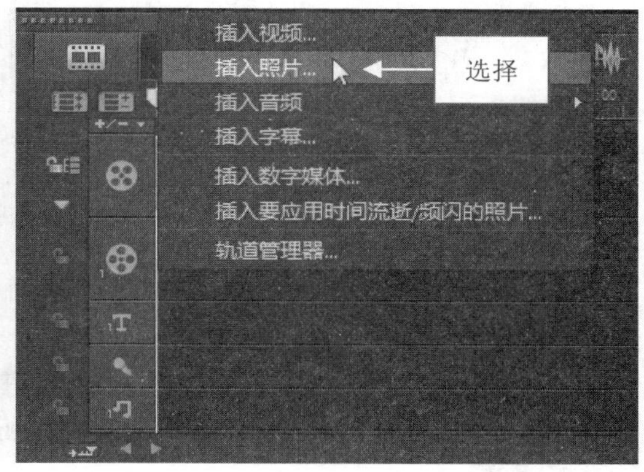

图 10-6　选择“插入照片”命令

用户还可以直接将计算机中自己喜欢的素材图像直接拖曳至会声会影 X9 软件的覆叠轨中，释放鼠标左键，也可以快速添加覆叠素材。

step 03 弹出“浏览照片”对话框，在其中选择相应的照片素材，如图 10-7 所示。

step 04 单击“打开”按钮，即可在覆叠轨中添加相应的覆叠素材，如图 10-8 所示。

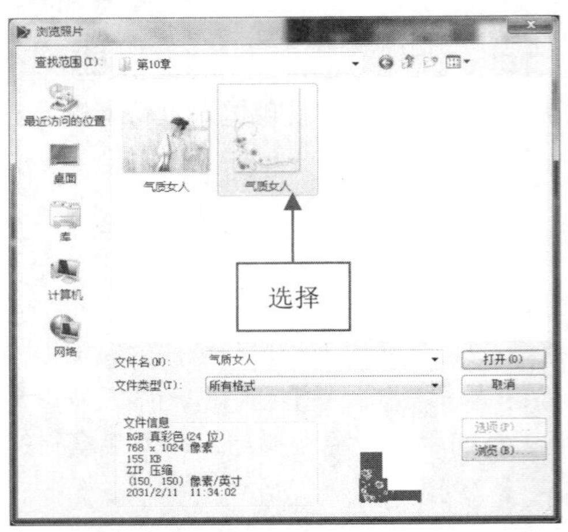

图 10-7 选择相应的照片素材

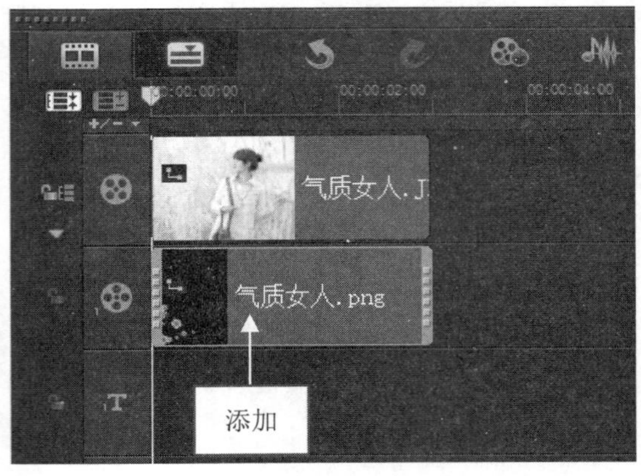

图 10-8 添加相应的覆叠素材

step 05 在预览窗口中，拖曳素材四周的控制柄，调整覆叠素材的位置和大小，如图 10-9 所示。

step 06 执行上述操作后，即可完成覆叠素材的添加。单击导览面板中的“播放”按钮，预览覆叠效果，如图 10-10 所示。

图 10-9 调整覆叠素材的位置和大小

图 10-10 预览覆叠效果

10.2.2 删除覆叠素材

在会声会影 X9 中，如果用户不需要覆叠轨中的素材，可以将其删除。下面向用户介绍删除覆叠素材的操作方法。

进入会声会影编辑器，在时间轴面板的覆叠轨中选择需要删除的覆叠素材，右击，在弹出的快捷菜单中选择“删除”命令，如图 10-11 所示。执行操作后，即可删除覆叠轨中的素材，如图 10-12 所示。

在会声会影 X9 中，用户还可以通过以下两种方法删除覆叠素材。

- 选择覆叠素材，选择菜单栏中的“编辑”|“删除”命令，即可删除覆叠素材。
- 选择需要删除的覆叠素材，按 Delete 键，即可删除覆叠素材。

图 10–11　选择“删除”命令

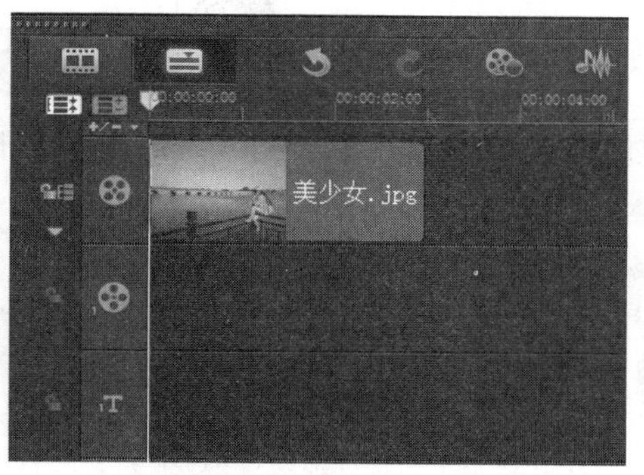

图 10–12　删除覆叠轨中的素材

10.2.3 设置覆叠对象透明度

在“透明度”数值框中输入相应的数值，即可设置覆叠素材的透明度效果。下面向用户介绍设置覆叠素材透明度的操作方法。

进入会声会影编辑器，在覆叠轨中选择需要设置透明度的覆叠素材，如图 10–13 所示。

打开“属性”选项面板，单击“遮罩和色度键”按钮，如图 10–14 所示。

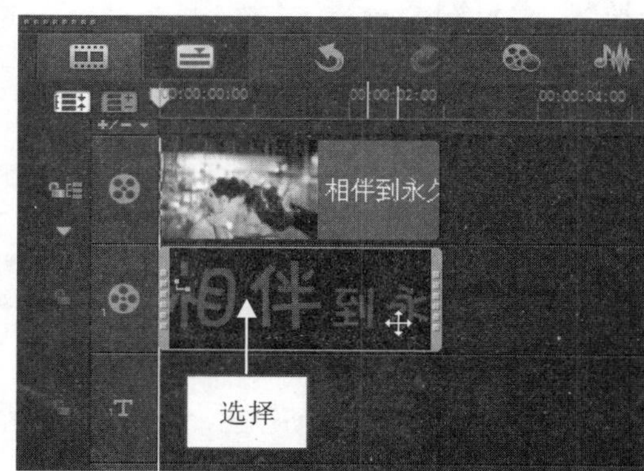

图 10–13　选择覆叠素材

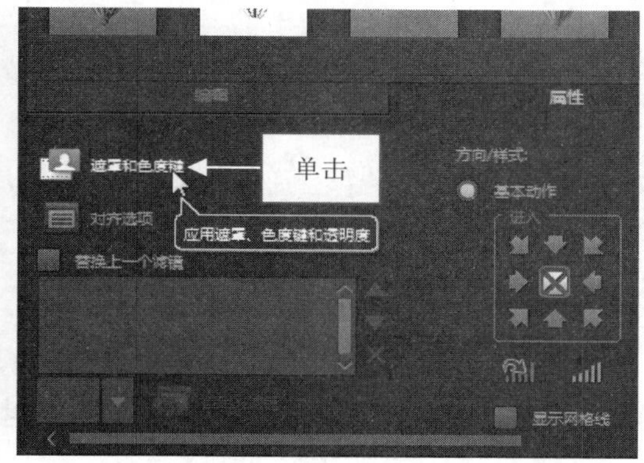

图 10–14　单击“遮罩和色度键”按钮

执行操作后，打开“遮罩和色度键”选项面板，在“透明度”数值框中输入相应数值，如图 10–15 所示。执行操作后，即可设置覆叠素材的透明度效果，预览视频效果，如图 10–16 所示。

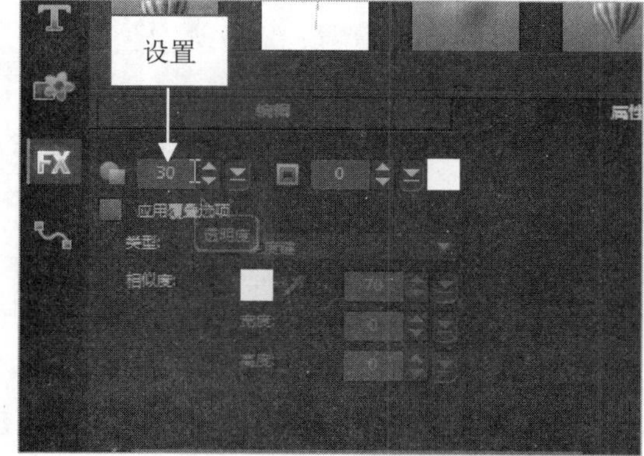

图 10–15　设置透明度参数

图 10–16　预览视频效果

10.2.4 设置边框：为覆叠对象添加边框

为了更好地突出覆叠素材，可以为所添加的覆叠素材设置边框。下面介绍在会声会影 X9 中设置覆叠素材边框的操作方法。

素材文件	素材\第 10 章\一生所爱.VSP
效果文件	效果\第 10 章\一生所爱.VSP
视频文件	视频\第 10 章\10.2.4　设置边框：为覆叠对象添加边框.mp4

【操练+视频】——设置边框：为覆叠对象添加边框

step 01 进入会声会影编辑器，选择菜单栏中的“文件”|“打开项目”命令，打开一个项目文件，如图 10-17 所示。

step 02 在预览窗口中预览打开的项目效果，如图 10-18 所示。

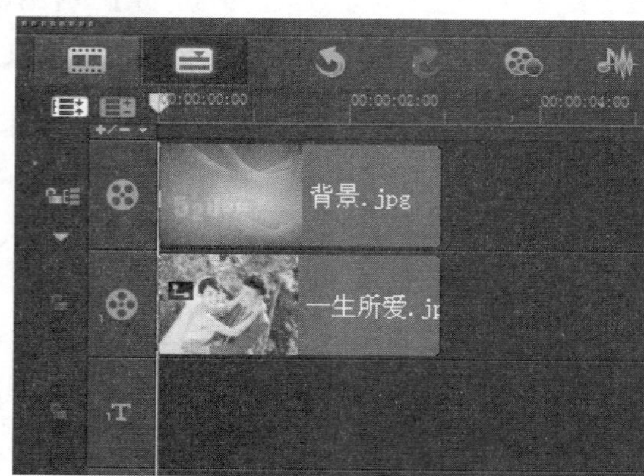

图 10-17　打开项目文件

图 10-18　预览打开的项目效果

step 03 在覆叠轨中选择需要设置边框效果的覆叠素材，如图 10-19 所示。

step 04 打开“属性”选项面板，单击“遮罩和色度键”按钮，如图 10-20 所示。

图 10-19　选择覆叠素材

图 10-20　单击“遮罩和色度键”按钮

step 05 打开“遮罩和色度键”选项面板，在“边框”数值框中输入 4，如图 10-21 所示。执行操作后，即可设置覆叠素材的边框效果。

step 06 在预览窗口中可以预览视频效果，如图 10-22 所示。

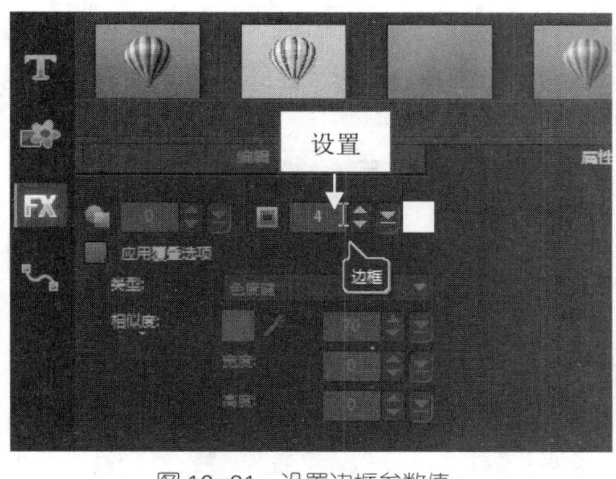

图 10-21 设置边框参数值

图 10-22 预览视频效果

单击“属性”选项面板中的“遮罩和色度键”按钮，在弹出的选项面板中单击“边框”数值框右侧的下三角按钮，弹出透明度滑块，在滑块上单击鼠标左键的同时向右拖曳滑块至合适的位置后释放鼠标左键，也可调整覆叠素材的边框效果。

10.2.5 设置覆叠素材边框颜色

为了使覆叠素材的边框效果更加丰富多彩，用户可以手动设置覆叠素材边框的颜色，使制作的视频画面更符合用户的要求。下面向用户介绍设置覆叠边框颜色的操作方法。

进入会声会影编辑器，选择需要设置边框颜色的覆叠素材，打开“遮罩和色度键”选项面板，单击“边框色彩”色块，在弹出的颜色面板中选择需要更改的颜色，如图 10-23 所示。执行操作后，即可更改覆叠素材的边框颜色，如图 10-24 所示。

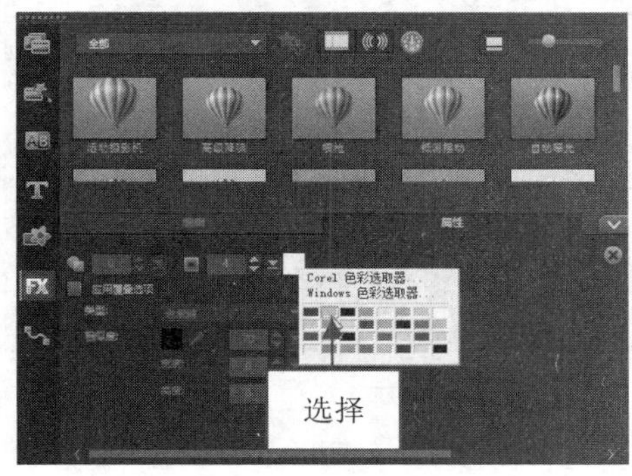

图 10-23 选择需要更改的颜色

图 10-24 预览视频效果

10.3 设置动画与对齐方式

使用覆叠功能可以将视频素材添加到覆叠轨中，然后对视频素材的大小、位置以及透明度等属性进行调整，从而产生视频叠加效果。本节主要介绍添加与删除覆叠图像的方法。

10.3.1 设置进入动画

在“进入”选项区中包括“从左上方进入”“从上方进入”“从右上方进入”等 8 个不同的进入方向和一个“静止”选项，用户可以设置覆叠素材的进入动画效果。

进入会声会影编辑器，选择需要设置进入动画的覆叠素材，如图 10-25 所示。在“属性”面板的“进入”选项区中，单击“从左边进入”按钮，如图 10-26 所示。即可设置覆叠素材的进入动画效果。

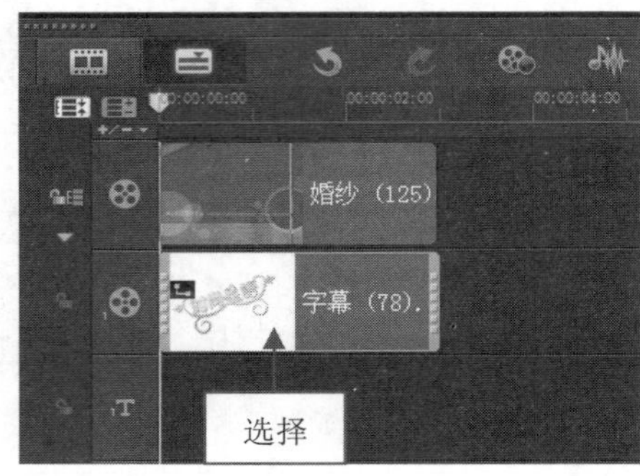

图 10-25 选择覆叠素材

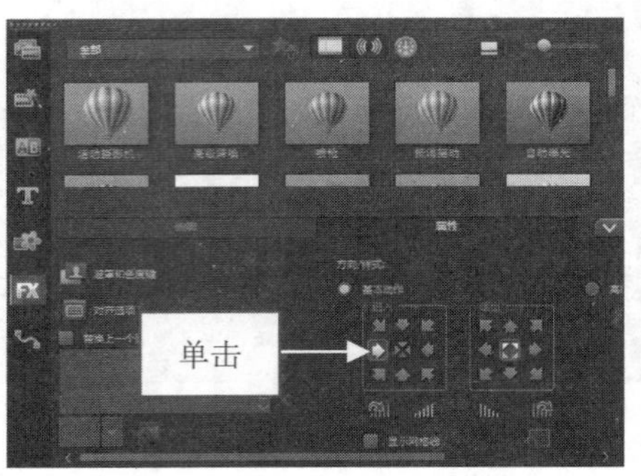

图 10-26 单击“从左边进入”按钮

10.3.2 设置退出动画

在“退出”选项区中包括“从左上方退出”“从上方退出”“从右上方退出”等 8 个不同的退出方向和一个“静止”选项，用户可以设置覆叠素材的退出动画效果。

进入会声会影编辑器，选择需要设置退出动画的覆叠素材，如图 10-27 所示。在“属性”选项面板的“退出”选项区中，单击“从右上方退出”按钮，即可设置覆叠素材的退出动画效果，如图 10-28 所示。

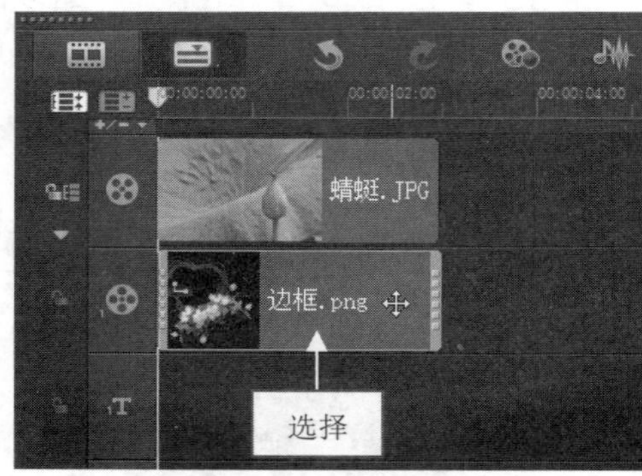

图 10-27 选择覆叠素材

图 10-28 单击“从右上方退出”按钮

10.3.3 设置淡入淡出动画效果

在会声会影 X9 中，用户可以制作画中画视频的淡入淡出效果，使视频画面播放起来更加协调、流畅。下面向用户介绍制作视频淡入淡出特效的操作方法。

进入会声会影编辑器，选择需要设置淡入与淡出动画的覆叠素材，如图 10-29 所示。在“属性”选项面板中，分别单击“淡入动画效果”按钮和“淡出动画效果”按钮，即可设置覆叠素材的淡入淡出动画效果，如图 10-30 所示。

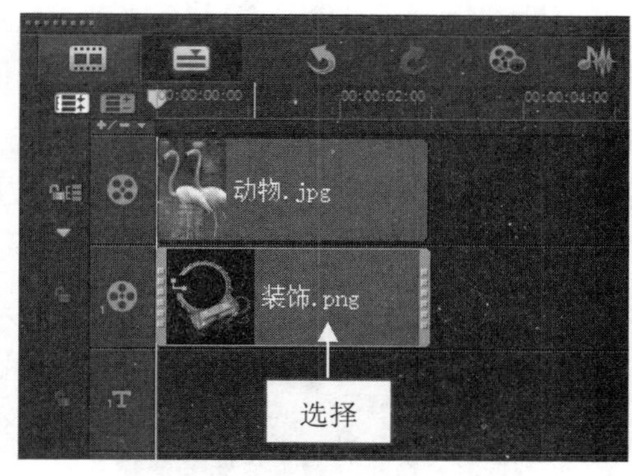

图 10–29　选择覆叠素材

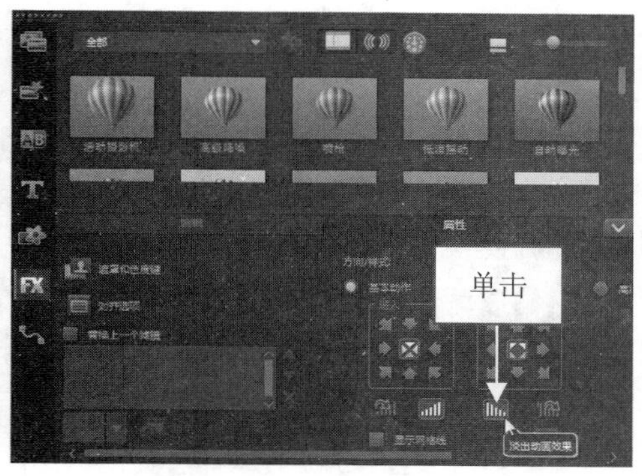

图 10–30　单击相应按钮

10.3.4 设置覆叠对齐方式

在“属性”选项面板中，单击“对齐选项”按钮，在弹出的下拉列表中包含 3 种不同类型的对齐方式，用户可根据需要进行相应设置。下面向用户介绍设置覆叠对齐方式的操作方法。

进入会声会影编辑器，在覆叠轨中选择需要设置对齐方式的覆叠素材，如图 10–31 所示。打开“属性”选项面板，单击“对齐选项”按钮，在弹出的下拉列表中选择“停靠在中央”|“居中”选项，即可设置覆叠素材的对齐方式。在预览窗口中可以预览视频效果，如图 10–32 所示。

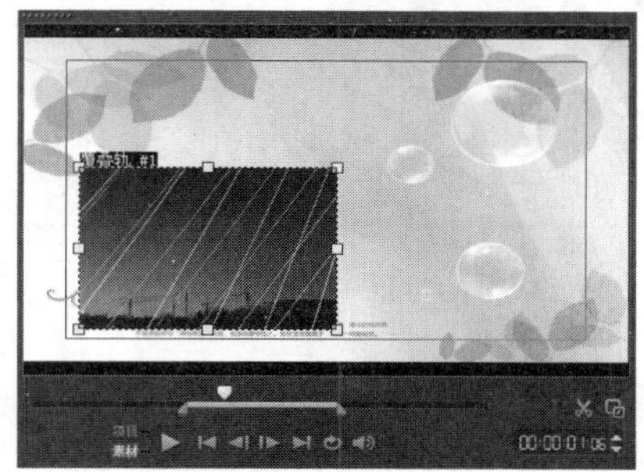

图 10–31　选择覆叠素材

图 10–32　预览视频效果

10.4 制作画中画合成特效

在会声会影 X9 中，覆叠有多种编辑方式，如制作若隐若现效果、精美相册特效、覆叠转场特效、带边框画中画效果、装饰图案效果、覆叠遮罩特效以及覆叠滤镜特效等。本节主要向用户介绍通过覆叠功能制作视频合成特效的操作方法。

10.4.1 频闪效果：制作画面闪烁特效

在会声会影 X9 中，使用“画中画”滤镜与“频闪动作”滤镜可以制作出画面闪烁效果。下面介绍制作画面闪烁效果的操作方法。

素材文件　素材\第 10 章\画框云彩.VSP
效果文件　效果\第 10 章\画框云彩.VSP
视频文件　视频\第 10 章\10.4.1　频闪效果：制作画面闪烁特效.mp4

【操练+视频】——频闪效果：制作画面闪烁特效

step 01 进入会声会影编辑器，打开一个项目文件，并预览项目效果，如图 10–33 所示。

step 02 选择覆叠素材，右击，在弹出的快捷菜单中选择“复制”命令，在右侧合适位置粘贴视频素材，并调整素材区间，如图 10–34 所示。

图 10–33 预览项目效果

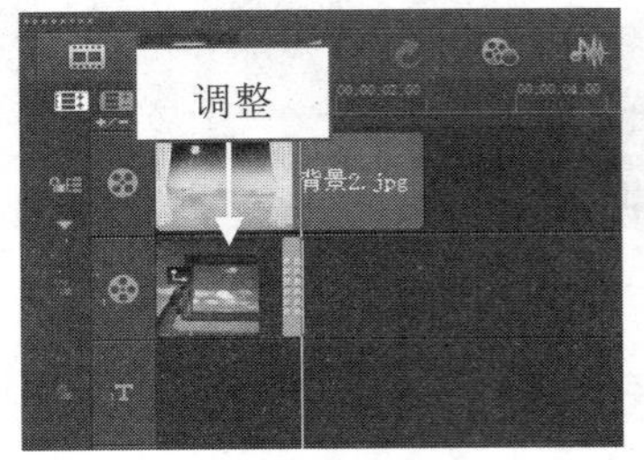

图 10–34 调整素材区间

step 03 使用与上面同样的方法，在覆叠轨右侧继续复制 3 个视频素材并调整区间，单击导览面板中的“播放”按钮，即可预览制作的画面闪烁效果，如图 10–35 所示。

图 10–35 预览制作的画面闪烁效果

10.4.2 水面效果：制作画中画水面效果

在一些影视作品中，常看到视频画面有倒影的效果。在会声会影 X9 中，应用画中画滤镜可以制作水面倒影的效果。下面介绍制作水面倒影效果的操作方法。

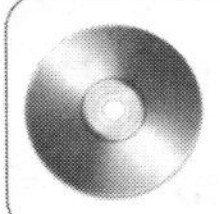

素材文件	素材\第 10 章\清新女孩.jpg
效果文件	效果\第 10 章\清新女孩.VSP
视频文件	视频\第 10 章\10.4.2 水面效果：制作画中画水面效果.mp4

【操练+视频】——水面效果：制作画中画水面效果

step 01 进入会声会影编辑器，在故事板中插入一幅图像素材，如图 10–36 所示。

step 02 切换至“滤镜”选项卡，选择并添加“画中画”滤镜，在“属性”选项面板中单击“自定义滤镜”按钮，如图 10–37 所示。

step 03 弹出“NewBlue 画中画”对话框，在下方预设样式中选择“温柔的反思”预设样式，如图 10–38 所示。

step 04 设置完成后，单击“行”按钮。返回到会声会影操作界面，在预览窗口中可以预览制作的水面倒影视频画面，如图 10–39 所示。

图 10-36 插入图像素材

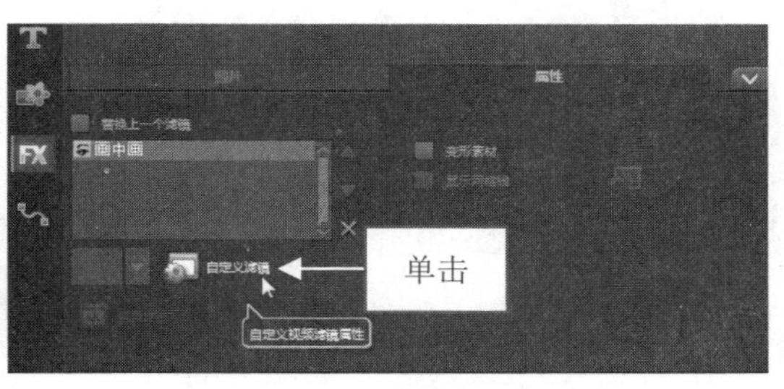

图 10-37 单击“自定义滤镜”按钮

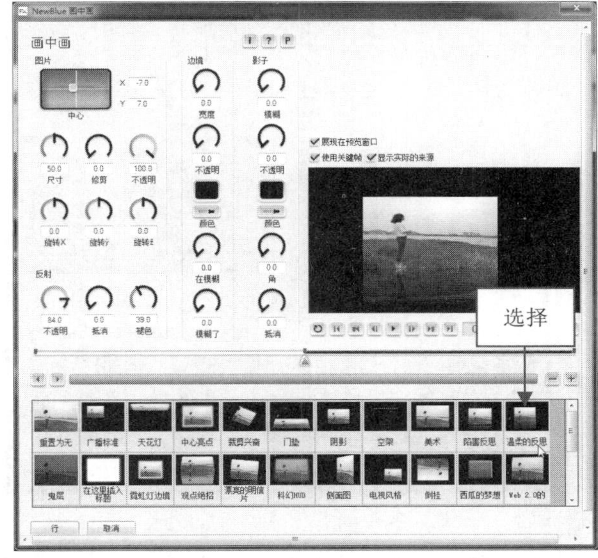

图 10-38 选择“温柔的反思”滤镜效果

图 10-39 预览水面倒影视频画面

10.4.3 旋转效果：制作画中画转动特效

在会声会影中，可以在相同背景下制作多画面同时转动的效果，具有比较好看的效果。下面介绍制作画中画转动效果。

素材文件 素材\第 10 章\雍容华贵.VSP
效果文件 效果\第 10 章\雍容华贵.VSP
视频文件 视频\第 10 章\10.4.3 旋转效果：制作画中画转动特效.mp4

【操练+视频】——旋转效果：制作画中画转动特效

step 01 进入会声会影编辑器，打开一个项目文件，如图 10-40 所示。

step 02 选择覆叠轨 1 中的素材，添加“画中画”滤镜，如图 10-41 所示。

step 03 在“属性”选项面板中，单击“自定义滤镜”按钮，如图 10-42 所示。

step 04 弹出“NewBlue 画中画”对话框，拖动滑块到结尾关键帧位置处，设置“旋转”Y 为 360，设置完成后，单击“行”按钮，如图 10-43 所示。

图 10-40　打开项目文件

图 10-41　添加“画中画”滤镜

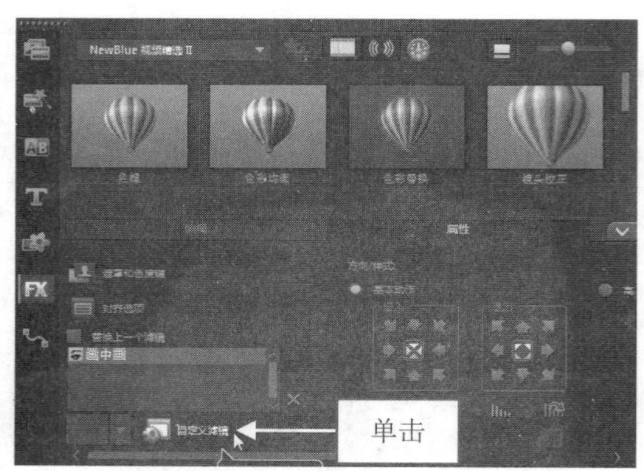

图 10-42　单击“自定义滤镜”按钮

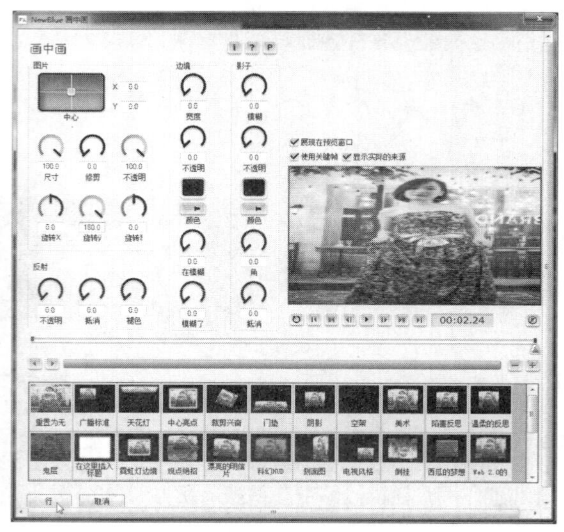

图 10-43　单击“行”按钮

step 05 设置完成后，复制覆叠轨 1 中的素材文件属性，选择覆叠轨 2 和覆叠轨 3 中的素材文件，右击，在弹出的快捷菜单中选择“粘贴可选属性”命令，如图 10-44 所示。

step 06 弹出“粘贴可选属性”对话框，在其中取消选中“大小和变形”与“方向/样式/动作”复选框，单击“确定”按钮，如图 10-45 所示。

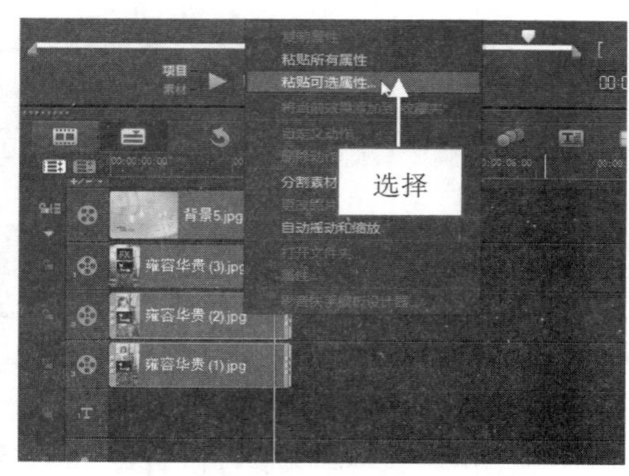

图 10-44　选择“粘贴可选属性”命令

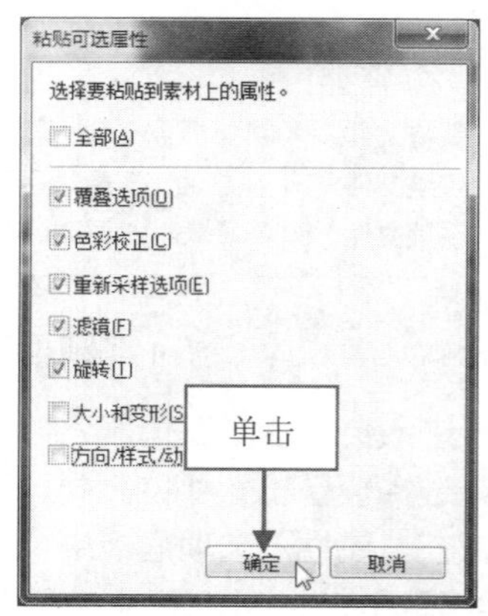

图 10-45　单击“确定”按钮

step 07 单击导览面板中的“播放”按钮，即可在预览窗口中预览制作的视频画面效果，如图 10-46 所示。

图 10-46　预览制作的视频画面效果

10.4.4 移动相框：制作相框移动特效

在会声会影 X9 中，使用“画中画”滤镜可以制作出照片展示相框型画中画特效。下面介绍制作相框移动效果的操作方法。

素材文件	素材\第 10 章\求婚时刻.VSP
效果文件	效果\第 10 章\求婚时刻.VSP
视频文件	视频\第 10 章\10.4.4　移动相框：制作相框移动特效.mp4

【操练+视频】——移动相框：制作相框移动特效

step 01 进入会声会影编辑器，打开一个项目文件，并预览项目效果，如图 10-47 所示。

step 02 选择第一个覆叠素材，在“属性”选项面板中单击“遮罩和色度键”按钮，进入相应选项面板，选中“应用覆叠选项”复选框，设置“类型”为“遮罩帧”，在右侧选择渐变预设样式，如图 10-48 所示。

图 10-47　预览项目效果

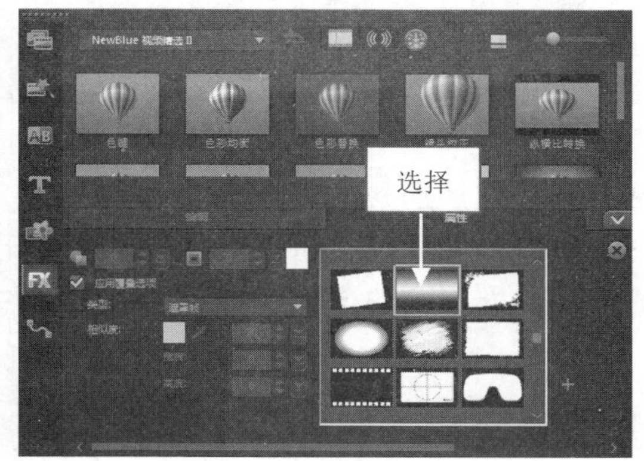

图 10-48　选择相应预设样式

step 03 切换至“滤镜”选项卡，单击窗口上方的“画廊”按钮，在弹出的下拉列表中选择“NewBlue 视频精选Ⅱ”，打开“NewBlue 视频精选Ⅱ”素材库，选择“画中画”滤镜，单击鼠标左键并将其拖曳至覆叠轨 1 中覆叠素材上，添加“画中画”滤镜效果，在“属性”选项面板中单击“自定义滤镜”按钮，如图 10-49 所示。

step 04 弹出“NewBlue 画中画”对话框，拖曳滑块到开始位置处，设置图像位置，X 为 0.0、Y 为-100.0，拖曳滑块到中间位置，选择“阴影”选项，拖曳滑块到结束位置处，设置图像位置 X 为-100.0、Y 为 0，设置完成后，单击“行”按钮，在预览窗口中预览覆叠效果，如图 10-50 所示。

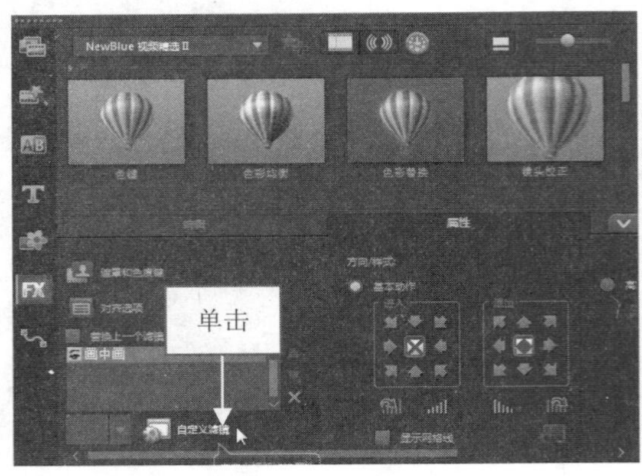

图 10-49　单击“自定义滤镜”按钮

图 10-50　预览覆叠效果

step 05 选择第一个覆叠素材，右击，在弹出的快捷菜单中选择“复制属性”命令；然后选择其他素材，右击，在弹出的快捷菜单中选择“粘贴所有属性”命令，单击导览面板中的“播放”按钮，预览制作的视频画面效果，如图 10-51 所示。

图 10-51　预览制作的视频画面效果

10.4.5 移动效果：制作照片滚屏画面特效

在会声会影 X9 中，滚屏画面是指覆叠素材从屏幕的一端滚动到屏幕另一端的效果。下面向用户介绍通过“自定义动作”制作照片展示滚屏画中画特效的操作方法。

素材文件	素材\第 10 章\情侣 1.jpg、情侣 2.jpg、背景 4.jpg
效果文件	效果\第 10 章\情侣.VSP
视频文件	视频\第 10 章\10.4.5　移动效果：制作照片滚屏画面特效.mp4

【操练+视频】——移动效果：制作照片滚屏画面特效

step 01 进入会声会影编辑器，在视频轨中插入一幅素材图像，如图 10-52 所示。

step 02 在“照片”选项面板中，设置素材的区间为 0:00:08:24，如图 10-53 所示。

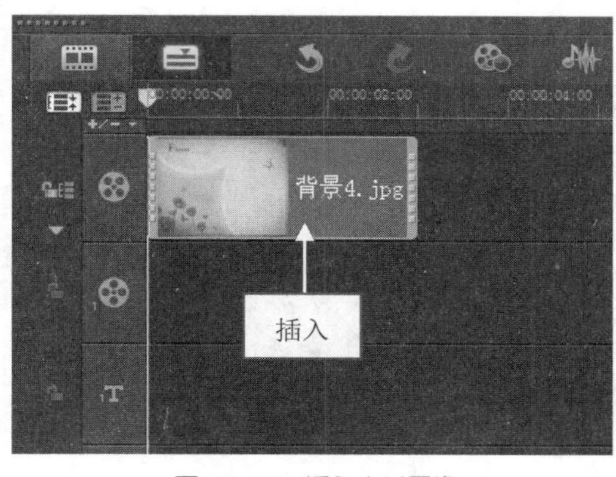

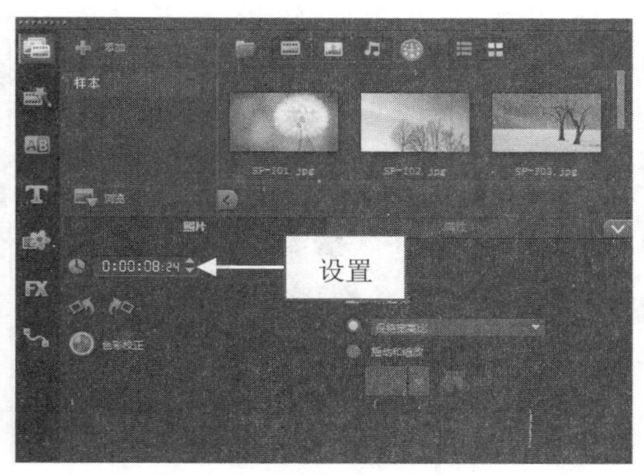

图 10-52 插入素材图像

图 10-53 设置素材的区间

step 03 执行操作后，即可更改素材的区间长度。在覆叠轨 1 中，插入一幅素材图像，在“编辑”选项面板中设置素材的区间为 0:00:06:00，更改素材区间长度。选择菜单栏中的“编辑”|“自定义动作”命令，如图 10-54 所示。

step 04 弹出“自定义动作”对话框，选择第 1 个关键帧，在“位置”选项组中设置 X 为 42、Y 为-140，在“大小”选项组中设置 X 和 Y 均为 50；选择第 2 个关键帧，在“位置”选项组中设置 X 为 42、Y 为 140，如图 10-55 所示。

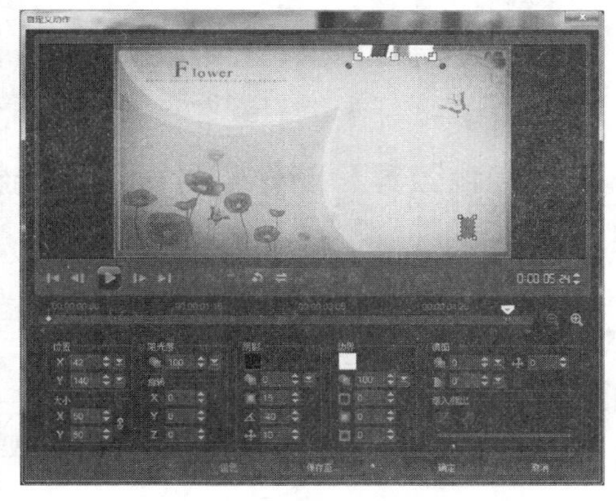

图 10-54 选择“自定义动作”命令

图 10-55 设置第 2 个关键帧参数

step 05 在时间轴面板中插入一条覆叠轨道，选择第一条覆叠轨道上的素材，右击，在弹出的快捷菜单中选择“复制”命令，如图 10-56 所示。

step 06 将复制的素材粘贴到第 2 条覆叠轨道中的适当位置，在粘贴后的素材文件上右击，在弹出的快捷菜单中选择“替换素材”|“照片”命令，弹出“替换/重新链接素材”对话框，选择需要替换的素材后，单击“确定”按钮，即可替换覆叠轨 2 中的素材文件，如图 10-57 所示。

在会声会影 X9 中，用户不仅可以使用这种方法制作滚屏效果，也可以采用添加“画中画”滤镜的方法，来自定义覆叠素材的运动。

step 07 在导览面板中单击“播放”按钮，预览制作的照片滚屏画中画视频效果，如图 10-58 所示。

图 10-56　选择“复制”命令

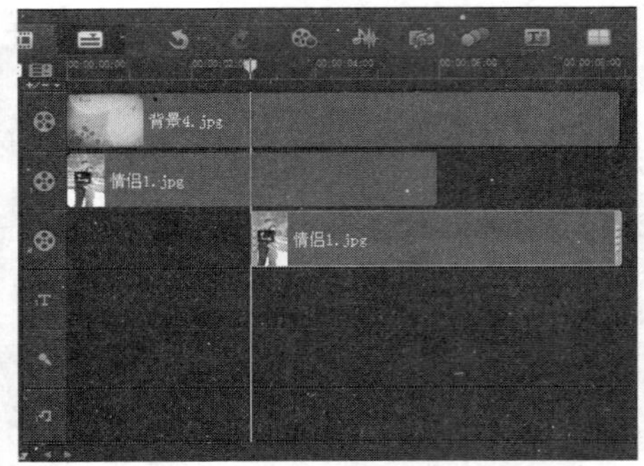

图 10-57　替换覆叠轨 2 中的素材文件

图 10-58　预览制作的照片滚屏画中画视频效果

10.4.6　弹跳效果：制作照片画面跳动特效

在会声会影 X9 中，运用“自定义动作”功能可以制作画面跳跃效果。下面介绍制作画面跳动效果的操作方法。

素材文件	素材\第 10 章\圣诞快乐.VSP
效果文件	效果\第 10 章\圣诞快乐.VSP
视频文件	视频\第 10 章\10.4.6　弹跳效果：制作照片画面跳动特效.mp4

【操练+视频】——弹跳效果：制作照片画面跳动特效

step 01 进入会声会影编辑器，打开一个项目文件，如图 10-59 所示。

step 02 选择覆叠轨中的覆叠素材，选择菜单栏中的“编辑”|“自定义动作”命令，如图 10-60 所示。

图 10-59　打开项目文件

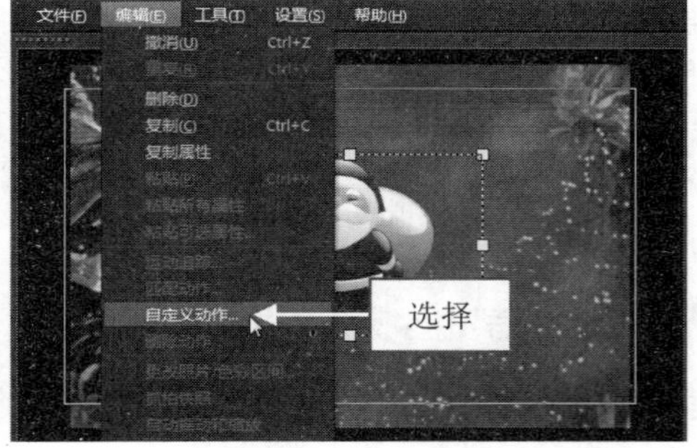

图 10-60　选择“自定义动作”命令

step 03 弹出“自定义动作”对话框，在 00:00:01:00 至 00:00:01:24 之间每 8 帧添加一个关键帧，共添加 4 个关键帧，如图 10-61 所示。

step 04 在预览窗口中调整各关键帧覆叠图像的相应位置，如图 10-62 所示，即可制作出图像跳跃的效果。

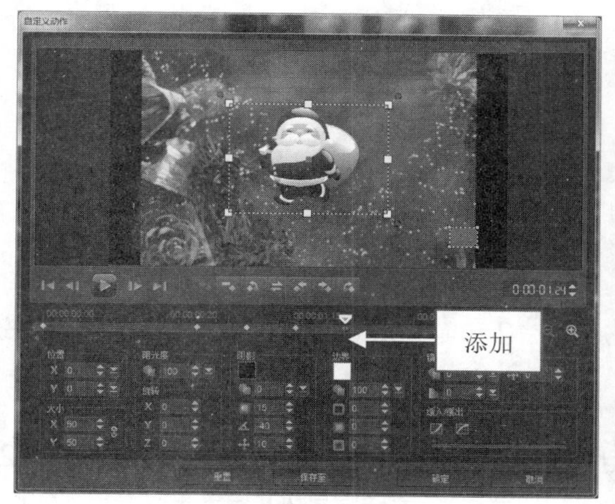

图 10-61　添加关键帧

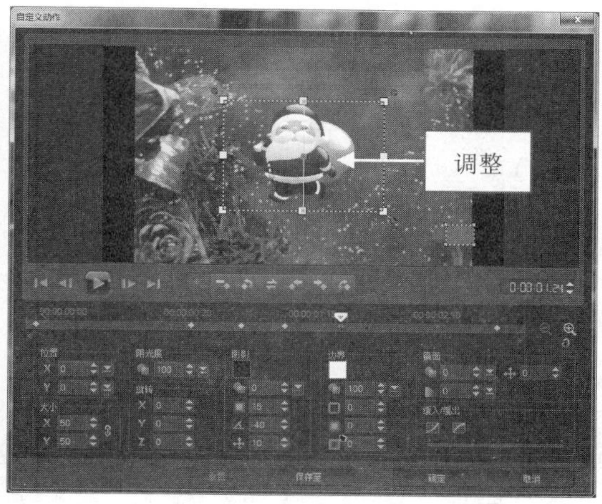

图 10-62　调整覆叠图像位置

step 05 设置完成后，单击“确定”按钮。单击导览面板中的“播放”按钮，预览制作的视频画面效果，如图 10-63 所示。

图 10-63　预览制作的视频画面效果

10.4.7 镜头效果：制作仿望远镜推拉特效

在会声会影 X9 中，运用“自定义动作”可以制作出望远镜推拉的效果。下面介绍制作望远镜推拉效果的操作方法。

素材文件	素材\第 10 章\桥的尽头.VSP
效果文件	效果\第 10 章\桥的尽头.VSP
视频文件	视频\第 10 章\10.4.7　镜头效果：制作仿望远镜推拉特效.mp4

【操练+视频】——镜头效果：制作仿望远镜推拉特效

step 01 进入会声会影编辑器，打开一个项目文件，如图 10-64 所示。

step 02 选择覆叠轨中的覆叠素材，选择菜单栏中的“编辑”|“自定义动作”命令，如图 10-65 所示。

图 10-64　打开项目文件

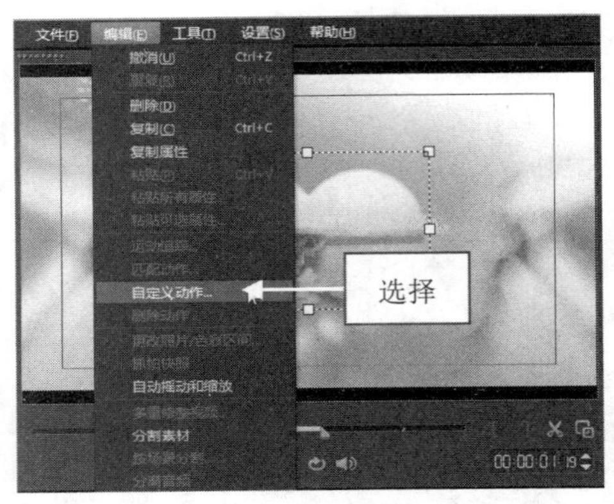

图 10-65　选择“自定义动作”命令

step 03 弹出“自定义动作”对话框，在 00:00:01:12 和 00:00:01:24 的位置处添加两个关键帧，如图 10-66 所示。

step 04 选择开始处的关键帧，在“大小”选项组中设置 X 为 20、Y 为 20；选择 00:00:01:12 位置处的关键帧，在“大小”选项组中设置 X 为 60、Y 为 60；选择 00:00:01:24 位置处的关键帧，在“大小”选项组中设置 X 为 60、Y 为 60；选择结尾处的关键帧，在“大小”选项组中设置 X 为 20、Y 为 20，设置完成后，单击“确定”按钮，如图 10-67 所示。

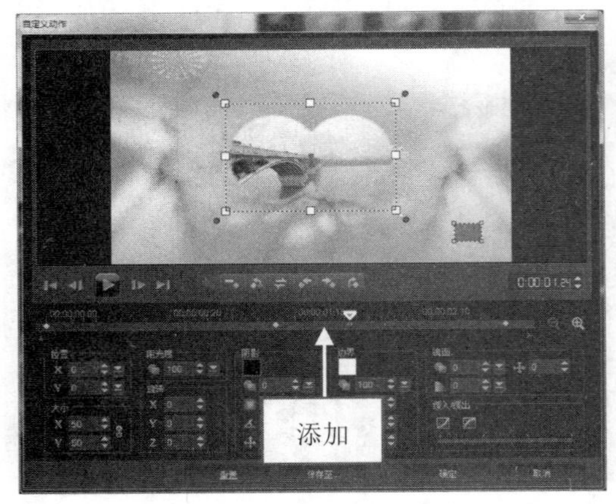

图 10-66　添加关键帧

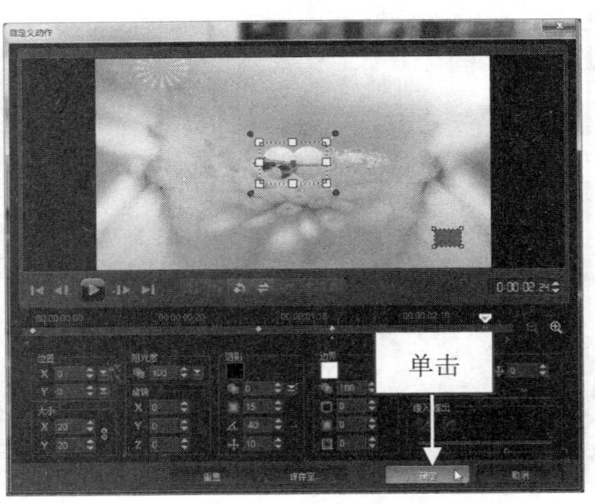

图 10-67　单击“确定”按钮

step 05 执行上述操作后，单击导览面板中的“播放”按钮，即可预览制作的镜头推拉效果，如图 10-68 所示。

图 10-68　预览制作的镜头推拉效果

10.4.8 分身效果：制作“分身术”视频特效

在会声会影 X9 中，“分身术”特效是指在视频画面中同时出现两个相同人的画面。下面介绍制作视频“分身术”特效的操作方法。

素材文件	素材\第 10 章\阳光帅气 1.jpg、阳光帅气 2.jpg
效果文件	效果\第 10 章\阳光帅气.VSP
视频文件	视频\第 10 章\10.4.8　分身效果：制作“分身术”视频特效.mp4

【操练+视频】——分身效果：制作“分身术”视频特效

step 01 进入会声会影编辑器，在视频轨和覆叠轨中分别插入相应素材，如图 10-69 所示。

step 02 在预览窗口中调整覆叠素材的大小和位置，如图 10-70 所示。

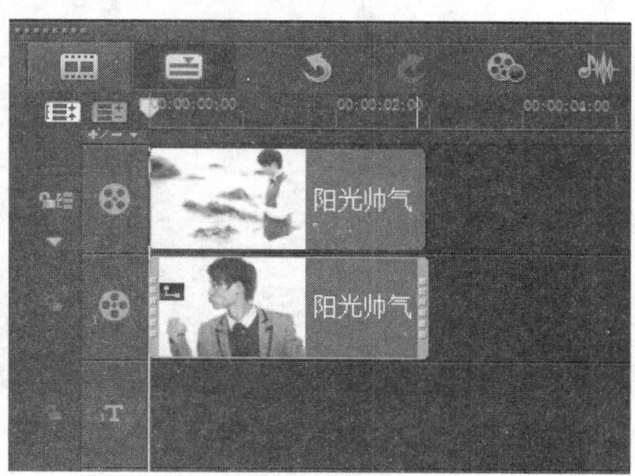

图 10-69　插入相应素材

图 10-70　调整覆叠素材

step 03 选择覆叠素材，在“属性”选项面板中单击“遮罩和色度键”按钮，进入相应选项面板，选中“应用覆叠选项”复选框，设置“类型”为“色度键”，选择“覆叠遮罩的色彩”为白色，设置“相似度”为 10，如图 10-71 所示。

step 04 设置完成后，在预览窗口中调整覆叠素材位置和大小，然后单击“播放”按钮，即可预览制作的项目效果，如图 10-72 所示。

图 10-71　设置“相似度”

图 10-72　预览制作的项目效果

10.4.9 覆叠旋转：制作 iPad 展示视频特效

在会声会影 X9 中，应用“自定义动作”功能可以制作 iPad 展示效果。下面介绍制作 iPad 展示视频效果的操作方法。

素材文件	素材\第 10 章\俏丽女孩.VSP
效果文件	效果\第 10 章\俏丽女孩.VSP
视频文件	视频\第 10 章\10.4.9　覆叠旋转：制作 iPad 展示视频特效.mp4

【操练+视频】——覆叠旋转：制作 iPad 展示视频特效

step 01 进入会声会影编辑器，打开一个项目文件，如图 10-73 所示。

step 02 选择覆叠轨 2 中的第一个覆叠素材，右击，在弹出的快捷菜单中选择“自定义动作”命令，如图 10-74 所示。

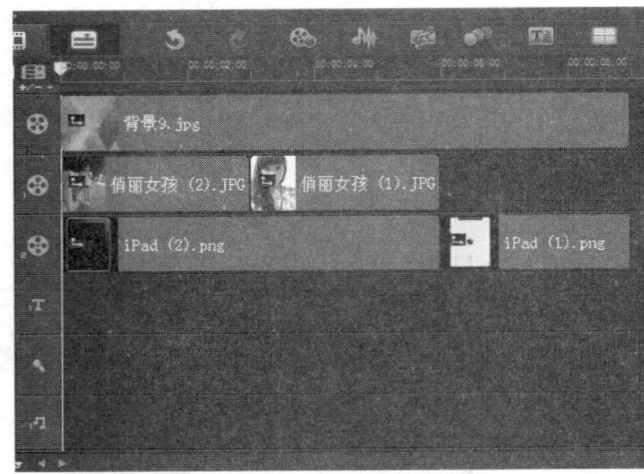

图 10-73　打开项目文件

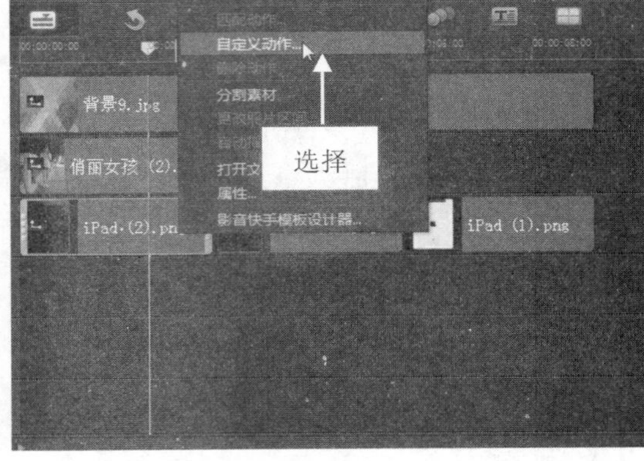

图 10-74　选择“自定义动作”命令

step 03 弹出“自定义动作”对话框，选择开始位置处的关键帧，在“旋转”选项组中设置 Y 为 90；选择结束位置处的关键帧，在“旋转”选项组中设置 Y 为-90，如图 10-75 所示。

step 04 设置完成后，单击“确定”按钮。选择覆叠轨 2 右侧的覆叠素材，右击，在弹出的快捷菜单中选择“自定义动作”命令，选择开始位置处的关键帧，在“大小”选项组中设置 X 为 50、Y 为 50，在“旋转”选项组中设置 Y 为 90；选择结束位置处的关键帧，在“大小”选项组中设置 X 为 50、Y 为 50，然后在“旋转”选项组中设置 Y 为 0，如图 10-76 所示。

图 10-75　设置“旋转”参数(1)

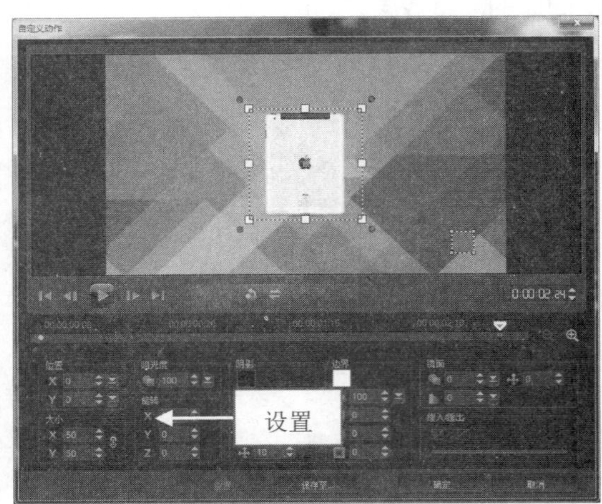

图 10-76　设置“旋转”参数(2)

step 05 设置完成后，单击“确定”按钮。选择覆叠轨 1 左侧的覆叠素材，右击，在弹出的快捷菜单中选择“自定义动作”命令，选择开始位置处的关键帧，在“大小”选项组中设置 X 为 45、Y 为 45，在“旋转”选项组中设置 Y 为 90；选择结束位置处的关键帧，在“大小”选项组中设置 X 为 45、Y 为 45，然后在“旋转”选项组中设置 Y 为 0，如图 10-77 所示。

step 06 设置完成后，单击“确定”按钮。选择覆叠轨 1 右侧的覆叠素材，右击，在弹出的快捷菜单中选择“自定义动作”命令，选择开始位置处的关键帧，在“大小”选项组中设置 X 为 45、Y 为 45，在“旋转”选项组中设置 Y 为 0；选择结束位置处的关键帧，在“大小”选项组中设置 X 为 45、Y 为 45，然后在“旋转”选项组中设置 Y 为-90，如图 10-78 所示。

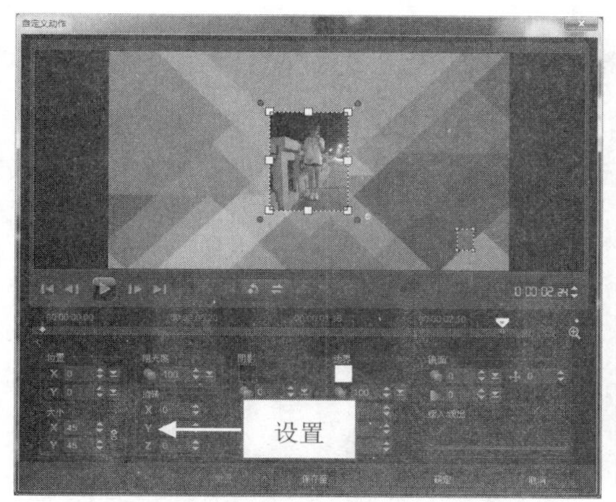

图 10-77　设置“旋转”参数(3)

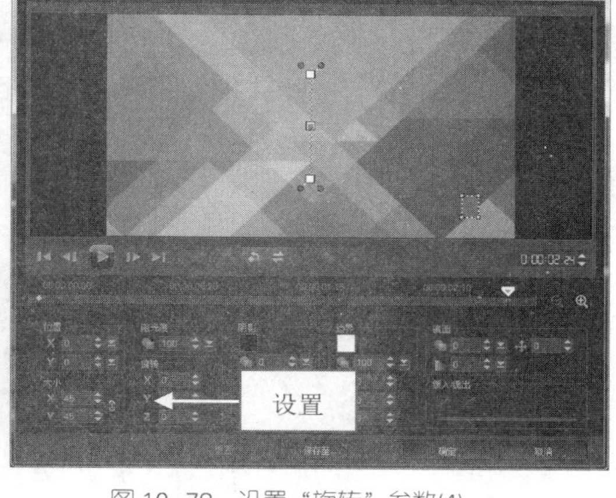

图 10-78　设置“旋转”参数(4)

step 07 设置完成后，单击“确定”按钮。在时间轴面板中调整覆叠轨 2 中右侧的覆叠素材，向左移动 5 帧，单击导览面板中的“播放”按钮，即可预览制作的 iPad 展示效果，如图 10-79 所示。

图 10-79　预览制作的 iPad 展示效果

10.4.10 漩涡遮罩：制作照片漩涡旋转效果

在会声会影 X9 中，用户可以运用覆叠轨与“画中画”滤镜制作照片漩涡旋转效果。下面介绍制作照片漩涡旋转效果的操作方法。

素材文件	素材\第 10 章\清纯女孩.VSP
效果文件	效果\第 10 章\清纯女孩.VSP
视频文件	视频\第 10 章\10.4.10　漩涡遮罩：制作照片漩涡旋转效果.mp4

【操练+视频】——漩涡遮罩：制作照片漩涡旋转效果

step 01 进入会声会影编辑器，打开一个项目文件，并预览项目效果，如图 10-80 所示。

step 02 选择第一个覆叠素材，在“属性”选项面板中单击“遮罩和色度键”按钮，进入相应选项面板，选中“应用覆叠选项”复选框，设置“类型”为“遮罩帧”，在右侧选择“漩涡”预设样式，如图 10-81 所示。

图 10-80　预览项目效果

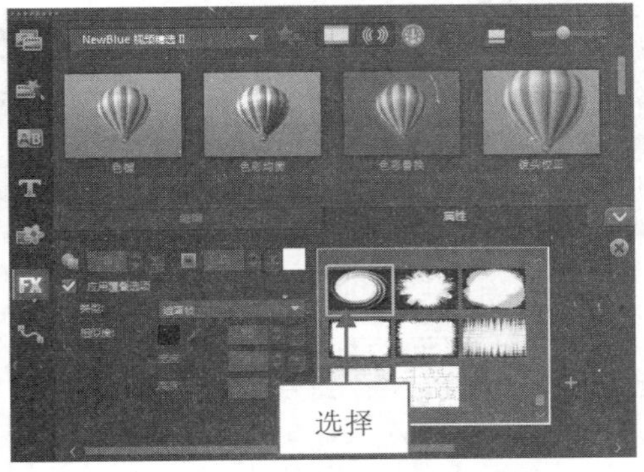

图 10-81　选择“漩涡”预设样式

step 03 切换至“滤镜”选项卡，单击窗口上方的“画廊”按钮，在弹出的下拉列表中选择“NewBlue 视频精选 Ⅱ”，打开“NewBlue 视频精选 Ⅱ”素材库，选择“画中画”滤镜，单击鼠标左键并将其拖曳至覆叠轨 1 中的覆叠素材上，添加“画中画”滤镜效果，在“属性”选项面板中单击“自定义滤镜”按钮，如图 10-82 所示。

step 04 弹出“NewBlue 画中画”对话框，拖曳滑块到开始位置处，设置图像位置，X 为 0.0、Y 为-100.0；拖曳滑块到中间位置，选择“霓虹灯边境”选项；拖曳滑块到结束位置处，选择“侧面图”选项，设置图像位置 X 为 100.0、Y 为 0，设置完成后，单击“行”按钮，在预览窗口中预览覆叠效果，如图 10-83 所示。

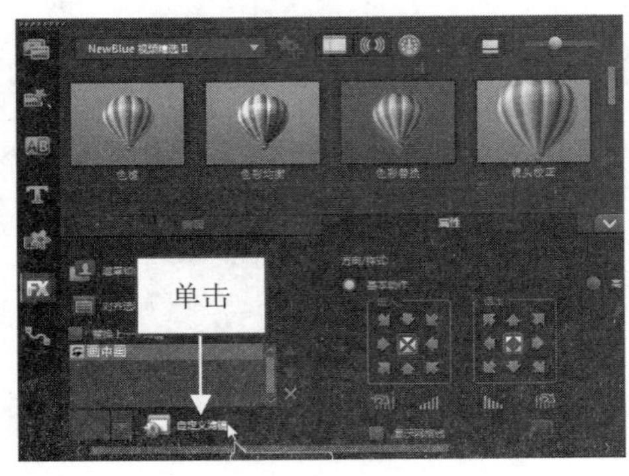

图 10-82　单击“自定义滤镜”按钮

图 10-83　预览覆叠效果

step 05 选择第一个覆叠素材，右击，在弹出的快捷菜单中，选择“复制属性”命令；选择其他素材，右击，在弹出的快捷菜单中选择“粘贴所有属性”命令，单击导览面板中的“播放”按钮，预览制作的视频画面效果，如图 10-84 所示。

图 10-84 预览制作的视频画面效果

10.4.11 变幻特效：制作照片移动变幻效果

在会声会影 X9 中，用户可以通过应用“画中画”视频滤镜制作出照片移动变幻特效。下面介绍照片移动变幻特效。

素材文件	素材\第 10 章\气质美女.VSP
效果文件	效果\第 10 章\气质美女.VSP
视频文件	视频\第 10 章\10.4.11 变幻特效：制作照片移动变幻效果.mp4

【操练+视频】——变幻特效：制作照片移动变幻效果

step 01 进入会声会影编辑器，打开一个项目文件，如图 10-85 所示。

step 02 选择覆叠轨 1 中的第一个素材文件，在“属性”选项面板中单击“自定义滤镜”按钮，弹出“NewBlue 画中画”对话框，选中“使用关键帧”复选框，切换至开始处的关键帧，设置图像的位置 X 为-10、Y 为 0，在“尺寸”数值框中输入 60；拖动滑块到中间的位置处，设置图像的位置 X 为-60、Y 为 0，在“尺寸”数值框中输入 35；拖动滑块到结束的位置处，设置图像的位置 X 为-65、Y 为 0，在“尺寸”数值框中输入 30。设置完成后，单击“行”按钮，如图 10-86 所示。

图 10-85 打开项目文件

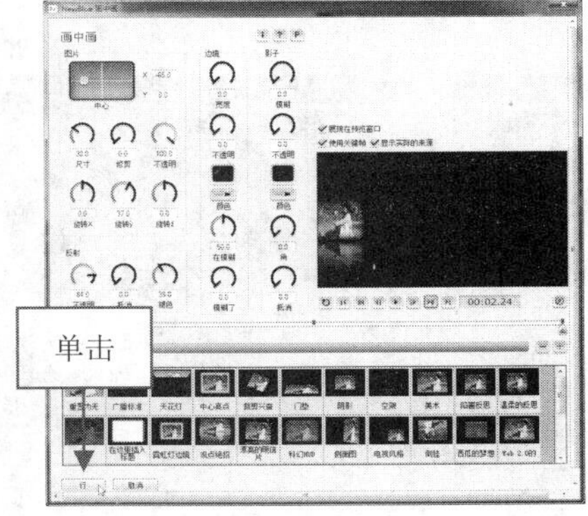

图 10-86 单击“行”按钮

step 03 选择覆叠素材右击，在弹出的快捷菜单中选择“复制属性”命令；选择覆叠轨右侧的

所有素材并右击，在弹出的快捷菜单中选择“粘贴所有属性”命令，如图 10-87 所示。即可复制属性到右侧的所有覆叠素材中。

step 04 选择覆叠轨 2 中的第一个素材文件，在“属性”选项面板中单击“自定义滤镜”按钮，弹出“NewBlue 画中画”对话框，选中“使用关键帧”复选框，切换至开始处的关键帧，设置图像的位置 X 为 100、Y 为 0，在“尺寸”数值框中输入 40；拖动滑块到中间的位置处，设置图像的位置 X 为 0、Y 为 0，在“尺寸”数值框中输入 60；拖动滑块到结束的位置处，设置图像的位置 X 为-10、Y 为 0，在“尺寸”数值框中输入 60。设置完成后，单击“行”按钮，如图 10-88 所示。

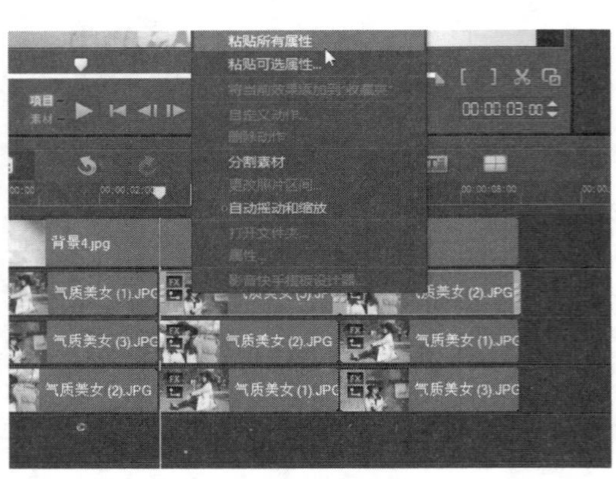

图 10-87　选择“粘贴所有属性”命令(1)

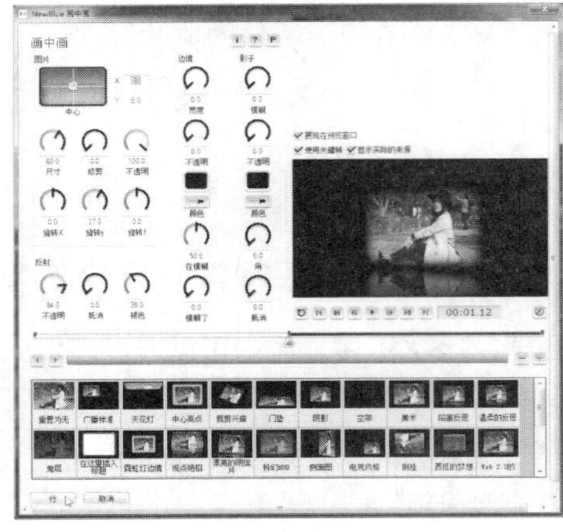

图 10-88　单击“行”按钮(1)

step 05 选择覆叠素材并右击，在弹出的快捷菜单中选择“复制属性”命令；选择覆叠轨右侧的所有素材并右击，在弹出的快捷菜单中选择“粘贴所有属性”命令，如图 10-89 所示。即可复制属性到右侧的所有覆叠素材中。

step 06 选择覆叠轨 3 中的第一个素材文件，在“属性”选项面板中单击“自定义滤镜”按钮，弹出“NewBlue 画中画”对话框，选中“使用关键帧”复选框，切换至开始处的关键帧，设置图像的位置 X 为 100、Y 为 0，在“尺寸”数值框中输入 0；拖动滑块到中间的位置处，设置图像的位置 X 为 60、Y 为 0，在“尺寸”数值框中输入 35；拖动滑块到结束的位置处，设置图像的位置 X 为 55、Y 为 0，在“尺寸”数值框中输入 35。设置完成后，单击“行”按钮，如图 10-90 所示。

图 10-89　选择“粘贴所有属性”命令(2)

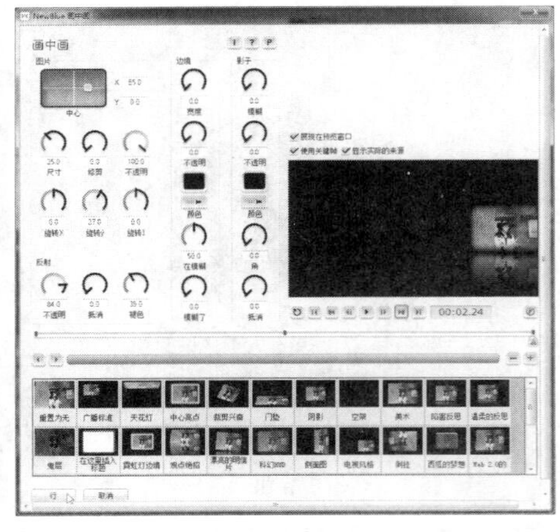

图 10-90　单击“行”按钮(2)

step 07 使用与上面同样的方法，复制属性至覆叠轨 3 右侧的覆叠素材中，复制完成后，即可完成移动变幻图像特效的制作。单击导览面板中的“播放”按钮，预览制作的视频画面效果，如图 10–91 所示。

图 10–91 预览制作的视频画面效果

10.4.12 视频遮罩：制作涂鸦艺术效果

在会声会影 X9 中，利用视频遮罩可以制作出涂鸦艺术特效。下面介绍应用视频遮罩制作涂鸦艺术视频画面的操作方法。

素材文件	素材\第 10 章\情人节快乐（1）.jpg、情人节快乐（2）.jpg
效果文件	效果\第 10 章\情人节快乐.VSP
视频文件	视频\第 10 章\10.4.12 视频遮罩：制作涂鸦艺术效果.mp4

【操练+视频】——视频遮罩：制作涂鸦艺术效果

step 01 进入会声会影编辑器，在视频轨和覆叠轨中分别添加相应素材，在预览窗口中可以预览画面效果，如图 10–92 所示。

step 02 调整覆叠素材到屏幕大小，在“属性”选项面板中单击“遮罩和色度键”按钮，进入相应选项面板，选中“应用覆叠选项”复选框，设置“类型”为“视频遮罩”，选择相应的预设样式，如图 10–93 所示。

step 03 设置完成后，单击导览面板中的“播放”按钮，即可预览制作的涂鸦艺术特效，如图 10–94 所示。

图 10-92　预览画面效果

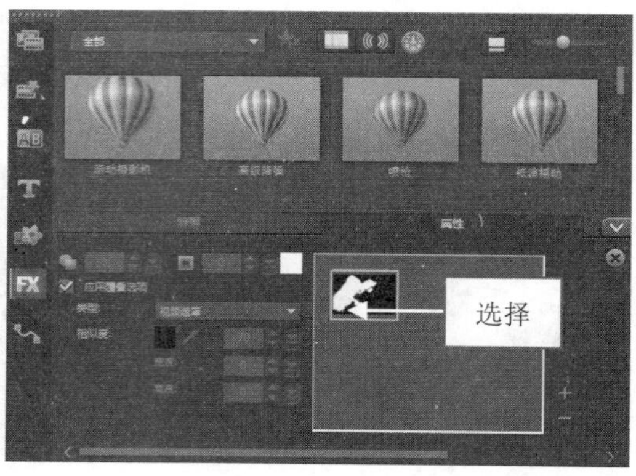

图 10-93　选择相应预设样式

图 10-94　预览制作的涂鸦艺术特效

章前知识导读

在视频编辑中，标题字幕是不可缺少的，它是影片中的重要组成部分。标题字幕可以传达画面以外的文字信息，有效地帮助观众理解影片。本章主要向用户介绍添加与编辑字幕效果的各种方法，希望能够熟练掌握。

第11章

字幕：制作字幕动画特效

新手重点索引

- 了解字幕简介与面板
- 添加标题字幕
- 制作静态标题字幕
- 制作动态标题字幕特效

效果图片欣赏

11.1 了解字幕简介与面板

在现代影片中，字幕的应用越来越频繁，这些精美的标题字幕不仅可以起到为影片增色的目的，还能够很好地向观众传递影片信息或制作理念。会声会影 X9 提供了便捷的字幕编辑功能，可以使用户在短时间内制作出专业的标题字幕。本节主要向用户介绍标题字幕的基础知识。

11.1.1 标题字幕简介

字幕是以各种字体、样式以及动画等形式出现在画面中的文字总称，如电视或电影的片头、演员表、对白以及片尾字幕等。字幕制作在视频编辑中是一种重要的艺术手段，好的标题字幕不仅可以传达画面以外的信息，还可以增强影片的艺术效果。如图 11-1 所示为使用会声会影 X9 制作的标题字幕效果。

图 11-1　标题字幕效果

在会声会影 X9 的“标题”素材库中，提供了多达 34 种标题模板字幕动画特效，每一种字幕特效的动画样式都不同，用户可根据需要进行选择与应用。

11.1.2 了解标题字幕选项面板

在学习制作标题字幕前，先介绍一下“编辑”与“属性”选项面板中各选项的设置，熟悉这些设置对制作标题字幕有着事半功倍的效果。

在“编辑”选项面板中，主要用于设置标题字幕的属性，如设置标题字幕的大小、颜色以及行间距等，如图 11-2 所示。

在“编辑”选项面板中，主要选项的含义介绍如下。

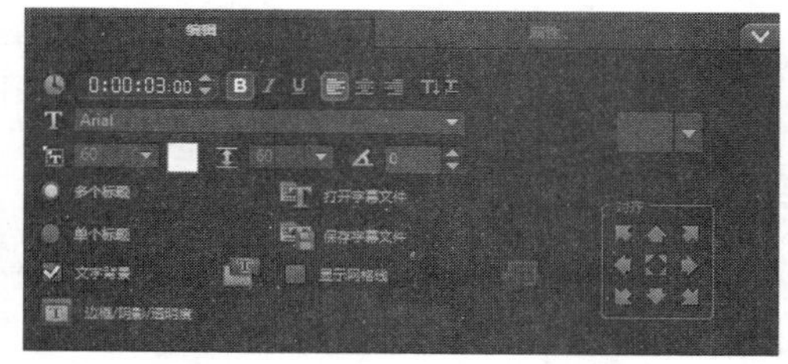

图 11-2 “编辑”选项面板

- “区间”数值框：该数值框用于调整标题字幕播放时间的长度，显示了当前播放所选标题字幕所需的时间，时间码上的数字代表“小时:分钟:秒:帧”，单击其右侧的微调按钮，可以调整数值的大小，也可以单击时间码上的数字，待数字处于闪烁状态时，输入新的数字后按 Enter 键确认，即可改变原来标题字幕的播放时间长度。如图 11-3 所示为更改区间后的前后对比效果。

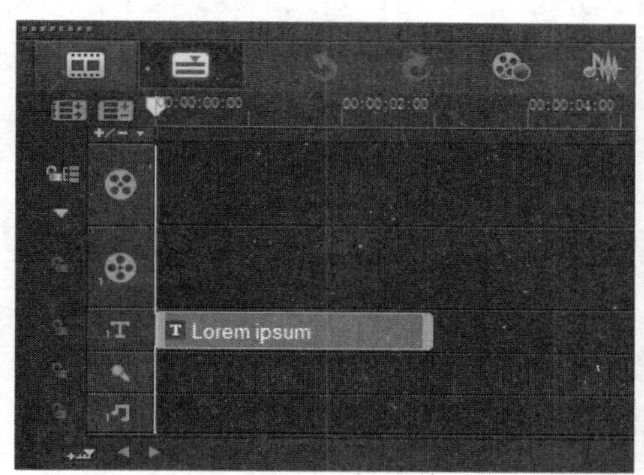

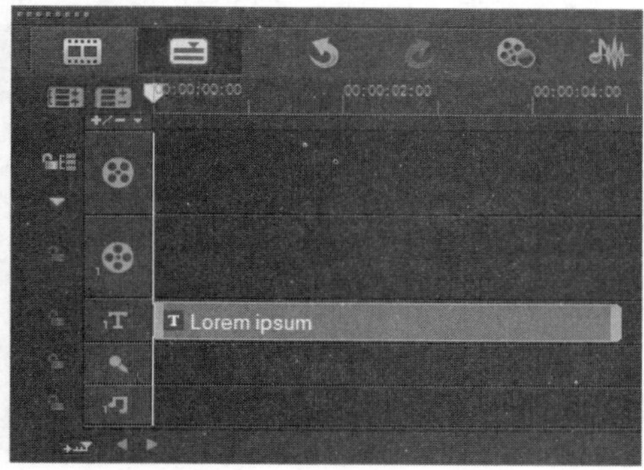

图 11-3 更改字幕区间后的前后对比效果

专家指点

在会声会影 X9 中，用户除了可以通过“区间”数值框来更改字幕的时间长度外，还可以将鼠标指针移至标题轨字幕右侧的黄色标记上，待鼠标指针呈双向箭头形状时，单击鼠标左键并向左或向右拖曳，即可手动调整标题字幕的时间长度。

- “字体”下拉列表：单击“字体”右侧的下拉按钮，在弹出的下拉列表中显示了系统中所有的字体类型，用户可以根据需要选择相应的字体选项。
- “字体大小”下拉列表：单击“字体大小”右侧的下拉按钮，在弹出的下拉列表中选择相应的大小选项，即可调整字体的大小。
- “色彩”色块：单击该色块，在弹出的颜色面板中可以设置字体的颜色。
- “行间距”下拉列表：单击“行间距”右侧的下拉按钮，在弹出的下拉列表中选择相应的选项，可以设置文本的行间距。
- “按角度旋转”数值框：该数值框主要用于设置文本的旋转角度。
- “多个标题”单选按钮：选中该单选按钮，即可在预览窗口中输入多个标题。
- “单个标题”单选按钮：选中该单选按钮，只能在预览窗口中输入单个标题。
- “文字背景”复选框：选中该复选框，可以为文字添加背景效果。
- “边框/阴影/透明度”按钮：单击该按钮，在弹出的对话框中可根据需要设置文本的边框、阴影以及透明度等效果。
- “将方向更改为垂直”按钮：单击该按钮，即可将文本进行垂直对齐操作，若再次单击该按钮，即可将文本进行水平对齐操作。
- “对齐”按钮组：该组提供了 3 个对齐按钮，分别为“左对齐”按钮、“居中”按钮以及“右对齐”按钮，单击相应的按钮，即可将文本进行相应对齐操作。

单击“边框/阴影/透明度”按钮后，将弹出“边框/阴影/透明度”对话框，其中包含两个重要的选项卡，其含义介绍如下。

- “边框”选项卡：在该选项卡中，用户可以设置字幕的透明度、描边效果、描边线条样式以及线条颜色等属性。
- “阴影”选项卡：在该选项卡中，用户可以根据需要制作字幕的光晕效果、突起效果以及下垂阴影效果等。

11.2 添加标题字幕

在会声会影 X9 中，提供了完善的标题字幕编辑功能，用户可以对文本或其他字幕对象进行编辑和美化。本节主要向用户介绍添加标题字幕的操作方法。

11.2.1 添加单个标题

标题字幕设计与书写是视频编辑的艺术手段之一，好的标题字幕可以起到美化视频的作用。下面将向用户介绍创建单个标题字幕的方法。

进入会声会影编辑器，切换至时间轴视图，单击“标题”按钮，切换至“标题”选项卡，在“编辑”选项面板中选中“单个标题”单选按钮，如图 11-4 所示。在预览窗口的适当位置，双击鼠标左键，出现一个文本输入框，在其中输入相应文本内容，并多次按 Enter 键换行操作。选择输入的内容，在“编辑”选项面板中，设置标题字幕的字体、字号以及颜色等属性，如图 11-5 所示。执行操作后，即可完成字幕文件的添加操作。

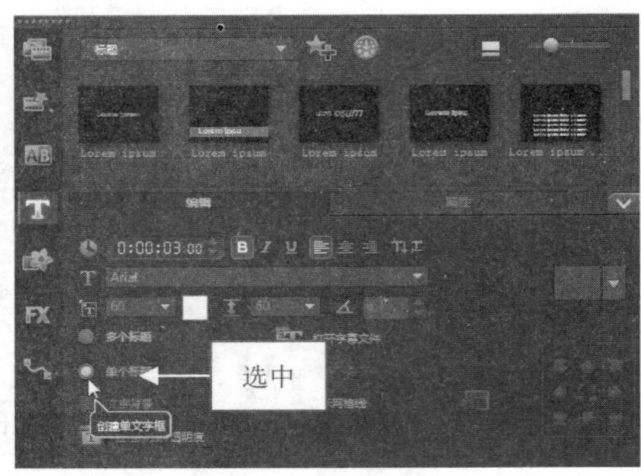

图 11-4 选中“单个标题”单选按钮

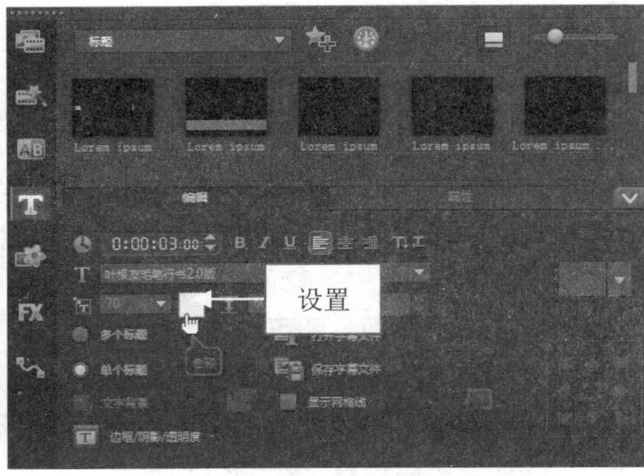

图 11-5 设置文本属性

11.2.2 添加多个标题

在会声会影 X9 中，多个标题不仅可以应用动画和背景效果，还可以在同一帧中建立多个标题字幕效果。下面介绍创建多个标题的操作方法。

进入会声会影 X9 编辑器，切换至“标题”素材库，在“编辑”选项面板中选中“多个标题”单选按钮，如图 11-6 所示。在预览窗口的适当位置，输入相应的文本内容，在“编辑”选项面板中设置文本的相应属性，如图 11-7 所示。使用与上面同样的方法，再次在预览窗口中输入相应文本内容，并设置相应的文本属性，即可完成多个标题字幕的添加操作。

图 11-6　选中“多个标题”单选按钮

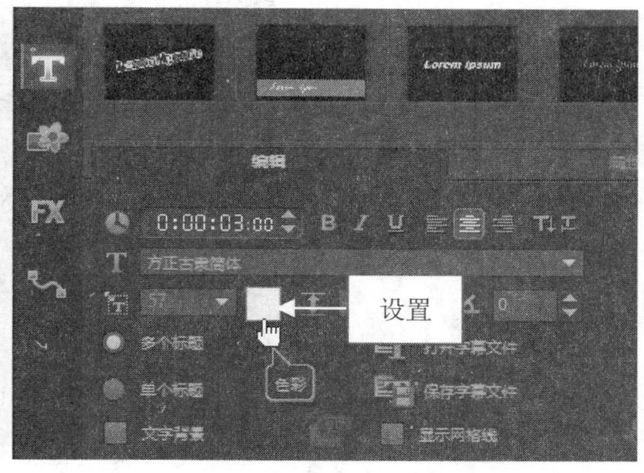

图 11-7　设置文本的相应属性

专家指点

当用户在标题轨中创建好标题字幕文件之后，系统会为创建的标题字幕设置一个默认的播放时间长度，用户可以通过对标题字幕的调节，从而改变这一默认的播放时间长度。

11.2.3 设置标题区间

在会声会影 X9 中，为了使标题字幕与视频同步播放，用户可根据需要调整标题字幕的区间长度。

进入会声会影编辑器，在标题轨中双击需要设置区间的标题字幕，在“编辑”选项面板中设置字幕的“区间”，如图 11-8 所示。按 Enter 键确认，即可设置标题字幕的区间长度，如图 11-9 所示。

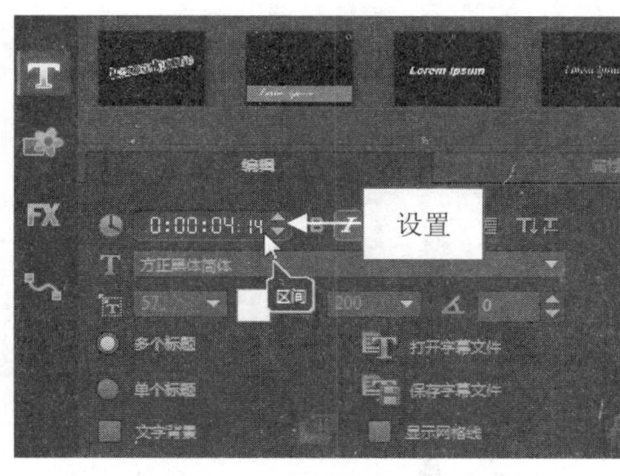

图 11-8　设置标题字幕区间

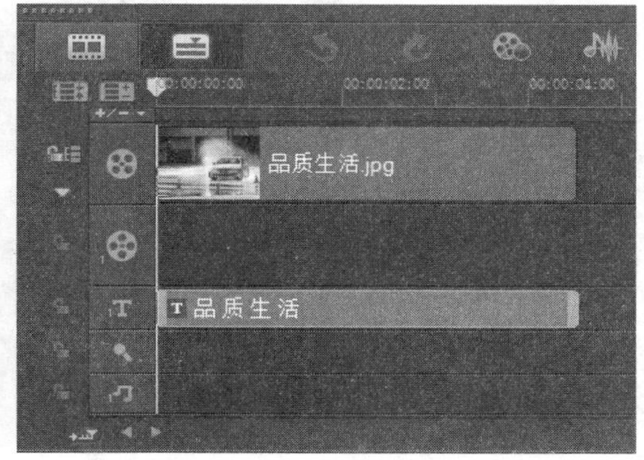

图 11-9　设置标题字幕的区间长度

11.2.4 设置字体：更改标题字幕的字体

在会声会影 X9 中，用户可根据需要对标题轨中的标题字体类型进行更改操作，使其在视频中显示效果更佳。下面向用户介绍设置标题字体类型的操作方法。

素材文件　素材\第 11 章\旅游记录.VSP

效果文件　效果\第 11 章\旅游记录.VSP

视频文件　视频\第 11 章\11.2.4　设置字体：更改标题字幕的字体.mp4

【操练+视频】——设置字体：更改标题字幕的字体

step 01 进入会声会影编辑器，选择菜单栏中的“文件”|“打开项目”命令，打开一个项目文件，如图 11-10 所示。

step 02 在标题轨中，双击需要设置字体的标题字幕，如图 11-11 所示。

图 11-10　打开项目文件

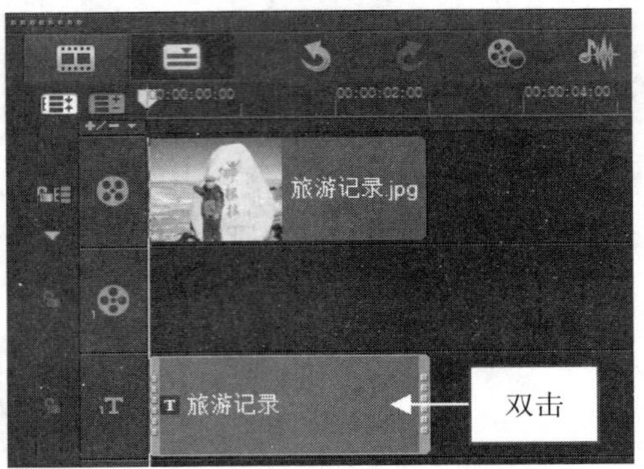

图 11-11　双击需要设置字体的标题

step 03 在“编辑”选项面板中，单击“字体”右侧的下三角按钮，在弹出的下拉列表中选择“叶根友毛笔行书 2.0 版”选项，如图 11-12 所示。

step 04 执行操作后，即可更改标题字体。单击导览面板中的“播放”按钮，预览字幕效果，如图 11-13 所示。

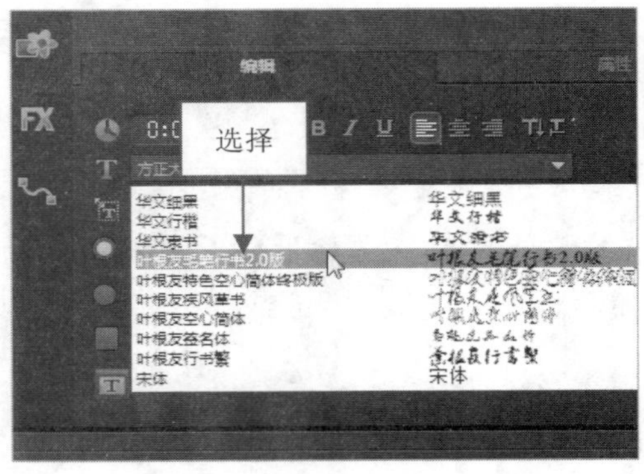

图 11-12　选择相应的字体选项

图 11-13　预览字幕效果

11.2.5 设置大小：更改标题字体大小

在会声会影 X9 中，如果用户对标题轨中的字体大小不满意，此时可以对字体大小进行更改操作。下面向用户介绍设置标题字体大小的操作方法。

素材文件	素材\第 11 章\小镇路灯.VSP
效果文件	效果\第 11 章\小镇路灯.VSP
视频文件	视频\第 11 章\11.2.5　设置大小：更改标题字体大小.mp4

【操练+视频】——设置大小：更改标题字体大小

step 01 进入会声会影编辑器，打开一个项目文件，如图 11-14 所示。

step 02 在标题轨中双击需要设置字体大小的标题字幕，如图 11-15 所示。

图 11-14 打开项目文件

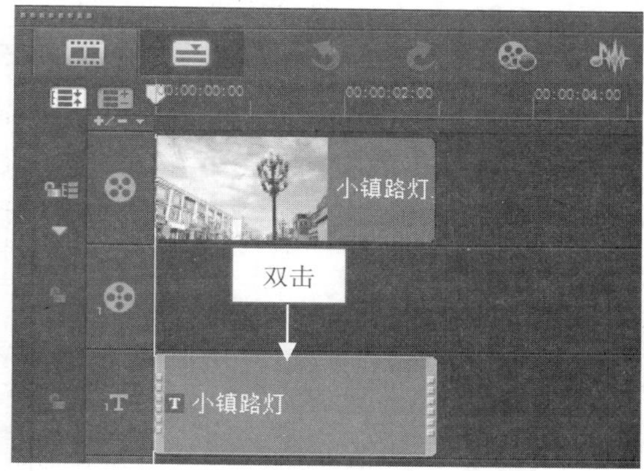

图 11-15 双击需要设置的标题

step 03 此时，预览窗口中的标题字幕为选中状态，如图 11-16 所示。

step 04 在“编辑”选项面板的“字体大小”数值框中输入 70，按 Enter 键确认，如图 11-17 所示。

图 11-16 标题字幕为选中状态

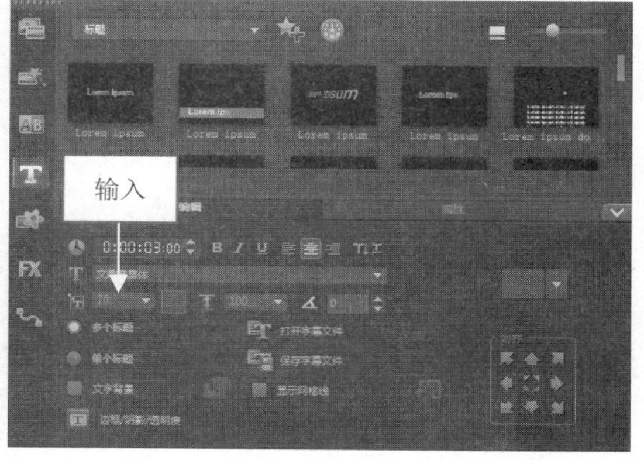

图 11-17 在数值框中输入 70

step 05 执行操作后，即可更改标题字体大小。单击导览面板中的“播放”按钮，预览字幕效果，如图 11-18 所示。

图 11-18 预览字幕效果

11.2.6 设置颜色：更改标题字幕的颜色

在会声会影 X9 中，用户可根据素材与标题字幕的匹配程度，更改标题字体的颜色效果。除了可以运用色彩选项中的颜色外，用户还可以运用 Corel 色彩选取器和 Windows 色彩选取器中的颜色。下面向用户介绍设置标题字体颜色的操作方法。

素材文件	素材\第 11 章\蓝天雪山.VSP
效果文件	效果\第 11 章\蓝天雪山.VSP
视频文件	视频\第 11 章\11.2.6　设置颜色：更改标题字幕的颜色.mp4

【操练+视频】——设置颜色：更改标题字幕的颜色

step 01 进入会声会影编辑器，选择菜单栏中的“文件”|“打开项目”命令，打开一个项目文件，如图 11-19 所示。

step 02 在标题轨中双击需要设置字体颜色的标题字幕，如图 11-20 所示。

图 11-19　打开项目文件

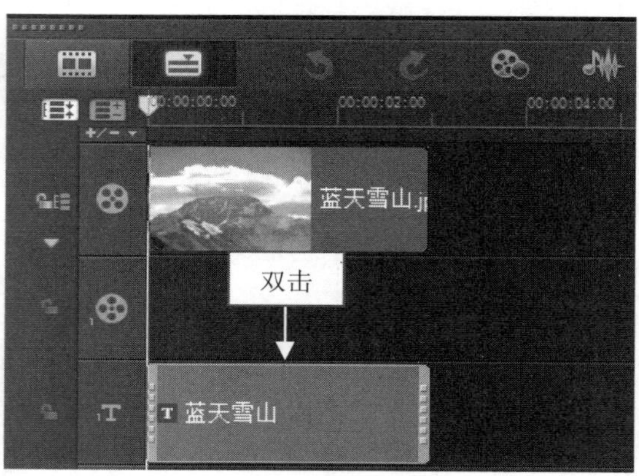

图 11-20　双击需要设置字体颜色的标题字幕

step 03 此时，预览窗口中的标题字幕为选中状态，在“编辑”选项面板中单击“色彩”色块，在弹出的颜色面板中选择最后 1 排的倒数第 3 个，如图 11-21 所示。

step 04 执行操作后，即可更改标题字体颜色。单击导览面板中的“播放”按钮，预览字幕效果，如图 11-22 所示。

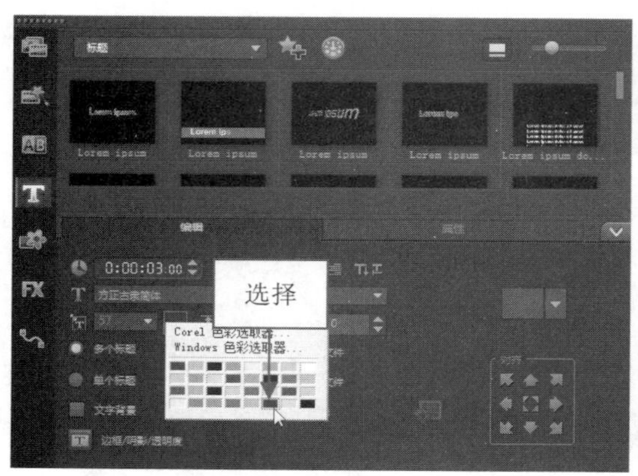

图 11-21　选择相应颜色

图 11-22　预览字幕效果

11.2.7 显示方向：更改标题字幕的显示方向

在会声会影 X9 中，用户可以根据需要更改标题字幕的显示方向。下面向用户介绍更改文本显示方向的操作方法。

素材文件	素材\第 11 章\天生一对.VSP
效果文件	效果\第 11 章\天生一对.VSP
视频文件	视频\第 11 章\11.2.7 显示方向：更改标题字幕的显示方向.mp4

【操练+视频】——显示方向：更改标题字幕的显示方向

step 01 进入会声会影编辑器，打开一个项目文件，如图 11-23 所示。

step 02 在标题轨中双击需要设置文本显示方向的标题字幕，如图 11-24 所示。

图 11-23 打开项目文件

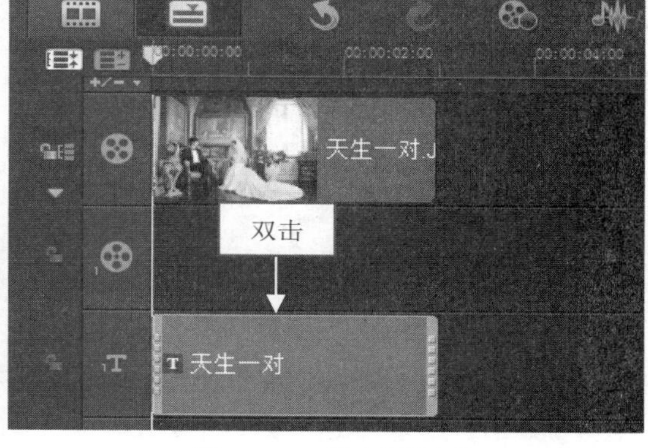

图 11-24 双击标题字幕

step 03 此时，预览窗口中的标题字幕为选中状态，在“编辑”选项面板中单击“将方向更改为垂直”按钮，如图 11-25 所示。

step 04 执行上述操作后，即可更改文本的显示方向。在预览窗口中调整字幕的位置，单击导览面板中的“播放”按钮，预览标题字幕效果，如图 11-26 所示。

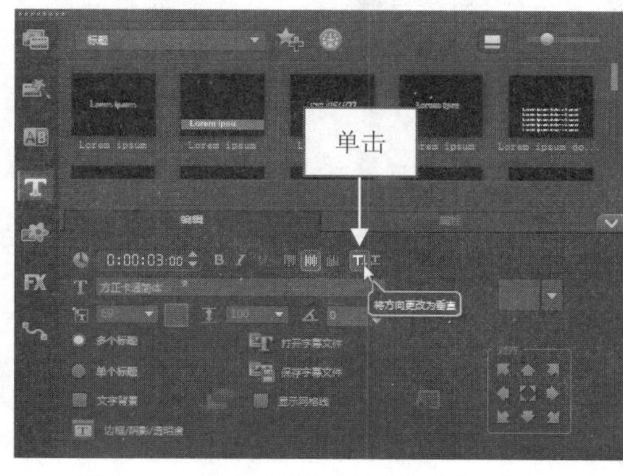

图 11-25 单击“将方向更改为垂直”按钮

图 11-26 预览字幕效果

11.2.8 背景颜色：设置文本背景色

在会声会影 X9 中，用户可以根据需要设置标题字幕的背景颜色，使字幕更加显眼。下面向用户介绍设置文本背景色的操作方法。

素材文件	素材\第 11 章\母亲节快乐.VSP
效果文件	效果\第 11 章\母亲节快乐.VSP
视频文件	视频\第 11 章\11.2.8　背景颜色：设置文本背景色.mp4

【操练+视频】——背景颜色：设置文本背景色

step 01 进入会声会影编辑器，打开一个项目文件，如图 11-27 所示。

step 02 在标题轨中双击需要设置文本背景色的标题字幕，如图 11-28 所示。

图 11-27　打开项目文件

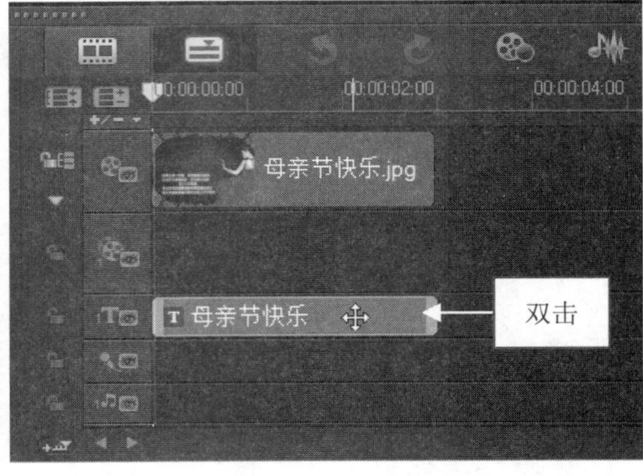

图 11-28　双击标题字幕

step 03 此时，预览窗口中的标题字幕为选中状态，如图 11-29 所示。

step 04 在“编辑”选项面板中选中“文字背景”复选框，如图 11-30 所示。

图 11-29　标题字幕为选中状态

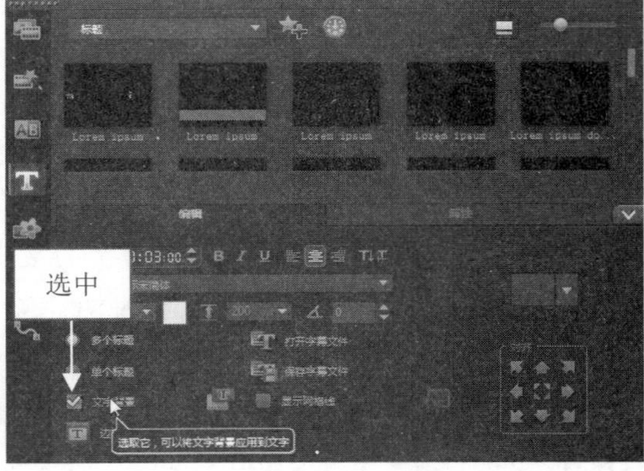

图 11-30　选中“文字背景”复选框

step 05 单击“自定义文字背景的属性”按钮，如图 11-31 所示。

step 06 弹出“文字背景”对话框，单击“与文本相符”下方的下拉按钮，在弹出的下拉列表中选择“矩形”选项，如图 11-32 所示。

step 07 在“放大”右侧的数值框中输入 10，如图 11-33 所示。

step 08 在“色彩设置”选项区中选中“渐变”单选按钮，如图 11-34 所示。

step 09 在右侧设置第 1 个色块的颜色为蓝色，然后在下方设置“透明度”为 30，如图 11-35 所示。

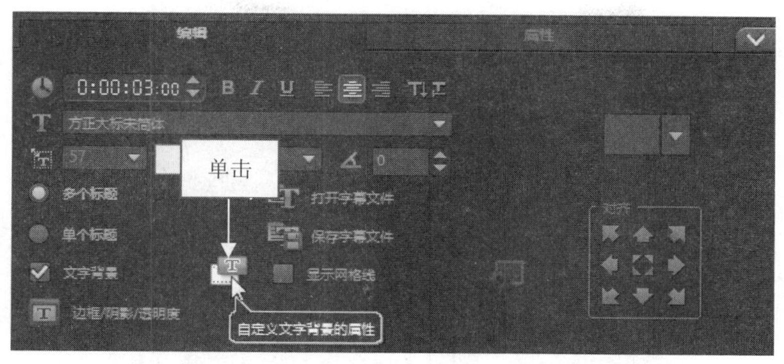

图 11–31 单击相应按钮

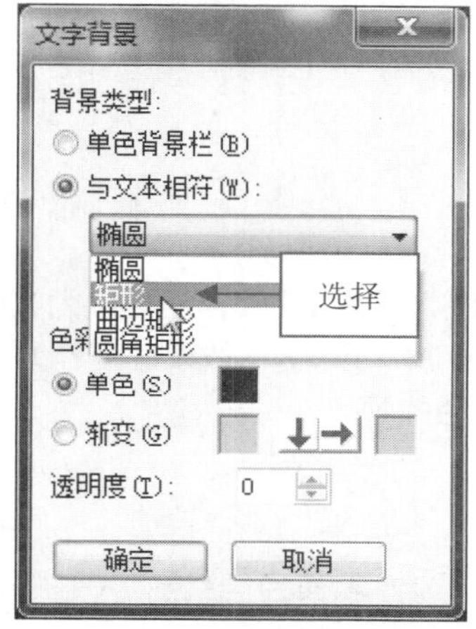

图 11–32 选择“矩形”选项

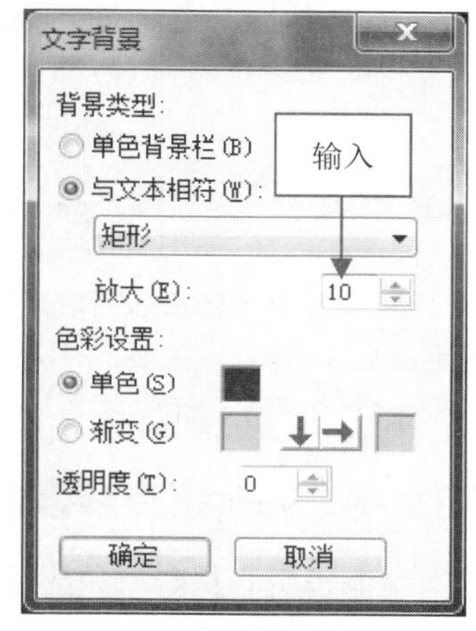

图 11–33 输入 10

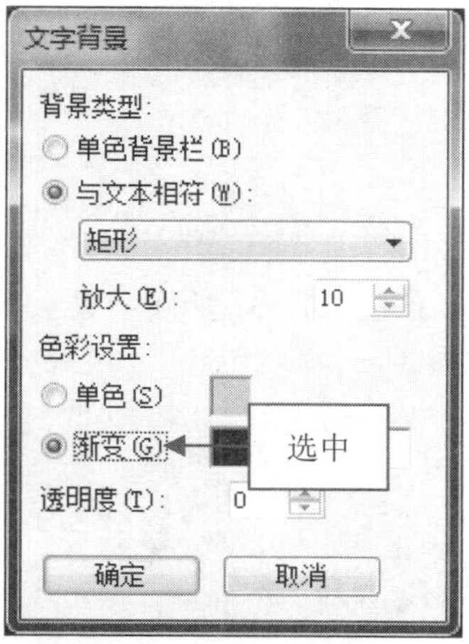

图 11–34 选中“渐变”单选按钮

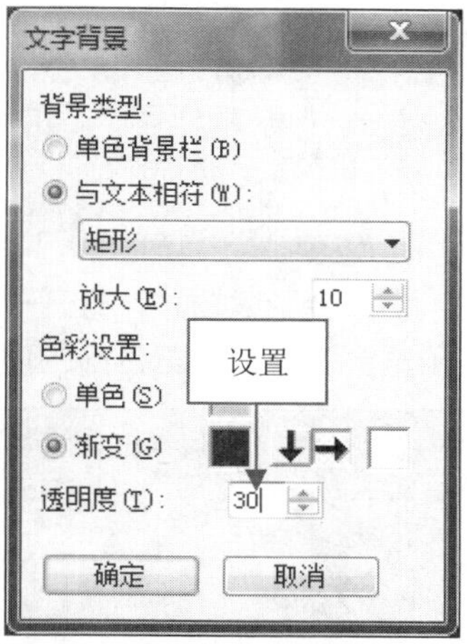

图 11–35 设置“透明度”为 30

step 10 设置完成后，单击“确定”按钮，即可设置文本背景色。单击导览面板中的“播放”按钮，预览标题字幕效果，如图 11–36 所示。

图 11-36　预览字幕效果

11.3 制作静态标题字幕

在会声会影 X9 中，除了改变文字的字体、大小和颜色等属性外，还可以为文字添加一些装饰因素，从而使其更加出彩。本节主要向用户介绍制作视频中特殊字幕效果的操作方法，包括制作镂空字幕、描边字幕、突起字幕、光晕字幕以及下垂字幕特效等。

11.3.1 透明文字：制作镂空字幕特效

镂空字体是指字体呈空心状态，只显示字体的外部边界。在会声会影 X9 中，运用“透明文字”复选框可以制作出镂空字体。

素材文件	素材\第 11 章\水天相接.VSP
效果文件	效果\第 11 章\水天相接.VSP
视频文件	视频\第 11 章\11.3.1　透明文字：制作镂空字幕特效.mp4

【操练+视频】——透明文字：制作镂空字幕特效

step 01 进入会声会影编辑器，打开一个项目文件，如图 11-37 所示。

step 02 在预览窗口中，预览打开的项目效果，如图 11-38 所示。

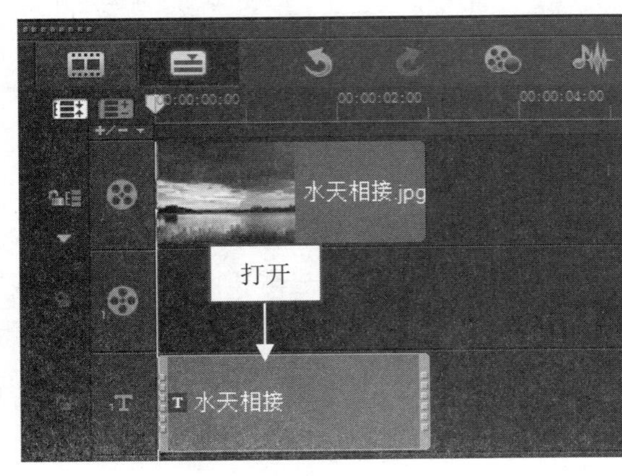

图 11-37　打开项目文件

图 11-38　预览项目效果

step 03 在标题轨中双击需要制作镂空特效的标题字幕，此时预览窗口中的标题字幕为选中状态，如图 11–39 所示。

step 04 在“编辑”选项面板中单击“边框/阴影/透明度”按钮，如图 11–40 所示。

图 11–39　标题字幕为选中状态

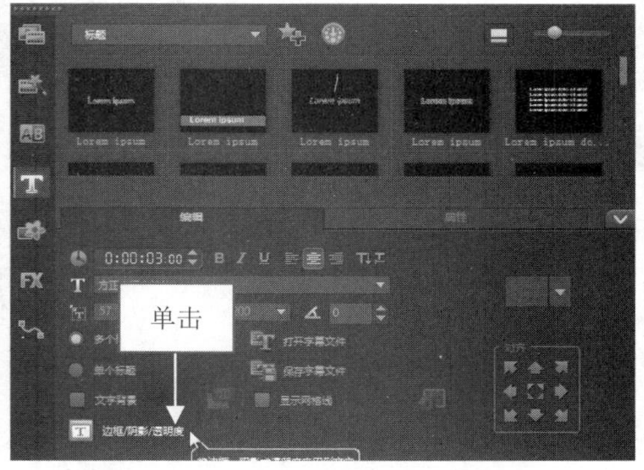

图 11–40　单击相应按钮

step 05 执行操作后，弹出“边框/阴影/透明度”对话框，选中“透明文字”和“外部边界”复选框，设置“边框宽度”为 4.0，设置“线条色彩”为黄色，如图 11–41 所示。

step 06 单击“确定”按钮，即可设置镂空字体。在预览窗口中可以预览镂空字幕效果，如图 11–42 所示。

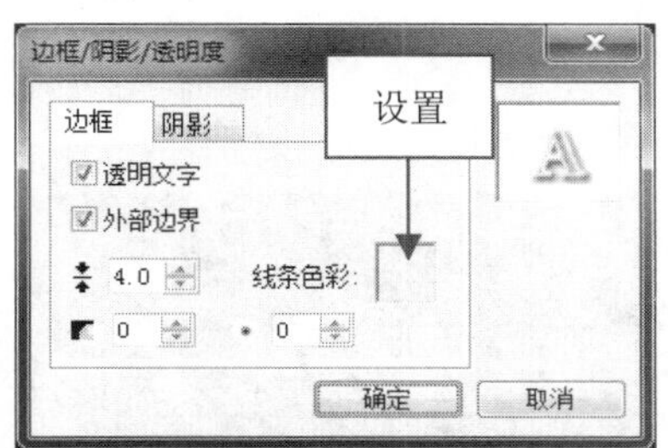

图 11–41　设置线条色彩

图 11–42　预览透明字幕效果

在“边框/阴影/透明度”对话框中，主要选项的含义介绍如下。

- “透明文字”复选框：选中该复选框，此时创建的标题文字将呈透明状态，只有标题字幕的边框可见。
- “外部边界”复选框：选中该复选框，创建的标题文字将显示边框。
- “边框宽度”数值框：在该选项右侧的数值框中输入相应的数值后，可以设置标题文字边框线条的宽度。
- “文字透明度”数值框：在该选项右侧的数值框中输入所需的数值后，可以设置标题文字的可见度属性。
- “线条色彩”选项：单击该选项右侧的色块，在弹出的颜色面板中可以设置字体边框线条的颜色。
- “柔化边缘”数值框：在该选项右侧的数值框中输入所需的数值后，可以设置标题文字的边缘混合程度。

11.3.2 设置边框：制作描边字幕特效

在会声会影 X9 中，为了使标题字幕样式丰富多彩，用户可以为标题字幕设置描边效果。下面向用户介绍制作描边字幕的操作方法。

素材文件	素材\第 11 章\经典游轮.VSP
效果文件	效果\第 11 章\经典游轮.VSP
视频文件	视频\第 11 章\11.3.2 设置边框：制作描边字幕特效.mp4

【操练+视频】——设置边框：制作描边字幕特效

step 01 进入会声会影编辑器，打开一个项目文件，如图 11-43 所示。

step 02 在预览窗口中，预览打开的项目效果，如图 11-44 所示。

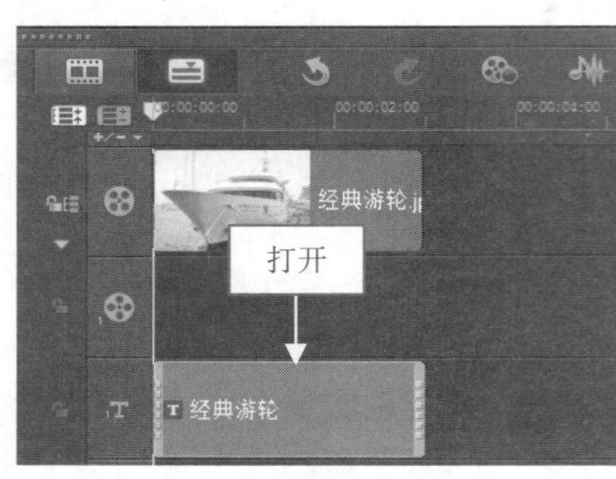

图 11-43 打开项目文件

图 11-44 预览项目效果

step 03 在标题轨中双击需要制作描边特效的标题字幕，此时预览窗口中的标题字幕为选中状态，如图 11-45 所示。

step 04 在“编辑”选项面板中单击“边框/阴影/透明度”按钮，如图 11-46 所示。

图 11-45 标题字幕为选中状态

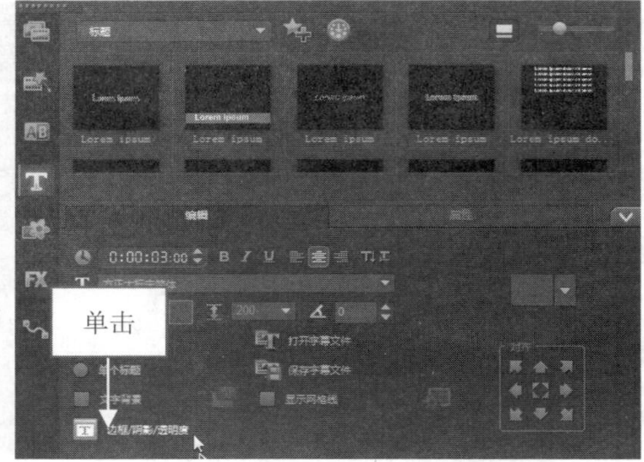

图 11-46 单击“边框/阴影/透明度”按钮

step 05 弹出“边框/阴影/透明度”对话框，选中“外部边界”复选框，设置“边框宽度”为 4.0，设置“线条色彩”为黑色，如图 11-47 所示。

step 06 执行上述操作后，单击“确定”按钮，即可设置描边字体。在预览窗口中可以预览描边字幕效果，如图 11-48 所示。

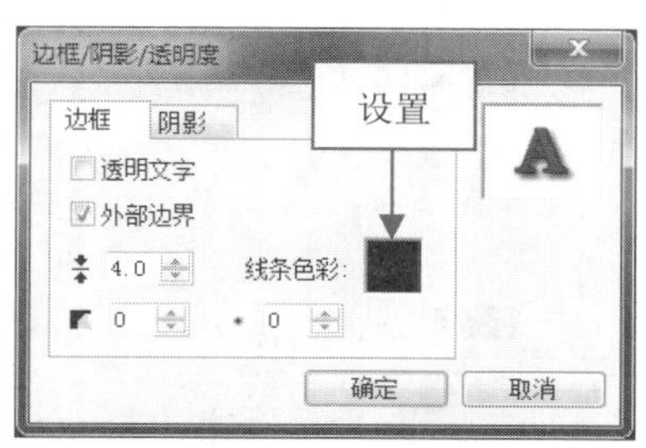

图 11-47　设置线条色彩

图 11-48　预览边框字幕效果

11.3.3 突起阴影：制作突起字幕特效

在会声会影 X9 中，为标题字幕设置突起特效，可以使标题字幕在视频中更加突出、明显。下面向用户介绍制作突起字幕的操作方法。

素材文件	素材\第 11 章\酷炫自拍.VSP
效果文件	效果\第 11 章\酷炫自拍.VSP
视频文件	视频\第 11 章\11.3.3　突起阴影：制作突起字幕特效.mp4

【操练+视频】——突起阴影：制作突起字幕特效

step 01 进入会声会影编辑器，打开一个项目文件，如图 11-49 所示。

step 02 在预览窗口中，预览打开的项目效果，如图 11-50 所示。

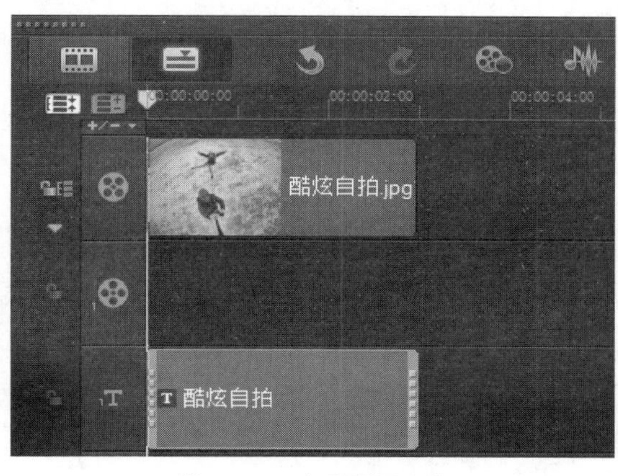

图 11-49　打开项目文件

图 11-50　预览项目效果

step 03 在标题轨中双击需要制作突起特效的标题字幕，此时预览窗口中的标题字幕为选中状态，如图 11-51 所示。

step 04 在“编辑”选项面板中单击“边框/阴影/透明度”按钮，弹出“边框/阴影/透明度”对话框，切换至“阴影”选项卡，如图 11-52 所示。

step 05 在“阴影”选项卡中单击“突起阴影”按钮，如图 11-53 所示。

step 06 在下方设置 X 为 10.0、Y 为 10.0、“颜色”为黑色，如图 11-54 所示。

图 11-51 标题字幕为选中状态

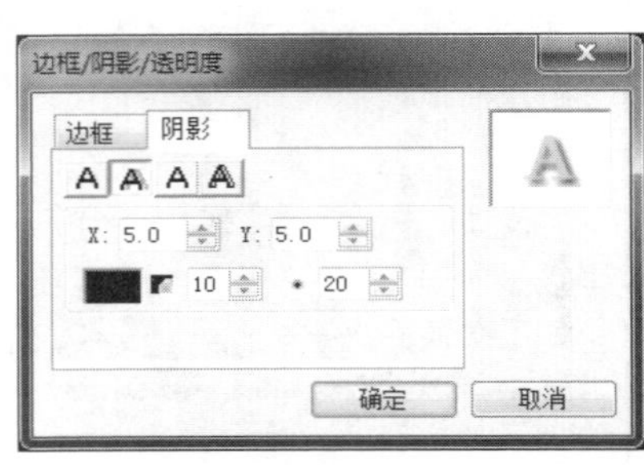

图 11-52 切换至"阴影"选项卡

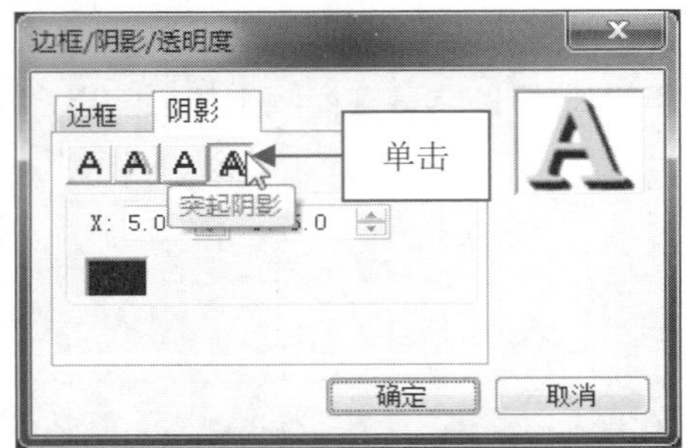

图 11-53 单击"突起阴影"按钮

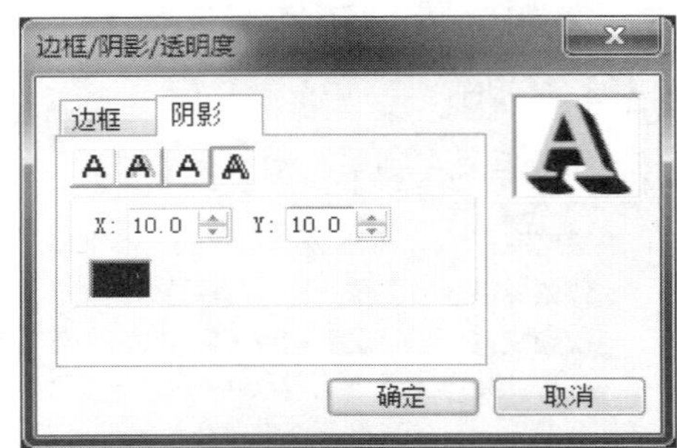

图 11-54 设置各参数

在"边框/阴影/透明度"对话框的"阴影"选项卡中，主要选项的含义介绍如下。

- "无阴影"按钮：单击该按钮，可以取消设置文字的阴影效果。
- "下垂阴影"按钮：单击该按钮，可为文字设置下垂阴影效果。
- "光晕阴影"按钮：单击该按钮，可为文字设置光晕阴影效果。
- "水平阴影偏移量"数值框：在该选项右侧的数值框中输入相应的数值，可以设置水平阴影的偏移量。
- "垂直阴影偏移量"数值框：在该选项右侧的数值框中输入相应的数值，可以设置垂直阴影的偏移量。

step 07 执行上述操作后，单击"确定"按钮，即可制作突起字幕。在预览窗口中可以预览突起字幕效果，如图 11-55 所示。

图 11-55 预览突起字幕效果

11.3.4 光晕阴影：制作光晕字幕特效

在会声会影 X9 中，用户可以为标题字幕添加光晕特效，使其更加精彩夺目。下面向用户介绍制作光晕字幕的操作方法。

素材文件	素材\第 11 章\海边恋人.VSP
效果文件	效果\第 11 章\海边恋人.VSP
视频文件	视频\第 11 章\11.3.4　光晕阴影：制作光晕字幕特效.mp4

【操练+视频】——光晕阴影：制作光晕字幕特效

step 01 进入会声会影编辑器，打开一个项目文件，如图 11-56 所示。

step 02 在预览窗口中，预览打开的项目效果，如图 11-57 所示。

图 11-56　打开项目文件

图 11-57　预览项目效果

step 03 在标题轨中双击需要制作光晕特效的标题字幕，此时预览窗口中的标题字幕为选中状态，如图 11-58 所示。

step 04 在"编辑"选项面板中，单击"边框/阴影/透明度"按钮，弹出"边框/阴影/透明度"对话框，单击"阴影"标签，切换至"阴影"选项卡，如图 11-59 所示。

打开"边框/阴影/透明度"对话框，切换到"阴影"选项卡，在"光晕阴影柔化边缘"数值框中只能输入 0 ~ 100 之间的整数。

图 11-58　标题字幕为选中状态

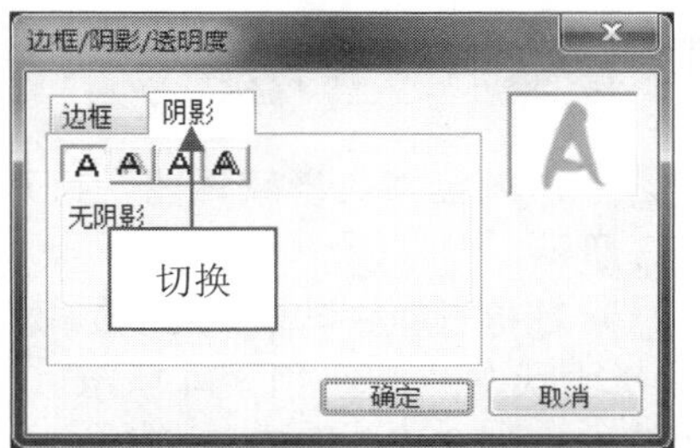

图 11-59　切换至"阴影"选项卡

step 05 在“阴影”选项卡中，单击“光晕阴影”按钮，如图 11-60 所示。

step 06 然后设置“强度”为 10.0、“光晕阴影色彩”为白色、“光晕阴影柔化边缘”为 60，如图 11-61 所示。

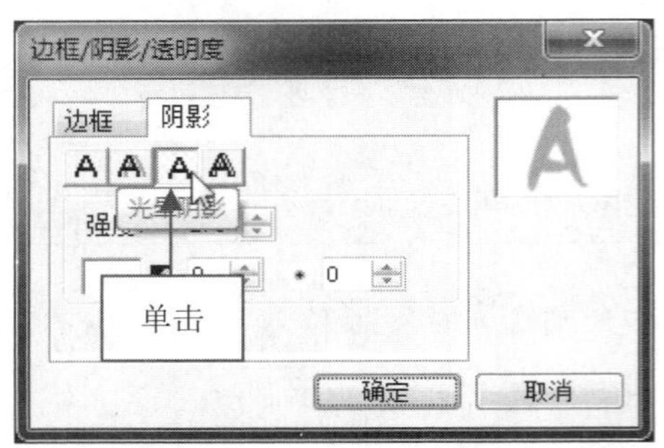

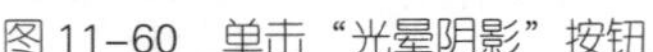

图 11-60 单击“光晕阴影”按钮

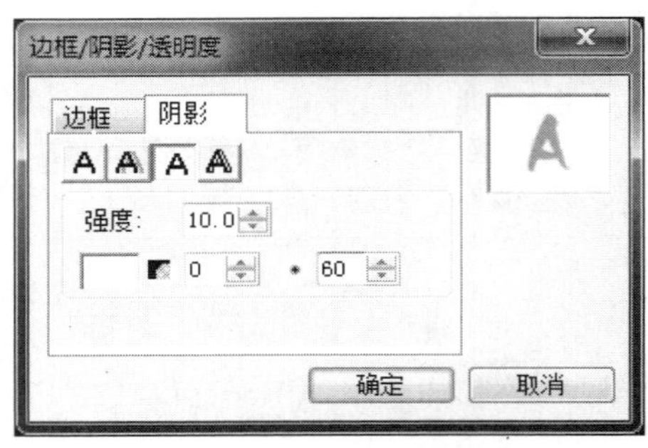

图 11-61 设置各参数

step 07 执行上述操作后，单击“确定”按钮，即可制作光晕字幕。在预览窗口中可以预览光晕字幕效果，如图 11-62 所示。

图 11-62 预览光晕字幕效果

11.3.5 下垂阴影：制作下垂字幕特效

在会声会影 X9 中，为了让标题字幕更加美观，用户可以为标题字幕添加下垂阴影效果。下面介绍制作下垂字幕的操作方法。

素材文件	素材\第 11 章\水立方.VSP
效果文件	效果\第 11 章\水立方.VSP
视频文件	视频\第 11 章\11.3.5 下垂阴影：制作下垂字幕特效.mp4

【操练+视频】——下垂阴影：制作下垂字幕特效

step 01 进入会声会影编辑器，打开一个项目文件。在预览窗口中预览打开的项目效果，如图 11-63 所示。

step 02 在标题轨中，使用鼠标左键双击需要制作下垂特效的标题字幕，此时预览窗口中的标题字幕为选中状态，如图 11-64 所示。

step 03 在“编辑”选项面板中，单击“边框/阴影/透明度”按钮，弹出“边框/阴影/透明度”对话框，切换至“阴影”选项卡，单击“下垂阴影”按钮，设置 X 为 10.0、Y 为 10.0、“下垂阴影色彩”为黑色、“下垂阴影透明度”为0、“下垂阴影柔化边缘”为10，如图11-65所示。

图11-63　预览项目效果

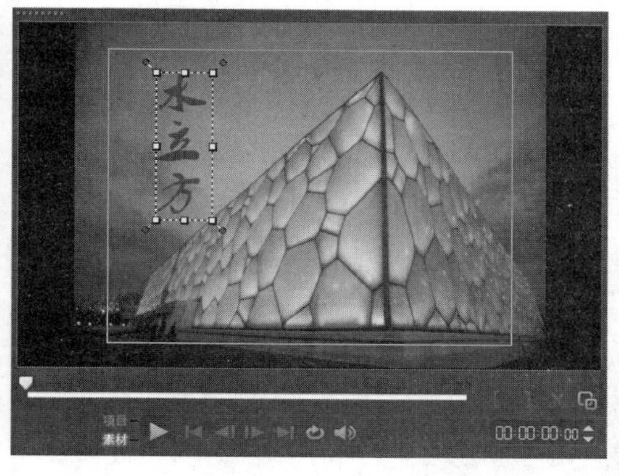

图11-64　打开项目文件

step 04 执行上述操作后，单击“确定”按钮，即可制作下垂字幕。在预览窗口中可以预览下垂字幕效果，如图11-66所示。

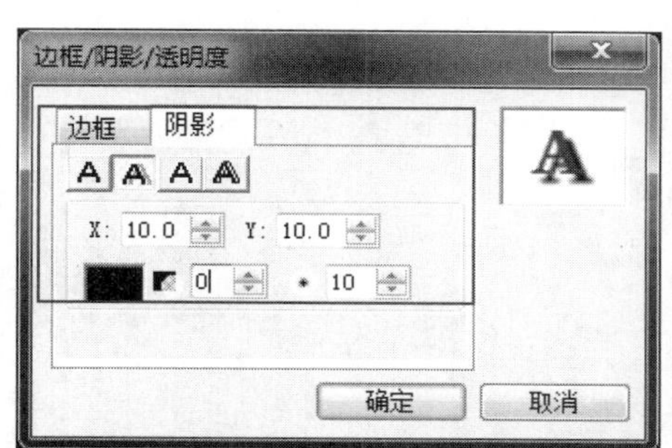

图11-65　设置参数

图11-66　预览下垂字幕效果

11.4 制作动态标题字幕特效

在影片中创建标题后，会声会影 X9 还可以为标题添加动画效果。用户可套用83种生动活泼、动感十足的标题动画。本节主要向用户介绍字幕动画特效的制作方法，主要包括淡化动画、翻转动画、飞行动画、缩放动画、下降动画、弹出动画等。

11.4.1 淡入淡出：制作字幕淡入淡出运动特效

在会声会影 X9 中，淡入淡出的字幕效果在当前的各种影视节目中是最常见的字幕效果。下面介绍制作字幕淡入淡出运动特效的操作方法。

素材文件	素材\第11章\建设城市.VSP
效果文件	效果\第11章\建设城市.VSP
视频文件	视频\第11章\11.4.1　淡入淡出：制作字幕淡入淡出运动特效.mp4

【操练+视频】——淡入淡出：制作字幕淡入淡出运动特效

step 01 进入会声会影编辑器，打开一个项目文件，如图 11-67 所示。

step 02 在标题轨中双击需要编辑的字幕，在“属性”选项面板中选中“动画”单选按钮和“应用”复选框，设置“选取动画类型”为“淡化”，在下方选择相应的淡化样式，如图 11-68 所示。

图 11-67　打开项目文件

图 11-68　选择淡化样式

step 03 在导览面板中单击“播放”按钮，预览字幕淡入淡出特效，如图 11-69 所示。

图 11-69　预览字幕淡入淡出特效

11.4.2 翻转动画：制作字幕屏幕翻转运动特效

在会声会影 X9 中，翻转动画可以使文字产生翻转回旋的动画效果。下面向用户介绍制作翻转动画的操作方法。

素材文件	素材\第 11 章\西天取经.VSP
效果文件	效果\第 11 章\西天取经.VSP
视频文件	视频\第 11 章\11.4.2　翻转动画：制作字幕屏幕翻转运动特效.mp4

【操练+视频】——翻转动画：制作字幕屏幕翻转运动特效

step 01 进入会声会影编辑器，打开一个项目文件，如图 11-70 所示。

step 02 在标题轨中双击需要编辑的字幕，在“属性”选项面板中选中“动画”单选按钮和

“应用”复选框，设置“选取动画类型”为“翻转”，在下方选择相应的翻转样式，如图 11–71 所示。

图 11–70 打开项目文件

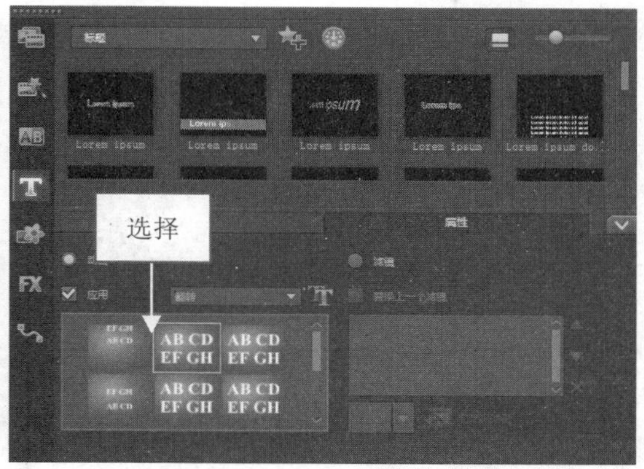

图 11–71 选择翻转样式

step 03 在导览面板中单击“播放”按钮，预览字幕翻转动画特效，如图 11–72 所示。

图 11–72 预览字幕翻转动画特效

11.4.3 飞行动画：制作字幕画面飞行效果

在会声会影 X9 中，飞行动画可以使视频效果中的标题字幕或者单词沿着一定的路径飞行。下面向用户介绍制作飞行动画的操作方法。

素材文件	素材\第 11 章\孔雀开屏.VSP
效果文件	效果\第 11 章\孔雀开屏.VSP
视频文件	视频\第 11 章\11.4.3 飞行动画：制作字幕画面飞行效果.mp4

【操练+视频】——飞行动画：制作字幕画面飞行效果

step 01 进入会声会影编辑器，打开一个项目文件，如图 11–73 所示。

step 02 在标题轨中双击需要编辑的字幕，在“属性”选项面板中选中“动画”单选按钮和“应用”复选框，设置“选取动画类型”为“飞行”，在下方选择相应的飞行样式，如图 11–74 所示。

step 03 在导览面板中单击“播放”按钮，预览字幕飞行动画特效，如图 11–75 所示。

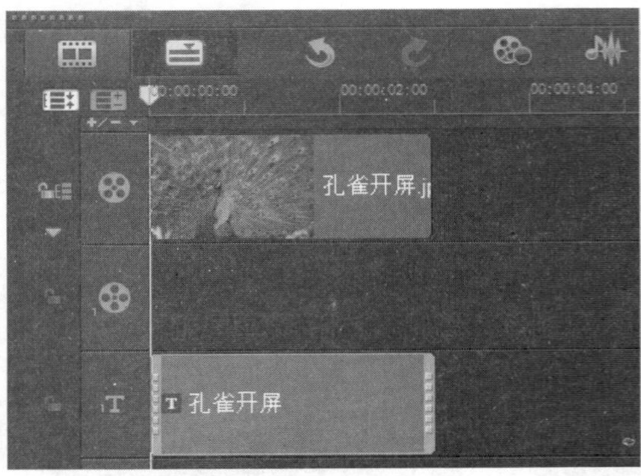

图 11–73　打开项目文件

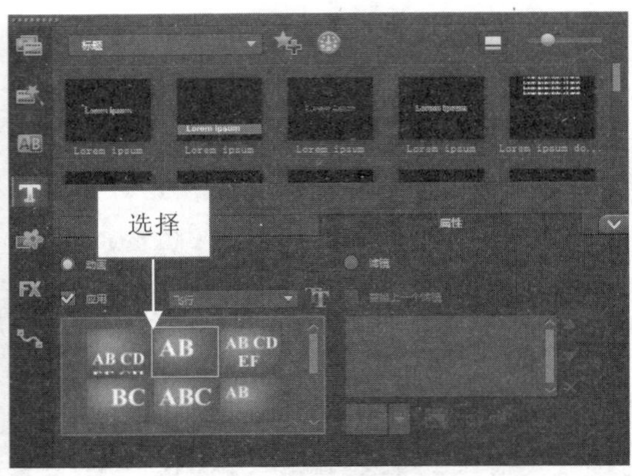

图 11–74　选择飞行样式

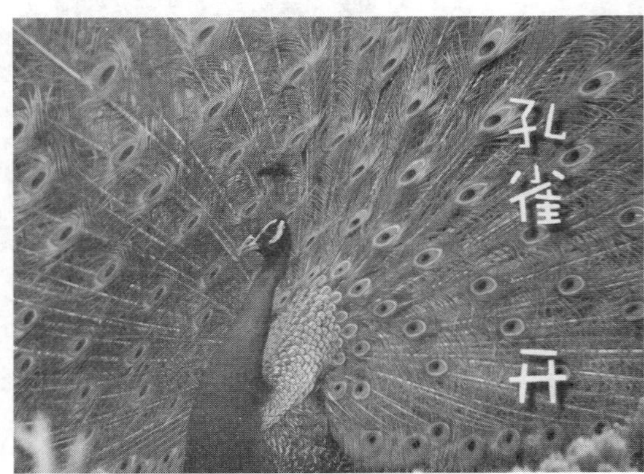

图 11–75　预览字幕飞行动画特效

专家指点

在标题轨中双击需要编辑的标题字幕，在“属性”选项面板中单击“自定义动画属性”按钮，在弹出的对话框中，用户可根据需要编辑“飞行”标题字幕。

11.4.4 缩放效果：制作字幕放大突出运动特效

在会声会影 X9 中，缩放动画可以使文字在运动的过程中产生缩小或放大的变化。下面向用户介绍制作缩放动画的操作方法。

素材文件	素材\第 11 章\彩色人生.VSP
效果文件	效果\第 11 章\彩色人生.VSP
视频文件	视频\第 11 章\11.4.4　缩放效果：制作字幕放大突出运动特效.mp4

【操练+视频】——缩放效果：制作字幕放大突出运动特效

step 01 进入会声会影编辑器，打开一个项目文件，如图 11–76 所示。

step 02 在标题轨中双击需要编辑的字幕，在“属性”选项面板中选中“动画”单选按钮和“应用”复选框，设置“选取动画类型”为“缩放”，在下方选择相应的缩放样式，如图 11–77 所示。

step 03 在导览面板中单击“播放”按钮，预览字幕放大突出特效，如图 11–78 所示。

在会声会影 X9 的“属性”选项面板中，提供了 8 种不同的缩放动画样式，用户可根据需要进行选择。

图 11–76 打开项目文件

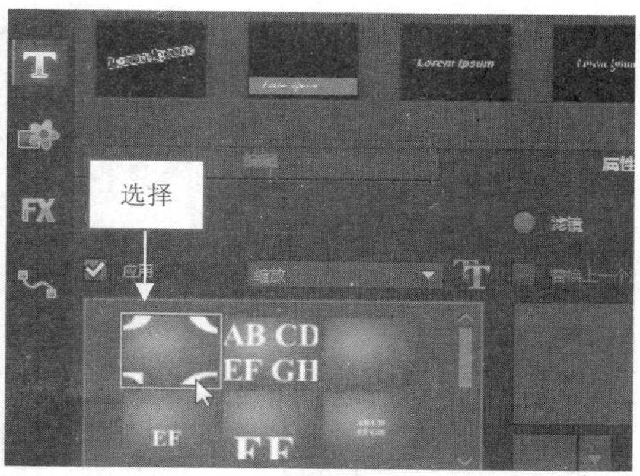

图 11–77 选择缩放样式

图 11–78 预览字幕放大突出特效

在“属性”选项面板中单击“自定义动画属性”按钮，弹出“缩放动画”对话框，在其中用户可以设置各项参数，如图 11–79 所示。

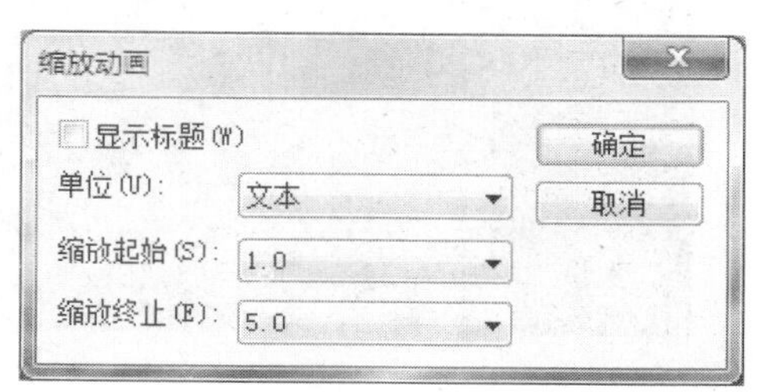

图 11–79 “缩放动画”对话框

在“缩放动画”对话框中，各选项的含义介绍如下。

- 显示标题：选中该复选框，在动画终止时显示标题。
- 单位：设置标题在场景中出现的方式。
- 缩放起始：输入动画起始时的缩放率。
- 缩放终止：输入动画终止时的缩放率。

11.4.5 下降效果：制作字幕渐变下降运动特效

在会声会影 X9 中，下降动画可以使文字在运动过程中由大到小逐渐变化。下面向用户介绍制作渐变下降动画的操作方法。

素材文件 素材\第 11 章\蜘蛛结网.VSP
效果文件 效果\第 11 章\蜘蛛结网.VSP
视频文件 视频\第 11 章\11.4.5 下降效果：制作字幕渐变下降运动特效.mp4

【操练+视频】——下降效果：制作字幕渐变下降运动特效

step 01 进入会声会影编辑器，打开一个项目文件，如图 11–80 所示。

step 02 在标题轨中双击需要编辑的字幕，在“属性”选项面板中选中“动画”单选按钮和“应用”复选框，设置“选取动画类型”为“下降”，在下方选择相应的下降样式，如图 11–81 所示。

图 11–80 打开项目文件

图 11–81 选择下降样式

step 03 在导览面板中单击“播放”按钮，预览字幕下降运动特效，如图 11–82 所示。

图 11–82 预览字幕下降运动特效

在会声会影 X9 中，提供了 4 种不同的下降动画样式，用户可根据需要进行选择。

在“属性”选项面板中单击“自定义动画属性”按钮，弹出“下降动画”对话框，在其中用户可以设置各项参数，如图 11–83 所示。

图 11–83 “下降动画”对话框

在“下降动画”对话框中，主要选项的含义介绍如下。

- 加速：选中该复选框，在当前单位离开屏幕之前启动下一个单位的动画。
- 单位：设置标题在场景中出现的方式。

11.4.6 弹出动画：制作字幕弹跳方式运动特效

在会声会影 X9 中，弹出效果是指可以使文字产生由画面上的某个分界线弹出显示的动画效果。下面介绍制作弹跳动画的操作方法。

素材文件	素材\第 11 章\荷叶水滴.VSP
效果文件	效果\第 11 章\荷叶水滴.VSP
视频文件	视频\第 11 章\11.4.6　弹出动画：制作字幕弹跳方式运动特效.mp4

【操练+视频】——弹出动画：制作字幕弹跳方式运动特效

step 01 进入会声会影编辑器，打开一个项目文件，如图 11-84 所示。

step 02 在标题轨中双击需要编辑的字幕，在“属性”选项面板中选中“动画”单选按钮和“应用”复选框，设置“选取动画类型”为“弹出”，在下方选择相应的弹出样式，如图 11-85 所示。

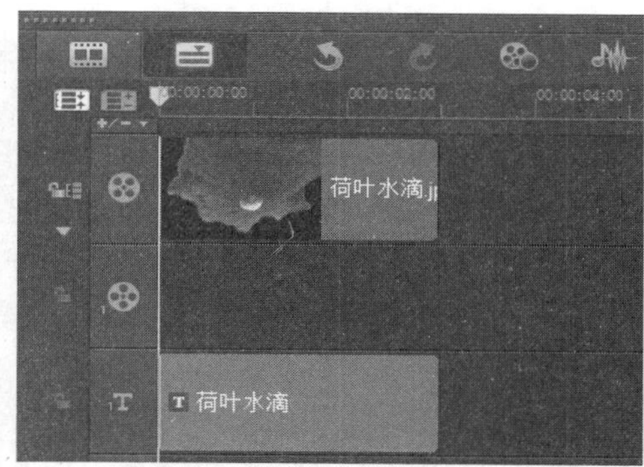

图 11-84　打开项目文件

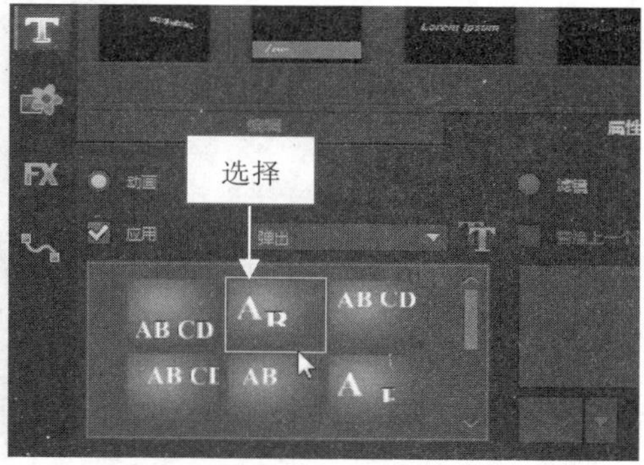

图 11-85　选择弹出样式

step 03 在导览面板中单击“播放”按钮，预览字幕弹跳运动特效，如图 11-86 所示。

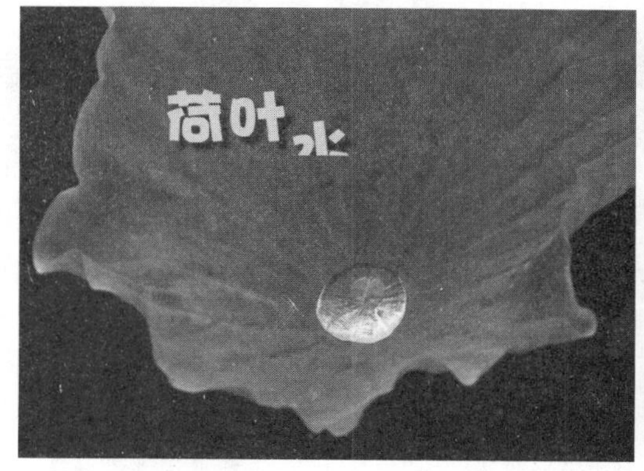

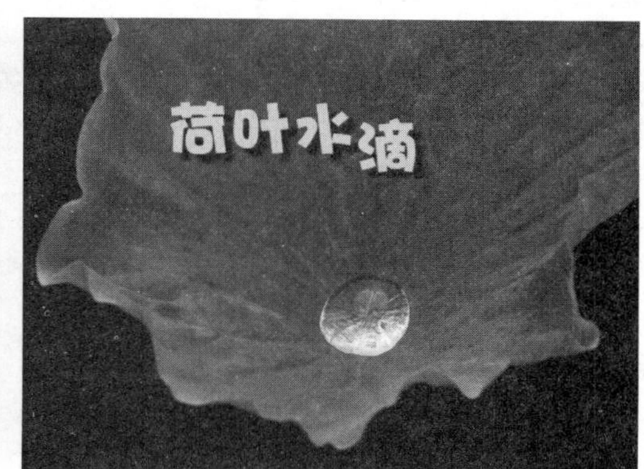

图 11-86　预览字幕弹跳运动特效

专家指点

在会声会影 X9 中，当用户为字幕添加弹出动画特效后，在“属性”选项面板中单击“自定义动画属性”按钮，将弹出“弹出动画”对话框，在“方向”选项组中可以选择字幕弹出的方向，在“单位”和“暂停”下拉列表中，用户还可以设置字幕的单位属性和暂停时间等，不同的暂停时间字幕效果会有所区别。

11.4.7 涟漪效果：制作字幕水波荡漾运动特效

在会声会影 X9 中，用户可以在字幕文件上添加“涟漪”滤镜特效，可以制作出字幕水波荡漾特效。下面向用户介绍制作字幕水波荡漾运动特效的操作方法。

素材文件	素材\第 11 章\360 全景图.VSP
效果文件	效果\第 11 章\360 全景图.VSP
视频文件	视频\第 11 章\11.4.7　涟漪效果：制作字幕水波荡漾运动特效.mp4

【操练+视频】——涟漪效果：制作字幕水波荡漾运动特效

step 01 进入会声会影编辑器，打开一个项目文件，如图 11-87 所示。

step 02 在时间轴面板的标题轨中，选择需要添加“涟漪”滤镜特效的标题字幕，如图 11-88 所示。

图 11-87　打开项目文件

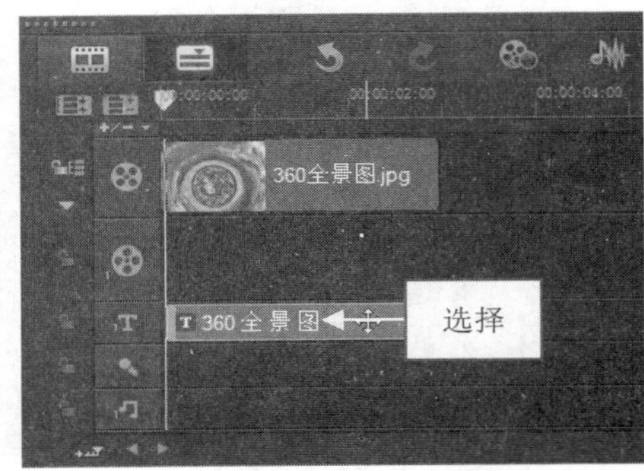

图 11-88　选择标题字幕

step 03 单击“滤镜”按钮，进入“滤镜”素材库，选择“涟漪”滤镜效果，如图 11-89 所示。

step 04 将选择的滤镜效果拖曳至标题轨中的字幕文件上，在“属性”选项面板中可以查看添加的字幕滤镜，如图 11-90 所示。

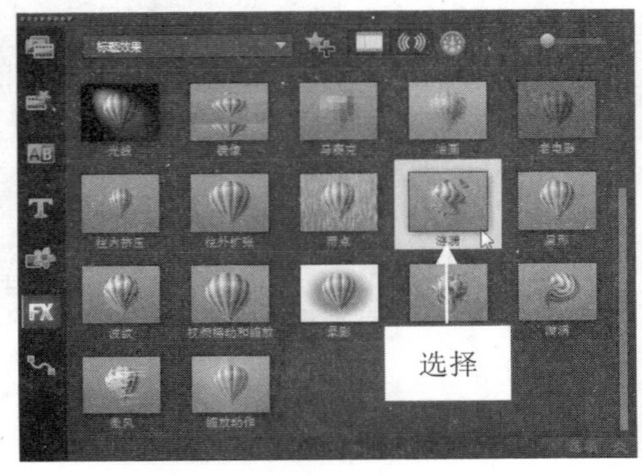

图 11-89　选择“涟漪”滤镜效果

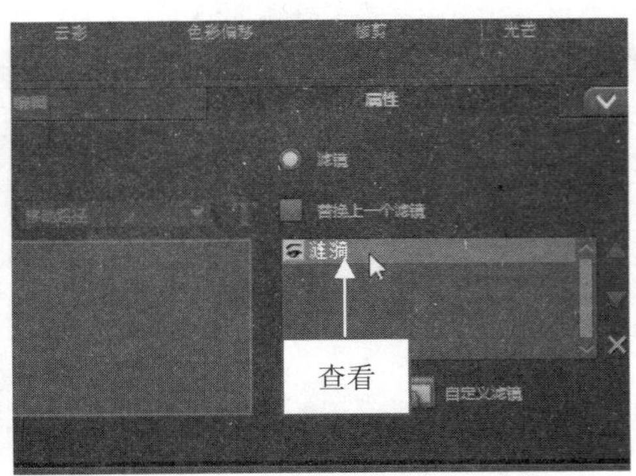

图 11-90　查看添加的字幕滤镜

step 05 在导览面板中单击“播放”按钮，预览字幕的水波荡漾效果，如图 11-91 所示。

图 11-91　预览字幕的水波荡漾效果

11.4.8 波纹效果：制作水纹波动文字效果

在会声会影 X9 中，可以为字幕文件添加“波纹”滤镜，制作水纹波动文字效果。下面介绍制作水纹波动文字效果的操作方法。

素材文件	素材\第 11 章\水乡风景.VSP
效果文件	效果\第 11 章\水乡风景.VSP
视频文件	视频\第 11 章\11.4.8　波纹效果：制作水纹波动文字效果.mp4

【操练+视频】——波纹效果：制作水纹波动文字效果

step 01 进入会声会影编辑器，打开一个项目文件，如图 11-92 所示。

step 02 在“滤镜”素材库中，单击窗口上方的“画廊”按钮，在弹出的下拉列表中选择“二维映射”选项，打开“二维映射”素材库，选择“波纹”滤镜，单击鼠标左键并拖曳至标题轨中的字幕文件上，添加“波纹”滤镜，如图 11-93 所示。

图 11-92　打开项目文件

图 11-93　添加“波纹”滤镜

step 03 单击导览面板中的“播放”按钮，即可在预览窗口中预览制作的水纹波动文字效果，如图 11-94 所示。

图 11-94　预览水纹波动文字效果

专家指点

在会声会影 X9 中还可以应用“涟漪”“水流”等滤镜来制作水纹波动的文字效果。

11.4.9 变形效果：制作扭曲的文字动画效果

在会声会影 X9 中，用户可以为字幕文件添加“往内挤压”滤镜，从而使字幕文件获得变形动画效果。下面介绍制作字幕运动扭曲效果的操作方法。

素材文件	素材\第 11 章\高原特色.VSP
效果文件	效果\第 11 章\高原特色.VSP
视频文件	视频\第 11 章\11.4.9　变形效果：制作扭曲的文字动画效果.mp4

【操练+视频】——变形效果：制作扭曲的文字动画效果

step 01 进入会声会影编辑器，打开一个项目文件，如图 11-95 所示。

step 02 切换至滤镜素材库，单击窗口上方的“画廊”按钮，在弹出的下拉列表中选择“三维纹理映射”选项，打开“三维映射”素材库，选择“往内挤压”视频滤镜，单击鼠标左键并拖曳至标题轨中的字幕文件上，如图 11-96 所示。释放鼠标左键即可添加视频滤镜效果。

图 11-95　打开项目文件

图 11-96　拖曳至标题轨

step 03 执行上述操作后，在导览面板中单击“播放”按钮，即可预览制作的文字变形动画效果，如图 11-97 所示。

图 11-97 预览字幕的运动扭曲效果

11.4.10 幻影动作：制作运动模糊字幕动画效果

在会声会影 X9 中，应用“幻影动作”滤镜可以制作运动模糊字幕特效，模拟字幕高速运动的特效。下面介绍制作字幕运动特效的操作方法。

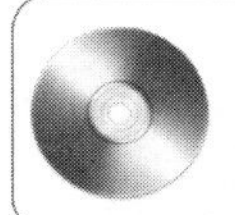

素材文件	素材\第 11 章\工业气息.VSP
效果文件	效果\第 11 章\工业气息.VSP
视频文件	视频\第 11 章\11.4.10 幻影动作：制作运动模糊字幕动画效果.mp4

【操练+视频】——幻影动作：制作运动模糊字幕动画效果

step 01 进入会声会影编辑器，打开一个项目文件，如图 11-98 所示。

step 02 在“滤镜”素材库中，单击窗口上方的“画廊”按钮，在弹出的下拉列表中选择“特殊”选项，打开“特殊”素材库，选择“幻影动作”滤镜，单击鼠标左键并拖曳至标题轨中的字幕文件上，添加“幻影动作”滤镜，如图 11-99 所示。

图 11-98 预览项目效果

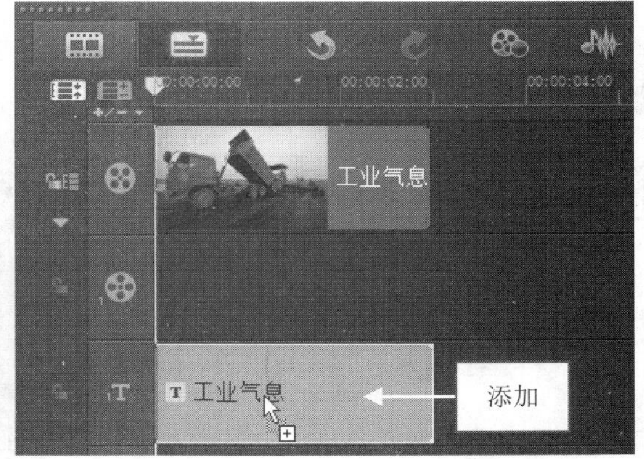

图 11-99 添加“幻影动作”滤镜

step 03 执行上述操作后，即可添加“幻影动作”滤镜效果。在“属性”选项面板中，单击“自定义滤镜”按钮，弹出“幻影动作”对话框，在 00:00:02:00 的位置处添加关键帧，设置“步骤边框”为 5、“柔和”为 20；选择结尾处的关键帧，设置“透明度”为 0，设置完成后，单击

“确定”按钮，如图 11-100 所示。

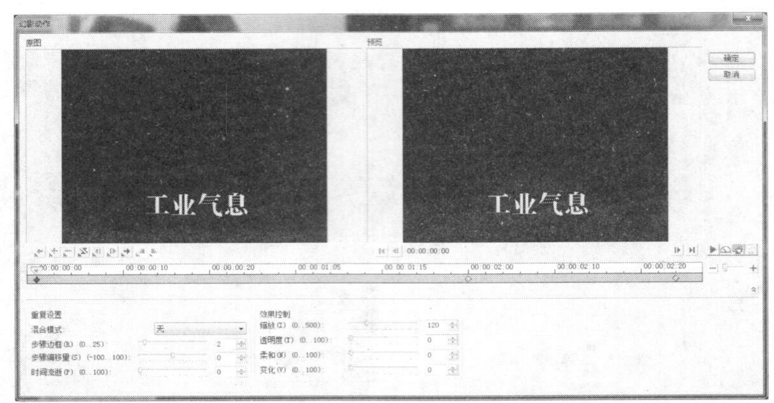

图 11-100 “幻影动作”对话框

step 04 单击导览面板中的“播放”按钮，即可在预览窗口中预览制作的字幕运动特效，如图 11-101 所示。

图 11-101 预览运动模糊字幕特效

专家指点

在会声会影 X9 中，如果用户不需要某个关键帧的效果，只需要选中该关键帧，然后按 Delete 键，即可删除该关键帧。

11.4.11 缩放动作：制作扫光字幕动画效果

在会声会影 X9 中，用户可以使用滤镜为制作的字幕添加各种效果。下面介绍制作扫光字幕动画效果的操作方法。

素材文件	素材\第 11 章\野生动物.VSP
效果文件	效果\第 11 章\野生动物.VSP
视频文件	视频\第 11 章\11.4.11 缩放动作：制作扫光字幕动画效果.mp4

【操练+视频】——缩放动作：制作扫光字幕动画效果

step 01 进入会声会影编辑器，打开一个项目文件，如图 11-102 所示。

step 02 在“滤镜”素材库中，单击窗口上方的“画廊”按钮，在弹出的下拉列表中选择“相机镜头”选项，打开“相机镜头”素材库，选择“缩放动作”滤镜，单击鼠标左键并拖曳至标题轨中的字幕文件上，添加“缩放动作”滤镜，如图 11-103 所示。

图 11-102　打开项目文件

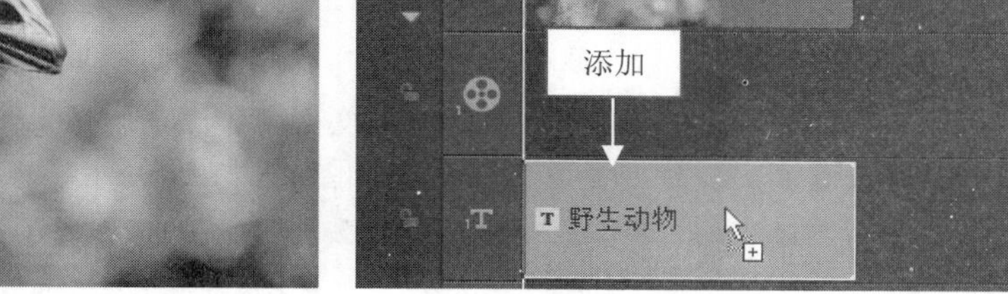

图 11-103　添加“缩放动作”滤镜

step 03 单击导览面板中的“播放”按钮，即可在预览窗口中预览制作的扫光字幕动画效果，如图 11-104 所示。

图 11-104　预览扫光字幕动画效果

11.4.12 微风效果：制作旧电视雪花字幕效果

在会声会影 X9 中，应用“微风”滤镜可以制作旧电视雪花字幕效果。下面介绍制作旧电视雪花字幕效果的操作方法。

素材文件	素材\第 11 章\郎情妾意.VSP
效果文件	效果\第 11 章\郎情妾意.VSP
视频文件	视频\第 11 章\11.4.12　微风效果：制作旧电视雪花字幕效果.mp4

【操练+视频】——微风效果：制作旧电视雪花字幕效果

step 01 进入会声会影编辑器，打开一个项目文件，如图 11-105 所示。

step 02 单击“滤镜”按钮，切换至“滤镜”选项卡，选择“微风”滤镜，添加至标题轨中的字幕文件上，如图 11-106 所示。

图 11–105　插入图像素材

图 11–106　添加“微风”滤镜

step 03 选择字幕文件，进入“属性”选项面板，单击“自定义滤镜”按钮，弹出“微风”对话框，选择结尾关键帧，设置“程度”为 35，如图 11–107 所示。

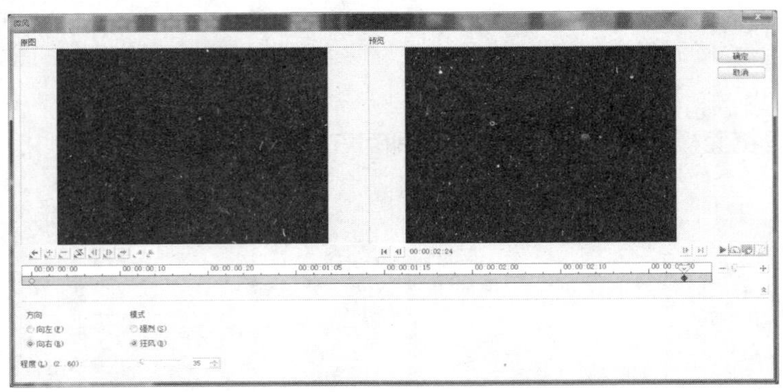

图 11–107　设置“程度”为 35

step 04 设置完成后，单击“确定”按钮。返回到会声会影操作界面，单击导览面板中的“播放”按钮，预览制作的旧电视雪花字幕效果，如图 11–108 所示。

图 11–108　预览旧电视雪花字幕效果

专家指点

在会声会影 X9 中，用户也可以直接选择相应的预设样式来制作旧电视的雪花字幕效果。

11.4.13 自动变色：制作颜色无痕迹自动变化效果

在会声会影 X9 中，应用“色彩替换”滤镜可以制作无痕迹自动变色字幕效果。下面介绍制作颜色无痕迹自动变化效果的操作方法。

素材文件	素材\第 11 章\烟柳画桥.VSP
效果文件	效果\第 11 章\烟柳画桥.VSP
视频文件	视频\第 11 章\11.4.13　自动变色：制作颜色无痕迹自动变化效果.mp4

【操练+视频】——自动变色：制作颜色无痕迹自动变化效果

step 01 进入会声会影编辑器，打开一个项目文件，如图 11-109 所示。

step 02 单击“滤镜”按钮，切换至“滤镜”选项卡，单击窗口上方的“画廊”按钮，在弹出的下拉列表中选择“NewBlue 视频精选 Ⅱ”选项，进入“NewBlue 视频精选 Ⅱ”素材库，选择“色彩替换”滤镜效果，单击鼠标左键并将其拖曳至标题轨中的字幕文件上，释放鼠标左键即可添加“色彩替换”滤镜，如图 11-110 所示。

图 11-109　打开项目文件

图 11-110　添加“色彩替换”滤镜

step 03 选择字幕文件，进入“属性”选项面板，单击“自定义滤镜”按钮，弹出“色彩替换”对话框，选择“蓝色到红色”选项，单击“行”按钮。返回到会声会影操作界面，单击导览面板中的“播放”按钮，预览制作的无痕迹自动变色字幕效果，如图 11-111 所示。

图 11-111　预览无痕迹自动变色字幕效果

11.4.14 滚屏字幕：制作滚屏职员表字幕效果

在影视画面中，当一部影片播放完毕后，通常在结尾的时候会播放这部影片的演员、制片人、导演等信息。下面向用户介绍制作职员表字幕滚屏运动特效的操作方法。

素材文件	素材\第 11 章\职员表.jpg
效果文件	效果\第 11 章\职员表.VSP
视频文件	视频\第 11 章\11.4.14　滚屏字幕：制作滚屏职员表字幕效果.mp4

【操练+视频】——滚屏字幕：制作滚屏职员表字幕效果

step 01 进入会声会影编辑器，在视频轨中插入一幅图像素材，如图 11–112 所示。

step 02 打开“字幕”素材库，在其中选择需要的字幕预设模板，如图 11–113 所示。

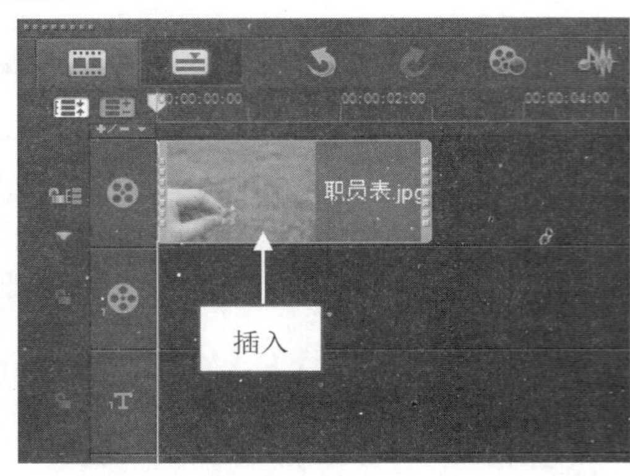

图 11–112　插入图像素材

图 11–113　选择需要的字幕预设模板

step 03 将选择的模板拖曳至标题轨中的开始位置，然后调整字幕的区间长度，如图 11–114 所示。

step 04 在预览窗口中，更改字幕模板的内容为职员表等信息，如图 11–115 所示。

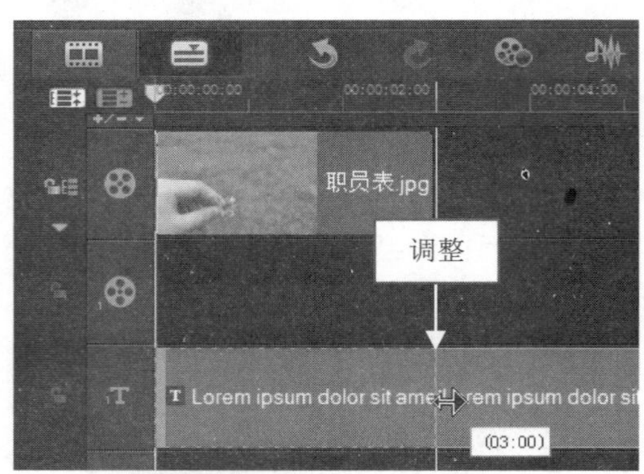

图 11–114　调整字幕的区间长度

图 11–115　更改字幕模板的内容

step 05 在导览面板中单击“播放”按钮，即可在预览窗口中预览职员表字幕滚屏效果，如图 11–116 所示。

图 11–116　预览职员表字幕滚屏效果

11.4.15 广告效果：制作广告字幕效果

在会声会影 X9 中，用户可以利用字幕模板制作出广告字幕的效果。下面向用户介绍制作广告字幕效果的操作方法。

素材文件	素材\第 11 章\广告字幕.jpg
效果文件	效果\第 11 章\广告字幕.VSP
视频文件	视频\第 11 章\11.4.15 广告效果：制作广告字幕效果.mp4

【操练+视频】——广告效果：制作广告字幕效果

step 01 进入会声会影编辑器，在视频轨中插入一幅图像素材，如图 11-117 所示。

step 02 打开"字幕"素材库，在其中选择需要的字幕预设模板，如图 11-118 所示。

图 11-117 插入图像素材

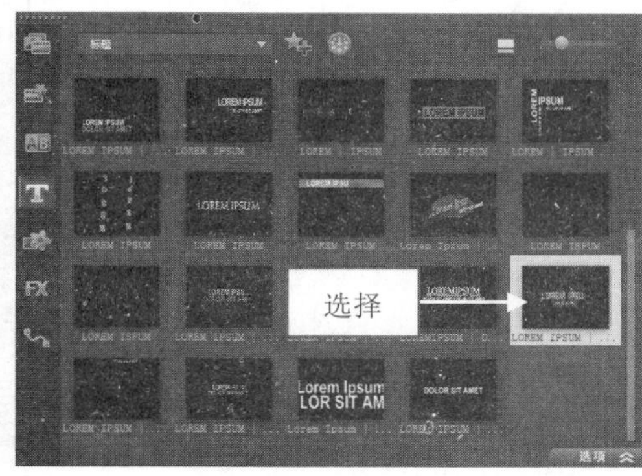

图 11-118 选择需要的字幕预设模板

step 03 在预览窗口中，更改字幕模板的内容为广告信息，如图 11-119 所示。

step 04 调整字幕的位置、字体、大小等属性，如图 11-120 所示。

图 11-119 更改字幕模板的内容

图 11-120 更改字幕模板的属性

step 05 在导览面板中单击"播放"按钮，即可在预览窗口中预览广告字幕效果，如图 11-121 所示。

图 11-121　预览广告字幕效果

11.4.16 双重字幕：制作 MV 字幕效果

在会声会影 X9 中，用户可以为视频添加 MV 字幕特效。下面向用户介绍制作 MV 字幕特效的操作方法。

素材文件　素材\第 11 章\不说再见.VSP
效果文件　效果\第 11 章\不说再见.VSP
视频文件　视频\第 11 章\11.4.16　双重字幕：制作 MV 字幕效果.mp4

【操练+视频】——双重字幕：制作 MV 字幕效果

step 01 进入会声会影编辑器，打开一个项目文件，如图 11-122 所示。

step 02 打开“轨道管理器”对话框，设置“标题轨”为 2，设置完成后，单击“确定”按钮，如图 11-123 所示。

图 11-122　打开项目文件

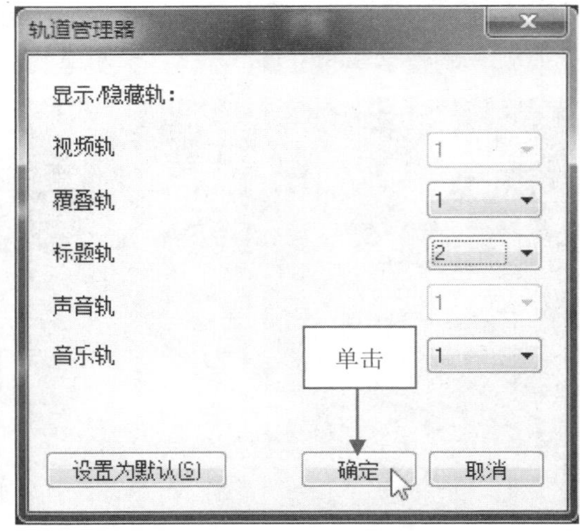

图 11-123　单击“确定”按钮

step 03 在标题轨 1 中，添加歌词字幕文件，复制添加的字幕文件到标题轨 2 中，如图 11-124 所示。

step 04 选择标题轨 2 中的字幕文件，在“编辑”选项面板中设置颜色为红色，在“属性”选项面板中选中“动画”单选按钮和“应用”复选框，设置“选取动画类型”为“淡化”，在下方选择相应的预设样式，如图 11-125 所示。

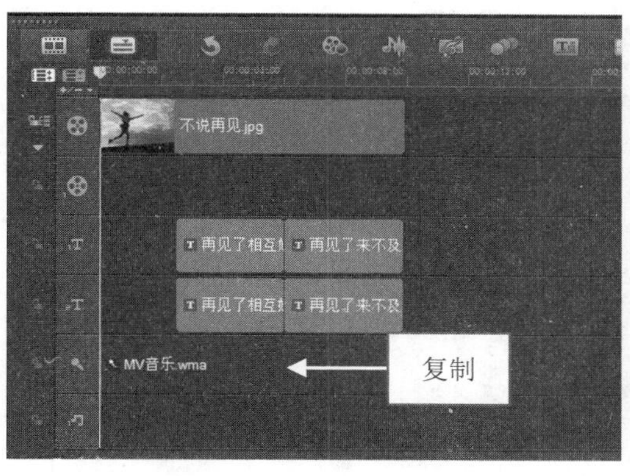

图 11-124 复制添加的字幕文件

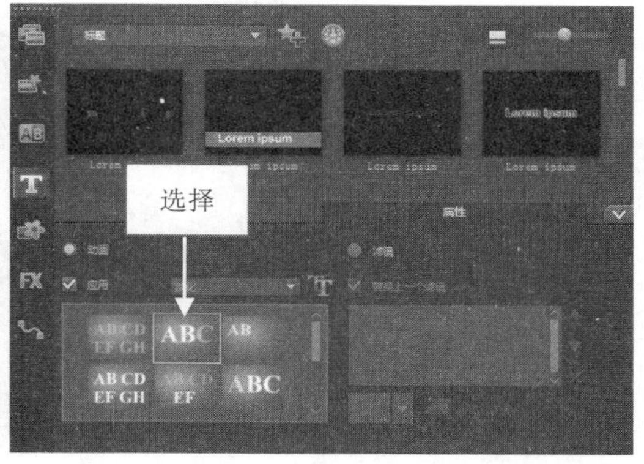

图 11-125 选择相应的预设样式

step 05 执行上述操作后，单击导览面板中的“播放”按钮，即可预览制作的 MV 字幕效果，如图 11-126 所示。

图 11-126 预览 MV 字幕效果

11.4.17 导入字幕：批量制作超长字幕

在会声会影 X9 中，用户可以利用 TXT 批量制作超长的字幕文件。下面介绍批量制作超长字幕文件的操作方法。

素材文件	素材\第 11 章\最美梯田.VSP
效果文件	效果\第 11 章\最美梯田.VSP
视频文件	视频\第 11 章\11.4.17 导入字幕：批量制作超长字幕.mp4

【操练+视频】——导入字幕：批量制作超长字幕

step 01 进入会声会影编辑器，打开一个项目文件，如图 11-127 所示。

step 02 进入标题素材库，在“编辑”选项面板中，单击“保存字幕文件”按钮，弹出“另存为”对话框，输入文件名为“最美梯田”，设置“保存类型”为.utf，单击“保存”按钮，如图 11-128 所示。

step 03 在相应文件夹中选择字幕文件，右击，在弹出的快捷菜单中选择“属性”命令，弹出相应的属性对话框，单击“打开方式”右侧的“更改”按钮，弹出“打开方式”对话框，在其中选择“记事本”选项，单击“确定”按钮，如图 11-129 所示。

step 04 在相应属性对话框中单击“确定”按钮，在文件夹中打开字幕文件，复制需要导入的文字到记事本中，如图 11-130 所示。

图 11-127　打开项目文件

图 11-128　单击“保存”按钮

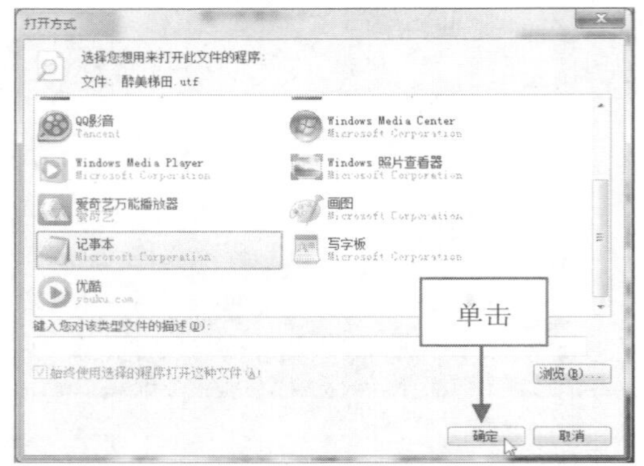

图 11-129　单击“确定”按钮

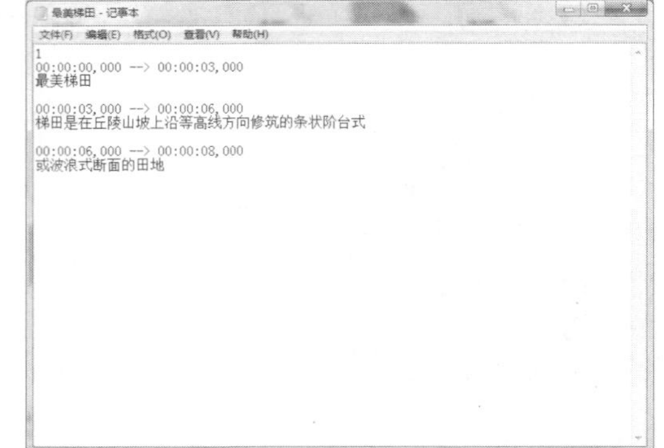

图 11-130　复制需要导入的文字到记事本中

step 05 执行上述操作后，关闭记事本文件。单击“保存”按钮，切换至标题素材库，在“编辑”选项面板中单击“打开字幕文件”按钮，打开“最美梯田”字幕文件，即可在标题轨中添加字幕文件。单击导览面板中的“播放”按钮，预览批量制作的超长字幕文件，如图 11-131 所示。

图 11-131　预览批量制作的超长字幕文件

章前知识导读

影视作品是一门声画艺术，音频在影片中是不可或缺的元素。音频也是一部影片的灵魂，在后期制作中，音频的处理相当重要，如果声音的运用恰到好处，往往会给观众带来耳目一新的感觉。本章主要介绍制作视频背景音乐特效的各种操作方法。

第12章 声音：制作背景音乐特效

新手重点索引

- 音乐特效简介
- 添加与录制音频素材
- 编辑与修整音频素材
- 音频滤镜的精彩应用

效果图片欣赏

12.1 音乐特效简介

音频特效，简单地说就是声音特效。影视作品是一门声画艺术，音频在影片中是一个不可或缺的元素，如果一部影片缺少了声音，再优美的画面也会黯然失色，而优美动听的背景音乐和深情款款的配音不仅可以起到锦上添花的作用，还可使影片颇具感染力。本节主要向用户介绍音乐特效的基础知识，为后面学习音乐处理技巧奠定良好的基础。

12.1.1 “音乐和声音”选项面板

在会声会影 X9 中，音频视图中包括两个选项面板，分别为“音乐和声音”选项面板和“自动音乐”选项面板。在“音乐和声音”选项面板中，用户可以调整音频素材的区间长度、音量大小、淡入淡出特效以及将音频滤镜应用到音乐轨等，如图 12-1 所示。

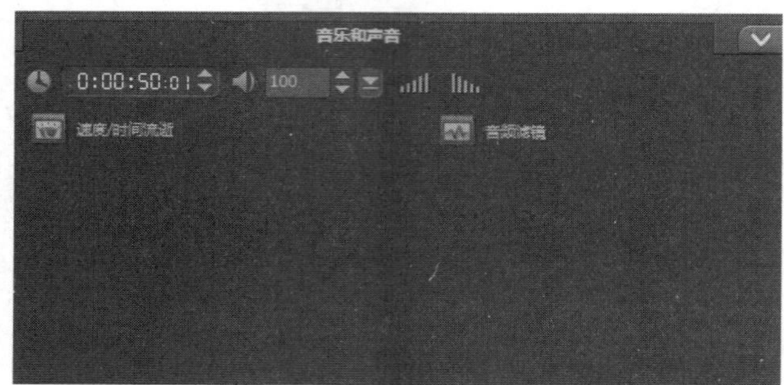

图 12-1　“音乐和声音”选项面板

“音乐和声音”选项面板中主要选项的含义介绍如下。

- “区间”数值框 0:00:50:01：该数值框以“时:分:秒:帧”的形式显示音频的区间。可以输入一个区间值来预设录音的长度或者调整音频素材的长度。单击其右侧的微调按钮，可以调整数值的大小，也可以单击时间码上的数字，待数字处于闪烁状态时，输入新的数字后按 Enter 键确认，即可改变原来音频素材的播放时间长度。如图 12-2 所示为音频素材原图与调整区间长度后的音频效果。

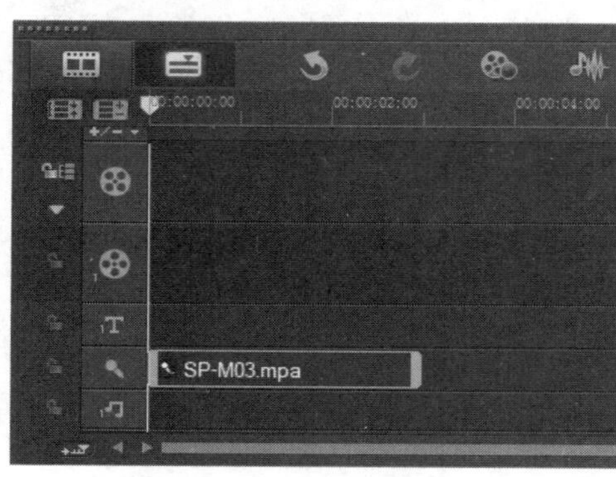

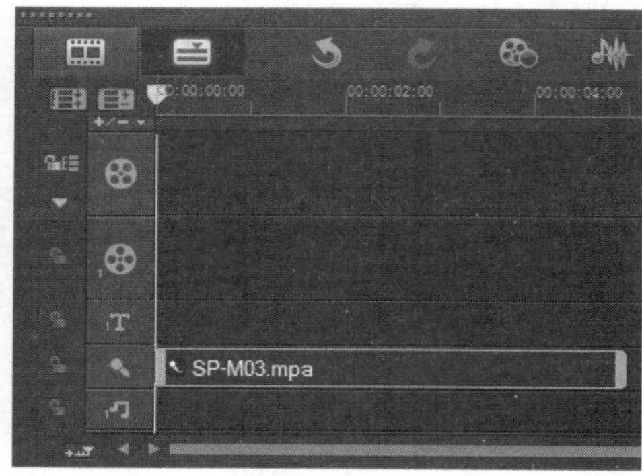

图 12-2　音频素材原图与调整区间长度后的音频效果

- “素材音量”数值框 100：该数值框中的 100 表示原始声音的大小。单击右侧的下三角按钮，在弹出的音量调节器中可以通过拖曳滑块以百分比的形式调整视频和音频素材的音量；也可以直接在数值框中输入一个数值，调整素材的音量。

- “淡入”按钮：单击该按钮，可以使选择的声音素材开始部分的音量逐渐增大。
- “淡出”按钮：单击该按钮，可以使选择的声音素材结束部分的音量逐渐减小。
- “速度/时间流逝”按钮：单击该按钮，将弹出“速度/时间流逝”对话框，如图 12-3 所示。在该对话框中，用户可以根据需要调整视频的播放速度。
- “音频滤镜”按钮：单击该按钮，将弹出“音频滤镜”对话框，如图 12-4 所示。通过该对话框可以将音频滤镜应用到所选的音频素材上。

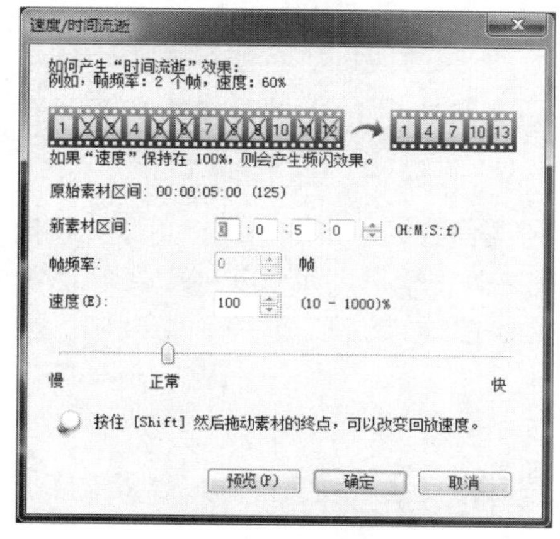

图 12-3 “速度/时间流逝”对话框

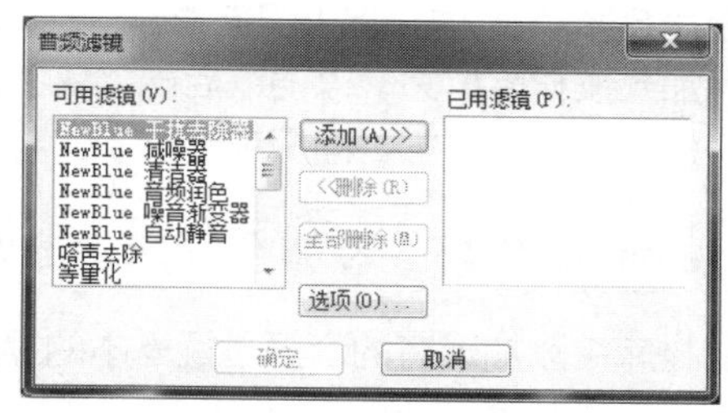

图 12-4 “音频滤镜”对话框

12.1.2 “自动音乐”选项面板

在“自动音乐”选项面板中，用户可以根据需要在其中选择相应的选项，然后单击“添加到时间轴”按钮，将选择的音频素材添加至时间轴中。如图 12-5 所示为“自动音乐”选项面板。

图 12-5 “自动音乐”选项面板

“自动音乐”选项面板中主要选项的含义介绍如下。

- “区间”数值框：该数值框用于显示所选音乐的总长度。
- “素材音量”数值框：该数值框用于调整所选音乐的音量，当值为 100 时，可以保留音乐的原始音量。
- “淡入”按钮：单击该按钮，可以使自动音乐开始部分的音量逐渐增大。
- “淡出”按钮：单击该按钮，可以使自动音乐结束部分的音量逐渐减小。
- “类别”列表框：可以指定音乐文件的类别、范围。
- “歌曲”列表框：在该列表框中，可以选取用于添加到项目中的音乐文件。

- “版本”列表框：在该列表框中，可以选择不同版本的乐器和节奏，并将其应用于所选择的音乐中。
- “添加到时间轴”按钮：在“自动音乐”选项面板中选择类别、歌曲和版本后，单击“播放选取的歌曲”按钮，播放完成后单击“停止”按钮，然后单击“添加到时间轴”按钮，即可将播放的歌曲添加到时间轴面板中。
- “自动修整”复选框：选中该复选框，将基于飞梭栏的位置自动修剪音频素材，使其与视频相配合。

12.2 添加与录制音频素材

在会声会影 X9 中，提供了向影片中加入背景音乐和语音的简单方法。用户可以先将自己的音频文件添加到素材库扩充，以便以后能够快速调用。除此之外，用户还可以在会声会影 X9 中为视频录制旁白声音。本节主要向用户介绍添加与录制音频素材的操作方法。

12.2.1 添加音频：添加音频素材库中的声音

从素材库中添加现有的音频是最基本的操作，所以可以将其他音频文件添加到素材库扩充，以便以后能够快速调用。

素材文件	素材\第 12 章\夕阳景象.VSP
效果文件	效果\第 12 章\夕阳景象.VSP
视频文件	视频\第 12 章\12.2.1　添加音频：添加音频素材库中的声音.mp4

【操练+视频】——添加音频：添加音频素材库中的声音

step 01 进入会声会影编辑器，选择菜单栏中的“文件”|“打开项目”命令，打开一个项目文件，如图 12-6 所示。

step 02 在“媒体”素材库中，选择需要添加的音频文件，如图 12-7 所示。

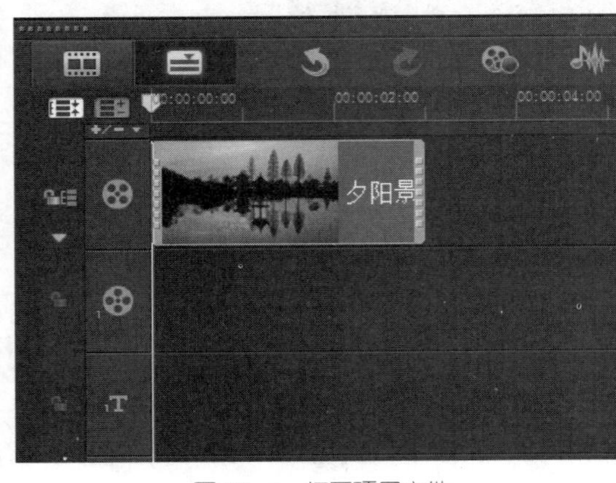

图 12-6　打开项目文件

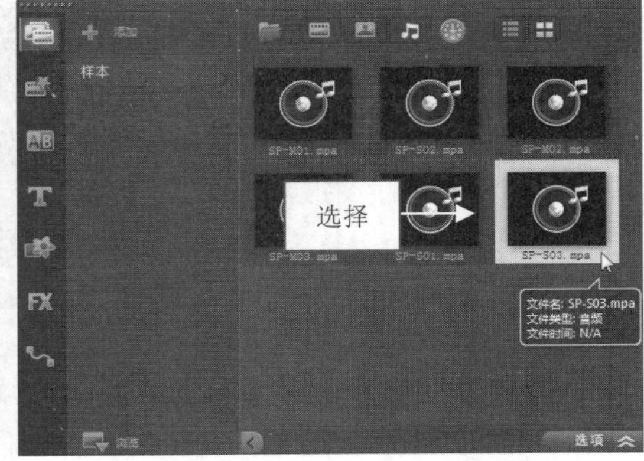

图 12-7　选择音频文件

step 03 单击鼠标左键将音频文件拖曳至声音轨中的适当位置，添加音频，如图 12-8 所示。

step 04 单击“播放”按钮，试听音频效果并预览视频画面，如图 12-9 所示。

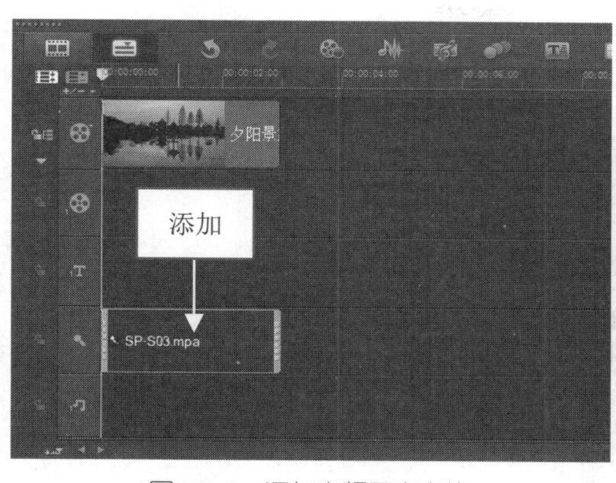

图 12-8　添加音频至声音轨

图 12-9　试听音频效果

12.2.2 硬盘音频：添加硬盘中的音频

在会声会影 X9 中，用户可根据需要添加硬盘中的音频文件。

素材文件	素材\第 12 章\摩托车.jpg、摩托车.mp3
效果文件	效果\第 12 章\摩托车.VSP
视频文件	视频\第 12 章\12.2.2　硬盘音频：添加硬盘中的音频.mp4

【操练+视频】——硬盘音频：添加硬盘中的音频

step 01 进入会声会影 X9 编辑器，在视频轨中插入一幅素材图像，如图 12-10 所示。

step 02 在预览窗口中，可以预览插入的素材图像效果，如图 12-11 所示。

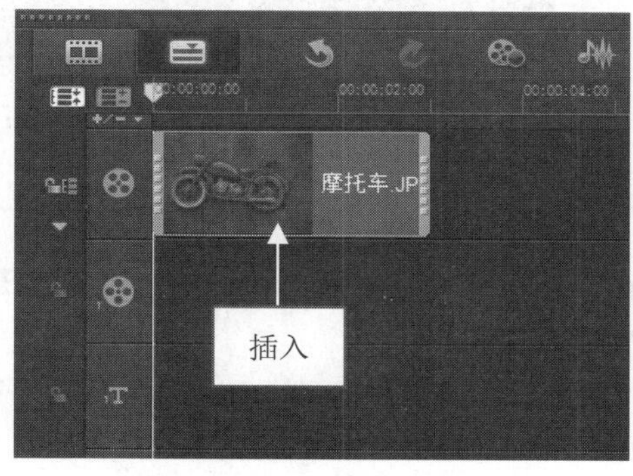

图 12-10　插入素材图像

图 12-11　预览插入的素材图像

step 03 选择菜单栏中的“文件”|“将媒体文件插入到时间轴”|“插入音频”|“到声音轨”命令，如图 12-12 所示。

step 04 弹出“打开音频文件”对话框，选择音频文件，如图 12-13 所示。

step 05 单击“打开”按钮，即可从硬盘中将音频文件添加至声音轨中，如图 12-14 所示。

图 12-12　选择“到声音轨”命令

图 12-13　选择音频文件

专家指点

在会声会影 X9 中的时间轴空白位置处右击，在弹出的快捷菜单中选择“插入音频”|“到音乐轨”命令，还可以将硬盘中的音频文件添加至时间轴面板的音乐轨中。

在会声会影 X9 的“媒体”素材库中，显示素材库中的音频素材后，可以单击“导入媒体文件”按钮，打开“浏览媒体文件”对话框，选择硬盘中的音频文件，单击“打开”按钮，即可将需要的音频素材添加至“媒体”素材库中。

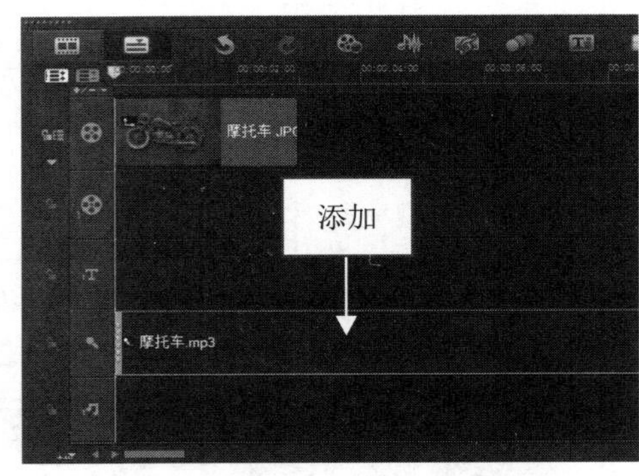

图 12-14　将音频文件添加至声音轨中

12.2.3 自动音乐：添加自动音乐

自动音乐是会声会影 X9 自带的一个音频素材库，自动音乐有许多变化的风格可供用户选择，从而使素材更加丰富。下面介绍添加自动音乐的操作方法。

素材文件	素材\第 12 章\幸福生活.VSP
效果文件	效果\第 12 章\幸福生活.VSP
视频文件	视频\第 12 章\12.2.3　自动音乐：添加自动音乐.mp4

【操练+视频】——自动音乐：添加自动音乐

step 01 进入会声会影编辑器，打开一个项目文件，如图 12-15 所示。

step 02 单击时间轴面板上方的“自动音乐”按钮，如图 12-16 所示。

step 03 打开“自动音乐”选项面板，在“类别”列表框中选择第一个选项，如图 12-17 所示。

step 04 在“歌曲”列表框中选择第一个选项，然后在“版本”列表框中选择第二个选项，如图 12-18 所示。

step 05 在时间轴面板中单击“播放选定歌曲”按钮，开始播放音乐，播放至合适位置后，单击“停止”按钮，如图 12-19 所示。

图 12–15　打开项目文件

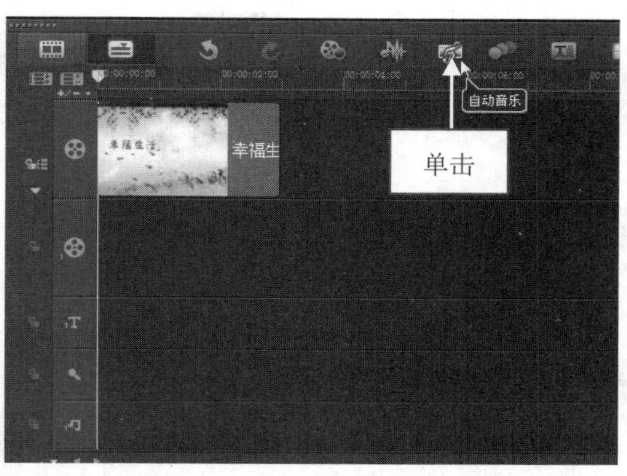

图 12–16　单击“自动音乐”按钮

图 12–17　选择类别选项

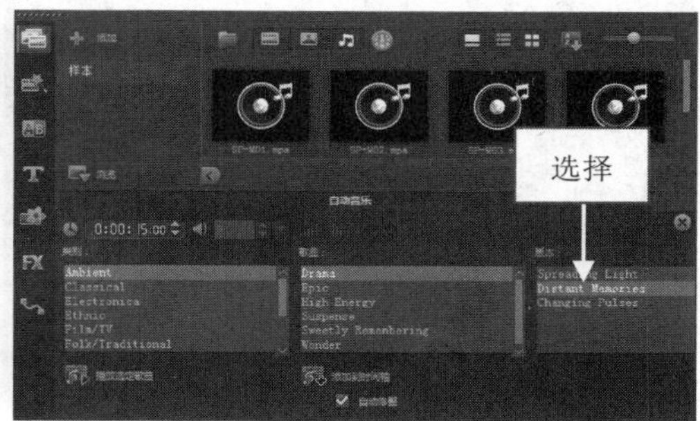

图 12–18　选择音乐选项

step 06 执行上述操作后，单击“添加到时间轴”按钮，即可在音乐轨中添加自动音乐，如图 12–20 所示。

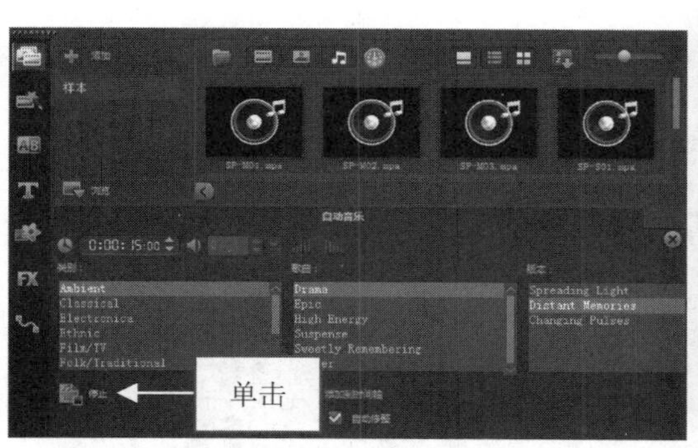

图 12–19　单击“停止”按钮

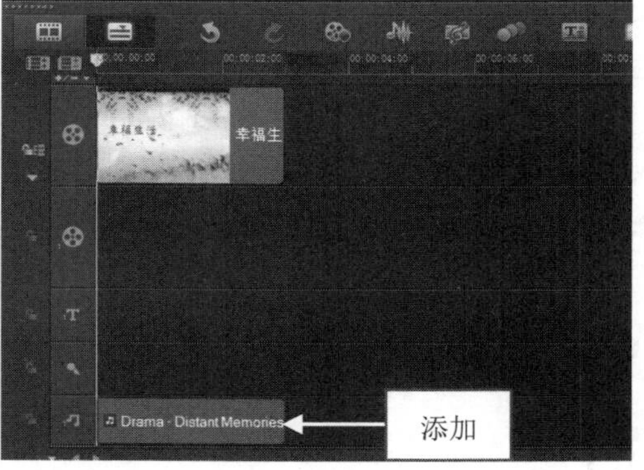

图 12–20　添加自动音乐

在时间轴面板的“声音轨”中添加音频文件后，如果不再需要，可以将其删除。

12.2.4 U 盘音乐：添加 U 盘中的音乐

在会声会影 X9 中，用户可以将移动 U 盘中的音频文件直接添加至当前影片中，而不需要添加至“音频”素材库中。

素材文件	素材\第 12 章\枫叶凉亭.jpg、背景音乐.mp3
效果文件	效果\第 12 章\枫叶凉亭.VSP
视频文件	视频\第 12 章\12.2.4　U 盘音乐：添加 U 盘中的音乐.mp4

【操练+视频】——U 盘音乐：添加 U 盘中的音乐

step 01 进入会声会影编辑器，在视频轨中插入一段图像素材，如图 12-21 所示。

step 02 在时间轴面板中的空白位置处右击，在弹出的快捷菜单中选择“插入音频”｜“到声音轨”命令，如图 12-22 所示。

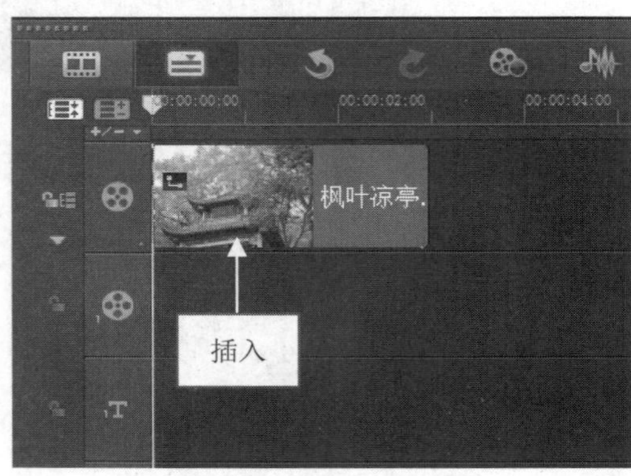

图 12-21　插入视频素材

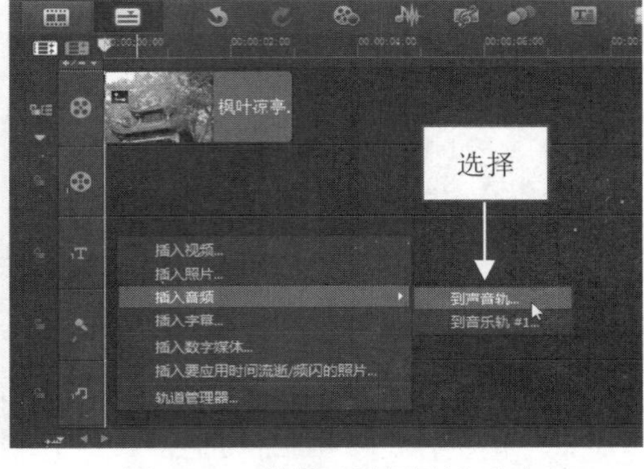

图 12-22　选择“到声音轨”命令

在媒体素材库中，选择需要添加到时间轴面板中的音频素材，在音频素材上右击，在弹出的快捷菜单中选择“复制”命令，然后将鼠标指针移至声音轨或音乐轨中，单击鼠标左键，即可将素材库中的音频素材粘贴到时间轴面板的轨道中，并应用音频素材。

step 03 弹出“打开音频文件”对话框，在其中选择 U 盘中需要导入的音频文件，如图 12-23 所示。

step 04 单击“打开”按钮，即可将音频文件插入至声音轨中，如图 12-24 所示。

图 12-23　选择需要导入的音频文件

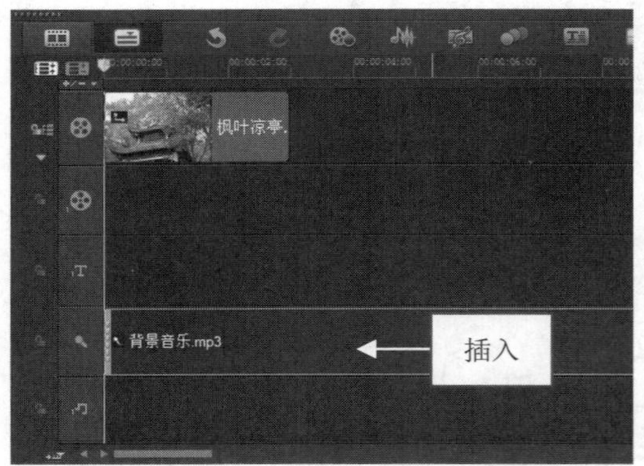

图 12-24　将音频文件插入至声音轨

step 05 单击“播放”按钮，试听音频效果并预览视频画面，如图 12-25 所示。

图 12-25 试听音频效果并预览视频画面

12.2.5 声音录制：录制声音旁白

在会声会影 X9 中，用户不仅可以从硬盘或 U 盘中获取音频，还可以使用会声会影软件录制声音旁白。下面向用户介绍录制声音旁白的操作方法。

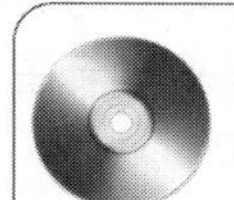

素材文件	无
效果文件	无
视频文件	视频\第 12 章\12.2.5 声音录制：录制声音旁白.mp4

【操练+视频】——声音录制：录制声音旁白

step 01 将麦克风插入计算机中，进入会声会影编辑器，在时间轴面板上单击“录制/捕获选项”按钮，如图 12-26 所示。

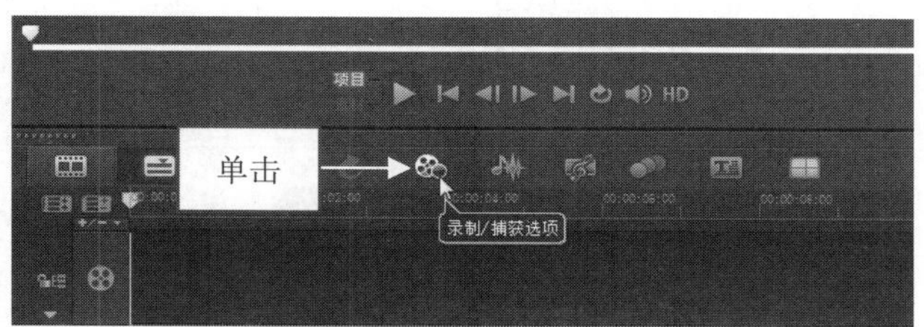

图 12-26 单击“录制/捕获选项”按钮

step 02 弹出“录制/捕获选项”对话框，单击“画外音”图标，如图 12-27 所示。

step 03 弹出“调整音量”对话框，单击“开始”按钮，如图 12-28 所示。

图 12-27 单击“画外音”图标

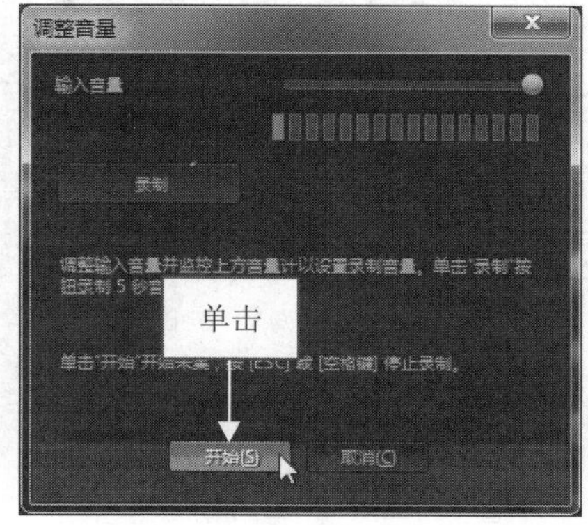

图 12-28 单击“开始”按钮

step 04 执行操作后，开始录音，录制完成后，按 Esc 键停止录制，录制的音频即可添加至声音轨中，如图 12-29 所示。

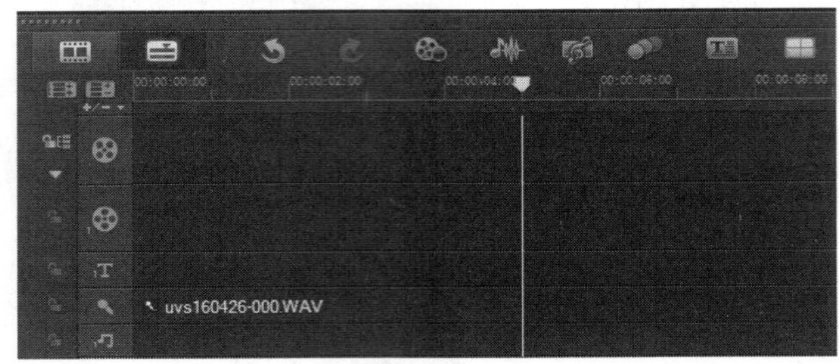

图 12-29　将录制的音频添加至声音轨中

12.3 编辑与修整音频素材

在会声会影 X9 中，将声音或背景音乐添加到音乐轨或语音轨后，可以根据需要对音频素材的音量进行调节，还可以对音频文件进行修整操作，使制作的背景音乐更加符合用户的需求。本节主要向用户介绍编辑与修整音频素材的操作方法。

12.3.1 整体调节：调整整段音频音量

在会声会影 X9 中，可分别选择时间轴中的各个轨，然后在选项面板中对相应的音量控制选项进行调节。下面介绍调节整段音频音量的操作方法。

素材文件	素材\第 12 章\黄色花朵.VSP
效果文件	效果\第 12 章\黄色花朵.VSP
视频文件	视频\第 12 章\12.3.1　整体调节：调整整段音频音量.mp4

【操练+视频】——整体调节：调整整段音频音量

step 01 进入会声会影编辑器，打开一个项目文件，如图 12-30 所示。

step 02 选择声音轨中的音频文件，在“音乐和声音”选项面板中单击“素材音量”右侧的下三角按钮，在弹出的面板中拖曳滑块至 62 的位置，如图 12-31 所示，调整音量。

图 12-30　打开项目文件

图 12-31　拖曳滑块位置

step 03 单击“播放”按钮，试听音频效果并预览视频画面，如图 12-32 所示。

图 12-32 试听音频效果并预览视频画面

专家指点

在会声会影 X9 中，音量素材本身的音量大小为 100，如果需要还原素材本身的音量大小，只需在“素材音量”右侧的数值框中输入 100，即可还原素材音量。

设置素材音量时，设置为 100 以上的音量时，表示将整段音频音量放大；当设置为 100 以下的音量时，表示将整段音频音量调小。

12.3.2 自由调节：使用调节线调节音量

在会声会影 X9 中，不仅可以通过选项面板调整音频的音量，还可以通过调节线调整音量。下面介绍使用音量调节线调节音量的操作方法。

素材文件	素材\第 12 章\金色栅栏.VSP
效果文件	效果\第 12 章\金色栅栏.VSP
视频文件	视频\第 12 章\12.3.2 自由调节：使用调节线调节音量.mp4

【操练+视频】——自由调节：使用调节线调节音量

step 01 进入会声会影编辑器，打开一个项目文件，如图 12-33 所示。

step 02 在声音轨中，选择音频文件，单击“混音器”按钮，如图 12-34 所示。

图 12-33 打开项目文件

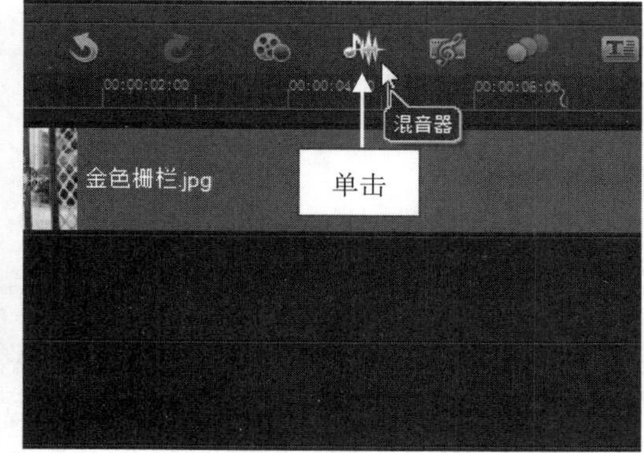

图 12-34 单击“混音器”按钮

step 03 切换至混音器视图，将鼠标指针移至音频文件中间的音量调节线上，此时鼠标指针呈向上箭头形状，如图 12-35 所示。

step 04 单击鼠标左键并向上拖曳至合适位置后，释放鼠标左键，添加关键帧，如图 12-36

所示。

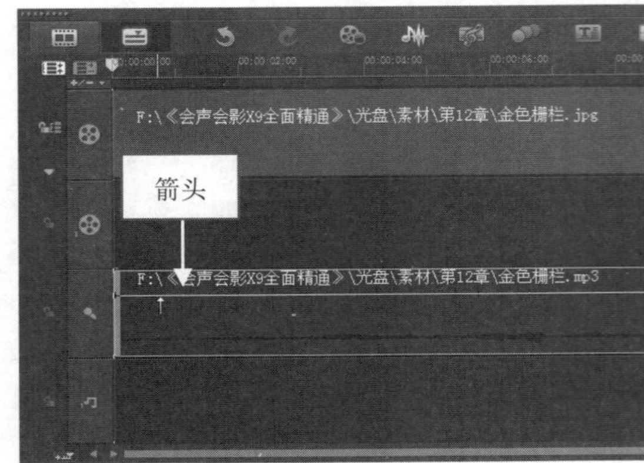

图 12-35　呈向上箭头形状

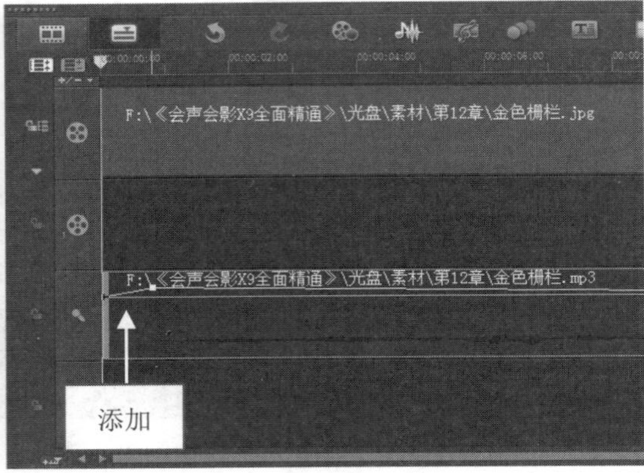

图 12-36　添加关键帧

step 05 将鼠标指针移至另一个位置，单击鼠标左键并向下拖曳，添加第二个关键帧，如图 12-37 所示。

step 06 使用与上面同样的方法，添加另外两个关键帧，如图 12-38 所示，即可使用音量调节线调节音量。

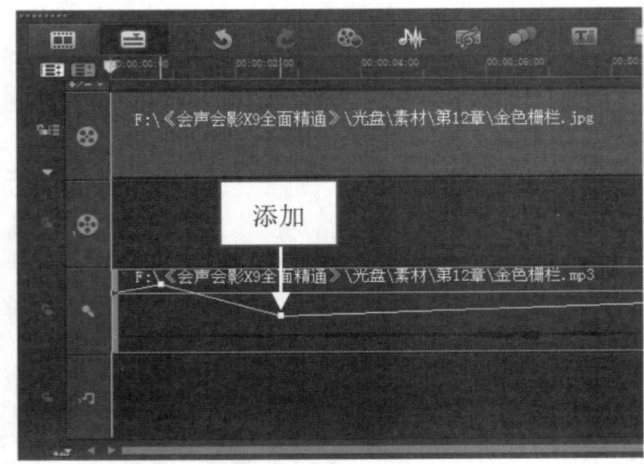

图 12-37　添加第二个关键帧

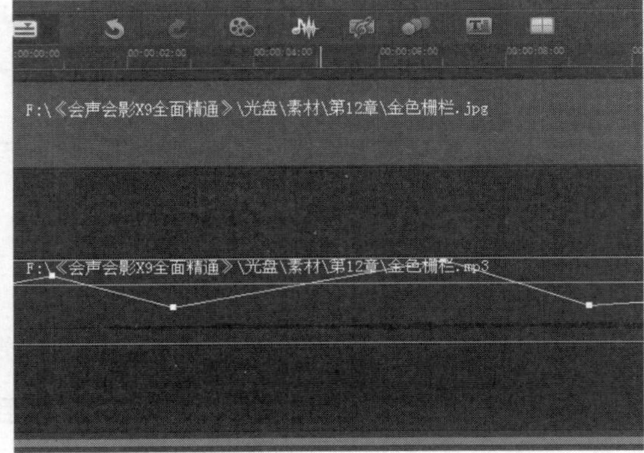

图 12-38　添加其他关键帧

在会声会影 X9 中，音量调节线是轨道中央的水平线条，仅在混音器视图中可以看到，在这条线上可以添加关键帧，关键帧的高低决定着该处音频的音量大小。

12.3.3 混音调节：使用混音器调节音量

在会声会影 X9 中，使用混音器可以动态调整音量调节线，即在播放影片项目的同时，可以实时调整某个轨道素材任意一点的音量。如果用户的乐感很好，借助混音器可以像专业混音师一样混合影片的精彩声响效果。下面向用户介绍使用混音器调节素材音量的操作方法。

素材文件	素材\第 12 章\最美时光.VSP
效果文件	效果\第 12 章\最美时光.VSP
视频文件	视频\第 12 章\12.3.3　混音调节：使用混音器调节音量.mp4

【操练+视频】——混音调节：使用混音器调节音量

step 01 进入会声会影编辑器，打开一个项目文件，如图 12-39 所示。

step 02 在预览窗口中可以预览打开的项目效果，如图 12-40 所示。

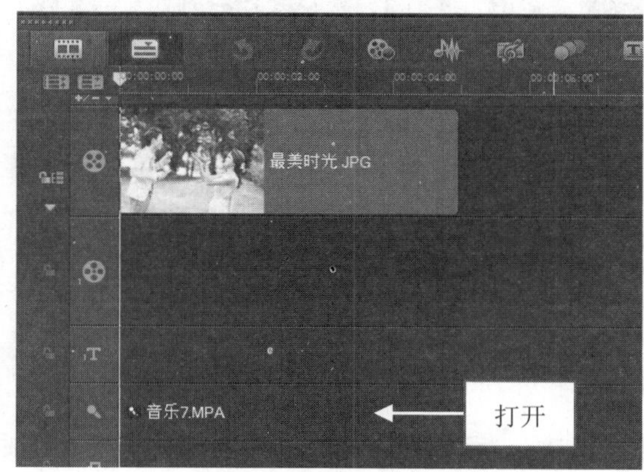

图 12-39　打开项目文件

图 12-40　预览项目效果

step 03 选择声音轨中的音频文件，切换至混音器视图，单击“环绕混音”选项面板中的“播放”按钮，如图 12-41 所示。

step 04 开始试听选择轨道的音频效果，并且在混音器中可以看到音量起伏的变化，如图 12-42 所示。

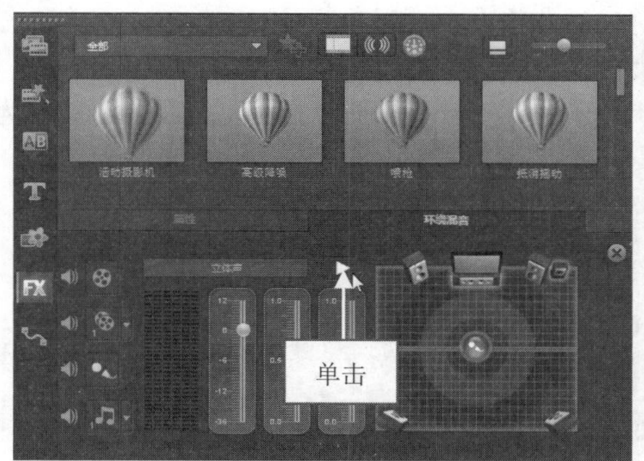

图 12-41　单击“播放”按钮

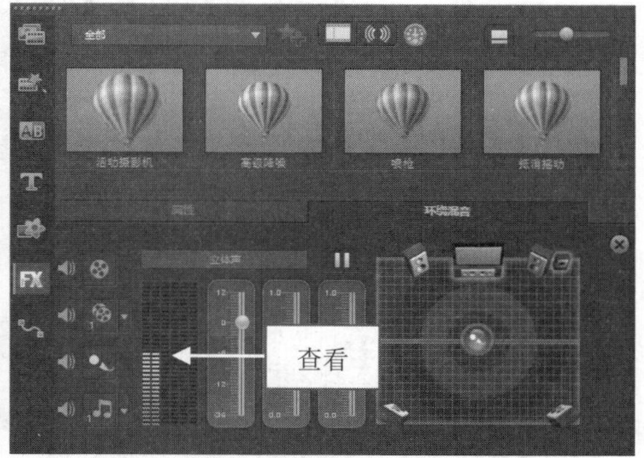

图 12-42　查看音量起伏的变化

step 05 单击“环绕混音”选项面板中的“音量”按钮，并向下拖曳鼠标至-9.0 的位置，如图 12-43 所示。

step 06 执行上述操作后，即可播放并实时调节音量，在声音轨中可以查看音频调节效果，如图 12-44 所示。

混音器是一种“动态”调整音量调节线的方式，允许在播放影片项目的同时，实时调整音乐轨道素材任意一点的音量。

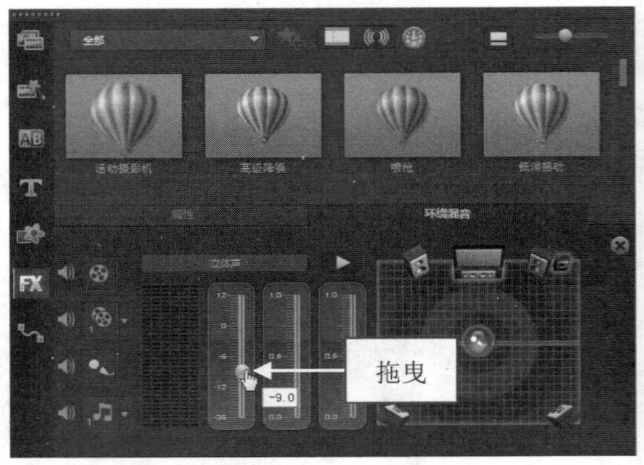

图 12-43　向下拖曳鼠标

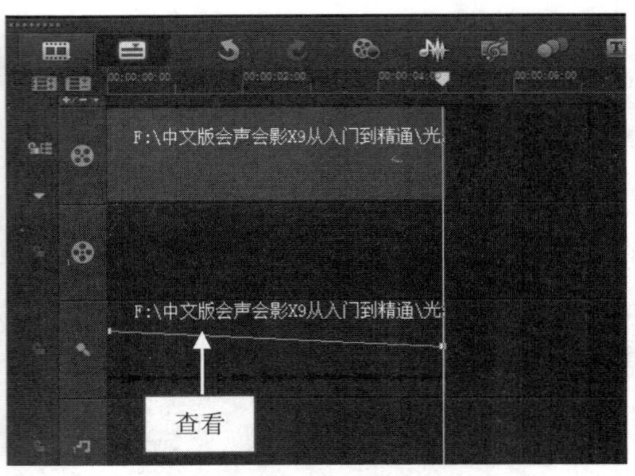

图 12-44　查看音频调节效果

12.3.4 区间修整：利用区间修整音频

使用区间进行修整可以精确控制声音或音乐的播放时间，若对整个影片的播放时间有严格的限制，可以使用区间修整的方式来调整。

素材文件	素材\第 12 章\壮丽自然.VSP
效果文件	效果\第 12 章\壮丽自然.VSP
视频文件	视频\第 12 章\12.3.4　区间修整：利用区间修整音频.mp4

【操练+视频】——区间修整：利用区间修整音频

step 01 进入会声会影编辑器，打开一个项目文件，如图 12-45 所示。

step 02 选择声音轨中的音频素材，在“音乐和声音”选项面板中设置“区间”为 0:00:06:11，如图 12-46 所示，即可调整素材区间。

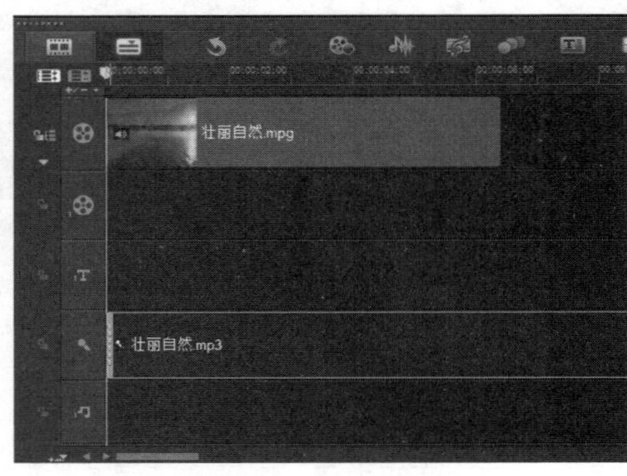

图 12-45　打开项目文件

图 12-46　设置区间数值

step 03 单击“播放”按钮，试听音频效果并预览视频画面，如图 12-47 所示。

图 12-47　试听音频效果并预览视频画面

12.3.5 标记修整：利用标记修整音频

在会声会影 X9 中，拖曳音频素材右侧的黄色标记修整音频素材是最为快捷和直观的修整方式，但它的缺点是不容易精确地控制修剪的位置。下面向用户介绍使用标记修整音频的操作方法。

素材文件	素材\第 12 章\戈壁地带.VSP
效果文件	效果\第 12 章\戈壁地带.VSP
视频文件	视频\第 12 章\12.3.5　标记修整：利用标记修整音频.mp4

【操练+视频】——标记修整：利用标记修整音频

step 01 进入会声会影编辑器，打开一个项目文件，如图 12-48 所示。

step 02 在声音轨中选择需要进行修整的音频素材，将鼠标指针移至右侧的黄色标记上，如图 12-49 所示。

图 12-48　打开项目文件

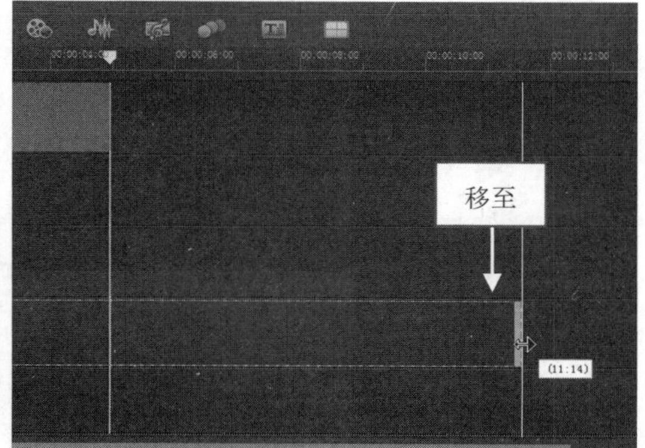

图 12-49　移至黄色标记上

step 03 单击鼠标左键，并向右拖曳，如图 12-50 所示。

step 04 至合适位置后，释放鼠标左键，即可使用标记修整音频，效果如图 12-51 所示。

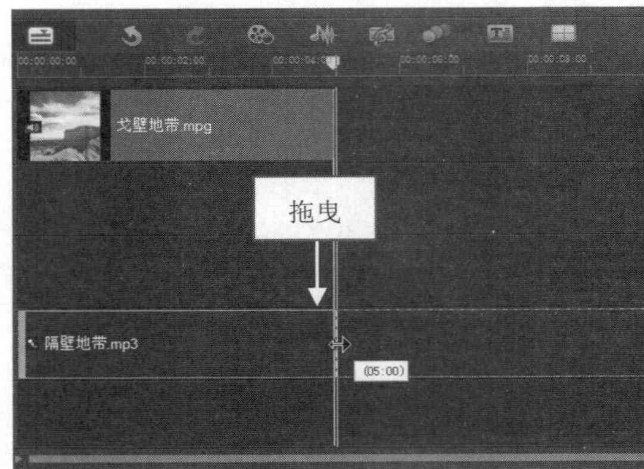

图 12-50 向右拖曳

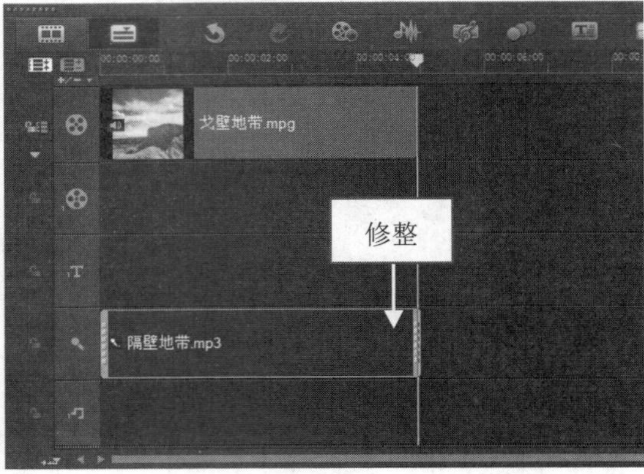

图 12-51 修整音频效果

12.3.6 微调修整：对音量进行微调操作

在会声会影 X9 中，用户可以对声音的整体音量进行微调操作，使背景音乐与视频画面更加融合。下面介绍对音量进行微调的操作方法。

素材文件	素材\第 12 章\如画风景.VSP
效果文件	效果\第 12 章\如画风景.VSP
视频文件	视频\第 12 章\12.3.6 微调修整：对音量进行微调操作.mp4

【操练+视频】——微调修整：对音量进行微调操作

step 01 进入会声会影编辑器，打开一个项目文件，如图 12-52 所示。

step 02 在声音轨图标上右击，在弹出的快捷菜单中选择“音频调节”命令，如图 12-53 所示。

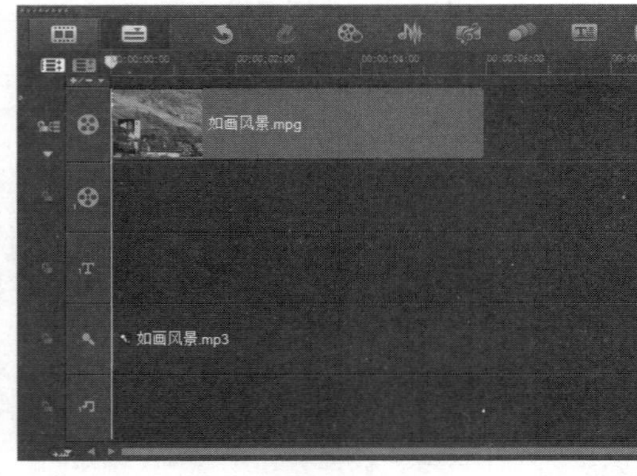

图 12-52 打开项目文件

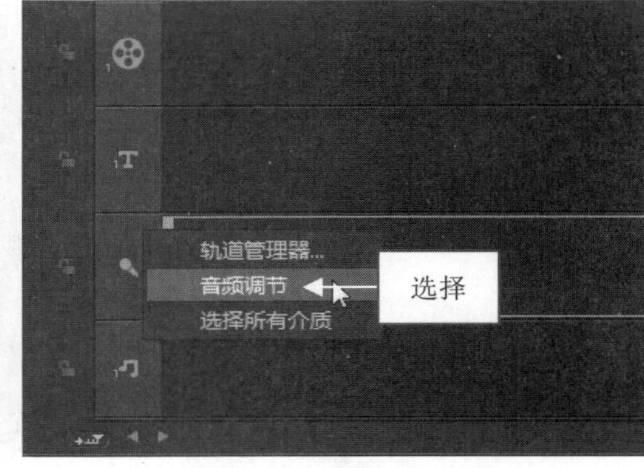

图 12-53 选择“音频调节”命令

用户还可以在声音轨的素材上右击，在弹出的快捷菜单中选择“音频调节”命令，如图 12-54 所示。

step 03 弹出“音频调节”对话框，在其中对声音参数进行微调，如图 12-55 所示。

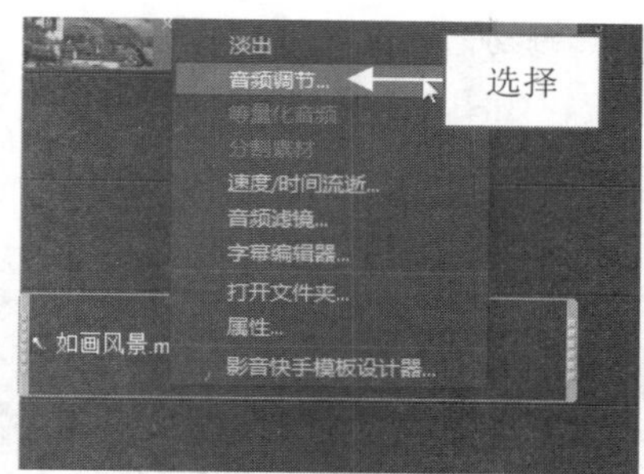

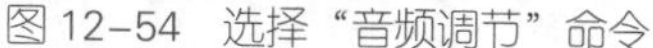
图 12-54　选择“音频调节”命令

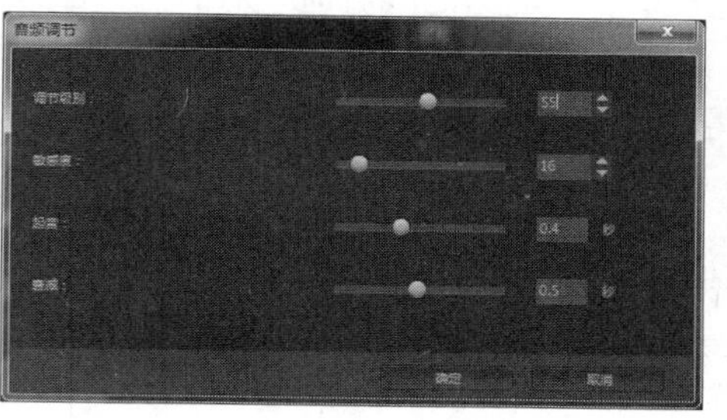
图 12-55　对声音参数进行微调

step 04 单击“确定”按钮，完成音量微调操作。单击导览面板中的“播放”按钮，可以预览视频画面并试听背景声音，如图 12-56 所示。

图 12-56　预览视频画面并试听背景声音

12.3.7 播放速度：修整音频播放速度

在会声会影 X9 中进行视频编辑时，用户可以随意改变音频的播放速度，使其与影片能够更好地融合。

素材文件　素材\第 12 章\缘分之花.VSP
效果文件　效果\第 12 章\缘分之花.VSP
视频文件　视频\第 12 章\12.3.7　播放速度：修整音频播放速度.mp4

【操练+视频】——播放速度：修整音频播放速度

step 01 进入会声会影编辑器，打开一个项目文件，如图 12-57 所示。

step 02 在声音轨中选择音频文件，在“音乐和声音”选项面板中单击“速度/时间流逝”按钮，如图 12-58 所示。

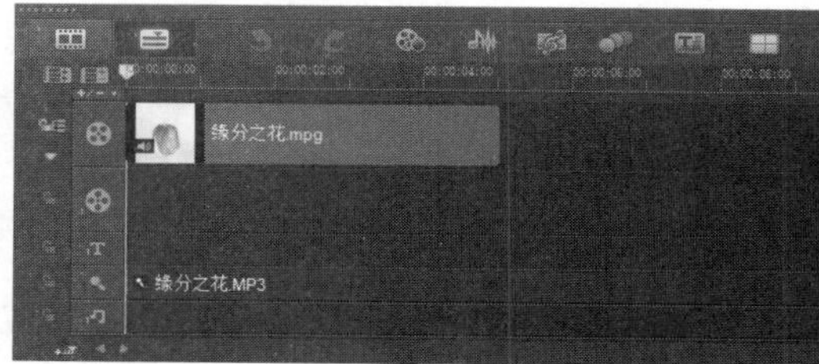

图 12-57　打开项目文件

图 12-58　单击“速度/时间流逝”按钮

step 03 弹出“速度/时间流逝”对话框，在其中设置各参数值，如图 12-59 所示。

step 04 单击“确定”按钮，即可调整音频的播放速度，如图 12-60 所示。

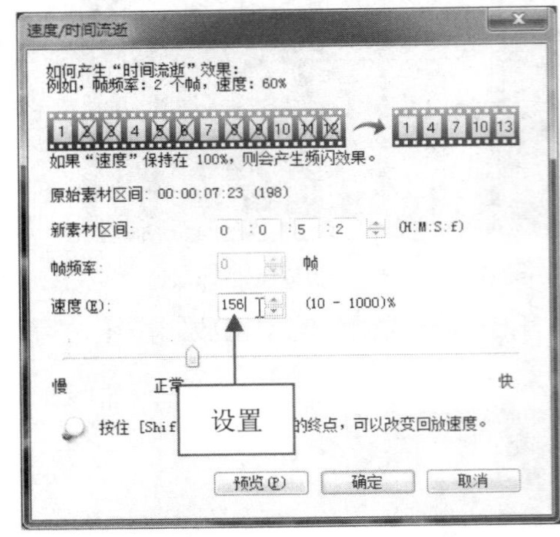

图 12-59 设置各参数值

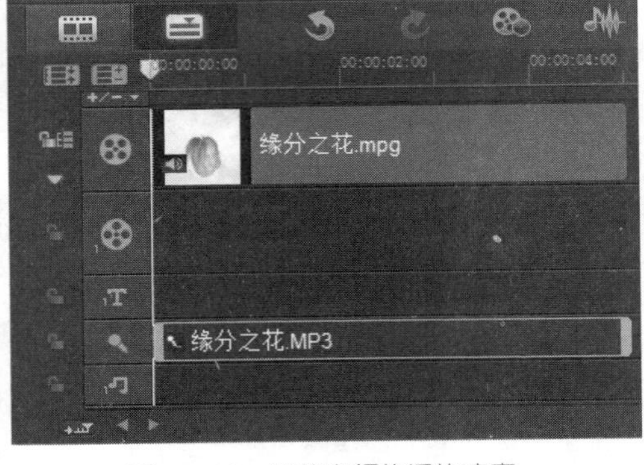

图 12-60 调整音频的播放速度

step 05 单击“播放”按钮，试听修整后的音频，并查看视频画面，如图 12-61 所示。

图 12-61 试听音频并查看视频画面效果

在需要修整的音频文件上右击，在弹出的快捷菜单中选择“速度/时间流逝”命令，也可以弹出“速度/时间流逝”对话框，调整音频文件的播放速度。

12.4 音频滤镜的精彩应用

在会声会影 X9 中，用户可以根据需要将音乐滤镜添加到轨道中的音乐素材上，使制作的音乐声音效果更加动听、完美。添加音频滤镜后，如果音频滤镜的声效无法满足用户的需求，也可以将添加的音频滤镜进行删除操作。本节主要向用户介绍添加与删除音频滤镜的操作方法。

12.4.1 淡入淡出：制作淡入淡出声音特效

在会声会影 X9 中，使用淡入淡出的音频效果可以避免音乐的突然出现和突然消失，使音乐能够有一种自然的过渡效果。下面向用户介绍添加淡入淡出音频滤镜的操作方法。

素材文件	素材\第 12 章\湖心装饰.VSP
效果文件	效果\第 12 章\湖心装饰.VSP
视频文件	视频\第 12 章\12.4.1　淡入淡出：制作淡入淡出声音特效.mp4

【操练+视频】——淡入淡出：制作淡入淡出声音特效

step 01 进入会声会影编辑器，打开一个项目文件，如图 12-62 所示。

step 02 在预览窗口中，可以预览视频的画面效果，如图 12-63 所示。

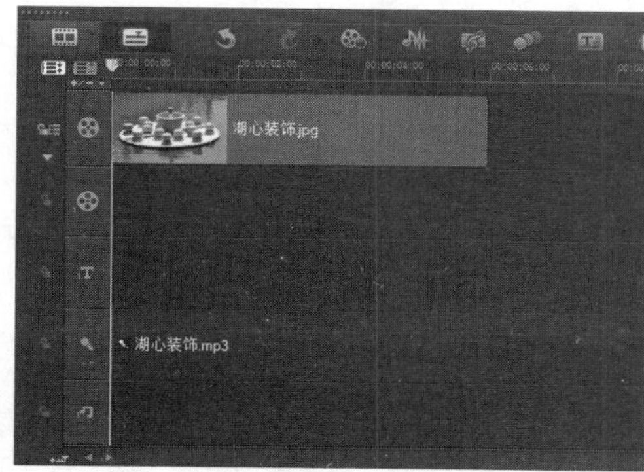

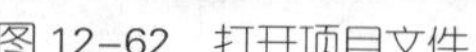

图 12-62　打开项目文件

图 12-63　预览视频的画面效果

step 03 选择声音轨中的素材，单击“淡入”按钮和“淡出”按钮，如图 12-64 所示，为音频文件添加淡入淡出特效。

step 04 单击“混音器”按钮，如图 12-65 所示。

图 12-64　单击特效按钮

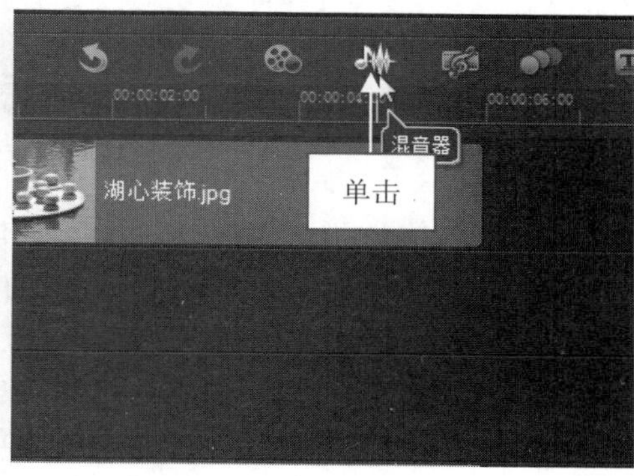

图 12-65　单击“混音器”按钮

step 05 打开混音器视图，在其中可以查看淡入淡出的两个关键帧，如图 12-66 所示。

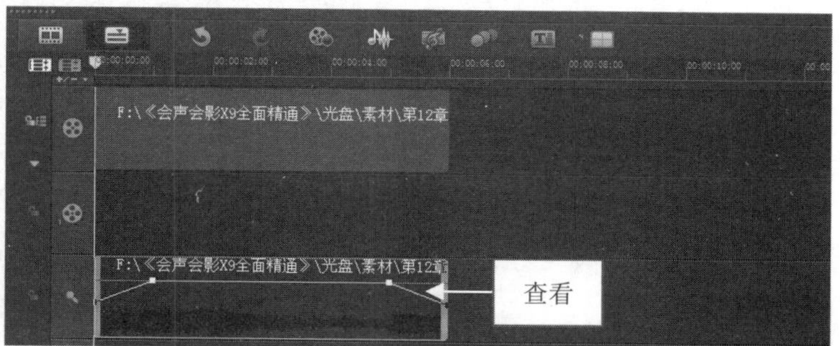

图 12-66　查看淡入淡出的两个关键帧

12.4.2 回声滤镜：制作背景声音的回声特效

在会声会影 X9 中，使用回声音频滤镜样式可以为音频文件添加回音效果，该滤镜样式适合放在比较梦幻的视频素材中。

素材文件 素材\第 12 章\泰国旅游.VSP
效果文件 效果\第 12 章\泰国旅游.VSP
视频文件 视频\第 12 章\12.4.2 回声滤镜：制作背景声音的回声特效.mp4

【操练+视频】——回声滤镜：制作背景声音的回声特效

step 01 进入会声会影编辑器，选择菜单栏中的“文件”|“打开项目”命令，打开一个项目文件，如图 12-67 所示。

step 02 在声音轨中双击音频文件，单击“音乐和声音”选项面板中的“音频滤镜”按钮，如图 12-68 所示。

图 12-67 打开项目文件

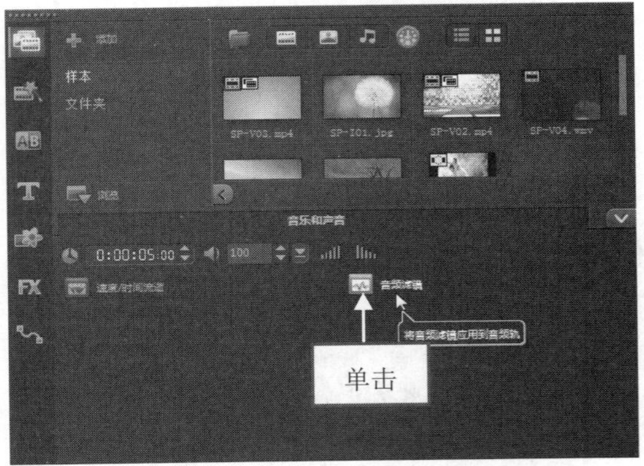

图 12-68 单击“音频滤镜”按钮

step 03 弹出“音频滤镜”对话框，在左侧的“可用滤镜”列表框中选择“回声”选项，单击“添加”按钮，即可将选择的音频滤镜样式添加至右侧的“已用滤镜”列表框中，在右侧列表框中可以查看添加的滤镜，如图 12-69 所示。

step 04 单击“确定”按钮，即可将选择的滤镜样式添加至声音轨的音频文件中，如图 12-70 所示。单击导览面板中的“播放”按钮，即可试听“回声”音频滤镜效果。

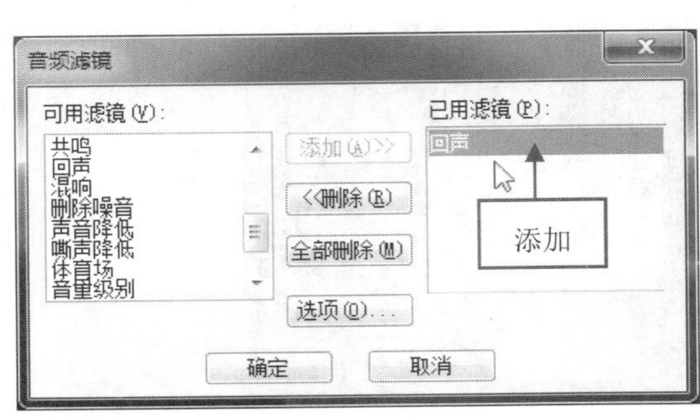

图 12-69 添加至“已用滤镜”列表框中

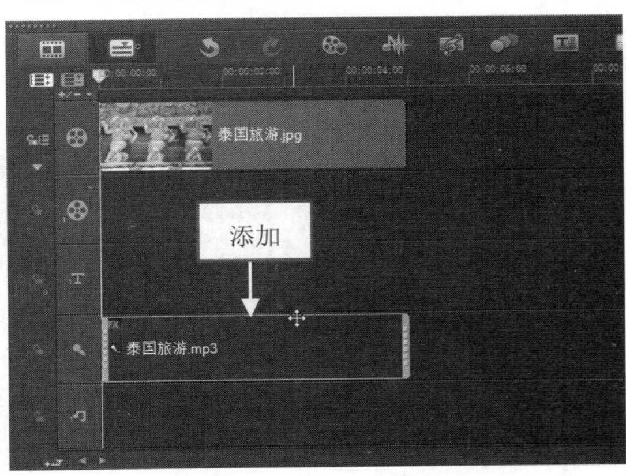

图 12-70 添加滤镜到音频文件中

12.4.3 重复效果：制作背景声音重复回播特效

在会声会影 X9 中，使用长重复音频滤镜样式可以为音频文件添加重复的长回音效果。

素材文件	素材\第 12 章\烟花绽放.VSP
效果文件	效果\第 12 章\烟花绽放.VSP
视频文件	视频\第 12 章\12.4.3　重复效果：制作背景声音重复回播特效.mp4

【操练+视频】——重复效果：制作背景声音重复回播特效

step 01 进入会声会影编辑器，选择菜单栏中的“文件”|“打开项目”命令，打开一个项目文件，如图 12-71 所示。

step 02 选择音频素材，在“音乐和声音”选项面板中单击“音频滤镜”按钮，弹出“音频滤镜”对话框，在“可用滤镜”列表框中选择“长重复”选项，如图 12-72 所示。

图 12-71　打开项目文件

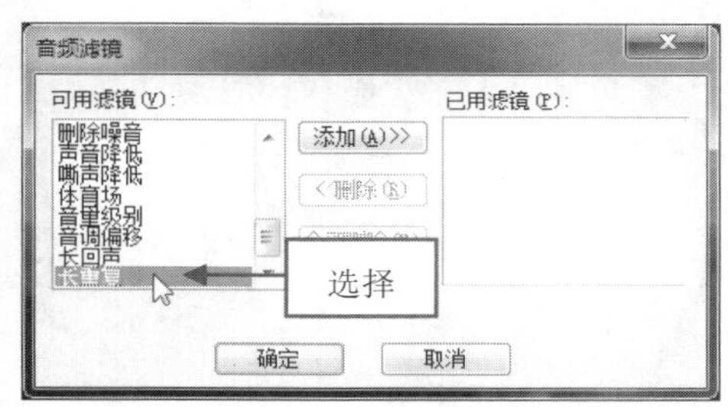

图 12-72　选择“长重复”选项

step 03 单击“添加”按钮，即可将选择的滤镜样式添加至右侧的“已用滤镜”列表框中，单击“确定”按钮，如图 12-73 所示。

step 04 执行上述操作后，即可将选择的滤镜样式添加到声音轨的音频文件中，如图 12-74 所示。单击导览面板中的“播放”按钮，即可试听背景声音重复回播效果。

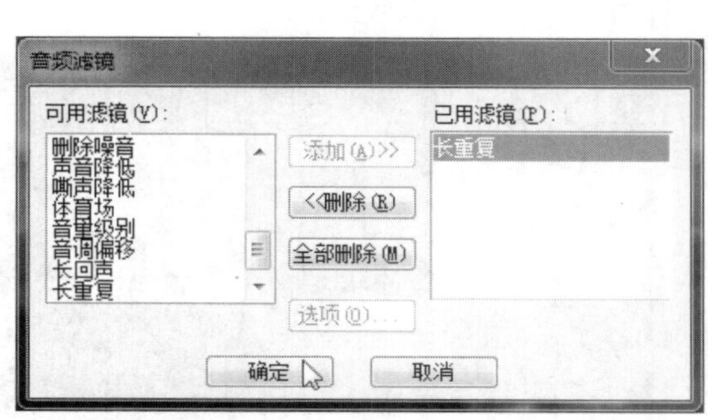

图 12-73　添加至“已用滤镜”列表框中

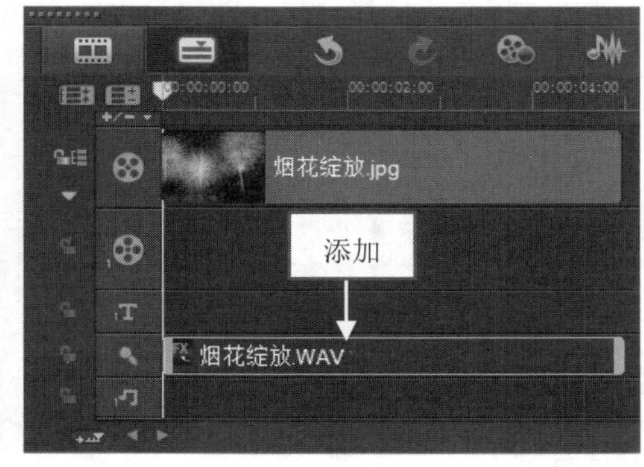

图 12-74　添加滤镜到音频文件中

专家指点

在“已用滤镜”列表框中，选择相应的音频滤镜后，单击中间的“删除”按钮，即可删除选择的音频滤镜。

12.4.4 体育声效：制作类似体育场的声音特效

在会声会影 X9 中，使用体育场音频滤镜可以为音频文件添加体育场特效。下面向用户介绍添加体育场滤镜的操作方法。

素材文件	素材\第 12 章\数码时代.VSP
效果文件	效果\第 12 章\数码时代.VSP
视频文件	视频\第 12 章\12.4.4 体育声效：制作类似体育场的声音特效.mp4

【操练+视频】——体育声效：制作类似体育场的声音特效

step 01 进入会声会影编辑器，选择菜单栏中的“文件”|“打开项目”命令，打开一个项目文件，如图 12-75 所示。

step 02 选择音频素材，在“音乐和声音”选项面板中单击“音频滤镜”按钮，弹出“音频滤镜”对话框，在“可用滤镜”列表框中选择“体育场”选项，如图 12-76 所示。

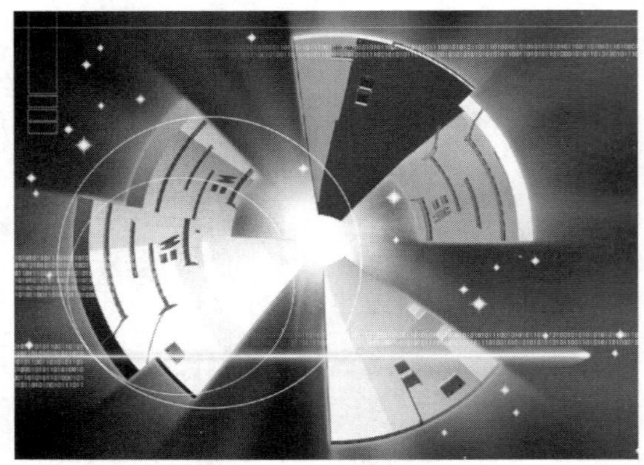

图 12-75 打开项目文件

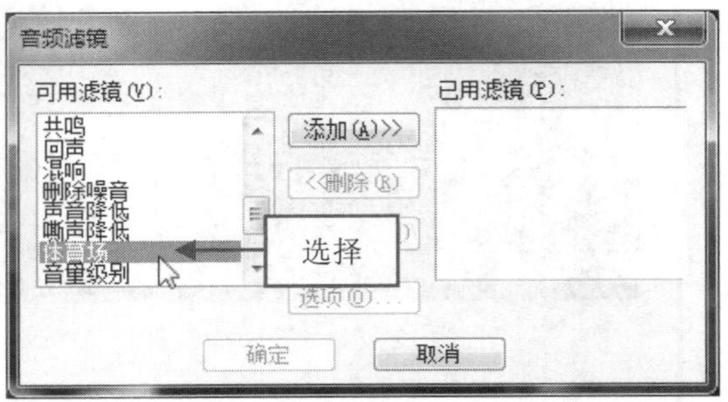

图 12-76 选择“体育场”选项

step 03 单击“添加”按钮，即可将选择的滤镜样式添加至右侧的“已用滤镜”列表框中，单击“确定”按钮，如图 12-77 所示。

step 04 执行上述操作后，即可将选择的滤镜样式添加到声音轨的音频文件中，如图 12-78 所示。单击导览面板中的“播放”按钮，即可试听“体育场”音频滤镜效果。

图 12-77 添加至“已用滤镜”列表框中

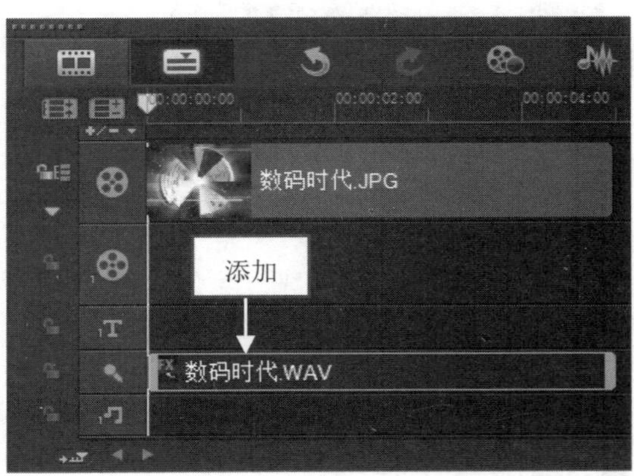

图 12-78 添加滤镜到音频文件中

12.4.5 去除杂音：清除声音中的部分点击杂音

在会声会影 X9 中，使用清洁器音频滤镜可以对音频文件中点击的杂音进行清除处理。下面向用户介绍添加清洁器滤镜的操作方法。

素材文件	素材\第 12 章\实拍老虎.VSP
效果文件	效果\第 12 章\实拍老虎.VSP
视频文件	视频\第 12 章\12.4.5　去除杂音：清除声音中的部分点击杂音.mp4

【操练+视频】——去除杂音：清除声音中的部分点击杂音

step 01 进入会声会影编辑器，选择菜单栏中的“文件”|“打开项目”命令，打开一个项目文件，如图 12-79 所示。

step 02 选择音频素材，在“音乐和声音”选项面板中单击“音频滤镜”按钮，弹出“音频滤镜”对话框，在“可用滤镜”列表框中选择“NewBlue 清洁器”选项，如图 12-80 所示。

图 12-79　打开项目文件

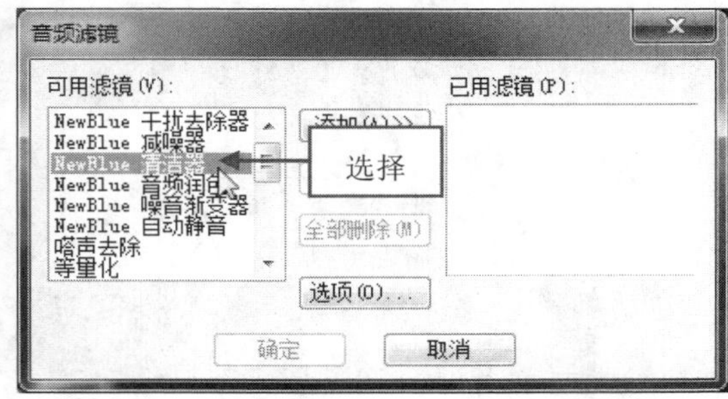

图 12-80　选择“NewBlue 清洁器”选项

step 03 单击“添加”按钮，即可将选择的滤镜样式添加至右侧的“已用滤镜”列表框中，单击“确定”按钮，如图 12-81 所示。

step 04 执行上述操作后，即可将选择的滤镜样式添加到声音轨的音频文件中，如图 12-82 所示。单击导览面板中的“播放”按钮，即可试听“NewBlue 清洁器”音频滤镜效果。

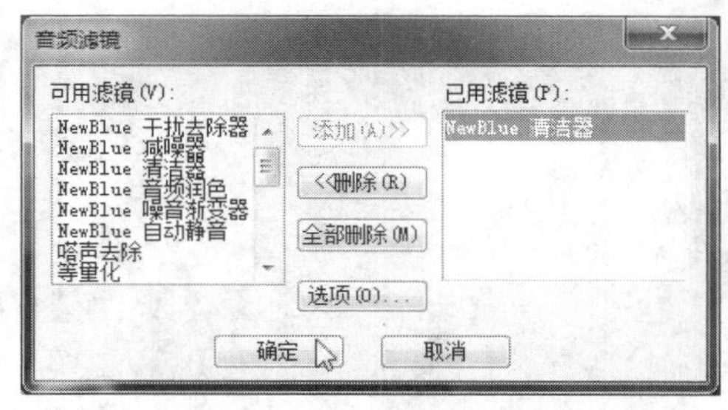

图 12-81　添加至“已用滤镜”列表框中

图 12-82　添加滤镜到音频文件中

12.4.6 去除噪音：清除声音中的噪音

在会声会影 X9 中，使用删除噪声音频滤镜可以对音频文件中的噪声进行处理，该滤镜适合用在有噪音的音频文件中。

素材文件	素材\第 12 章\热带植物.VSP
效果文件	效果\第 12 章\热带植物.VSP
视频文件	视频\第 12 章\12.4.6 去除噪音：清除声音中的噪音.mp4

【操练+视频】——去除噪音：清除声音中的噪音

step 01 选择菜单栏中的“文件”|“打开项目”命令，打开一个项目文件，如图 12-83 所示。

step 02 选择音频素材，在“音乐和声音”选项面板中单击“音频滤镜”按钮，弹出“音频滤镜”对话框，在“可用滤镜”列表框中选择“删除噪音”选项，如图 12-84 所示。

图 12-83 打开项目文件

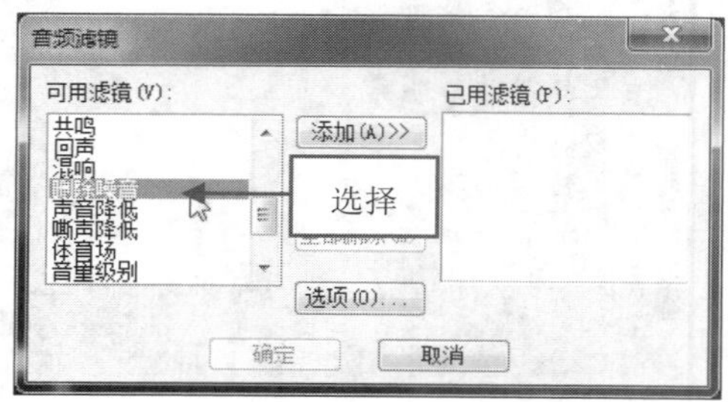

图 12-84 选择“删除噪音”选项

step 03 单击“添加”按钮，即可将选择的滤镜样式添加至右侧的“已用滤镜”列表框中，单击“确定”按钮，如图 12-85 所示。

step 04 执行上述操作后，即可将选择的滤镜样式添加到声音轨的音频文件中，如图 12-86 所示。单击导览面板中的“播放”按钮，即可试听“删除噪音”音频滤镜效果。

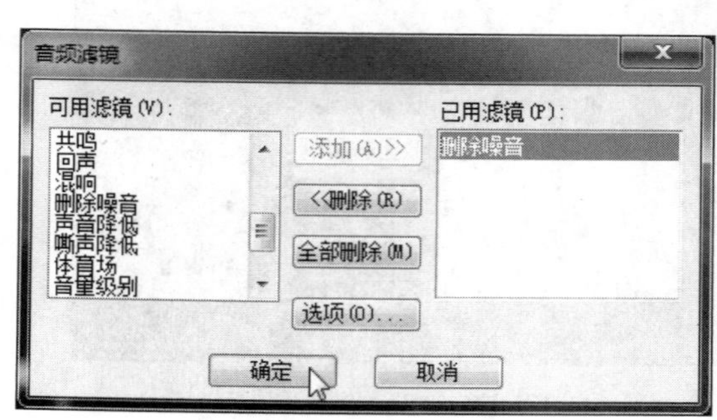

图 12-85 添加至“已用滤镜”列表框中

图 12-86 添加滤镜到音频中

12.4.7 等量效果：等量化处理音量均衡效果

在会声会影 X9 中，使用等量化滤镜可以对音频文件中的高音和低音进行处理，使整段音频的音量保持在一条平行线上。

素材文件	素材\第 12 章\传递祝福.VSP
效果文件	效果\第 12 章\传递祝福.VSP
视频文件	视频\第 12 章\12.4.7 等量效果：等量化处理音量均衡效果.mp4

【操练+视频】——等量效果：等量化处理音量均衡效果

step 01 选择菜单栏中的“文件”|“打开项目”命令，打开一个项目文件，如图 12-87 所示。

step 02 单击“滤镜”按钮，进入“滤镜”素材库，在上方单击“显示音频滤镜”按钮，如图 12-88 所示。

图 12-87 打开项目文件

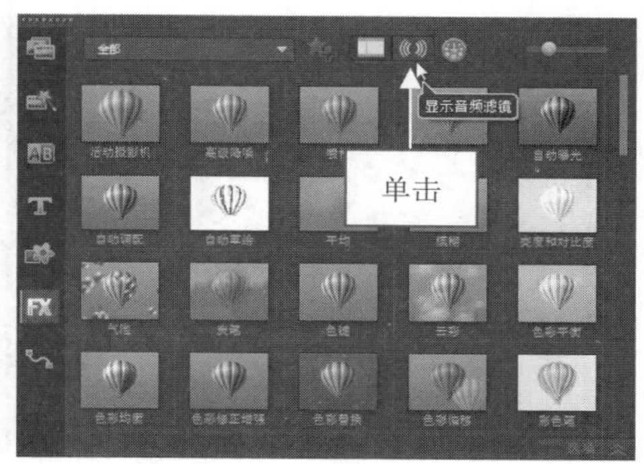

图 12-88 单击“显示音频滤镜”按钮

step 03 执行操作后，即可显示会声会影 X9 中的所有音频滤镜，在其中选择“等量化”音频滤镜，如图 12-89 所示。将选择的滤镜拖曳至声音轨中的音频素材上，即可添加“等量化”滤镜。

step 04 用户还可以在“音乐和声音”选项面板中单击“音频滤镜”按钮，打开“音频滤镜”对话框，查看已添加的“等量化”音频滤镜，如图 12-90 所示。

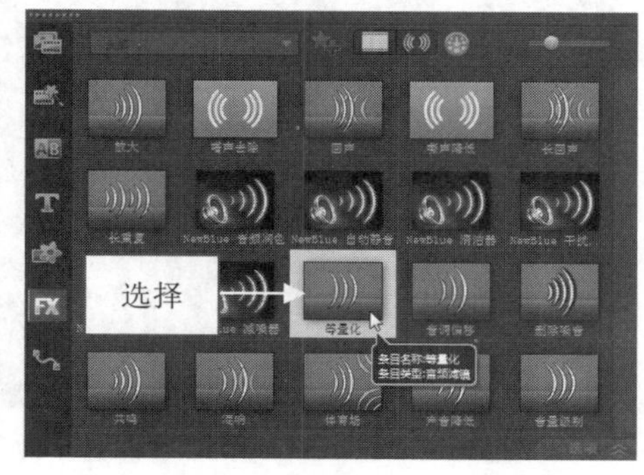

图 12-89 选择“等量化”音频滤镜

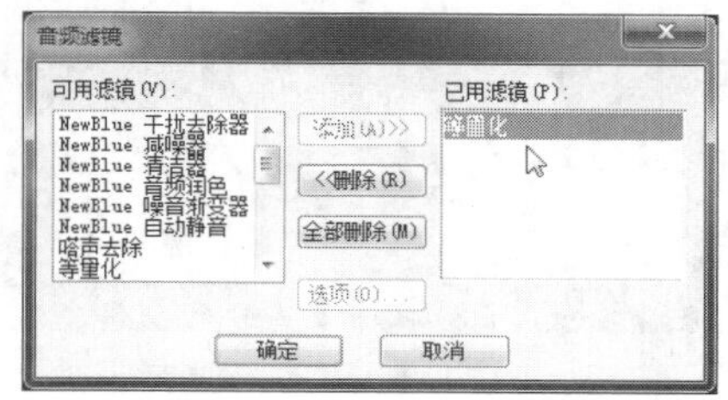

图 12-90 查看已添加的音频滤镜

专家指点

在“音频滤镜”对话框中，还有一个“选项”按钮，当用户在“已用滤镜”列表框中选择某个音频滤镜后，单击“选项”按钮，将弹出相应对话框，在其中可以根据需要对添加的音频滤镜进行相关设置，使制作的音频更加符合用户的需求。

12.4.8 声音降低：快速降低声音音量

在会声会影 X9 中，用户可以根据需要为音频素材文件添加“声音降低”滤镜，该滤镜可以制作声音降低的特效。下面介绍应用“声音降低”滤镜的操作方法。

素材文件	素材\第 12 章\车的旅行.VSP
效果文件	效果\第 12 章\车的旅行.VSP
视频文件	视频\第 12 章\12.4.8　声音降低：快速降低声音音量.mp4

【操练+视频】——声音降低：快速降低声音音量

step 01 进入会声会影编辑器，打开一个项目文件，如图 12-91 所示。

step 02 单击导览面板中的“播放”按钮，在预览窗口中预览打开的项目效果，如图 12-92 所示。

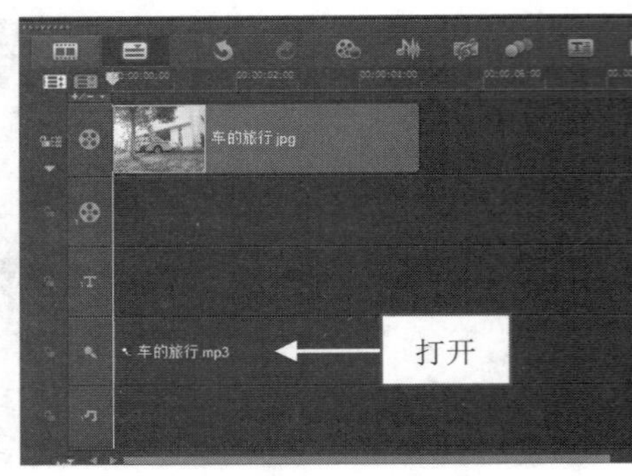

图 12-91　打开项目文件

图 12-92　预览项目效果

step 03 选择声音轨中的音频素材，单击界面上方的“滤镜”按钮，切换至“滤镜”选项卡，在上方单击“显示音频滤镜”按钮，显示软件中的多种音频滤镜，如图 12-93 所示。

step 04 在其中选择“声音降低”音频滤镜，如图 12-94 所示。在选择的滤镜上单击鼠标左键并将其拖曳至声音轨中的音频素材上，释放鼠标左键，即可添加音频滤镜。

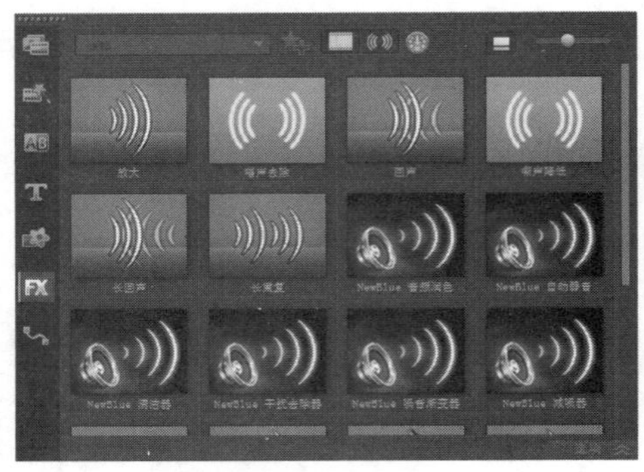

图 12-93　显示音频滤镜

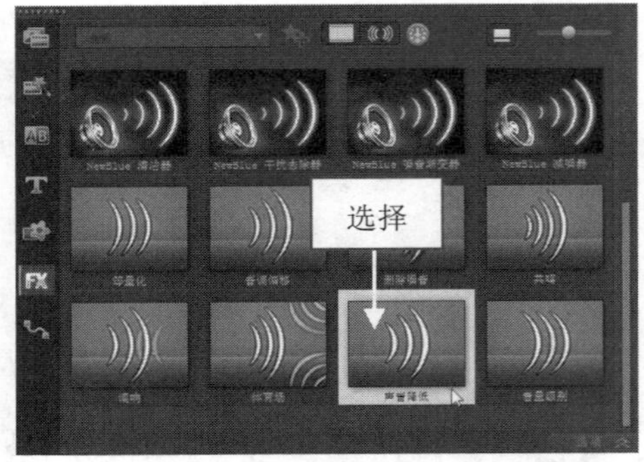

图 12-94　选择“声音降低”滤镜

12.4.9 声音增强：放大音频声音音量

在会声会影 X9 中，使用“放大”音频滤镜可以对音频文件的声音进行放大处理，该滤镜适合放在各种音频音量较小的素材中。下面介绍应用“放大”滤镜的操作方法。

素材文件	素材\第 12 章\森林之行.VSP
效果文件	效果\第 12 章\森林之行.VSP
视频文件	视频\第 12 章\12.4.9　声音增强：放大音频声音音量.mp4

【操练+视频】——声音增强：放大音频声音音量

step 01 进入会声会影编辑器，打开一个项目文件，如图 12-95 所示。

step 02 在预览窗口中预览打开的项目效果，如图 12-96 所示。

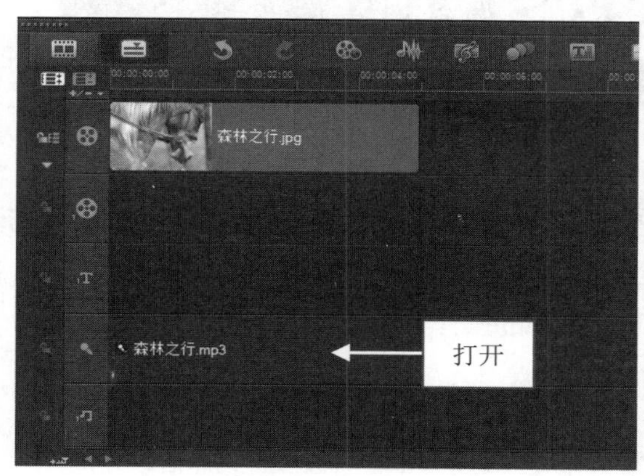

图 12-95　打开项目文件

图 12-96　预览项目效果

step 03 在声音轨中，用鼠标左键双击需要添加音频滤镜的素材，打开“音乐和声音”选项面板，单击“音频滤镜”按钮，如图 12-97 所示。

step 04 弹出“音频滤镜”对话框，在“可用滤镜”列表框中选择“放大”选项，如图 12-98 所示。

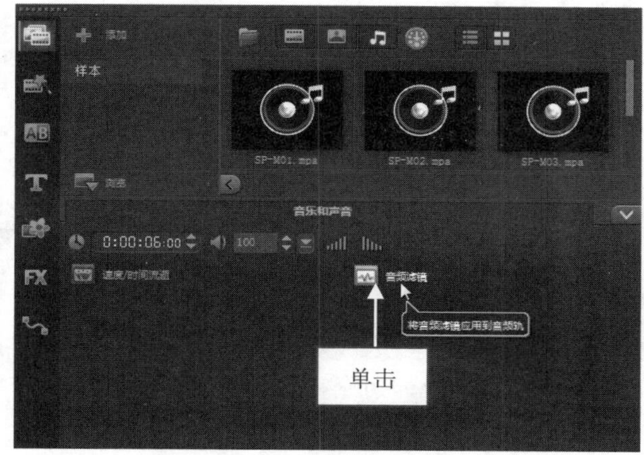

图 12-97　单击“音频滤镜”按钮

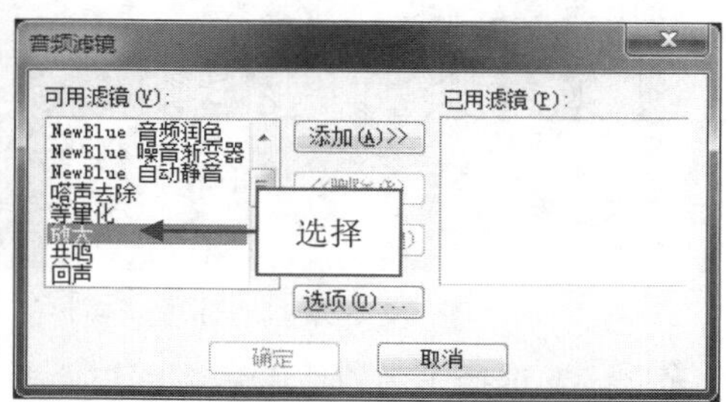

图 12-98　选择“放大”选项

step 05 单击“添加”按钮，选择的“放大”音频滤镜即可显示在“已用滤镜”列表框中，如图 12-99 所示。

step 06 单击“确定”按钮后，接着单击导览面板中的“播放”按钮，试听音频滤镜特效。在时间轴面板的声音轨中可以查看添加的音频滤镜，如图 12-100 所示。

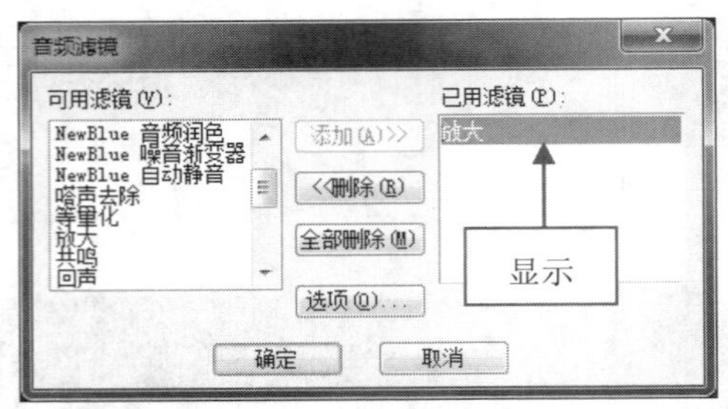

图 12-99　显示添加的滤镜

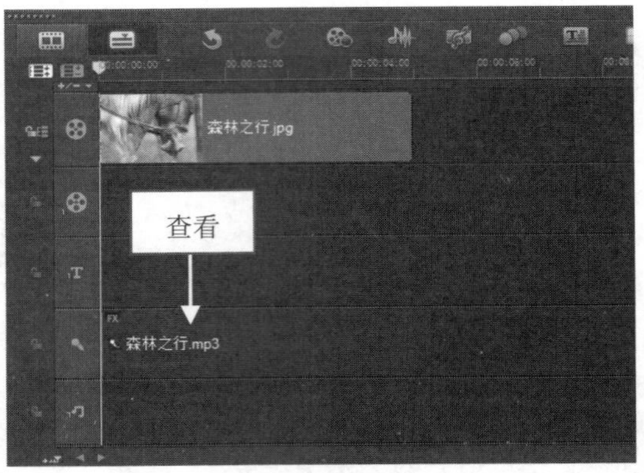

图 12-100　查看添加的音频滤镜

12.4.10 混响滤镜：制作 KTV 声音效果

在会声会影 X9 中，使用“混响”音频滤镜样式可以为音频文件添加混响效果，该滤镜样式适合放在酒吧或 KTV 的音效中。下面介绍应用“混响”滤镜的操作方法。

素材文件	素材\第 12 章\许愿瓶.VSP
效果文件	效果\第 12 章\许愿瓶.VSP
视频文件	视频\第 12 章\12.4.10　混响滤镜：制作 KTV 声音效果.mp4

【操练+视频】——混响滤镜：制作 KTV 声音效果

step 01 进入会声会影编辑器，打开一个项目文件，如图 12-101 所示。

step 02 在预览窗口中预览打开的项目效果，如图 12-102 所示。

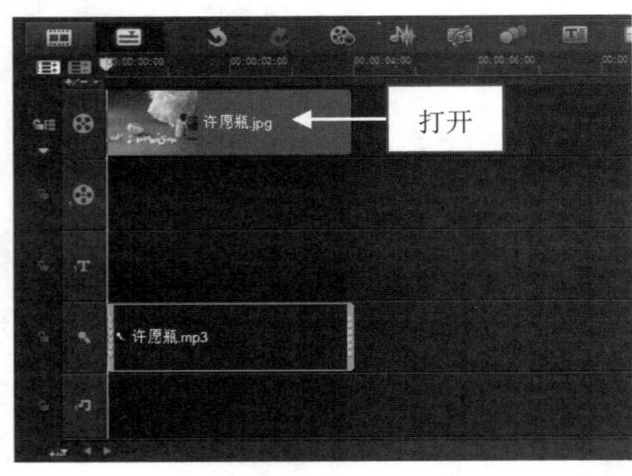

图 12-101　打开项目文件

图 12-102　预览项目效果

step 03 选择声音轨中的音频素材，在“音乐和声音”选项面板中单击“音频滤镜”按钮，弹出“音频滤镜”对话框，在“可用滤镜”列表框中选择“混响”选项，单击“添加”按钮，如图 12-103 所示。

step 04 执行上述操作后，选择的音频滤镜样式即可显示在“已用滤镜”列表框，如图 12-104 所示。单击“确定”按钮，即可将选择的滤镜样式添加到声音轨的音频文件中。单击导览面板中的“播放”按钮，试听“混响”音频滤镜效果。

图 12-103 单击“添加”按钮

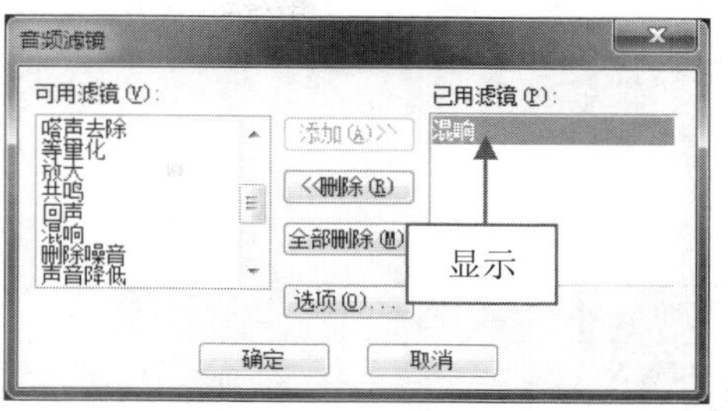

图 12-104 显示添加的滤镜

12.4.11 变音效果：制作声音的变音声效

在会声会影 X9 中，用户可以为视频制作变音声效。下面介绍制作声音变音声效的操作方法。

素材文件	素材\第 12 章\小幸福.VSP
效果文件	效果\第 12 章\小幸福.VSP
视频文件	视频\第 12 章\12.4.11 变音效果：制作声音的变音声效.mp4

【操练+视频】——变音效果：制作声音的变音声效

step 01 进入会声会影编辑器，打开一个项目文件，如图 12-105 所示。

step 02 进入“音乐和声音”选项面板，单击“音频滤镜”按钮，弹出“音频滤镜”对话框，在左侧的“可用滤镜”列表框中选择“音调偏移”选项，单击“添加”按钮，即可添加“音调偏移”音频滤镜，如图 12-106 所示。

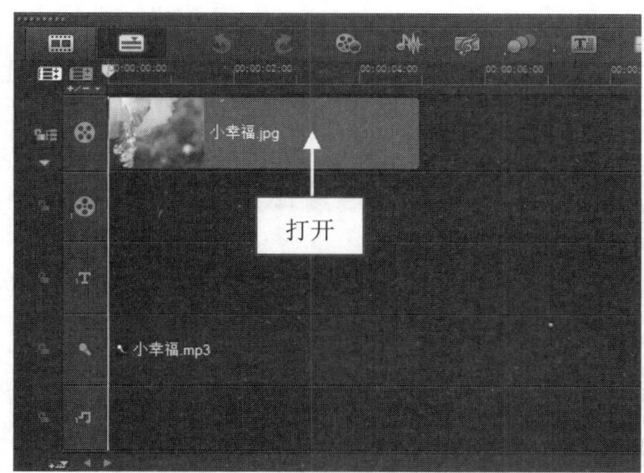

图 12-105 打开项目文件

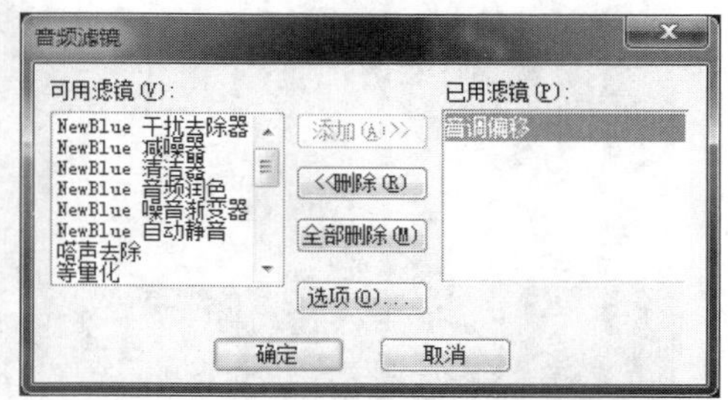

图 12-106 查看添加的滤镜

step 03 单击“选项”按钮，弹出“音调偏移”对话框，在其中拖曳“半音调”下方滑块至-6 位置处，如图 12-107 所示。

step 04 设置完成后，单击“确定”按钮。返回到会声会影操作界面，单击导览面板中的“播放”按钮，即可预览视频画面并试听音频效果，如图 12-108 所示。

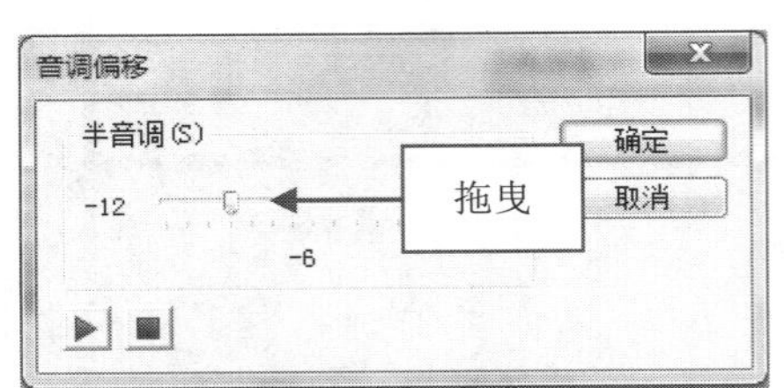

图 12-107 设置“半音调”数值

图 12-108 预览视频画面并试听音频效果

12.4.12 多重音效：制作多音轨声音特效

在视频制作过程中，常常要用到多音轨，多音轨是指将不同声音效果放入不同轨道。下面介绍制作多音轨视频的操作方法。

素材文件	素材\第 12 章\时空隧道.VSP
效果文件	效果\第 12 章\时空隧道.VSP
视频文件	视频\第 12 章\12.4.12 多重音效：制作多音轨声音特效.mp4

【操练+视频】——多重音效：制作多音轨声音特效

step 01 进入会声会影编辑器，打开一个项目文件，如图 12-109 所示。

step 02 选择菜单栏中的“设置”|“轨道管理器”命令，弹出“轨道管理器”对话框，在其中设置“音乐轨”数量为 3，如图 12-110 所示。

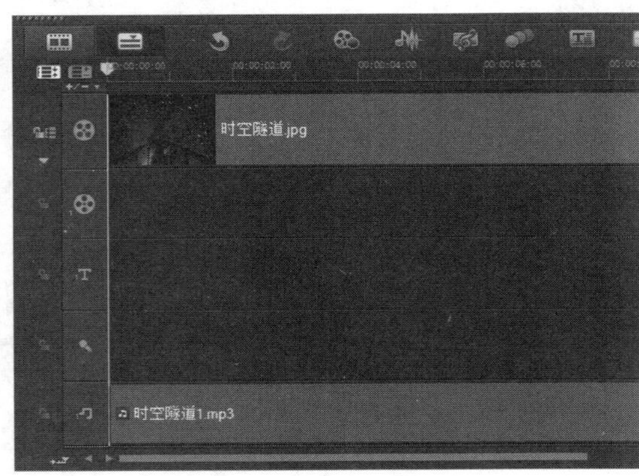

图 12-109 打开项目文件

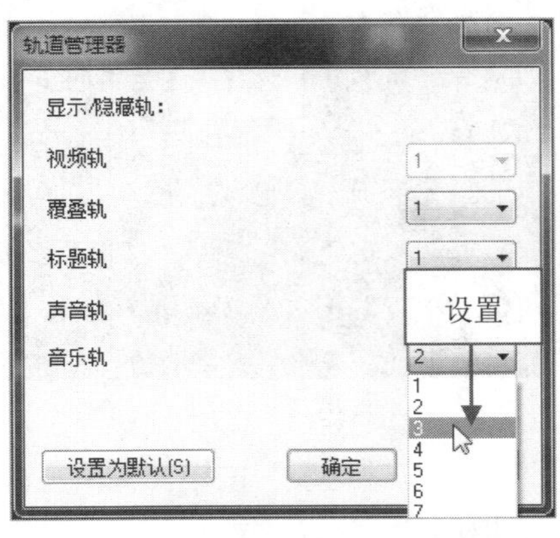

图 12-110 设置“音乐轨”数量

step 03 设置完成后，单击“确定”按钮，将时间移至 00:00:00:00 位置处，可以看到在第二条音乐轨和第三条音乐轨相同的位置处，分别添加了两段不同的音乐素材，如图 12-111 所示。

step 04 执行操作后，即可完成多音轨声音特效的制作。单击导览面板中的“播放”按钮，即可预览视频画面并试听制作的多音轨音频效果，如图 12-112 所示。

图 12-111　添加两段不同的音乐素材

图 12-112　预览视频画面

章前知识导读

经过一系列烦琐的编辑后，用户便可将编辑完成的影片输出成视频文件了。通过会声会影 X9 中提供的“共享”步骤面板，可以将编辑完成的影片进行渲染以及输出成视频文件。本章主要向用户介绍渲染与输出视频素材的操作方法。

第13章 输出：渲染与输出视频素材

新手重点索引

- 输出常用视频与音频格式
- 转换视频与音频格式
- 输出 3D 视频文件

效果图片欣赏

13.1 输出常用视频与音频格式

本节主要向用户介绍使用会声会影 X9 渲染输出视频与音频的各种操作方法，主要包括输出 AVI、MPEG、MOV、MP4、WMV 以及 3GPP 等视频；输出 WAV、WMA 等音频内容，希望用户熟练掌握本节视频与音频的输出技巧。

13.1.1 输出 AVI：输出捕鱼生活视频

AVI 主要应用在多媒体光盘上，用来保存电视、电影等各种影像信息，它的优点是兼容性好，图像质量好，只是输出的尺寸和容量有点偏大。下面向用户介绍输出 AVI 视频文件的操作方法。

素材文件	素材\第 13 章\捕鱼生活.VSP
效果文件	效果\第 13 章\捕鱼生活.avi
视频文件	视频\第 13 章\13.1.1　输出 AVI：输出捕鱼生活视频.mp4

【操练+视频】——输出 AVI：输出捕鱼生活视频

step 01 进入会声会影编辑器，选择菜单栏中的“文件”|“打开项目”命令，打开一个项目文件，如图 13-1 所示。

step 02 在编辑器的上方单击“共享”标签，如图 13-2 所示。切换至“共享”步骤面板。

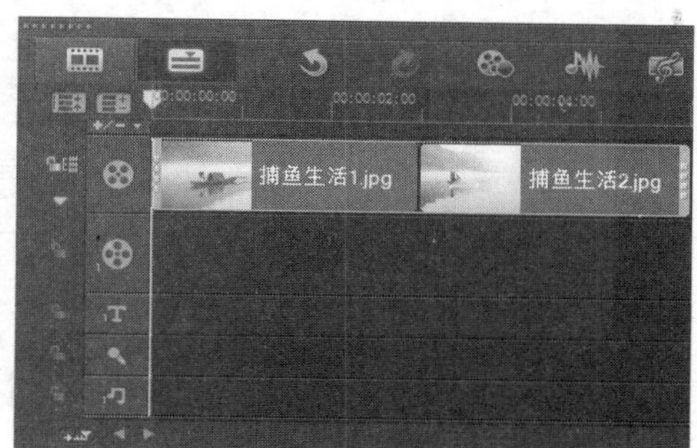

图 13-1　打开项目文件

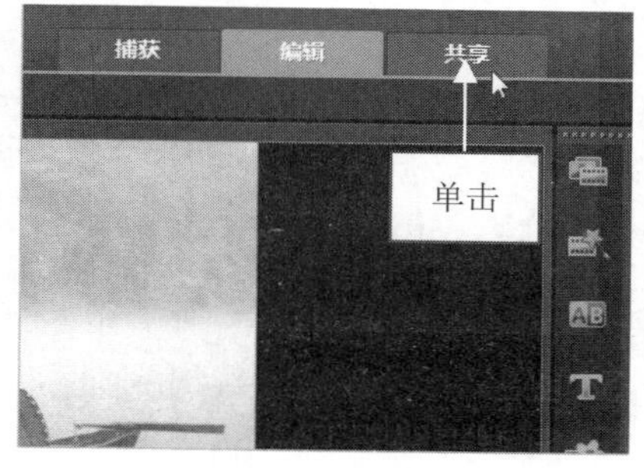

图 13-2　单击“共享”标签

step 03 在面板上方选择 AVI 选项，如图 13-3 所示，是指输出 AVI 视频格式。

step 04 在面板下方单击“文件位置”右侧的“浏览”按钮，如图 13-4 所示。

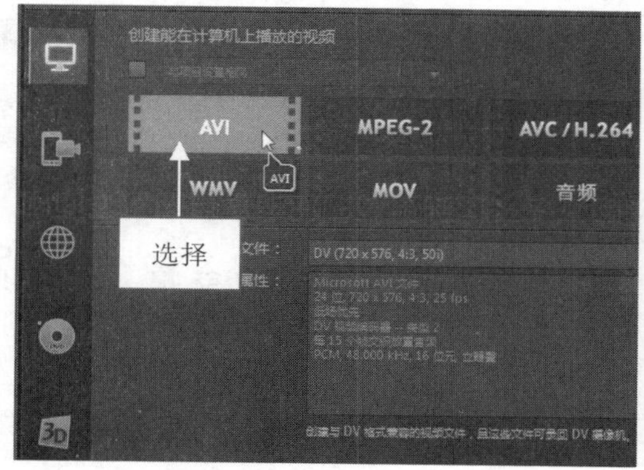

图 13-3　选择 AVI 选项

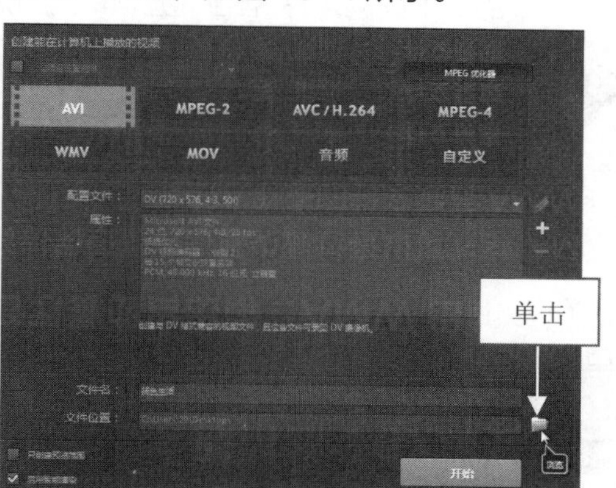

图 13-4　单击“浏览”按钮

step 05 弹出“浏览”对话框，在其中设置视频文件的输出名称与输出位置，如图 13-5 所示。

step 06 设置完成后，单击“保存”按钮。返回到会声会影编辑器，单击“开始”按钮，开始渲染视频文件，并显示渲染进度，如图 13-6 所示。稍等片刻待视频文件输出完成后，弹出信息提示框，提示用户视频文件建立成功。单击“确定”按钮，完成输出 AVI 视频的操作。

图 13-5 设置视频输出选项

图 13-6 显示渲染进度

step 07 在预览面板中单击“播放”按钮，预览输出的 AVI 视频画面效果，如图 13-7 所示。

图 13-7 预览 AVI 视频画面效果

13.1.2 输出 MPG：输出公路夜景视频

在影视后期输出中，有许多视频文件需要输出 MPEG 格式，网络上很多视频文件的格式也是 MPEG 格式的。下面向用户介绍输出 MPEG 视频文件的操作方法。

素材文件	素材\第 13 章\公路夜景.VSP
效果文件	效果\第 13 章\公路夜景.mpg
视频文件	视频\第 13 章\13.1.2 输出 MPG：输出公路夜景视频.mp4

【操练+视频】——输出 MPG：输出公路夜景视频

step 01 进入会声会影编辑器，选择菜单栏中的“文件”|“打开项目”命令，打开一个项目文件。单击“共享”标签，切换至“共享”步骤面板，选择 MPEG-2 选项，是指输出 MPEG 视频格式，如图 13-8 所示。

step 02 在面板下方单击“文件位置”右侧的“浏览”按钮，弹出“浏览”对话框，在其中设置视频文件的输出名称与输出位置，如图 13-9 所示。

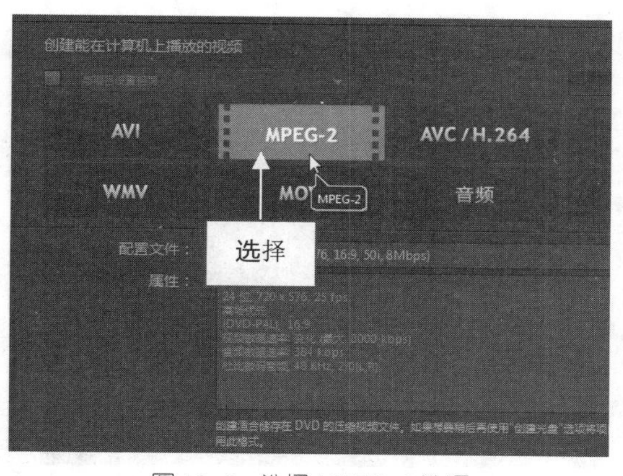

图 13-8　选择 MPEG-2 选项

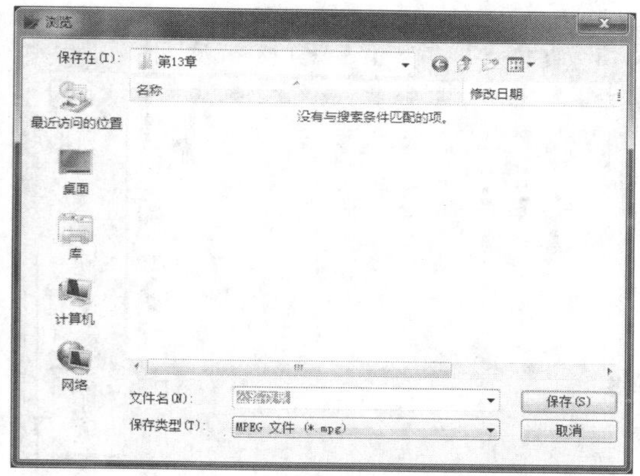

图 13-9　设置视频保存选项

step 03 设置完成后，单击“保存”按钮。返回到会声会影编辑器，单击“开始”按钮，开始渲染视频文件，并显示渲染进度，稍等片刻待视频文件输出完成后，弹出信息提示框，提示用户视频文件建立成功，如图 13-10 所示。单击“确定”按钮，完成输出 MPEG 视频的操作。

step 04 单击预览窗口中的“播放”按钮，即可预览输出的 MPEG 视频画面效果，如图 13-11 所示。

图 13-10　单击“确定”按钮

图 13-11　预览 MPEG 视频画面

13.1.3 输出 WMV：输出异国美景视频

WMV 视频格式在互联网中使用非常频繁，深受广大用户喜爱。下面介绍输出 WMV 视频文件的操作方法。

素材文件	素材\第 13 章\异国美景.VSP
效果文件	效果\第 13 章\异国美景.wmv
视频文件	视频\第 13 章\13.1.3　输出 WMV：输出异国美景视频.mp4

【操练+视频】——输出 WMV：输出异国美景视频

step 01 进入会声会影编辑器，选择菜单栏中的“文件”|“打开项目”命令，打开一个项目文件，如图 13-12 所示。

step 02 在编辑器的上方单击“共享”标签，切换至“共享”步骤面板，选择 WMV 选项，如图 13-13 所示，是指输出 WMV 视频格式。

图 13-12　打开项目文件

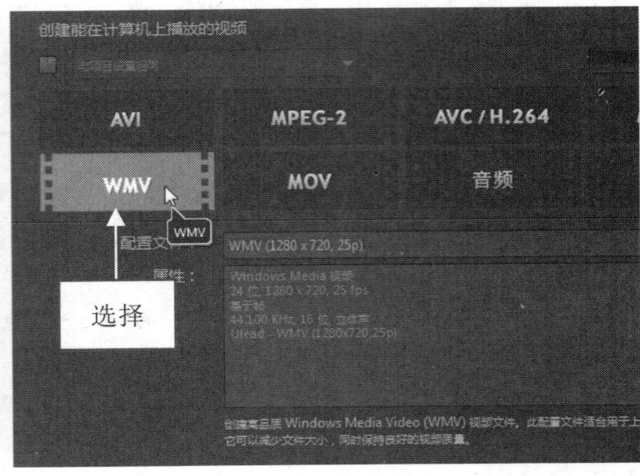

图 13-13　选择 WMV 选项

step 03 在面板下方单击“文件位置”右侧的“浏览”按钮，弹出“浏览”对话框，在其中设置视频文件的输出名称与输出位置，如图 13-14 所示。

step 04 设置完成后，单击“保存”按钮。返回到会声会影编辑器，单击“开始”按钮，开始渲染视频文件，并显示渲染进度，稍等片刻待视频文件输出完成后，弹出信息提示框，提示用户视频文件建立成功，单击“确定”按钮，完成输出 WMV 视频的操作，在预览窗口中可以预览视频画面效果，如图 13-15 所示。

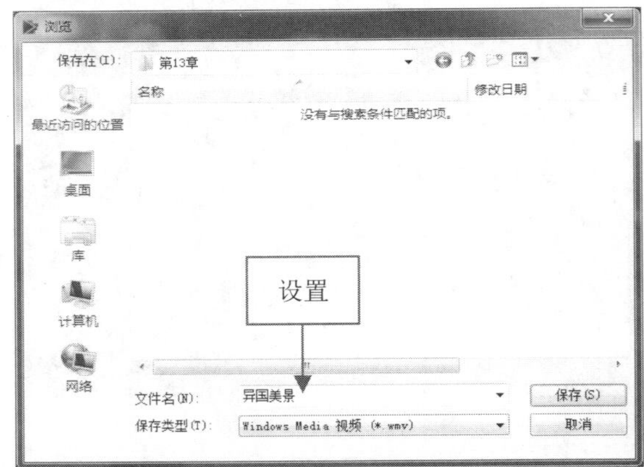

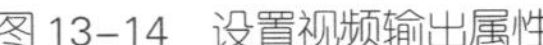

图 13-14　设置视频输出属性

图 13-15　预览视频画面效果

在会声会影 X9 中，提供了 5 种不同尺寸的 WMV 格式，用户可根据需求选择。

13.1.4 输出 MOV：输出车流线条视频

MOV 格式是指 QuickTime 格式，是苹果(Apple)公司创立的一种视频格式。下面向用户介绍输出 MOV 视频文件的操作方法。

素材文件	素材\第 13 章\车流线条.VSP
效果文件	效果\第 13 章\车流线条.mov
视频文件	视频\第 13 章\13.1.4　输出 MOV：输出车流线条视频.mp4

【操练+视频】——输出 MOV：输出车流线条视频

step 01 进入会声会影编辑器，选择菜单栏中的“文件”|“打开项目”命令，打开一个项目文件，如图 13-16 所示。

step 02 在编辑器的上方单击“共享”标签，切换至“共享”步骤面板，选择“自定义”选项，单击“格式”右侧的下拉按钮，在弹出的下拉列表中选择“QuickTime 影片文件[*.mov]”选项，如图 13-17 所示。

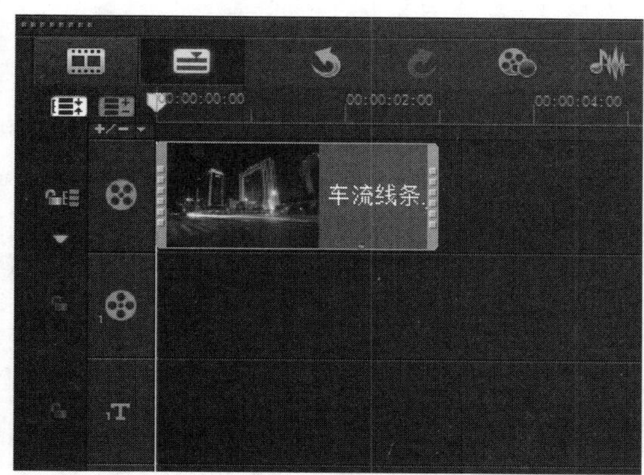

图 13-16 打开项目文件

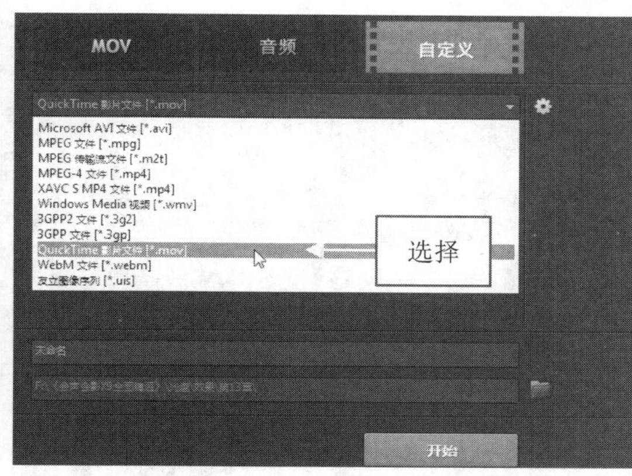

图 13-17 选择相应的选项

step 03 在面板下方单击“文件位置”右侧的“浏览”按钮，弹出“浏览”对话框，在其中设置视频文件的输出名称与输出位置，如图 13-18 所示。

step 04 设置完成后，单击“保存”按钮。返回到会声会影编辑器，单击“开始”按钮，开始渲染视频文件，并显示渲染进度，稍等片刻待视频文件输出完成后，弹出信息提示框，提示用户视频文件建立成功，单击“确定”按钮，完成输出 MOV 视频的操作。在预览面板中单击“播放”按钮，预览输出的 MOV 视频画面效果，如图 13-19 所示。

图 13-18 设置视频输出选项

图 13-19 预览视频画面效果

13.1.5 输出 MP4：输出港湾停泊视频

MP4 全称 MPEG-4 Part 14，是一种使用 MPEG-4 的多媒体计算机档案格式，文件格式名为.mp4。MP4 格式的优点是应用广泛，在大多数播放软件、非线性编辑软件以及智能手机中都能播放。下面向用户介绍输出 MP4 视频文件的操作方法。

素材文件	素材\第 13 章\港湾停泊.VSP
效果文件	效果\第 13 章\港湾停泊.mp4
视频文件	视频\第 13 章\13.1.5　输出 MP4：输出港湾停泊视频.mp4

【操练+视频】——输出 MP4：输出港湾停泊视频

step 01 进入会声会影编辑器，选择菜单栏中的“文件”|“打开项目”命令，打开一个项目文件，如图 13-20 所示。

step 02 在编辑器的上方单击“共享”标签，切换至“共享”步骤面板，选择 MPEG-4 选项，如图 13-21 所示，是指输出 MP4 视频格式。

图 13-20　打开项目文件

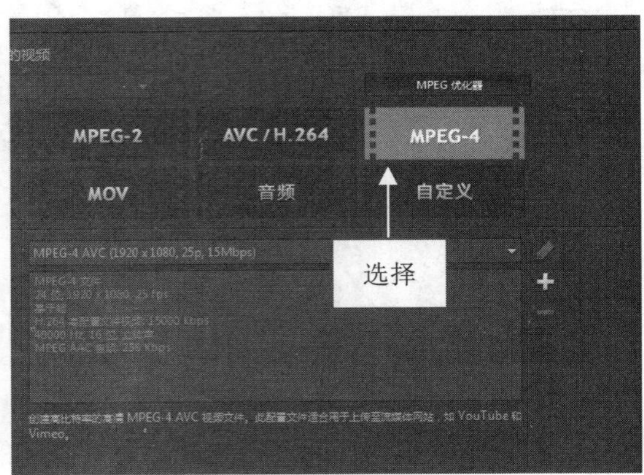

图 13-21　选择 MPEG-4 选项

step 03 在面板下方单击“文件位置”右侧的“浏览”按钮，弹出“浏览”对话框，在其中设置视频文件的输出名称与输出位置，如图 13-22 所示。

step 04 设置完成后，单击“保存”按钮。返回到会声会影编辑器，单击“开始”按钮，开始渲染视频文件，并显示渲染进度，稍等片刻待视频文件输出完成后，弹出信息提示框，提示用户视频文件建立成功，单击“确定”按钮，完成输出 MP4 视频的操作。在预览面板中单击“播放”按钮，预览输出的 MP4 视频画面效果，如图 13-23 所示。

图 13-22　设置视频输出选项

图 13-23　预览视频画面效果

13.1.6 输出 3GP：输出山雨欲来视频

3GP 是一种 3G 流媒体的视频编码格式，使用户能够发送大量的数据到移动电话网络，从而明确传输大型文件，如音频、视频和数据网络的手机。3GP 是 MP4 格式的一种简化版本，减少了储存空间和较低的频宽需求，让手机上有限的储存空间可以使用。下面向用户介绍输出 3GP 视频文件的操作方法。

素材文件	素材\第 13 章\山雨欲来.VSP
效果文件	效果\第 13 章\山雨欲来.3gp
视频文件	视频\第 13 章\13.1.6　输出 3GP：输出山雨欲来视频.mp4

【操练+视频】——输出 3GP：输出山雨欲来视频

step 01 进入会声会影编辑器，选择菜单栏中的“文件”|“打开项目”命令，打开一个项目文件，如图 13-24 所示。

step 02 在编辑器的上方单击“共享”标签，切换至“共享”步骤面板，选择“自定义”选项，单击“格式”右侧的下拉按钮，在弹出的下拉列表中选择“3GPP 文件[*.3gp]”选项，如图 13-25 所示。

图 13-24　打开项目文件

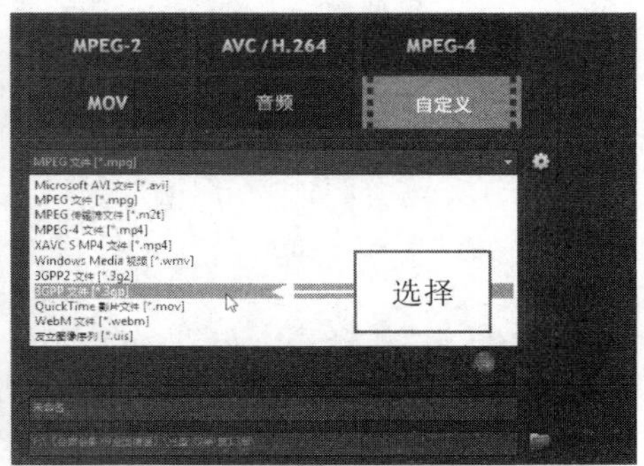

图 13-25　选择相应的选项

step 03 在面板下方单击“文件位置”右侧的“浏览”按钮，弹出“浏览”对话框，在其中设置视频文件的输出名称与输出位置，如图 13-26 所示。

step 04 设置完成后，单击“保存”按钮。返回到会声会影编辑器，单击“开始”按钮，开始渲染视频文件，并显示渲染进度，稍等片刻待视频文件输出完成后，弹出信息提示框，提示用户视频文件建立成功，单击“确定”按钮，完成输出 3GP 视频的操作。在预览面板中单击“播放”按钮，预览输出的 3GP 视频画面效果，如图 13-27 所示。

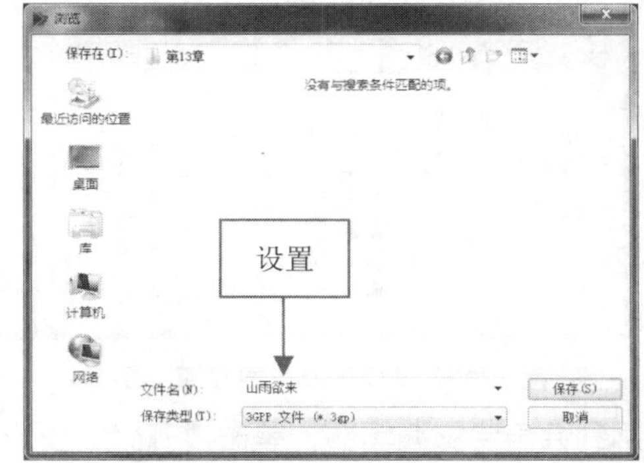

图 13-26　设置视频输出选项

图 13-27　预览视频画面效果

13.1.7 输出 WMA：输出自助餐厅音频

WMA 格式可以通过减少数据流量但保持音质的方法来达到更高的压缩率目的。下面向用户介绍输出 WMA 音频文件的操作方法。

素材文件	素材\第 13 章\自助餐厅.VSP
效果文件	效果\第 13 章\自助餐厅.wma
视频文件	视频\第 13 章\13.1.7　输出 WMA：输出自助餐厅音频.mp4

【操练+视频】——输出 WMA：输出自助餐厅音频

step 01 选择菜单栏中的“文件”|“打开项目”命令，打开一个项目文件，如图 13-28 所示。

step 02 在编辑器的上方单击“共享”标签，切换至“共享”步骤面板，选择“音频”选项，如图 13-29 所示。

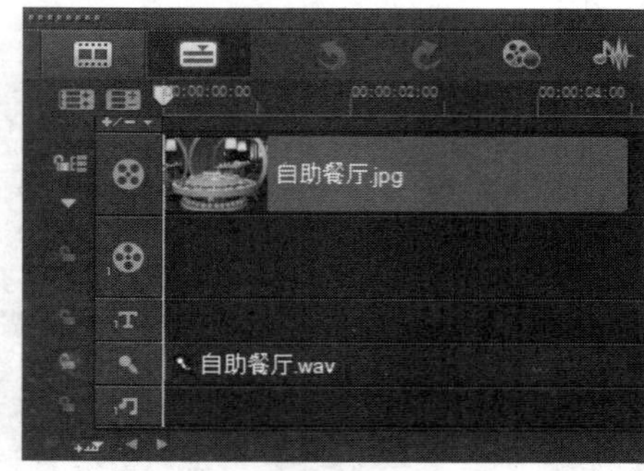

图 13-28　打开项目文件

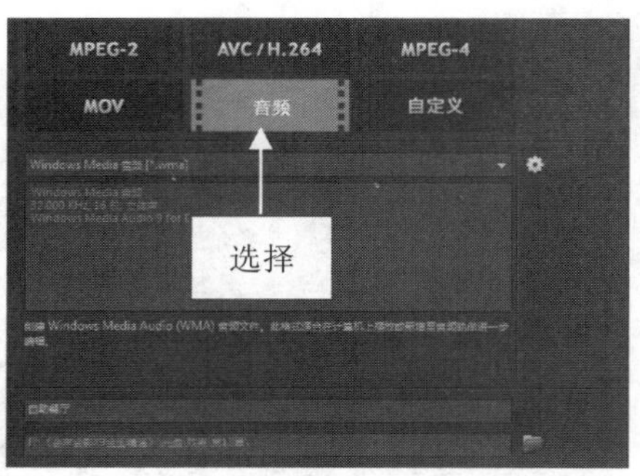

图 13-29　选择“音频”选项

step 03 在面板下方单击“格式”右侧的下三角按钮，在弹出的下拉列表中选择“Windows Media 音频[*.wma]”选项，如图 13-30 所示。

step 04 在面板下方单击“文件位置”右侧的“浏览”按钮，弹出“浏览”对话框，在其中设置音频文件的输出名称与输出位置，如图 13-31 所示。

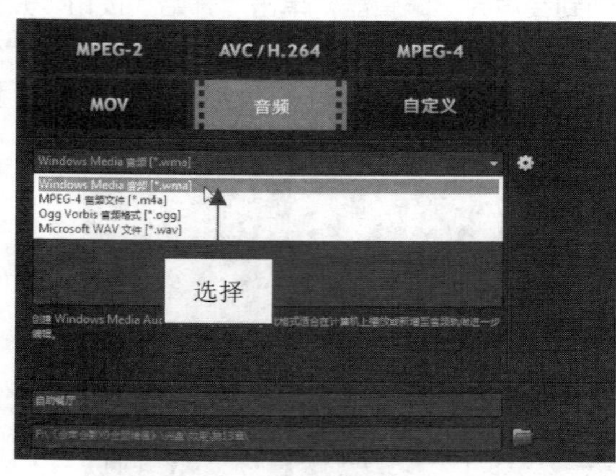

图 13-30　选择“Windows Media 音频[*.wma]”选项

图 13-31　设置音频输出选项

step 05 设置完成后，单击“保存”按钮。返回到会声会影编辑器，单击“开始”按钮，开始渲染音频文件，并显示渲染进度，稍等片刻待音频文件输出完成后，弹出信息提示框，提示用户音频文件建立成功，如图 13-32 所示。单击“确定”按钮，完成输出 WMA 音频的操作。

step 06 在预览面板中单击“播放”按钮，试听输出的 WMA 音频文件，并预览视频画面效果，如图 13-33 所示。

图 13-32 显示渲染进度

图 13-33 预览视频画面效果

13.1.8 输出 WAV：输出垂钓蓑翁音频

WAV 格式是微软公司开发的一种声音文件格式，又称之为波形声音文件。下面向用户介绍输出 WAV 音频文件的操作方法。

素材文件	素材\第 13 章\垂钓蓑翁.VSP
效果文件	效果\第 13 章\垂钓蓑翁.wav
视频文件	视频\第 13 章\13.1.8 输出 WAV：输出垂钓蓑翁音频.mp4

【操练+视频】——输出 WAV：输出垂钓蓑翁音频

step 01 进入会声会影编辑器，选择菜单栏中的“文件”|“打开项目”命令，打开一个项目文件，如图 13-34 所示。

step 02 在编辑器的上方单击“共享”标签，切换至“共享”步骤面板，选择“音频”选项，如图 13-35 所示。

图 13-34 打开项目文件

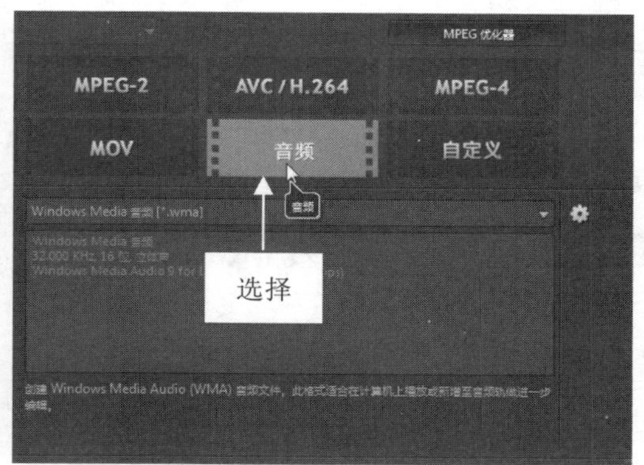

图 13-35 选择“音频”选项

step 03 在面板下方单击“格式”右侧的下三角按钮，在弹出的下拉列表中选择“Microsoft WAV 文件[*.wav]”选项，如图 13-36 所示。

step 04 在面板下方单击“文件位置”右侧的“浏览”按钮，弹出“浏览”对话框，在其中设置音频文件的输出名称与输出位置，设置完成后，单击“保存”按钮。返回到会声会影编辑器，单击“开始”按钮，开始渲染音频文件，并显示渲染进度，稍等片刻待音频文件输出完成后，弹出信

息提示框，提示用户音频文件建立成功，单击“确定”按钮，如图 13-37 所示。完成输出 WAV 音频的操作。

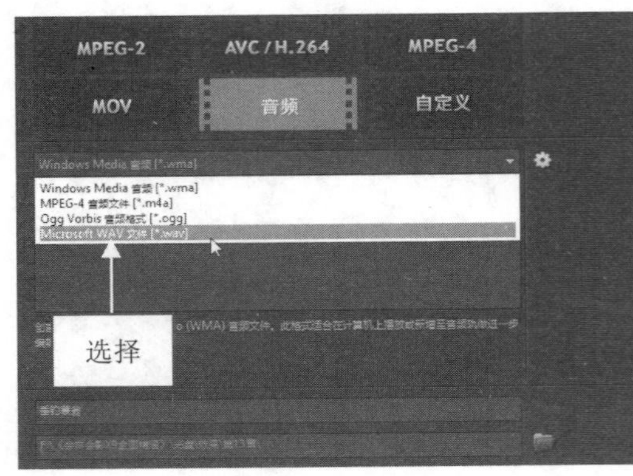

图 13-36　选择相应的选项

图 13-37　单击“确定”按钮

13.2 输出 3D 视频文件

在会声会影 X9 中，输出为 3D 视频文件是软件的一个新增功能，用户可以根据需要将相应的视频文件输出为 3D 视频文件，主要包括 MPEG 格式、WMV 格式以及 MVC 格式等，用户可根据实际情况选择相应的视频格式进行 3D 视频文件的输出操作。

13.2.1 3D 格式 1：输出 MPEG 格式的 3D 文件

MPEG 格式是一种常见的视频格式，下面向用户介绍将视频文件输出为 MPEG 格式的 3D 文件的操作方法。

素材文件	素材\第 13 章\窗外风景.VSP
效果文件	效果\第 13 章\窗外风景.m2t
视频文件	视频\第 13 章\13.2.1　3D 格式 1：输出 MPEG 格式的 3D 文件.mp4

【操练+视频】——3D 格式 1：输出 MPEG 格式的 3D 文件

step 01 选择菜单栏中的“文件”|“打开项目”命令，打开一个项目文件，如图 13-38 所示。

step 02 在编辑器的上方单击“共享”标签，切换至“共享”步骤面板，单击“3D 影片”按钮，如图 13-39 所示。

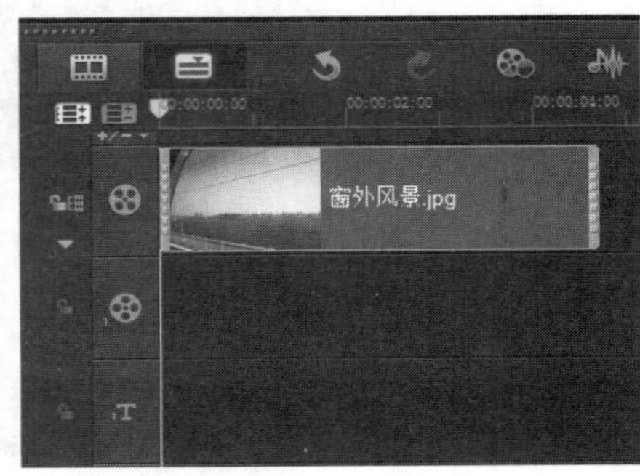

图 13-38　打开项目文件

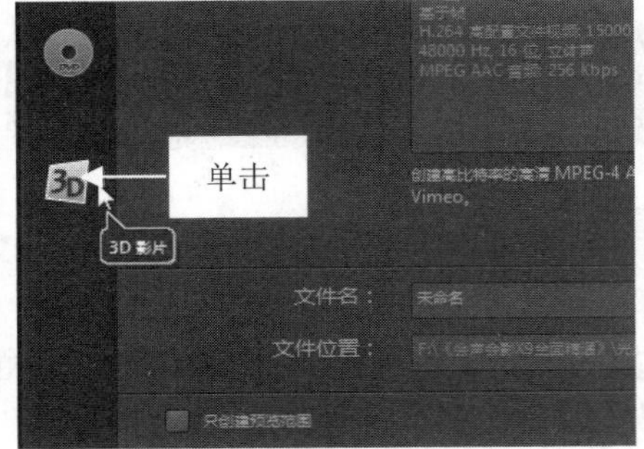

图 13-39　单击“3D 影片”按钮

step 03 进入"3D 影片"选项卡，在面板上方选择 MPEG-2 选项，在面板下方单击"文件位置"右侧的"浏览"按钮，如图 13-40 所示。

step 04 弹出"浏览"对话框，在其中可以设置视频文件的输出名称与输出位置，如图 13-41 所示。

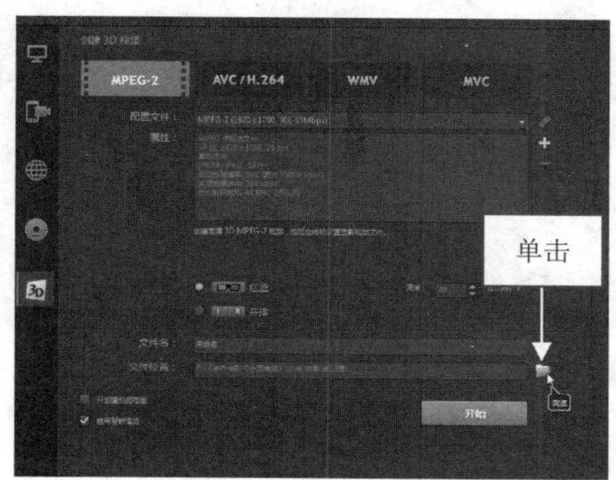

图 13-40 单击"浏览"按钮

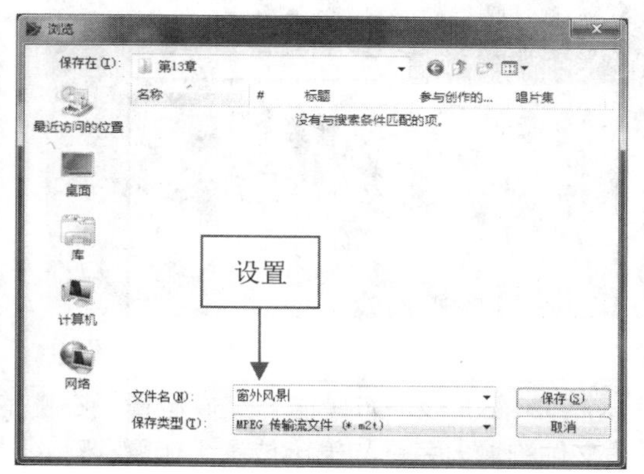

图 13-41 设置视频输出选项

step 05 设置完成后，单击"保存"按钮。返回到会声会影编辑器，单击"开始"按钮，开始渲染 3D 视频文件，并显示渲染进度，如图 13-42 所示。稍等片刻待 3D 视频文件输出完成后，弹出信息提示框，提示用户视频文件建立成功，单击"确定"按钮，完成 3D 视频文件的输出操作。

step 06 在预览面板中单击"播放"按钮，预览输出的 3D 视频画面，如图 13-43 所示。

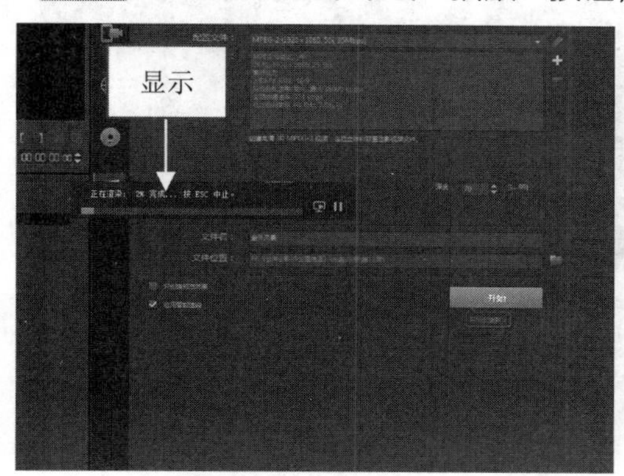

图 13-42 显示渲染进度

图 13-43 预览 3D 视频画面

13.2.2 3D 格式 2：输出自由生长视频

在会声会影 X9 中，用户不仅可以建立 MPEG 格式的 3D 文件，还可以建立 WMV 格式的 3D 文件。下面向用户介绍具体的操作方法。

素材文件	素材\第 13 章\自由生长.VSP
效果文件	效果\第 13 章\自由生长.wmv
视频文件	视频\第 13 章\13.2.2 3D 格式 2：输出自由生长视频.mp4

【操练+视频】——3D 格式 2：输出自由生长视频

step 01 选择菜单栏中的"文件"|"打开项目"命令，打开一个项目文件，如图 13-44 所示。

step 02 在编辑器的上方单击"共享"标签，切换至"共享"步骤面板，在左侧单击"3D 影片”按钮，进入“3D 影片”选项卡，在面板上方选择 WMV 选项，如图 13–45 所示。

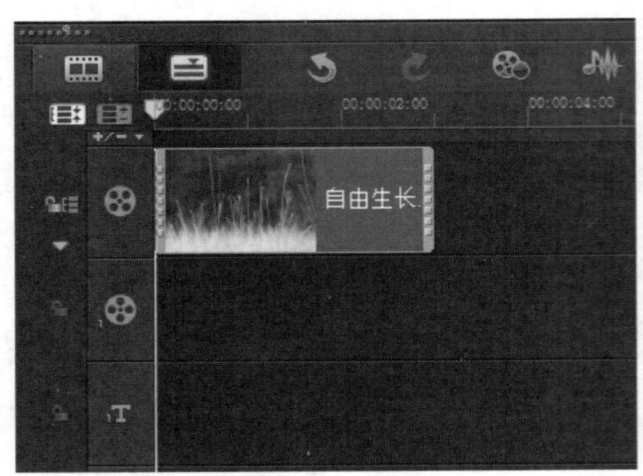

图 13–44　打开项目文件

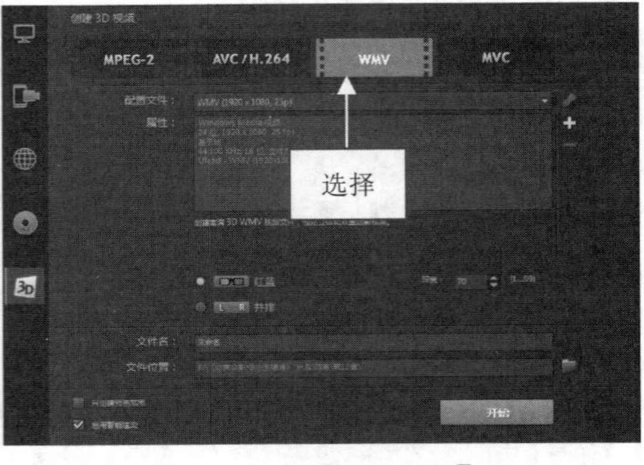

图 13–45　选择 WMV 选项

step 03 在面板下方单击“文件位置”右侧的“浏览”按钮，弹出“浏览”对话框，在其中设置视频文件的输出名称与输出位置，如图 13–46 所示。

step 04 设置完成后，单击“保存”按钮。返回到会声会影编辑器，单击“开始”按钮，开始渲染 3D 视频文件，并显示渲染进度，稍等片刻待 3D 视频文件输出完成后，弹出信息提示框，提示用户视频文件建立成功，单击“确定”按钮，完成 3D 视频文件的输出操作。在预览面板中单击“播放”按钮，预览输出的 3D 视频画面效果，如图 13–47 所示。

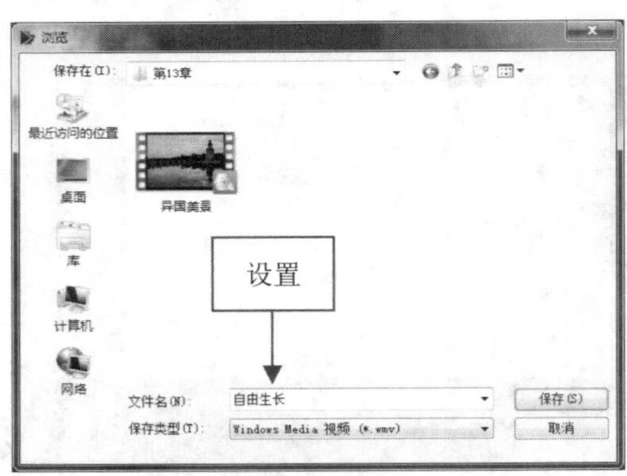

图 13–46　设置视频输出选项

图 13–47　预览视频画面

13.2.3　3D 格式 3：输出 MVC 格式的 3D 文件

在会声会影 X9 中，用户可以创建出高品质的 3D MVC 视频文件，在 3D 电视上使用 3D 眼镜观看。下面向用户介绍建立 3D MVC 视频文件的操作方法。

素材文件	素材\第 13 章\汽车尾灯.VSP
效果文件	效果\第 13 章\汽车尾灯.m2t
视频文件	视频\第 13 章\13.2.3　3D 格式 2：输出 MVC 格式的 3D 文件.mp4

【操练+视频】——3D 格式 3：输出 MVC 格式的 3D 文件

step 01 选择菜单栏中的“文件”|“打开项目”命令，打开一个项目文件，如图 13–48 所示。

step 02 在编辑器的上方单击“共享”标签，切换至“共享”步骤面板，在左侧单击“3D 影片”按钮，进入“3D 影片”选项卡，选择 MVC 选项，如图 13–49 所示。

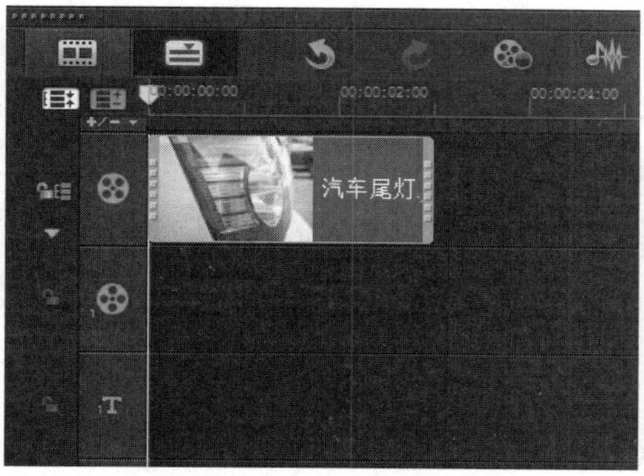

图 13-48　打开项目文件

图 13-49　选择 MVC 选项

step 03 在面板下方单击“文件位置”右侧的“浏览”按钮，弹出“浏览”对话框，在其中设置视频文件的输出名称与输出位置，如图 13-50 所示。

step 04 设置完成后，单击“保存”按钮。返回到会声会影编辑器，单击“开始”按钮，开始渲染 3D 视频文件，并显示渲染进度，稍等片刻待 3D 视频文件输出完成后，弹出信息提示框，提示用户视频文件建立成功，单击“确定”按钮，完成 3D 视频文件的输出操作。在预览面板中单击“播放”按钮，预览输出的 3D 视频画面效果，如图 13-51 所示。

图 13-50　设置视频输出选项

图 13-51　预览视频画面

13.3 转换视频与音频格式

在视频制作领域中，用户可能会用到一些会声会影不支持的视频文件或者音频文件，当无法导入到会声会影工作界面时，用户需要转换视频文件或者音频文件的格式。当转换成会声会影支持的视频或音频格式后，即可将视频或音频文件导入到会声会影工作界面中进行编辑与应用。本节主要向用户介绍转换视频与音频格式的操作方法。

13.3.1 安装格式转换软件

格式工厂(Format Factory)是一款多功能的多媒体格式转换软件，适用于 Windows 操作系统上。该软件可以实现大多数视频、音频以及图像不同格式之间的相互转换。在使用格式工厂转换视频与音频格式之前，首先需要安装格式工厂软件。下面向用户介绍安装格式工厂软件的操作方法。

从相应网站上下载格式工厂软件，打开格式工厂软件所在的文件夹，选择 EXE 格式的安装文件，在安装文件上右击，在弹出的快捷菜单中选择“打开”命令，执行操作后，开始运行格式工厂安装程序，弹出“格式工厂”对话框，单击“一键安装”按钮，如图 13-52 所示。

图 13-52　打开安装程序

执行操作后，即可开始格式工厂的安装，并显示安装进度，如图 13-53 所示。稍等片刻，即可完成安装，进入下一个页面，在其中选择相应的选项，可以帮助用户更好地使用格式工厂软件，选择完毕，单击“下一步”按钮，如图 13-54 所示。即可完成软件的安装，进入下一个页面，提示软件安装完成，单击“立即体验”按钮，即可开始使用格式工厂软件，对相应的视频进行处理操作。

图 13-53　显示安装进度

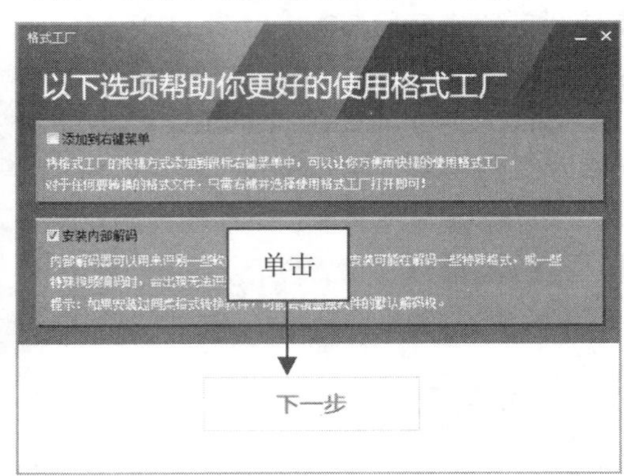

图 13-54　完成软件的安装

13.3.2 转换 RMVB 视频

RMVB 是一种视频文件格式，RMVB 中的 VB 指 VBR Variable Bit Rate(可改变之比特率)，较上一代 RM 格式画面要清晰很多，原因是降低了静态画面下的比特率，可以用 RealPlayer、暴风影音、QQ 影音等播放软件来播放。会声会影 X9 不支持导入 RMVB 格式的视频文件，因此用户在导入之前，需要转换 RMVB 视频的格式为会声会影支持的视频格式。下面向用户介绍将 RMVB 视频格式转换为 MPG 视频格式的操作方法。

在系统桌面“格式工厂”图标上右击，在弹出的快捷菜单中选择“打开”命令，即可打开“格式工厂”软件，进入工作界面，在“视频”列表框中选择需要转换的视频目标格式，这里选择 MPG 选项，如图 13-55 所示。弹出 MPG 对话框，单击右侧的“添加文件”按钮，弹出“打开”对话框，在其中选择需要转换为 MPG 格式的 RMVB 视频文件，单击“打开”按钮，将 RMVB 视频文件添加到 MPG 对话框中，单击“改变”按钮，弹出“浏览文件夹”对话框，在其中即可选择视频文件转换格式后存储的文件夹位置，如图 13-56 所示。

设置完成后，单击“确定”按钮。返回到 MPG 对话框，在“输出文件夹”右侧显示了刚设置的文件夹位置，单击“确定”按钮。返回到“格式工厂”工作界面，在中间的列表框中显示了需要转换格式的 RMVB 视频文件，单击工具栏中的“开始”按钮，开始转换 RMVB 视频文件。在“转换状态”一列中显示了视频转换进度，如图 13-57 所示。待视频转换完成后，在“转换状态”一列中将显示“完成”字样，表示视频文件格式已经转换完成，打开相应文件夹，在其中可以查看转换格式后的视频文件。

图 13-55 选择 MPG 选项

图 13-56 选择存储位置

图 13-57 显示视频转换进度

13.3.3 转换 APE 音频

APE 是流行的数字音乐无损压缩格式之一，因出现较早，在全世界有着较为广泛的用户群。与 MP3 这类有损压缩格式不可逆转地删除(人耳听力范围之外的)数据以缩减源文件体积不同，APE 这类无损压缩格式，是以更精练的记录方式来缩减体积，还原后数据与源文件一样，从而保证了文件的完整性。APE 作为一种无损压缩音频格式，通过 Monkey's Audio 这个软件可以将庞大的 WAV 音频文件压缩为 APE，体积虽然变小了，但音质和原来一样。

在会声会影 X9 中，并不支持 APE 格式的音频文件，如果用户需要导入 APE 格式的音频，需要通过转换音频格式的软件将 APE 格式转换成会声会影支持的音频格式，才能使用。下面向用户介绍将 APE 音频格式转换为 MP3 音频格式的操作方法。

进入“格式工厂”工作界面，在“音频”列表框中选择需要转换的音频目标格式，这里选择 MP3 选项，弹出 MP3 对话框，单击“添加文件”按钮，弹出“打开”对话框，如图 13-58 所示。

在其中选择需要转换为 MP3 音频格式的 APE 音频文件，单击“打开”按钮，将 APE 音频文件添加到 MP3 对话框中，在下方设置音频文件存储位置，单击“确定”按钮。返回到“格式工厂”工作界面，在中间的列表框中显示了需要转换格式的 APE 音频文件，单击工具栏中的“开始”按钮，如图 13-59 所示。

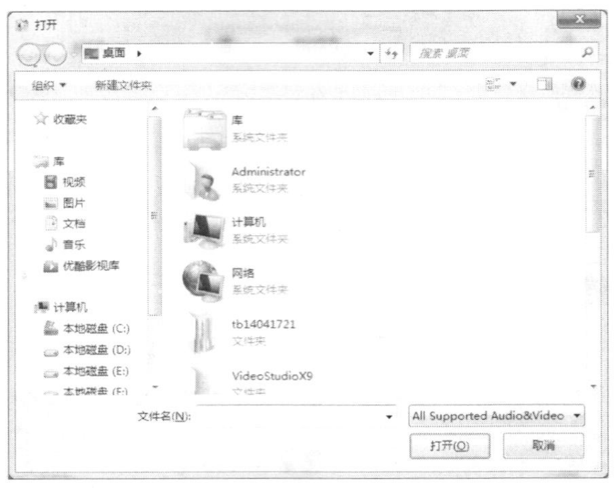

图 13–58 “打开”对话框

图 13–59 单击“开始”按钮

开始转换 APE 音频文件，在“转换状态”一列中显示了音频转换进度，待音频转换完成后，在“转换状态”一列中将显示“完成”字样，表示音频文件格式已经转换完成，如图 13–60 所示。

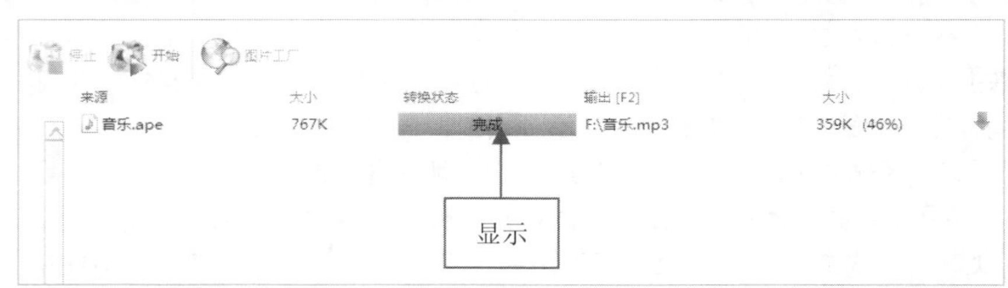

图 13–60 显示音频转换进度

章前知识导读

视频编辑完成后，最后的工作就是刻录了，会声会影提供了多种刻录方式，以适合不同用户的需要。用户可以直接将视频刻录成光盘，如刻录 DVD 光盘、AVCHD 光盘、蓝光光盘等，也可以使用专业的刻录软件进行光盘的刻录。

第14章 刻录：将视频刻录为光盘

新手重点索引

- 了解并安装刻录机
- 将视频刻录为 DVD 光盘
- 将视频刻录为 AVCHD 光盘
- 将视频刻录为蓝光光盘

效果图片欣赏

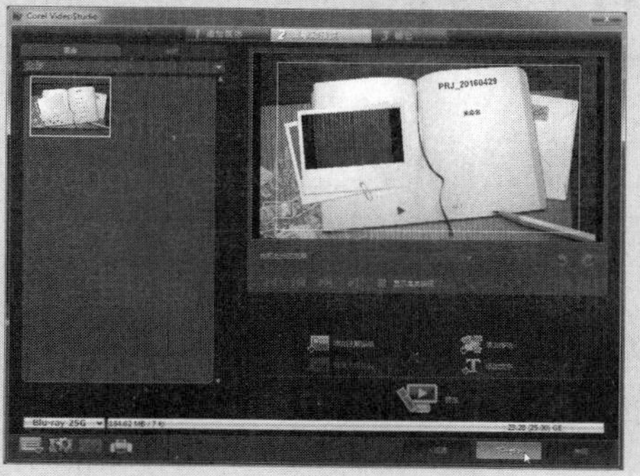

14.1 了解并安装刻录机

用户如果需要将视频文件刻录为光盘，就必须要使用刻录机。本节主要向用户简单介绍关于刻录机的基础知识，以及安装刻录机的操作方法。

14.1.1 了解刻录机

随着科学技术的发展，光盘刻录机已经越来越普及。刻录机能够在 CD-R、CD-RW 或 DVD 光盘上记录数据。可以在普通的 DVD 光驱上读取。因此，刻录机已经成为大容量数据备份的最佳选择。刻录机的外观如图 14-1 所示。

图 14-1　刻录机

当用户刻录 DVD 光盘时，刻录机会发出高功率的激光，聚集在 DVD 盘片某个特定部位上，使这个部位的有机染料层产生化学反应，其反光特性改变后，这个部位就不能反射光驱所发出的激光，这相当于传统 DVD 光盘上的凹面。没有被高功率激光照到的地方可以依靠黄金层反射激光。这样，刻录的光盘与普通 DVD 光驱的读取原理基本相同，因而刻录盘也可以在普通光驱上读取。

目前，大部分刻录机除了支持整盘刻录(Disk at Once)方式外，还支持轨道刻录(Track at Once)方式。使用整盘刻录方式时，用户必须将所有数据一次性写入 DVD 光盘，如果准备的数据较少，刻录一张势必会造成很大的浪费，而使用轨道刻录方式就可以避免这种浪费，这种方式允许一张 DVD 盘在有多余空间的情况下进行多次刻录。

14.1.2 安装刻录机

要使用刻录机刻录光盘，就必须先安装刻录机，才能进行刻录操作。下面主要介绍安装刻录机的方法。

使用螺丝刀将机箱表面的挡板撬开并取下，如图 14-2 所示。

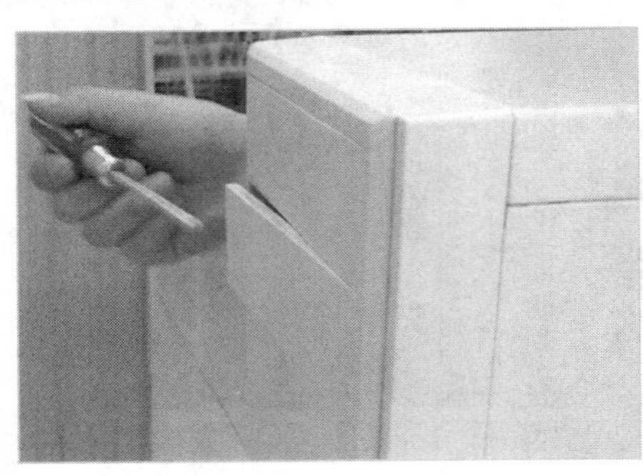

图 14-2　将机箱表面的挡板撬开并取下

将刻录机正面朝向机箱外，用手托住刻录机从机箱前面的缺口插入托架中，如图 14-3 所示。插好后，将刻录面板与机箱面板对齐，保持美观，如图 14-4 所示。

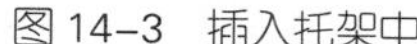
图 14-3　插入托架中

图 14-4　将刻录面板与机箱面板对齐

调整好刻录机的位置，对齐刻录机上的螺丝孔与机箱上的螺丝孔，如图 14-5 所示。使用磁性螺丝刀将螺丝拧入螺丝孔中，将螺丝拧入，但不要拧得太紧，接着拧入其他的螺丝钉，如图 14-6 所示。至此，刻录机安装完毕。

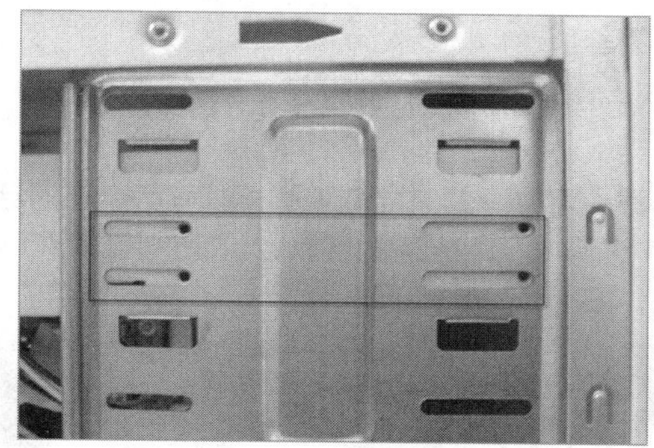
图 14-5　对齐螺丝孔

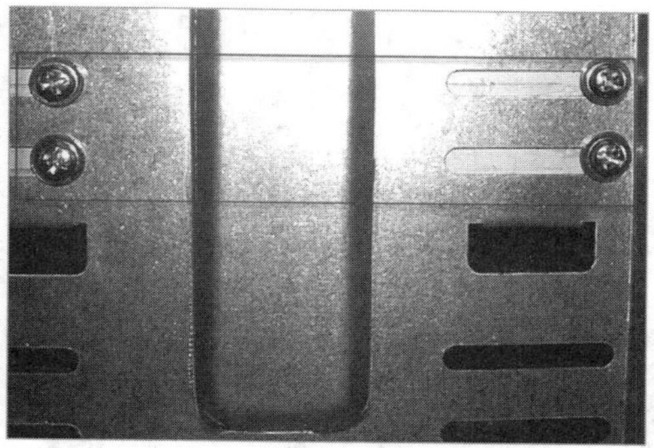
图 14-6　拧入其他的螺丝钉

14.2 将视频刻录为 DVD 光盘

用户可以通过会声会影 X9 编辑器提供的刻录功能直接将视频刻录为 DVD 光盘。这种刻录的光盘能够在计算机和影碟播放机中直接播放。本节主要向用户介绍运用会声会影 X9 编辑器直接将 DV 或视频刻录成 DVD 光盘的操作方法。

14.2.1 了解 DVD 光盘

数字多功能光盘(Digital Versatile Disc)，简称 DVD，是一种光盘存储器，通常用来播放标准电视机清晰度的电影、高质量的音乐，以及进行大容量存储数据。

DVD 与 CD 的外观极为相似，它们的直径都是 120mm 左右。最常见的 DVD，即单面单层 DVD 的资料容量约为 VCD 的 7 倍，由于 DVD 的光学读取头所产生的光点较小(将原本 0.85μm 的读取光点大小缩小到 0.55μm)，因此在同样大小的盘片面积上(DVD 和 VCD 的外观大小是一样的)，DVD 资料储存的密度便可提高。

14.2.2 刻录前的准备工作

在会声会影 X9 中刻录 DVD 光盘之前，需要准备好以下事项。

- 检查是否有足够的压缩暂存空间。无论刻录光盘还是创建光盘影像，都需要进行视频文件的压缩，压缩文件要有足够的硬盘空间存储，若空间不够，操作将半途而废。
- 准备好刻录机。如果暂时没有刻录机，可以创建光盘影像文件或 DVD 文件夹，然后复制到其他配有刻录机的计算机中，再刻录成光盘。

14.2.3 刻录 DVD：刻录湘江大桥视频

当用户制作好视频文件后，接下来可以将视频刻录为 DVD 光盘了。下面向用户介绍其具体刻录方法。

素材文件	素材\第 14 章\湘江大桥.MOV
效果文件	无
视频文件	视频\第 14 章\14.2.3　刻录 DVD：刻录湘江大桥视频.mp4

【操练+视频】——刻录 DVD：刻录湘江大桥视频

step 01 进入会声会影编辑器，在视频轨中插入一段视频素材，选择菜单栏中的“工具”|“创建光盘”|DVD 命令，如图 14-7 所示。

step 02 弹出 Corel VideoStudio 对话框，在其中可以查看需要刻录的视频画面，在对话框的右下角单击 DVD 4.7G 按钮，在弹出的下拉列表中选择 DVD 光盘的容量，这里选择 DVD 4.7G 选项。在对话框的上方单击“添加/编辑章节”按钮，如图 14-8 所示。

图 14-7　选择 DVD 命令

图 14-8　单击“添加/编辑章节”按钮

step 03 弹出“添加/编辑章节”对话框，单击“播放”按钮，播放视频画面，至合适位置后，单击“暂停”按钮，然后单击“添加章节”按钮，执行操作后，即可在时间线位置添加一个章节点，此时下方将出现添加的章节缩略图，如图 14-9 所示。

step 04 使用与上面同样的方法，继续添加其他章节点，章节添加完成后，单击“确定”按钮。返回到 Corel VideoStudio 对话框，单击“下一步”按钮，进入“菜单和预览”界面，在其中选择相应的场景效果，执行操作后，即可为影片添加智能场景效果。单击“菜单和预览”界面中的“预览”按钮，即可进入“预览”窗口，单击“播放”按钮，如图 14-10 所示。

图 14-9　出现添加的章节缩略图

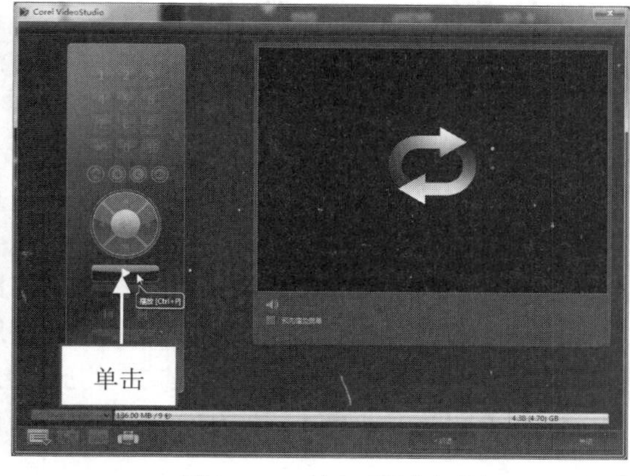

图 14-10　单击“播放”按钮

step 05 执行操作后，即可预览需要刻录的影片画面效果。视频画面预览完成后，单击界面下方的“后退”按钮，返回“菜单和预览”界面，单击界面下方的“下一步”按钮，如图 14-11 所示。

step 06 进入“输出”界面，在“卷标”右侧的文本框中输入卷标名称，这里输入“湘江大桥”，单击“驱动器”右侧的下三角按钮，在弹出的列表框中选择需要使用的刻录机选项；单击“刻录格式”右侧的下三角按钮，在弹出的列表框中选择需要刻录的 DVD 格式，刻录选项设置完成后，单击“输出”界面下方的“刻录”按钮，如图 14-12 所示。即可开始刻录 DVD 光盘。

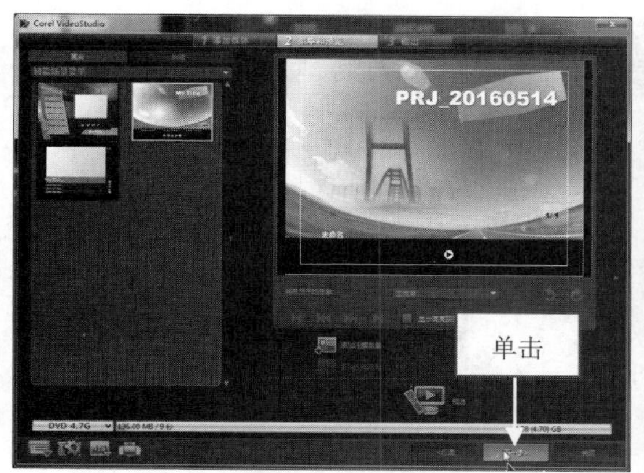

图 14-11　单击“下一步”按钮

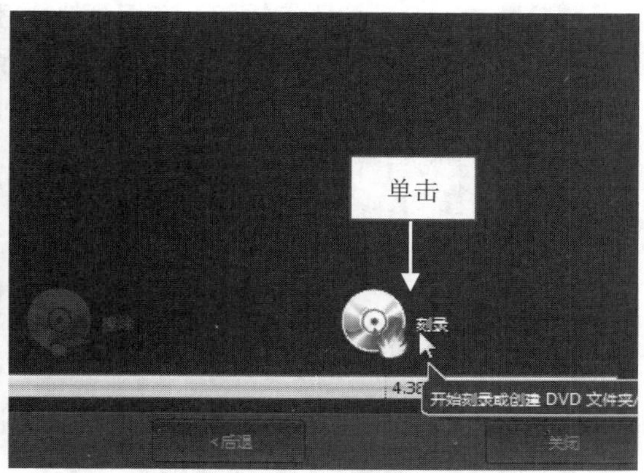

图 14-12　单击“刻录”按钮

14.3 将视频刻录为 AVCHD 光盘

用户可以通过会声会影 X9 编辑器提供的刻录功能直接将视频刻录为 DVD 光盘。这种刻录的光盘能够在计算机和影碟播放机中直接播放。本节主要向用户介绍运用会声会影 X9 编辑器直接将 DV 或视频刻录成 DVD 光盘的操作方法。

14.3.1 了解 AVCHD 光盘

AVCHD 是索尼(Sony)公司与松下电器(Panasonic)联合发表的高画质光碟压缩技术，AVCHD 标准基于 MPEG-4 AVC/H.264 视讯编码，支持 1080i、1080p 等格式，同时支持杜比数位 5.1 声道 AC-3 或线性 PCM 7.1 声道音频压缩。

AVCHD 使用 8cm 的 mini-DVD 光碟，单张可存储大约 20min 的高分辨率视频内容，今后的双层和双面光碟可存储 1h 以上，而没有 AVCHD 编码的 mini-DVD 光碟一般只能存储 30min 左右的 480i 视频内容。

随着大屏幕高清电视(HDTV)越来越多地进入家庭，家用摄像机也面临着向高清升级的需求。对日本领先的消费电子设备制造商而言，向高清升级已成为必然趋势。在他们竞相推出的各种高清摄像机中，存储介质五花八门，包括 DVD 光盘、Mini DV 磁带以及闪存卡等。此时，松下电器和索尼联合推出一项高清视频摄像新格式——AVCHD，该格式将现有 DVD 架构(即 8cm DVD 光盘和红光)与一款基于 MPEG-4 AVC/H.264 先进压缩技术的编解码器整合在一起。H.264 是广泛使用在高清 DVD 和下一代蓝光光盘格式中的压缩技术。由于 AVCHD 格式仅用于用户自己生成视频节目，因此 AVCHD 的制订者避免了复杂的版权问题。

14.3.2 刻录 AVCHD：刻录神圣时刻视频

AVCHD 光盘也是一种常见的媒体光盘，下面向用户介绍刻录 AVCHD 光盘的操作方法。

素材文件	素材\第 14 章\神圣时刻.mpg
效果文件	无
视频文件	视频\第 14 章\14.3.2　刻录 AVCHD：刻录神圣时刻视频.mp4

【操练+视频】——刻录 AVCHD：刻录神圣时刻视频

step 01 进入会声会影编辑器，在视频轨中插入一段视频文件，如图 14-13 所示。

step 02 单击导览面板中的“播放”按钮，预览添加的视频画面效果，如图 14-14 所示。

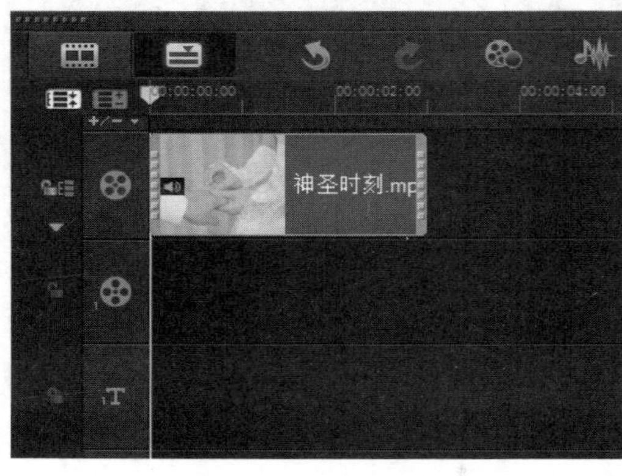

图 14-13　插入视频文件

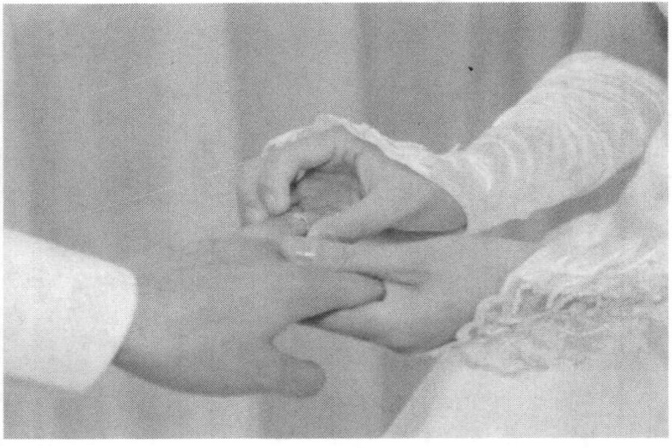

图 14-14　预览视频画面

step 03 选择菜单栏中的“工具”|“创建光盘”|AVCHD 命令，即可弹出 Corel Video Studio 对话框，单击“下一步”按钮，如图 14-15 所示。

step 04 进入“菜单和预览”步骤面板，单击“下一步”按钮，执行操作后，进入“输出”步骤面板，在其中设置相关信息，然后单击“刻录”按钮，即可开始刻录 AVCHD 光盘，如图 14-16 所示。稍等片刻，即可提示光盘刻录完成。

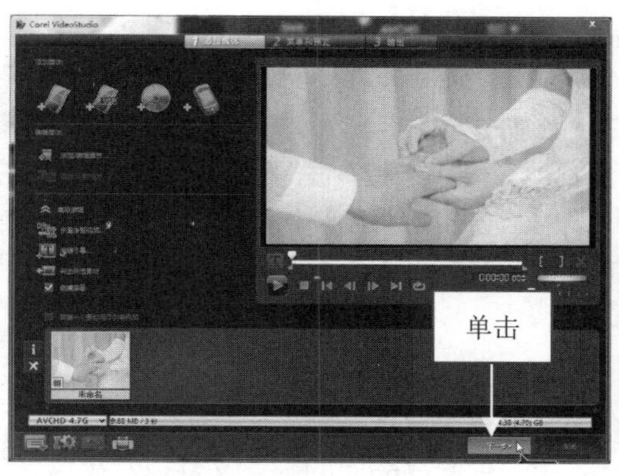

图 14–15　单击“下一步”按钮

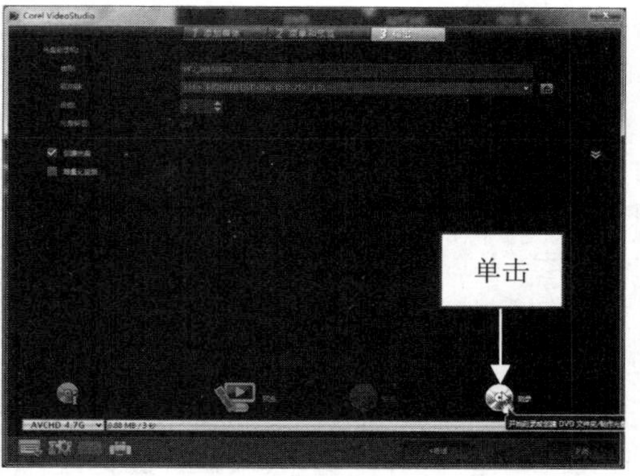

图 14–16　单击“刻录”按钮

14.4 将视频刻录为蓝光光盘

在前面向用户详细介绍了刻录 DVD 光盘与 AVCHD 光盘的操作方法，而在本节中主要介绍刻录蓝光光盘的操作方法，希望用户能够熟练掌握。

14.4.1 了解蓝光光盘

蓝光(Blu－ray)或称蓝光盘(Blu－ray Disc，缩写为 BD)利用波长较短(405nm)的蓝色激光读取和写入数据，并因此而得名。而传统 DVD 需要光头发出红色激光(波长为 650nm)来读取或写入数据，通常来说波长越短的激光，能够在单位面积上记录或读取更多的信息。因此，蓝光极大地提高了光盘的存储容量，对于光存储产品来说，蓝光提供了一个跳跃式发展的机会。

目前为止，蓝光是最先进的大容量光碟格式，BD 激光技术的巨大进步，使用户能够在一张单碟上存储 25GB 的文档文件，这是现有(单碟)DVD 的 5 倍，在速度上，蓝光允许 1～2 倍或者说每秒 4.5~9MB 的记录速度。蓝光光盘如图 14–17 所示。

图 14–17　蓝光光盘

蓝光光盘拥有一个异常坚固的层面，可以保护光盘里面重要的记录层。飞利浦的蓝光光盘采用高级真空连接技术，形成了厚度统一的 100μm(1μm=1/1000mm)的安全层。飞利浦蓝光光盘可以经受住频繁的使用、指纹、抓痕和污垢，以此保证蓝光产品的存储质量数据安全。在技术上，蓝光刻录机系统可以兼容此前出现的各种光盘产品。蓝光产品的巨大容量为高清电影、游戏和大容量数据存储带来了可能和方便。将在很大程度上促进高清娱乐的发展。目前，蓝光技术也得到了世界上

170 多家大的游戏公司、电影公司、消费电子和家用电脑制造商的支持。还得到了 8 家主要电影公司中的迪士尼、福克斯、派拉蒙、华纳、索尼、米高梅以及狮门 7 家公司的支持。

当前流行的 DVD 技术采用波长为 650nm 的红色激光和数字光圈为 0.6 的聚焦镜头，盘片厚度为 0.6mm。而蓝光技术采用波长为 405nm 的蓝紫色激光，通过广角镜头上比率为 0.85 的数字光圈，成功地将聚焦的光点尺寸缩到极小程度。此外，蓝光的盘片结构中采用了 0.1mm 厚的光学透明保护层，以减少盘片在转动过程中由于倾斜而造成的读写失常，这使得盘片数据的读取更加容易，并为极大地提高存储密度提供了可能。

14.4.2 刻录蓝光：刻录喜庆片头视频

蓝光光盘是 DVD 之后的下一代光盘格式之一，用来存储高品质的影音文件以及高容量的数据存储。下面向用户介绍将制作的影片刻录为蓝光光盘的操作方法。

素材文件	素材\第 14 章\喜庆片头.mpg
效果文件	无
视频文件	视频\第 14 章\14.4.2　刻录蓝光：刻录喜庆片头视频.mp4

【操练+视频】——刻录蓝光：刻录喜庆片头视频

step 01 进入会声会影编辑器，选择菜单栏中的“工具”|“创建光盘”｜Blu-ray 命令，如图 14-18 所示。

step 02 弹出 Corel VideoStudio 对话框，在其中可以查看需要刻录的视频画面，在对话框的右下角单击 Blu-ray25G 按钮，在弹出的下拉列表中选择蓝光光盘的容量，这里选择 Blu-ray25G 选项，单击“下一步”按钮，如图 14-19 所示。

图 14-18　选择 Blu-ray 命令

图 14-19　单击“下一步”按钮

step 03 进入“菜单和预览”界面，在“全部”下拉列表中选择相应的场景效果，即可为影片添加智能场景效果，单击“菜单和预览”界面中的“预览”按钮，进入“预览”窗口，单击“播放”按钮，如图 14-20 所示。

step 04 执行上述操作后，即可预览需要刻录的影片画面效果。视频画面预览完成后，单击界面下方的“后退”按钮，返回到“菜单和预览”界面，单击“下一步”按钮，如图 14-21 所示。

step 05 进入“输出”界面，在“卷标”右侧的文本框中输入卷标名称，这里输入“喜庆片头”，刻录卷标名称设置完成后，单击“输出”界面下方的“刻录”按钮，如图 14-22 所示。即可开始刻录蓝光光盘。

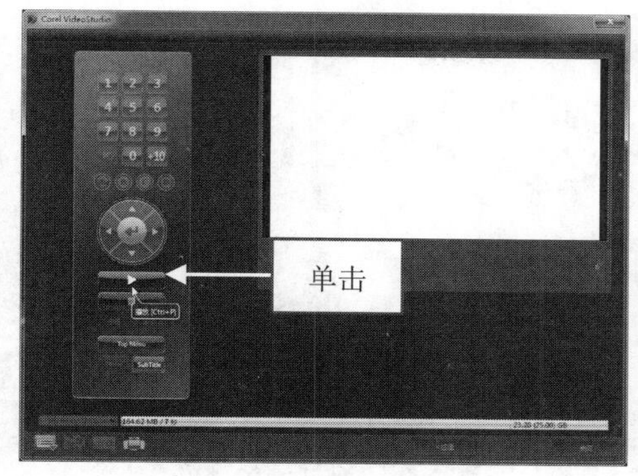

图 14–20　单击“播放”按钮

图 14–21　单击界面下方的“下一步”按钮

图 14–22　单击“刻录”按钮

章前知识导读

本章主要向用户介绍将制作的成品视频文件分享至安卓手机、苹果手机、iPad平板电脑、优酷网站、新浪微博以及 QQ 空间等，与好友一起分享制作的视频效果。

第 15 章 上传：在手机与网络中分享视频

新手重点索引

- 在安卓与苹果手机中分享视频
- 在 iPad 平板电脑中分享视频
- 在网络平台中分享视频
- 在百度云盘中分享视频

效果图片欣赏

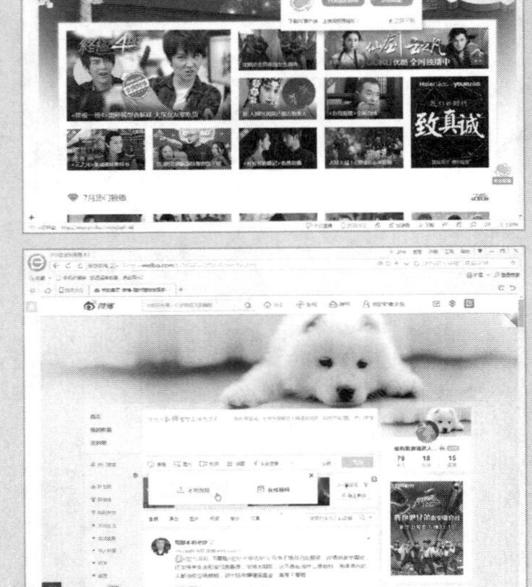

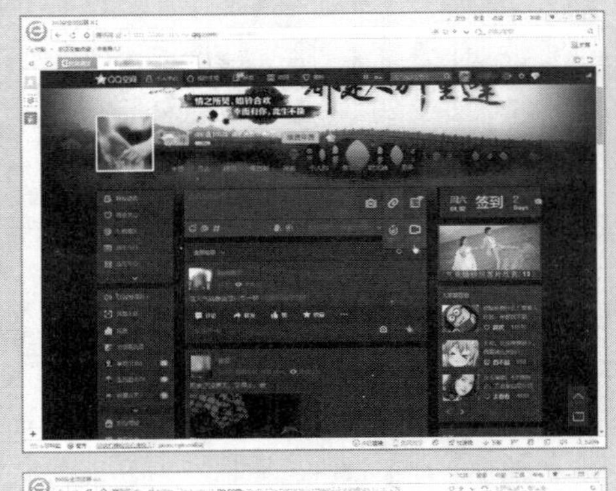

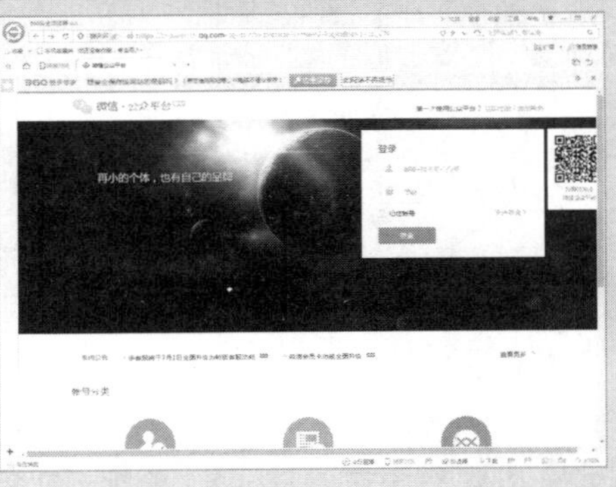

15.1 在安卓与苹果手机中分享视频

用户使用会声会影完成视频的制作与输出之后，可以对视频进行分享操作。本节介绍在安卓与苹果手机中分享视频的操作方法。

15.1.1 将视频分享至安卓手机

在会声会影 X9，用户可以将制作好的成品视频分享到安卓手机，然后通过手机中安装的各种播放器播放制作的视频效果。下面介绍将视频分享至安卓手机的操作方法。

进入会声会影编辑器，单击“共享”标签，切换至“共享”步骤面板，在面板上方选择 MPEG-2 选项，是指输出 mpg 视频格式；在面板下方单击“文件位置”右侧的“浏览”按钮，即可弹出“浏览”对话框，依次进入安卓手机视频文件夹，然后设置视频保存名称，如图 15-1 所示。

单击“保存”按钮后，返回到会声会影编辑器，单击“开始”按钮，开始渲染视频文件，并显示渲染进度，稍等片刻，待视频文件输出完成后，弹出信息提示框，提示已成功渲染该文件，单击“确定”按钮，通过“计算机”窗口，打开安卓手机所在的磁盘文件夹，在其中可以查看已经输出与分享至安卓手机的视频文件，如图 15-2 所示。拔下数据线，在安卓手机中启动相应的视频播放软件，即可播放分享的视频画面。

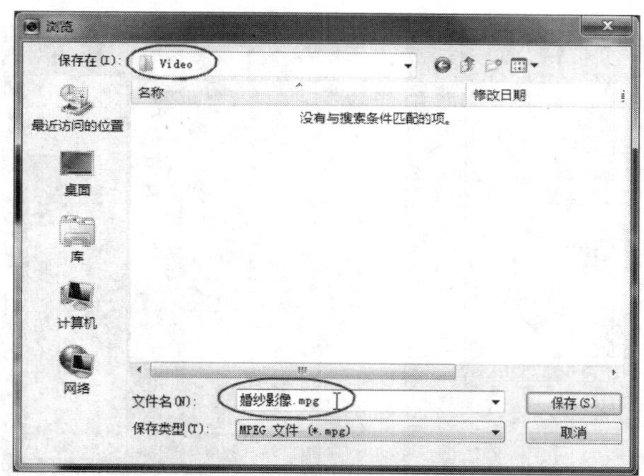

图 15-1 选择安卓手机内存卡所在的磁盘

图 15-2 查看视频文件

15.1.2 将视频分享至苹果手机

将视频分享至苹果手机有两种方式，第一种方式是通过手机助手软件，将视频文件上传至 iPhone 手机中。第二种方式是通过 iTunes 软件同步视频文件到 iPhone 手机中。下面介绍通过 iTunes 软件同步视频文件到 iPhone 手机并播放视频文件的操作方法。

使用会声会影编辑器，输出剪辑好的 MOV 视频，用数据线将 iPhone 与计算机连接，从“开始”菜单中启动 iTunes 软件，进入 iTunes 工作界面，单击界面右上角的 iPhone 按钮，进入 iPhone 界面，单击界面上方的“应用程序”标签，如图 15-3 所示。

执行操作后，进入“应用程序”选项卡，在“文件共享”选项组中选择“暴风影音”软件，单击右侧的“添加”按钮，弹出“添加”对话框，选择前面输出的视频文件“花卉风景”，单击“打

开”按钮，在 iTunes 工作界面的上方将显示正在复制视频文件，并显示文件复制进度，稍等片刻，待视频文件复制完成后，将显示在“‘暴风影音’的文档”列表中，表示视频文件上传成功，如图 15-4 所示。

图 15-3　单击“应用程序”标签

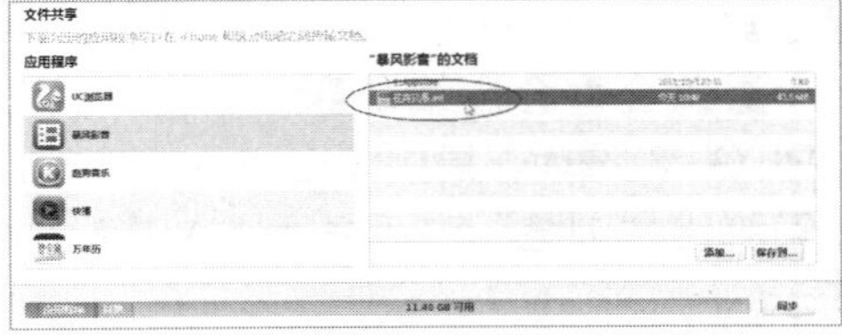

图 15-4　视频文件上传成功

拔掉数据线，在 iPhone 手机的桌面上找到“暴风影音”应用程序，如图 15-5 所示。单击该应用程序，运行暴风影音，显示欢迎界面，如图 15-6 所示。稍等片刻，进入暴风影音播放界面，单击界面右上角的按钮，进入“本地缓存”面板，其中显示了刚上传的“花卉风景.avi”视频文件，单击该视频文件，如图 15-7 所示。

图 15-5　找到“暴风影音”应用程序

图 15-6　显示欢迎界面

图 15-7　单击该视频文件

15.2 在 iPad 平板电脑中分享视频

iPad 在欧美称网络阅读器，国内俗称“平板电脑”。iPad 具备浏览网页、收发邮件、播放视频文件、播放音频文件、玩一些简单游戏等基本的多媒体功能。用户可以将会声会影 X9 中制作完成的视频文件分享至 iPad 平板电脑中，用户闲暇时间，看着视频画面可以回忆美好的过去。本节主要向用户介绍将视频文件分享至 iPad 平板电脑的操作方法。

15.2.1 将 iPad 与计算机连接

将 iPad 与计算机连接的方式有两种，第一种方式是使用无线 WiFi 将 iPad 与计算机连接；第二种方式是使用数据线将 iPad 与计算机连接，将数据线的两端接口分别插入 iPad 与计算机的 USB 接口中，即可连接成功，如图 15-8 所示。

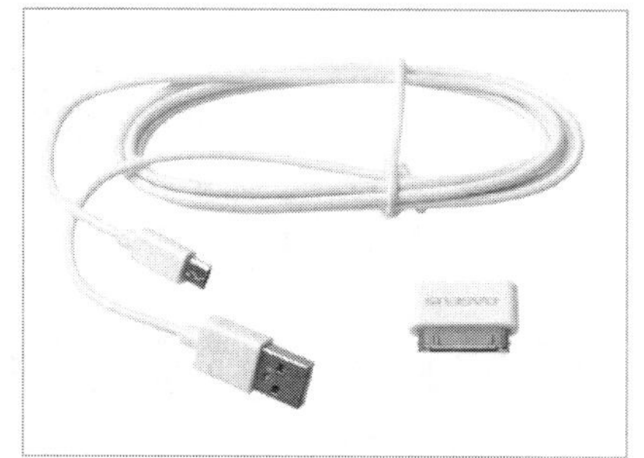
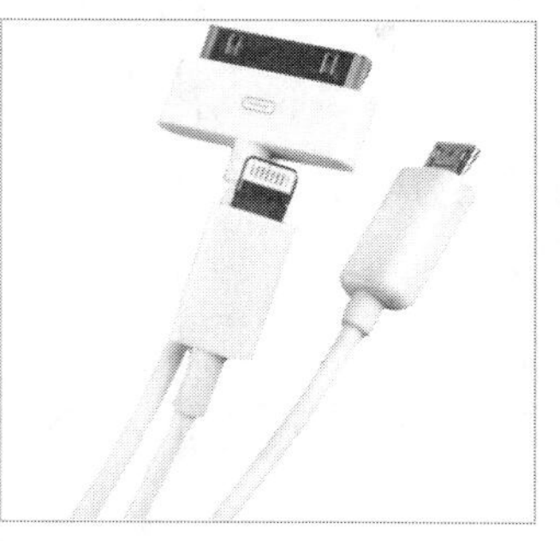
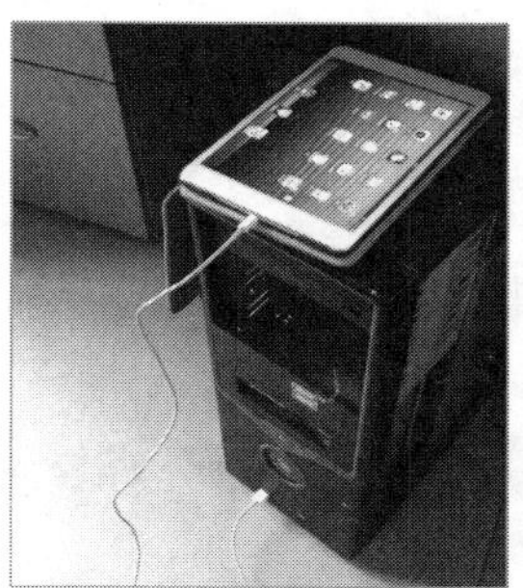

图 15-8 使用数据线连接计算机和 iPad

15.2.2 将视频分享至 iPad

在会声会影 X9 中，用户可以将制作完成的视频文件分享至 iPad 平板电脑中，用户闲暇时看着视频画面可以回忆美好的过去。

使用会声会影编辑器，输出剪辑好的 WMV 视频，将 iPad 平板电脑与计算机相连接，从“开始”菜单中启动 iTunes 软件，进入 iTunes 工作界面，单击界面右上角的 iPad 按钮，如图 15-9 所示。进入 iPad 界面，单击界面上方的“应用程序”标签，进入“应用程序”选项卡，在“文件共享”选项组中选择“PPS 影音”软件，单击右侧的“添加”按钮，如图 15-10 所示。

图 15-9 单击界面右上角的 iPad 按钮

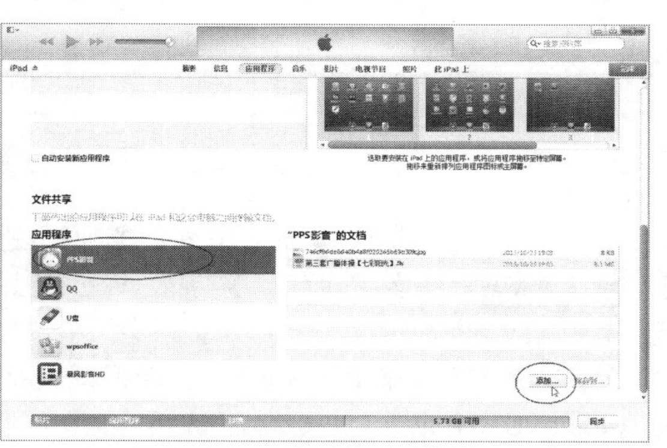

图 15-10 单击右侧的“添加”按钮

弹出“添加”对话框，选择相应的视频文件，单击“打开”按钮，选择的视频文件将显示在“‘PPS 影音’的文档”列表中，表示视频文件上传成功，如图 15-11 所示。

拔掉数据线，在 iPad 平板电脑的桌面上找到“PPS 影音”应用程序，单击该应用程序，运行 PPS 影音，显示欢迎界面，稍等片刻，进入 PPS 影音播放界面，在左侧单击“下载”按钮，再单“传输”按钮，在“传输”选项卡中单击已上传的视频文件，如图 15-12 所示。即可在 iPad 平板电脑中用 PPS 影音播放分享的视频文件。

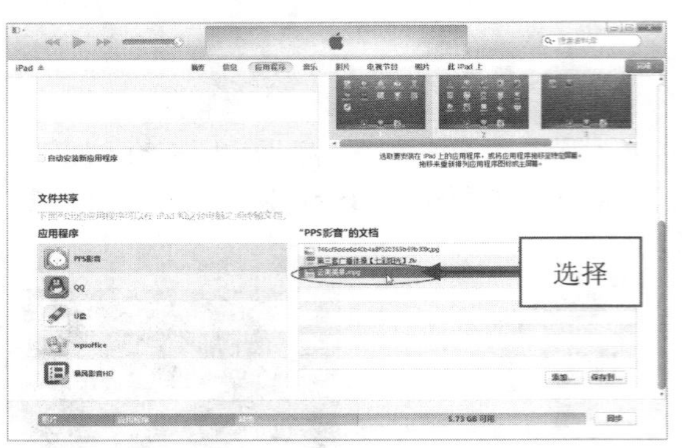

图 15-11　视频文件上传成功

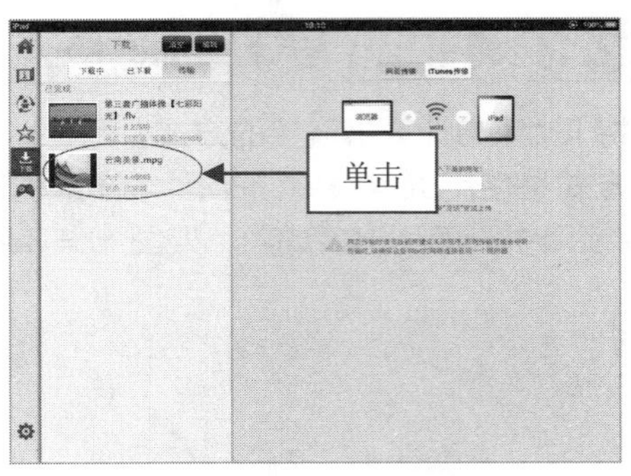

图 15-12　单击已上传的视频文件

15.3 在网络平台中分享视频

用户在完成视频的制作与输出后，还可以在视频网络平台对视频进行分享操作。本节向用户介绍在优酷网、新浪微博、QQ 空间、微信公众平台等网络平台中分享视频的操作方法。

15.3.1 上传优酷：将视频上传至优酷网

优酷网是中国领先的视频分享网站，是中国网络视频行业的第一品牌。在 2006 年 6 月 21 日创立，优酷网以“快者为王”为产品理念，注重用户体验，不断完善服务策略，其卓尔不群的“快速播放，快速发布，快速搜索”的产品特性，充分满足了用户日益增长的多元化互动需求，使之成为中国视频网站中的领军势力。本节主要向用户介绍将视频分享至优酷网站的操作方法。

素材文件	素材\第 15 章\倒影云彩.mpg
效果文件	无
视频文件	视频\第 15 章\15.3.1　上传优酷：将视频上传至优酷网.mp4

【操练+视频】——上传优酷：将视频上传至优酷网

step 01 打开相应浏览器，进入优酷视频首页，注册并登录优酷账号，在优酷首页的右上角位置，将鼠标指针移至“上传”文字上，在弹出的面板中单击“上传视频”超链接，如图 15-13 所示。

step 02 执行操作后，打开“上传视频-优酷”网页，在页面的中间位置单击“上传视频”按钮，如图 15-14 所示。

图 15-13　单击“上传视频”超链接

图 15-14　单击“上传视频”按钮

step 03 弹出"打开"对话框，在其中选择需要上传的视频文件，如图 15-15 所示。

step 04 单击"打开"按钮，返回到"上传视频-优酷"网页，在页面上方显示了视频上传进度，稍等片刻，待视频文件上传完成后，页面中会显示 100%，在"视频信息"一栏中设置视频的标题、简介、分类以及标签等内容，如图 15-16 所示。设置完成后，滚动鼠标，单击页面最下方的"保存"按钮，即可成功上传视频文件，此时页面中提示用户视频上传成功，进入审核阶段。

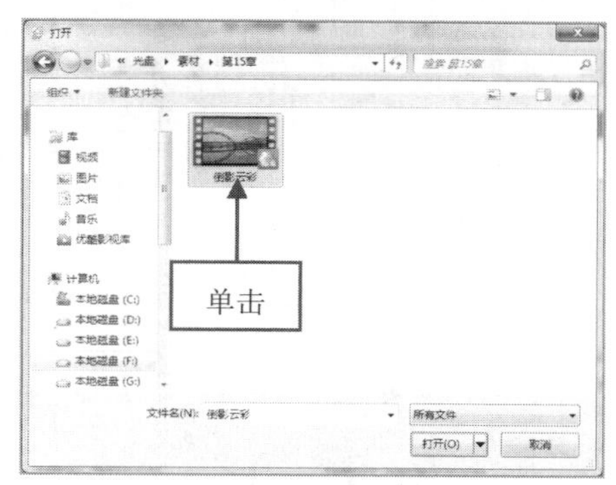

图 15-15　选择需要上传的视频文件

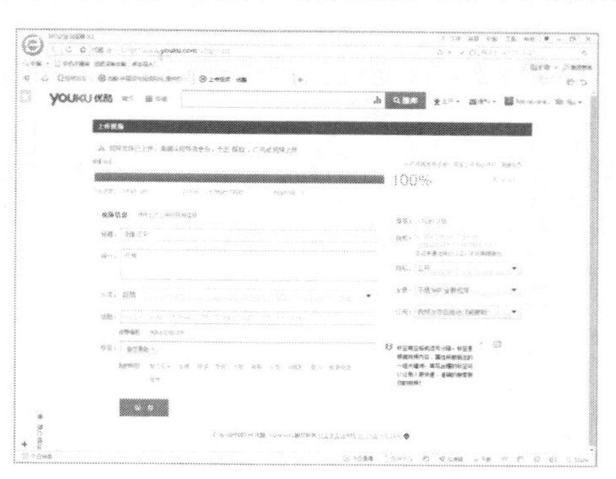

图 15-16　设置各信息

15.3.2 上传微博：将视频上传至新浪微博

微博，即微博客(MicroBlog)的简称，是一个基于用户关系信息分享、传播以及获取平台，用户可以通过 Web、WAP 等各种客户端组建个人社区，以 140 字左右的文字更新信息，并实现即时分享。微博在这个时代是非常流行的一种社交工具，用户可以将自己制作的视频文件与微博好友一起分享。下面介绍输出视频为 AVI 并上传至新浪网将视频分享至新浪微博的操作方法。

素材文件	素材\第 15 章\粉色露珠.mp4
效果文件	无
视频文件	视频\第 15 章\15.3.2　上传微博：将视频上传至新浪微博.mp4

【操练+视频】——上传微博：将视频上传至新浪微博

step 01 打开相应浏览器，进入新浪微博首页，注册并登录新浪微博账号，在页面上方单击"视频"超链接，弹出相应面板，单击"本地视频"按钮，如图 15-17 所示。

step 02 弹出相应页面，单击"选择文件"按钮，弹出"打开"对话框，选择需要上传的视频文件，如图 15-18 所示。

图 15-17　单击"本地视频"按钮

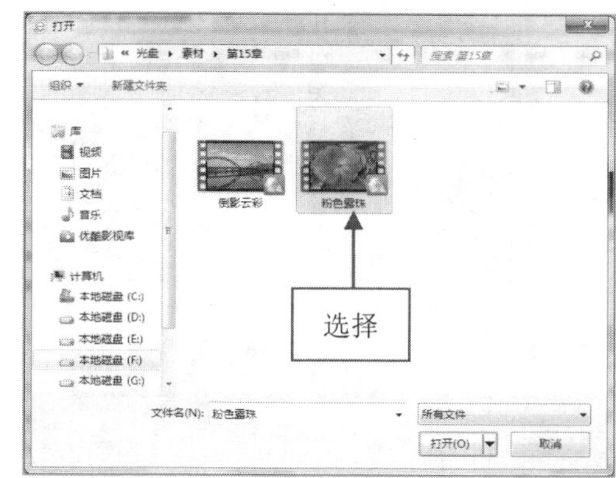

图 15-18　选择需要上传的视频文件

step 03 单击“打开”按钮，返回到相应页面，设置“标签”信息为“视频”，单击“开始上传”按钮，显示高清视频上传进度，如图 15-19 所示。

step 04 稍等片刻，页面中提示用户视频已经上传完成，如图 15-20 所示。

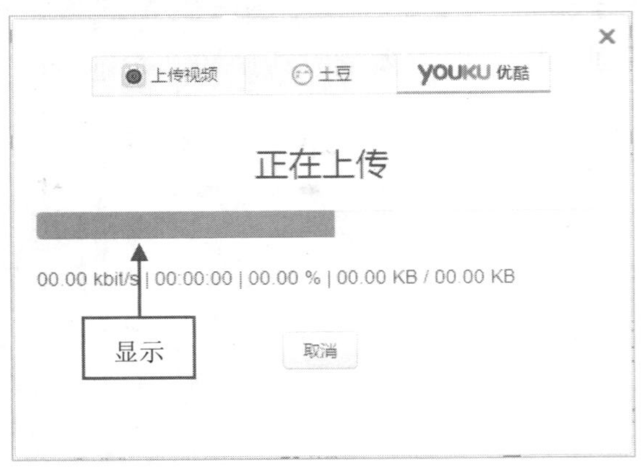

图 15-19 显示高清视频上传进度

图 15-20 提示用户视频已经上传完成

15.3.3 上传土豆：将视频上传至土豆网

土豆网是一个极具影响力的网络视频平台，是全球最早上线的视频网站之一，更是中国网络视频行业的领军品牌。下面介绍输出视频为 MPG 并上传至土豆网的操作方法。

素材文件	素材\第 15 章\昆虫动物.mpg
效果文件	无
视频文件	视频\第 15 章\15.3.3 上传土豆：将视频上传至土豆网.mp4

【操练+视频】——上传土豆：将视频上传土豆网

step 01 打开相应浏览器，即可进入土豆网首页，注册并登录土豆账号，在土豆首页的右上角位置，将鼠标指针移至“上传视频”文字上，在弹出的面板中单击“上传”超链接，如图 15-21 所示。

step 02 执行操作后，打开“上传新视频-土豆”网页，在页面的中间位置单击“选择要上传的文件”按钮，如图 15-22 所示。

图 15-21 单击“上传”超链接

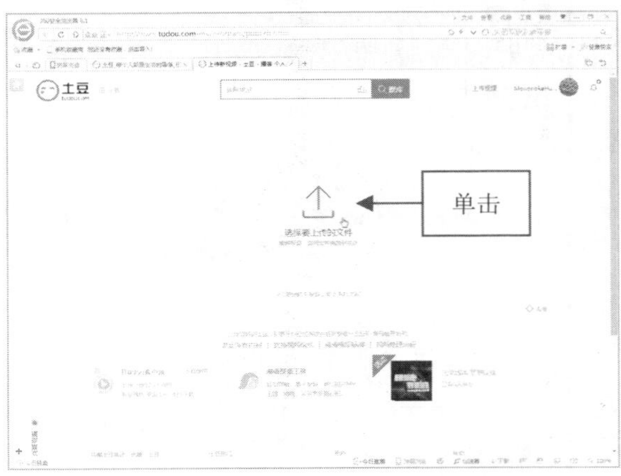

图 15-22 单击“选择要上传的文件”按钮

step 03 弹出“打开”对话框，在其中选择需要上传的视频文件，如图 15-23 所示。

step 04 单击“打开”按钮，返回到“上传新视频-土豆”网页，在页面上方显示了视频上传进度，稍等片刻，待视频文件上传完成后，页面中会显示上传成功。在页面中设置视频的标题、简介、分类以及标签等内容，如图 15-24 所示。设置完成后，滚动鼠标，单击页面最下方的“保存”按钮，即可成功上传视频文件，此时页面中提示用户视频上传成功，进入审核阶段。

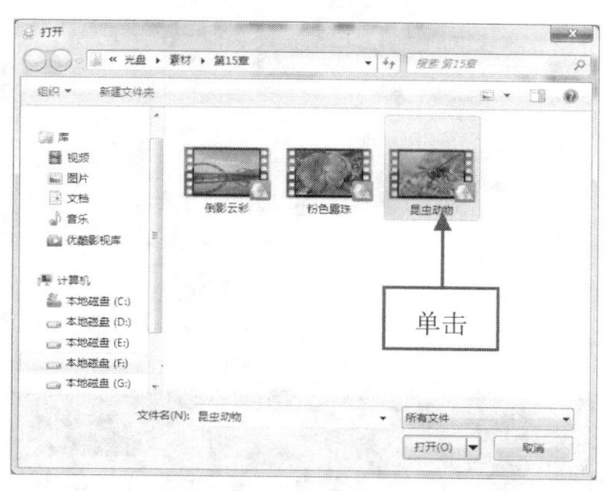

图 15-23 选择需要上传的视频文件

图 15-24 设置各信息

15.3.4 上传空间：将视频上传至 QQ 空间

QQ 空间(Qzone)是腾讯公司开发出来的一个个性空间，具有博客(Blog)的功能，自问世以来受到众多人的喜爱。在 QQ 空间上可以书写日记，上传自己的视频，听音乐，写心情，通过多种方式展现自己。除此之外，用户还可以根据自己的喜好设定空间的背景、小挂件等，从而使每个空间都有自己的特色。下面介绍输出视频为 WMV 并上传至 QQ 空间的操作方法。

素材文件	素材\第 15 章\麓山枫叶.mpg
效果文件	无
视频文件	视频\第 15 章\15.3.4 上传空间：将视频上传至 QQ 空间.mp4

【操练+视频】——上传空间：将视频上传至 QQ 空间

step 01 进入会声会影编辑器，打开一个项目文件，用与前面实例相同的方法，将视频输出为 WMV 格式，打开相应浏览器，进入 QQ 空间首页，注册并登录 QQ 空间账号，在页面上方单击“视频”超链接，如图 15-25 所示。

step 02 弹出添加视频的面板，在面板中单击“本地上传”超链接，弹出相应对话框，在其中选择需要上传的视频文件，如图 15-26 所示。

step 03 单击“打开”按钮，开始上传选择的视频文件，稍等片刻，视频即可上传成功。在页面中显示了视频上传的预览图标，单击上方的“发表”按钮，如图 15-27 所示。

step 04 执行操作后，即可发表用户上传的视频文件，下方显示了发表时间。单击视频文件中的“播放”按钮，即可开始播放用户上传的视频文件，如图 15-28 所示。与 QQ 好友一同分享制作的视频效果。

在腾讯 QQ 空间中，只有黄钻用户才能上传本地计算机中的视频文件。如果用户不是黄钻用户，则不能上传本地视频，只能分享其他网页中的视频至 QQ 空间中。

图 15-25 单击“视频”超链接

图 15-26 选择视频文件

图 15-27 单击“发表”按钮

图 15-28 播放上传的视频文件

15.3.5 上传微信：将视频上传至微信公众平台

微信公众平台是腾讯公司在微信的基础上新增的功能模块，通过这一平台，个人和企业都可以打造一个微信的公众号，并实现和特定群体的文字、图片、语音的全方位沟通、互动。随着微信用户数量的增长，微信公众平台已经形成了一种主流的线上线下微信互动营销方式。下面向用户介绍输出视频文件至微信公众号中的操作方法。

素材文件	素材\第 15 章\壮丽天空.mpg
效果文件	无
视频文件	视频\第 15 章\15.3.5 上传微信：将视频上传至微信公众平台.mp4

【操练+视频】——上传微信：将视频上传至微信公众平台

step 01 打开相应浏览器，进入微信公众平台首页，如图 15-29 所示。

step 02 选择左侧“功能”选项卡下的“群发功能”选项，如图 15-30 所示。

step 03 选择“视频”选项，单击右侧的“新建视频”超链接，如图 15-31 所示。

step 04 弹出相应网页，单击“选择文件”按钮，如图 15-32 所示。

图 15–29　进入微信公众平台首页

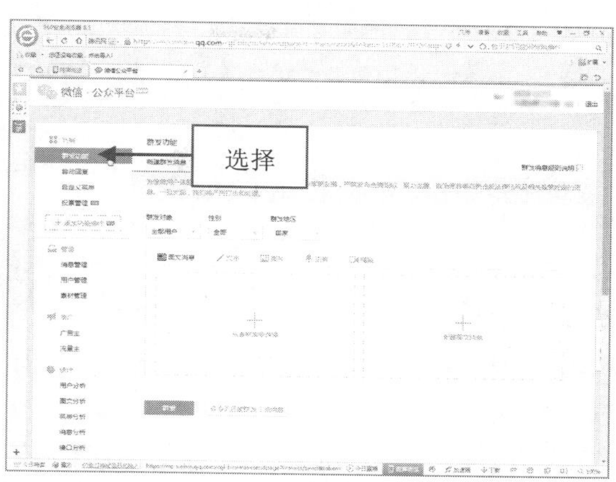

图 15–30　选择“群发功能”选项

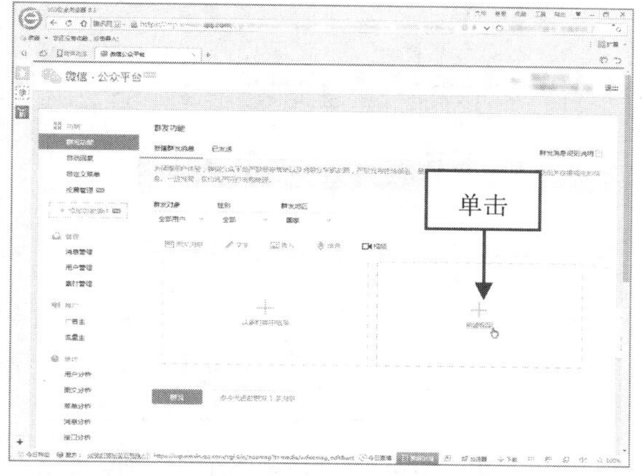

图 15–31　单击“新建视频”超链接

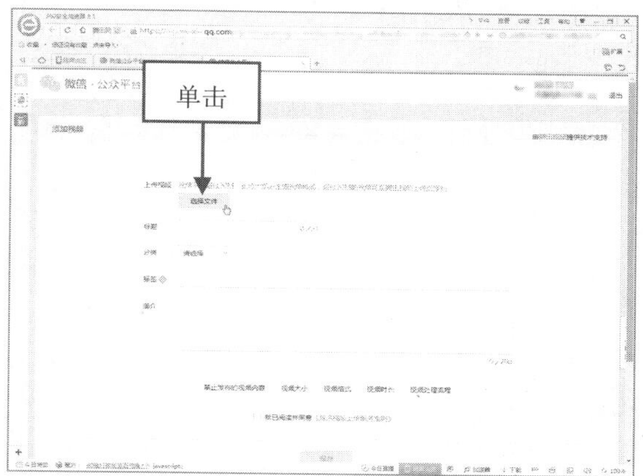

图 15–32　单击“选择文件”按钮

step 05 弹出相应的对话框，在其中选择需要上传的视频文件，单击“打开”按钮，如图 15–33 所示。

step 06 稍等片刻，视频即可上传成功。设置视频标题等信息后，选中“我已阅读并同意《腾讯视频上传服务规则》”复选框，单击下方的“保存”按钮，待转码完成后，即可成功发布视频，如图 15–34 所示。

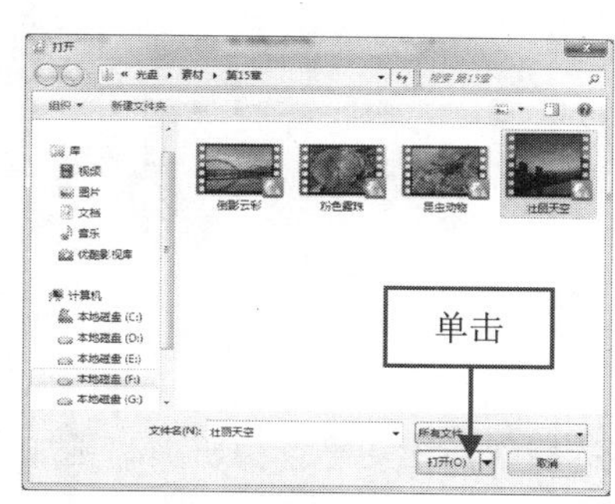

图 15–33　单击“打开”按钮

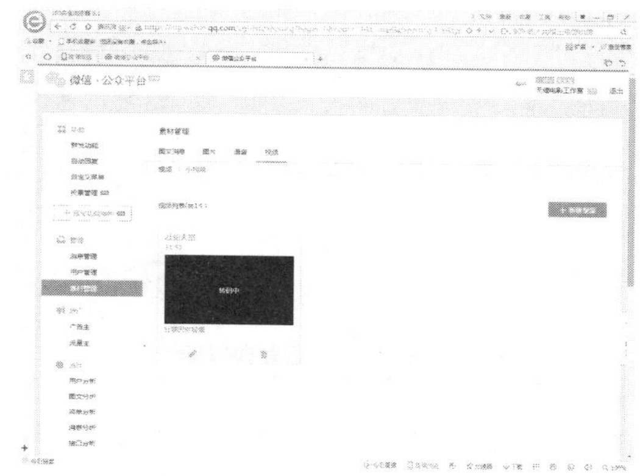
图 15–34　成功发布视频

15.4 在百度云盘中分享视频

百度云盘是百度公司推出的一项类似于 iCloud 的网络存储服务，用户可以通过 PC 等多种平台进行数据共享的网络存储服务。使用百度网盘，用户可以随时查看与共享文件。

15.4.1 使用电脑上传视频到云盘

用户可以使用百度云盘对制作输出完成的视频文件进行上传分享操作。下面向用户介绍使用计算机上传视频到云盘的操作方法。

进入上传页面，将鼠标指针移至“上传”按钮右侧的下三角按钮上，在弹出的下拉列表中选择“上传文件”选项，如图 15-35 所示。弹出“打开”对话框，在其中选择所需要上传的文件，如图 15-36 所示。

图 15-35 选择“上传文件”选项

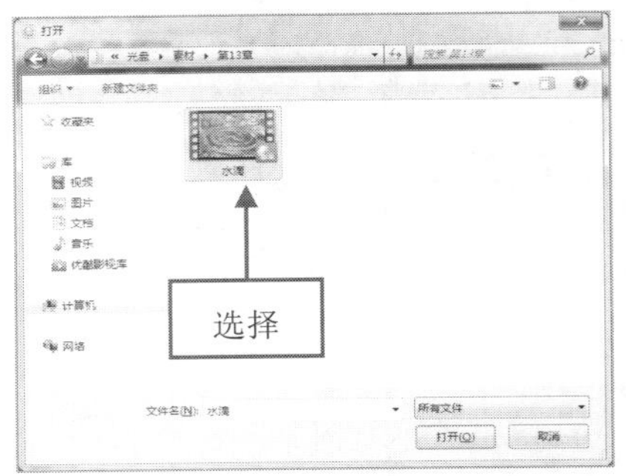

图 15-36 选择所需要上传的文件

单击“打开”按钮，即可开始上传，并显示上传进度，如图 15-37 所示。稍等片刻，提示上传完成，如图 15-38 所示。即可在网盘中查看上传的文件。

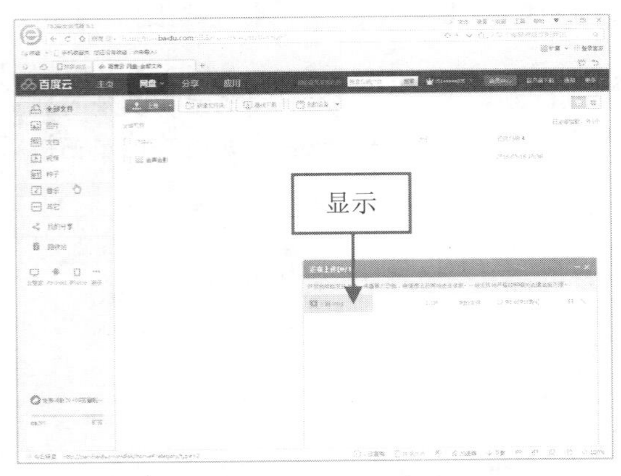

图 15-37 显示上传进度

图 15-38 提示上传完成

15.4.2 使用手机端上传视频至云盘

使用手机下载百度云盘客户端，可以实现随时随地上传的操作，相对于计算机具有更加方便、快捷的特点。下面介绍使用手机端上传视频至云盘的操作方法。

在手机上下载百度云盘客户端，进入百度云盘客户端，单击“登录”按钮，进入登录界面，在其中输入登录信息；单击“登录”按钮，即可进入百度云盘手机客户端操作界面，如图 15-39

所示。

单击屏幕下方的“加号”按钮，在弹出的面板中单击“上传视频”按钮，如图 15-40 所示。在相应页面中选择需要上传的视频，在下方设置上传的路径，单击“上传”按钮，即可开始上传视频，如图 15-41 所示。稍等片刻，即可完成视频的上传操作。

图 15-39　进入登录界面

图 15-40　单击“上传视频”按钮

图 15-41　开始上传视频

15.4.3　使用手机端下载视频至云盘

用户将视频上传完成后，可以使用手机随时随地下载云盘视频，利用云盘方便快捷的特点，可以解决手机存储空间不足的问题。下面介绍使用手机端下载视频的操作方法。

进入百度云盘手机客户端，用户可以查看并预览已经上传的视频文件，单击文件右侧的下三角按钮，在弹出的相应面板中单击“下载”按钮，如图 15-42 所示。弹出“请选择视频清晰度”对话框，在其中选择“流畅”选项，如图 15-43 所示。单击“输出列表”按钮，即可查看下载进度，如图 15-44 所示。稍等片刻即可完成下载。

图 15-42　单击“下载”按钮

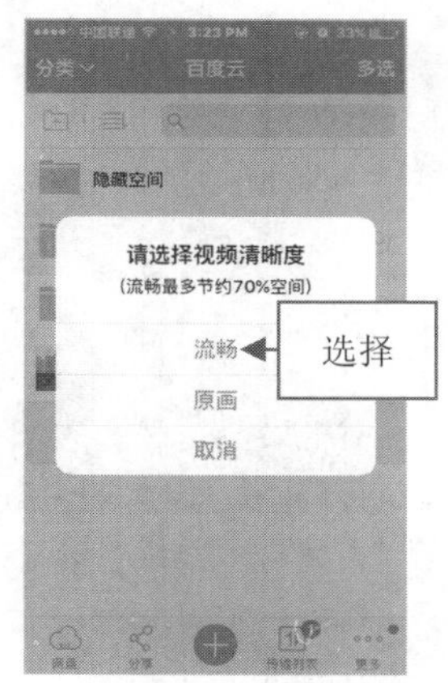

图 15-43　选择“流畅”选项

图 15-44　查看下载进度

第16章 处理视频画面——《曾经的你》

章前知识导读

在会声会影 X9 中，用户可以为录制好的视频画面进行处理，可以改善画面的色彩、亮度等内容。本章主要介绍使用会声会影处理视频画面的操作方法。

新手重点索引

- 导入《曾经的你》视频素材
- 调节视频白平稳
- 调节画面的色彩平衡
- 调节视频画面亮度和对比度
- 调节视频画面的色调
- 使用“自动调配”滤镜

效果图片欣赏

16.1 效果欣赏

会声会影的神奇，不仅是在视频滤镜上的套用，而是如何巧妙地应用这些功能。用户根据自己的需要，可以改变画面的风格、改善画面的饱和度等内容，为视频赋予新的生命，也可以使其具有珍藏价值。本实例先预览处理的视频画面效果，并掌握技术点睛等内容。

16.1.1 效果预览

本实例制作的效果如图 16-1 所示。

图 16-1 《曾经的你》效果欣赏

16.1.2 技术提炼

首先进入会声会影编辑器，在媒体库中插入相应的视频素材，调节视频的亮度和对比度、白平衡、色彩平衡等内容，然后在标题轨中为视频添加标题字幕，最后输出为视频文件。

16.2 视频制作过程

本节主要介绍《曾经的你》视频文件的制作过程，如导入视频素材、调节画面亮度与对比度、调节视频画面的色调以及制作标题字幕动画等内容。

16.2.1 导入《曾经的你》视频素材

在制作视频效果之前，首先需要导入相应的视频媒体素材，导入素材后才能对媒体素材进行相应编辑。下面介绍导入《曾经的你》视频媒体素材的操作方法。

素材文件	素材\第 16 章\曾经的你.mp4
效果文件	无
视频文件	视频\第 16 章\16.2.1　导入《曾经的你》视频素材.mp4

step 01 进入会声会影编辑器，进入“媒体”素材库，在右侧的空白位置处右击，在弹出的快捷菜单中选择“插入媒体文件”命令，如图 16-2 所示。

step 02 执行操作后，弹出“浏览媒体文件”对话框，在其中选择需要插入的视频素材文件，单击“打开”按钮，即可将素材导入到素材库中，如图 16-3 所示。在其中用户可以查看导入的素材文件。

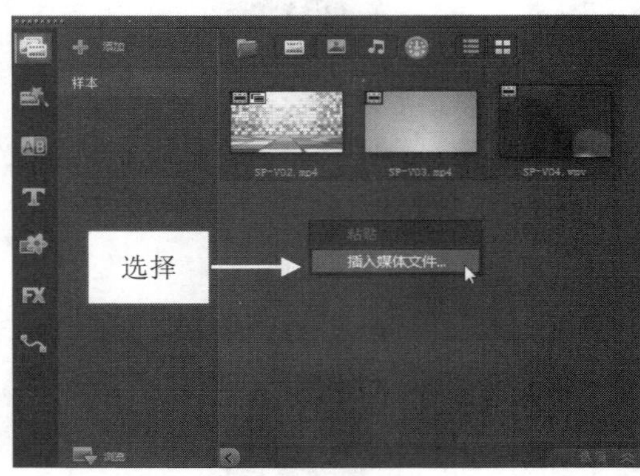

图 16-2　选择“插入媒体文件”命令

图 16-3　导入媒体文件

专家指点

进入会声会影编辑器，选择菜单栏中的“文件”|“将媒体文件插入到素材库”|“插入视频”命令，弹出“打开视频文件”对话框，在其中选择需要导入的视频素材，单击“打开”按钮，也可以导入视频文件。

16.2.2 调节视频画面亮度和对比度

在会声会影 X9 中，调节画面的亮度和对比度的方法不止一种，其中使用“亮度和对比度”滤镜可以更加便捷地调节亮度和对比度。下面介绍调节视频画面亮度和对比度的操作方法。

素材文件	无
效果文件	无
视频文件	视频\第 16 章\16.2.2　调节视频画面亮度和对比度.mp4

step 01 将素材库中的视频素材导入至视频轨中，进入“滤镜”素材库，单击窗口上方的“画廊”按钮，在弹出的下拉列表中选择“暗房”选项，在“暗房”素材库中选择“亮度和对比度”滤镜，如图 16-4 所示。

step 02 单击鼠标左键并拖曳至视频轨中的视频素材上，为视频添加“亮度和对比度”滤镜，如图 16-5 所示。

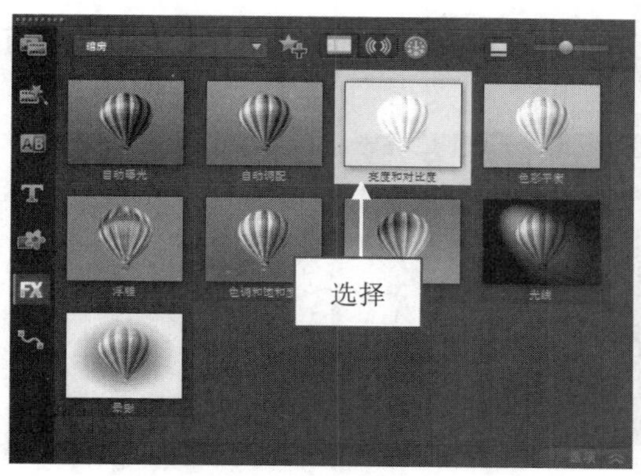

图 16-4 选择“亮度和对比度”滤镜

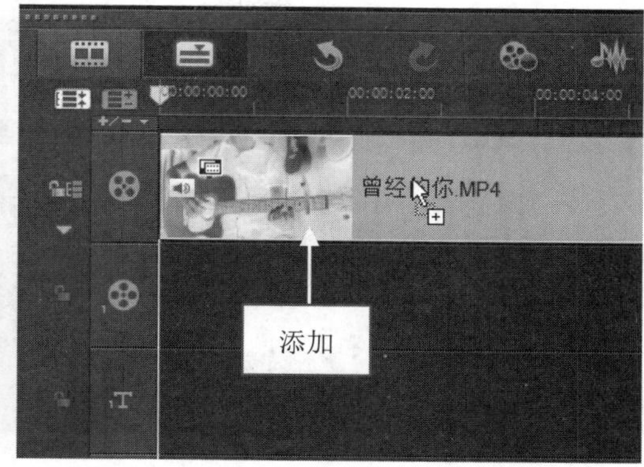

图 16-5 添加“亮度和对比度”滤镜

step 03 执行上述操作后，在“属性”选项面板中单击“自定义滤镜”按钮，即可弹出“亮度和对比度”对话框，如图 16-6 所示。

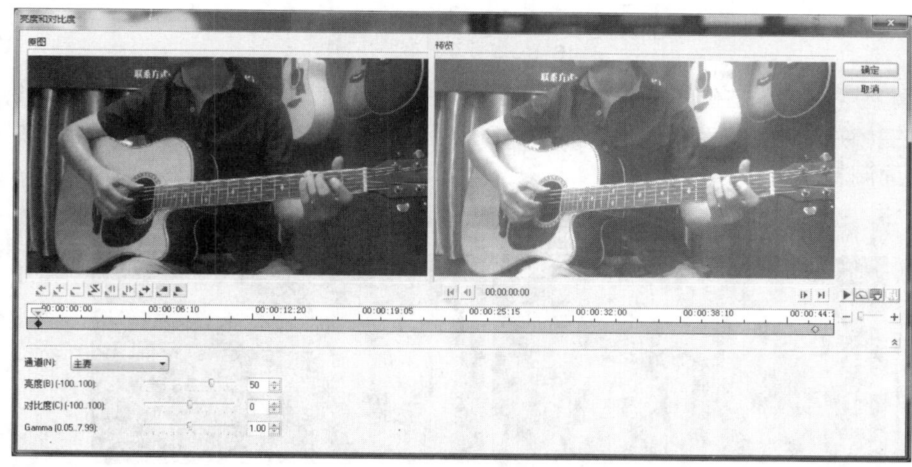

图 16-6 弹出相应对话框

step 04 在其中选择相应开始位置处的关键帧，在“亮度”右侧的数值框中输入 14，在“对比度”右侧的数值框中输入 12，如图 16-7 所示。

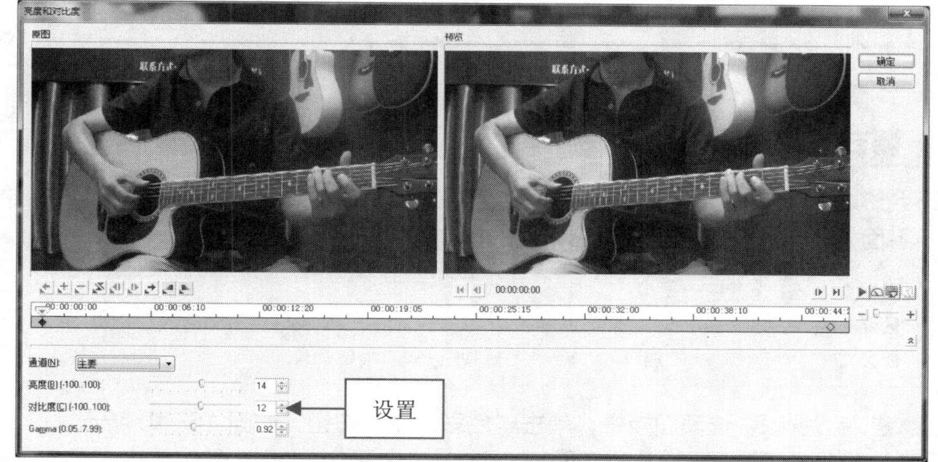

图 16-7 设置相应参数

step 05 单击“通道”右侧的下三角按钮，在弹出的下拉列表中选择“蓝色”选项，即可切换至“蓝色”通道，如图 16-8 所示。

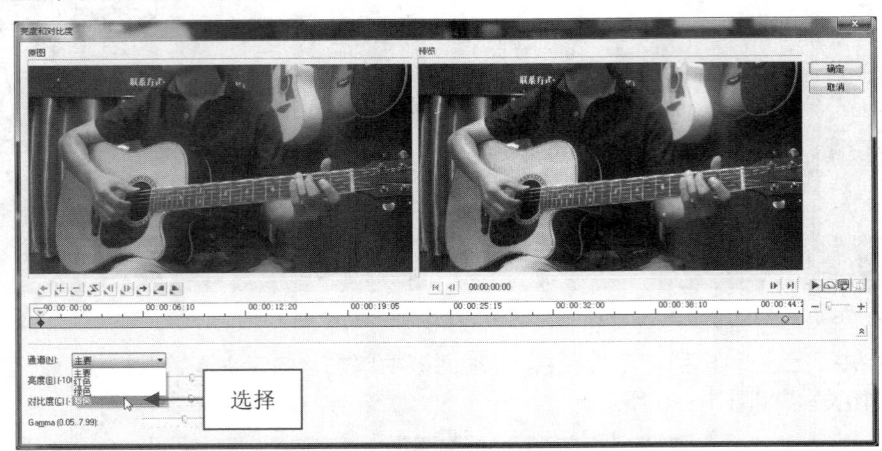

图 16-8　切换至“蓝色”通道

step 06 在“亮度”右侧的数值框中输入 1，在“对比度”右侧的数值框中输入-1，设置完成后，复制关键帧并粘贴到结束位置处，如图 16-9 所示。单击“确定”按钮，即可完成“亮度和对比度”的画面调节。

图 16-9　复制关键帧

16.2.3 调节视频白平衡

在会声会影 X9 中，使用“色彩校正”功能可以自动调节视频的白平衡，从而获得更好的视频画面效果。下面介绍自动调节手机视频白平衡的操作方法。

素材文件	无
效果文件	无
视频文件	视频\第 16 章\16.2.3　调节视频白平衡.mp4

step 01 进入“视频”选项面板中，单击“色彩校正”按钮，如图 16-10 所示。

step 02 执行操作后，即进入相应面板，选中“白平衡”复选框，单击“自动”按钮，如图 16-11 所示，即可自动调节视频白平衡。

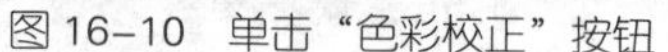
图 16-10 单击“色彩校正”按钮

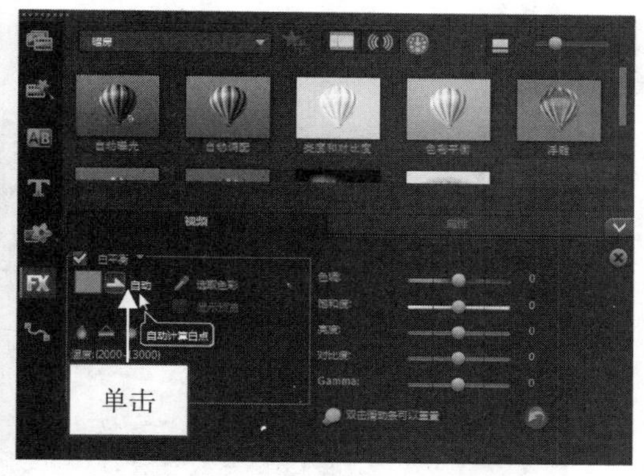

图 16-11 单击“自动”按钮

16.2.4 调节视频画面的色调

在会声会影 X9 中，调节视频画面的色调可以使画面具有风格化的效果。下面介绍调节手机视频画面色调的操作方法。

素材文件	无
效果文件	无
视频文件	视频\第 16 章\16.2.4 调节视频画面的色调.mp4

step 01 在“视频”选项面板中，单击“色彩校正”按钮，拖曳“色调”右侧的滑块，直至参数显示为 6 的位置处，即可调节视频画面的色调，如图 16-12 所示。

step 02 单击导览面板中的“播放”按钮，即可预览画面效果，如图 16-13 所示。

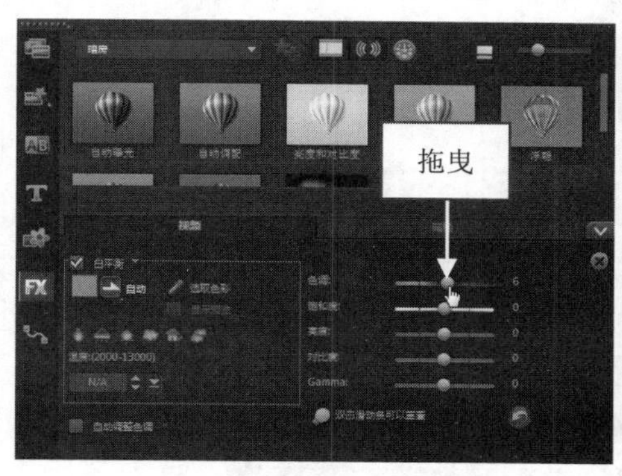

图 16-12 拖曳“色调”右侧的滑块

图 16-13 预览画面效果

16.2.5 调节画面的色彩平衡

在会声会影 X9 中，使用“色彩平衡”滤镜可以快速对视频画面的色彩进行调节，使画面色彩更加自然。下面介绍调节画面色彩平衡的操作方法。

素材文件	无
效果文件	无
视频文件	视频\第 16 章\16.2.5 调节画面的色彩平衡.mp4

step 01 进入“滤镜”素材库，单击窗口上方的“画廊”按钮，在弹出的下拉列表中选择“暗房”选项，在“暗房”素材库中选择“色彩平衡”滤镜效果，如图 16-14 所示。

step 02 单击鼠标左键并拖曳至视频轨中的视频素材上，为视频添加“色彩平衡”滤镜，如图 16-15 所示。

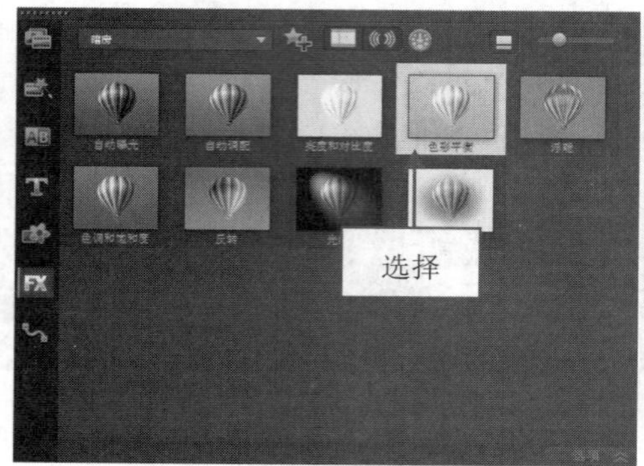

图 16-14 选择“色彩平衡”滤镜

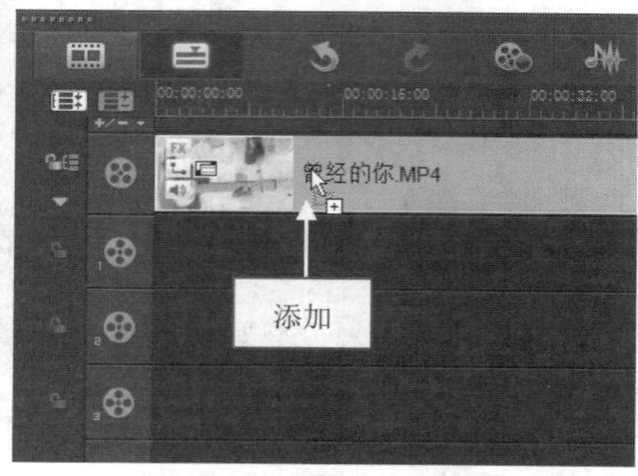

图 16-15 添加“色彩平衡”滤镜

step 03 执行上述操作后，在“属性”选项面板中单击“自定义滤镜”按钮，即可弹出“色彩平衡”对话框，如图 16-16 所示。

图 16-16 弹出相应对话框

step 04 选择开始位置处的关键帧，在“红”右侧的数值框中输入 10，在“绿”右侧的数值框中输入 6，在“蓝”右侧的数值框中输入 10，设置完成后，复制关键帧并粘贴到结束位置处，如图 16-17 所示。单击“确定”按钮，即可完成色彩平衡的画面调节。

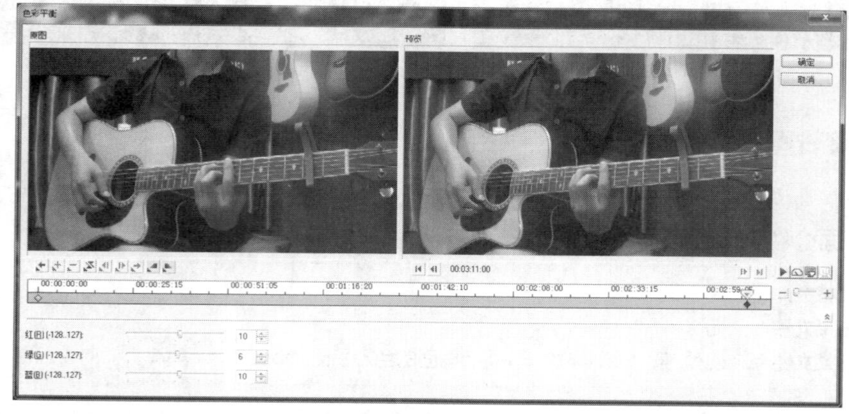
图 16-17 复制关键帧属性

16.2.6 使用“自动调配”滤镜

在会声会影 X9 中，利用“自动调配”滤镜可以自动对视频的色彩与亮度进行调节。下面介绍使用“自动调配”滤镜的操作方法。

素材文件	无
效果文件	无
视频文件	视频\第 16 章\16.2.6　使用“自动调配”滤镜.mp4

step 01 进入“滤镜”素材库，单击窗口上方的“画廊”按钮，在弹出的下拉列表中选择“暗房”选项，在“暗房”素材库中选择“自动调配”滤镜效果，如图 16-18 所示。

step 02 单击鼠标左键并拖曳至视频轨中的视频素材上，即可为视频添加“自动调配”滤镜，如图 16-19 所示。

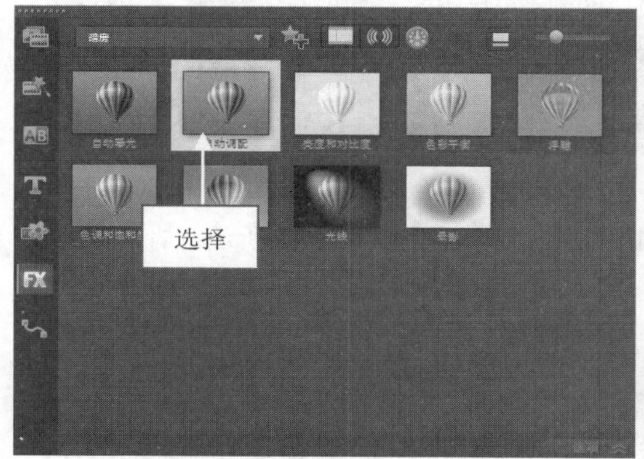

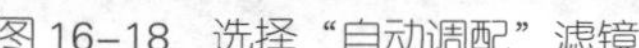

图 16-18　选择“自动调配”滤镜

图 16-19　添加“自动调配”滤镜

step 03 单击导览面板中的“播放”按钮，即可在预览窗口中预览添加“自动调配”滤镜后的画面效果，如图 16-20 所示。

图 16-20　预览视频画面效果

16.2.7 添加《曾经的你》字幕

在会声会影 X9 中，用户可以为制作的《曾经的你》视频画面添加字幕，可以简明扼要地对视频进行说明。下面介绍添加《曾经的你》字幕的操作方法。

素材文件　无
效果文件　无
视频文件　视频\第 16 章\16.2.7　添加《曾经的你》字幕.mp4

step 01 在时间轴面板中，将时间线移至 00:00:02:00 的位置处，如图 16-21 所示。

step 02 单击“标题”按钮，进入“标题”素材库，如图 16-22 所示。

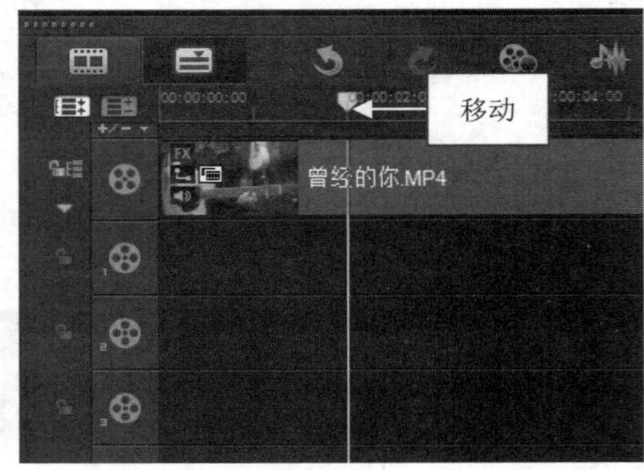

图 16-21　移动时间线的位置

图 16-22　进入“标题”素材库

step 03 在预览窗口中显示“双击这里可以添加标题”字样，如图 16-23 所示。

step 04 在预览窗口中的字样上双击鼠标左键，输入文本“曾经的你”，如图 16-24 所示。

图 16-23　显示相应的标题字样

图 16-24　输入相应的文本内容

step 05 选择输入的文本内容，打开“编辑”选项面板，单击“字体”右侧的下三角按钮，在弹出的下拉列表中选择“华康海报体”选项，如图 16-25 所示，设置标题字幕字体效果。

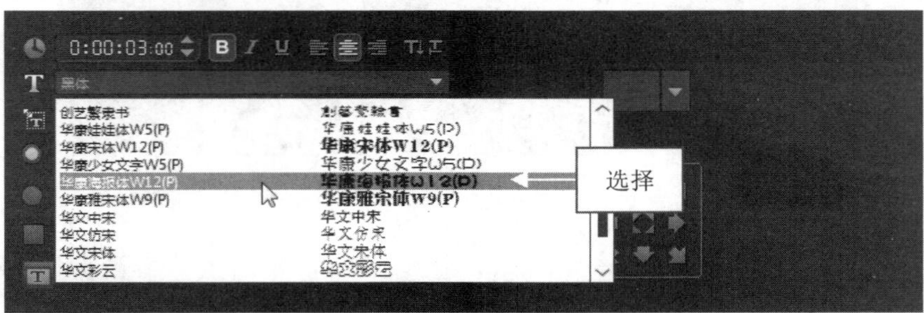

图 16-25　设置标题字幕字体效果

step 06 在预览窗口中可以预览设置字幕字体后的效果，如图 16-26 所示。

step 07 选择文字内容，在“编辑”选项面板中单击“字体大小”右侧的下三角按钮，在弹出的下拉列表中选择 60 选项，设置字体大小；单击“将方向更改为垂直”按钮，并在每个字的后面添加空格，然后调整字幕的位置，单击“色彩”色块，在弹出的颜色面板中选择第 3 排第 2 个颜色，设置字体颜色，如图 16-27 所示。

图 16-26　预览设置字幕字体后的效果

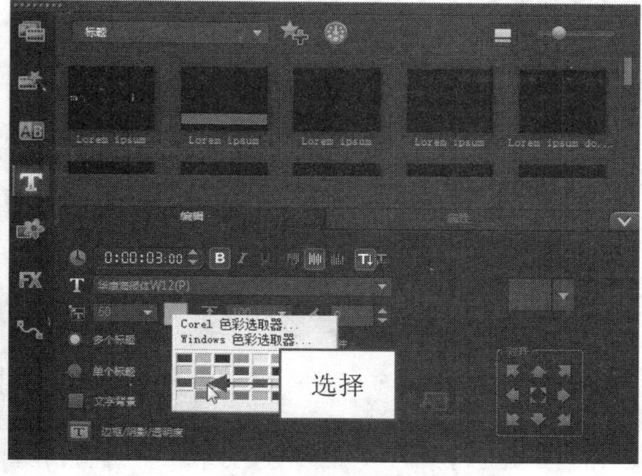

图 16-27　设置字体颜色属性

step 08 在预览窗口中可以预览更改字体颜色后的效果，如图 16-28 所示。

step 09 字幕创建完成后，在标题轨中将会显示创建的字幕文件，如图 16-29 所示。

图 16-28　预览更改字体颜色后的效果

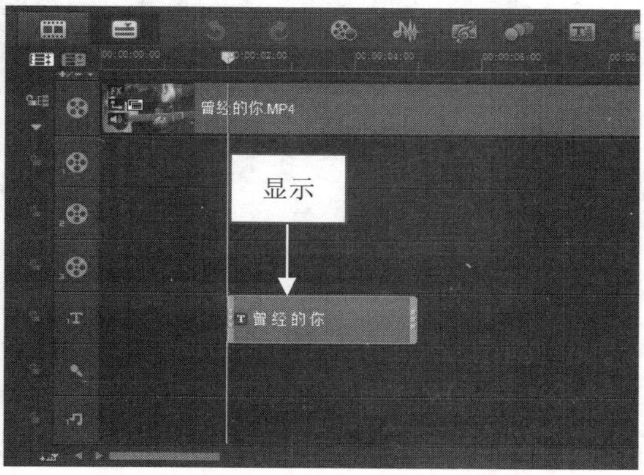

图 16-29　显示创建的字幕文件

step 10 在“编辑”选项面板中，单击“边框/阴影/透明度”按钮，如图 16-30 所示。

step 11 弹出“边框/阴影/透明度”对话框，切换至“阴影”选项卡，单击“突起阴影”按钮，设置相应属性，如图 16-31 所示。

step 12 设置完成后，单击“确定”按钮。在预览窗口中可以预览设置字幕“边框/阴影/透明度”后的效果。切换至“属性”选项面板，选中“动画”单选按钮和“应用”复选框，设置“选取动画类型”为“摇摆”，在下方选择第 1 排第 1 个动画样式，单击右侧的“自定义动画属性”按钮，如图 16-32 所示。

step 13 弹出“摇摆动画”对话框，在其中设置“暂停”为“自定义”、“摇摆角度”为 2、“进入”为“左”、“离开”为“下”，设置摇摆属性，如图 16-33 所示。

step 14 设置完成后，单击“确定”按钮。在导览面板中，拖曳“暂停区间”标记，调整字幕的运动时间属性，如图 16-34 所示。

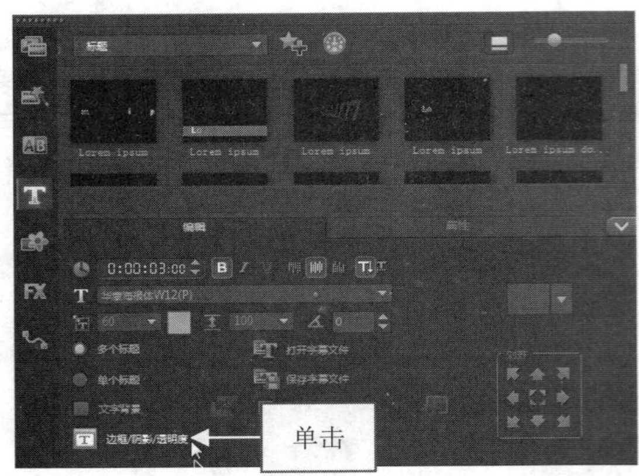

图 16–30　单击“边框/阴影/透明度”按钮

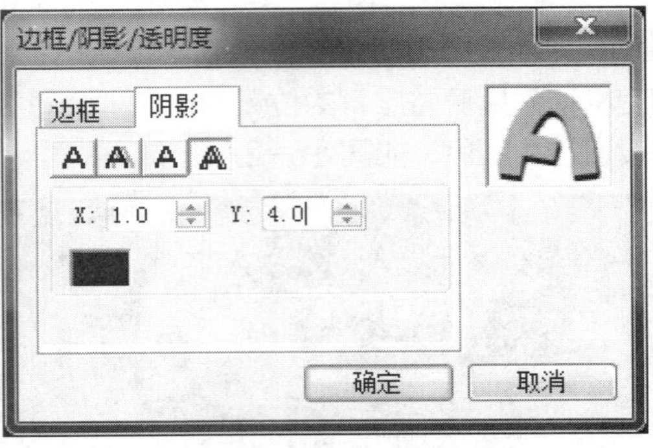

图 16–31　设置相应属性

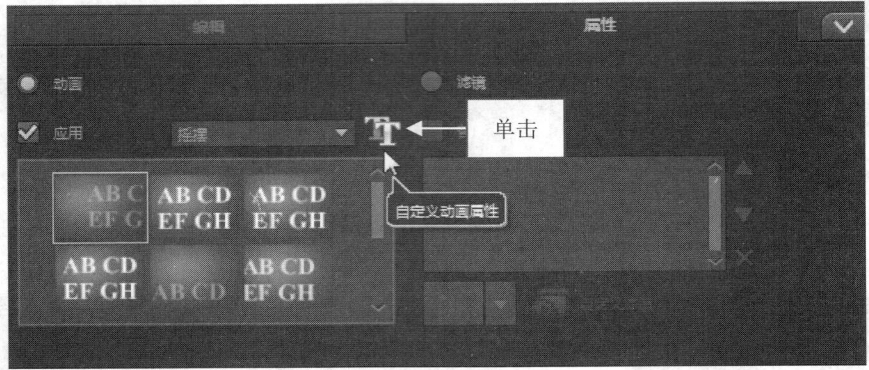

图 16–32　单击“自定义动画属性”按钮

图 16–33　设置摇摆属性

图 16–34　调整字幕的运动时间

step 15　在导览面板中单击“播放”按钮，即可预览制作的片头字幕动画效果，如图 16–35 所示。

图 16-35 预览片头字幕动画效果

16.3 渲染输出视频文件

通过影片的后期处理，不仅可以对《曾经的你》的原始素材进行合理的编辑，还可以使视频输出成为需要的格式，使影片能够最大化发挥功能。在会声会影 X9 中，渲染影片可以将项目文件创建成 MPG、AVI 以及 QuickTime 或其他视频文件格式。下面介绍渲染输出《曾经的你》视频的操作方法。

素材文件	无
效果文件	效果\第 16 章\处理视频画面——《曾经的你》.mpg
视频文件	视频\第 16 章\16.3 渲染输出视频文件.mp4

step 01 切换至“共享”步骤面板，选择 MPEG-2 选项，在“配置文件”右侧的下拉列表中选择第 4 个选项，如图 16-36 所示。

step 02 在面板下方单击“文件位置”右侧的“浏览”按钮，如图 16-37 所示。

step 03 弹出“浏览”对话框，在其中设置文件的保存位置和名称，如图 16-38 所示。

step 04 单击“保存”按钮，返回到会声会影的“共享”步骤面板，单击“开始”按钮，开始渲染视频文件，并显示渲染进度，如图 16-39 所示。

step 05 稍等片刻，弹出提示信息框，提示渲染成功，如图 16-40 所示。

step 06 切换至“编辑”步骤面板，在素材库中查看输出的视频文件。单击导览面板中的“播放”按钮，预览视频画面效果，如图 16-41 所示。

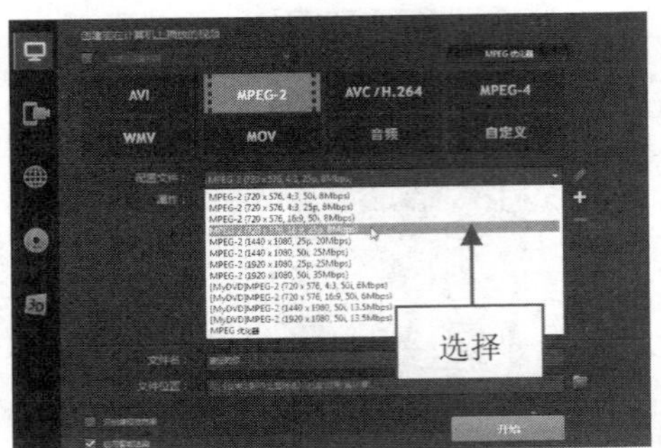

图 16-36　选择相应选项

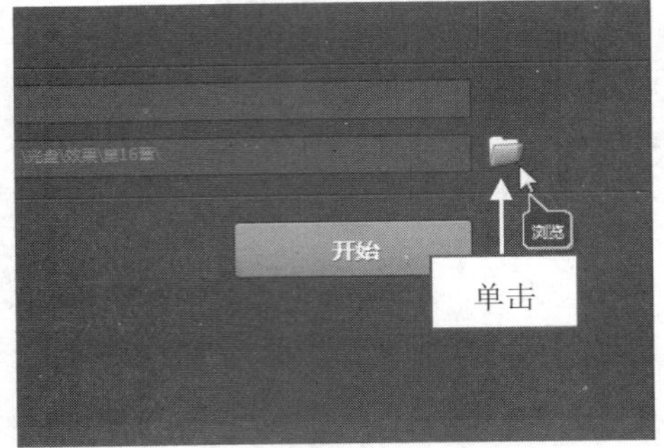

图 16-37　单击“浏览”按钮

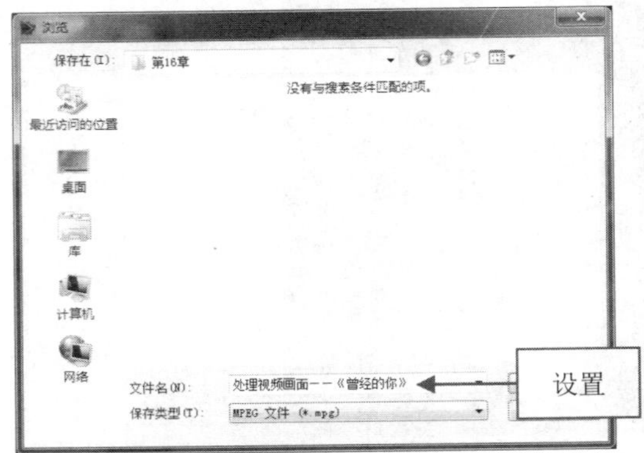

图 16-38　设置保存位置和名称

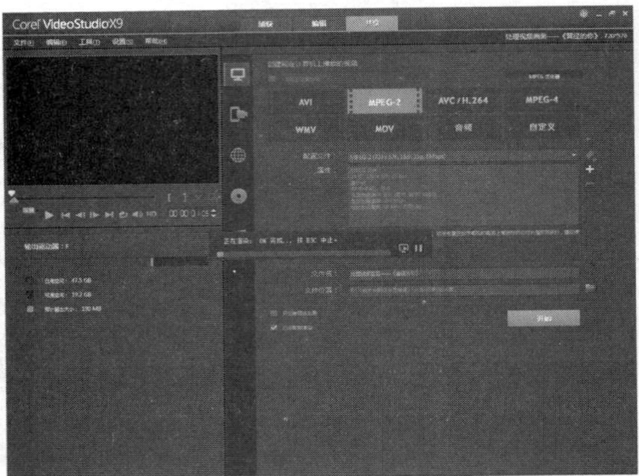

图 16-39　显示渲染进度

图 16-40　提示渲染成功

图 16-41　预览视频画面

章前知识导读

在会声会影 X9 中，用户使用即时项目模板可以快速制作新闻报道。本章向用户介绍制作新闻报道——《福元路大桥》视频的操作方法，包括制作视频片头特效、视频剪辑特效等内容。

第17章 制作新闻报道——《福元路大桥》

新手重点索引

- 导入新闻素材
- 制作视频片头特效
- 制作视频剪辑特效
- 制作视频片尾特效
- 制作移动字幕效果
- 制作视频配音效果

效果图片欣赏

新闻报道 福元路大桥

新闻报道 福元路大桥

谢谢

谢谢收看

17.1 效果欣赏

在制作《福元路大桥》视频效果之前，首先预览项目效果，并掌握项目技术提炼等内容，希望用户学完以后可以举一反三，制作出更多精彩、漂亮的电视节目视频。

17.1.1 效果预览

本实例制作的效果如图 17-1 所示。

图 17-1 《福元路大桥》效果欣赏

17.1.2 技术提炼

首先进入会声会影工作界面，新建一个工程文件；在“素材库”面板中导入专题视频素材文件，将素材分别添加至相应轨道中，对素材进行分割操作，重新合成视频画面，并添加转场效果；

添加相应的字幕文件，制作快动作与慢动作效果，添加语音解说旁白，制作视频音效；输出视频文件等，即可完成新闻报道——《福元路大桥》视频的制作。

17.2 视频制作过程

本节主要介绍《福元路大桥》视频文件的制作过程，包括导入影像素材、制作视频摇动效果、制作视频转场效果、制作视频覆叠效果、制作视频字幕效果等内容。

17.2.1 导入新闻素材

使用会声会影 X9 制作实例效果前，需要将素材导入至素材库中。下面介绍导入视频/照片/声音素材的操作方法。

素材文件	素材\第 17 章文件夹
效果文件	无
视频文件	视频\第 17 章\17.2.1　导入新闻素材.mp4

step 01 进入会声会影编辑器，在素材库中新建一个文件夹，然后单击素材库上方的“显示视频”按钮，即可显示素材库中的视频素材，如图 17-2 所示。

step 02 选择菜单栏中的“文件”｜“将媒体文件插入到素材库”｜“插入视频”命令，如图 17-3 所示。

图 17-2　显示素材库中的视频素材

图 17-3　选择“插入视频”命令

step 03 弹出“浏览视频”对话框，在其中选择所需的视频素材文件，如图 17-4 所示。

step 04 单击“打开”按钮，即可将所选择的视频素材导入至媒体素材库中，如图 17-5 所示。

step 05 单击素材库上方的“显示音频文件”按钮，显示素材库中的照片素材，在素材库空白处右击，在弹出的快捷菜单中选择“插入媒体文件”命令，如图 17-6 所示。

step 06 弹出“浏览媒体文件”对话框，在该对话框中选择所需插入的音频文件，如图 17-7 所示。

step 07 单击“打开”按钮，将所选择的音频素材导入至媒体素材库中，如图 17-8 所示。

图 17–4　选择所需的视频素材

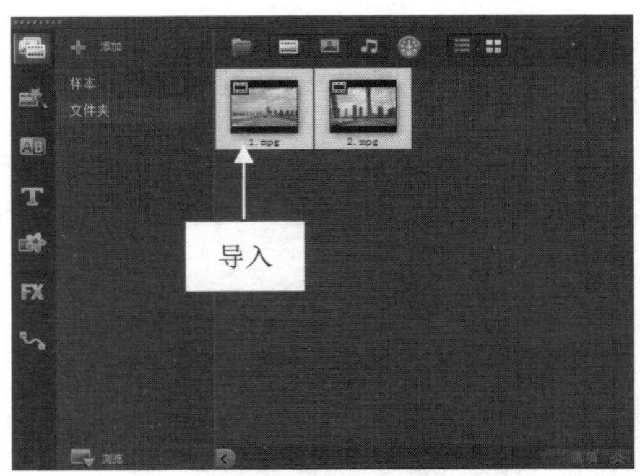

图 17–5　导入至媒体素材库

图 17–6　选择“插入媒体文件”命令

图 17–7　选择所需的音频素材

图 17–8　添加至媒体素材库

17.2.2 制作视频片头特效

在会声会影 X9 中，可以为新闻视频文件添加片头动画效果，增添影片的观赏性。下面向用户介绍制作新闻视频片头动画的操作方法。

素材文件	无
效果文件	无
视频文件	视频\第 17 章\17.2.2　制作视频片头特效.mp4

step 01 在素材库的左侧单击“即时项目”按钮，打开“即时项目”素材库，显示库导航面板，选择“开始”选项，如图 17-9 所示。

step 02 进入“开始”素材库，在该素材库中选择相应的开始项目模板，如图 17-10 所示。

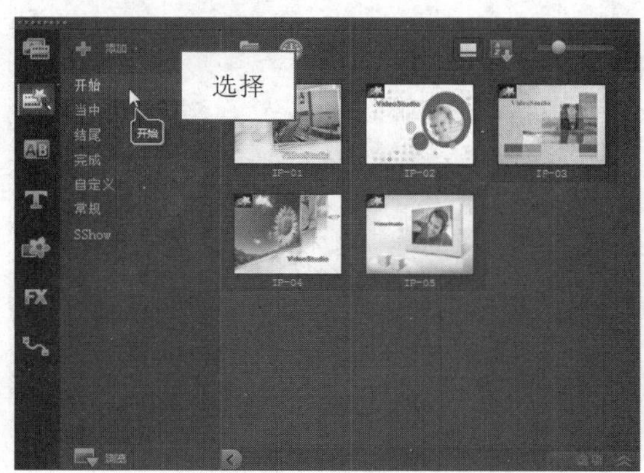

图 17-9　选择“开始”选项

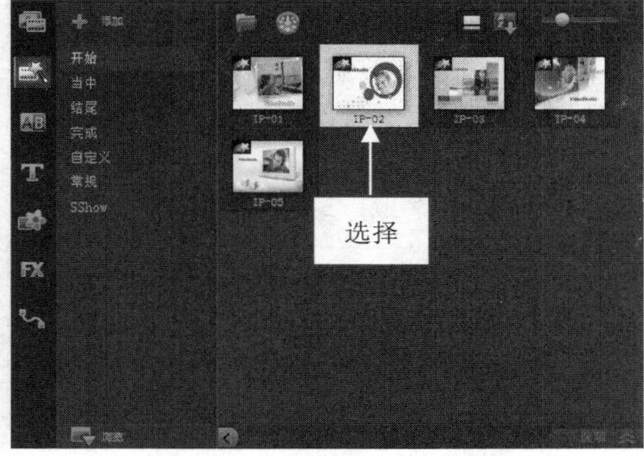

图 17-10　选择相应的开始项目模板

step 03 在项目模板上右击，在弹出的快捷菜单中选择“在开始处添加”命令，如图 17-11 所示。

step 04 即可将开始项目模板插入至视频轨中的开始位置，如图 17-12 所示。

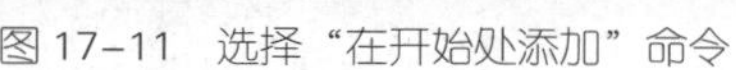

图 17-11　选择“在开始处添加”命令

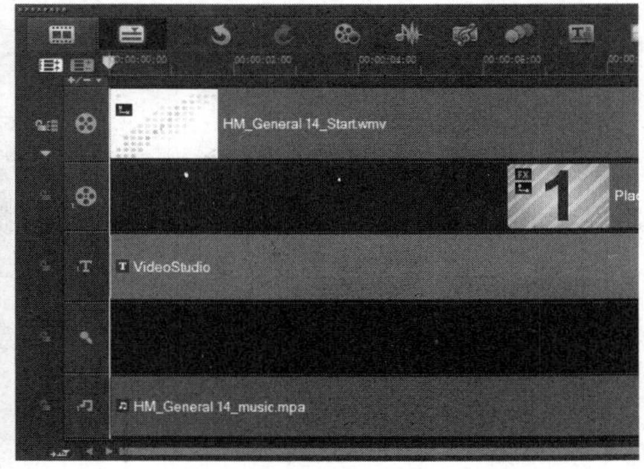

图 17-12　将其添加至视频轨中

step 05 单击导览面板中的“播放”按钮，预览开始项目模板效果，如图 17-13 所示。

step 06 在覆叠轨中选择相应的图片素材，如图 17-14 所示。

step 07 在图片素材上右击，在弹出的快捷菜单中选择“替换素材”|“照片”命令，如图 17-15 所示。

图 17–13　预览开始项目模板效果

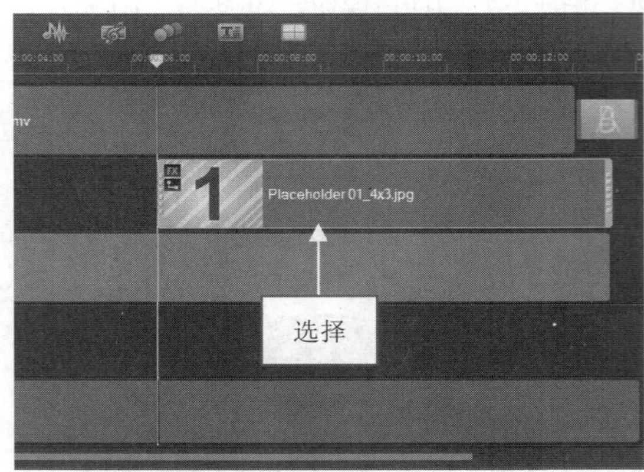

图 17–14　选择相应的图片素材

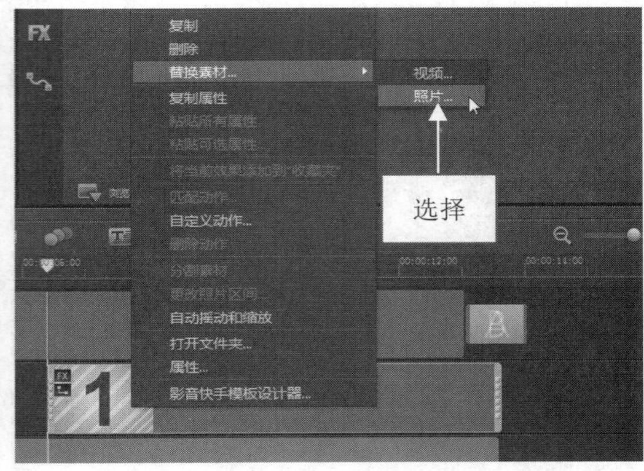

图 17–15　选择"照片"命令

step 08 执行上述操作后，弹出"替换/重新链接素材"对话框，在其中选择需要替换的素材文件，如图 17–16 所示。

step 09 单击"打开"按钮，即可完成覆叠素材的替换。替换后的时间轴面板显示如图 17–17 所示。

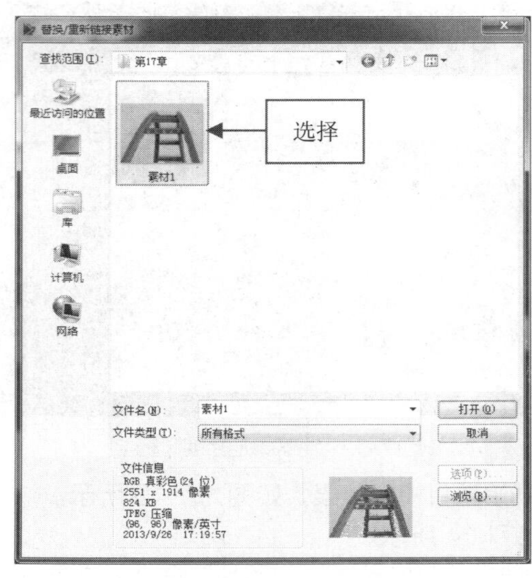

图 17–16　选择需要的素材

图 17–17　完成覆叠素材的替换

step 10 执行上述操作后，在标题轨中选择标题字幕文件，如图 17–18 所示。

step 11 在预览窗口中，更改字幕的内容为“新闻报道”，并在文字之间添加空格，设置“字体”为“方正大黑简体”、“字体大小”为45，单击“将方向更改为垂直”按钮，如图17-19所示。

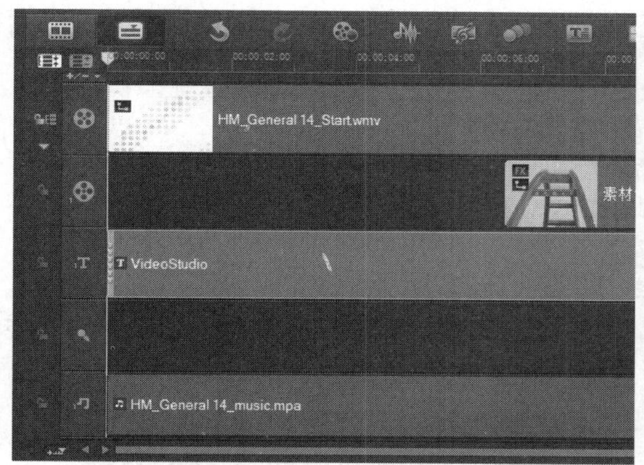

图17-18 选择标题字幕文件

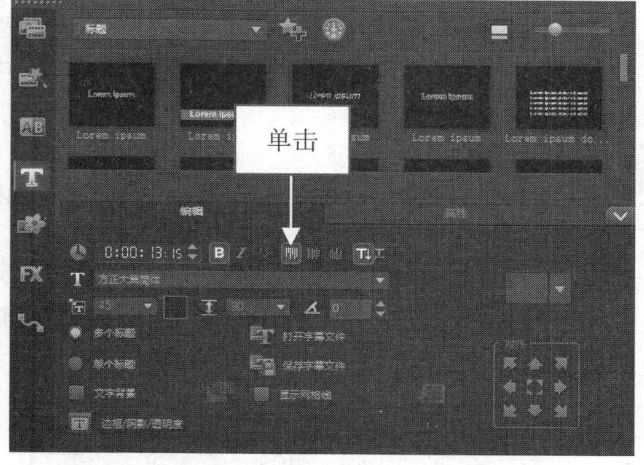

图17-19 单击“将方向更改为垂直”按钮

step 12 在预览窗口的右侧位置进行双击操作，即可在预览窗口中添加一个字幕文件，输入“福元路大桥”，如图17-20所示。

step 13 进入“编辑”选项面板，设置“字体大小”为29，如图17-21所示。

图17-20 输入字幕内容

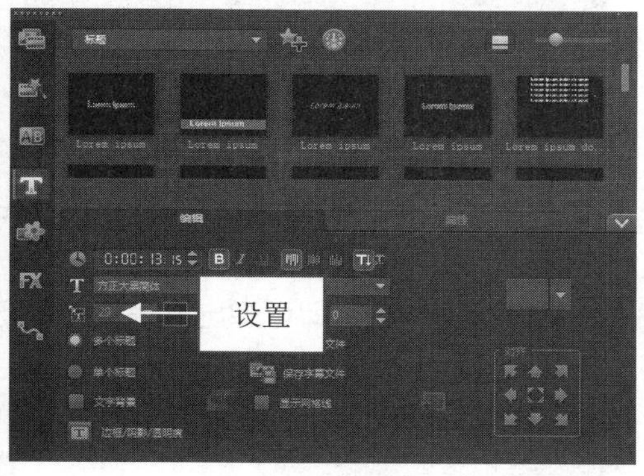

图17-21 设置字体大小

step 14 单击导览面板中的“播放”按钮，即可在预览窗口中预览制作的片头视频画面效果，如图17-22所示。

图17-22 预览片头画面效果

17.2.3 制作视频剪辑特效

在完成视频片头的制作后，用户需要对导入的视频进行变速剪辑操作，从而使视频画面具有特殊的效果。

素材文件	无
效果文件	无
视频文件	视频\第 17 章\17.2.3　制作视频剪辑特效.mp4

step 01 将时间线移至 00:00:14:00 的位置处，如图 17-23 所示。

step 02 在素材库中，选择 1.mpg 视频素材，单击鼠标左键，并将其拖曳至视频轨中时间线的位置处，即可添加视频素材，如图 17-24 所示。

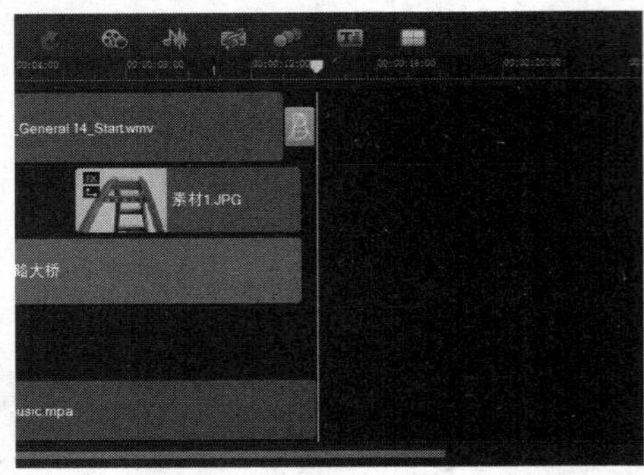

图 17-23　移动时间线位置

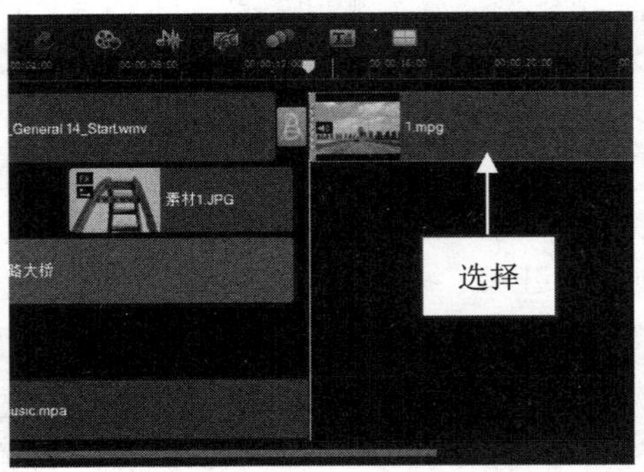

图 17-24　添加视频素材

step 03 选择 1.mpg 视频素材，选择菜单栏中的“编辑”|“速度/时间流逝”命令，如图 17-25 所示。

step 04 执行操作后，即可弹出“速度/时间流逝”对话框，如图 17-26 所示。

图 17-25　选择“速度/时间流逝”命令

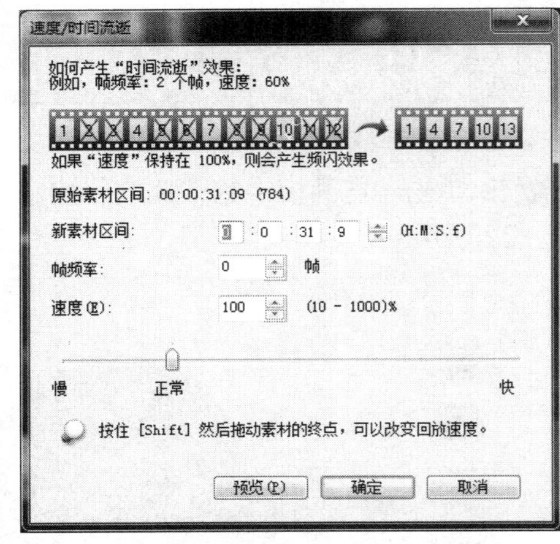

图 17-26　弹出相应对话框

step 05 在“速度/时间流逝”对话框中设置“新素材区间”为 0:00:10:0，如图 17-27 所示。

step 06 设置完成后，单击“确定”按钮。在“视频”选项面板中即可查看视频区间，如图 17-28 所示。

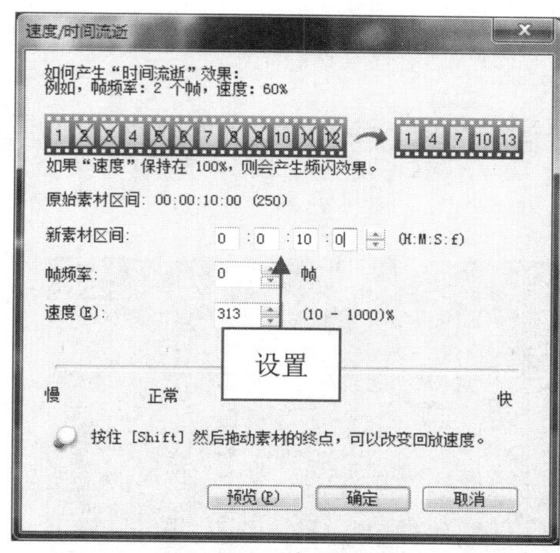

图 17-27　设置素材区间

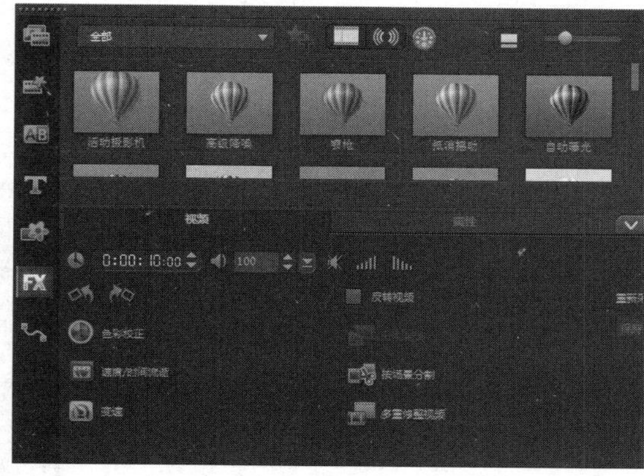

图 17-28　查看视频区间

step 07 在素材库中选中 2.mpg 视频素材，如图 17-29 所示。

step 08 单击鼠标左键并将其拖曳至 1.mpg 视频素材的右侧，如图 17-30 所示。

图 17-29　选择视频素材

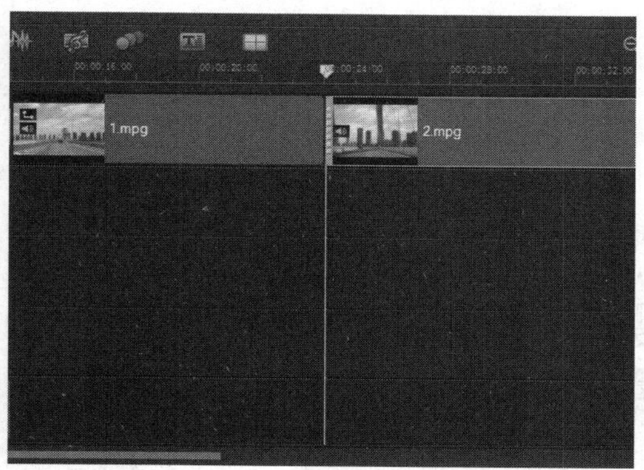

图 17-30　添加视频素材

step 09 选择 2.mpg 视频素材，右击，在弹出的快捷菜单中选择"速度/时间流逝"命令，如图 17-31 所示。

step 10 执行操作后，即可弹出"速度/时间流逝"对话框，如图 17-32 所示。

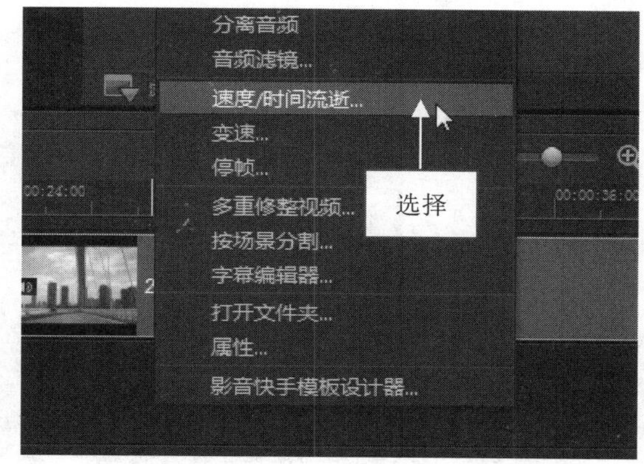

图 17-31　选择"速度/时间流逝"命令

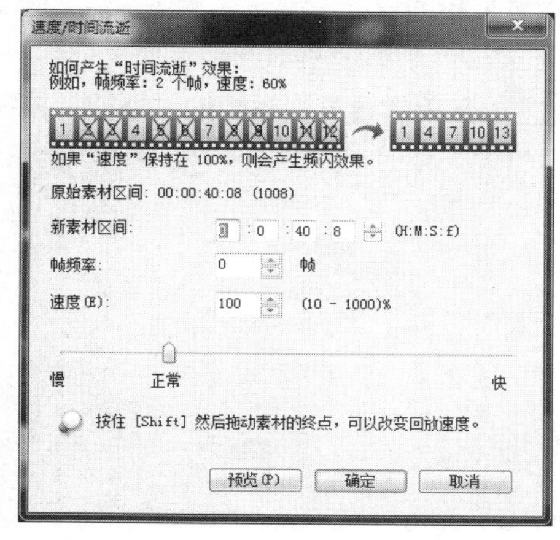

图 17-32　"速度/时间流逝"对话框

step 11 在“速度/时间流逝”对话框中，设置“新素材区间”为 0:00:24:0，如图 17-33 所示。

step 12 执行操作后，即可更改素材为快放效果。在“视频”选项面板中可以查看视频区间，如图 17-34 所示。

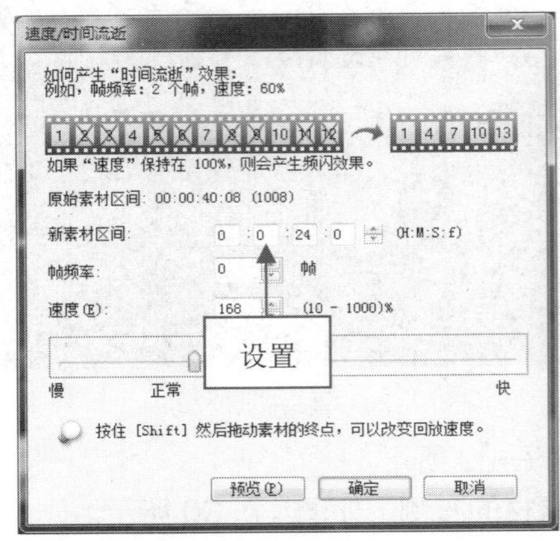

图 17-33　设置素材区间

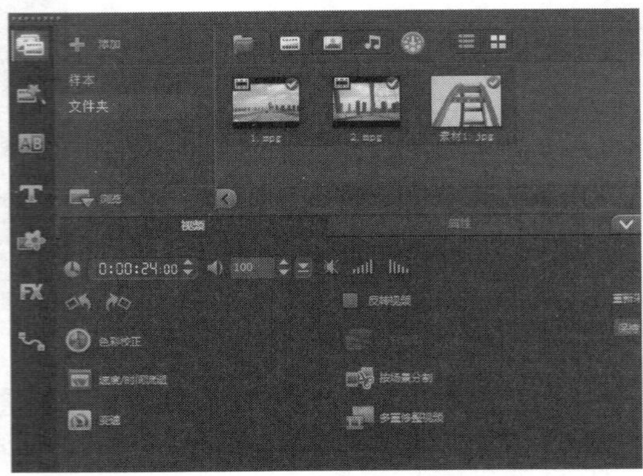

图 17-34　查看视频区间

step 13 进入转场素材库，在其中选择“交叉淡化”转场效果，视频效果如图 17-35 所示。

step 14 拖曳“交叉淡化”转场效果至 1.mpg 和 2.mpg 视频之间，即可完成转场效果的添加。时间轴面板如图 17-36 所示。

图 17-35　选择相应转场

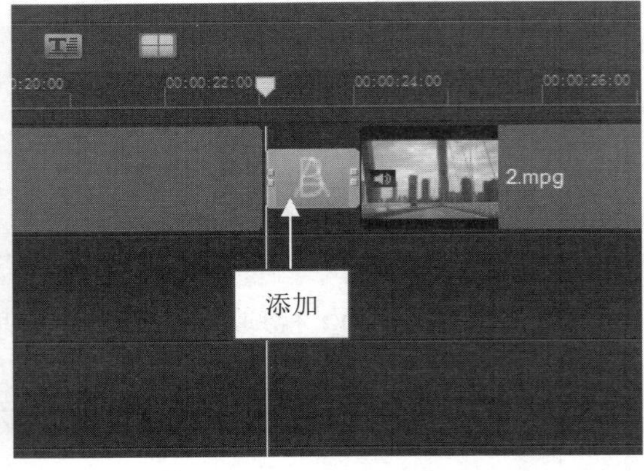

图 17-36　添加转场效果

step 15 单击导览面板中的“播放”按钮，预览剪辑的视频画面，效果如图 17-37 所示。

图 17-37　预览转场效果

图 17-37　预览转场效果(续)

17.2.4 制作视频片尾特效

在完成视频内容剪辑之后，用户可以在会声会影中为视频添加片尾特效，使视频效果更加完整。

素材文件	无
效果文件	无
视频文件	视频\第 17 章\17.2.4　制作视频片尾特效.mp4

step 01 在时间轴面板中，将时间线移至 00:00:47:00 的位置处，如图 17-38 所示。

step 02 在即时项目素材库中，选择结尾选项，在其中选择相应的结尾即时项目模板，如图 17-39 所示。

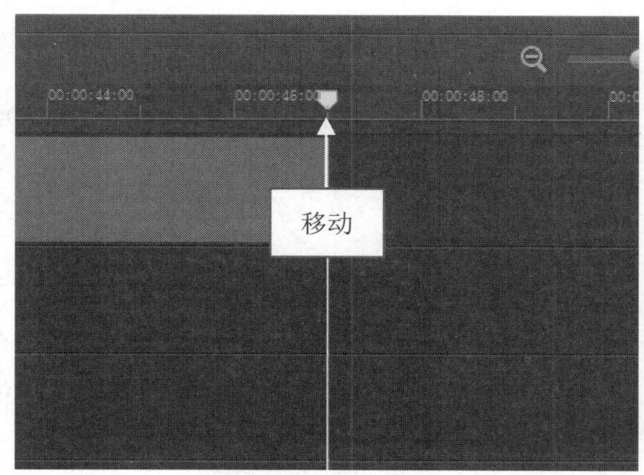

图 17-38　移动时间线

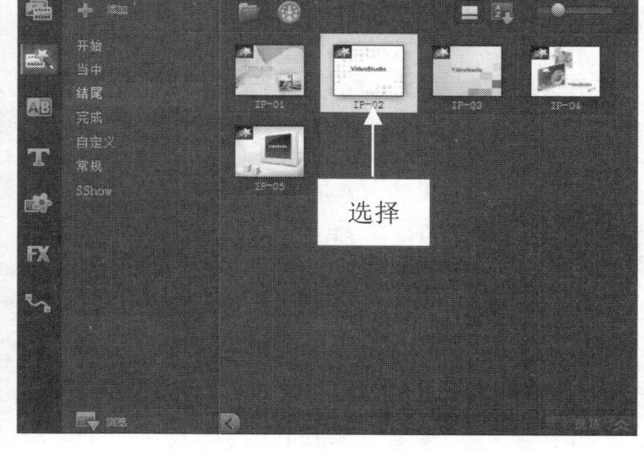

图 17-39　选择相应的模板

step 03 单击鼠标左键，并将其拖曳至视频轨中的时间线位置处，即可为视频添加相应的结尾模板，如图 17-40 所示。

step 04 在预览窗口中，更改字幕的内容为“谢谢收看”，并在文字之间添加空格，设置“字体”为“方正大黑简体”、“字体大小”为 50，如图 17-41 所示。

step 05 设置完成后，在导览面板中单击“播放”按钮，即可在预览窗口中预览视频画面效果，如图 17-42 所示。

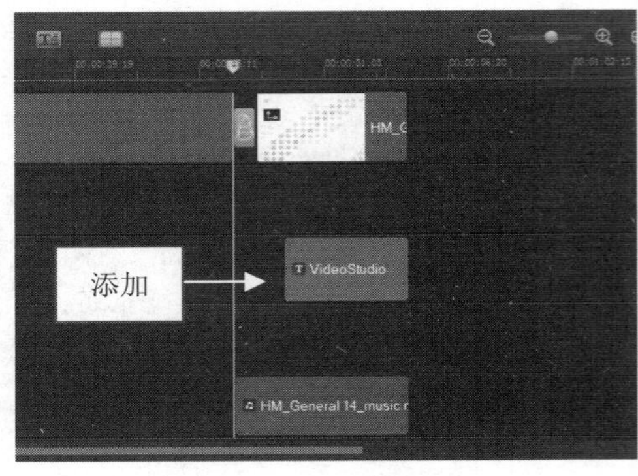

图 17-40　添加结尾模板

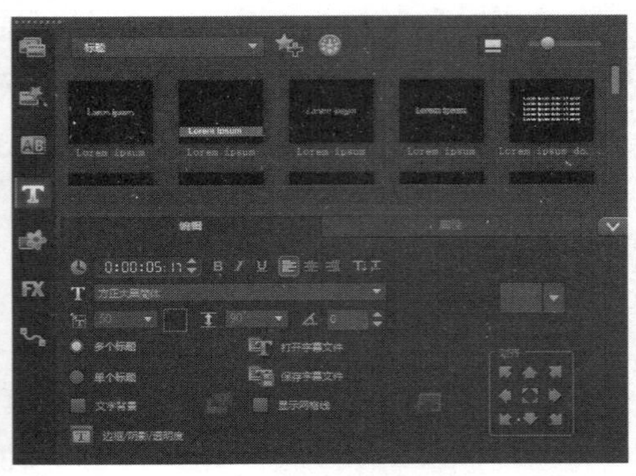

图 17-41　设置字幕文件的属性

图 17-42　预览片尾画面效果

17.2.5　制作移动字幕效果

为视频添加字幕，可以更好地传达创作理念以及所需表达的情感。下面介绍添加视频字幕效果的操作方法，以及为字幕添加滤镜的技巧。

素材文件	素材\第 17 章\字幕.txt
效果文件	无
视频文件	视频\第 17 章\17.2.5　制作移动字幕效果.mp4

step 01 将时间线移至 00:00:14:00 的位置，单击“标题”按钮，切换至“标题”选项卡，在预览窗口中的适当位置输入文字“福元路大桥”，如图 17-43 所示。

step 02 在“编辑”选项面板中单击“保存字幕文件”按钮，如图 17-44 所示。

图 17-43　输入标题文字

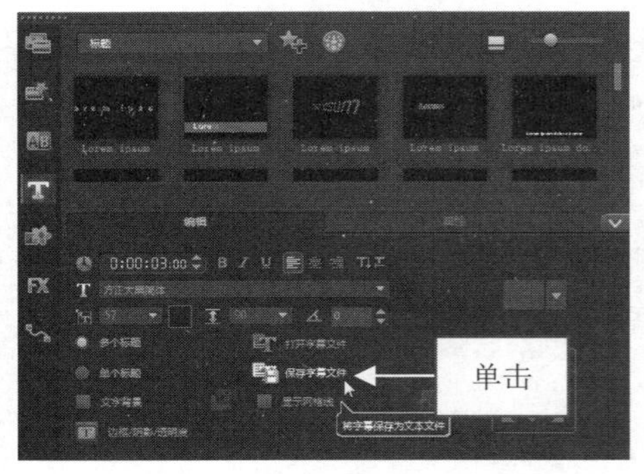

图 17-44　单击“保存字幕文件”按钮

step 03 执行上述操作后，弹出“另存为”对话框，输入文件名“福元路大桥”，设置“保存类型”为.utf，单击“保存”按钮，如图 17-45 所示。

step 04 在相应文件夹中选择字幕文件，右击，在弹出的快捷菜单中选择“属性”命令，如图 17-46 所示。

图 17-45 单击“保存”按钮

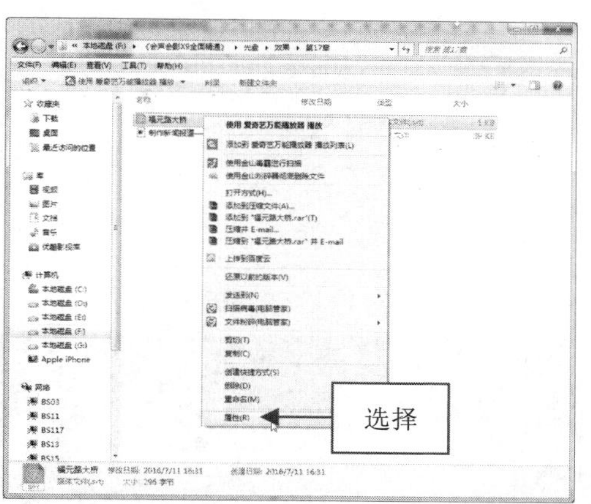

图 17-46 选择“属性”命令

step 05 弹出相应属性对话框，单击“打开方式”右侧的“更改”按钮，弹出“打开方式”对话框，在其中选择“记事本”选项，单击“确定”按钮，如图 17-47 所示。

step 06 在相应属性对话框中单击“确定”按钮，在文件夹中打开字幕文件，更改第 2 段字幕的后段时间码为 00:00:47，如图 17-48 所示。

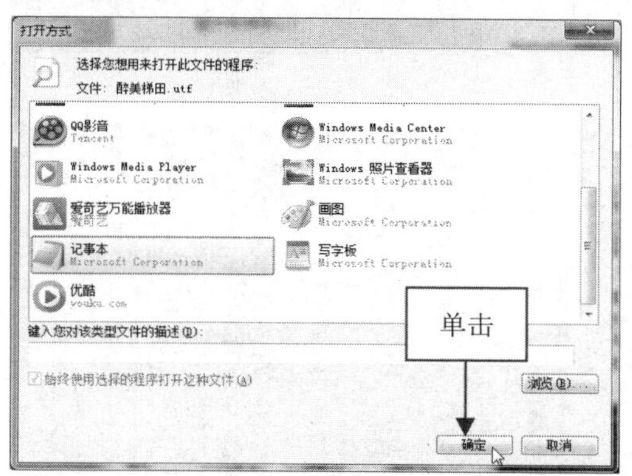

图 17-47 单击“确定”按钮

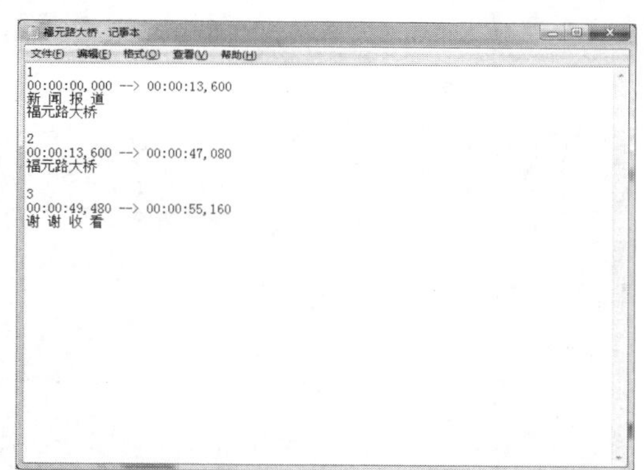

图 17-48 打开字幕文件

step 07 执行操作后，打开素材文件夹中的字幕文件，复制“字幕.txt”中的文字，如图 17-49 所示。

step 08 将复制的文字粘贴在福元路大桥字幕文件中，替换第 2 段中的“福元路大桥”，如图 17-50 所示。

step 09 在标题轨中删除第 2 段字幕文件，如图 17-51 所示。

step 10 执行上述操作后，关闭记事本文件，单击“保存”按钮，进入“编辑”选项面板，单击“打开字幕文件”按钮，如图 17-52 所示。

step 11 打开“福元路大桥”字幕文件，即可在标题轨中添加字幕文件，如图 17-53 所示。

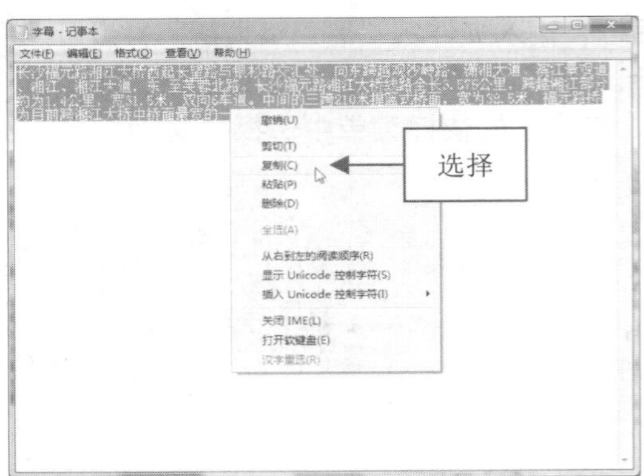

图 17-49　复制相应的文字

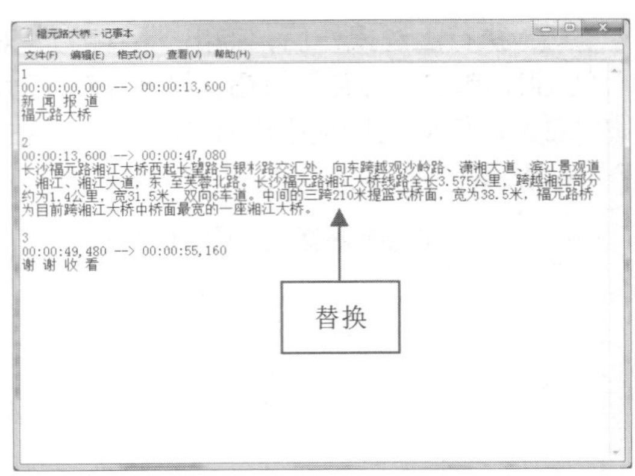

图 17-50　替换文字

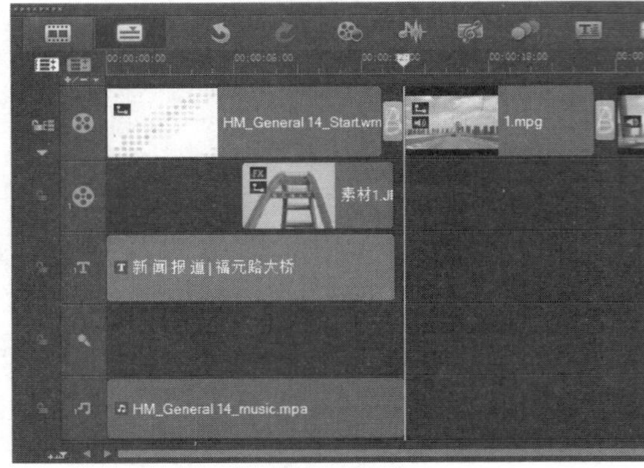

图 17-51　删除字幕文件

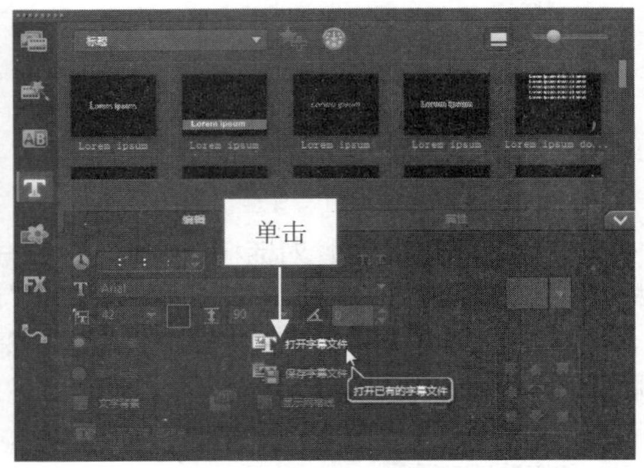

图 17-52　单击相应按钮

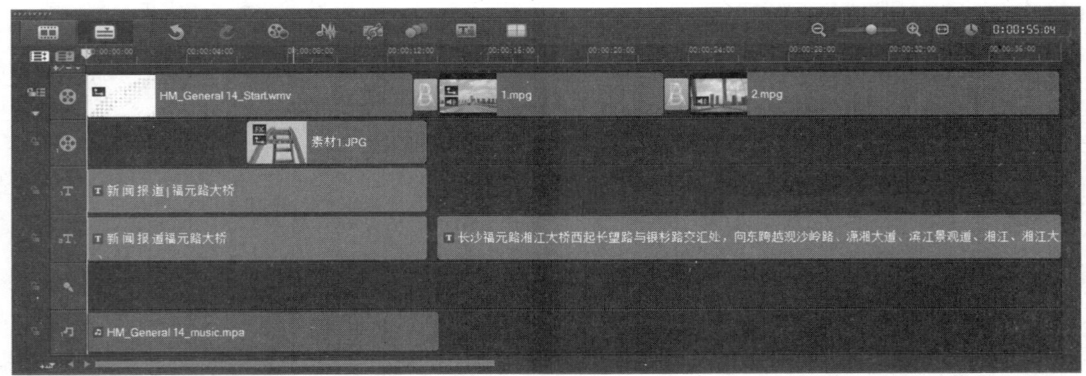

图 17-53　添加标题字幕

step 12 删除“标题轨 2”中的多余字幕，选择中间的字幕文件，进入“属性”选项面板，如图 17-54 所示。

step 13 选中“动画”单选按钮和“应用”复选框，设置“选取动画类型”为“飞行”，如图 17-55 所示。

step 14 执行操作后，单击“自定义动画属性”按钮，如图 17-56 所示。

step 15 弹出“飞行动画”对话框，在其中单击“从右边进入”和“从左边离开”按钮，如图 17-57 所示。

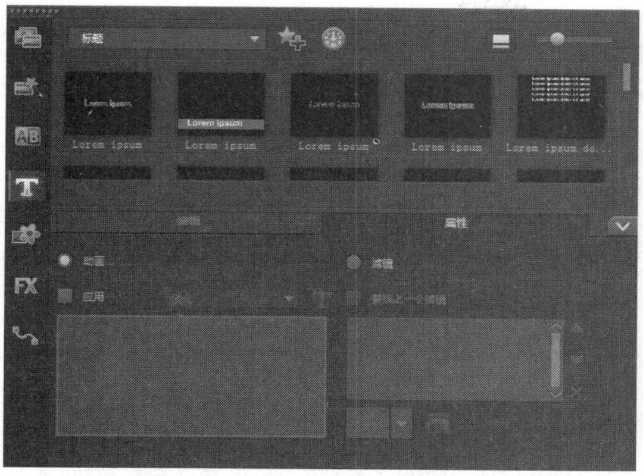

图 17-54 进入“属性”选项面板

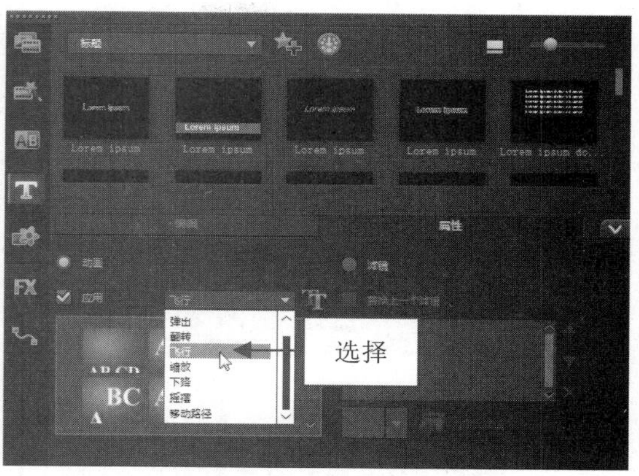

图 17-55 选择“飞行”选项

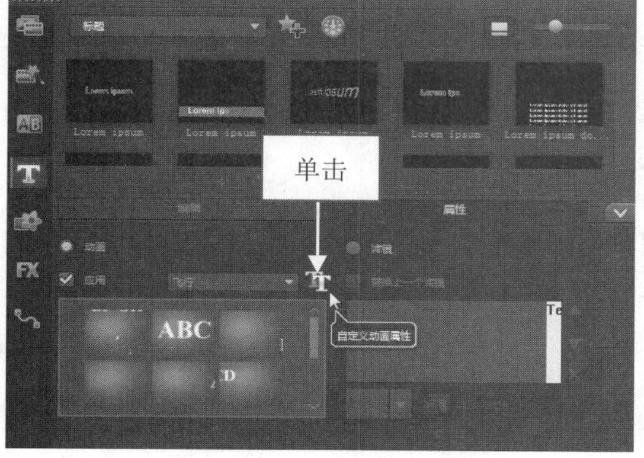

图 17-56 单击“自定义动画属性”按钮

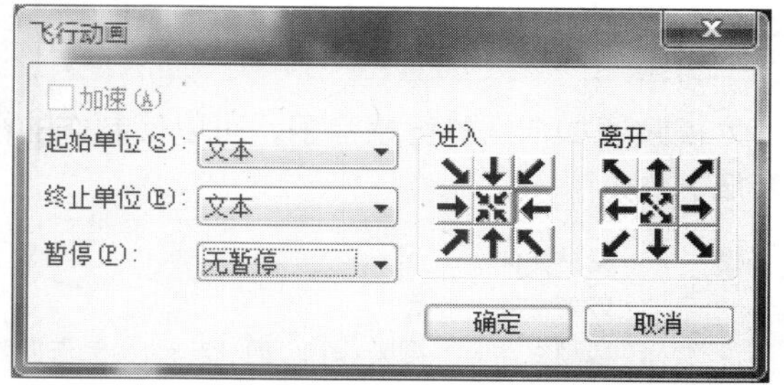

图 17-57 单击相应的按钮

step 16 设置完成后，单击“确定”按钮，进入“编辑”选项面板，选中“文字背景”复选框，单击“自定义文字背景的属性”按钮，如图 17-58 所示。

step 17 弹出“文字背景”对话框，在其中设置相应的文字背景属性，如图 17-59 所示。

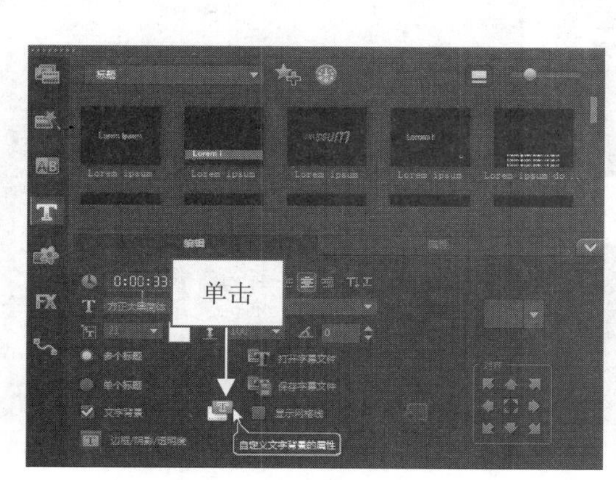

图 17-58 单击相应按钮

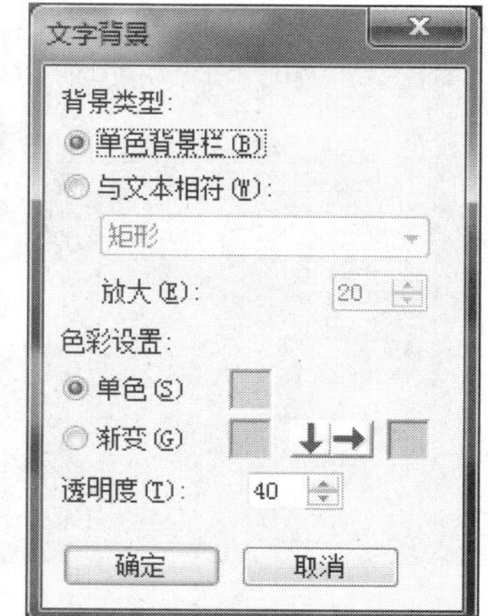

图 17-59 设置相应选项

step 18 执行操作后，单击导览面板中的“播放”按钮，即可在预览窗口中预览制作的字幕效果，如图 17-60 所示。

图 17-60　预览字幕文件

17.3 视频后期处理

通过影视后期处理，可以为新闻报道添加配音效果，使制作的新闻报道内容更加丰富。本节主要介绍影片的后期编辑与输出，包括制作视频的配音效果以及输出为视频文件的操作方法。

17.3.1 制作视频配音效果

为视频添加合适的背景音乐，可以使制作的视频更具吸引力。下面介绍制作视频背景音乐的操作方法。

素材文件　无
效果文件　无
视频文件　视频\第 17 章\17.3.1　制作视频配音效果.mp4

step 01 将时间线移至 00:00:14:00 的位置处，在素材库中选择“声音旁白”音频素材，如图 17-61 所示。

step 02 单击鼠标左键，并将其拖曳至声音轨中的时间线位置，添加声音旁白，如图 17-62 所示。

图 17-61　选择音频素材

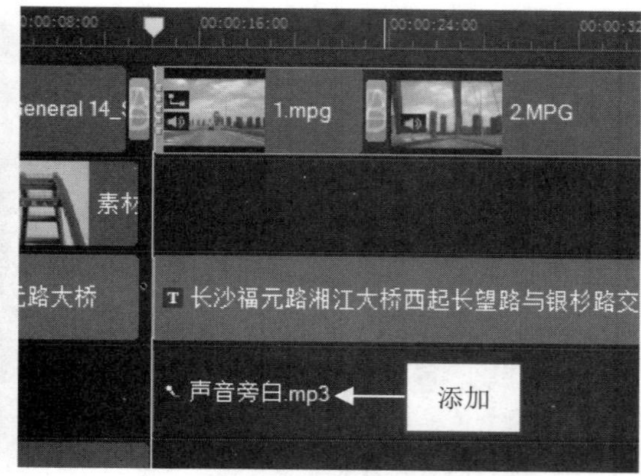

图 17-62　添加声音旁白

step 03 在视频轨中选择 1.mpg 视频素材，右击，在弹出的快捷菜单中选择“静音”命令，如图 17-63 所示。

step 04 使用与上面同样的方法，为 2.mpg 视频素材添加静音效果，如图 17-64 所示。

图 17-63　选择“静音”命令

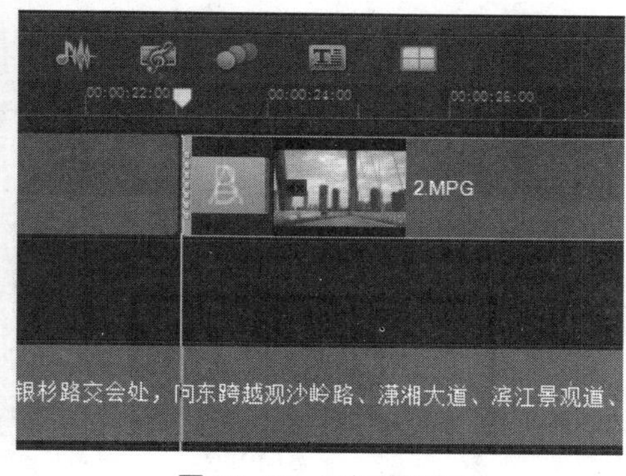

图 17-64　添加静音效果

step 05 选择“声音旁白”音频素材，进入“音乐和声音”选项面板，单击“淡入”和“淡出”按钮，即可为音频添加声音的淡入和淡出效果，完成配音效果的制作，如图 17-65 所示。

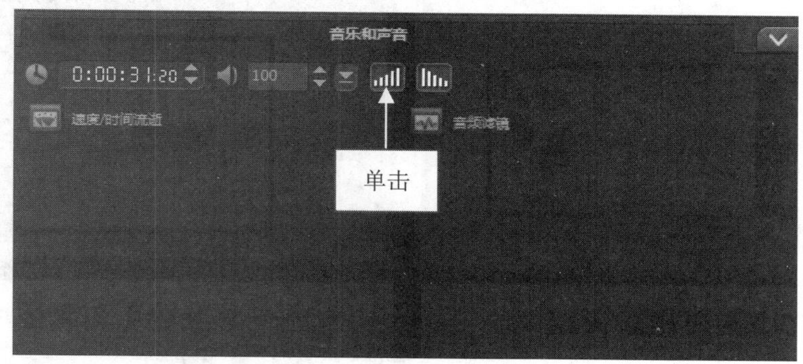

图 17-65　单击相应按钮

17.3.2 渲染输出影片文件

完成前面的操作后，就可以将所制作的视频输出。下面介绍将制作的视频进行渲染与输出的操作方法。

素材文件	无
效果文件	效果\第 17 章\制作新闻报道——《福元路大桥》.VSP
视频文件	视频\第 17 章\17.3.2　渲染输出影片文件.mp4

step 01 切换至“共享”步骤面板，选择 MPEG-2 选项，在“配置文件”右侧的下拉列表中选择第 2 个选项，如图 17-66 所示。

step 02 在面板下方单击“文件位置”右侧的“浏览”按钮，如图 17-67 所示。

step 03 弹出“浏览”对话框，在其中设置文件的保存位置和名称，如图 17-68 所示。

step 04 单击“保存”按钮，返回到会声会影“共享”步骤面板，单击“开始”按钮，开始渲染视频文件，并显示渲染进度，如图 17-69 所示。

step 05 稍等片刻，弹出提示信息框，提示渲染成功，如图 17-70 所示。

step 06 切换至“编辑”步骤面板，在素材库中查看输出的视频文件，如图 17-71 所示。

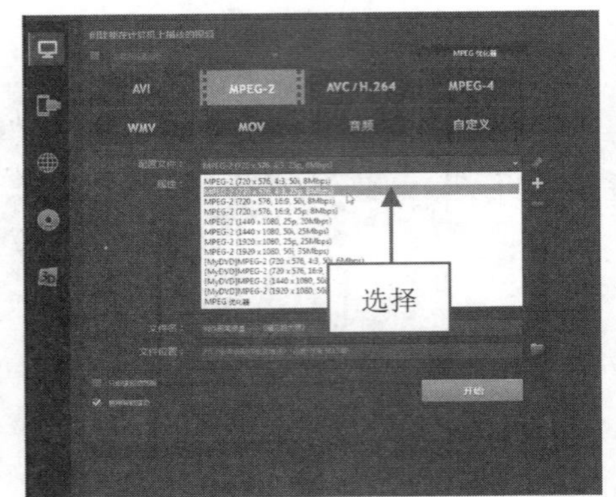

图 17–66　选择 MPEG–2 选项

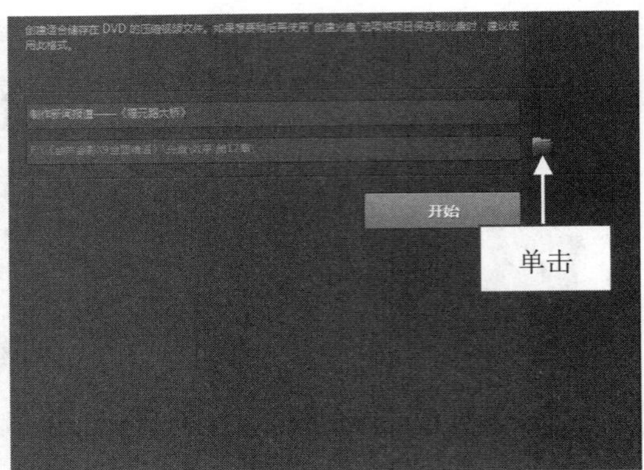

图 17–67　单击“浏览”按钮

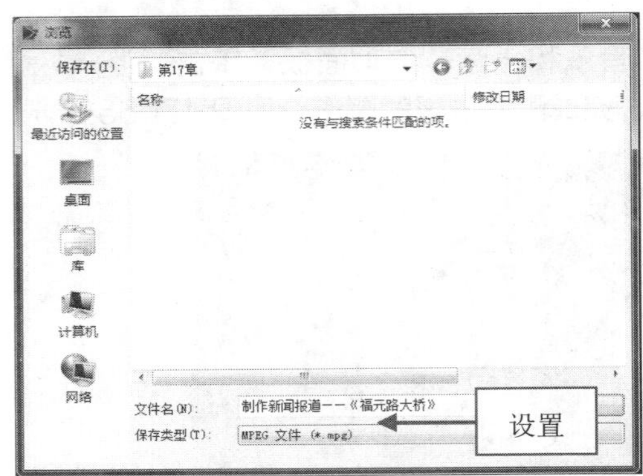

图 17–68　设置保存位置和名称

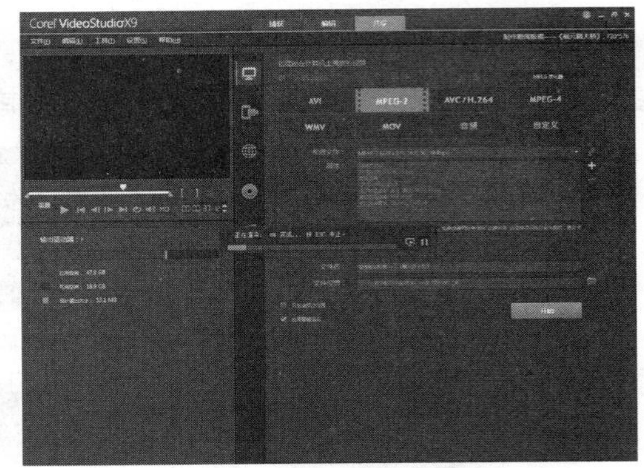

图 17–69　显示渲染进度

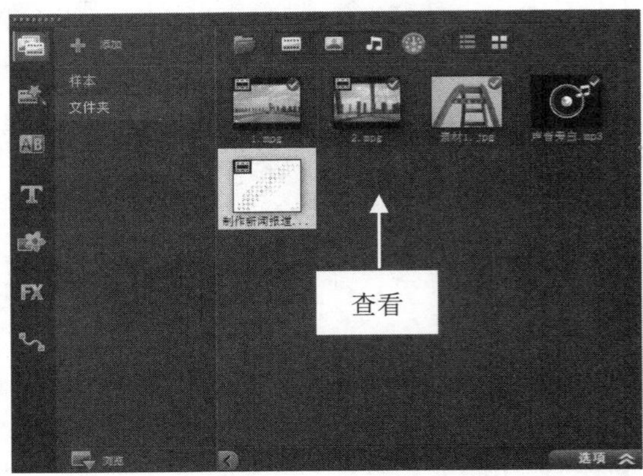

图 17–71　查看输出的视频文件

图 17–70　提示渲染成功

第18章 制作电商视频——《手机摄影》

章前知识导读

所谓电商产品视频，是指在各大网络电商贸易平台如淘宝网、当当网、易趣网、拍拍网、京东网上投放的，对商品、品牌进行宣传的视频。本章主要向用户介绍制作电商产品视频的方法，包括策划、拍摄、剪辑以及添加特效的方法。

新手重点索引

- 导入手机摄影素材
- 制作丰富的背景动画
- 制作片头画面特效
- 制作覆叠素材画面效果
- 制作视频字幕效果
- 制作视频背景音乐

效果图片欣赏

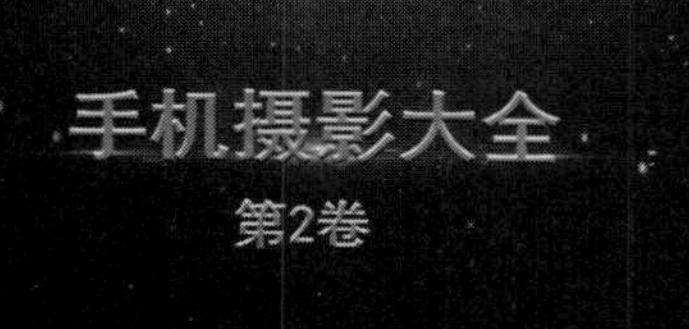

清华大学出版社

荣誉出版

18.1 效果欣赏

在制作《手机摄影》视频效果之前，首先预览项目效果，并掌握项目技术提炼等内容，希望用户学完以后可以举一反三，制作出更多精彩、漂亮的影视短片作品。

18.1.1 效果预览

本实例制作的效果如图 18–1 所示。

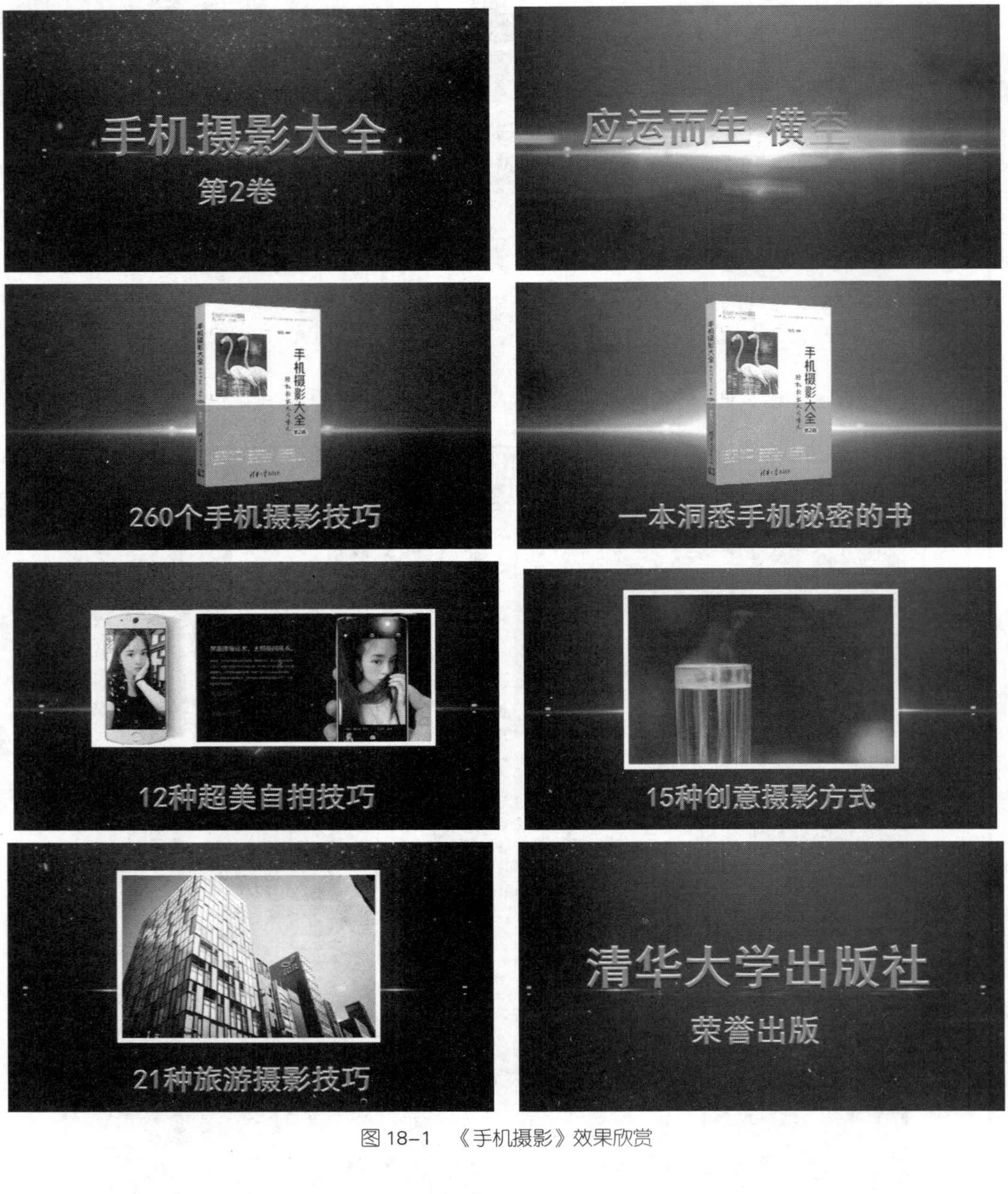

图 18–1　《手机摄影》效果欣赏

18.1.2 技术提炼

用户首先需要将电商视频的素材导入到素材库中，然后添加背景视频至视频轨中，将照片添加至覆叠轨中，为覆叠素材添加动画效果，然后添加字幕、音乐文件。

18.2 视频制作过程

本节主要介绍《手机摄影》视频文件的制作过程，包括导入手机摄影素材、制作视频覆叠动作效果、制作视频字幕效果等内容。

18.2.1 导入手机摄影素材

在制作视频效果之前，首先需要导入相应的情景摄影视频素材，导入素材后才能对视频素材进行相应编辑。

素材文件	素材\第 18 章文件夹
效果文件	无
视频文件	视频\第 18 章\18.2.1　导入手机摄影素材.mp4

step 01 在界面右上角单击“媒体”按钮，切换至“媒体”素材库，展开库导航面板，单击“添加“按钮，如图 18-2 所示。

step 02 执行上述操作后，即可新增一个“文件夹”选项，如图 18-3 所示。

图 18-2　单击“添加”按钮

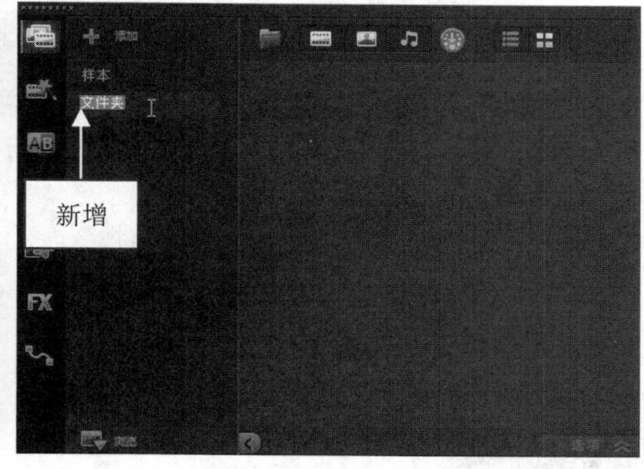

图 18-3　新增“文件夹”选项

step 03 选择菜单栏中的“文件”｜“将媒体文件插入到素材库”｜“插入视频”命令，如图 18-4 所示。

step 04 执行操作后，弹出“浏览视频”对话框，在其中选择需要导入的视频素材，如图 18-5 所示。

step 05 单击“打开”按钮，即可将视频素材导入到新建的选项卡中，如图 18-6 所示。

step 06 选择相应的情景摄影视频素材，在导览面板中单击“播放”按钮，即可预览导入的视频素材画面效果，如图 18-7 所示。

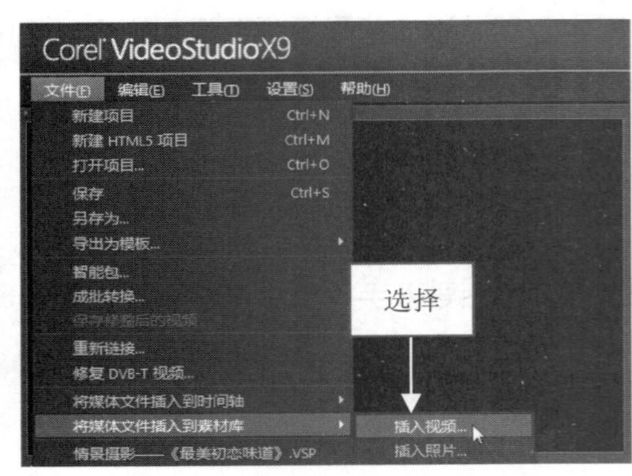

图 18-4　选择“插入视频”命令

图 18-5　选择需要导入的视频素材

图 18-6　将视频素材导入到新建的选项卡中

图 18-7　预览视频素材画面效果

step 07 选择菜单栏中的“文件”｜“将媒体插入到素材库”｜“插入照片”命令，如图 18-8 所示。

step 08 执行操作后，弹出“浏览照片”对话框，在其中选择需要导入的多张情景摄影照片素材，如图 18-9 所示。

step 09 单击“打开”按钮，即可将照片素材导入到“文件夹”选项卡中，如图 18-10 所示。

step 10 在素材库中选择相应的情景摄影照片素材，在预览窗口中可以预览导入的照片素材画面效果，如图 18-11 所示。

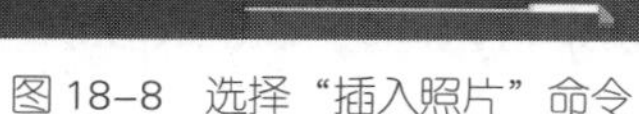

图 18-8 选择“插入照片”命令

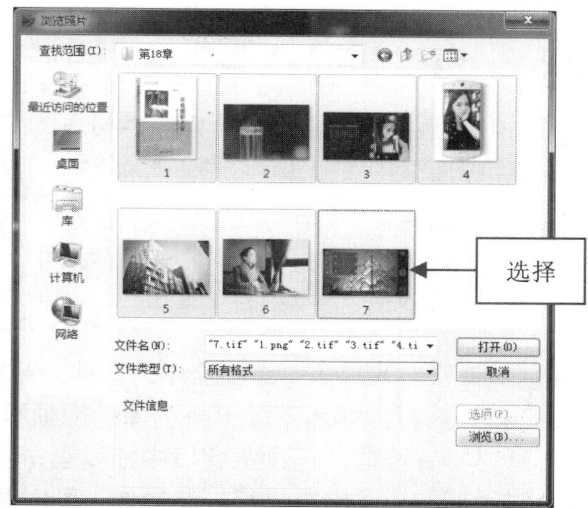

图 18-9 选择需要导入的照片

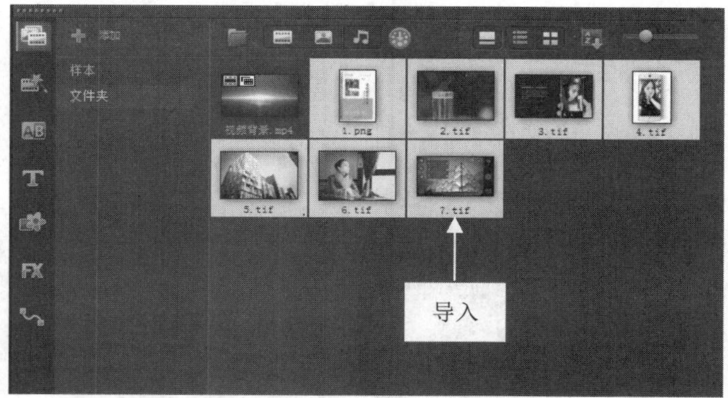

图 18-10 将照片素材导入到素材库中

图 18-11 预览导入的照片素材画面效果

18.2.2 制作丰富的背景动画

将手机摄影素材导入到“媒体”素材库的“文件夹”选项卡后，接下来用户可以将视频文件添加至视频轨中，制作手机摄影视频画面效果。

素材文件	无
效果文件	无
视频文件	视频\第 18 章\18.2.2　制作丰富的背景动画.mp4

step 01 在“文件夹”选项卡中将“视频背景”素材添加到视频轨中，如图 18-12 所示。

step 02 执行操作后，即可将选择的视频素材插入到视频轨中。进入“属性”选项面板，选中“变形素材”复选框，在预览窗口中拖曳素材四周的控制柄，调整视频至全屏大小，如图 18-13 所示。对添加的视频素材进行复制操作，同时调整后端视频素材区间为 0:00:05:06，即可完成背景视频的添加。

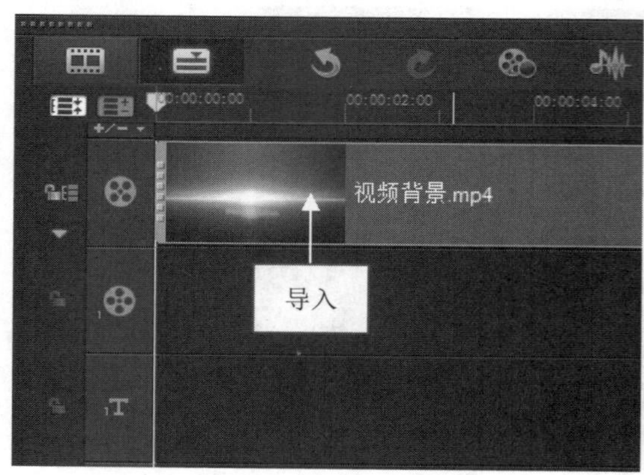

图 18-12　导入视频背景素材

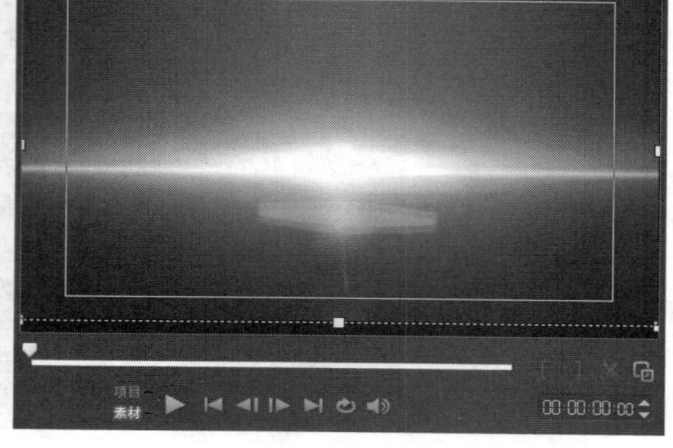

图 18-13　调整视频至全屏大小

18.2.3 制作片头画面特效

在会声会影 X9 中，可以为视频文件添加片头动画效果，增强影片的观赏性。下面向用户介绍制作视频片头动画特效的操作方法。

素材文件	无
效果文件	无
视频文件	视频\第 18 章\18.2.3　制作画面覆叠特效.mp4

step 01 在素材库中将 1.png 图像素材添加至覆叠轨中 0:00:14:10 的位置处，时间轴面板如图 18-14 所示。

step 02 在“编辑”选项面板中设置区间为 0:00:10:16，如图 18-15 所示。

step 03 在预览窗口中调整覆叠素材的大小和位置，如图 18-16 所示。

step 04 在预览窗口中选择覆叠素材，右击，在弹出的快捷菜单中选择“保持宽高比”命令，如图 18-17 所示。

step 05 进入“属性”选项面板，选中“基本动作”单选按钮；在“进入”选项组中单击“从左边进入”按钮；在“退出”选项组中单击“从右边退出”按钮，如图 18-18 所示。

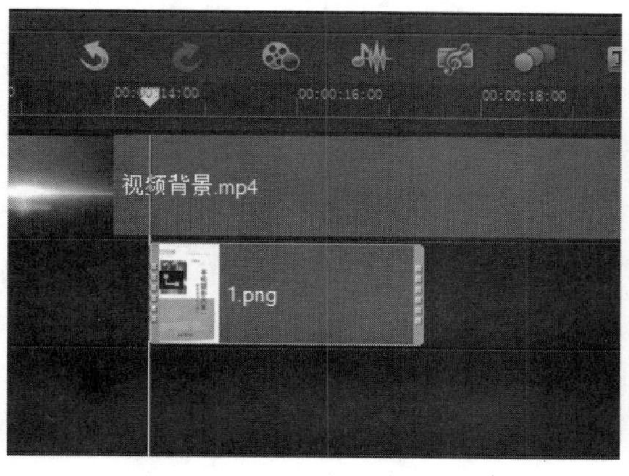

图 18–14 时间轴面板

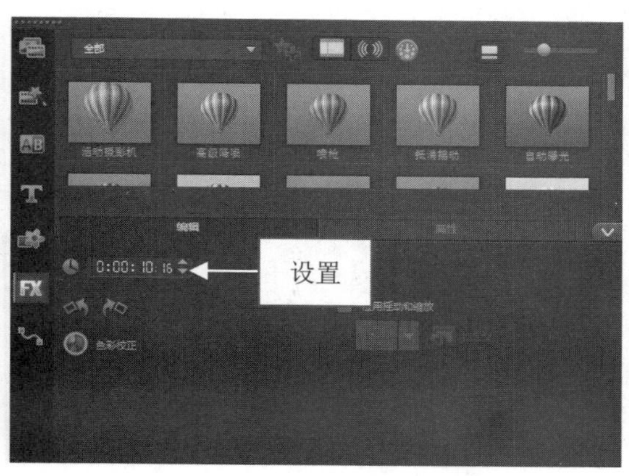

图 18–15 设置区间

图 18–16 调整覆叠素材的大小和位置

图 18–17 选择“保持宽高比”命令

step 06 执行操作后，即可完成覆叠特效的制作，在预览窗口中可以预览覆叠画面的效果，如图 18–19 所示。

图 18–18 单击相应按钮

图 18–19 预览覆叠画面的效果

step 07 调整时间线滑块至 00:00:04:23 的位置处，切换至“标题素材库”，在预览窗口中的适当位置进行双击操作，为视频添加片头字幕“手机摄影大全”，如图 18–20 所示。

step 08 在“编辑”选项面板中，设置区间为 0:00:00:24，设置“字体”为“黑体”、“字体大小”为 75，单击“色彩”色块，选择第 1 排倒数第 2 个颜色，“编辑”步骤面板如图 18–21 所示。

图 18–20　添加字幕文件

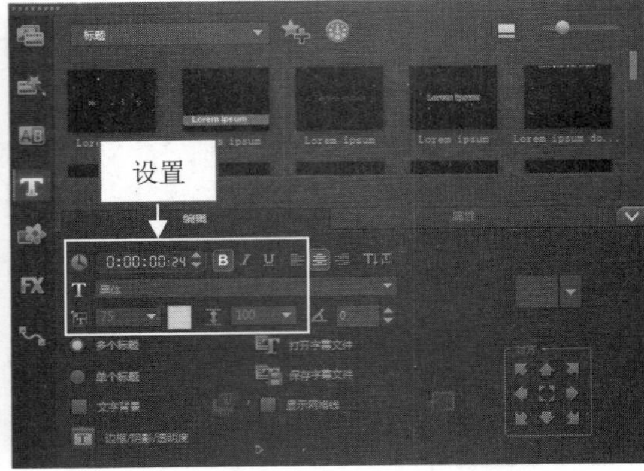

图 18–21　设置相应参数

step 09 在“滤镜”素材库中选择“浮雕”滤镜，单击鼠标左键并拖曳至标题轨中的字幕文件上方，即可添加“浮雕”滤镜，单击“自定义滤镜”按钮，弹出“浮雕”对话框，如图 18–22 所示。

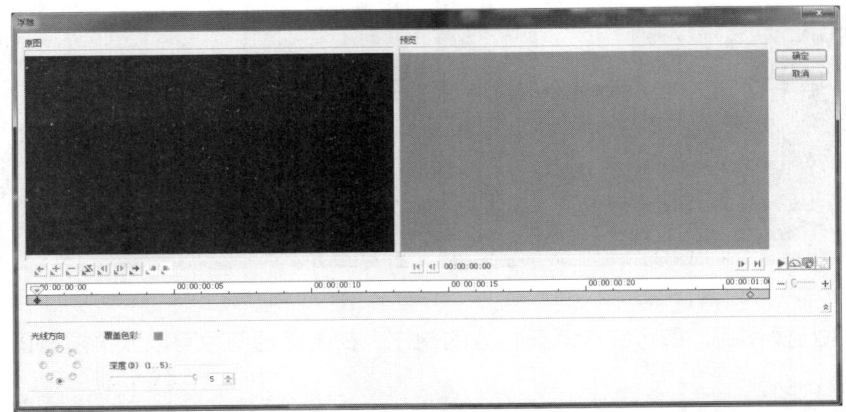

图 18–22　“浮雕”对话框

step 10 在“浮雕”对话框中选中“光线方向”选项组最底端的单选按钮，设置“深度”为 5，设置“覆叠色彩”为橘黄色(RGB 三原色分别为 216、130、0)，如图 18–23 所示。即可完成“浮雕”滤镜效果的设置。

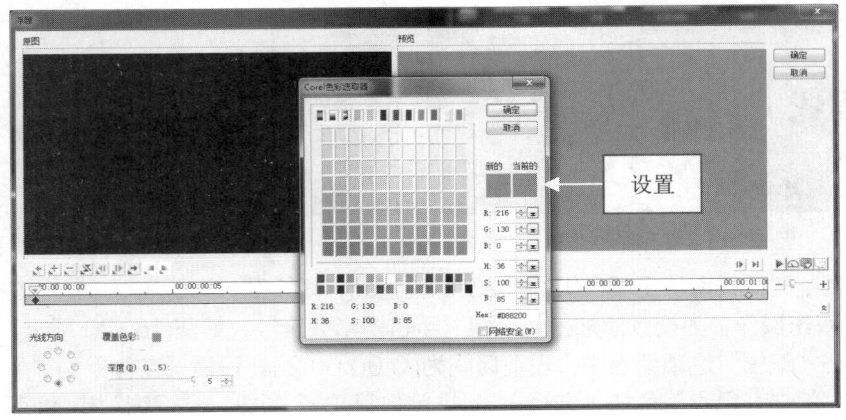

图 18–23　设置覆叠色彩

step 11 进入“属性”选项面板中，选中“动画”单选按钮和“应用”复选框，单击“应用”右侧的下三角按钮，在弹出的下拉列表中选择“淡化”选项，在其中选择第 1 排第 2 个预设样式，在预览窗口中可以预览画面效果，如图 18-24 所示。

step 12 选择添加的标题字幕，右击，在弹出的快捷菜单中选择“复制”命令，将其粘贴至标题轨中的适当位置，如图 18-25 所示。

图 18-24　预览画面效果

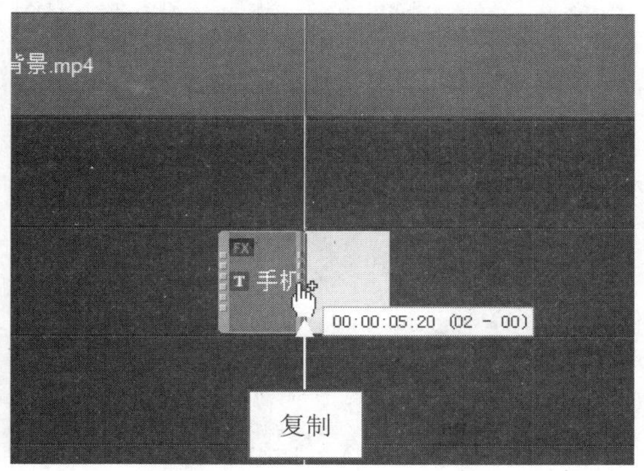

图 18-25　复制字幕文件

step 13 在“编辑”选项面板中，设置“区间”为 0:00:03:19，在“属性”选项面板中取消选中“应用”复选框，即可完成第 2 段字幕文件的制作，如图 18-26 所示。

step 14 使用与上面同样的方法，在覆叠轨的适当位置添加两段字幕文件，字幕内容为“第 2 卷”，在标题轨中的适当位置继续添加相应的字幕文件，时间轴面板如图 18-27 所示。

图 18-26　取消选中“应用”复选框

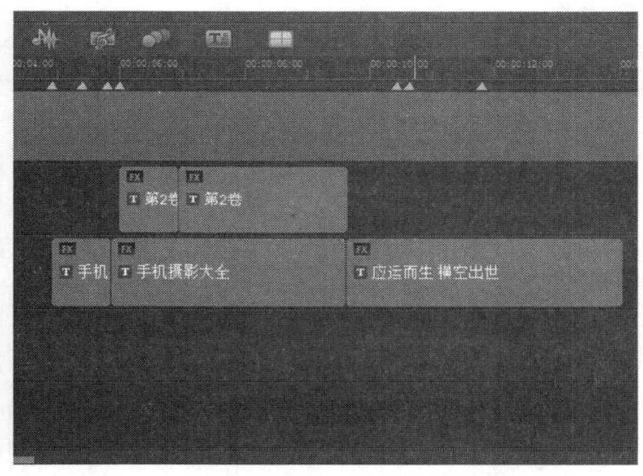

图 18-27　时间轴面板

step 15 单击导览面板中的“播放”按钮，即可在预览窗口中预览视频效果，如图 18-28 所示。

图 18-28　预览视频画面效果

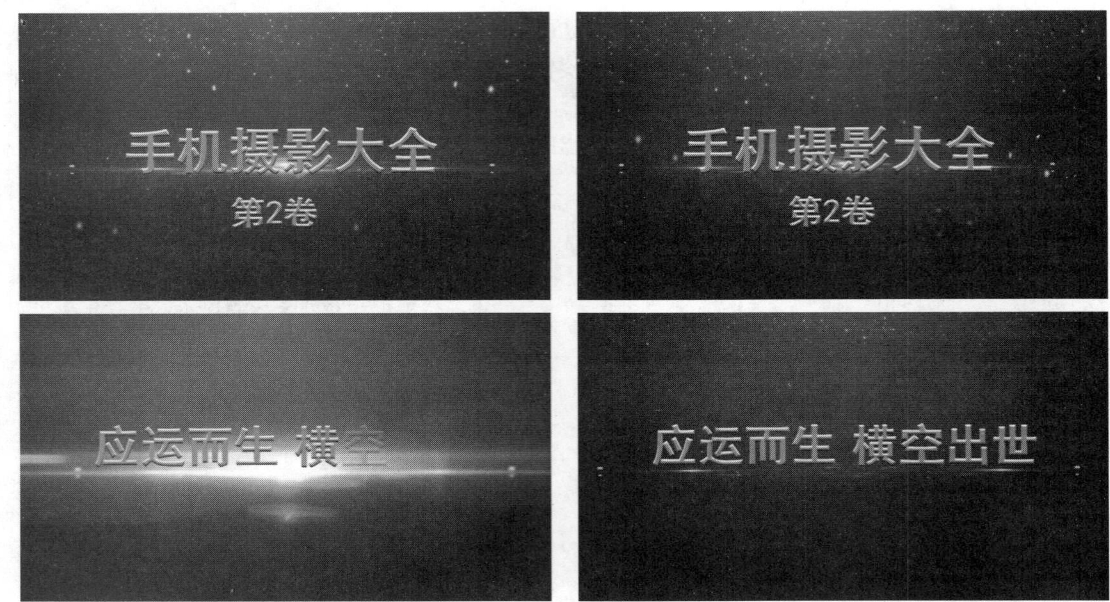

图 18–28 预览视频画面效果(续)

18.2.4 制作覆叠素材画面效果

在会声会影 X9 中，用户可以在覆叠轨中添加多个覆叠素材，制作视频的画中画特效，还可以为覆叠素材添加边框效果，使视频画面更加丰富多彩。本节主要向用户介绍制作画面覆叠特效的操作方法。

素材文件	无
效果文件	无
视频文件	视频\第 18 章\18.2.4 制作覆叠素材画面效果.mp4

step 01 选择菜单栏中的“设置”|“轨道管理器”命令，如图 18–29 所示。

step 02 执行操作后，弹出“轨道管理器”对话框，在其中设置覆叠轨数量为 2，如图 18–30 所示。

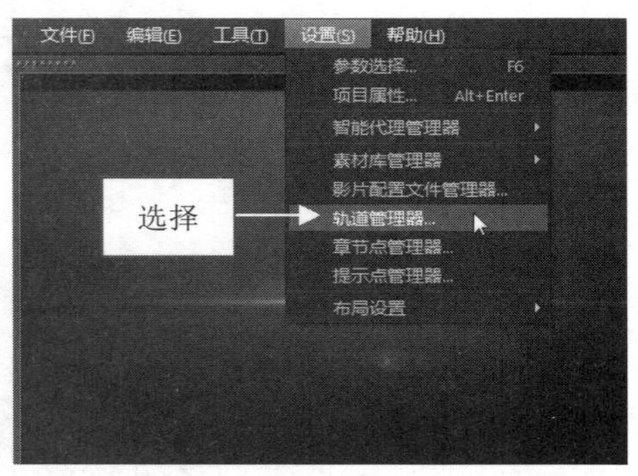

图 18–29 选择“轨道管理器”命令

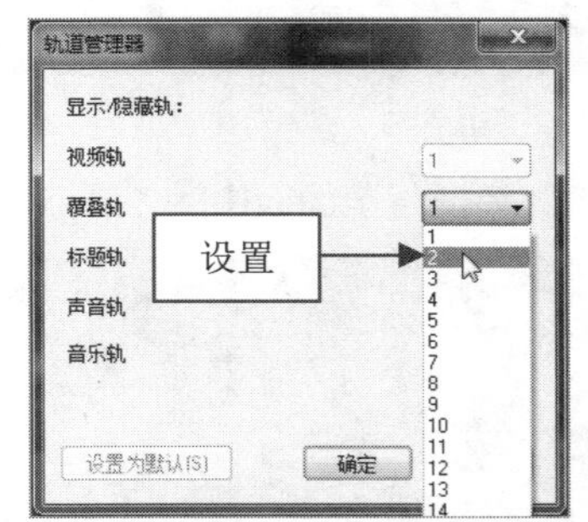

图 18–30 设置覆叠轨数量

step 03 拖动时间线滑块至 00:00:26:00 的位置处，在素材库中选择 2.TIF 图像素材，单击鼠标左键并将其拖曳至覆叠轨 1 中的时间线位置，如图 18–31 所示。

step 04 在“编辑”选项面板中设置区间为 0:00:05:00，如图 18–32 所示。

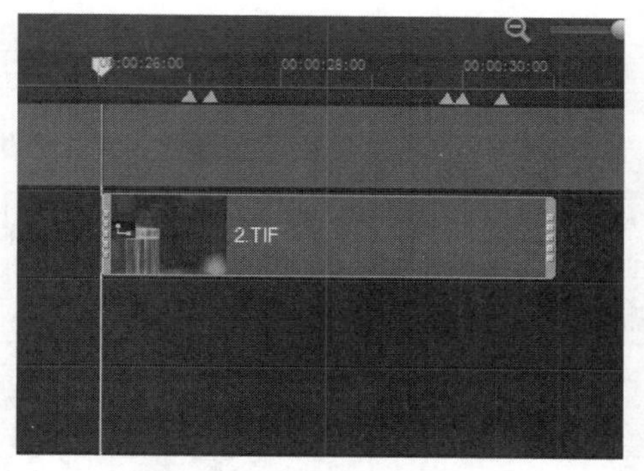

图 18–31 添加图像素材

图 18–32 设置素材区间

step 05 进入“属性”选项面板，单击“遮罩和色度键”按钮，在其中设置“边框”为 2、“边框颜色”为白色，如图 18–33 所示。

step 06 在预览窗口中可以调整素材的大小和位置，如图 18–34 所示。在“属性”选项面板中选中“基本动作”单选按钮，单击“从左上方进入”按钮，为素材添加动作效果。

图 18–33 设置边框

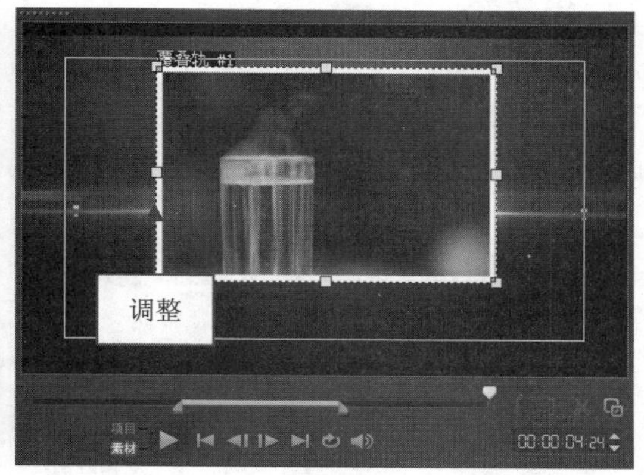

图 18–34 调整素材的大小和位置

step 07 拖动时间线滑块至 0:00:32:02 的位置处，在“覆叠轨 1”中添加 3.TIF 图像素材，在“覆叠轨 2”中添加 4.TIF 图像素材，如图 18–35 所示。

step 08 为两个覆叠素材添加边框，然后在预览窗口中调整两个素材的大小和位置，如图 18–36 所示。

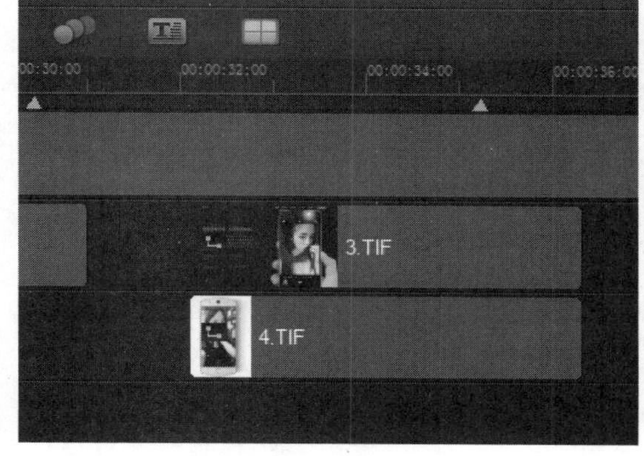

图 18–35 添加覆叠素材

图 18–36 调整素材位置和大小

step 09 使用与上面同样的方法，在“覆叠轨 1”中继续添加三幅图像素材，并设置边框效果与动作效果，时间轴面板如图 18-37 所示。

图 18-37　时间轴面板

step 10 单击导览面板中的“播放”按钮，即可在预览窗口中预览其他覆叠素材效果，如图 18-38 所示。

图 18-38　预览其他覆叠效果

18.2.5 制作视频字幕效果

在会声会影 X9 中，单击“标题”按钮，切换至“标题”素材库，用户可根据需要输入并编辑多个标题字幕。

素材文件	无
效果文件	无
视频文件	视频\第 18 章\18.2.5 制作视频字幕效果.mp4

step 01 将时间线移至 00:00:14:10 的位置，单击“标题”按钮，切换至“标题”选项卡，在预览窗口适当位置输入文字“一本洞悉手机秘密的书”，并在预览窗口中调整字幕的位置，如图 18-39 所示。

step 02 单击“选项”按钮，打开“编辑”选项面板，在其中设置区间为 0:00:01:11、“字体”为“黑体”、“字体大小”为 45，如图 18-40 所示。

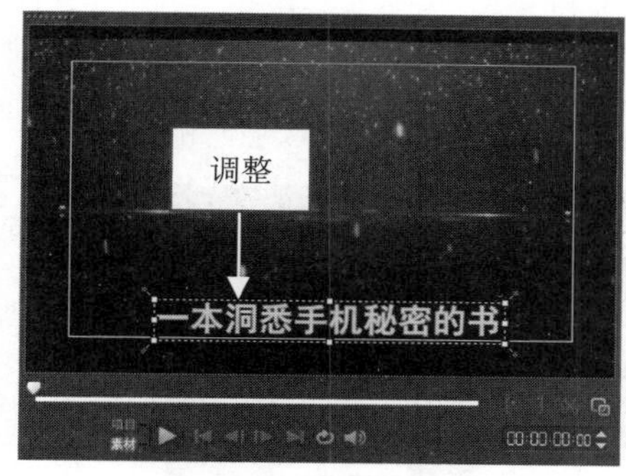

图 18-39 调整字幕位置

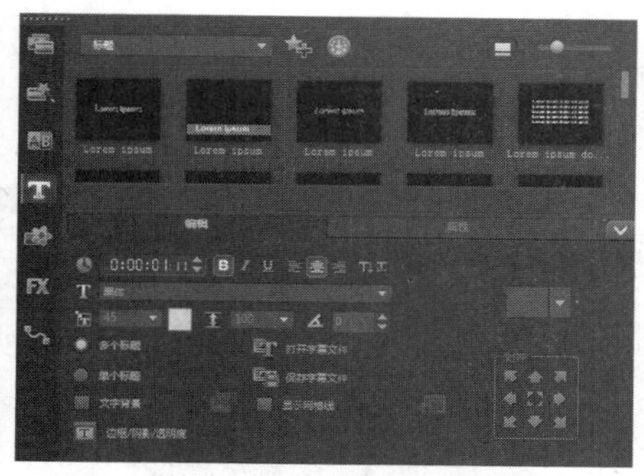

图 18-40 设置字幕属性

step 03 切换至“属性”选项面板，在其中选中“动画”单选按钮和“应用”复选框，设置“选取动画类型”为“淡化”，在下方选择第 1 排第 2 个预设样式，如图 18-41 所示。

step 04 进入“滤镜”素材库，在其中选择“浮雕”滤镜，单击鼠标左键并将其拖曳至标题轨中的字幕文件上，释放鼠标左键为字幕文件添加滤镜效果，如图 18-42 所示。

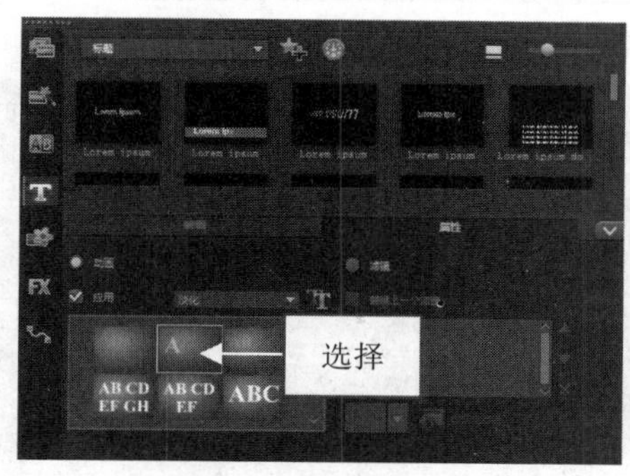

图 18-41 选择预设动画样式

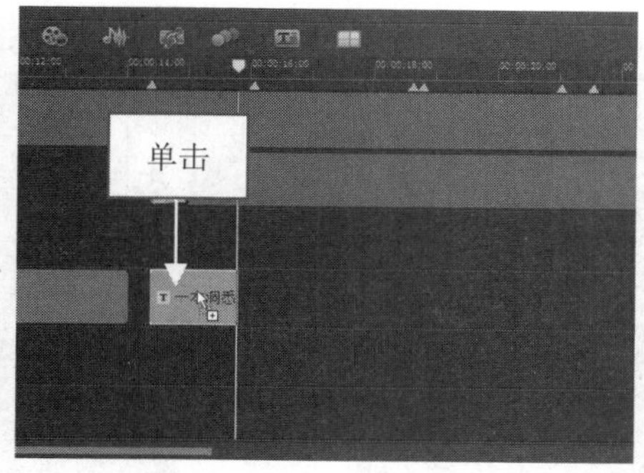

图 18-42 添加滤镜效果

step 05 进入“属性”选项面板，在其中选择“浮雕”滤镜效果，单击“自定义滤镜”按钮，弹出“浮雕”对话框，如图 18-43 所示。

step 06 在“浮雕”对话框中，单击“光线方向”选项组中最底端的单选按钮，设置“深度”为 5，设置“覆叠色彩”为橘黄色(RGB 三原色分别为 216、130、0)，如图 18-44 所示。即可完成“浮雕”滤镜效果的设置。

step 07 选择添加的标题字幕，右击，在弹出的快捷菜单中选择“复制”命令，将其粘贴至标题轨中的适当位置，如图 18-45 所示。

step 08 在“编辑”选项面板中设置区间为 0:00:04:07，在“属性”选项面板中取消选中“应用”复选框，即可完成第 2 段字幕文件的制作。时间轴面板如图 18-46 所示。

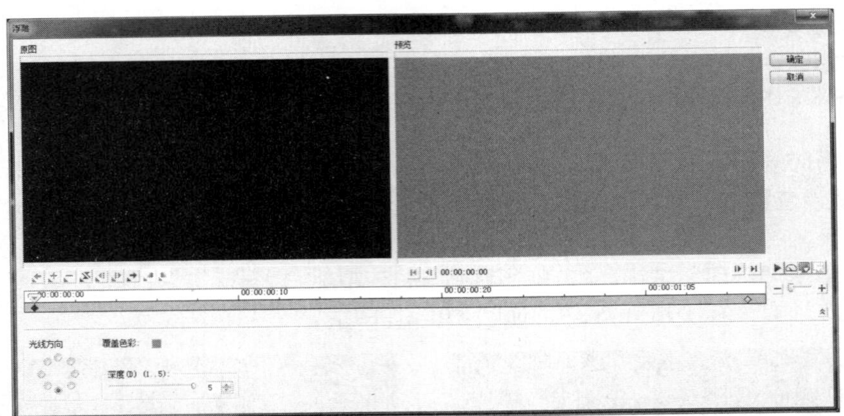

图 18-43 “浮雕”对话框

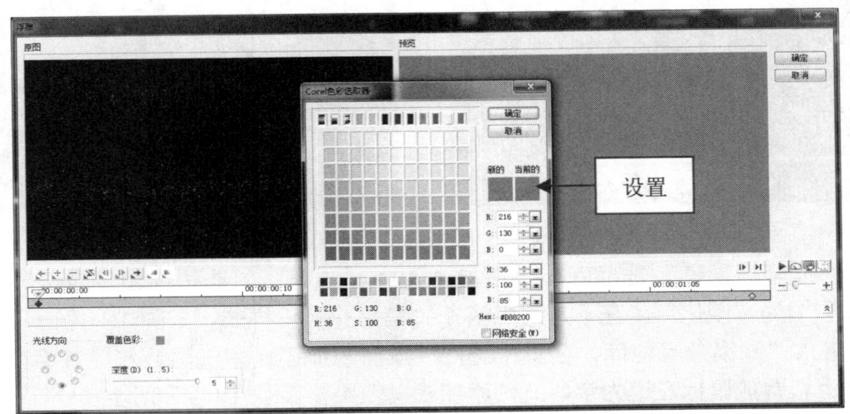

图 18-44 设置覆叠色彩

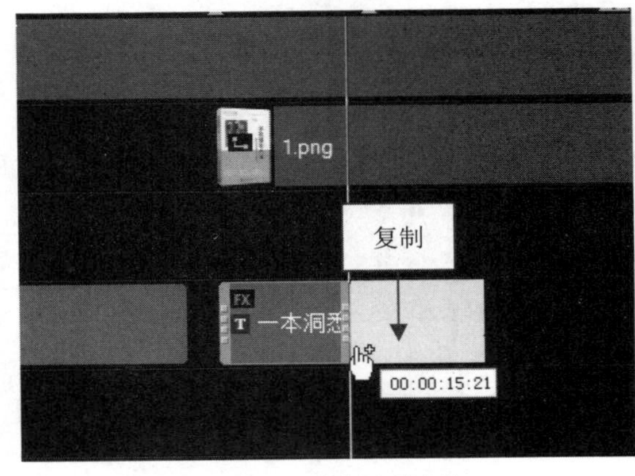

图 18-45 复制字幕文件

图 18-46 时间轴面板(1)

step 09 使用与上面同样的方法，继续在标题轨中添加标题字幕，并添加滤镜效果、动画效果等，即可完成字幕效果的添加制作。时间轴面板如图 18-47 所示。

step 10 单击导览面板中的“播放”按钮，即可在预览窗口中预览制作的视频画面效果，如图 18-48 所示。

图 18–47 时间轴面板(2)

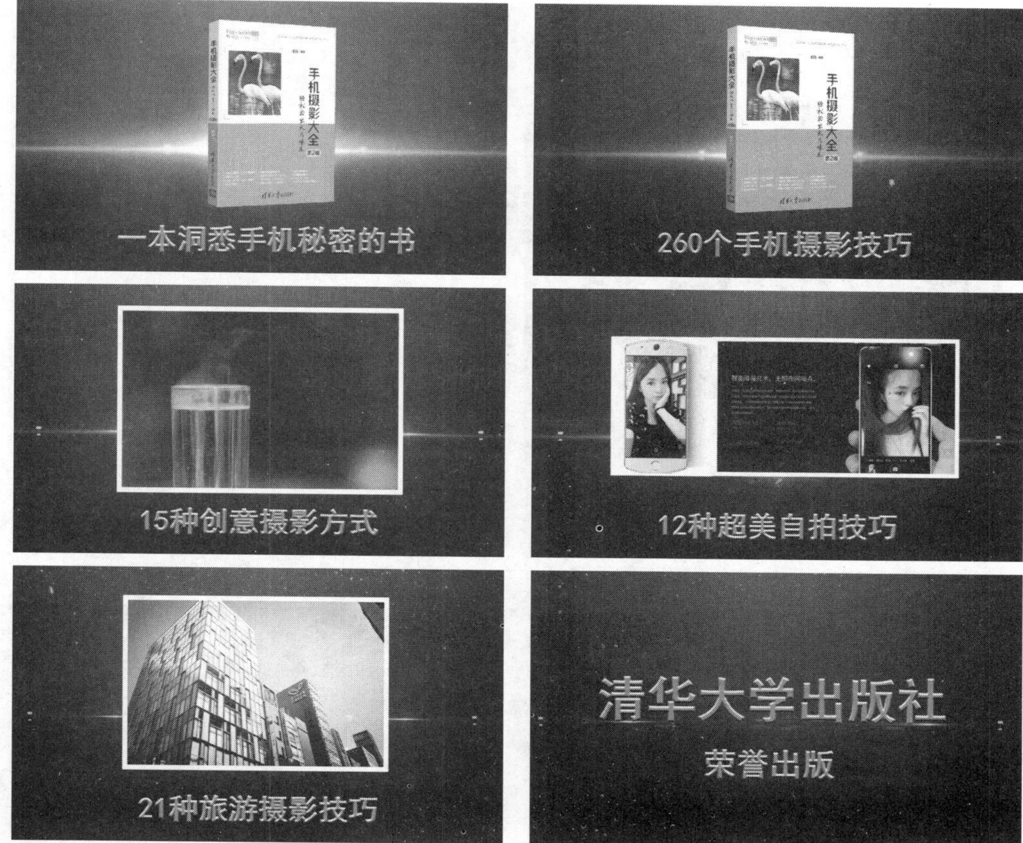

图 18–48 预览视频字幕效果

18.3 视频后期处理

通过影视后期处理，可以为影片添加各种音乐及特效，使影片更具珍藏价值。本节主要介绍影片的后期编辑与输出，包括制作视频的背景音乐特效和输出为视频文件的操作方法。

18.3.1 制作视频背景音乐

在会声会影 X9 中，为视频添加配乐，可以增强视频的感染力。下面介绍制作视频背景音乐的操作方法。

素材文件	素材\第 18 章\背景音乐.wav
效果文件	无
视频文件	视频\第 18 章\18.3.1　制作视频背景音乐.mp4

step 01 在"媒体"素材库中的空白位置处右击，在弹出的快捷菜单中选择"插入媒体文件"命令，如图 18-49 所示。

step 02 执行操作后，弹出"浏览媒体文件"对话框，在其中选择需要添加的音乐素材，如图 18-50 所示。

图 18-49　选择"插入媒体文件"命令

图 18-50　选择需要添加的音乐素材

step 03 单击"打开"按钮，即可将选择的音乐素材导入到素材库中，如图 18-51 所示。

step 04 在时间轴面板中将时间线移至视频轨中的开始位置，如图 18-52 所示。

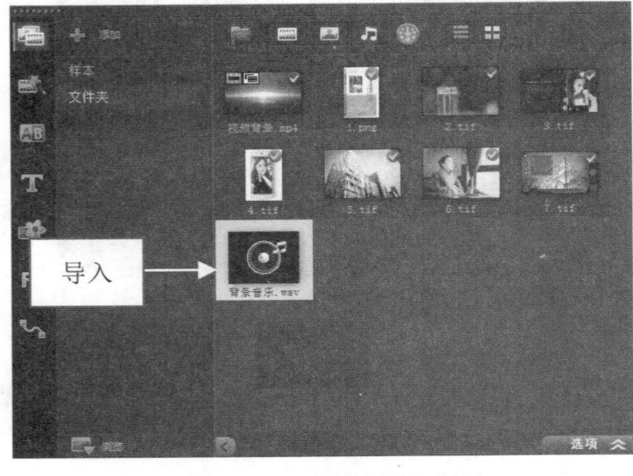

图 18-51　导入到素材库中

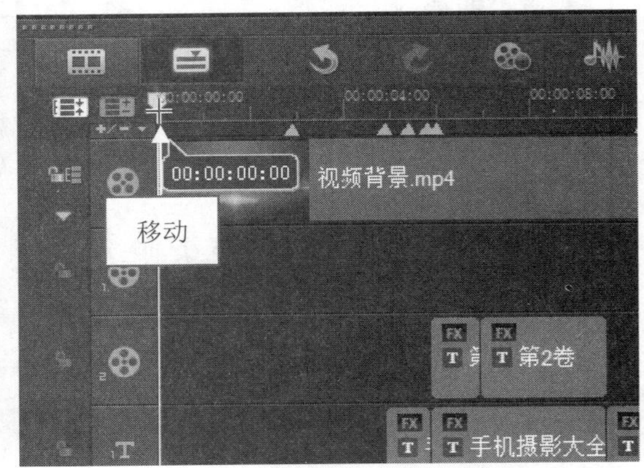

图 18-52　移至视频轨中的开始位置

step 05 在"媒体"素材库中选择"背景音乐.wav"音频素材，单击鼠标左键并拖曳至声音轨中的开始位置，为视频添加背景音乐，如图 18-53 所示。

step 06 在时间轴面板中将时间线移至 00:01:03:22 的位置处，如图 18-54 所示。

step 07 选择声音轨中的素材，右击，在弹出的快捷菜单中选择"分割素材"命令，如图 18-55 所示。

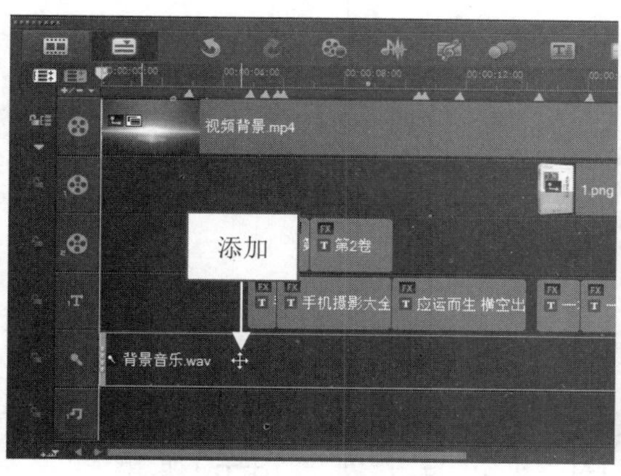

图 18-53 为视频添加背景音乐

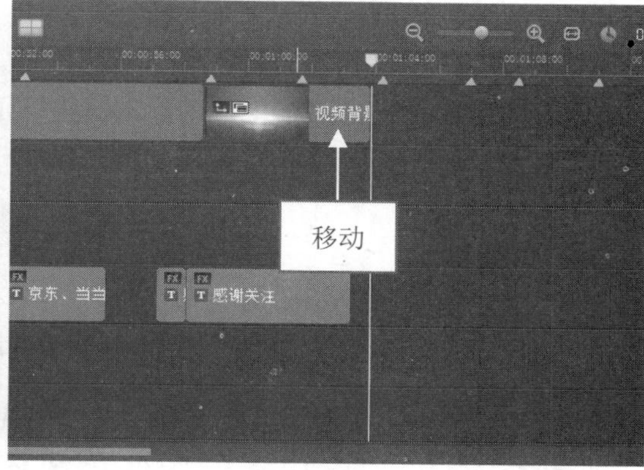

图 18-54 移动时间线的位置

step 08 执行操作后，即可将音频素材分割为两段，如图 18-56 所示。

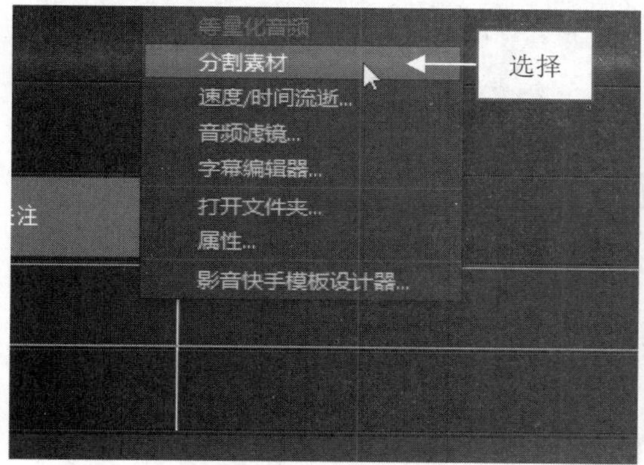

图 18-55 选择“分割素材”命令

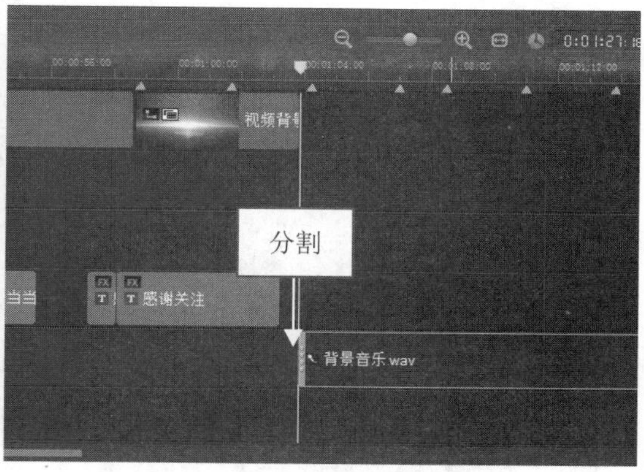

图 18-56 将音频素材分割为两段

step 09 选择分割的后段音频素材，按 Delete 键进行删除操作，留下剪辑后的音频素材，如图 18-57 所示。

step 10 在声音轨中，选择剪辑后的音频素材，打开“音乐和声音”选项面板，在其中单击“淡入”按钮和“淡出”按钮，如图 18-58 所示。设置背景音乐的淡入和淡出特效，在导览面板中单击“播放”按钮，预览视频画面并聆听背景音乐的声音。

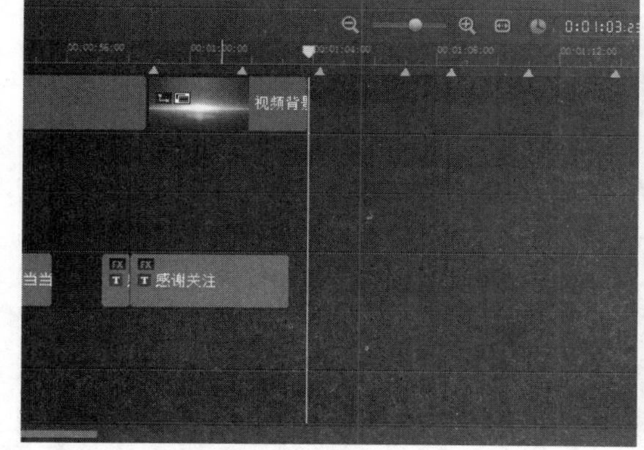

图 18-57 删除不需要的片段

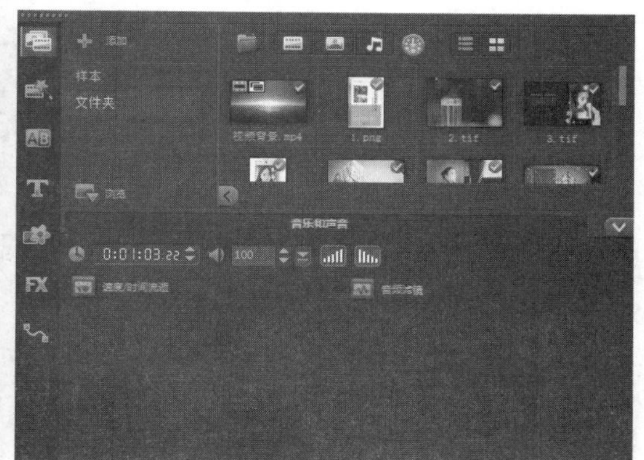

图 18-58 单击相应特效按钮

18.3.2 渲染输出影片文件

创建并保存视频文件后，用户即可对其进行渲染。渲染时间是根据编辑项目的长短以及计算机配置的高低而略有不同。下面介绍输出情景摄影视频文件的操作方法，希望用户熟练掌握文件的输出方法。

素材文件	无
效果文件	效果\第 18 章\制作电商视频——《手机摄影》.mpg
视频文件	视频\第 18 章\18.3.2 渲染输出影片文件.mp4

step 01 切换至“共享”步骤面板，在其中选择 MPEG-2 选项，如图 18-59 所示。

step 02 在弹出的面板中单击“文件位置”右侧的“浏览”按钮，如图 18-60 所示。

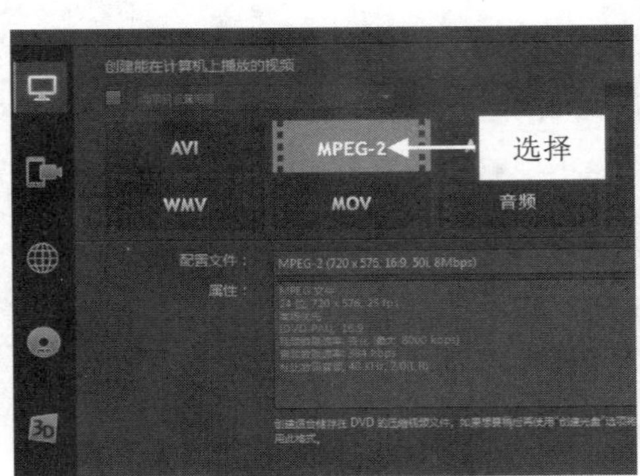

图 18-59 选择 MPEG-2 选项

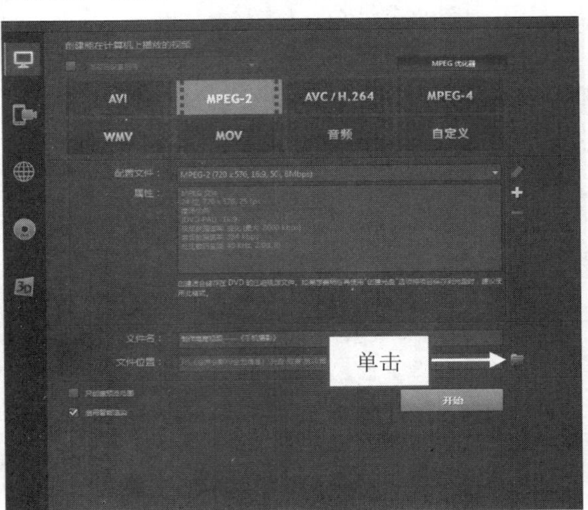

图 18-60 单击“浏览”按钮

step 03 弹出“浏览”对话框，在其中设置文件的保存位置和名称，如图 18-61 所示。

step 04 单击“保存”按钮，返回到会声会影的“共享”步骤面板，单击“开始”按钮，即可开始渲染视频文件，并显示渲染进度，如图 18-62 所示。渲染完成后，即可完成影片文件的渲染输出。

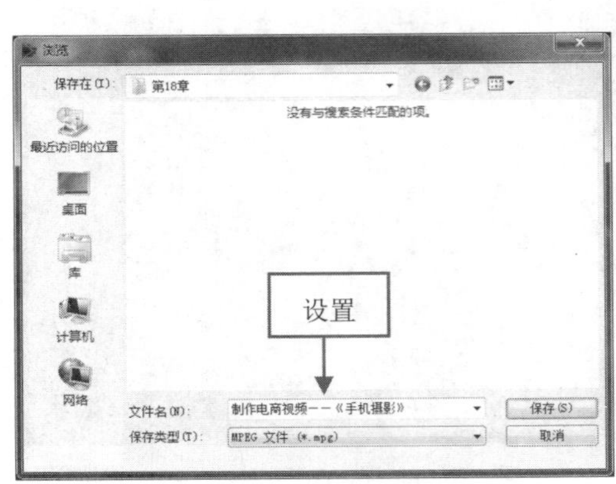

图 18-61 设置保存位置和名称

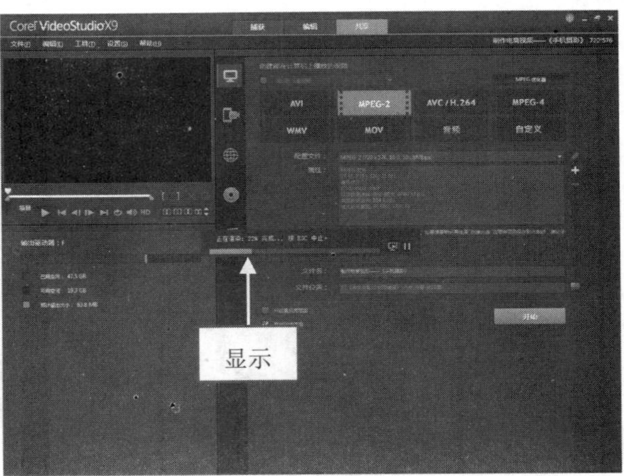

图 18-62 显示渲染进度

step 05 稍等片刻，弹出提示信息框，提示渲染成功，如图 18-63 所示。

step 06 切换至“编辑”步骤面板，在素材库中查看输出的视频文件，在预览窗口中可以查看输出的视频画面效果，如图 18-64 所示。

图 18-63　提示渲染成功

图 18-64　查看输出的视频画面效果

章前知识导读

泰国，全称泰王国，位于中南半岛中部，其西部与北部和缅甸、安达曼海接壤，东北边是老挝，东南是柬埔寨，南边狭长的半岛与马来西亚相连，是一个旅游度假的好去处。本章向用户介绍制作泰国旅游视频的操作方法。

第19章 制作旅游视频——《泰国之行》

新手重点索引

- 导入旅游影像素材
- 制作视频摇动效果
- 制作视频转场效果
- 制作旅游片头特效
- 制作字幕滤镜效果
- 制作视频背景音乐

效果图片欣赏

19.1 效果欣赏

在制作《泰国之行》视频效果之前，首先预览项目效果，并掌握项目技术提炼等内容，希望用户学完以后可以举一反三，制作出更多精彩漂亮的旅游影像作品。

19.1.1 效果预览

本实例制作的效果如图 19-1 所示。

图 19-1 《泰国之行》效果欣赏

19.1.2 技术提炼

制作视频前，首先需要导入旅游影像素材文件，然后制作画面的摇动效果、转场效果、覆叠效果以及字幕效果，在后期处理中还要为视频添加背景音乐，最后将视频进行输出操作。

19.2 视频制作过程

本节主要介绍《泰国之行》视频文件的制作过程，包括导入旅游影像素材、制作视频摇动效果、制作视频转场效果、制作视频覆叠效果、制作视频字幕效果等内容。

19.2.1 导入旅游影像素材

使用会声会影 X9 制作实例效果前，需要将素材导入素材库中。下面介绍导入视频/照片素材的操作方法。

素材文件	素材\第 19 章文件夹
效果文件	无
视频文件	视频\第 19 章\19.2.1　导入旅游影像素材.mp4

step 01 进入会声会影编辑器，在素材库中新建一个文件夹，然后单击素材库上方的“显示视频”按钮，即可显示素材库中的视频素材，如图 19-2 所示。

step 02 选择菜单栏中的“文件”｜“将媒体文件插入到素材库”｜“插入视频”命令，如图 19-3 所示。

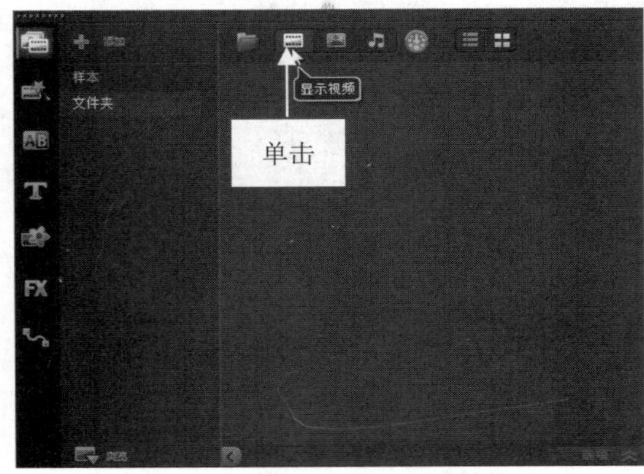

图 19-2　单击“显示视频”按钮

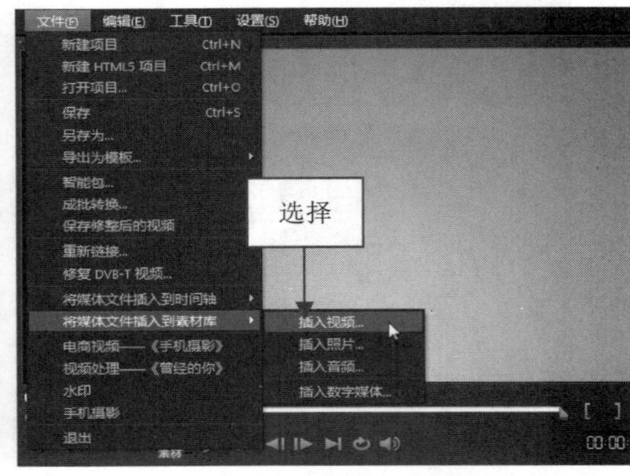

图 19-3　选择“插入视频”命令

step 03 弹出“浏览视频”对话框，在其中选择所需的视频素材文件，如图 19-4 所示。

step 04 单击“打开”按钮，即可将所选择的视频素材导入媒体素材库中，如图 19-5 所示。

step 05 单击素材库上方的“显示照片”按钮，显示素材库中的照片素材。在素材库空白处右击，在弹出的快捷菜单中选择“插入媒体文件”命令，如图 19-6 所示。

step 06 弹出“浏览媒体文件”对话框，在该对话框中选择所需插入的照片素材，如图 19-7 所示。

step 07 单击“打开”按钮，即可将所选择的照片素材导入媒体素材库中，如图 19-8 所示。

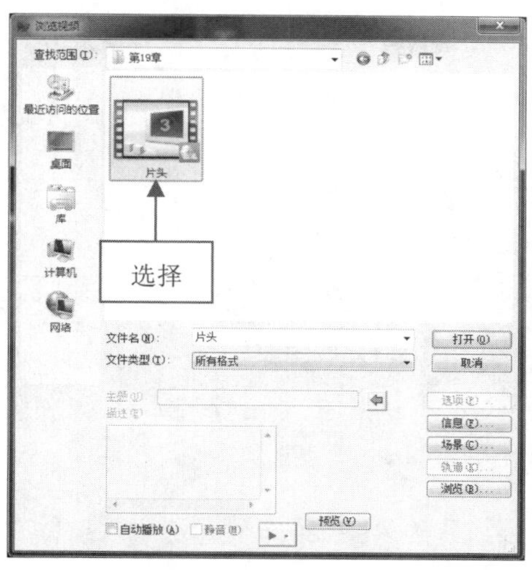

图 19-4　选择所需的视频素材

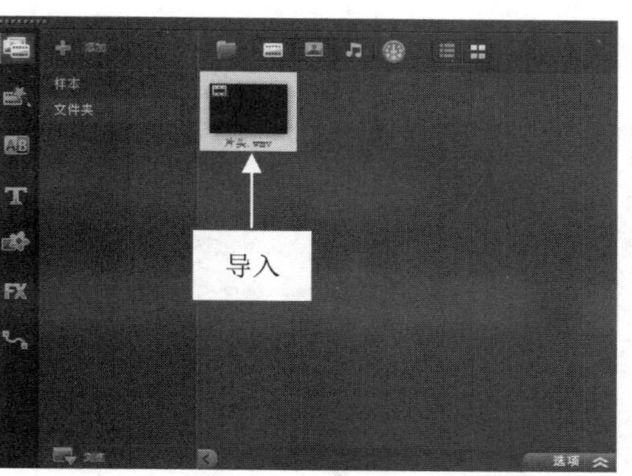

图 19-5　导入媒体素材库

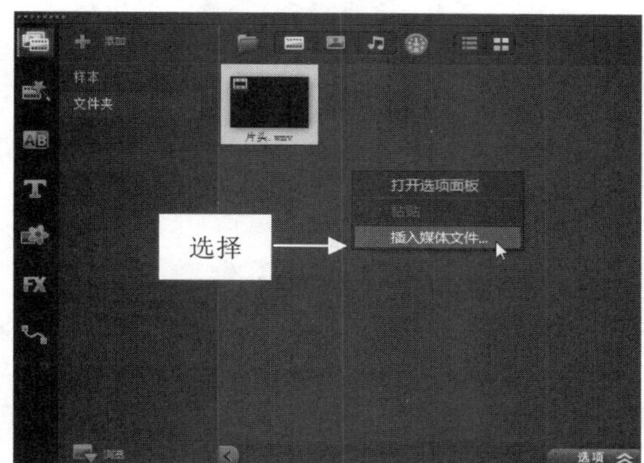

图 19-6　选择“插入媒体文件”命令

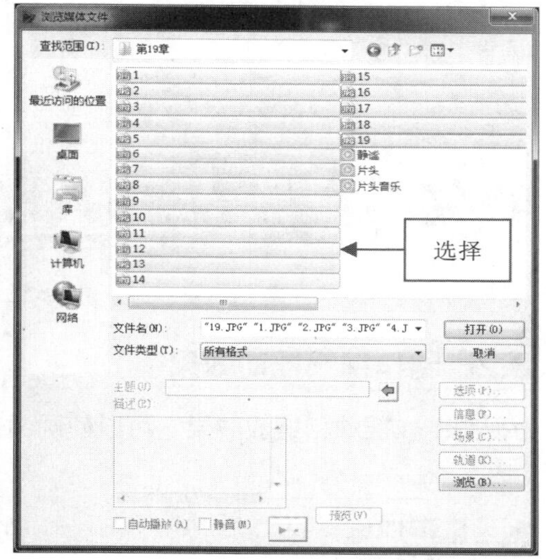

图 19-7　选择所需的照片素材

图 19-8　添加至媒体素材库

step 08 在媒体素材库中选择所需预览的素材，单击导览面板中的“播放”按钮▶，即可预览所添加的素材效果，如图 19-9 所示。

图 19-9　预览素材效果

19.2.2 制作视频摇动效果

为视频制作摇动和缩放效果，可以使画面内容更加丰富。下面介绍制作视频摇动效果的操作方法。

素材文件	无
效果文件	无
视频文件	视频\第 19 章\19.2.2　制作视频摇动效果.mp4

step 01 在媒体素材库中，选择所需的素材，右击，在弹出的快捷菜单中选择“插入到”|“视频轨”命令，如图 19-10 所示。

图 19-10　选择“视频轨”命令

step 02 执行操作后，即可将选择的素材插入到时间轴面板中的视频轨。使用同样的方法将其他的素材依次添加至视频轨中，切换至故事板视图，查看素材缩略图，如图 19-11 所示。

图 19-11 查看素材缩略图

step 03 切换至时间轴视图，在视频轨中选择“片头.wmv”视频素材，如图 19-12 所示。

step 04 在“属性”选项面板中选中“变形素材”复选框，如图 19-13 所示。

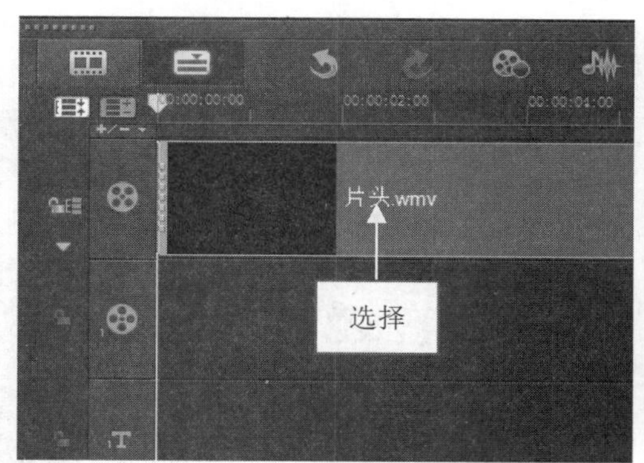

图 19-12 选择相应视频素材

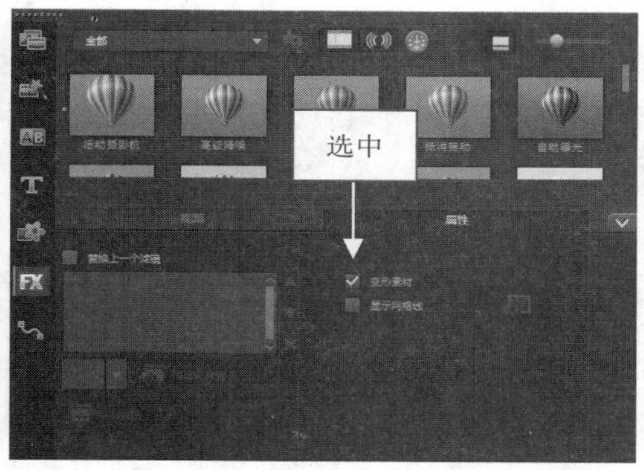

图 19-13 选中“变形素材”复选框

step 05 将鼠标拖曳至预览窗口中素材上，右击，在弹出的快捷菜单中选择“调整到屏幕大小”命令，如图 19-14 所示。

step 06 执行操作后，即可将素材调整到屏幕大小，如图 19-15 所示。

图 19-14 选择“调整到屏幕大小”命令

图 19-15 调整到屏幕大小

step 07 单击“图形”按钮，切换至“图形”选项卡，如图 19-16 所示。

step 08 在“色彩”素材库中选择黑色色块，单击鼠标左键并将其拖曳至视频轨中的“片

头.wmv”后面，如图 19–17 所示。

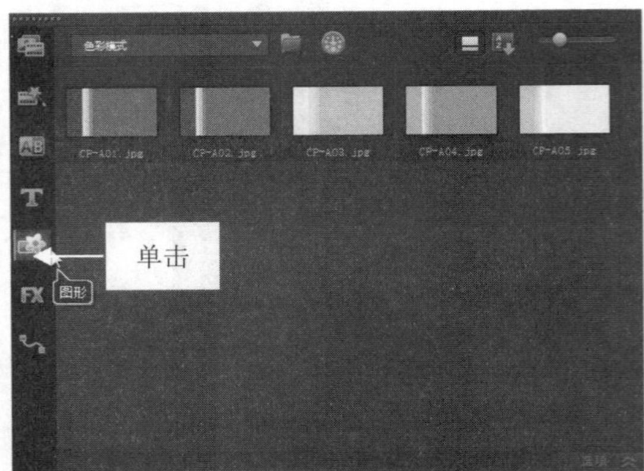

图 19–16　切换至“图形”选项卡

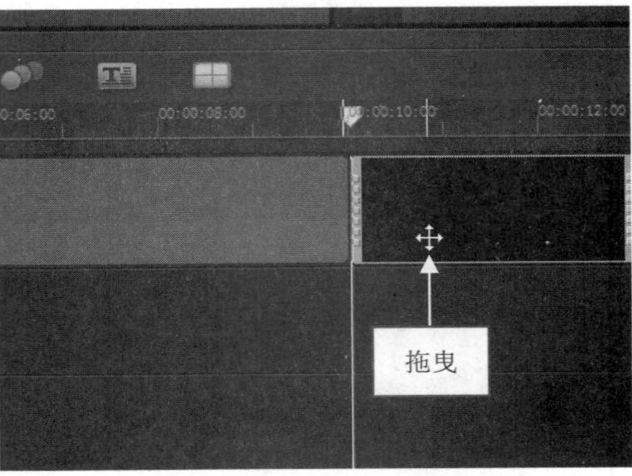

图 19–17　拖曳至视频轨

step 09 在视频轨黑色色块上右击，在弹出的快捷菜单中选择“更改色彩区间”命令，如图 19–18 所示。

step 10 弹出“区间”对话框，在其中设置区间为 0:0:5:20，如图 19–19 所示。

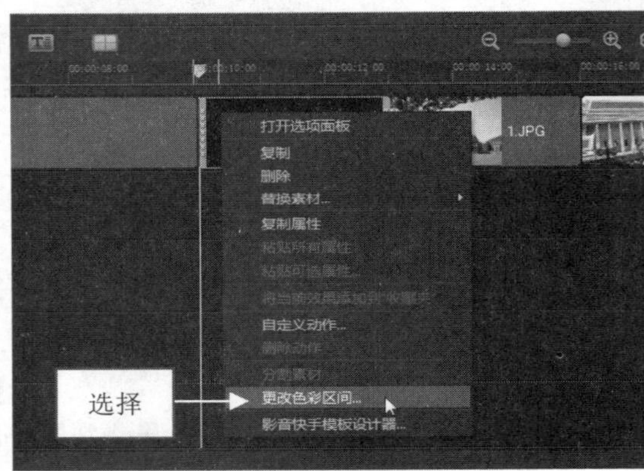

图 19–18　选择“更改色彩区间”命令

图 19–19　更改色彩区间

step 11 单击“确定”按钮，即可改变色彩区间。在视频轨中选择 1.JPG 照片素材，如图 19–20 所示。

step 12 在照片素材上右击，从弹出的快捷菜单中选择“更改照片区间”命令，如图 19–21 所示。

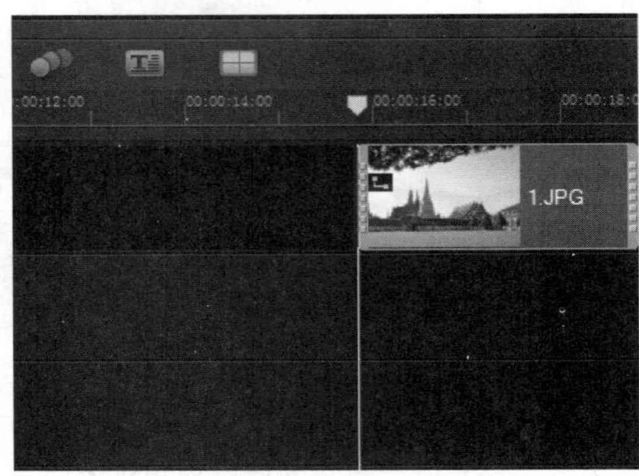

图 19–20　拖曳至所需位置

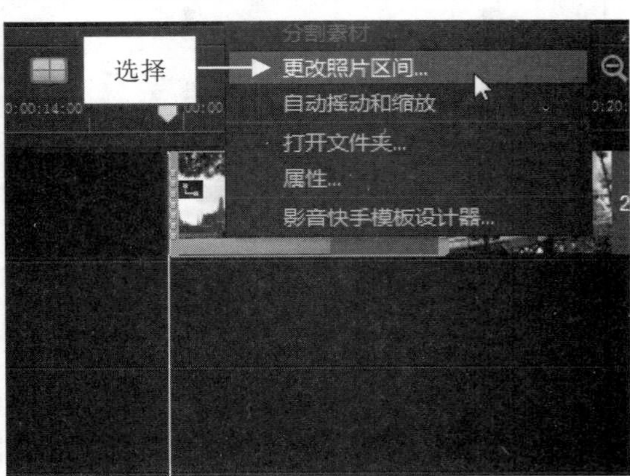

图 19–21　选择“更改照片区间”命令

step 13 弹出“区间”对话框，在其中设置区间为0:0:10:0，如图19-22所示。

图19-22 更改照片区间

step 14 单击“确定”按钮，即可改变照片区间。使用与上面同样的方法，设置图像素材2.JPG的区间为00:00:06:12、图像素材3.JPG的区间为00:00:05:15、图像素材4. JPG的区间为00:00:05:00、图像素材5.JPG的区间为00:00:06:00、图像素材6.JPG的区间为00:00:05:00、图像素材10.JPG的区间为00:00:05:00、图像素材11.JPG的区间为00:00:05:00、图像素材12.JPG的区间为00:00:04:16、图像素材13.JPG的区间为00:00:04:06、图像素材14.JPG的区间为00:00:02:11、图像素材15.JPG的区间为00:00:03:13、图像素材16.JPG的区间为00:00:06:14，此时时间轴面板如图19-23所示。

时间轴面板效果一

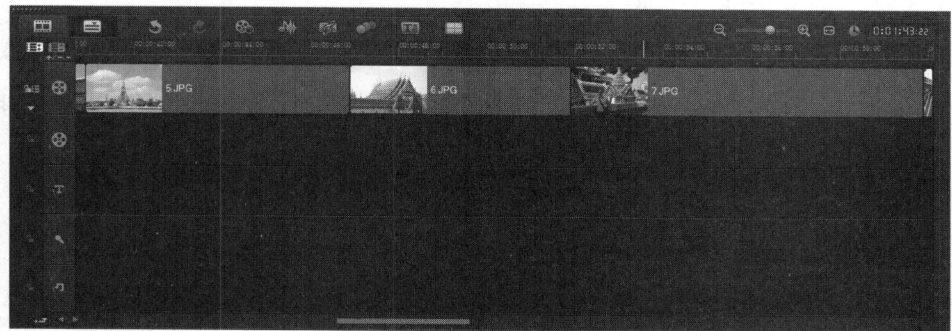

时间轴面板效果二

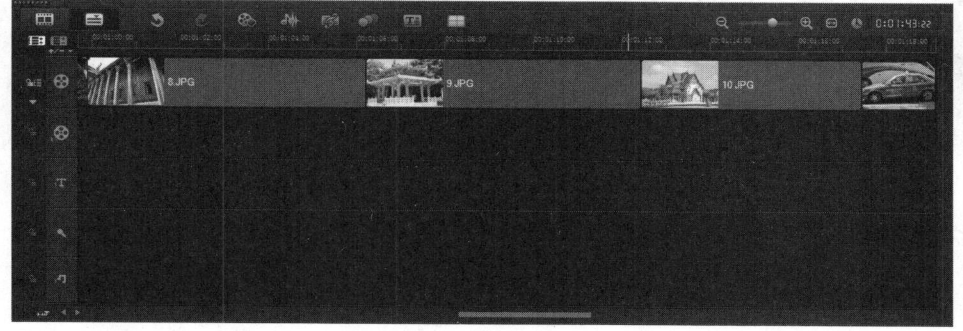

时间轴面板效果三

图19-23 时间轴面板

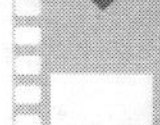

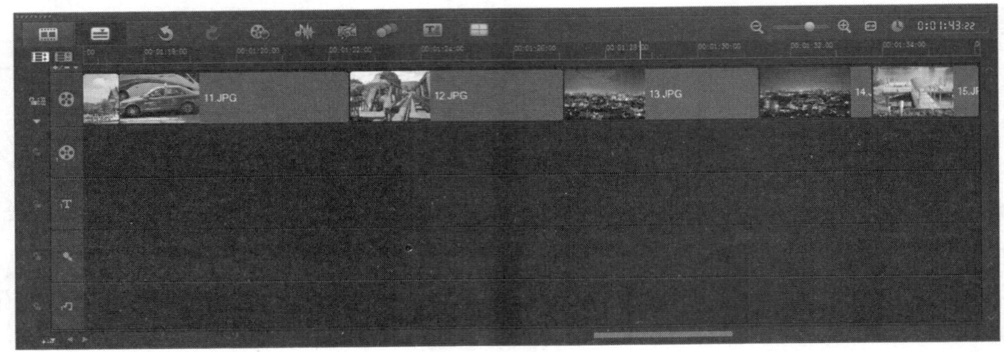

时间轴面板效果四

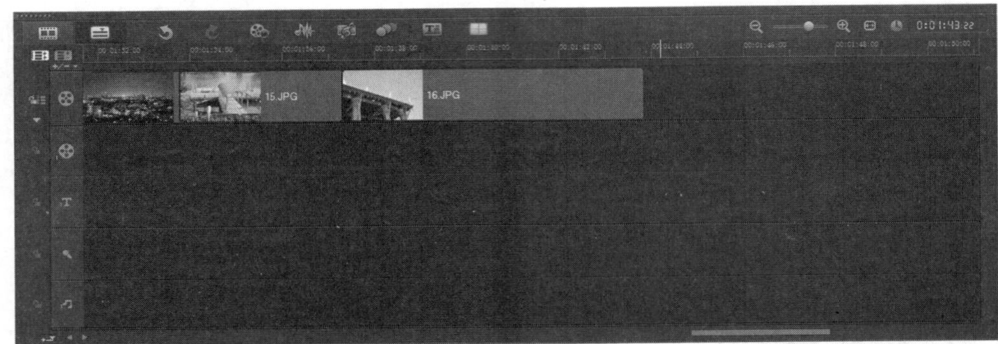

时间轴面板效果五

图 19–23　时间轴面板(续)

step 15 在视频轨中选择 1.JPG，单击“选项”按钮，打开“照片”选项面板，在该面板中选中“摇动和缩放”单选按钮，如图 19–24 所示。

step 16 单击下方的下拉按钮，在弹出的下拉列表中选择预设动画样式，如图 19–25 所示。

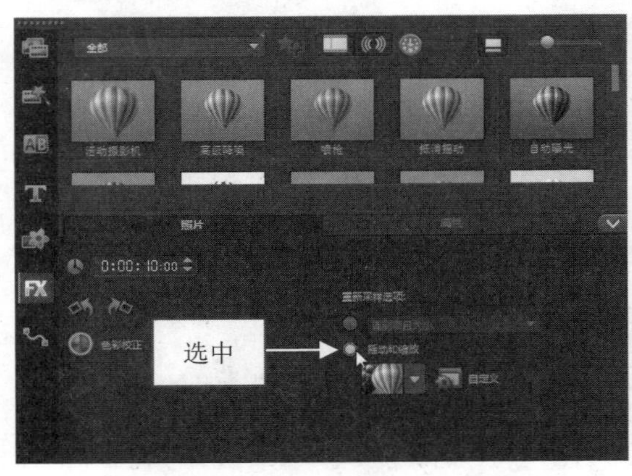

图 19–24　选中“摇动和缩放”单选按钮

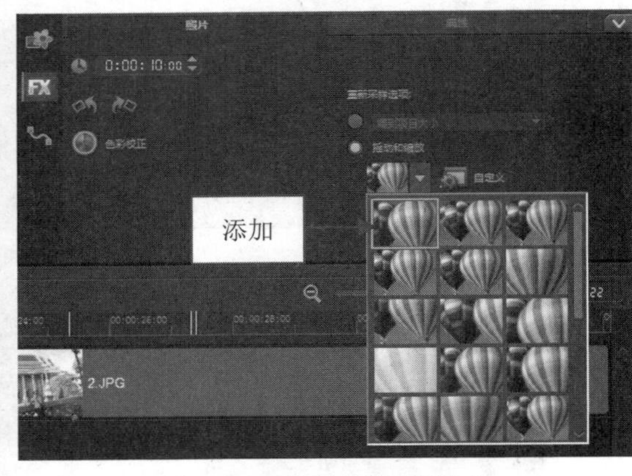

图 19–25　选择预设动画样式

step 17 单击“自定义”按钮，弹出“摇动和缩放”对话框，如图 19–26 所示。

step 18 在“摇动和缩放”对话框中，设置开始动画的参数，如图 19–27 所示。

step 19 将时间线拖曳至最右端，并设置结束动画的参数，如图 19–28 所示。

step 20 单击“确定”按钮，即可设置摇动和缩放效果。单击导览面板中的“播放”按钮，即可预览制作的摇动和缩放效果，如图 19–29 所示。

图 19–26 “摇动和缩放”对话框

图 19–27 设置开始动画参数

图 19–28 设置结束动画参数

step 21 参照上述相同的方法，设置其他图像素材的摇动和缩放效果，并选择相应的预设动画样式，效果如图 19–30 所示。

图 19–29　预览摇动和缩放效果(1)

图 19–30　预览摇动和缩放效果(2)

19.2.3 制作视频转场效果

为视频添加转场效果，可以使素材与素材之间的切换更加绚丽。下面介绍制作视频转场效果的操作方法。

素材文件	无
效果文件	无
视频文件	视频\第 19 章\19.2.3　制作视频转场效果.mp4

step 01 单击“转场”按钮，切换至“转场”选项卡，单击窗口上方的“画廊”按钮，在弹出的下拉列表中选择“过滤”选项，如图 19-31 所示。

step 02 打开“过滤”素材库，在其中选择“淡化到黑色”转场，如图 19-32 所示。

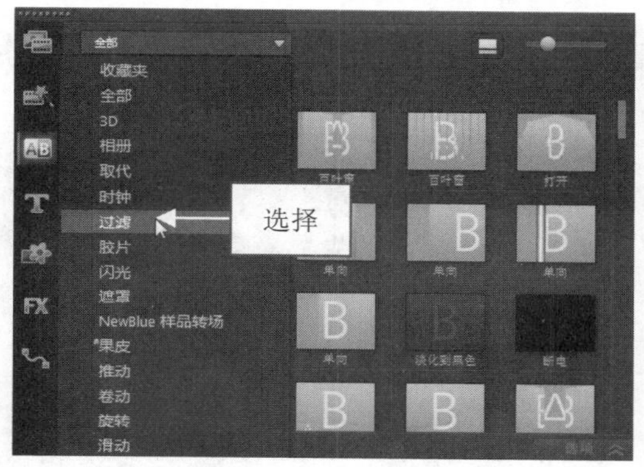

图 19-31　选择“过滤”选项

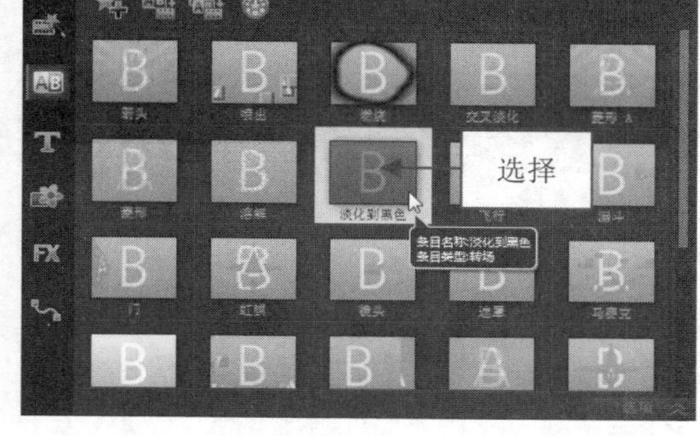

图 19-32　选择“淡化到黑色”转场

step 03 单击鼠标左键并将其拖曳至视频轨中“片头.wmv”开始处，如图 19-33 所示。

step 04 参照上述相同的方法，将“淡化到黑色”转场添加至 16.JPG 结尾处，如图 19-34 所示。

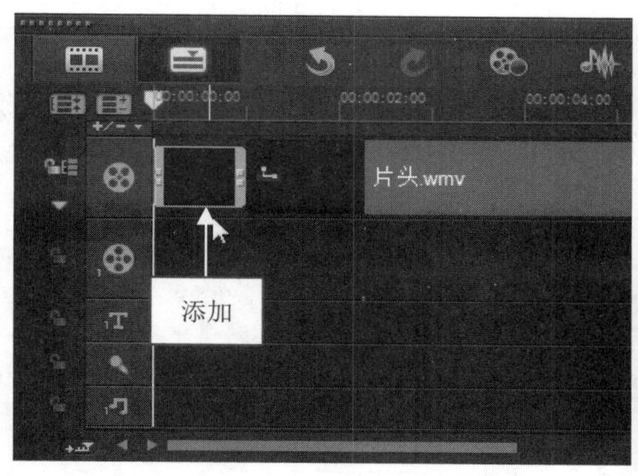

图 19-33　添加“淡化到黑色”转场(1)

图 19-34　添加“淡化到黑色”转场(2)

step 05 打开“过滤”素材库，在其中选择“淡化到黑色”转场，单击鼠标左键并将其拖曳至“片头.wmv”与黑色色块之间，如图 19-35 所示。

step 06 参照上述相同的方法，在黑色色块与图像素材 1.JPG 之间添加“淡化到黑色”转场效果，如图 19-36 所示。

step 07 打开“遮罩”素材库，在其中选择“遮罩 A”转场效果，如图 19-37 所示。

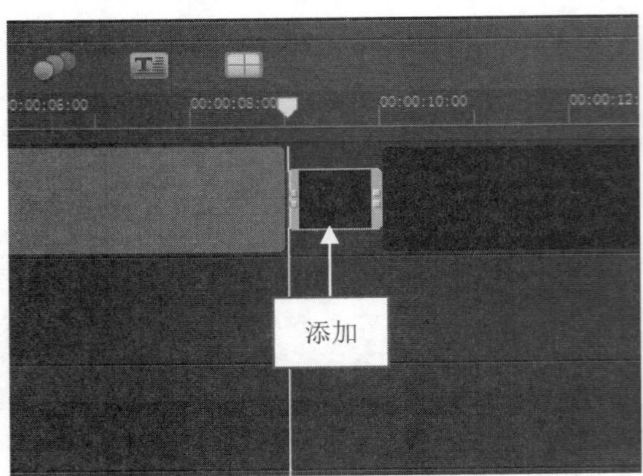

图 19-35　添加“淡化到黑色”转场(3)

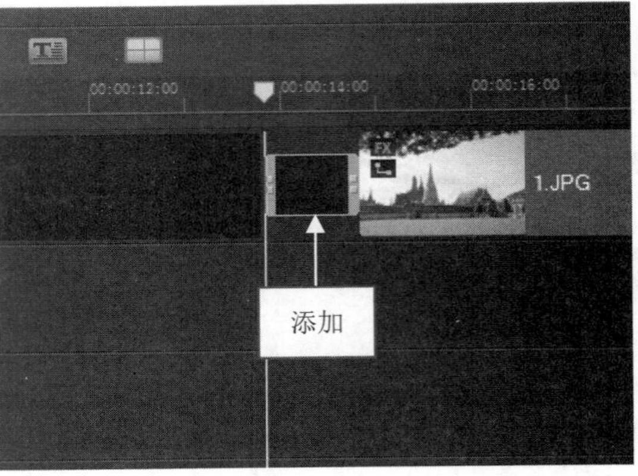

图 19-36　添加“淡化到黑色”转场(4)

step 08 单击鼠标左键并将其拖曳至图像素材“1.jpg”与图像素材“2.jpg”之间，如图 19-38 所示。

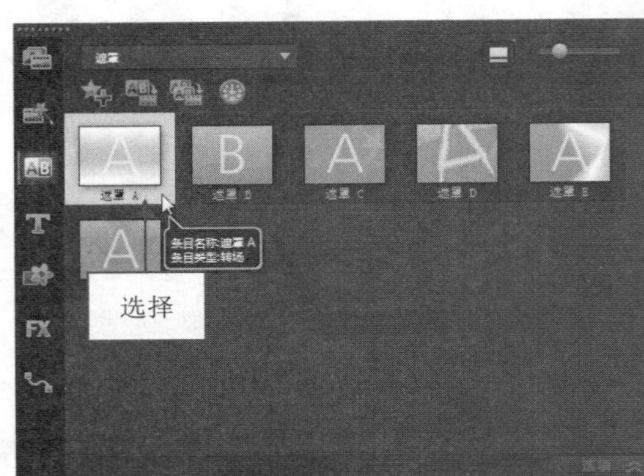

图 19-37　选择转场效果

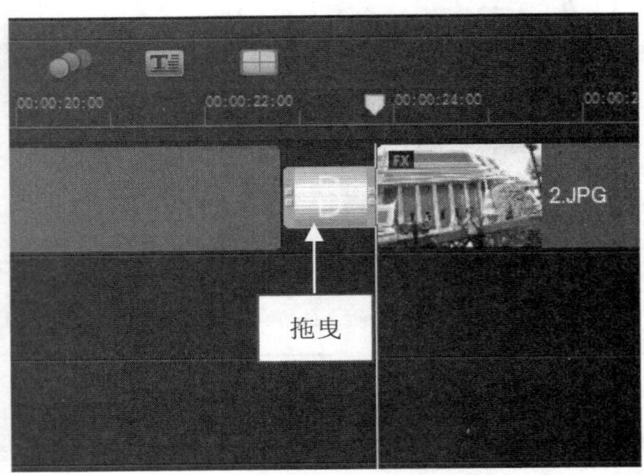

图 19-38　拖曳到两图像之间

step 09 单击“选项”按钮，打开“转场”选项面板，在其中单击“自定义”按钮，如图 19-39 所示。

step 10 弹出“遮罩-遮罩 A”对话框，在“遮罩”选项下方选择所需的遮罩样式，如图 19-40 所示。

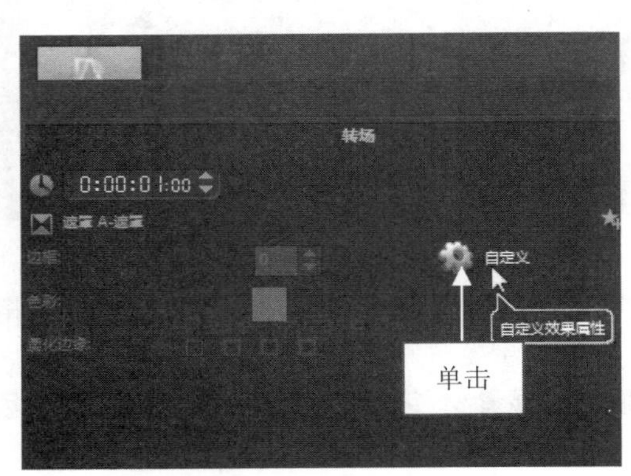

图 19-39　单击“自定义”按钮

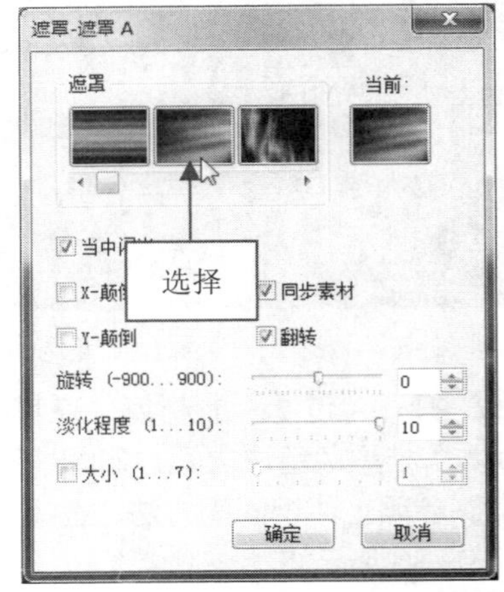

图 19-40　选择遮罩样式

step 11 单击“确定”按钮，即可设置所需的转场效果。单击导览面板中的“播放”按钮，即可在预览窗口中预览该转场效果，如图 19-41 所示。

图 19-41　预览转场效果(1)

step 12 参照上述相同方法，在视频轨中分别添加相应的转场效果，在预览窗口中预览视频效果，如图 19-42 所示。

图 19-42　预览转场效果(2)

19.2.4 制作旅游片头特效

在会声会影 X9 中，可以为旅游视频文件添加片头动画效果，增强影片的观赏性。下面向用户

介绍制作旅游片头动画的操作方法。

素材文件	无
效果文件	无
视频文件	视频\第 19 章\19.2.4　制作旅游片头特效.mp4

step 01 在时间轴面板中将时间线移至 00:00:02:06 位置处，如图 19-43 所示。

step 02 在媒体素材库中选择图像素材 17.JPG，如图 19-44 所示。

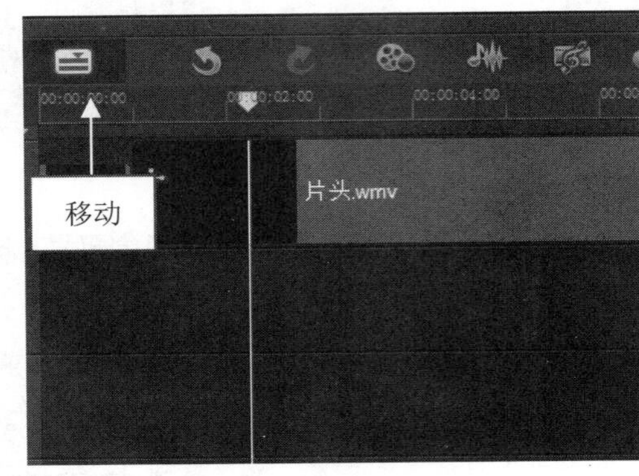

图 19-43　移动时间线

图 19-44　选择相应的图像素材

step 03 在选择的素材上，单击鼠标左键并拖曳至覆叠轨中的时间线位置，如图 19-45 所示。

step 04 打开“编辑”选项面板，在其中选中“应用摇动和缩放”复选框，如图 19-46 所示。

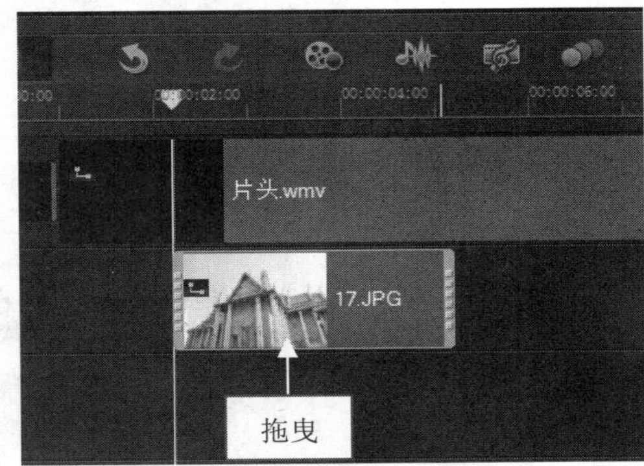

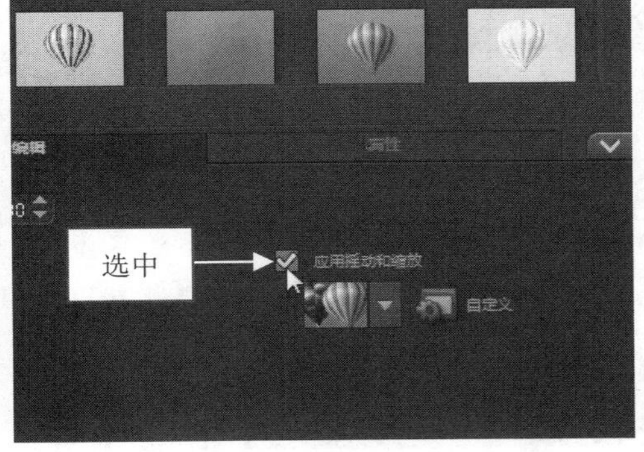

图 19-45　拖曳至覆叠轨

图 19-46　选中“应用摇动和缩放”复选框

step 05 单击该选项下方的下拉按钮，在弹出的下拉列表中选择所需的动画样式，如图 19-47 所示。

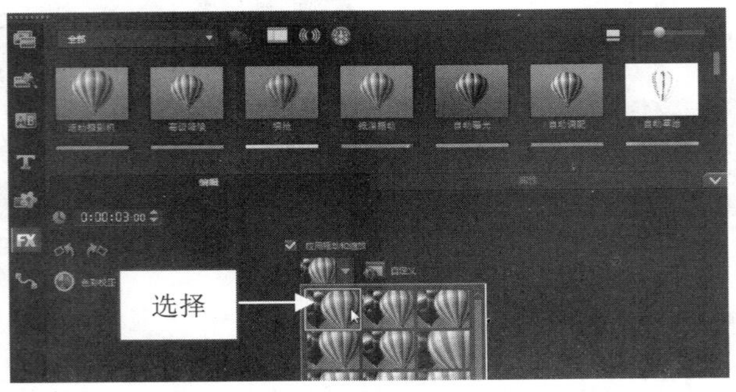

图 19-47　选择动画样式

step 06 单击“自定义”按钮，在弹出的“摇动和缩放”对话框中设置开始动画参数，如图 19-48 所示。

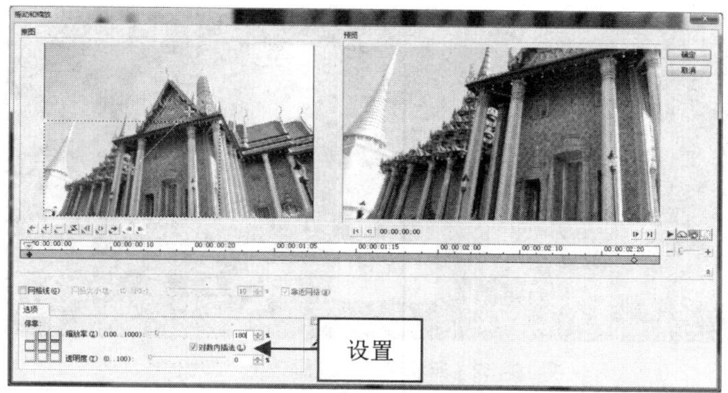

图 19-48　设置开始动画参数

step 07 将时间线拖曳至最右端，设置结束动画参数，如图 19-49 所示。单击“确定”按钮，即可完成所需设置。

图 19-49　设置结束动画参数

step 08 选择覆叠轨中的覆叠素材，在预览窗口中将鼠标指针移至覆叠素材右上角的绿色控制柄处，单击鼠标左键并拖曳，至合适位置释放鼠标左键，如图 19-50 所示。

step 09 使用相同的方法，调整覆叠素材四周的其他绿色控制柄，调整覆叠素材的整体形状，如图 19-51 所示。

图 19-50　拖曳绿色控制柄

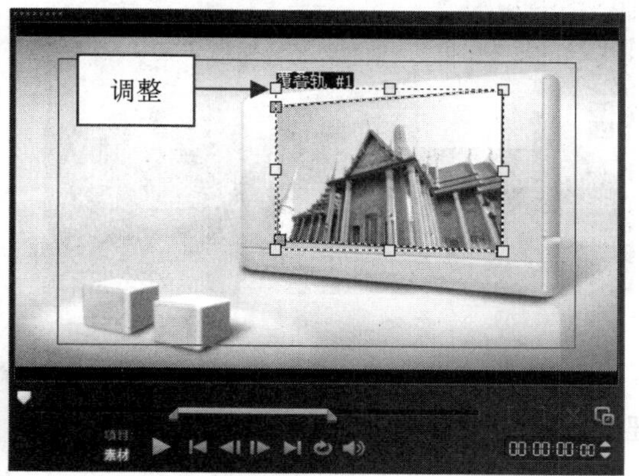

图 19-51　调整覆叠素材的整体形状

step 10 打开“属性”选项面板，在其中单击“淡入”动画效果按钮，如图 19–52 所示。设置覆叠素材的淡入动画效果。

图 19–52　单击“淡入动画效果”按钮

step 11 执行上述操作后，单击导览面板中的“播放”按钮，即可预览制作的覆叠效果，如图 19–53 所示。

图 19–53　预览效果

step 12 在素材库中选择图像素材 18.JPG，单击鼠标左键并将其拖曳至覆叠轨中图像素材 17.JPG 后面，如图 19–54 所示。

step 13 单击“转场”按钮，打开“转场”选项卡，在其中选择“交叉淡化”转场效果，单击鼠标左键并将其拖曳至图像素材 17.JPG 与图像素材 18.JPG 之间，如图 19–55 所示。

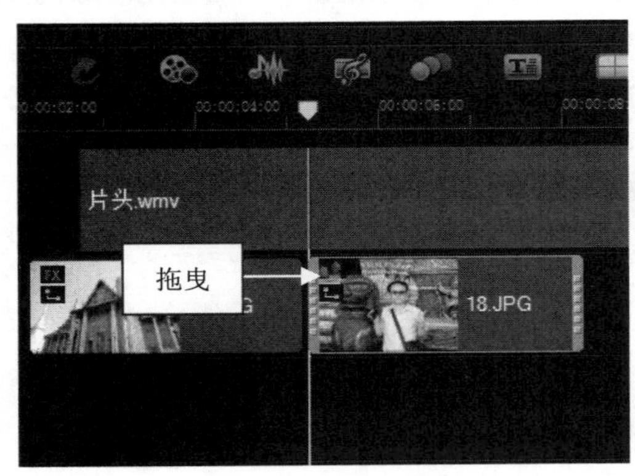

图 19–54　拖曳至覆叠轨

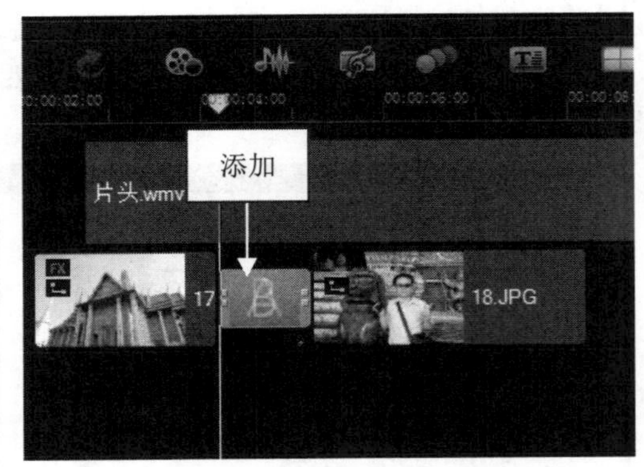

图 19–55　添加转场效果

step 14 参照设置图像素材 17.JPG 相同的方法，调整图像素材 18.JPG 的整体形状，并设置“摇动与缩放”效果，如图 19–56 所示。

step 15 在素材库中选择图像素材 19.JPG，单击鼠标左键并将其拖曳至覆叠轨中图像素材 18.JPG 后面，如图 19–57 所示。

图 19-56　预览效果

step 16 单击“转场”按钮，打开“转场”选项卡，在其中选择“交叉淡化”转场效果，单击鼠标左键并将其拖曳至图像素材 18.JPG 与图像素材 19.JPG 之间，如图 19-58 所示。

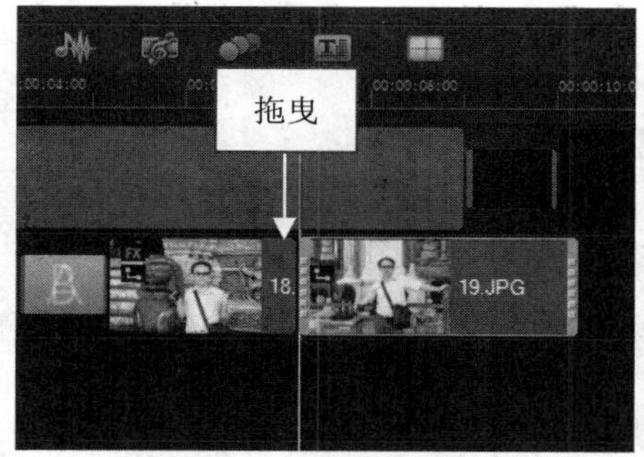

图 13-57　拖曳至覆叠轨

图 13-58　添加转场效果

step 17 参照设置图像素材 17.JPG 相同的方法，调整图像素材 19.JPG 的整体形状，并设置“摇动和缩放”效果，如图 13-59 所示。

图 13-59　预览效果

step 18 打开“属性”选项面板，在其中单击“淡出动画效果”按钮，如图 19-60 所示。设置覆叠素材的淡出动画效果。

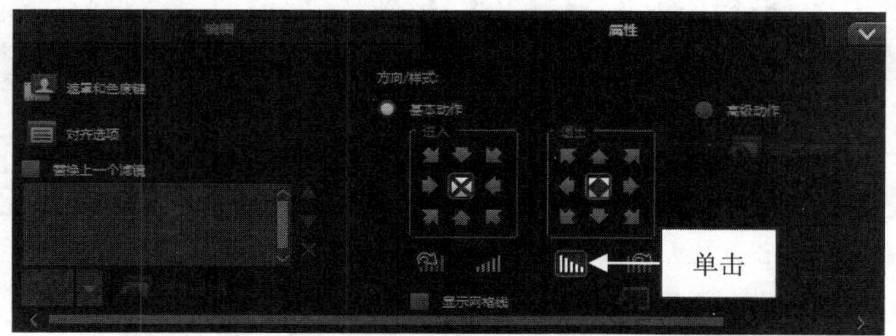

图 19-60　单击“淡出动画效果”按钮

19.2.5 制作字幕滤镜效果

为视频添加字幕，可以更好地传达创作理念以及所需表达的情感。下面介绍添加视频字幕效果的操作方法，以及为字幕添加滤镜的技巧。

素材文件	无
效果文件	无
视频文件	视频\第 13 章\13.2.5　制作字幕滤镜效果.mp4

step 01 将时间线移至 00:00:02:06 的位置，单击“标题”按钮，切换至“标题”选项卡，在预览窗口中的适当位置输入文字“泰国之行”，如图 19-61 所示。

step 02 单击“选项”按钮，打开“编辑”选项面板，在其中单击“将方向更改为垂直”按钮 T↓，如图 19-62 所示。

图 19-61　输入标题文字

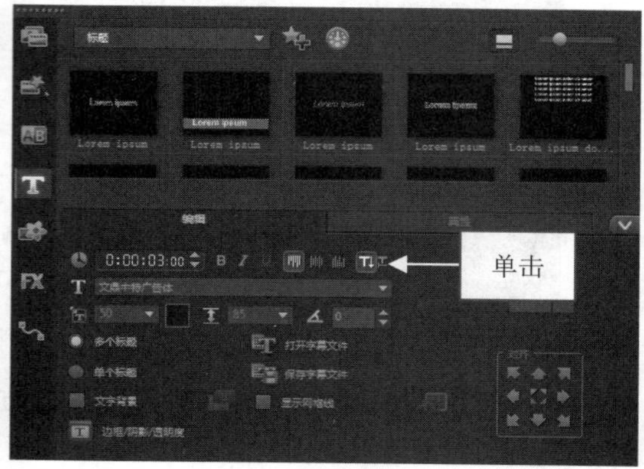

图 19-62　单击“将方向更改为垂直”按钮

step 03 执行上述操作后，即可将标题字幕更改为垂直。在“编辑”选项面板中设置区间为 00:00:03:00、“字体”为“文鼎中特广告体”、“色彩”为蓝色、“字体大小”为 50，如图 19-63 所示。

step 04 单击“边框/阴影/透明度”按钮，如图 19-64 所示。

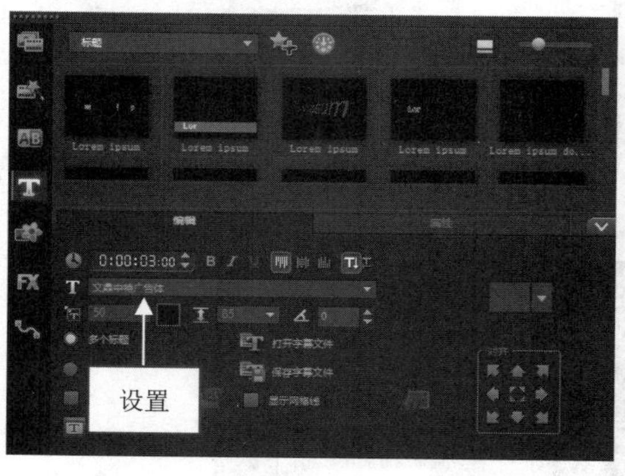

图 19-63　设置相应选项

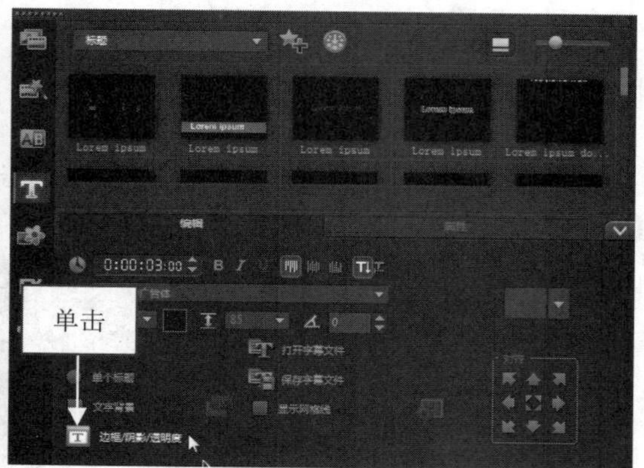

图 19-64　单击“边框/阴影/透明度”按钮

step 05 弹出“边框/阴影/透明度”对话框，如图 19-65 所示。

step 06 切换至“阴影”选项卡，在其中单击“下垂阴影”按钮 A，并设置相应选项，如

图 19–66 所示。

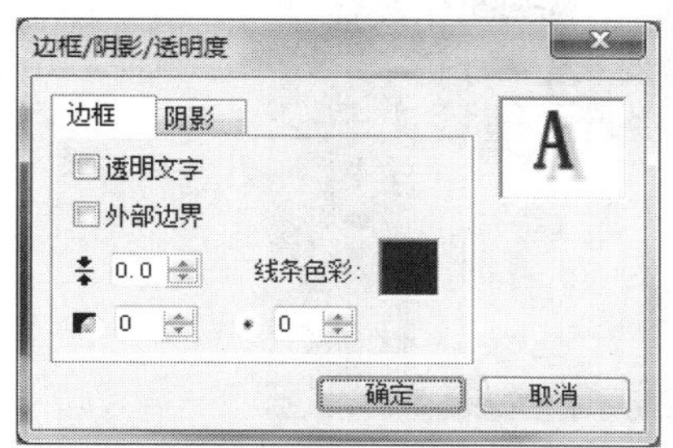

图 19–65 “边框/阴影/透明度”对话框

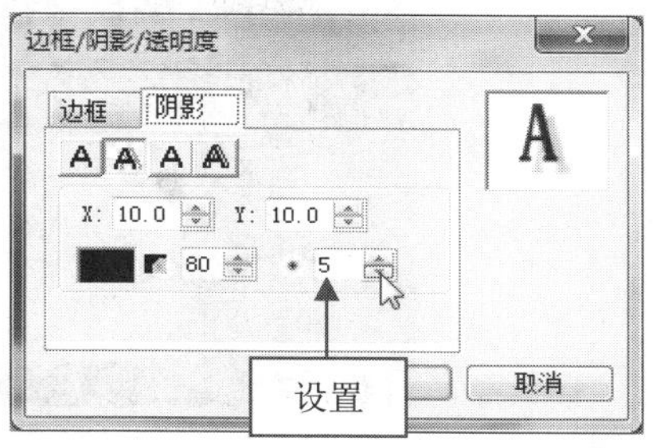

图 19–66 设置相应选项

step 07 单击“确定”按钮，即可在预览窗口中预览制作的字幕效果，如图 19–67 所示。

step 08 选择预览窗口中的标题字幕，打开“属性”选项面板，选中“动画”单选按钮和“应用”复选框，如图 19–68 所示。

图 19–67 预览字幕效果

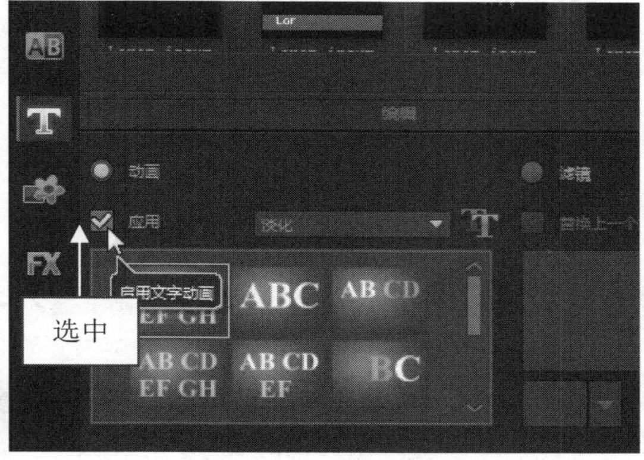

图 19–68 选中“应用”复选框

step 09 单击“选取动画类型”下拉按钮，在弹出的下拉列表中选择“弹出”选项，如图 19–69 所示。

step 10 在下方的列表框中选择相应的弹出动画样式，如图 19–70 所示。

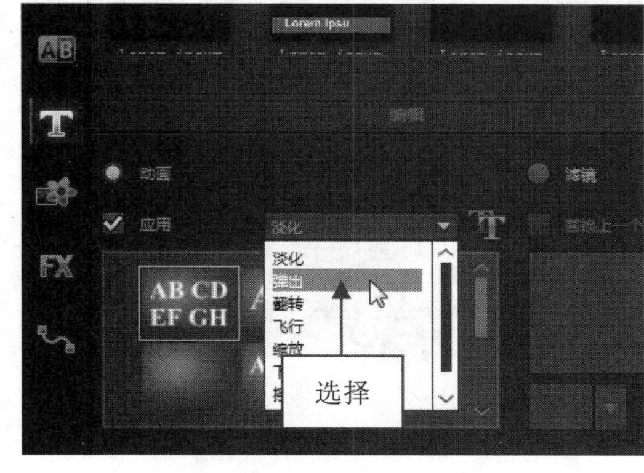

图 19–69 选择“弹出”选项

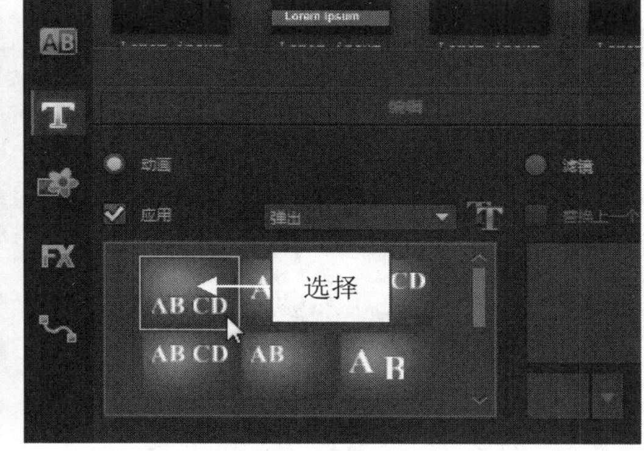

图 19–70 选择弹出动画样式

step 11 单击“自定义动画属性”按钮，弹出“弹出动画”对话框，在其中设置“暂停”选项为“长”，如图 19–71 所示。

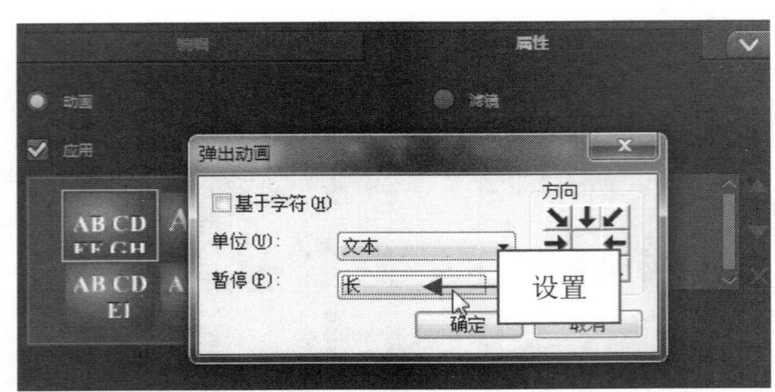

图 19-71　设置“长”选项

step 12 单击“确定”按钮，即可完成所需设置。单击导览面板中的“播放”按钮，即可在预览窗口中预览该标题字幕效果，如图 19-72 所示。

图 19-72　预览标题字幕效果

step 13 将时间线移至 00:00:09:13 的位置，单击“标题”按钮，切换至“标题”选项卡，在预览窗口中适当位置输入相应文字内容，如图 19-73 所示。

step 14 在“编辑”选项面板中设置区间为 0:00:04:16，将相应的标题内容设置为白色和红色，并设置文本属性、更改文本内容的方向，如图 19-74 所示。

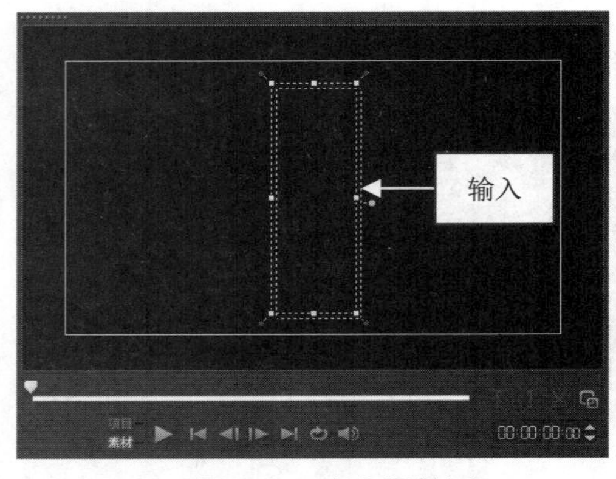

图 19-73　输入标题文字

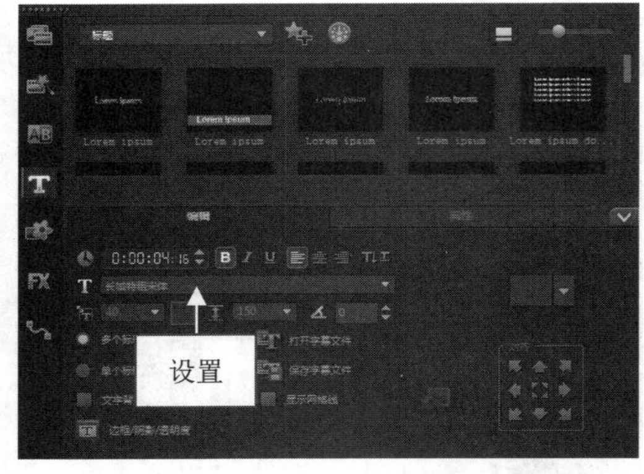

图 19-74　设置相应选项

step 15 切换至“属性”选项面板，在其中选中“动画”单选按钮和“应用”复选框，如图 19-75 所示。

step 16 单击“选取动画类型”下拉按钮，在弹出的下拉列表中选择“淡化”选项，在下方的列表框中选择相应的淡化动画样式，如图 19-76 所示。

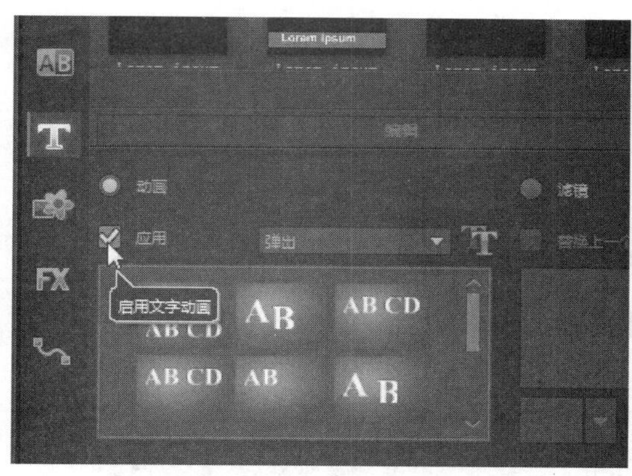

图 19-75　选中“应用”复选框

图 19-76　选择淡化动画样式

step 17 在“属性”选项面板中单击“自定义动画属性”按钮，如图 19-77 所示。

step 18 弹出“淡化动画”对话框，在其中设置“单位”为“行”，如图 19-78 所示。

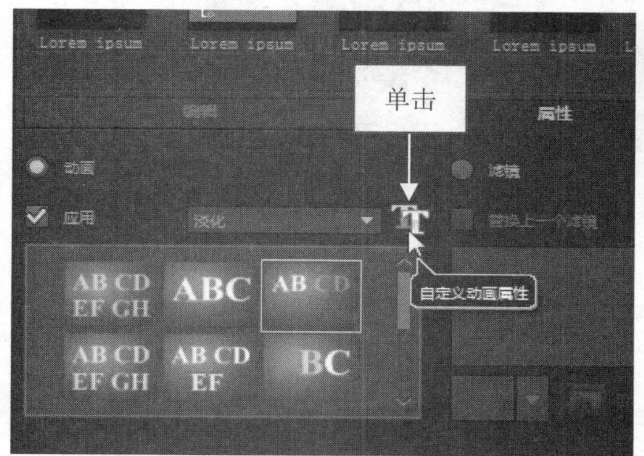

图 19-77　单击“自定义动画属性”按钮

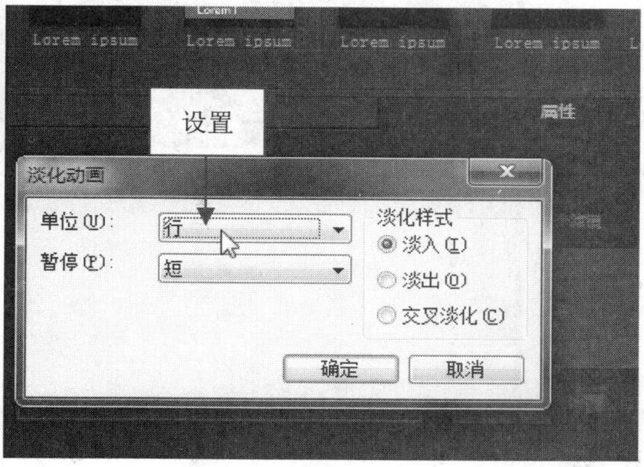

图 19-78　选择“行”选项

step 19 单击“确定”按钮，即可完成所需设置。单击“滤镜”按钮，切换至“滤镜”选项卡，在其中选择“视频摇动和缩放”滤镜效果，如图 19-79 所示。

step 20 单击鼠标左键并将其拖曳至标题轨中的标题字幕上，如图 19-80 所示。

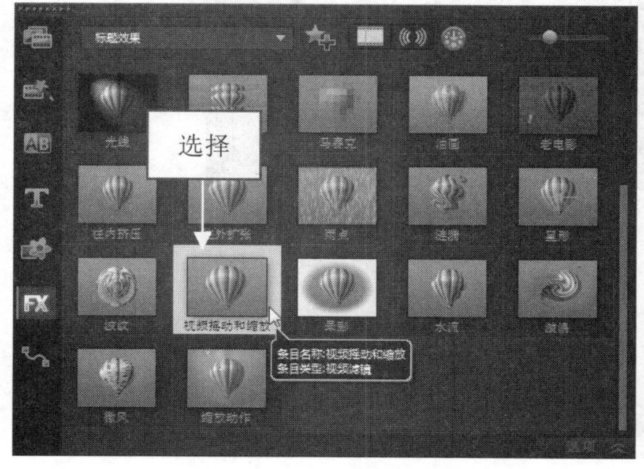

图 19-79　选择相应滤镜效果

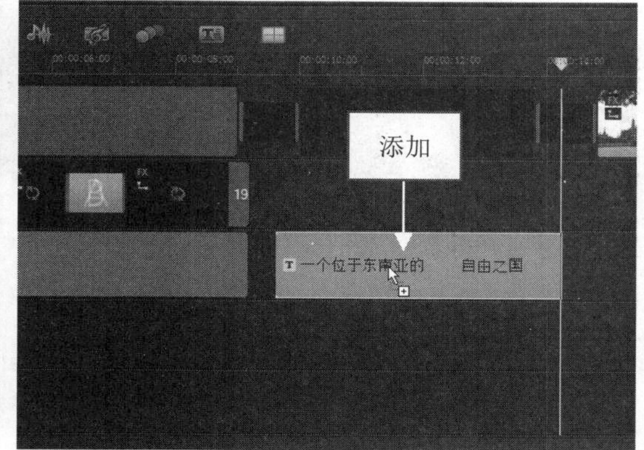

图 19-80　添加滤镜效果

step 21 单击“选项”按钮，切换至“属性”选项面板，选中“滤镜”单选按钮，在其中单击“自定义滤镜”按钮，如图 19-81 所示。

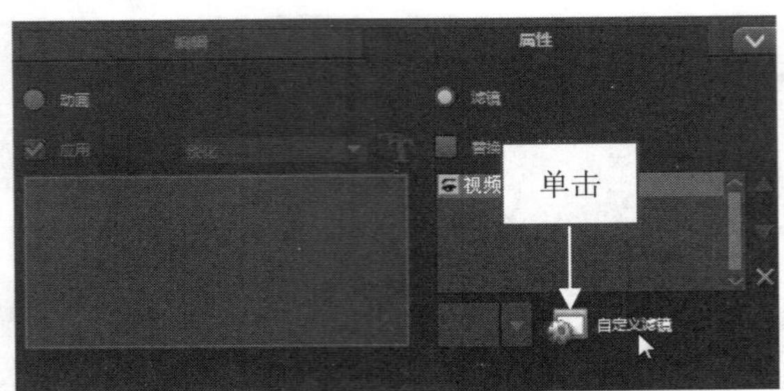

图 19-81　单击“自定义滤镜”按钮

step 22 弹出“视频摇动和缩放”对话框，设置滤镜的开始参数，如图 19-82 所示。

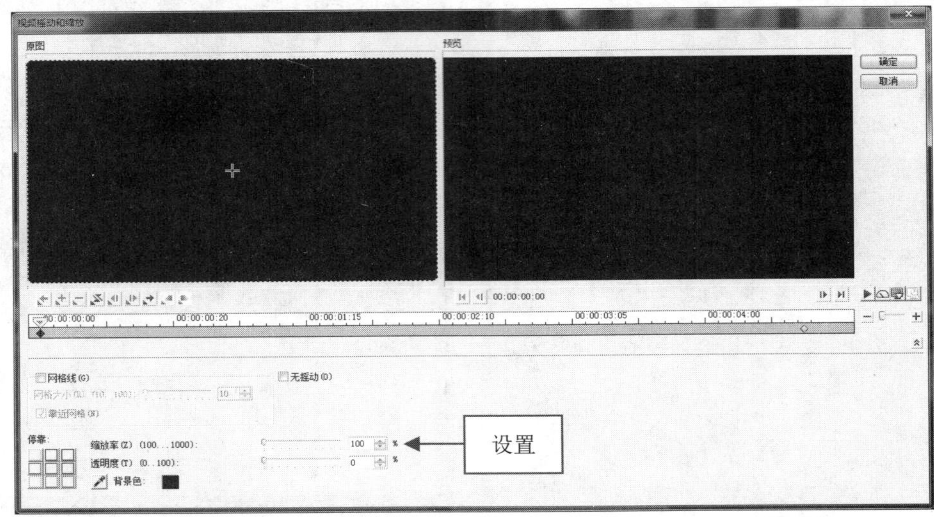

图 19-82　设置开始参数

step 23 将时间线拖曳至最右端，并设置滤镜的结束参数，如图 19-83 所示。

图 19-83　设置结束参数

step 24 单击“确定”按钮，即可完成所需的设置。单击导览面板中的“播放”按钮，即可在预览窗口中预览标题字幕效果，如图 19-84 所示。

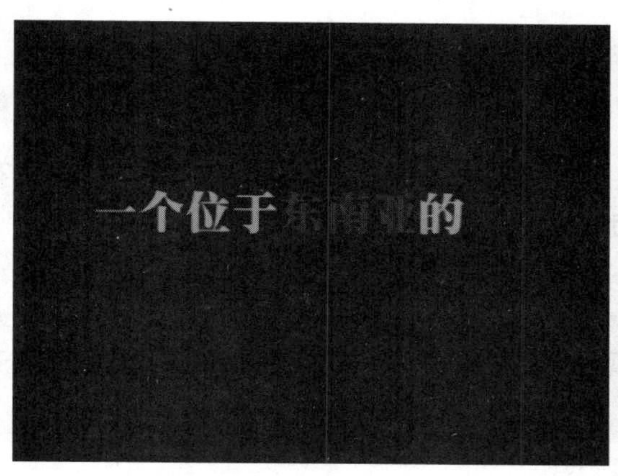

图 19–84　预览标题字幕效果

step 25　参照上述相同方法，在标题轨中的其他位置输入相应的字幕文字，并设置字幕属性、区间、动画效果以及添加所需的滤镜效果等。单击导览面板中的“播放”按钮，即可预览视频中的标题字幕动画效果，如图 19–85 所示。

图 19–85　预览标题字幕效果

19.3 视频后期处理

通过影视后期处理，可以为影片添加各种音乐及特效，使影片更具珍藏价值。本节主要介绍影片的后期编辑与输出，包括制作视频的背景音乐特效和输出为视频文件的操作方法。

19.3.1 制作视频背景音乐

为视频添加合适的背景音乐，可以使制作的视频更具吸引力。下面介绍制作视频背景音乐的操作方法。

素材文件	素材\第 19 章\片头音乐.mpa、静谧.mp3
效果文件	无
视频文件	视频\第 19 章\19.3.1　制作视频背景音乐.mp4

step 01 将时间线移至素材的开始位置，在时间轴面板的空白位置右击，在弹出的快捷菜单中选择“插入音频”｜“到音乐轨#1”命令，如图 19-86 所示。

step 02 弹出“打开音频文件”对话框，在该对话框中选择需要导入的音频文件“片头音乐.mpa”，如图 19-87 所示。

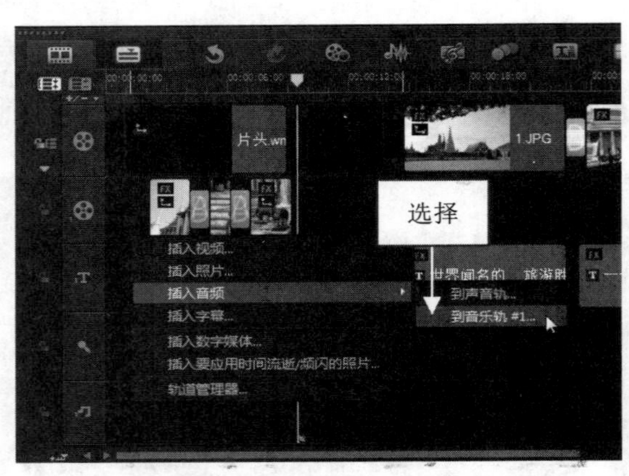

图 19-86　选择“到音乐轨#1”命令

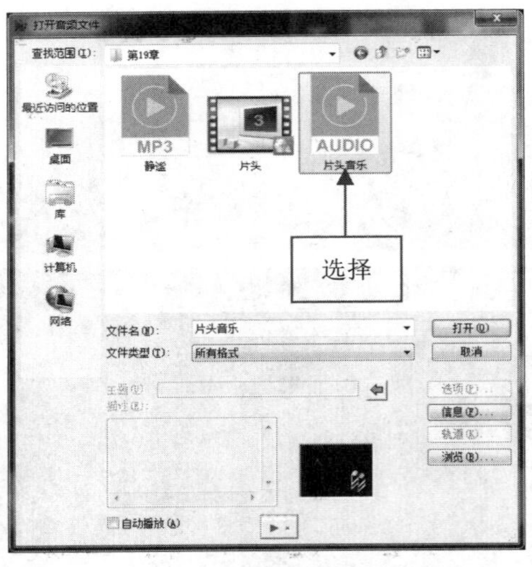

图 19-87　选择所需的音频文件

step 03 单击“打开”按钮，即可将音频文件插入至音乐轨中，如图 19-88 所示。

step 04 将时间线移至 00:00:09:12 的位置，选择音乐轨中的音频文件，单击导览面板中的“结束标记”按钮，设置音频的结束位置；单击“选项”按钮，在弹出的“音乐和声音”选项面板中单击“淡出”按钮，如图 19-89 所示，为音频设置淡出效果。

step 05 将时间线移至 00:00:09:13 的位置，在时间轴面板的空白位置右击，在弹出的快捷菜单中选择“插入音频”｜“到音乐轨#1”命令，如图 19-90 所示。

step 06 弹出“打开音频文件”对话框，在该对话框中选择需要导入的音频文件“静谧.mp3”，如图 19-91 所示。

step 07 单击“打开”按钮，即可将音频素材添加至音乐轨中，如图 19-92 所示。

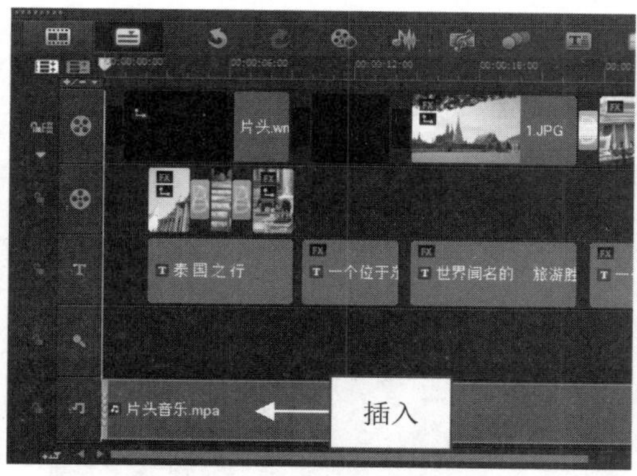

图 19-88　插入至音乐轨中

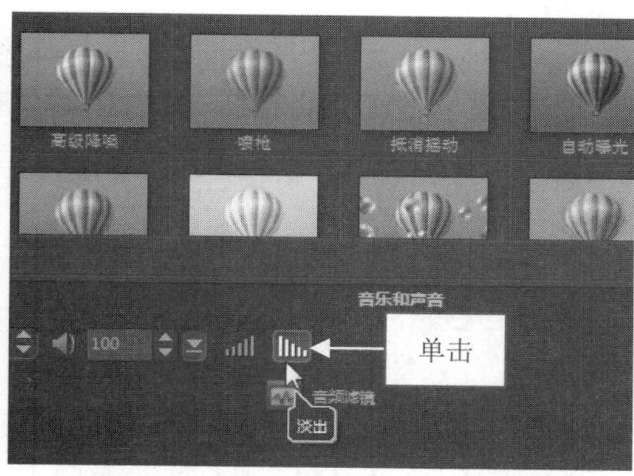

图 19-89　单击“淡出”按钮

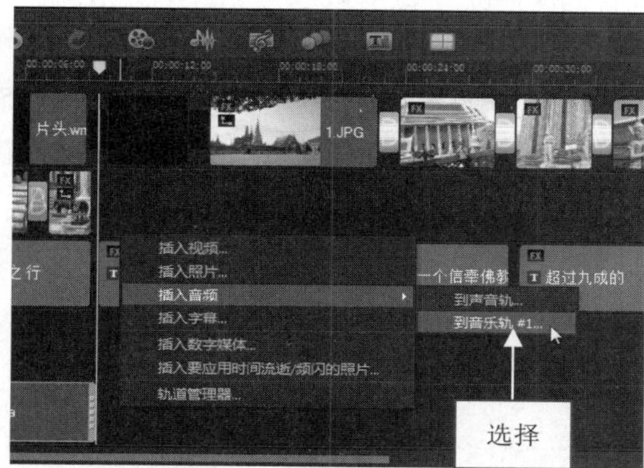

图 19-90　选择“到音乐轨#1”命令

图 19-91　选择音频文件

图 19-92　插入至音乐轨

19.3.2 渲染输出影片文件

完成前面的操作后，就可以将所制作的视频输出。下面介绍将制作的视频进行渲染与输出的操作方法。

素材文件　无
效果文件　效果\第 19 章\制作旅游视频——《泰国之行》.VSP
视频文件　视频\第 19 章\19.3.2　渲染输出影片文件.mp4

step 01 切换至“共享”步骤面板，在其中选择 MPEG-2 选项，如图 19-93 所示。

step 02 在弹出的面板中单击“文件位置”右侧的“浏览”按钮，如图 19-94 所示。

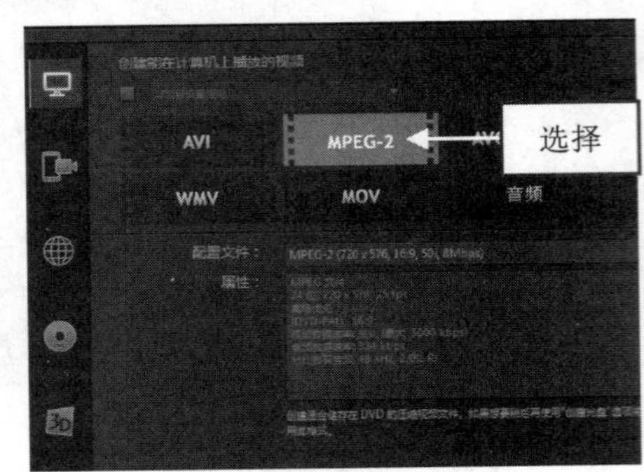

图 19-93 选择 MPEG-2 选项

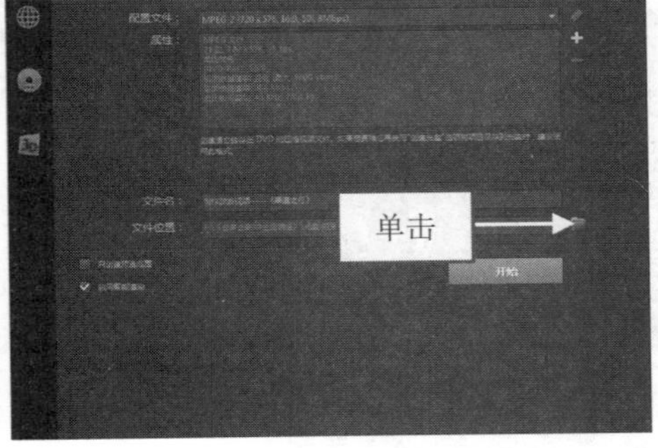

图 19-94 单击“浏览”按钮

step 03 弹出“浏览”对话框，在其中设置文件的保存位置和名称，如图 19-95 所示。

step 04 单击“保存”按钮，返回到会声会影“共享”步骤面板，单击“开始”按钮，开始渲染视频文件，并显示渲染进度，如图 19-96 所示。渲染完成后，即可完成影片文件的渲染输出操作。

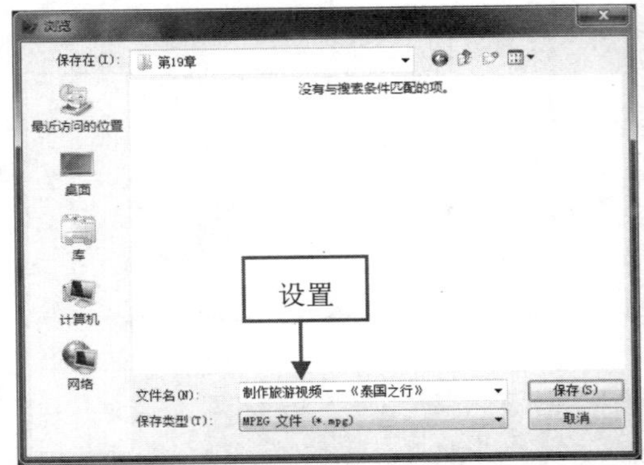

图 19-95 设置保存位置和名称

图 19-96 显示渲染进度

章前知识导读

童年的往事对每个人来说都是非常具有纪念意义的，是一生难忘的回忆。会声会影可以记录下这些美好的时刻，然后通过后期处理拍摄的影片，使影片更具珍藏价值。本章主要介绍儿童相册——《记录成长》的制作方法。

第20章 制作儿童相册——《记录成长》

新手重点索引

- 导入儿童影像素材
- 制作儿童视频画面
- 制作照片摇动效果
- 制作视频背景音乐
- 制作儿童转场特效
- 制作片头片尾特效
- 制作覆叠边框特效

效果图片欣赏

纯真可爱

20.1 效果欣赏

在本实例的制作过程中，应用了转场效果，实现素材之间的平滑过渡；应用了字幕效果，实现了画面效果的完整性；应用了音频淡入淡出效果，实现了音频和视频的完美结合。在制作《记录成长》视频效果之前，首先预览项目效果，并掌握项目技术提炼等内容。

20.1.1 效果预览

本实例制作的效果如图 20–1 所示。

图 20–1 《记录成长》效果欣赏

20.1.2 技术提炼

进入会声会影编辑器，在其中添加需要的儿童素材。制作视频背景画面，然后通过覆叠功能制作视频画中画合成特效；制作字幕内容并添加动态效果，可以实现整体画面的形象、美观；为音频素材添加淡入淡出效果，可以实现更加美妙的听觉享受，最后输出视频文件。

20.2 视频制作过程

本节主要介绍《记录成长》视频文件的制作过程，如导入儿童媒体素材、制作儿童背景画面、制作画面转场特效以及制作儿童片头动画等内容。

20.2.1 导入儿童影像素材

在编辑儿童素材之前，首先需要导入儿童媒体素材。下面以通过“导入媒体文件”按钮为例，介绍导入儿童媒体素材的操作方法。

素材文件	素材\第 20 章文件夹
效果文件	无
视频文件	视频\第 20 章\20.2.1　导入儿童影像素材.mp4

step 01 在界面右上角单击“媒体”按钮，切换至“媒体”素材库，展开库导航面板，单击“添加”按钮，如图 20-2 所示。

step 02 执行上述操作后，即可新增一个“文件夹”选项，如图 20-3 所示。

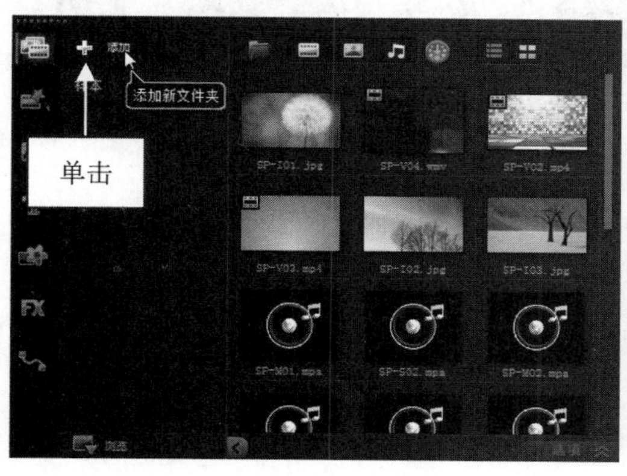

图 20-2　单击“添加”按钮

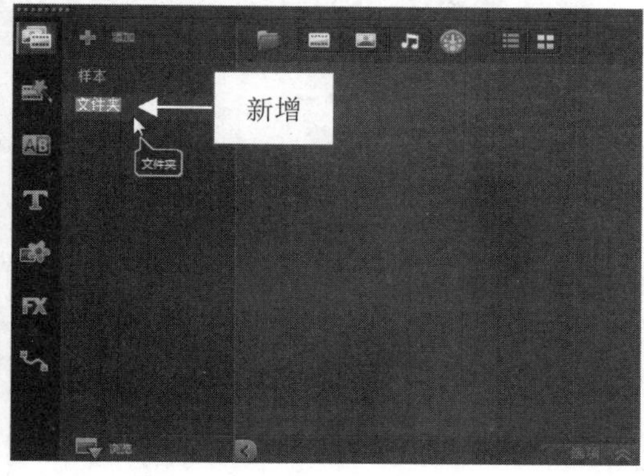

图 20-3　新增“文件夹”选项

step 03 选择菜单栏中的“文件”|“将媒体文件插入到素材库”|“插入视频”命令，如图 20-4 所示。

step 04 执行操作后，弹出“浏览视频”对话框，在其中选择需要导入的视频素材，如图 20-5 所示。

step 05 单击“打开”按钮，即可将视频素材导入到“文件夹”选项卡中，如图 20-6 所示。

step 06 选择相应的儿童摄影视频素材，在导览面板中单击“播放”按钮，即可预览导入的视频素材画面效果，如图 20-7 所示。

图 20-4　选择“插入视频”命令

图 20-5　选择需要导入的视频素材

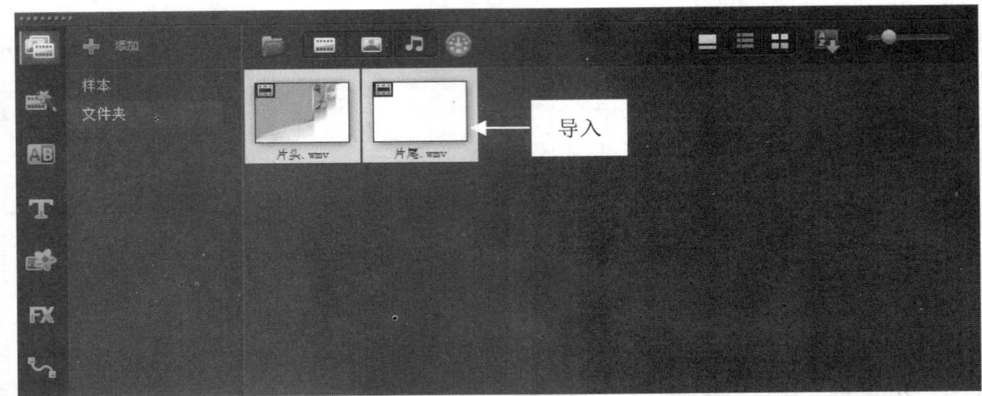

图 20-6　将视频素材导入到新建的选项卡中

图 20-7　预览导入的视频素材画面效果

step 07 选择菜单栏中的“文件”｜“将媒体文件插入到素材库”｜“插入照片”命令，如图 20-8 所示。

step 08 执行操作后，弹出“浏览照片”对话框，在其中选择需要导入的多张儿童摄影照片素材，如图 20-9 所示。

step 09 单击“打开”按钮，即可将照片素材导入到“文件夹”选项卡中，如图 20-10 所示。

step 10 在素材库中选择相应的儿童摄影照片素材，在预览窗口中可以预览导入的照片素材画面效果，如图 20-11 所示。

图 20-8　选择“插入照片”命令

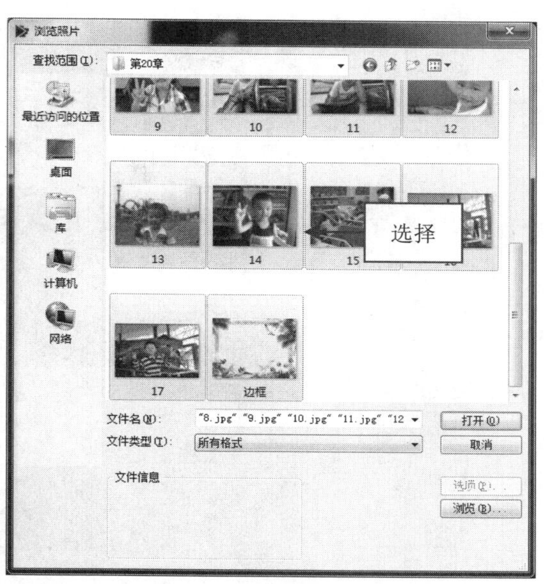

图 20-9　选择需要导入的照片

图 20-10　将照片素材导入到素材库中

图 20-11　预览导入的照片素材画面效果

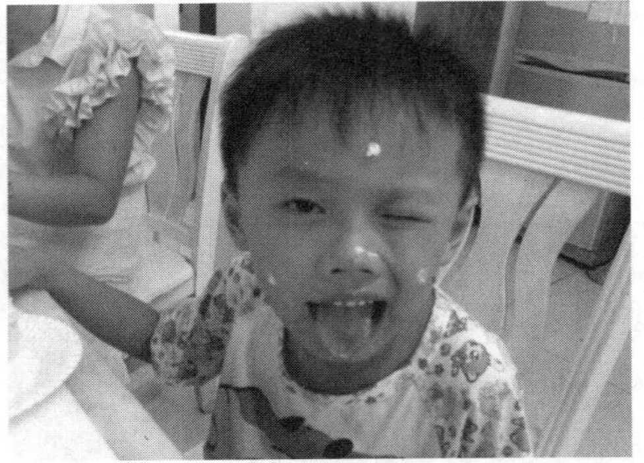
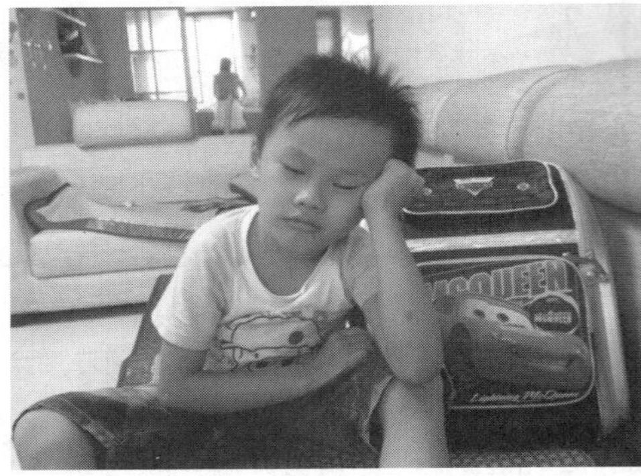

图 20-11　预览导入的照片素材画面效果(续)

20.2.2 制作儿童视频画面

将儿童媒体素材导入到“媒体”素材库后，接下来用户就可以制作儿童视频画面效果了。下面介绍制作儿童视频画面的操作方法。

素材文件	无
效果文件	无
视频文件	视频\第 20 章\20.2.2　制作儿童背景画面.mp4

step 01 在“媒体”素材库的“文件夹”选项卡中选择视频素材“片头.wmv”，如图 20-12 所示。

step 02 在选择的视频素材上单击鼠标左键并将其拖曳至视频轨的开始位置，如图 20-13 所示。

图 20-12　选择视频素材

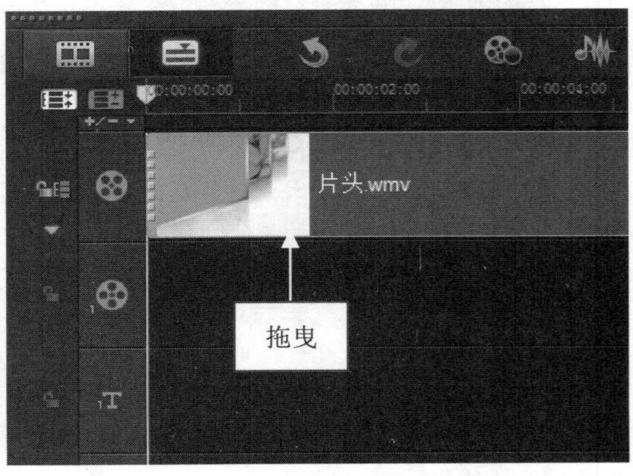

图 20-13　拖曳至视频轨开始位置

step 03 在会声会影编辑器的右上方位置单击“图形”按钮，切换至“图形”选项卡，在其中选择黑色色块，如图 20–14 所示。

step 04 在选择的黑色色块上单击鼠标左键并拖曳至视频轨中的结束位置，添加黑色色块素材，如图 20–15 所示。

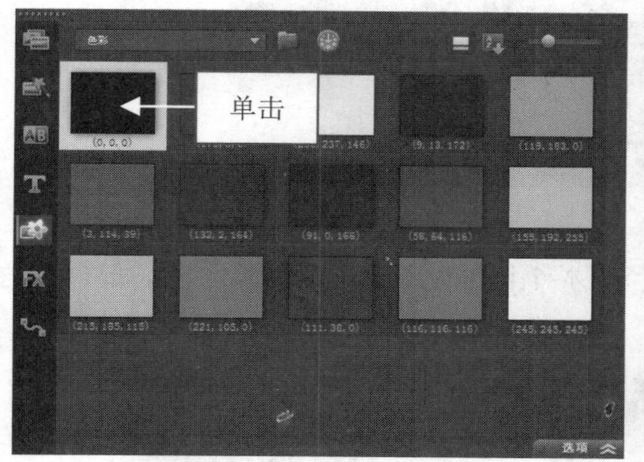

图 20–14 选择黑色色块

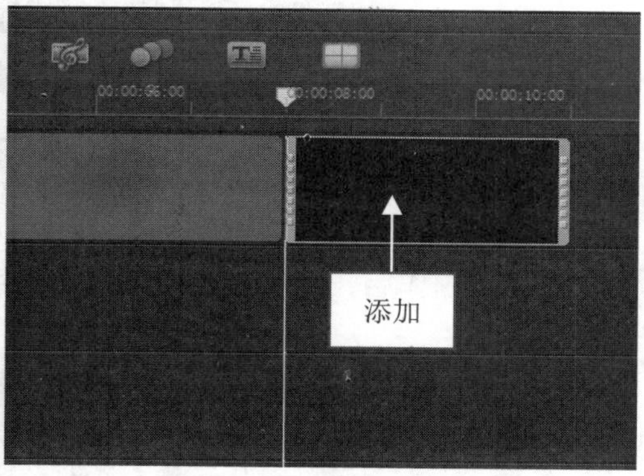

图 20–15 添加黑色色块

step 05 选择添加的黑色色块素材，打开“色彩”选项面板，在其中设置色彩区间为 0:00:02:00，如图 20–16 所示。

step 06 按 Enter 键确认，即可更改黑色色块的区间长度为 2 秒，如图 20–17 所示。

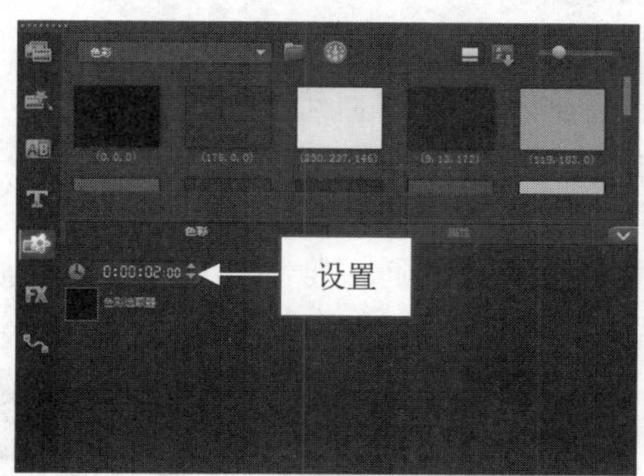

图 20–16 设置色彩区间

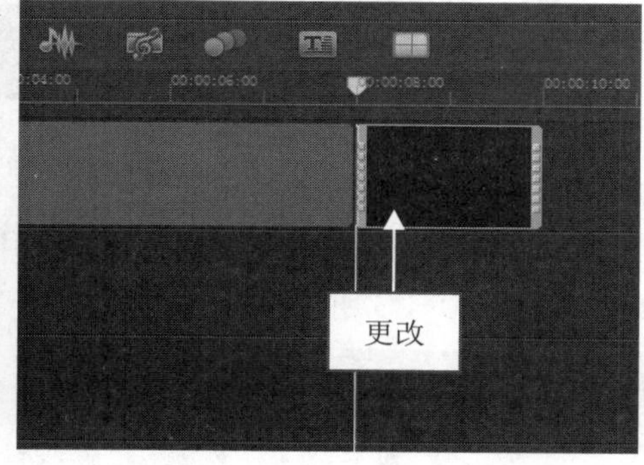

图 20–17 更改黑色色块的区间

step 07 在“媒体”素材库中选择照片素材 1.jpg，如图 20–18 所示。

step 08 在选择的照片素材上单击鼠标左键并将其拖曳至视频轨中黑色色块的后面，添加照片素材，如图 20–19 所示。

图 20–18 选择照片素材

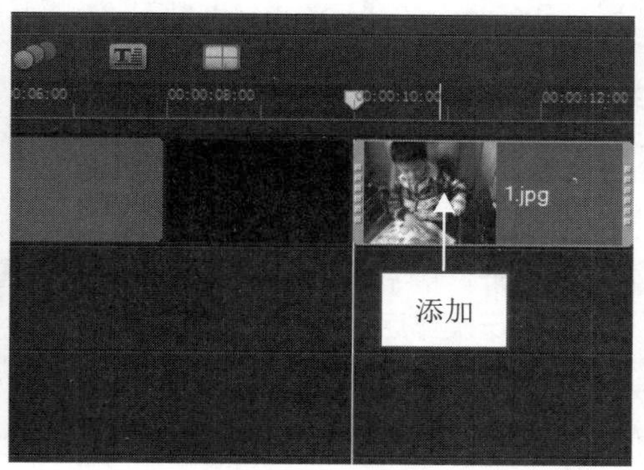

图 20–19 添加照片素材

step 09 打开“照片”选项面板，在其中设置照片区间为 0:00:05:00，如图 20-20 所示。

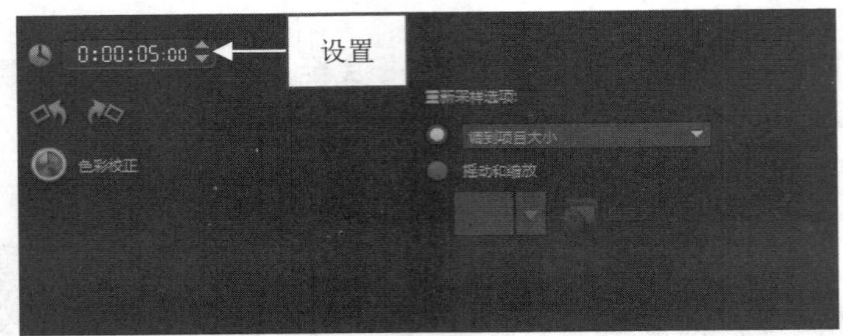

图 20-20　设置照片区间

step 10 执行操作后，即可更改视频轨中照片素材 1.jpg 的区间长度为 5 秒，时间轴面板如图 20-21 所示。

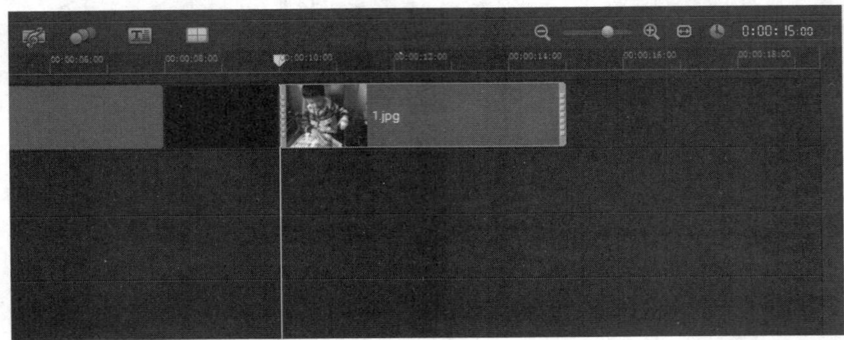

图 20-21　时间轴面板

step 11 在“媒体”素材库中选择照片素材 2.jpg，如图 20-22 所示。

step 12 在选择的照片素材上单击鼠标左键并将其拖曳至视频轨中照片素材 1.jpg 的后面，添加照片素材，如图 20-23 所示。

图 20-22　选择照片素材

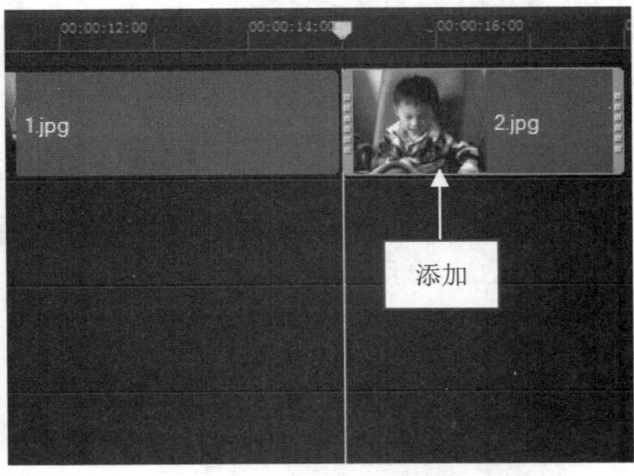

图 20-23　添加照片素材

step 13 打开“照片”选项面板，在其中设置照片区间为 0:00:04:00，如图 20-24 所示。

step 14 执行操作后，即可更改视频轨中照片素材 2.jpg 的区间长度为 4 秒，如图 20-25 所示。

step 15 使用与上面同样的方法，将“媒体”素材库中的照片素材 3.jpg 拖曳至视频轨中照片素材 2.jpg 的后面，如图 20-26 所示。

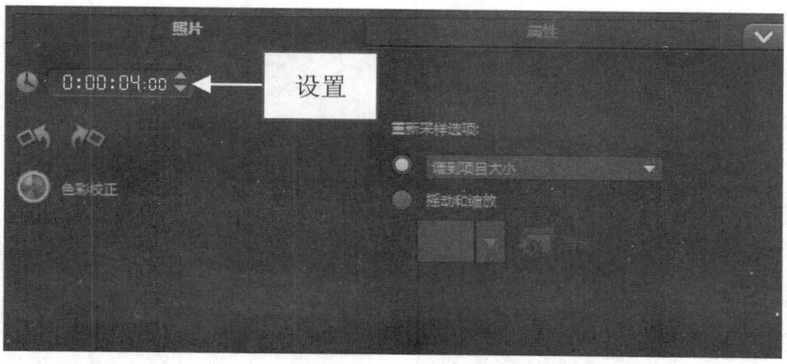

图 20-24　设置照片区间

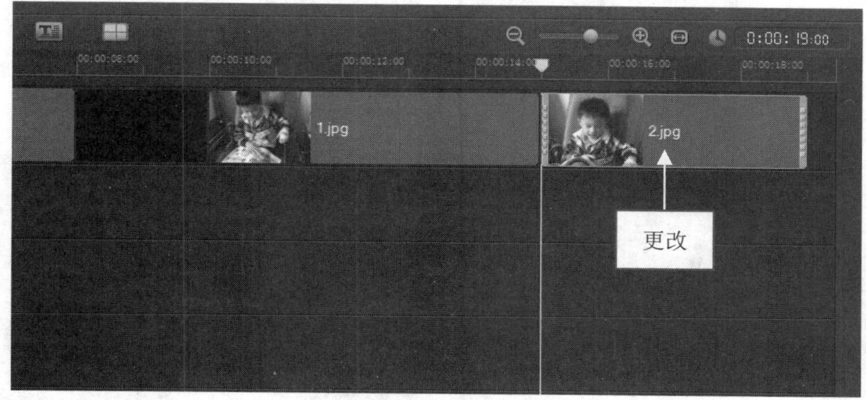

图 20-25　更改素材区间

step 16 打开“照片”选项面板，在其中设置照片区间为 0:00:04:00，即可更改视频轨中照片素材 3.jpg 的区间长度，如图 20-27 所示。

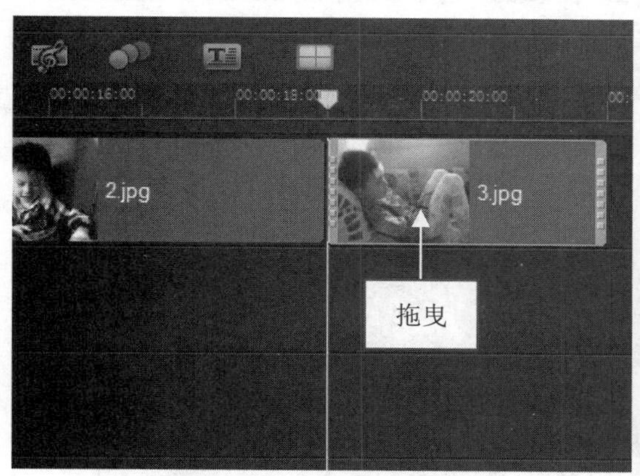

图 20-26　拖曳照片素材

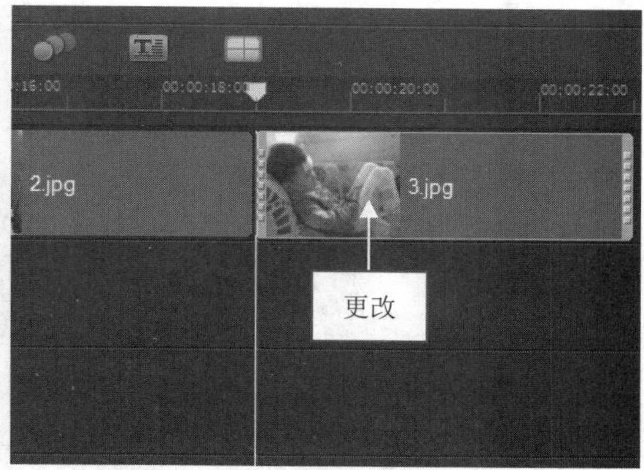

图 20-27　更改素材区间

step 17 使用与上面同样的方法，将“媒体”素材库中的照片素材 4.jpg 拖曳至视频轨中照片素材 3.jpg 的后面，如图 20-28 所示。

step 18 打开“照片”选项面板，在其中设置照片区间为 0:00:04:00，即可更改视频轨中照片素材 4.jpg 的区间长度，如图 20-29 所示。

step 19 在“媒体”素材库的“文件夹”选项卡中，选择照片素材 5.jpg～15.jpg 之间的所有照片素材，如图 20-30 所示。

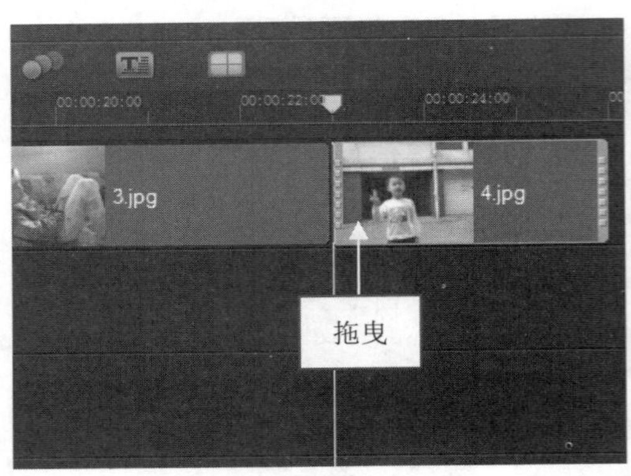

图 20–28　拖曳照片素材

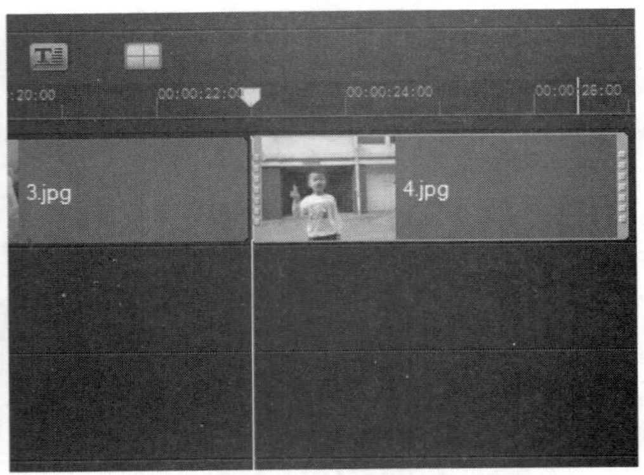

图 20–29　更改素材区间

step 20 在选择的多张照片素材上右击，在弹出的快捷菜单中选择“插入到”|“视频轨”命令，如图 20–31 所示。

图 20–30　选择照片素材

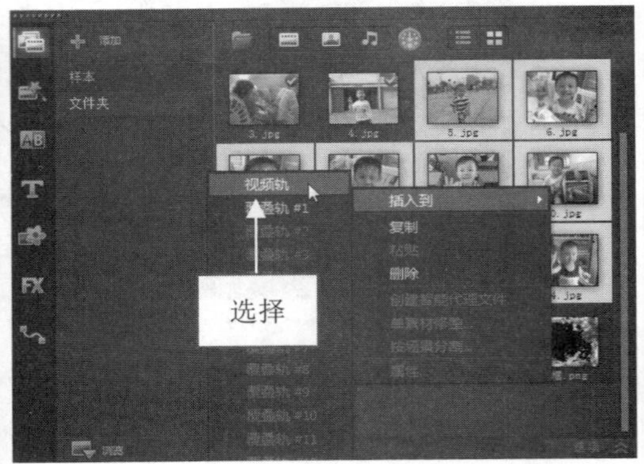

图 20–31　选择相应命令

step 21 执行操作后，即可将选择的多张照片素材插入到时间轴面板的视频轨中。切换至故事板视图，在其中可以查看添加的素材缩略图效果，如图 20–32 所示。

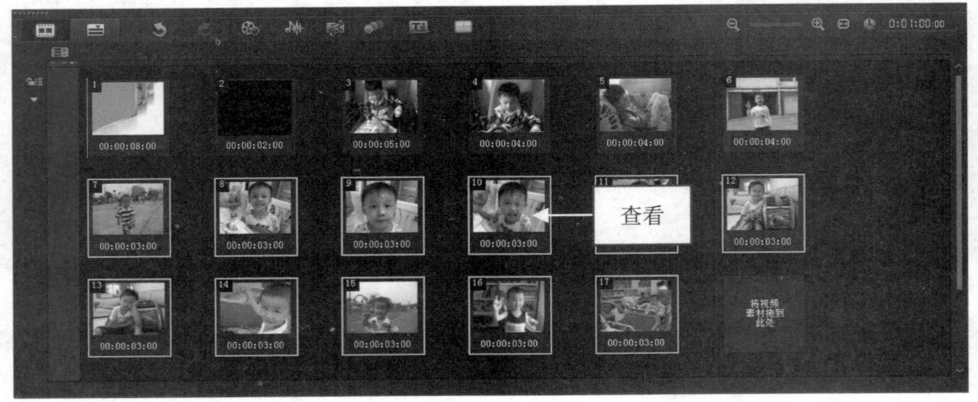

图 20–32　查看添加的素材缩略图效果

step 22 在故事板中刚插入的多张素材缩略图上，选择第 7 个照片素材，右击，在弹出的快捷菜单中选择“更改照片区间”命令，如图 20–33 所示。

step 23 执行操作后，弹出“区间”对话框，在其中设置区间为 0:0:4:0，如图 20–34 所示。

step 24 使用与上面同样的方法，更改照片素材的区间，设置完成后，单击“确定”按钮，即可将照片素材 5.jpg～15.jpg 的区间长度更改为 4 秒，在缩略图下方显示了区间参数，如图 20-35 所示。

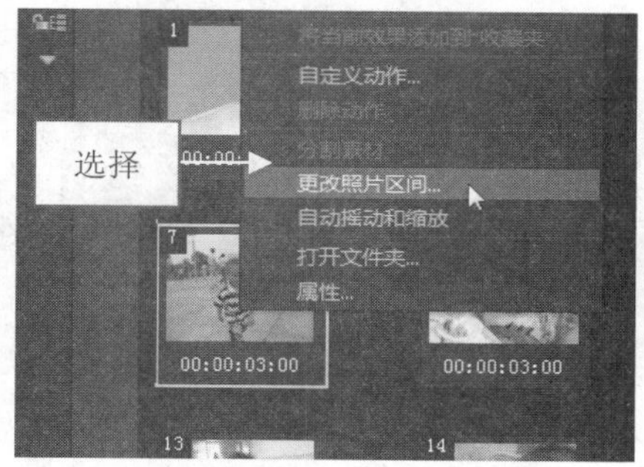

图 20-33　选择“更改照片区间”命令

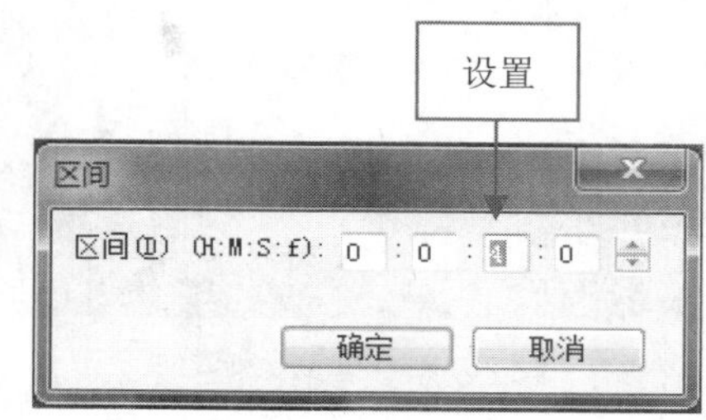

图 20-34　设置区间

图 20-35　显示区间参数

step 25 切换至时间轴视图，在“图形”选项卡中选择黑色色块。在选择的黑色色块上单击鼠标左键并拖曳至视频轨中照片素材 15.jpg 的后面，如图 20-36 所示。

step 26 打开“色彩”选项面板，在其中设置区间为 0:00:02:00，即可更改黑色色块的区间长度，如图 20-37 所示。

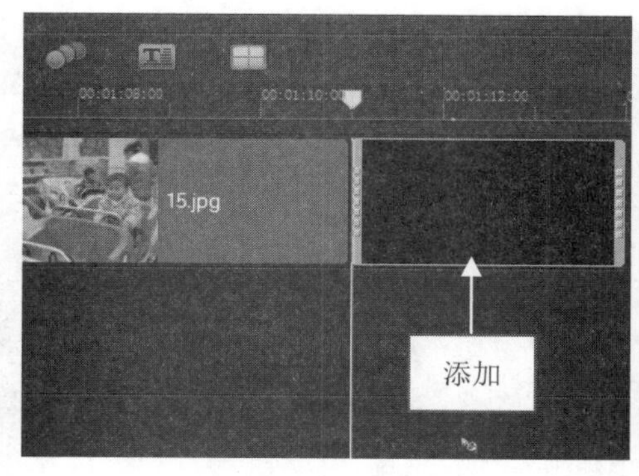

图 20-36　添加黑色色块

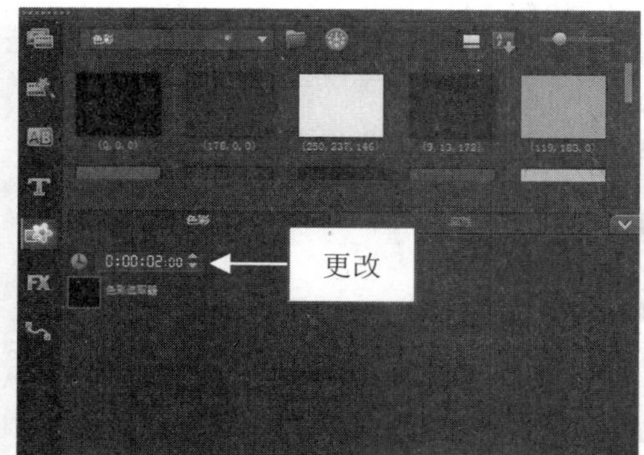

图 20-37　更改区间长度

step 27 在“媒体”素材库中选择视频素材“片尾.wmv”，在选择的视频素材上单击鼠标左键并将其拖曳至视频轨的结束位置，如图 20-38 所示。

step 28 切换至“图形”选项卡，在其中选择白色色块。在选择的白色色块上单击鼠标左键并拖曳至视频轨中的结束位置，打开“色彩”选项面板，在其中设置区间为 0:00:01:00，即可更改白色色块的区间长度，如图 20-39 所示。

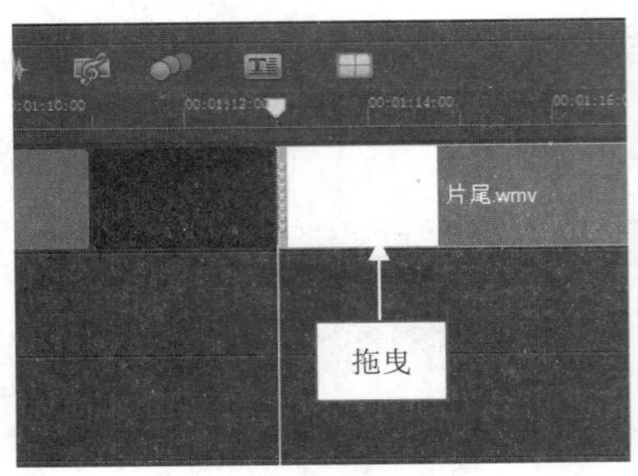

图 20–38　拖曳视频素材

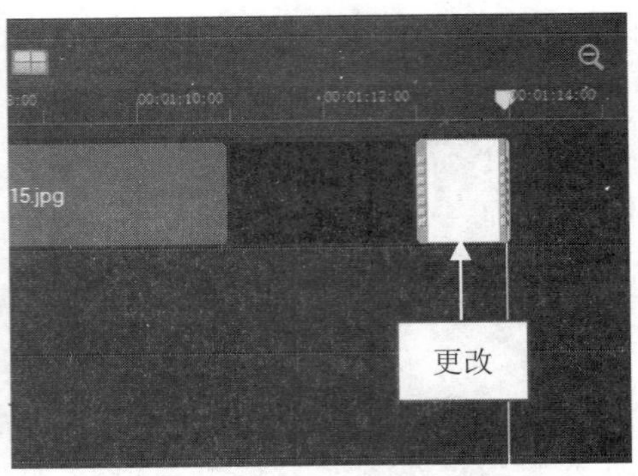

图 20–39　更改区间长度

step 29 在视频轨中选择视频素材“片头.wmv”，打开“属性”选项面板，在其中选中“变形素材”复选框，如图 20–40 所示。

step 30 此时，预览窗口中的素材四周将显示 8 个黄色控制柄，拖曳素材四周的黄色控制柄，调整素材画面至全屏大小。在视频轨中选择视频素材“片尾.wmv”，打开“属性”选项面板，在其中选中“变形素材”复选框，如图 20–41 所示。

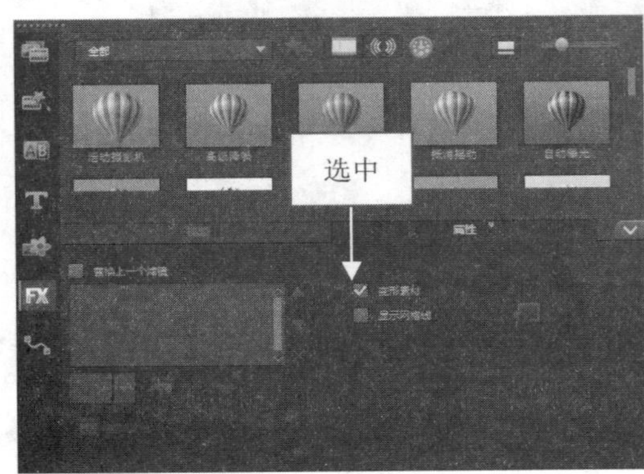

图 20–40　选中“变形素材”复选框

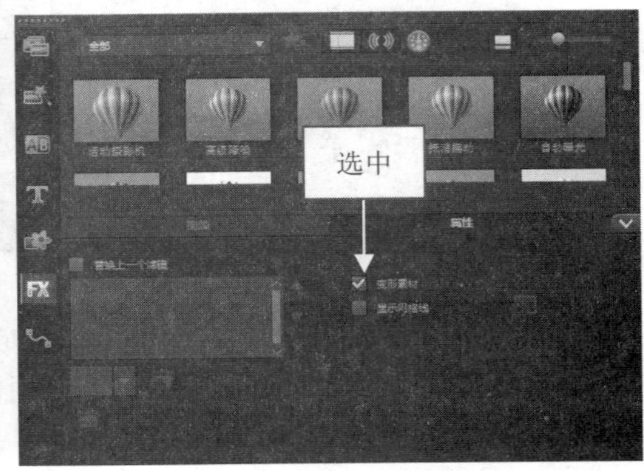

图 20–41　再次选中“变形素材”复选框

step 31 此时，预览窗口中的素材四周将显示 8 个黄色控制柄，如图 20–42 所示。

step 32 拖曳素材四周的黄色控制柄，调整素材画面至全屏大小，如图 20–43 所示。

图 20–42　显示黄色控制柄

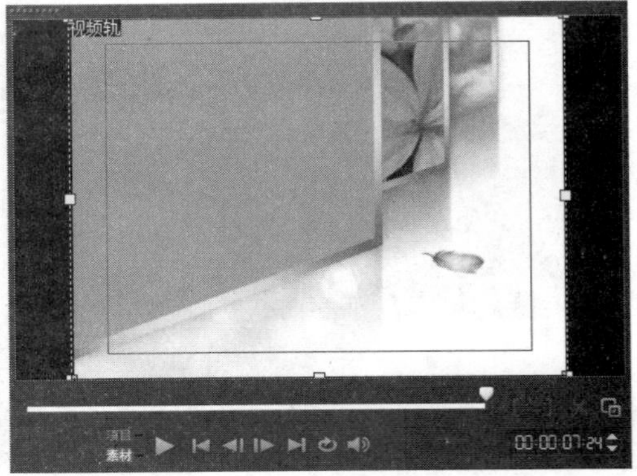

图 20–43　调整素材画面至全屏大小

step 33 至此，视频画面制作完成。在导览面板中单击“播放”按钮，预览制作的视频画面效果，如图 20–44 所示。

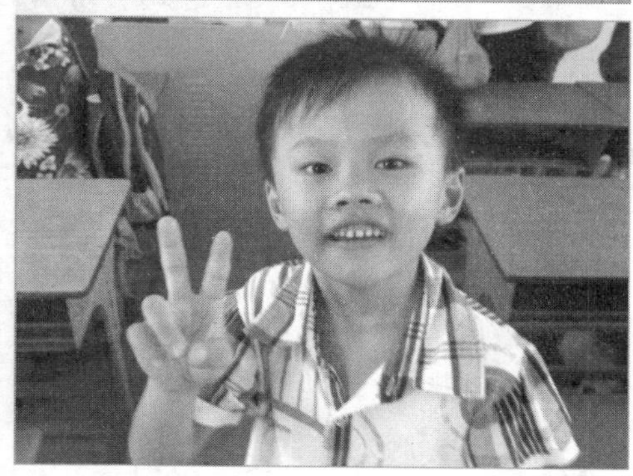

图 20-44 预览制作的视频画面效果

20.2.3 制作照片摇动效果

在会声会影 X9 中，制作完儿童视频画面后，可以根据需要为儿童图像素材添加摇动和缩放效果。下面介绍制作儿童摇动效果的操作方法。

素材文件	无
效果文件	无
视频文件	视频\第 20 章\20.2.3　制作照片摇动效果.mp4

step 01 在时间轴视图的视频轨中，选择照片素材 1.jpg，如图 20-45 所示。

step 02 打开“照片”选项面板，在其中选中“摇动和缩放”单选按钮，单击“自定义”左侧的下三角按钮，在弹出的下拉列表中选择第 1 排第 1 个摇动和缩放样式，如图 20-46 所示。

图 20-45 选择照片素材

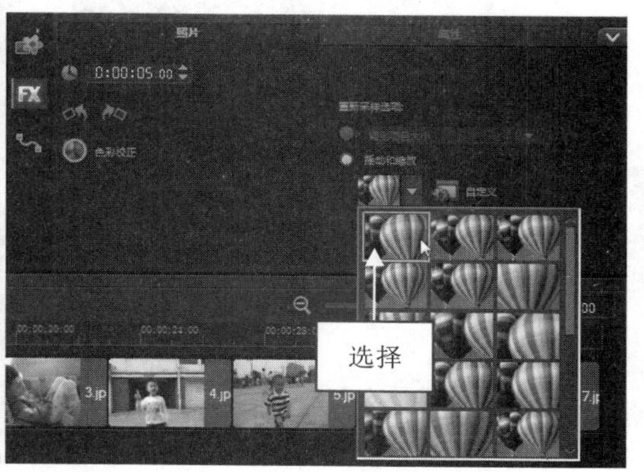

图 20-46 选择预设样式

step 03 在导览面板中单击“播放”按钮，预览视频摇动和缩放效果，如图 20-47 所示。

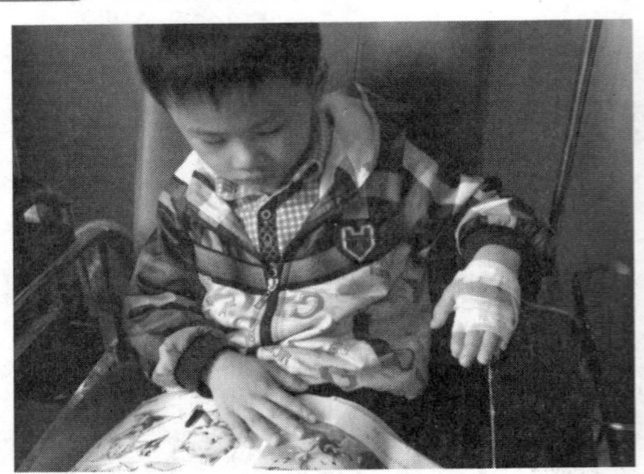

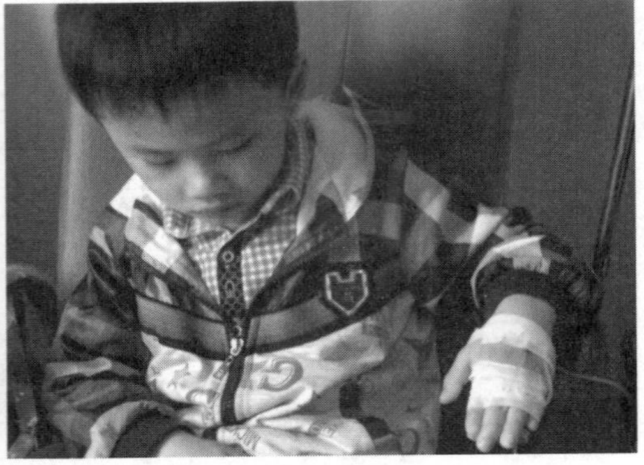

图 20-47　预览视频摇动和缩放效果

step 04 在视频轨中选择照片素材 2.jpg，如图 20-48 所示。

step 05 打开“照片”选项面板，在其中选中“摇动和缩放”单选按钮，单击“自定义”左侧的下三角按钮，在弹出的下拉列表中选择第 2 排第 1 个摇动和缩放样式，如图 20-49 所示。

图 20-48　选择照片素材

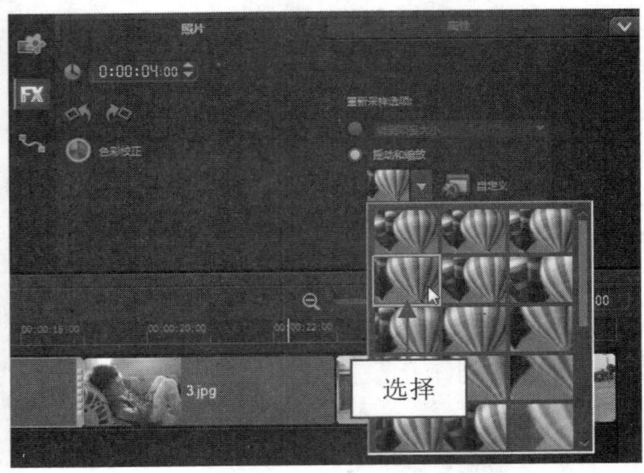

图 20-49　选择预设样式

step 06 在“照片”选项面板中单击“自定义”按钮，弹出“摇动和缩放”对话框，在“原图”预览窗口中移动十字图标的位置，在下方设置“缩放率”为 127，如图 20-50 所示。

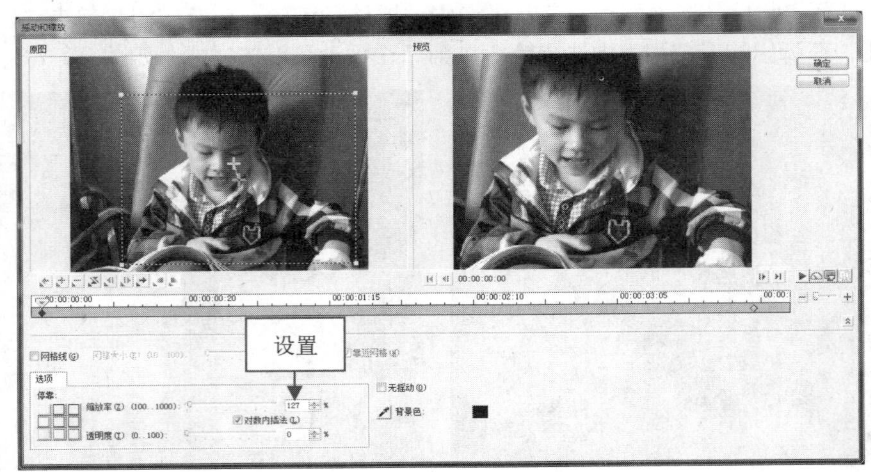

图 20-50　设置缩放率

step 07 在“摇动和缩放”对话框中选择最后一个关键帧，在“原图”预览窗口中移动十字图标的位置，在下方设置“缩放率”为 107，如图 20-51 所示。

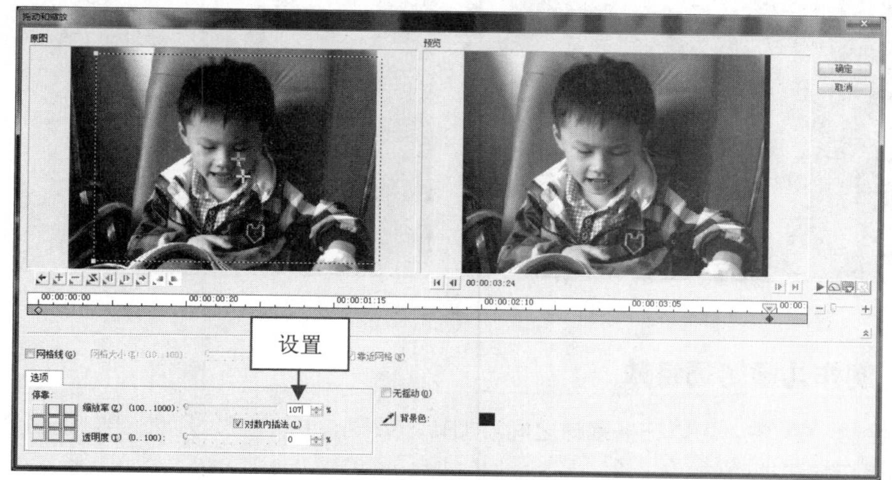

图 20-51　设置缩放率

step 08 设置完成后，单击“确定”按钮。返回到会声会影编辑器，在导览面板中单击“播放”按钮，预览视频摇动和缩放效果，如图 20-52 所示。

图 20-52　预览视频摇动和缩放效果

step 09 使用与上面同样的方法，为其他图像素材添加摇动和缩放效果。单击导览面板中的“播放”按钮，即可预览制作的儿童照片素材摇动和缩放动画效果，如图 20-53 所示。

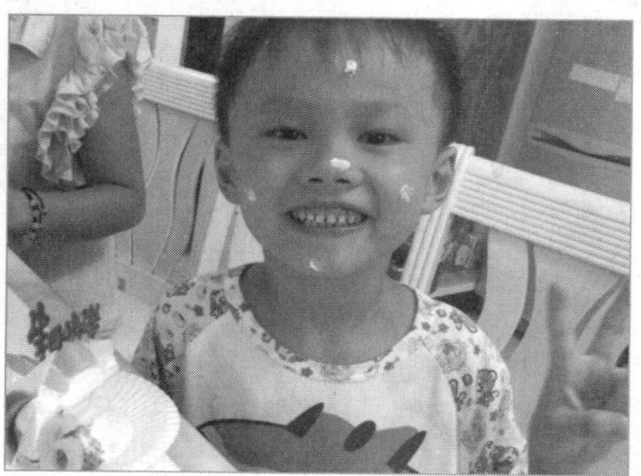

图 20-53　预览摇动和缩放动画效果

图 20-53　预览摇动和缩放动画效果(续)

20.2.4 制作儿童转场特效

在会声会影 X9 中，可以在各素材之间添加转场效果，制作自然过渡效果。下面介绍制作儿童转场效果的操作方法。

素材文件	无
效果文件	无
视频文件	视频\第 16 章\20.2.4　制作儿童转场效果.mp4

step 01 在会声会影编辑器的右上方位置单击“转场”按钮，切换至“转场”素材库，单击窗口上方的“画廊”按钮，在弹出的下拉列表中选择“过滤”选项，如图 20-54 所示。

step 02 打开“过滤”转场素材库，在其中选择“交叉淡化”转场效果，如图 20-55 所示。

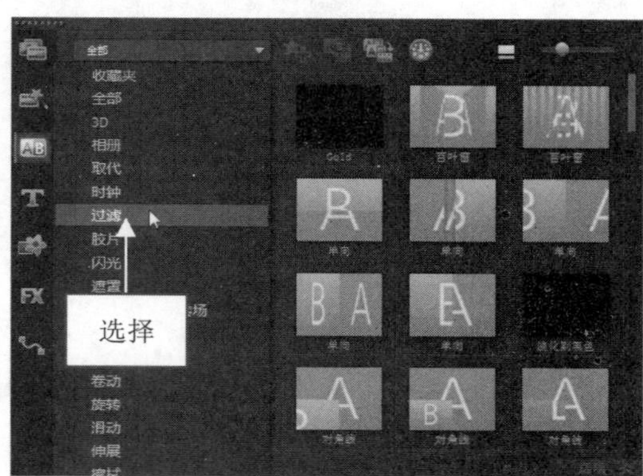

图 20-54　选择“过滤”选项

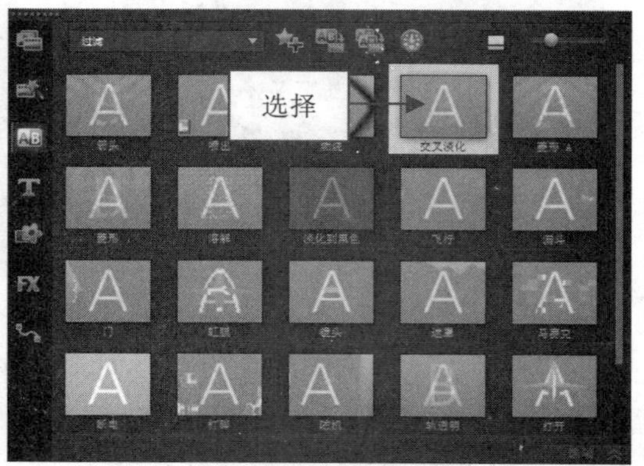

图 20-55　选择“交叉淡化”转场效果

step 03 单击鼠标左键并拖曳至视频轨中视频素材“片头.wmv”与黑色色块之间，添加“交叉淡化”转场效果，如图 20-56 所示。

step 04 使用与上面同样的方法，在视频轨中黑色色块与照片素材 1.jpg 之间添加第 2 个“交叉淡化”转场效果，如图 20-57 所示。

step 05 在导览面板中单击“播放”按钮，预览添加“交错淡化”转场后的视频画面效果，如图 20-58 所示。

step 06 在“过滤”转场素材库中选择“菱形”转场效果，如图 20-59 所示。

step 07 单击鼠标左键并拖曳至视频轨中照片素材 1.jpg 与照片素材 2.jpg 之间，添加“菱形”转场效果，如图 20-60 所示。

图 20-56 添加“交叉淡化”转场效果

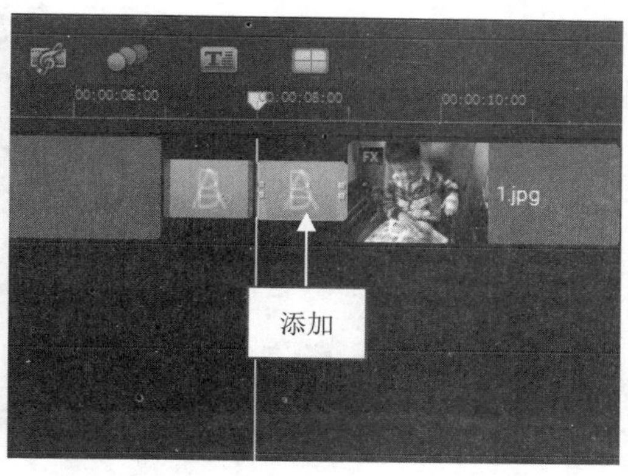

图 20-57 添加第 2 个“交叉淡化”转场效果

图 20-58 预览视频画面效果

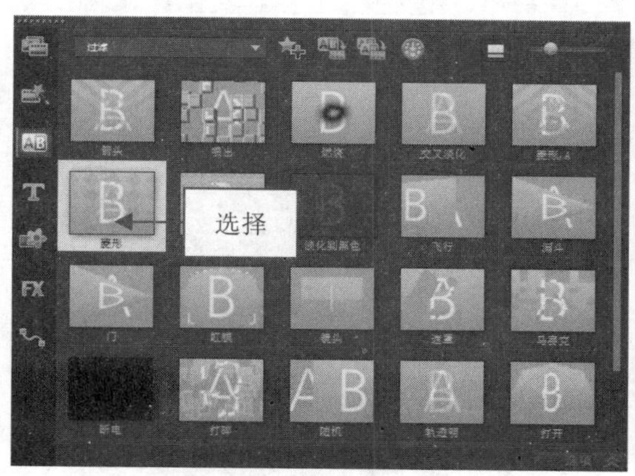

图 20-59 选择“菱形”转场效果

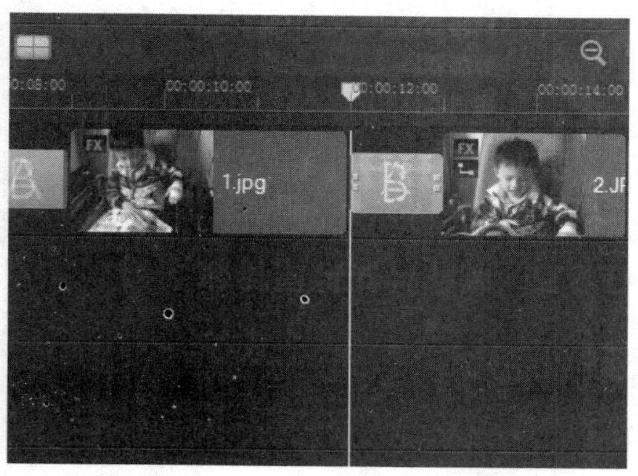

图 20-60 添加“菱形”转场效果

step 08 在导览面板中单击“播放”按钮，预览添加“菱形”转场后的视频画面效果，如图 20-61 所示。

step 09 在“转场”素材库中，单击窗口上方的“画廊”按钮，在弹出的下拉列表中选择“擦拭”选项，打开“擦拭”转场素材库，在其中选择“百叶窗”转场效果，如图 20-62 所示。

step 10 单击鼠标左键并拖曳至视频轨中照片素材 2.jpg 与照片素材 3.jpg 之间，添加“百叶窗”转场效果，如图 20-63 所示。

step 11 在导览面板中单击“播放”按钮，预览添加“百叶窗”转场后的视频画面效果，如图 20-64 所示。

图 20-61　预览添加“菱形”转场后的视频画面效果

图 20-62　选择“百叶窗”转场效果

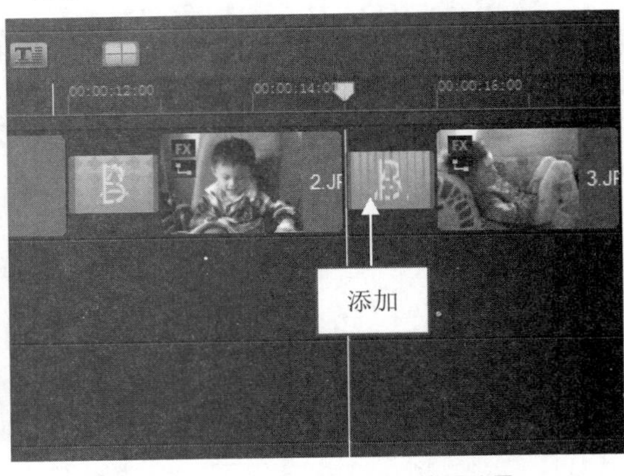

图 20-63　添加“百叶窗”转场效果

图 20-64　预览添加“百叶窗”转场后的视频画面效果

step 12 在“擦拭”转场素材库中选择“单向”转场效果，如图 20-65 所示。

step 13 单击鼠标左键并拖曳至视频轨中照片素材 3.jpg 与照片素材 4.jpg 之间，添加“单向”转场效果，如图 20-66 所示。

step 14 在导览面板中单击“播放”按钮，预览添加“单向”转场后的视频画面效果，如图 20-67 所示。

step 15 使用与上面同样的方法，在其他各素材之间添加相应转场效果，切换至故事板视图，在其中可以查看添加的各种转场效果，如图 20-68 所示。

图 20-65 选择“单向”转场效果

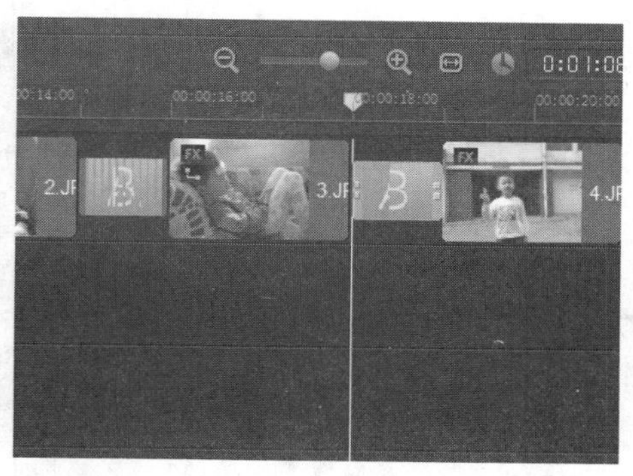

图 20-66 添加“单向”转场效果

图 20-67 预览添加“单向”转场后的视频画面效果

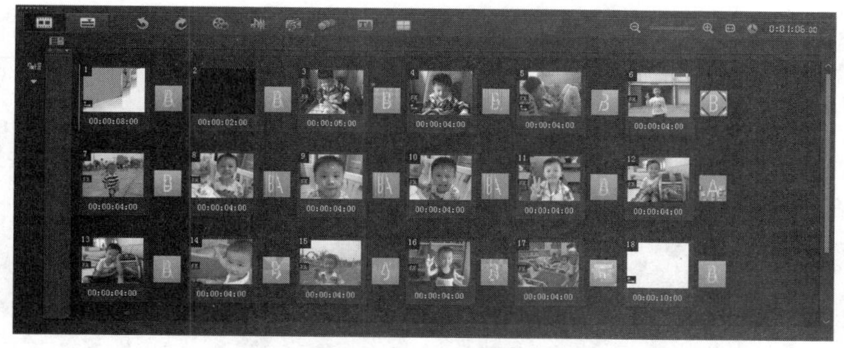

图 20-68 查看添加的各种转场效果

step 16 单击导览面板中的“播放”按钮，预览制作的儿童视频转场效果，如图 20-69 所示。

图 20-69 预览儿童视频转场效果

图 20-69　预览儿童视频转场效果(续)

专家指点

在添加的转场效果上双击鼠标左键，即可打开“转场”选项面板，在其中可以设置转场效果的相关属性，包括区间、边框以及色彩等。

20.2.5 制作片头片尾特效

在会声会影 X9 中，制作完儿童转场效果后，接下来可以为影片文件添加片头与片尾动画效果。下面介绍制作儿童片头与片尾动画的操作方法。

素材文件	无
效果文件	无
视频文件	视频\第 20 章\20.2.5　制作片头片尾特效.mp4

step 01 在时间轴面板中，将时间线移至视频轨中的开始位置，如图 20-70 所示。

step 02 在“媒体”素材库中选择照片素材 16.jpg，如图 20-71 所示。

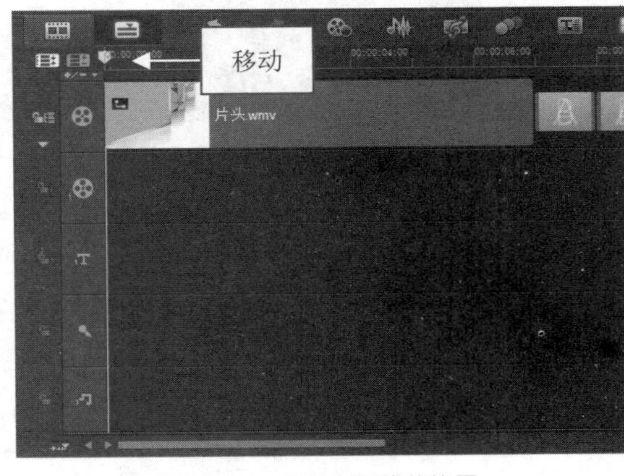

图 20-70　移动时间线的位置

图 20-71　选择照片素材

step 03 在选择的素材上单击鼠标左键并将其拖曳至覆叠轨中的时间线位置，如图 20-72 所示。

step 04 在“编辑”选项面板中设置覆叠的照片区间为 0:00:08:00，如图 20-73 所示。

step 05 执行上述操作后，即可更改覆叠素材的区间长度，如图 20-74 所示。

step 06 在“编辑”选项面板中，选中“应用摇动和缩放”复选框，然后单击“自定义”按钮，如图 20-75 所示。

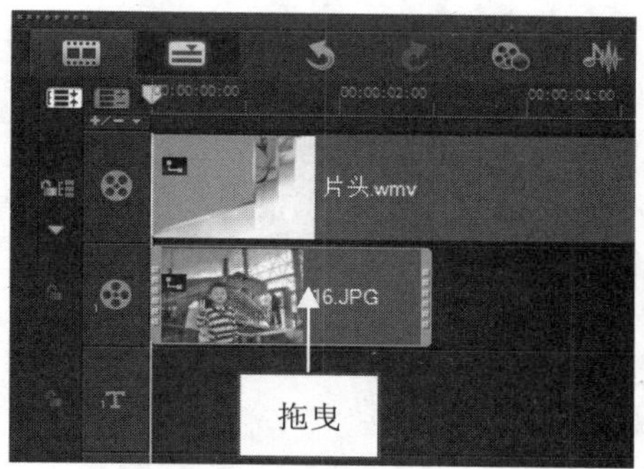

图 20-72 拖曳至覆叠轨 1 中

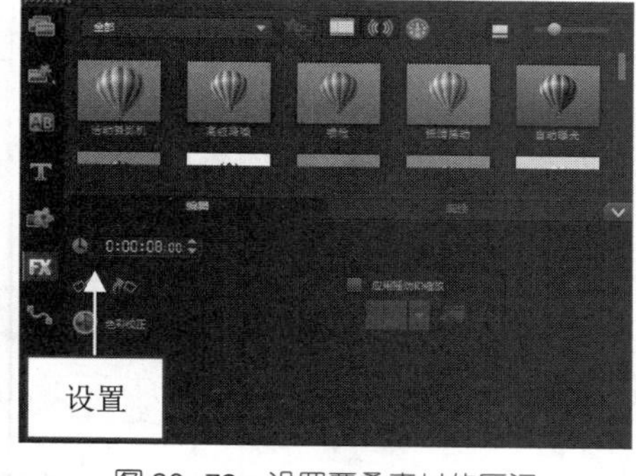

图 20-73 设置覆叠素材的区间

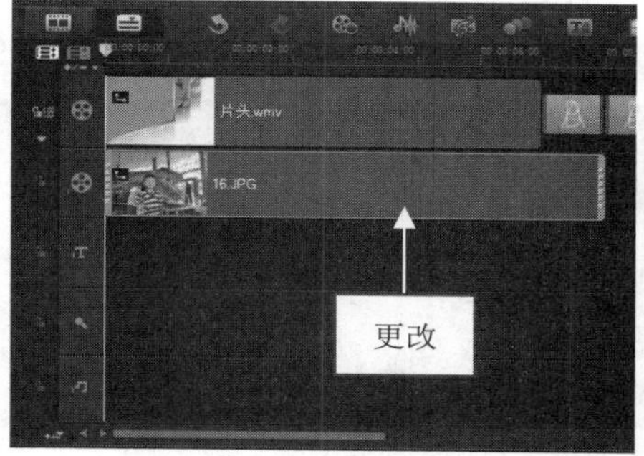

图 20-74 更改素材区间

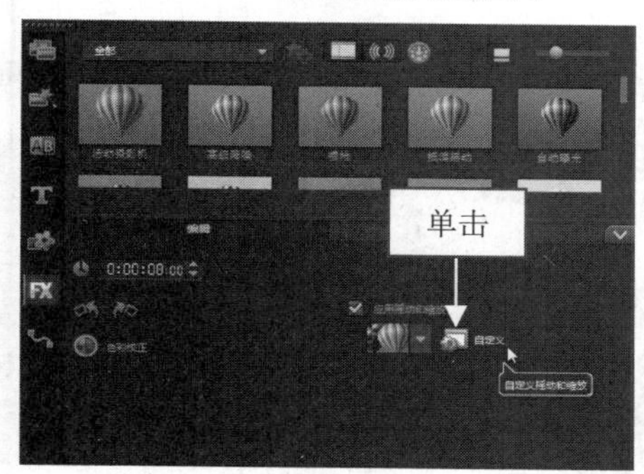

图 20-75 单击“自定义”按钮

step 07 弹出“摇动和缩放”对话框，在“原图”预览窗口中移动十字图标的位置，在下方设置“缩放率”为 112，如图 20-76 所示。

图 20-76 设置缩放率

step 08 在“摇动和缩放”对话框中选择最后一个关键帧，在“原图”预览窗口中移动十字图标的位置，在下方设置“缩放率”为 127，如图 20-77 所示。

step 09 设置完成后，单击“确定”按钮。返回到会声会影编辑器，打开“属性”选项面板，在其中单击“淡出动画效果”按钮，如图 20-78 所示。设置覆叠素材的淡出动画效果。

图 20–77　设置缩放率

step 10 设置覆叠素材淡出特效后，即可在预览窗口中预览覆叠素材的形状，如图 20–79 所示。

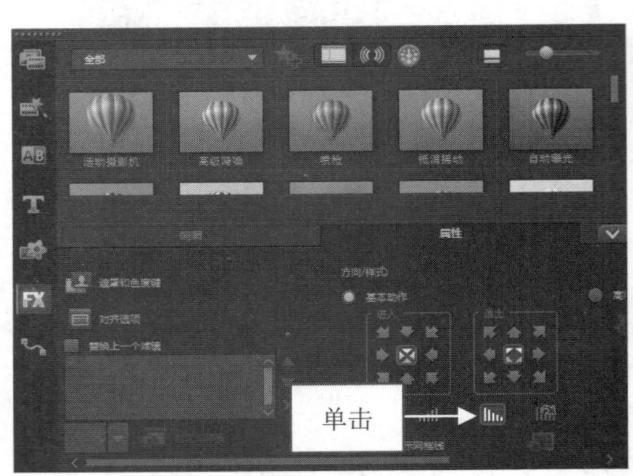

图 20–78　设置覆叠素材的淡出动画效果　　图 20–79　预览覆叠素材的形状

step 11 拖曳素材四周的绿色和黄色控制柄，调整覆叠素材的形状和位置，如图 20–80 所示。

step 12 单击导览面板中的“播放”按钮，预览制作的儿童视频片头动画效果，如图 20–81 所示。

图 20–80　调整覆叠素材的形状和位置　　图 20–81　预览儿童视频片头动画效果

step 13 在时间轴面板中将时间线移至 00:00:56:00 的位置处，如图 20–82 所示。

step 14 在“媒体”素材库中选择照片素材 17.jpg，如图 20–83 所示。

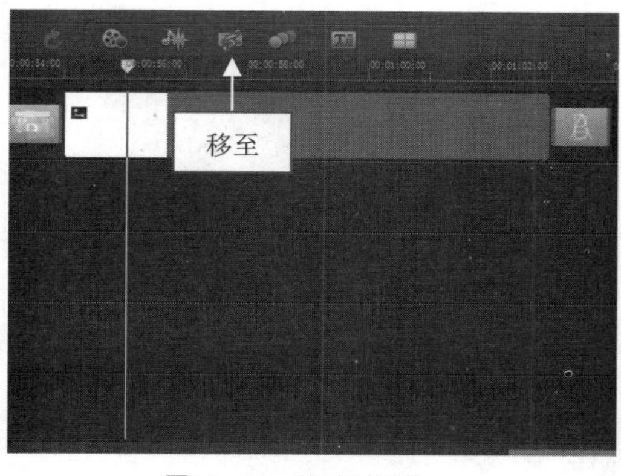

图 20-82 移动时间线

图 20-83 选择照片素材

step 15 在选择的素材上单击鼠标左键并将其拖曳至覆叠轨中的时间线位置，如图 20-84 所示。

step 16 在“编辑”选项面板中设置覆叠的照片区间为 0:00:08:05，如图 20-85 所示。

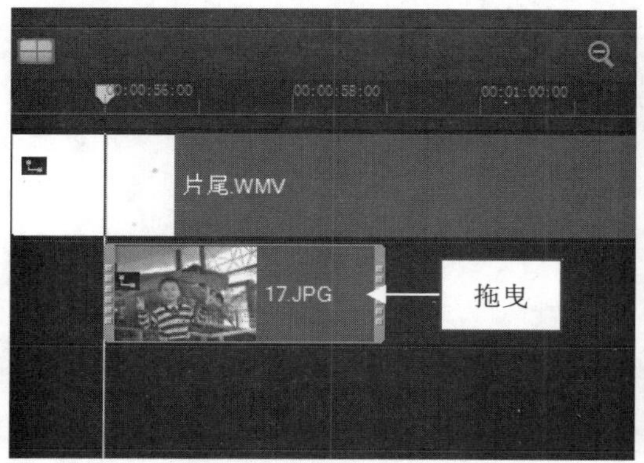

图 20-84 拖曳到时间线位置

图 20-85 设置素材区间

step 17 执行上述操作后，即可更改覆叠素材的区间长度。切换至“属性”选项面板，在其中单击“淡入动画效果”按钮和“淡出动画效果”按钮，如图 20-86 所示。即可设置覆叠素材的淡入和淡出动画效果。

step 18 在“属性”选项面板中单击“遮罩和色度键”按钮，弹出相应选项面板，在其中选中“应用覆叠选项”复选框，设置“类型”为“遮罩帧”，在右侧的下拉列表中选择相应的遮罩样式，如图 20-87 所示。

图 20-86 单击相应按钮

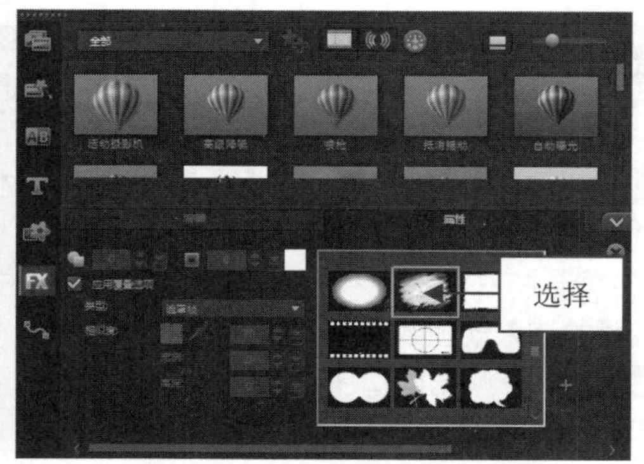

图 20-87 选择相应的遮罩样式

step 19 在预览窗口中，可以预览片尾处覆叠素材的形状，拖曳素材四周的黄色控制柄，调整

覆叠素材的大小和位置。单击导览面板中的“播放”按钮，预览制作的儿童视频片尾动画效果，如图 20-88 所示。

图 20-88　预览儿童视频片尾动画效果

20.2.6 制作覆叠边框特效

在会声会影中编辑视频文件时，为素材添加相应的边框效果，可以使制作的视频内容更加丰富，起到美化视频的作用。下面介绍制作儿童边框动画的操作方法。

素材文件	无
效果文件	无
视频文件	视频\第 20 章\20.2.6　制作覆叠边框特效.mp4

step 01 在时间轴面板中将时间线移至 00:00:08:00 的位置处，如图 20-89 所示。

step 02 进入“媒体”素材库，在素材库中选择图像素材“边框.png”，在选择的素材上单击鼠标左键并将其拖曳至覆叠轨 1 中的时间线位置，如图 20-90 所示。

step 03 在“编辑”选项面板中设置覆叠素材的照片区间为 0:00:02:00，如图 20-91 所示。

step 04 执行上述操作后，即可更改覆叠素材的区间长度为 2 秒，如图 20-92 所示。

step 05 打开“属性”选项面板，在其中单击“淡入动画效果”按钮，如图 20-93 所示。设置覆叠素材的淡入动画效果。

step 06 在预览窗口中的边框素材上右击，在弹出的快捷菜单中选择“调整到屏幕大小”命令，如图 20-94 所示。

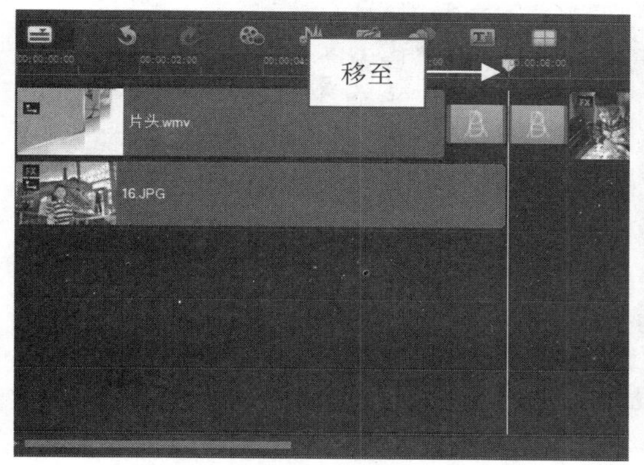

图 20-89　移动时间线的位置

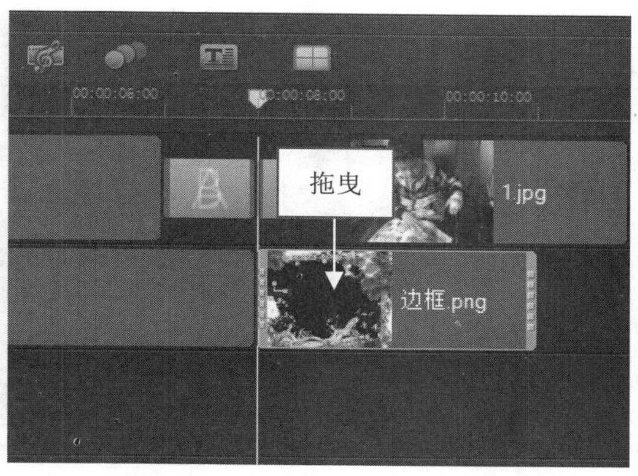

图 20-90　拖曳至覆叠轨 1 中

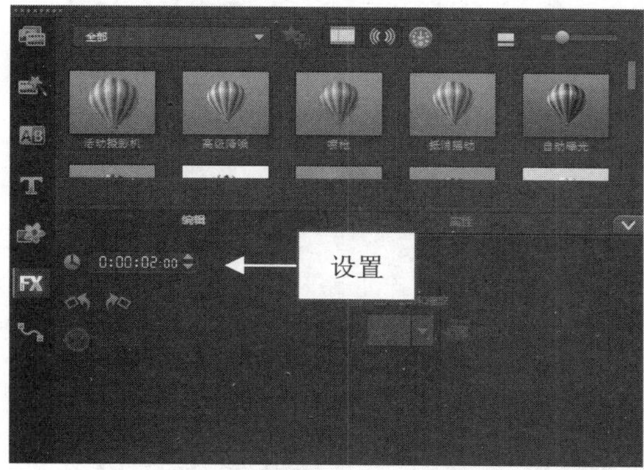

图 20-91　设置覆叠素材的区间

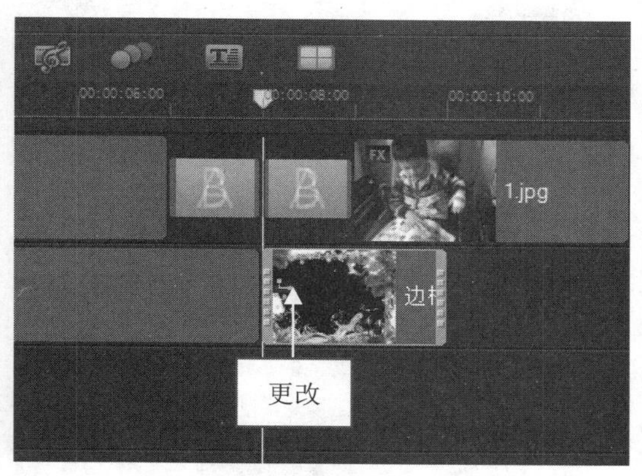

图 20-92　更改覆叠素材的区间长度

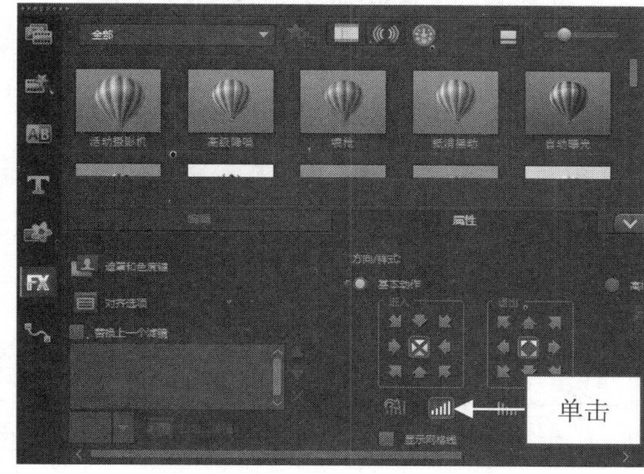

图 20-93　单击相应按钮

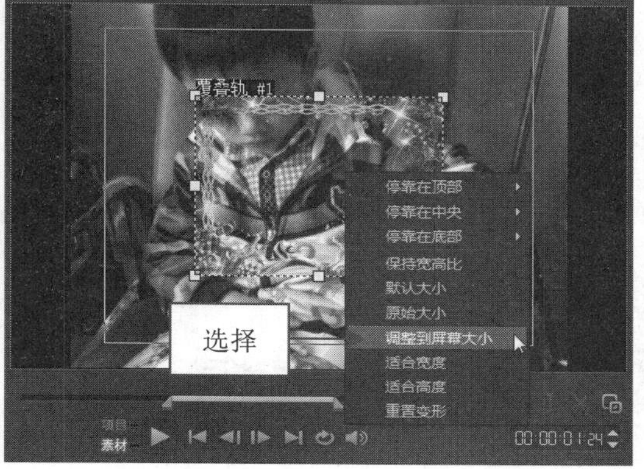

图 20-94　选择相应命令

step 07 执行操作后，即可调整边框素材至全屏大小。在导览面板中单击“播放”按钮，预览边框素材装饰效果，如图 20-95 所示。

step 08 使用与上面同样的方法，在覆叠轨中添加相应的覆叠边框素材，并设置覆叠素材的相应照片区间；在预览窗口中调整素材的位置与形状；在“属性”选项面板中设置素材淡入淡出特效。单击导览面板中的“播放”按钮，预览制作的覆叠边框装饰动画效果，如图 20-96 所示。

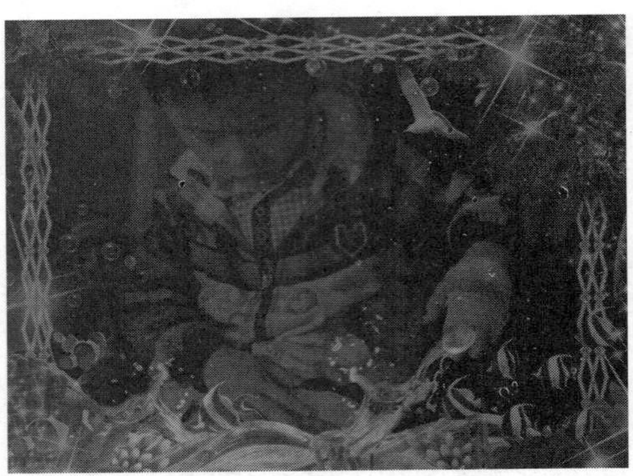

图 20-95　预览边框素材装饰效果

图 20-96　预览覆叠边框装饰动画效果

20.2.7 制作标题字幕动画

在会声会影 X9 的覆叠轨中制作完动画效果后，接下来将在标题轨中制作标题字幕动画效果。下面介绍制作标题字幕动画的操作方法。

素材文件	无
效果文件	无
视频文件	视频\第 20 章\20.2.7　制作标题字幕动画.mp4

step 01 在时间轴面板中将时间线移至 00:00:01:23 的位置处，如图 20-97 所示。

step 02 在编辑器的右上方位置单击“标题”按钮，即可进入“标题”素材库，如图 20-98 所示。

step 03 在预览窗口中显示“双击这里可以添加标题。”字样，如图 20-99 所示。

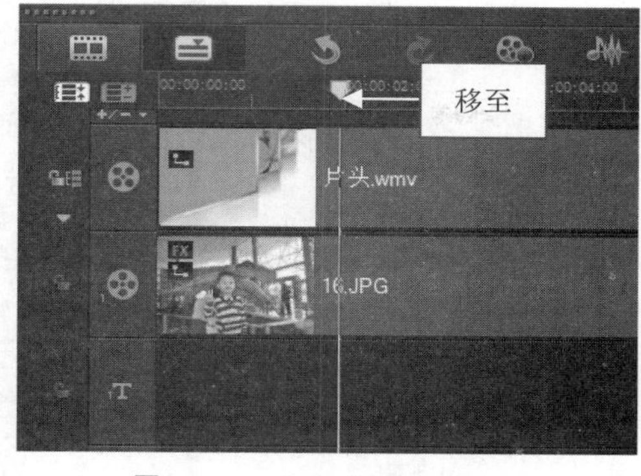

图 20-97　移动时间线的位置

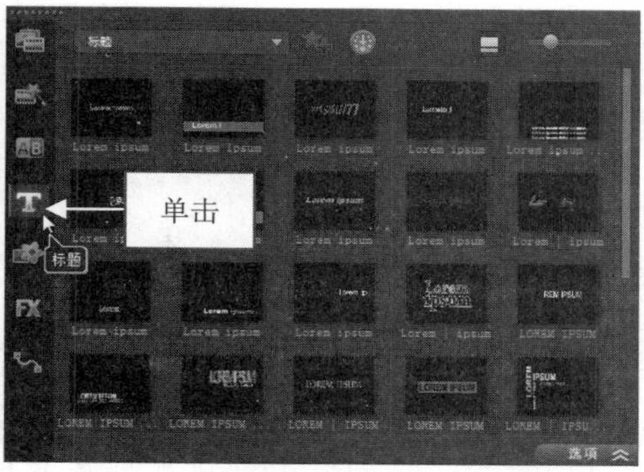

图 20-98　进入“标题”素材库

step 04 在预览窗口中的字样上双击鼠标左键，输入文本“纯真可爱”，如图 20-100 所示。

图 20-99　显示相应的标题字样

图 20-100　输入相应文本内容

step 05 选择输入的文本内容，打开“编辑”选项面板，单击“字体”右侧的下三角按钮，在弹出的下拉列表中选择“方正大黑简体”选项，如图 20-101 所示。设置标题字幕字体效果。

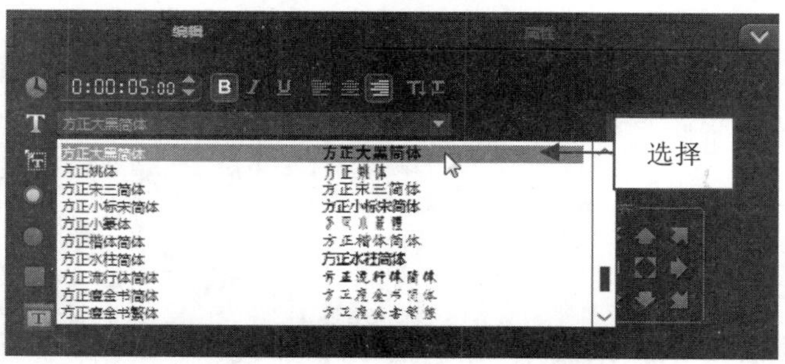

图 20-101　选择字幕字体

step 06 单击“字体大小”右侧的下三角按钮，在弹出的下拉列表中选择 60 选项，设置字体大小；单击“色彩”色块，在弹出的颜色面板中选择绿色，在其中设置字体颜色，如图 20-102 所示。

step 07 在预览窗口中调整标题字幕的位置，即可预览设置字幕属性后的效果，如图 20-103 所示。

step 08 在“编辑”选项面板中设置字幕的区间为 0:00:05:00，然后单击“边框/阴影/透明度”按钮，如图 20-104 所示。

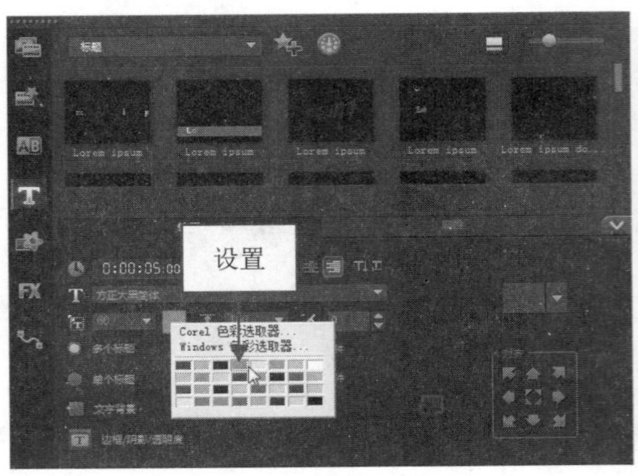

图 20-102　设置字体颜色

图 20-103　预览设置字幕属性后的效果

step 09 弹出“边框/阴影/透明度”对话框，单击“阴影”标签，如图 20-105 所示。

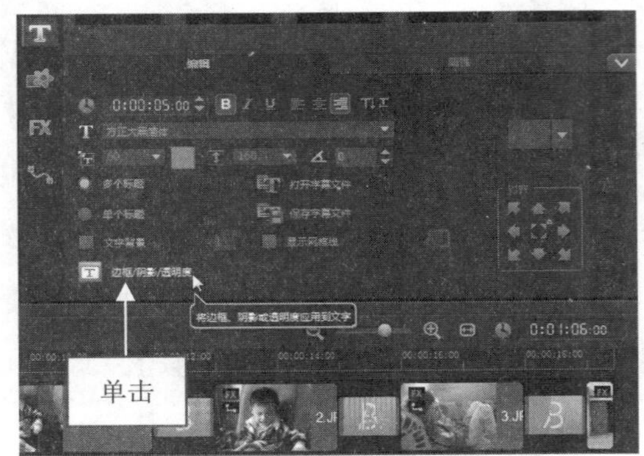

图 20-104　单击“边框/阴影/透明度”按钮

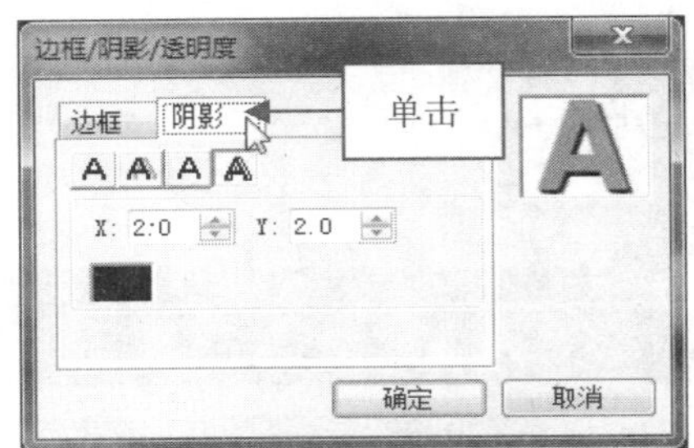

图 20-105　单击“阴影”标签

step 10 切换至“阴影”选项卡，单击“突起阴影”按钮，设置相应的属性，如图 20-106 所示。

step 11 设置完成后，单击“确定”按钮。在预览窗口中可以预览设置字幕边框/阴影/透明度后的效果，如图 20-107 所示。

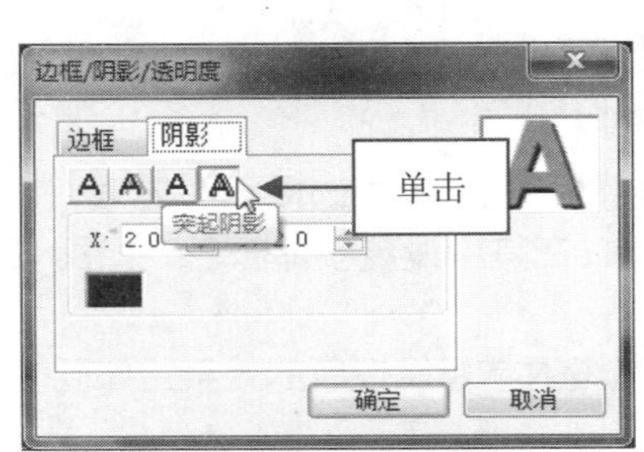

图 20-106　单击“突起阴影”按钮

图 20-107　预览字幕效果

step 12 当标题字幕文件制作完成后，在时间轴面板的标题轨中将自动显示创建的标题字幕文件，如图 20-108 所示。

step 13 切换至“属性”选项面板，选中“动画”单选按钮和“应用”复选框，设置“选取动画类型”为“淡化”，在下方选择第 1 排第 2 个动画样式，如图 20-109 所示。

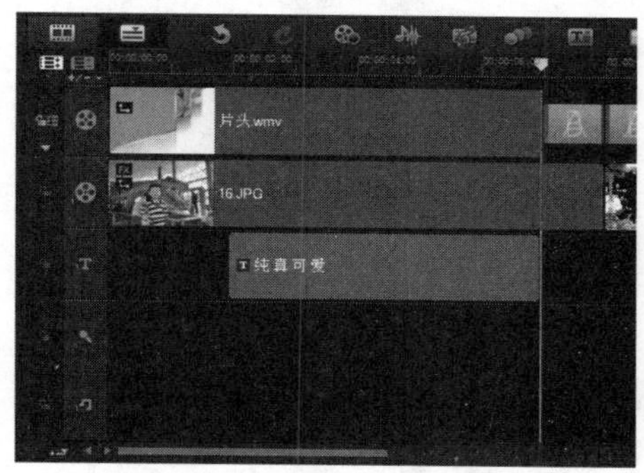

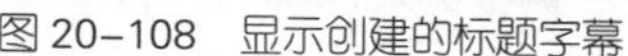
图 20-108　显示创建的标题字幕

图 20-109　选取相应样式

step 14 在标题轨中的字幕文件上右击，在弹出的快捷菜单中选择“复制”命令，如图 20-110 所示。

step 15 复制字幕文件后，将字幕文件粘贴至右侧适合位置，并设置字幕的区间长度，如图 20-111 所示。

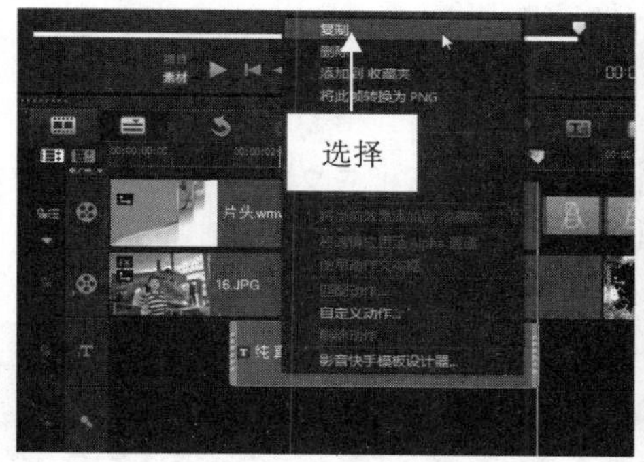

图 20-110　选择“复制”命令

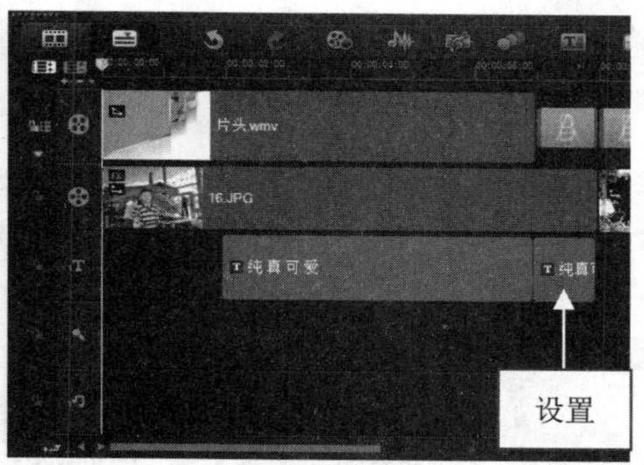

图 20-111　设置字幕的区间

step 16 切换至“属性”选项面板，设置“选取动画类型”为“淡化”，在下方选择第 1 排第 1 个动画样式，然后单击“自定义动画属性”按钮，如图 20-112 所示。

step 17 弹出“淡化动画”对话框，在“淡化样式”选项组中选中“淡出”单选按钮，如图 20-113 所示。单击“确定”按钮，完成设置。

图 20-112　单击“自定义动画属性”按钮

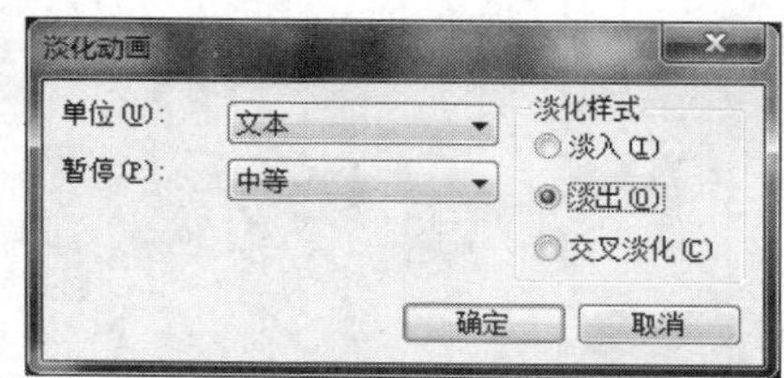

图 20-113　单击“确定”按钮

step 18 单击导览面板中的“播放”按钮，预览制作的片头字幕动画效果，如图 20-114 所示。

图 20-114　预览片头字幕动画效果

step 19 使用与上面同样的方法，在标题轨中的其他位置输入相应文本内容，并设置文本的相应属性和动画效果。单击导览面板中的“播放”按钮，预览制作的标题字幕动画效果，如图 20-115 所示。

图 20-115　预览标题字幕动画效果

图 20-115　预览标题字幕动画效果(续)

20.3 视频后期处理

在会声会影 X9 中，编辑完视频效果后，接下来需要对视频进行后期编辑与输出，使制作的视频效果更加完美。下面介绍制作儿童视频背景音乐和输出儿童视频文件的操作方法。

20.3.1 制作视频背景音乐

音频是一部影片的灵魂，在后期编辑过程中，音频的处理相当重要。下面主要向用户介绍添加并处理音乐文件的操作方法。

素材文件	素材\第 20 章\音乐.mpa
效果文件	无
视频文件	视频\第 20 章\20.3.1　制作视频背景音乐.mp4

step 01 选择菜单栏中的“文件”|“将媒体文件插入到时间轴”|“插入音频”|“到音乐轨”命令，如图 20-116 所示。

step 02 执行操作后，弹出“打开音频文件”对话框，选择需要导入的背景音乐素材，如图 20-117 所示。

图 20-116　选择相应命令

图 20-117　选择音频素材

step 03 单击“打开”按钮，即可将背景音乐导入到时间轴面板的音乐轨中，如图 20-118 所示。

step 04 将时间线移至音乐素材的最后一帧位置，如图 20-119 所示。

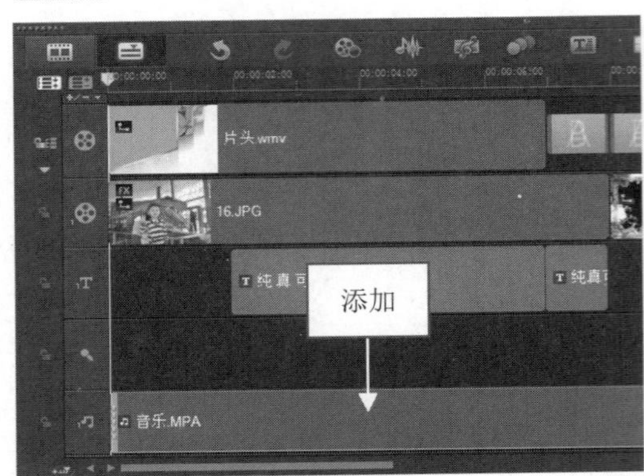

图 20-118　添加背景音乐

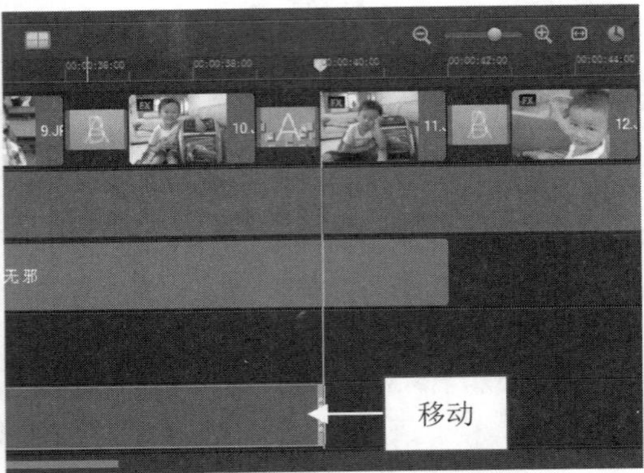

图 20-119　移动时间线的位置

step 05 在音乐素材上右击，在弹出的快捷菜单中选择“复制”命令，如图 20-120 所示。

step 06 将复制的音乐素材粘贴至右侧的合适位置，如图 20-121 所示。

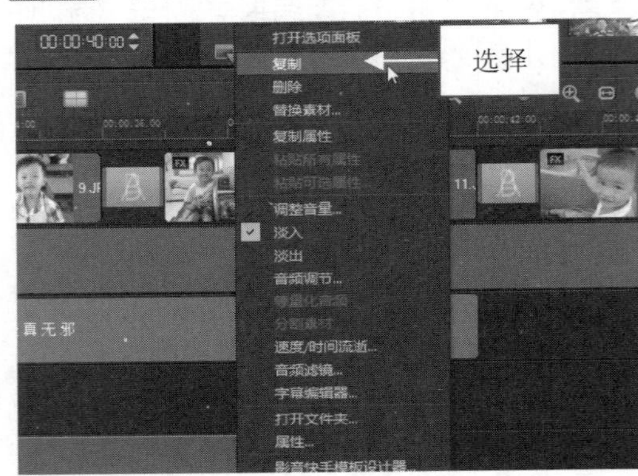

图 20-120　选择“复制”命令

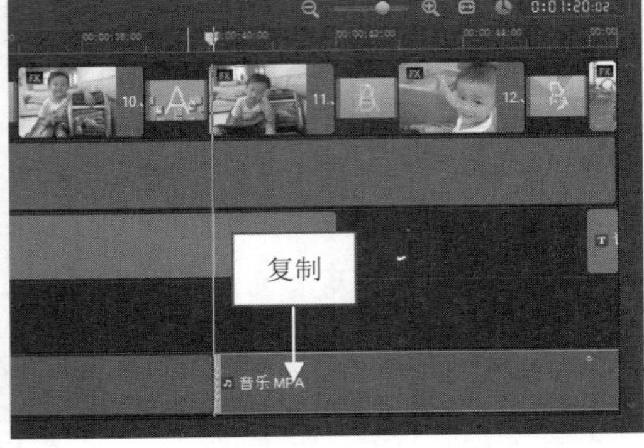

图 20-121　复制音频素材

step 07 在时间轴面板中将时间线移至 00:01:04:05 的位置处，如图 20-122 所示。

step 08 选择音乐轨中的素材并右击，在弹出的快捷菜单中选择“分割素材”命令，如图 20-123 所示。

图 20-122　移动时间线

图 20-123　选择相应命令

step 09 执行操作后，即可将音乐素材分割为两段，如图 20-124 所示。

step 10 选择分割的后段音频素材，按 Delete 键进行删除操作，留下剪辑后的音频素材，如图 20-125 所示。

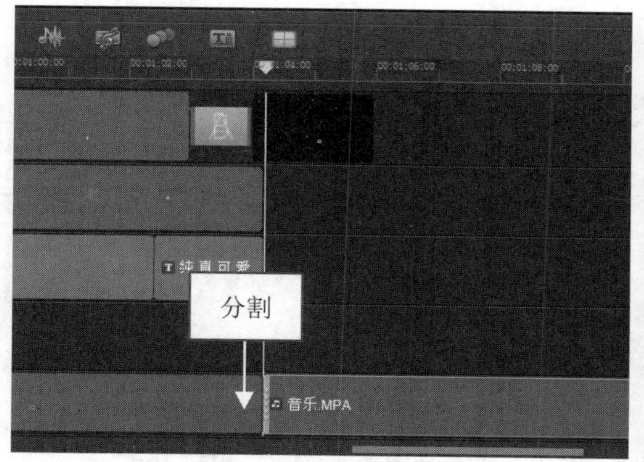

图 20-124 将音乐素材分割为两段

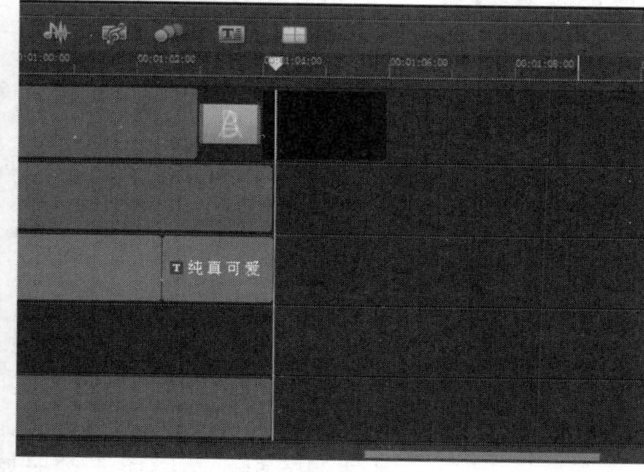

图 20-125 删除相应素材

step 11 在音乐轨中选择第一段音乐素材，在音乐素材上右击，在弹出的快捷菜单中选择“淡入”命令，如图 20-126 所示。设置音乐的淡入特效。

step 12 在音乐轨中选择第二段音乐素材，在音乐素材上右击，在弹出的快捷菜单中选择“淡出”命令，如图 20-127 所示。即可完成音频特效的制作。

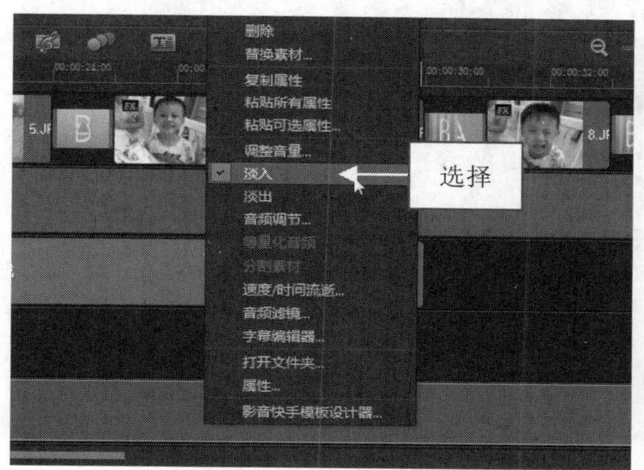

图 20-126 选择“淡入”命令

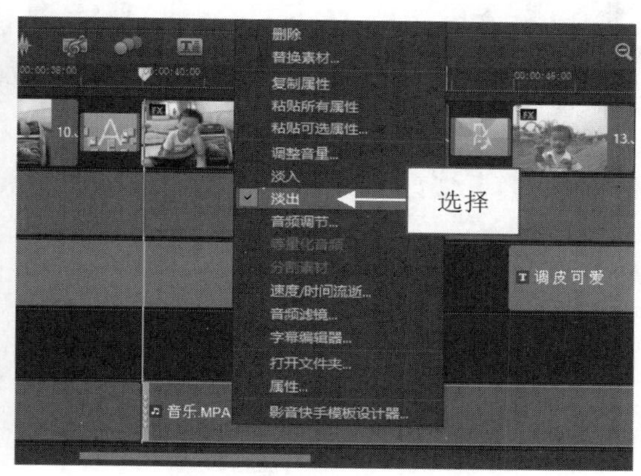

图 20-127 选择“淡出”命令

20.3.2 输出儿童相册视频

对视频文件进行音频特效的应用后，接下来用户可以根据需要将视频文件进行输出操作，将美好的回忆永久保存。下面向用户介绍输出视频文件的操作方法。

素材文件	无
效果文件	效果\第 20 章\制作儿童相册——《记录成长》.VSP
视频文件	视频\第 20 章\20.3.2 输出儿童相册视频.mp4

step 01 在会声会影编辑器的上方单击“共享”标签，切换至“共享”步骤面板，在其中选择 MPEG-2 选项，如图 20-128 所示。

step 02 在面板下方单击“文件位置”右侧的“浏览”按钮，弹出“浏览”对话框，在其中设置文件的保存位置和名称，如图 20-129 所示。

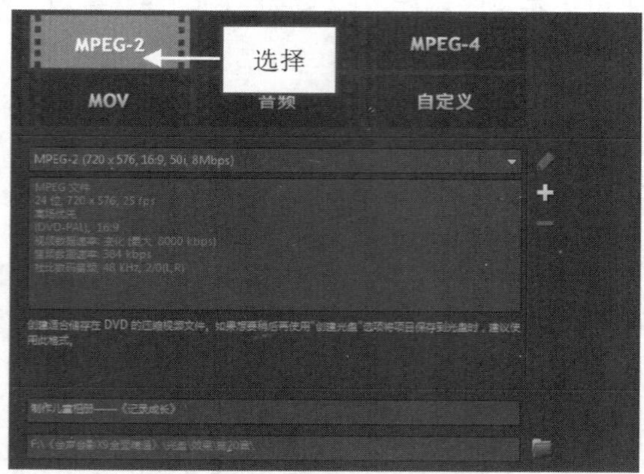

图 20-128　选择 MPEG-2 选项

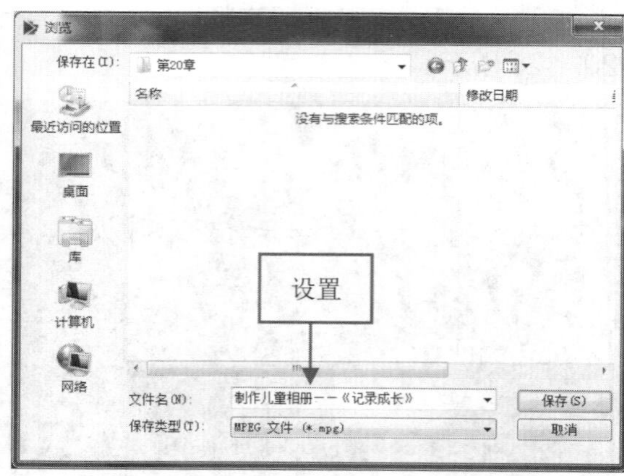

图 20-129　设置文件的保存位置和名称

step 03 单击“保存”按钮，然后单击“开始”按钮，开始渲染视频文件，并显示渲染进度，如图 20-130 所示。

step 04 稍等片刻，已经输出的视频文件将显示在素材库面板的“文件夹”选项卡中，如图 20-131 所示。

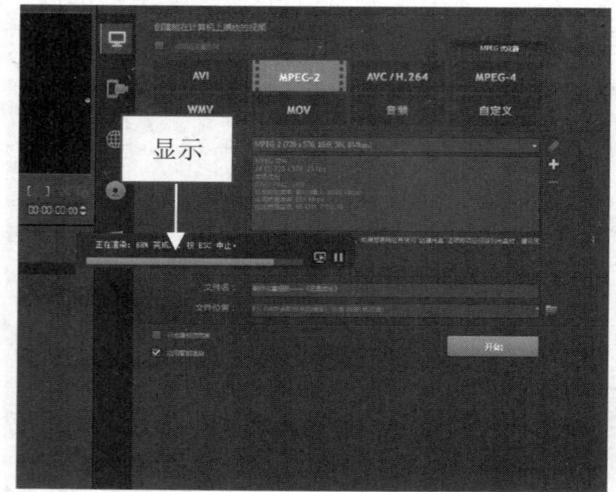

图 20-130　显示渲染进度

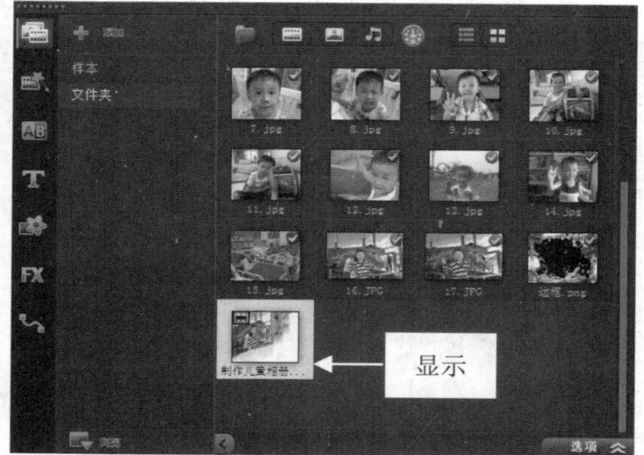

图 20-131　显示视频文件

step 05 刚输出的视频文件可以在预览窗口中播放，用户可以查看输出的儿童视频画面效果，如图 20-132 所示。

图 20-132　预览画面效果

图 20-132　预览画面效果(续)

章前知识导读

个人写真对于每个人来说，很多画面都是值得回忆和留恋的，而通过会声会影把静态的写真变成动态的视频，则可以提高收藏价值。本章主要介绍制作个人写真视频的操作方法。

第21章 制作个人写真——《锦绣年华》

新手重点索引

- 导入写真影像素材
- 制作写真背景画面
- 制作视频画中画特效
- 制作视频片头字幕特效
- 制作视频主体画面字幕特效
- 制作视频背景音乐

效果图片欣赏

21.1 效果欣赏

在会声会影 X9 中，用户可以将摄影师拍摄的各种写真照片巧妙地组合在一起，并为其添加各种摇动效果、字幕效果、背景音乐，以及画中画特效。在制作《锦绣年华》视频效果之前，首先预览项目效果，并掌握项目技术提炼等内容。

21.1.1 效果预览

本实例制作的效果如图 21–1 所示。

图 21–1 《锦绣年华》效果欣赏

21.1.2 技术提炼

首先进入会声会影编辑器，在视频轨中添加需要的写真摄影素材，为照片素材制作画中画特效，

并添加摇动效果，然后根据影片的需要制作字幕特效，最后添加音频特效，并将影片渲染输出。

21.2 视频制作过程

本节主要介绍《锦绣年华》视频文件的制作过程，如导入写真媒体素材、制作写真视频背景画面、制作视频画中画特效、制作视频片头字幕特效、制作视频主体画面字幕等内容，希望用户熟练掌握写真视频效果的各种制作方法。

21.2.1 导入写真影像素材

在编辑写真素材之前，首先需要导入写真媒体素材。下面以通过“导入媒体文件”按钮为例，介绍导入写真媒体素材的操作方法。

素材文件	素材\第 21 章文件夹
效果文件	无
视频文件	视频\第 21 章\21.2.1　导入写真影像素材.mp4

step 01 进入会声会影编辑器，单击“添加”按钮，在“媒体”素材库中新建一个“文件夹”素材库，如图 21-2 所示。

step 02 在右侧的空白位置处右击，弹出快捷菜单，选择“插入媒体文件”命令，弹出“浏览媒体文件”对话框，在其中选择需要插入的写真媒体素材文件，如图 21-3 所示。

图 21-2　单击“添加”按钮

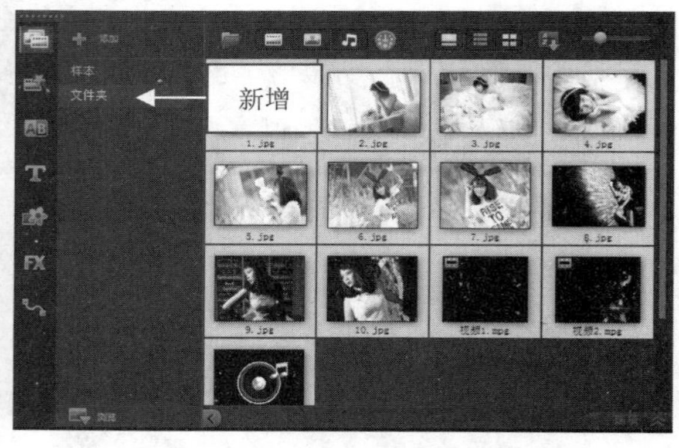

图 21-3　新增“文件夹”选项

step 03 单击“打开”按钮，即可将素材导入“文件夹”选项卡中，如图 21-4 所示，在其中可查看导入的素材文件。

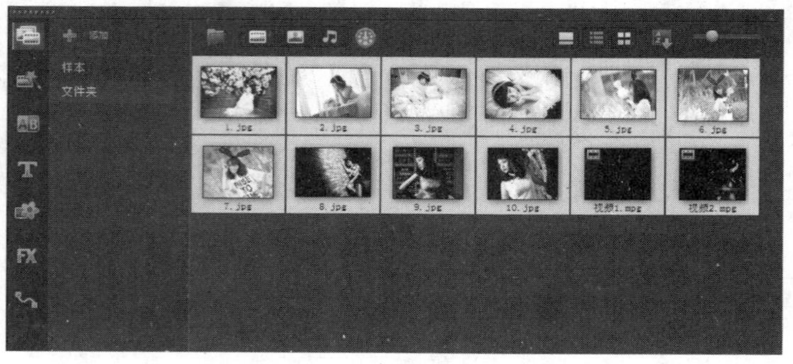

图 21-4　导入的素材文件

step 04 选择写真影像素材，在导览面板中单击“播放”按钮，即可预览导入的素材画面效果，如图 21-5 所示。

图 21-5 预览素材画面效果

21.2.2 制作写真背景画面

在会声会影 X9 中，导入写真媒体素材后，接下来可以制作写真视频背景动态画面。下面介绍制作写真视频背景画面的操作方法。

素材文件	无
效果文件	无
视频文件	视频\第 21 章\21.2.2 制作写真背景画面.mp4

step 01 在“文件夹”选项卡中依次选择“视频 1”和“视频 2”视频素材，单击鼠标左键将其拖曳至故事板中，如图 21-6 所示。

step 02 切换至时间轴视图，在“视频 2”视频素材的结尾添加“淡化到黑色”转场效果，如图 21-7 所示。

step 03 在导览面板中单击“播放”按钮，预览制作的写真视频画面背景效果，如图 21-8 所示。

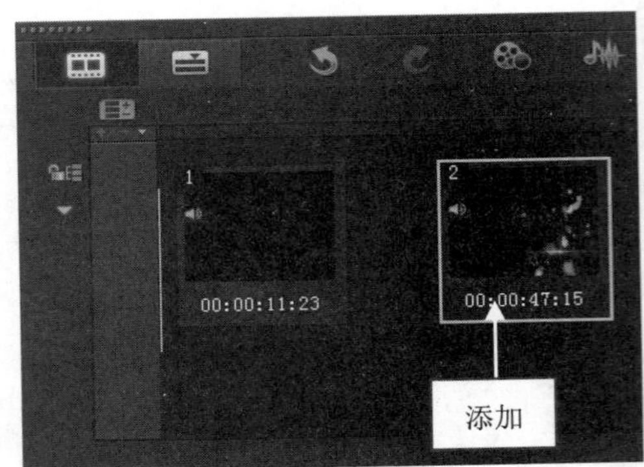

图 21-6　添加视频素材

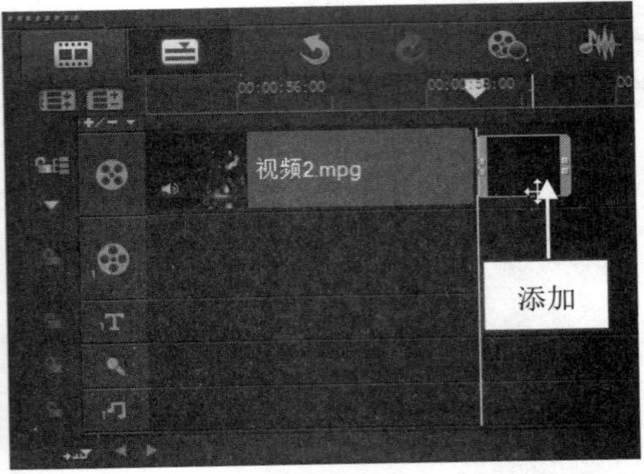

图 21-7　添加"淡化到黑色"转场

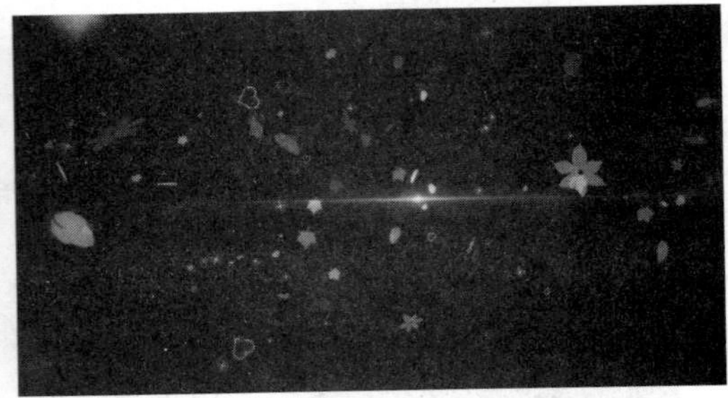

图 21-8　预览写真视频效果

21.2.3 制作视频画中画特效

在会声会影 X9 中，用户可以通过覆叠轨道制作写真视频的画中画特效。下面介绍制作写真视频画中画效果的操作方法。

素材文件	无
效果文件	无
视频文件	视频\第 21 章\21.2.3　制作视频画中画特效.mp4

step 01 将时间线移至 00:00:07:11 的位置处，在覆叠轨中添加 1.jpg 素材，并设置覆叠素材的区间为 0:00:04:13，覆叠轨如图 21-9 所示。

step 02 在预览窗口中，调整覆叠素材的大小和位置，并拖曳下方的暂停区间，调整覆叠属性，如图 21-10 所示。

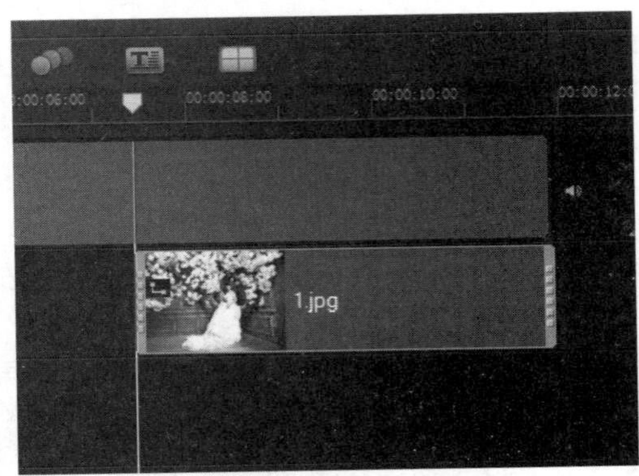

图 21-9　设置覆叠素材的区间

图 21-10　调整覆叠属性

step 03 在“编辑”选项面板中选中“应用摇动和缩放”复选框，在下方选择相应的摇动样式，如图 21-11 所示，制作覆叠动画效果。

step 04 在“属性”选项面板中单击“淡入动画效果”按钮，设置覆叠素材的淡入动画效果，然后为覆叠素材设置相应的遮罩帧样式，如图 21-12 所示。

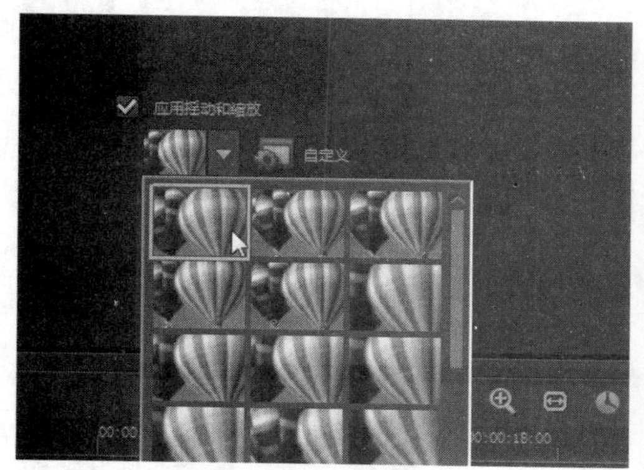

图 21-11 选择相应的摇动样式

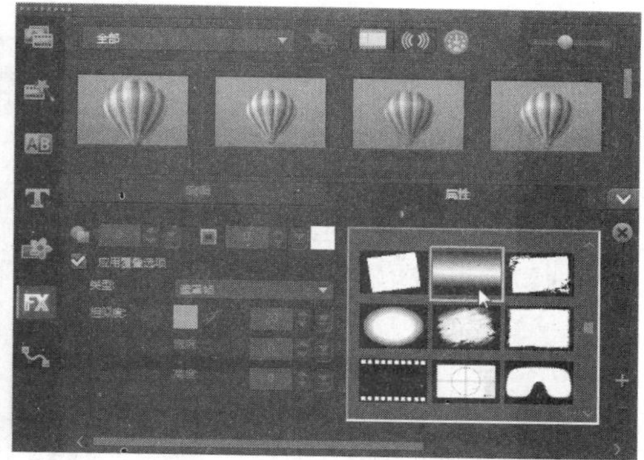

图 21-12 设置遮罩帧样式

step 05 单击“播放”按钮，预览制作的视频画中画效果，如图 21-13 所示。

图 21-13 预览视频画中画效果

step 06 将时间线移至 00:00:12:19 的位置处，将 2.jpg～10.jpg 素材依次添加至覆叠轨中，在预览窗口中调整覆叠素材的大小，并分别设置覆叠素材的区间为 0:00:04:10、0:00:02:23、0:00:03:15、0:00:04:22、0:00:04:10、0:00:03:17、0:00:03:23、0:00:04:08、0:00:03:20，然后为素材添加摇动和缩放效果，时间轴面板如图 21-14 所示。

图 21-14 时间轴面板

step 07 单击导览面板中的“播放”按钮，即可在预览窗口中预览制作的视频画中画效果，如图 21-15 所示。

图 21–15　预览视频效果

21.2.4 制作视频片头字幕特效

在会声会影 X9 中，为写真视频的片头制作字幕动画效果，可以使视频主题明确，传达用户需要的信息。下面介绍制作视频片头字幕特效的操作方法。

素材文件	无
效果文件	无
视频文件	视频\第 21 章\21.2.4　制作视频片头字幕特效.mp4

step 01 将时间线移至 00:00:01:19 的位置处，在预览窗口中输入“锦绣年华”，各字之间各加一个空格，在选项面板中设置“字体”为“叶根友毛笔行书 2.0 版”、“字体大小”为 90、“色彩”为黄色、区间为 0:00:01:08，单击“粗体”按钮，如图 21–16 所示。

step 02 单击“边框/阴影/透明度”按钮，弹出相应对话框，在“边框”选项卡中选中“外部边界”复选框，设置“边框宽度”为 4.0、“线条色彩”为红色；切换至“阴影”选项卡，单击“突起阴影”按钮，设置 X 为 5.0、Y 为 5.0、颜色为黑色，如图 21–17 所示。

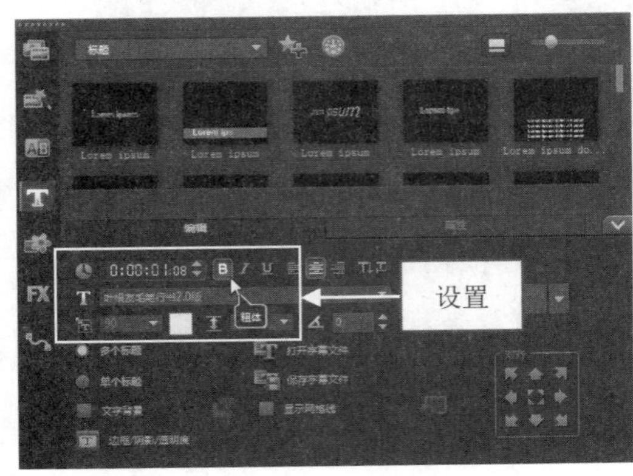

图 21–16　设置文本的相应属性

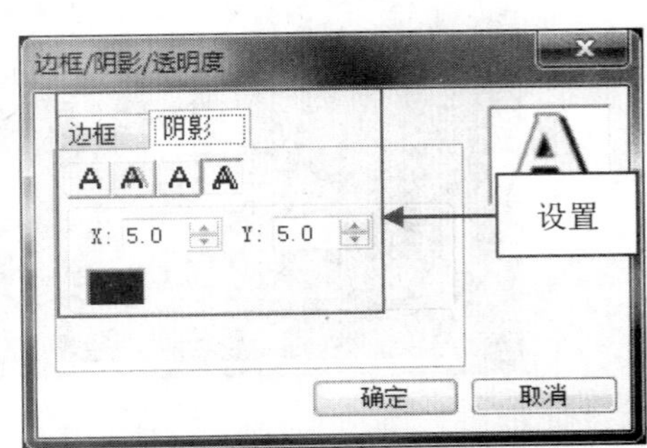

图 21–17　设置边框和阴影

step 03 设置完成后，单击“确定”按钮。切换至“属性”选项面板，选中“动画”单选按钮和“应用”复选框，设置“选取动画类型”为“下降”，在下方选择第 1 排第 2 个下降样式，如图 21–18 所示。

step 04 单击“自定义动画属性”按钮，弹出“下降动画”对话框，在其中选中“加速”复选框，如图 21–19 所示。

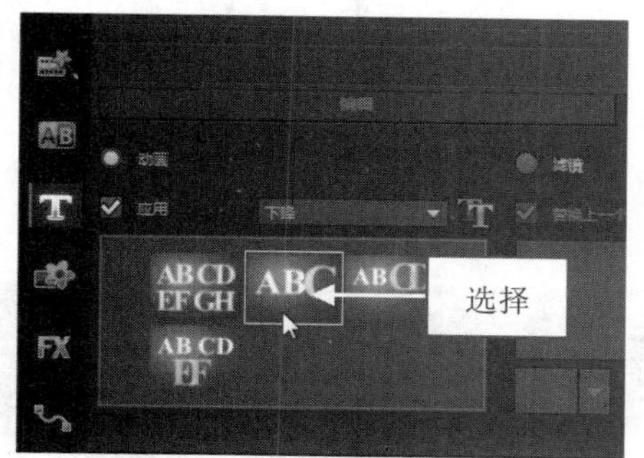

图 21–18 选择下降样式

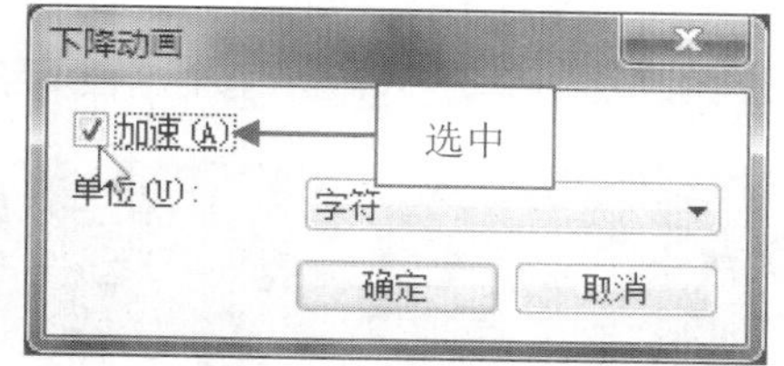

图 21–19 选中“加速”复选框

step 05 单击“确定”按钮，即可设置标题字幕动画效果。单击导览面板中的“播放”按钮，预览标题字幕动画效果，如图 21–20 所示。

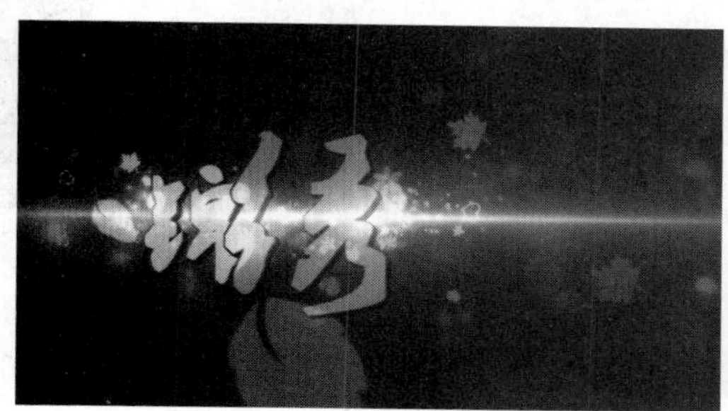

图 21–20 预览标题字幕动画效果

step 06 将制作的标题字幕复制到右侧合适位置，并设置字幕区间为 0:00:04:09，在“属性”选项面板中取消选中“应用”复选框，取消字幕动画效果，时间轴面板如图 21–21 所示。至此即可完成视频片头字幕特效的制作。

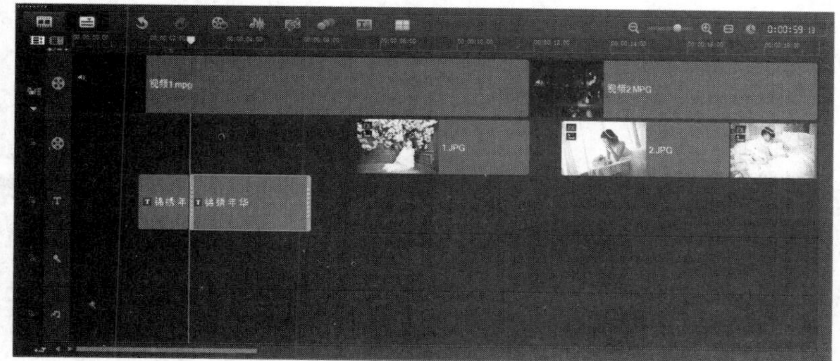

图 21–21 时间轴面板

21.2.5 制作视频主体画面字幕特效

在会声会影 X9 中，为写真视频制作主体画面字幕动画效果，可以丰富视频画面的内容，增强

视频画面感。下面介绍制作视频主体画面字幕特效的操作方法。

素材文件	无
效果文件	无
视频文件	视频\第 21 章\21.2.5　制作视频主体画面字幕特效.mp4

step 01 将上一实例制作的标题字幕文件复制到标题轨的右侧，更改字幕内容为“沉鱼落雁”，设置“字体”为“方正大标宋简体”、“字体大小”为 50、“色彩”为白色，单击“粗体”按钮，并分别调整字幕的区间为 0:00:00:20、0:00:03:17，如图 21-22 所示。

step 02 单击“边框/阴影/透明度”按钮，弹出相应对话框，在其中设置“边框宽度”为 5.0、“线条色彩”为红色，单击“确定”按钮，即可在预览窗口中预览字幕动画效果，如图 21-23 所示。

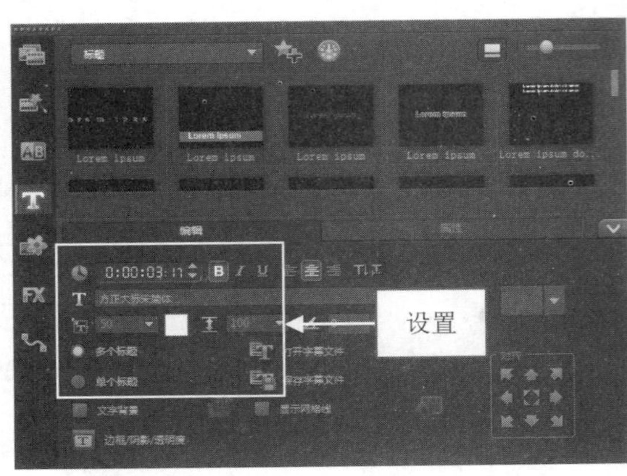

图 21-22　设置文本的相应属性

图 21-23　预览字幕效果

step 03 使用与上面同样的方法，在标题轨中对字幕文件进行多次复制操作，然后更改字幕的文本内容和区间长度，在预览窗口中调整字幕的摆放位置。时间轴面板中的字幕文件如图 21-24 所示。

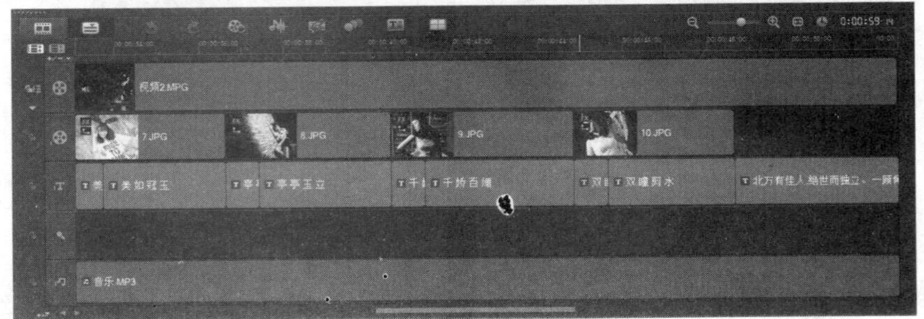

图 21-24　时间轴面板中的字幕文件

step 04 制作完成后，单击“播放”按钮，预览字幕动画效果，如图 21-25 所示。

图 21-25　预览字幕动画效果

21.3 视频后期处理

通过后期处理，不仅可以对写真视频的原始素材进行合理编辑，而且可以为影片添加各种音乐及特效，使影片更具珍藏价值。本节主要介绍影片的后期编辑与刻录，包括制作写真摄影视频的背景音效和输出视频文件等内容。

21.3.1 制作视频背景音效

音频是一部影片的灵魂，在后期编辑过程中，音频的处理相当重要。下面主要向用户介绍添加并处理音乐文件的操作方法。

素材文件	素材\第 21 章\音乐.mp3
效果文件	无
视频文件	视频\第 21 章\21.3.1　制作视频背景音效.mp4

step 01 将时间线移至素材的开始位置，在音乐轨中添加一段音乐素材，将时间线移至 00:00:59:12 的位置处，选择音频素材并右击，在弹出的快捷菜单中选择“分割素材”命令，如图 21-26 所示。

step 02 即可将音频分割为两段，选择后段音频素材，按 Delete 键删除，如图 21-27 所示。

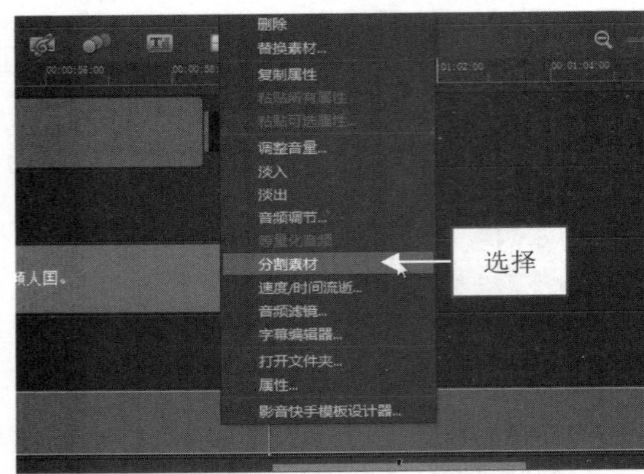

图 21-26　选择“分割素材”命令

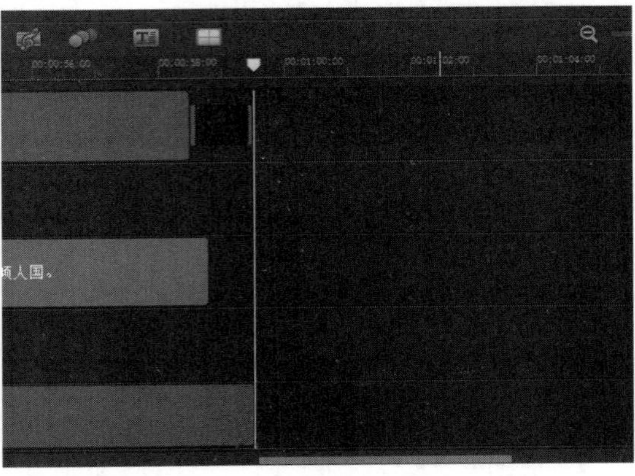
图 21-27　进行删除操作

step 03 选择剪辑后的音频素材并右击，在弹出的快捷菜单中选择“淡入”命令，如图 21-28 所示。设置音频淡入特效。

step 04 继续在音频素材上右击，在弹出的快捷菜单中选择“淡出”命令，如图 21-29 所示。设置音频淡出特效。至此即可完成音频素材的添加和剪辑操作。

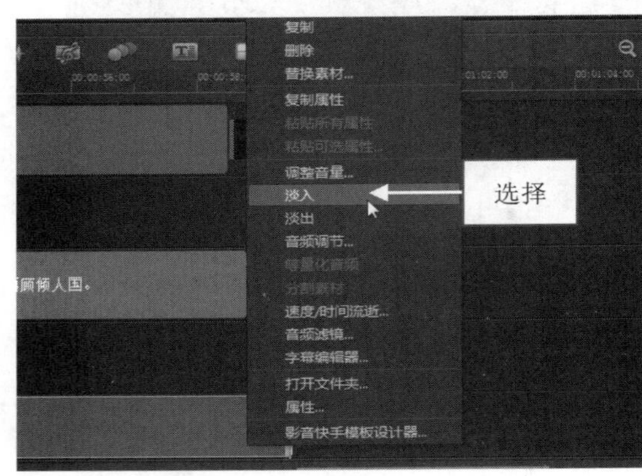

图 21-28　选择“淡入”命令

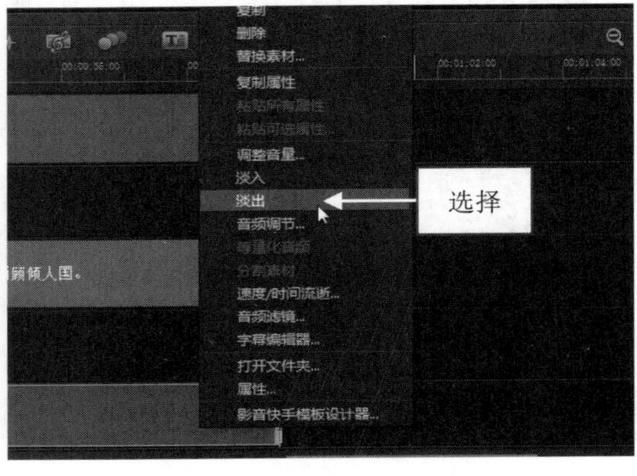

图 21-29　选择“淡出”命令

21.3.2 渲染输出影片文件

通过会声会影 X9 中的“共享”选项面板，可以将编辑完成的影片进行渲染以及输出成视频文件。会声会影 X9 提供了多种输出影片的方法，用户可根据需要进行选择。

素材文件	无
效果文件	效果\第 21 章\制作个人写真——《锦绣年华》.VSP
视频文件	视频\第 21 章\21.3.2　渲染输出影片文件.mp4

step 01 切换至“共享”选项面板，在其中选择 MPEG-2 选项，在“配置文件”下拉列表中选择第 3 个选项，如图 21-30 所示。

step 02 执行操作后，在面板下方单击“文件位置”文本框右侧的“浏览”按钮，如图 21-31 所示。

step 03 弹出“浏览”对话框，在其中设置文件的保存位置和名称，如图 21-32 所示。

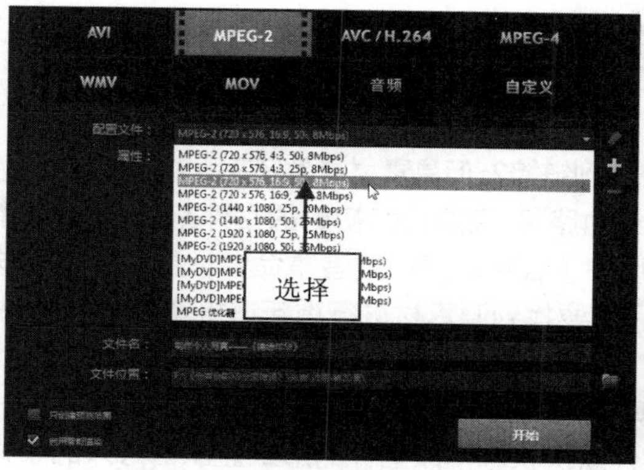

图 21-30 选择相应的选项

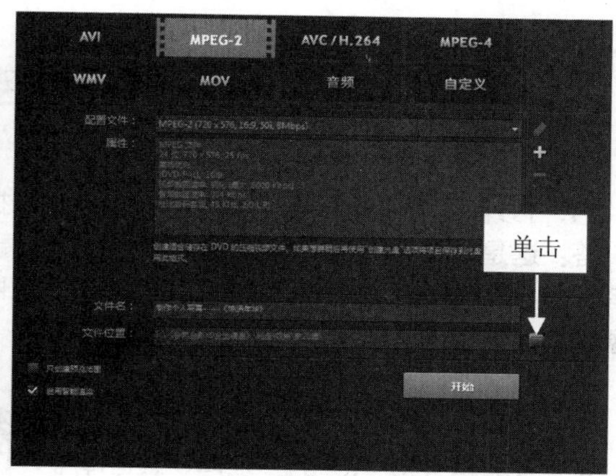

图 21-31 单击“浏览”按钮

step 04 单击“保存”按钮，返回到会声会影“共享”选项面板，单击“开始”按钮，开始渲染视频文件，并显示渲染进度，如图 21-33 所示。渲染完成后，即可完成影片文件的渲染输出，在素材库中可以查看输出的视频画面。

图 21-32 设置保存位置和名称

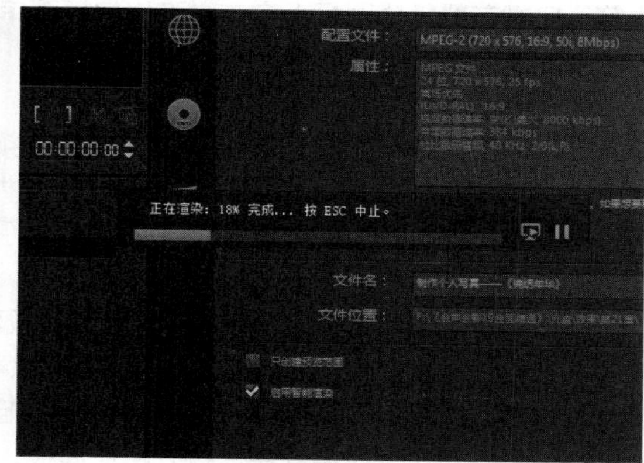

图 21-33 显示渲染进度

附录　45 个会声会影问题解答

01．打开会声会影项目文件时，为什么会提示找不到链接？但是素材文件还在，这是为什么呢?

答：这是因为会声会影项目文件路径方式都是绝对路径(只能记忆初始的文件路径)，移动素材或者重命名文件，都会使项目文件丢失路径。只要用户不去移动素材或者重命名，是不会出现这个现象的。如果用户移动了素材或者进行了重命名，只需要找到源素材进行重新链接就可以了。

02．在会声会影 X9 中，如何在“媒体”素材库中以列表的形式显示图标?

答：在会声会影 X9 的“媒体”素材库中，软件默认状态下以图标的形式显示各导入的素材文件，如果用户需要以列表的形式显示，此时只需单击界面上方的“列表视图”按钮，即可以列表显示素材。

03．在会声会影的时间轴面板中，如何添加多个覆叠轨道?

答：只需在覆叠轨图标上右击，弹出快捷菜单，选择“轨道管理器”命令，在其中选中需要显示的轨道复选框，然后单击“确定”按钮即可。

04．如何查看会声会影素材库中的文件在视频轨中是否已经使用了?

答：当用户将素材库中的素材拖曳至视频轨中进行应用后，此时素材库中相应素材的右上角将显示一个对钩符号，表示该素材已经被使用了，可以帮助用户很好地对素材进行管理。

05．如何添加软件自带的多种图像、视频以及音频媒体素材?

答：在以前的会声会影版本中，软件自带的媒体文件都显示在软件中，而当用户安装好会声会影 X9 后，默认状态下，“媒体”素材库中没有自带的图像或视频文件，此时用户需要启动安装文件中的 Autorun.exe 应用程序，打开相应面板，在其中单击“赠送内容”超链接，在弹出的下拉列表中选择“图像素材”“音频素材”或“视频素材”后，即可进入相应文件夹，选择素材将其拖曳至媒体素材库中，即可添加软件自带的多种媒体素材。

06．会声会影 X9 是否适合 Windows 10 系统?

答：到目前为止，会声会影 X9 是完美适配于 Windows 10 系统的版本，会声会影 X9 同时也完美兼容 Windows 8、Windows 7 等系统，而会声会影 X8 以及以下版本，则无法完美兼容 Windows 10 系统。

07．在会声会影 X9 中，系统默认的图像区间为 3 秒，这种默认设置能修改吗?

答：可以修改。只需要选择菜单栏中的“文件”|“参数选择”命令，弹出“参数选择”对话框，在“编辑”选项卡的“默认照片/色彩区间”右侧的数值框中输入需要设置的数值，单击“确定”按钮，即可更改默认的参数。

08．当用户在时间轴面板中添加多个轨道和视频文件时，上方的轨道会隐藏下方添加的轨道，只有滚动控制条才能显示预览下方的轨道，此时如何在时间轴面板中显示全部轨道信息呢?

答：显示全部轨道信息的方法很简单，用户只需单击时间轴面板上方的“显示全部可视化轨道”按钮，即可显示全部轨道。

09．在会声会影 X9 中，如何获取软件的更多信息或资源？

答：单击“转场”按钮，切换至“转场”素材库，单击面板上方的“获取更多信息”按钮，在弹出的面板中用户可根据需要对相应素材进行下载操作。

10．在会声会影 X9 中，如何在预览窗口中显示标题安全区域？

答：只有设置显示标题安全区域，才知道标题字幕是否出界。选择菜单栏中的“设置”|“参数选择”命令，弹出“参数选择”对话框，在“预览窗口”选项组中选中“在预览窗口中显示标题安全区域”复选框，即可显示标题安全区域。

11．在会声会影 X9 中，为什么在 AV 连接摄像机时采用会声会影的 DV 转 DVD 向导模式却无法扫描摄像机？

答：此模式只有在通过 DV 连接(1394)摄像机以及 USB 接口的情况下才能使用。

12．在会声会影 X9 中，为什么在 DV 中采集视频的时候是有声音的，而将视频采集到会声会影界面后，没有 DV 视频的背景声音？

答：有可能是音频输入设置错误。在小喇叭按钮处右击，在弹出的下拉列表中选择“录音设备”选项，在弹出的“声音”对话框中调整线路输入的音量，单击“确定”按钮后，即可完成声音设置。

13．在会声会影 X9 中，如何将修整后的视频保存为新的视频文件？

答：通过菜单栏中的“文件”|“保存修整后的视频”命令，保存修整后的视频，新生成的视频就会显示在素材库中。在制作片头、片尾时，需要的片段可以用这种方法逐段分别生成后再使用。把选定的视频素材文件拖曳至视频轨上，通过渲染，加工输出为新的视频文件。

14．当用户采集视频时，为何提示“正在进行 DV 代码转换，按 Esc 键停止”等信息？

答：这有可能是因为用户的计算机配置过低，比如硬盘转速低，或者 CPU 主频低或者内存太小等原因所造成的。还有，用户在捕获 DV 视频时，建议将杀毒软件和防火墙关闭，同时停止所有后台运行的程序，这样可以提高计算机的运行速度。

15．在会声会影 X9 中，色度键的功能如何正确应用？

答：色度键的作用是指抠像技术，主要针对单色(白、蓝等)背景进行抠像操作。用户可以先将需要抠像的视频或图像素材拖曳至覆叠轨上，在选项面板中单击“遮罩和色度键”按钮，在弹出的面板中选中“覆叠选项”复选框，然后使用吸管工具在需要采集的单色背景上单击鼠标左键，采集颜色，即可进行抠图处理。

16．在会声会影 X9 中，为什么刚装好的软件自动音乐功能不能用？

答：因为 Quicktracks 音乐必须要有 QuickTime 软件才能正常运行。所以，用户在安装会声会影软件时，最好先安装最新版本的 QuickTime 软件，这样安装好会声会影 X9 后，自动音乐功能就可以使用了！

17. 在会声会影 X9 中选择字幕颜色时，为什么选择的红色有偏色现象?

答：这是因为用户使用了色彩滤镜的原因，用户可以按功能键 F6，弹出“参数选择”对话框，进入“编辑”选项卡，在其中取消选中“应用色彩滤镜”复选框，即可消除红色偏色的现象。

18. 在会声会影 X9 中，为什么无法把视频直接拖曳至多相机编辑器视频轨中?

答：在多相机编辑器中，用户不能直接将视频拖曳至多相机编辑器中，只能在需要添加视频的视频轨道上右击，在弹出的快捷菜单中选择“导入源”命令，弹出相应对话框，选择需要导入的视频素材，单击“确定”按钮，即可将视频导入多相机编辑器视频轨中。

19. 会声会影 X9 如何将两个视频合成为一个视频?

答：将两个视频依次导入到会声会影 X9 的视频轨上，然后切换至“共享”选项面板，渲染输出后，即可将两个视频合成为一个视频文件。

20. 摄像机和会声会影 X9 之间为什么有时会失去连接?

答：有些摄像机可能会因为长时间无操作而自动关闭。因此，常会发生摄像机和会声会影之间失去连接的情况。出现这种情况后，用户只需重新打开摄像机电源以建立连接即可。无须关闭与重新打开会声会影，因为该程序可以自动检测捕获设备。

21. 如何设置覆叠轨上素材的淡入淡出时间?

答：首先选中覆叠轨中的素材，在选项面板中设置动画的淡入和淡出特效，然后调整导览面板中两个暂停区间的滑块位置，即可调整素材的淡入淡出时间。

22. 为什么会声会影无法精确定位时间码?

答：在某个时间码处捕获视频或定位磁带时，会声会影有时可能会无法精确定位时间码，甚至可能导致程序自行关闭。发生这种情况时，用户可能需要关闭程序。或者，用户可以通过“时间码”手动输入需要采集的视频位置，进行精确定位。

23. 在会声会影 X9 中，可以调整图像的色彩吗?

答：可以。用户只需选择需要调整的图像素材，在“照片”选项面板中单击“色彩校正”按钮，在弹出的面板中可以自由更改图像的色彩画面。

24. 在会声会影 X9 中，色度键中的吸管工具如何使用?

答：与 Photoshop 中的吸管工具使用方法相同，用户只需在“遮罩和色度键”选项面板中选取吸管工具，然后在需要吸取的图像颜色位置单击鼠标左键，即可吸取图像颜色。

25. 如何利用会声会声 X9 制作一边是图像一边是文字的放映效果?

答：首先拖曳一张图片素材到视频轨中，将播放的视频拖到覆叠轨中，调整大小和位置；在标题轨中输入需要的文字，调整文字大小和位置，即可制作图文画面特效。

26. 在会声会影 X9 中，为什么无法导入 AVI 文件?

答：可能是因为会声会影不完全支持所有的视频格式编码，所以出现了无法导入 AVI 文件的情况，此时要进行视频格式的转换操作，最好转换为 MPG 或 MP4 的视频格式。

27. 在会声会影 X9 中，为什么无法导入 RM 文件?

答：因为会声会影 X9 并不支持 RM RMVB 的格式文件。

28. 在会声会影 X9 中，为什么有时打不开 MP3 格式的音乐文件呢?

答：可能是该文件的位速率较高，用户可以使用转换软件来降低音乐文件的速率，这样就可以顺利地将 MP3 音频文件导入到会声会影中。

29. MLV 文件如何导入到会声会影中?

答：可以将 MLV 的扩展名改为 MPEG，就可以导入到会声会影中进行编辑了。另外，对于某些 MPEG1 编码的 AVI，也是不能导入会声会影的，但是扩展名可以改成 MPG4，就可以解决该类视频的导入问题了。

30. 会声会影在导出视频时自动退出，这是什么情况?

答：出现此种情况，多数是和第三方解码或编码插件发生冲突造成的，建议用户先卸载第三方解码或编码插件后，再渲染生成视频文件。

31. 能否使用会声会影 X9 刻录 Blu-ray 光盘?

答：在会声会影 X9 中，用户需要向 Corel 公司购买蓝光光盘刻录软件，才可以在会声会影中直接刻录蓝光光盘，该项功能需要用户额外付费才能使用。

32. 会声会影 X9 新增的多点运动追踪可以用来做什么?

答：很多时候，在以前的会声会影版本中，只有单点运动追踪，新增的多点运动追踪可以用来制作人物面部马赛克等效果，该功能十分实用。

33. 制作视频的过程中，如何让视频、歌词、背景音乐进行同步?

答：用户可以先从网上下载需要的音乐文件，下载后用播放软件进行播放，并关联 lrc 歌词到本地，然后通过转换软件将歌词转换为会声会影能识别的字幕文件，再插入到会声会影中，即可使用。

34. 当用户刻录光盘时，提示工作文件夹占用 C 盘，应该如何处理?

答：在“参数选择”对话框中，如果用户已经更改了工作文件夹的路径，在刻录光盘时用户仍然需要再重新将工作文件夹的路径设定为 C 盘以外的分区，否则还会提示占用 C 盘，影响系统和软件的运行速率。

35. VCD 光盘能否达到卡拉 OK 时原唱和无原唱切换?

答：在会声会影 X9 中，用户可以将歌曲文件分别放在音乐轨和声音轨中，然后将音乐轨中的声音全部调成左边 100%、右边 0%，声音轨中的声音则反之，然后进行渲染操作。最好生成 MPEG 格式的视频文件，这样可以在刻录时掌握码率，做出来的视频文件清晰度有保证。

36. 会声会影 X9 使用压缩方式刻录时，会不会影响视频质量?

答：可能会影响视频质量。使用降低码流的方式可以增加时长，但这样做会降低视频的质量。

如果对质量要求较高可以将视频分段刻录成多张光盘。

37．打开会声会影软件时，系统提示“无法初始化应用程序，屏幕的分辨率太低，无法播放视频”，这是什么原因呢？

答：在会声会影 X9 中，用户只能在大于 1024 像素×768 像素的屏幕分辨率下才能运行。

38．如何区分计算机系统是 32 位还是 64 位，以此来选择安装会声会影的版本？

答：在桌面的“计算机”图标上右击，在弹出的快捷菜单中选择“属性”命令，打开“系统”窗口，即可查看计算机的相关属性。如果用户的计算机是 32 位系统，则需要选择 32 位的会声会影 X9 进行安装。

39．有些情况下，为什么素材之间的转场效果没有显示动画效果？

答：这是因为用户的计算机没有开启硬件加速功能。开启的方法很简单，只需要在桌面上右击，在弹出的快捷菜单中选择“属性”命令，弹出“显示属性”对话框，单击“设置”标签，然后单击“高级”按钮，弹出相应对话框，单击“疑难解答”标签，然后将“硬件加速”右侧的滑块拖曳至最右边即可。

40．会声会影可以直接放入没编码的 AVI 视频文件进行视频编辑吗？

答：不可以。有编码的才可以导入会声会影中，建议用户先安装相应的 AVI 格式播放软件或编码器，然后再使用。

41．会声会影默认的色块颜色有限，能否自行修改需要的 RGB 颜色参数？

答：可以。用户可以在视频轨中添加一个色块素材，然后在“色彩”选项面板中单击“色彩选取器”色块，在弹出的下拉列表中选择“Corel 色彩选取器”选项，在弹出的对话框中可以自行设置色块的 RGB 颜色参数。

42．在会声会影 X9 中，可以制作出画面下雪的特效吗？

答：用户可以在素材上添加“雨点”滤镜，然后在“雨点”对话框中自定义滤镜的参数值，即可制作出画面下雪的特效。

43．在会声会影 X9 中，视频画面太暗了，能否调整视频的亮度？

答：用户可以在素材上添加“亮度和对比度”滤镜，然后在“亮度和对比度”对话框中自定义滤镜的参数值，即可调整视频画面的亮度和对比度。

44．在会声会影 X9 中，即时项目模板太少了，可否从网上下载后导入使用？

答：用户可以从会声会影官方网站上下载需要的即时项目模板，然后在“即时项目”界面中通过“导入一个项目模板”将下载的模板导入会声会影界面中，再拖曳至视频轨中使用。

45．如何对视频中的 LOGO 标志进行马赛克处理？

答：用户可以使用会声会影 X9 中的“运动追踪”功能。打开相应的界面，单击“设置多点跟踪器”按钮，然后设置需要使用马赛克的视频 LOGO 标志，单击“运动跟踪”按钮，即可对视频中的 LOGO 标志进行马赛克处理。